... in der Seele dieses
eiskalten Fremden ...

… kann niemand lesen.
Wir wissen wenig oder
nichts von ihm.

Es ist sehr gut möglich, daß er seinen fähigen Anwalt, daß er seinen jugendlichen Psychiater hinters Licht geführt hat.

Keiner von uns ist unfehlbar.

WUNDERLICH TASCHENBUCH

presents:

Robert Traver

Anatomie eines Mordes

Deutsch von Curt Meyer-Clason

Roman

Veröffentlicht im Rowohlt
Taschenbuch Verlag GmbH,
Reinbek bei Hamburg,
August 1998

Die Originalausgabe erschien
1958 unter dem Titel
«Anatomy of a Murder» bei
St. Martin's Press, New York

Umschlaggestaltung Tandem Design
(Foto Kinoarchiv Peter W. Engelmeier)

Gestaltung Daniel Sauthoff
Satz Bembo PostScript (PageOne)
Gesamtherstellung
Clausen & Bosse, Leck
Printed in Germany
ISBN 3 499 26100 6

ERSTER TEIL

Vor der Verhandlung

1. Kapitel

Die Grubensirenen heulten Mitternacht, als ich die abschüssige Main Street hinunterfuhr. Es war eine laue mondhelle Sonntagnacht Mitte August, und ich kam gerade von einem langen Wochenende an der Oxbow-Seenplatte zurück, wo ich mit meinem alten Freund, dem Einsiedler Danny McGinnis, der das ganze Jahr über dort lebt, Forellen gefischt hatte. Ich bog in die Hematite Street ein, um einen Blick auf Mutters Haus zu werfen, das mittlerweile auffällige weiße Holzhaus an der Ecke, in dem ich geboren bin. Als ich mit meinem Wagen um die Ecke fuhr, glitten die Scheinwerfer über die Reihe stattlicher, tief herabhängender Ulmen – mein Vater hatte sie als junger Mann gepflanzt, er war damals sehr viel jünger gewesen als ich jetzt; dann warfen sie einen bläulichen Schimmer auf die dunklen Fensterscheiben. Meine Mutter – Belle genannt – war also noch zu Besuch bei meiner verheirateten Schwester; sie hatte mir eingeschärft, doch ja ein Auge auf das Haus zu haben. Nun, dies hatte ich hiermit getan, und siehe, es stand noch.

Ich wendete, fuhr stadtwärts und konnte gerade noch so rechtzeitig bremsen, daß ich nicht einen einsamen Betrunkenen überfuhr, der wie blind aus der Tripolo-Bar auf die Straße torkelte; wie ein Schlafwandler schlurfte er einher, verfolgt von dem hohlen Gegröle eines Musikautomaten aus der grell erleuchteten leeren Bar.

«Sonnenstich», murmelte ich geistesabwesend. «Einfach ein verrückt gewordenes Opfer der Mitternachtssonne.» Als ich meinen kotbespritzten Wagen vor der Minenstaatsbank, gegenüber meinem über dem Kaufhaus gelegenen Büro, parkte, dachte ich, daß es kaum gottverlassenere Klänge gäbe als das mitternächtliche Geplärr eines Musikautomaten in einer menschenleeren Kleinstadt, heisere Kundgebungen der Freude und des Frohsinns an einem Ort, wo doch nur Müdigkeit, Überdruß und Langeweile herrschen.

Im Vergleich dazu klingt der zage Ruf eines Käuzchens in meinem Ohr ungemein fröhlich.

Ich schloß den Kofferraum auf, entnahm ihm meinen Rucksack, zwei aluminiumbeschlagene Angeln und einen Handkoffer und stellte alles auf den Gehsteig. Den Rucksack schulterte ich, nahm alles andere in die Hand und überquerte die hallende Straße.

«Wie war's beim Fischen, Polly?» fragte plötzlich jemand, der aus dem dunklen Durchgang neben dem Kaufhaus auftauchte. Es war der Jack Tregembo, ein großer, dürrer und wetterharter alter Mann. Solange ich zurückdenken konnte, war er Schutzmann bei der Polizei in Chippewa.

«Nicht übel, Jack», antwortete ich und rieb mein unrasiertes Kinn. «Ich habe in den letzten Tagen so viele Forellen gegessen, daß ich womöglich noch Kiemen entwickeln werde.»

«Du hast doch sicher von dem tollen Mord gehört?» Jack kam näher, offensichtlich in der Hoffnung, daß ich noch nichts davon wußte. «Steht ganz groß in allen Zeitungen.»

«Nein, Jack», erwiderte ich und spitzte die Ohren. «Ich komme eben zurück – wie du siehst. Gottlob gibt's da oben im weiten Oxbow-Busch weder Zeitungen, Funk noch Telefon. Dem redseligen alten Danny würde diese Konkurrenz auch auf die Nerven fallen. Ich nehme an, ihr habt den Schurken geschnappt, ausgequetscht und für Mitch Lodwick reif zum Geständnis gemacht.»

Jack zuckte die Achseln. «Is nicht unsere Sache, Polly. Ist oben in der Thunder Bay passiert. Freitag nacht. Einer von den stationierten Soldaten da ist scheint's durchgedreht und hat Barney Quill fünf Kugeln aus seiner Achtundvierziger in den Wanst gejagt. Dieser Barney hatte das

Hotel dort und die Bar. Der Soldat behauptet, er hätte seine Frau vergewaltigt. Gott sei Dank hat die staatliche Polizei das Bürschchen am Schlafittchen.»

«Hm ...», sagte ich. Ohne daß ich es wollte, lief das Räderwerk an.

In diesem Augenblick fegte ein Wagen, mit johlenden Halbwüchsigen beladen, auf zwei Rädern um die Ecke. Fuchsschwänze wehten vorn und hinten, Bremsen und Reifen quietschten wie wiehernde Hengste, und um ein Haar wäre das Gefährt hinten auf meinen parkenden Wagen geprallt, flitzte aber gerade noch dran vorbei und die Straße hinunter. Sekunden später jagten zwei Polizeiwagen mit heulenden Sirenen hitzig hinterher; der zweite hielt gerade lange genug, um Jack mitzunehmen, der wie ein Schulbub aufsprang. Die Szene erinnerte seltsam an eine Filmkomödie, ich aber gedachte wehmütig der Stille, die zu dieser Stunde über meinen geliebten Forellengewässern im Oxbow-Buschland liegen mußte. Dort spann jetzt Nebel dahin, auf dem Hügelkamm heulte wohl ein Steppenwolf, eine Duckente schnatterte, und eine Forelle sprang platschend empor, während der große abnehmende Mond hinter der Felszacke einer Wolke hervorschwamm. «Mein Herz wird immer für dich glü-ü-h-en», plärrte der Musikautomat, «solange noch die Blumen blü-h-en ...»

«Das Verbrechen marschiert», philosophierte ich nicht sehr tiefsinnig und stapfte die Treppe hinauf.

Bevor ich den letzten Treppenabsatz erreichte, hörte ich das beharrlich eintönige Roboterläuten eines Telefons. Das Wespengesumm hielt an. Ich beeilte mich nicht; schließlich konnte es genausogut für den Chiropraktiker, den Schönheitschirurgen, den Zahnarzt oder sogar für das neugebackene Ehepaar am Ende des Flurs bestimmt sein. Konnte – dennoch war ich sicher, daß es nicht so war. Denn dank einer jener blitzartigen Vorahnungen, die wir nicht zu erklären vermögen, wußte ich, daß der Anruf mir galt. Er brachte, dessen war ich gewiß, meine «Aufforderung zum Tanz» – ein Angebot an mich, den Vorschuß auf den neuesten Mordfall im Bezirk von Iron Cliffs entgegenzunehmen. Ich setzte mein Zeug ab und suchte nach dem Schlüssel zu meinem Privatbüro. Mein Apparat läutete nicht mehr.

PAUL BIEGLER

RECHTSANWALT

stand auf der Milchglasscheibe. Darunter wies ein waagrechter schwarzer Pfeil auf Maidas Tür. «Eingang nächste Tür» hieß es dazu. Es wunderte mich immer wieder, daß die Leute kaum jemals bereit waren, dem Pfeil zu folgen, und statt dessen in einer Art sprachloser Verzauberung wie vernagelt an meiner Privattür rüttelten.

Die Chippewa-Filiale eines über das ganze Land verbreiteten Einheitspreisunternehmens nahm die gesamte erste Etage des zweistöckigen Backsteinhauses ein, das mein deutscher Großvater, der Bierbrauer gewesen war, in den siebziger Jahren des vorigen Jahrhunderts erbaut hatte. Viele Jahre, bis zu ihrem Tod, bewohnten meine Großeltern den oberen Stock. Meine ineinander übergehenden Anwaltsbüro- und Junggesellenräume waren in ihrem ehemaligen Salon, dem Wohnzimmer und dem Eßzimmer untergebracht.

Offiziell wohnte ich im Haus meiner Mutter in der Hematite Street, schlief aber mit ihrem stillschweigenden Einverständnis gewöhnlich in meinem Büro – also in Großmamas Salon – und benutzte meine früheren Zimmer im Elternhaus im Winter meist zur Aufbewahrung meines Fischgeräts und meiner Büchsen, im Sommer als Lager für Skistiefel und Skier. So lebte denn Mama Belle wie eine Königinmutter allein in ihrem großen leeren Haus, las immer von neuem ihren Thomas Hardy und Charles Dickens, stümperte ihre Aquarellbilder zusammen und hörte sich endlose Fortsetzungen von Rundfunkromanen an. Daß ich praktisch im Büro wohnte, schien sie nicht zu stören – sie hatte stets die Auffassung vertreten, heranwachsende Jungen sollten gewisse Freiheiten genießen, bevor sie seßhaft würden. Und damit hatte es ja keine Eile; junge Leute waren eben junge Leute; und in ihren Augen war ich als beginnender Vierziger kaum mehr als ein Jüngling, der die ersten Runden mit dem Leben ausfocht.

Auch über den Ernst des Ehestandes hatte Belle die gleichen festen Anschauungen. Ein Ehebündnis werde auf lange Zeit geschlossen, vernünftige Leute heirateten also nicht übereilt, um dann hinterher ihre Mußestunden mit Reue zu füllen. Eines schönen Tages würde ich schon noch eine Frau finden und meine glückliche Angetraute in das alte Haus in der Hermatite Street mit seinen scheppernden Kuriositäten und Altertümern heimführen. Sie hatte das in allen Einzelheiten vorausgeplant und mir sogar ihren verrosteten alten Eisschrank zugedacht, ein vorsintflutliches Ungetüm, das mit Eisbrocken gefüllt wurde und in eine Schüssel abtropfte. Ich hatte bisher einfach deshalb nicht geheiratet, weil ich in meinem Wanderleben nie einer Frau begegnet war, in deren Gesellschaft ich es, ob nun bei Tag oder Nacht, länger als wenige Stunden hintereinander ausgehalten hätte. Doch, eine war vielleicht darunter gewesen, aber das kluge Kind heiratete statt dessen einen Großhandelsvertreter der Chemikalienbranche und schenkte ihm zwei Zwillingspärchen, bevor ich sie aus den Augen verlor.

Wieder begann das Telefon zu läuten. Ich nahm den Hörer hauptsächlich ab, weil das die einzige Möglichkeit war, das verflixte Ding zum Schweigen zu bringen. Mein Angelausflug – das war mir nun klar – war endgültig vorüber.

«Hallo», sagte ich in den Apparat. «Hier Paul Biegler.»

«Hier Laura Manion», erwiderte eine Frauenstimme. «Mrs. Laura Manion. Es tut mir leid, Sie so spät noch zu belästigen, aber ich habe Sie schon das ganze Wochenende über zu erreichen versucht. Schließlich war Ihre Sekretärin am Apparat, die vermutete, Sie würden wohl gegen Abend zurück sein.»

«Ja, Mrs. Manion, bitte?» sagte ich.

«Mein Mann, Oberleutnant Frederic Manion, sitzt hier in Iron Bay im Gefängnis. Er ist unter Mordanklage verhaftet worden und möchte Sie als Anwalt haben.» Ihre Stimme schien brechen zu wollen, doch dann fuhr sie fort: «Sie sind uns wärmstens empfohlen worden. Können Sie seinen Fall übernehmen?»

«Ich weiß nicht, Mrs. Manion», antwortete ich wahrheitsgemäß. «Bevor ich mich entscheiden kann, muß ich natürlich zuerst mit ihm sprechen und die Lage prüfen. Dann wäre auch, wie üblich, die finanzielle Seite zu bedenken, die zur beiderseitigen Zufriedenheit geregelt werden muß.»

Es war merkwürdig, wie leicht mir die aalglatten Redensarten von den Lippen kamen, die ein Rechtsanwalt drechseln lernt, um einen zukünftigen Klienten schonend darauf vorzubereiten, daß er einen nicht geringen Batzen springen lassen muß. Doch Mrs. Manion kannte sich in diesem Jargon aus.

«Gewiß, Mr. Biegler. Wann können Sie ihn besuchen? Er möchte Sie dringend sprechen.»

Ich überflog die eingelaufene Post, meist Belangloses und Laufendes, das sich während meiner Abwesenheit angesammelt hatte. «Morgen gegen elf Uhr vormittags. Möchten Sie dabeisein?»

«Leider muß ich um die Zeit zum Arzt. Ich weiß nicht, ob Sie die Einzelheiten schon gehört haben – ich habe eine ganze Menge dabei durchgemacht. Aber Dienstag kann ich

Sie sicher sehen, vorausgesetzt natürlich, daß Sie den Fall übernehmen können.»

«Ich werde mich also für Dienstag freihalten, falls ich die Verteidigung übernehme.»

«Vielen Dank, Mr. Biegler.»

«Gute Nacht, Mrs. Manion.» Ich knipste die Lampe aus und blieb im Dunkeln sitzen. Dabei beobachtete ich auf der gegenüberliegenden Wand das tanzende Licht, das die wechselnden Verkehrsampeln von unten heraufwarfen. Das Zimmer war stickig, ich öffnete das Fenster, schaute dem träge hinausziehenden Rauch meiner Zigarette nach auf den stillen, leeren Hauptplatz hinab und grübelte dabei müde über das verworrene Netz von Vergangenem und Künftigem.

2. Kapitel

Chippewa liegt in einem weiten lehmigen Tal, umschlossen von kühlen, flachen Granit- und Dioritfelsen, etwa zwanzig Kilometer westlich der Stadt Iron Bay am Oberen See, der Kreisstadt des Landkreises Iron Cliffs. Ich war öffentlicher Ankläger im Kreis Iron Cliffs gewesen. Ein Distriktsstaatsanwalt, dem es an Presse und Propaganda fehlt, das ist vielleicht die einfachste Definition des öffentlichen Anklägers. Im übrigen haben beide den gleichen Aufgabenkreis. Rundfunk- oder Fernsehsendungen, die die wahre oder erdichtete Tätigkeit des Herrn Vertreters der Anklage verherrlichen, gibt es nicht. Zehn Jahre lang war ich Ankläger. Dann warf Mitchell Lodwick mich aus dem Rennen. Mitch war nicht nur im Gymnasium, sondern noch auf der Hochschule eine Fußballkanone, ein phantastischer Kerl, auch Soldat im zweiten Weltkrieg, während ich wegen einer alten Lungennarbe, die ich von einer fast tödlichen Schwindsucht aus der Zeit meines Jurastudiums zurückbehalten hatte, als kriegsuntauglich zurückgestellt worden war. Mit diesem Vorsprung war Mitch kaum zu schlagen. Ich war auf keinem Gebiet ein Held, konnte weder mit einem Ball übers Feld rasen noch einen Unteroffizier von einem fünfsternigen General unterscheiden. Ich kann es heute noch nicht. Darum verlor ich glatt.

Eisenerzminen sind das Rückgrat des Kreises Iron Cliffs. Das Eisenerz wird gefördert, von Chippewa mit der Eisenbahn nach Iron Bay an den See und von dort mit Schleppern auf den Großen Seen zu entlegenen Kohlenlagern und Hochöfen verfrachtet. Auf diese Weise wird viel Geld gespart, einmal wenigstens scheint hier die Natur auf die Seite der freien Unternehmer getreten zu sein. Gäbe es keine Gruben, würde der Landkreis, glaube ich, noch heute den Indianern gehören. Statt dessen ist er zum größten Teil in den Besitz der Iron-Cliffs-Erzgesellschaft und anderer kleinerer Grubenunternehmen übergegangen. In das, was noch übrigblieb, teilten sich die Nachkommen der Finnen und Skandinavier, Franzosen und Italiener, der Leute aus Cornwall, der Iren und der wenigen Deutschen (darunter Großvater und Großmutter Biegler), die einst hier gelandet sind – glücklicherweise viele Jahre bevor ein hundertprozentiger Amerikaner, der Senator Patrick McCarran, der – Ironie des Schicksals – selbst Nachfahre von Einwanderern war, auf den Einfall kam, daß diese freiheitshungrigen Leutchen sich fortan besser als *Quoten*, als Einwanderer-Kontingente zu betrachten hätten. Er errichtete daher um Ellis Island – den Ort, wo die Einwanderer ankommen – einen hohen Zaun aus Gesetzesparagraphen.

Auf diese Weise war ich mit vierzig Jahren plötzlich arbeitslos. Auf der Habenseite meiner Bilanz standen ein Doctor iuris, ein Stapel juristischer Handbücher aus zweiter Hand und ein paar knarrende Angeln.

Eine Zeitlang spielte ich mit der verrückten Idee, eine Legion der Kriegsuntauglichen zu gründen. Wir würden ein Jahrestreffen abhalten, in knabenhaftem Übermut

Omnibusse und Straßenbahnen umwerfen und ein Oberhaupt wählen, das sich über sämtliche Probleme der Welt tönend verbreiten könnte. Wir würden sogar einen Saal in Washington bekommen, die Fahne schwenken, den lieben Gott preisen und die Vereinigten Staaten verfluchen; wir würden in regelmäßigen Abständen wie Heuschrecken ausschwärmen, Papierblumen, Lotterielose oder sonst einen Unsinn verkaufen, wie all die anderen uniformierten Einheiten auch. «Steht auf und kämpft, ihr Kriegsuntauglichen!» würde ihr Führer Paul Biegler wettern.

Allmählich jedoch nahm meine Verbitterung ab, und als ich jetzt am offenen Fenster meines Büros saß und auf die verlassene Straße hinabblickte, sagte ich mir, daß ich meinen alten Staatsanwaltsposten gar nicht wiederhaben wollte, auch wenn sie mein Gehalt verdoppelten. Nie und nimmer, nicht einmal, wenn sie mir Mitch als Assistenten beiordneten. Die Stellung eines öffentlichen Anklägers war vielleicht das beste Training, das ein junger Anwalt finden konnte (neben einem schlüpfrigen Sprungbrett in die Politik), aber als Karriere war sie für die Katz. Ich kramte ein Zigarillo heraus, entzündete es – man steckt es nicht einfach an –, und plötzlich kam mir mein alter Freund Parnell McCarthy in den Sinn.

Parnell McCarthy, im Schatten eines Grubenschachtes in Chippewa zur Welt gekommen, stammte von irischen Vorfahren ab. Er hatte einst – wie Mutter zu berichten wußte – den vielleicht unirdischsten Sopran aller Chorknaben der Sankt-Michaels-Kirche besessen. In letzter Zeit hatte er, hauptsächlich, weil er so heftig trank, den größten Teil seiner Klienten verloren und war Anwaltsgehilfe geworden. Er fristete sein Dasein mehr oder minder zufällig damit, daß er in Grundbesitzurkunden herumstöberte und aus ihnen für andere Rechtsanwälte und kleinere Grubengesellschaften Auszüge heraustüftelte und begutachtete. Unsere Bekanntschaft stammte aus meinem ersten Anklägerjahr und hatte mit einem typisch Parnellschen Tusch begonnen. Ein ratloser junger Polizist rief mich eines Montags in aller Herrgottsfrühe an.

«Herr Ankläger, wir haben hier ein zweideutiges Subjekt eingelocht. Der Kerl steht unter dem Verdacht, in betrunkenem Zustand Auto gefahren zu sein. Als wir ihn heut früh fanden, lag er stinkbesoffen neben einem alten *Maxwell*, der an einem Baum klebte. Er besteht darauf, Sie zu sprechen – allein.»

«Wer ist der Kerl?» fragte ich.

«Parnell Emmett Joseph McCarthy, sagt er. Behauptet, eine Dolly Madison hätte den Wagen gefahren.»

«Ich komme rüber», antwortete ich zusammenfahrend.

«Aber wer ist diese Dolly Madison?» Der junge Polizist ließ nicht locker. «Ich dachte, wir kennen das Gelichter hier in der Gegend.»

«Ich bin gleich drüben», sagte ich. «Am Telefon kann man das schlecht erklären.»

Schließlich standen Parnell und ich allein im Gefängnis einander gegenüber. «Also raus mit der Sprache, Mr. McCarthy», begann ich unsanft. «Und bitte lassen Sie Dolly Madison aus dem Spiel.»

Erst nach einer ganzen Weile blickte Parnell mich aus seinen blutunterlaufenen Augen an. «Ist gut, junger Mann», erklärte er würdevoll. «Also, ich fahre die Straße runter, quietschvergnügt und seelenruhig, verstanden, und denke an nichts Böses, als es plötzlich passiert ...»

«Was passiert?» fragte ich ein wenig schroff.

«So wahr ich hier sitze, junger Freund, werde ich plötzlich von einem daherkommenden Drachen geblendet», antwortete er und schlief augenblicklich ein.

Ich trommelte die Beamten zusammen und verhandelte mit ihnen; daraufhin wurden Abmachungen getroffen, wonach wir versprachen, Parnell seine Dolly Madison abzunehmen, wenn er seinerseits verspräche, freiwillig das Trinken aufzugeben. Parnell und ich bekräftigten dies durch Handschlag. Beide Versprechen wurden feierlich gehalten. Auf diese Weise lernte ich meinen alten Freund zum erstenmal richtig kennen.

Parnell, fiel mir ein, hatte auch den Abend meines letzten Tages als Vertreter der Anklage, jenes schneereichen Silvestertages vor zwei Jahren, mit mir verbracht. Ich war fest entschlossen, jenen letzten Tag im Amt durchzuhalten, und wenn er mich umbrachte. Niemand sollte meckern können, Polly Biegler habe sich aus dem Staub gemacht, als die Sache brenzlig wurde. Dabei hatte anscheinend niemand Lust verspürt, irgendwelche Bemerkungen zu machen, denn es warteten verlockendere Aussichten; man mußte sich vor allem darauf vorbereiten, den festlichen Neujahrsmorgen im angemessenen Zustand alkoholischer Benommenheit zu begrüßen.

Der Vormittag war ohne einen einzigen Anruf oder Besuch vorübergegangen; nur der Postbote kam mit einem herzerfrischenden Neujahrsgruß von meinem Versicherungsagenten, den ich nachdenklich in den Papierkorb versenkte, und gleich darauf erschien ein ernstes O-beiniges Männchen aus Cornwall mit dem «Kriegsruf», steckte den mit der Heilsarmeemütze gezierten Kopf zur Tür herein und rief mit einer vor Glaubenseifer bebenden Stimme: «Möge der Herr Ihnen ein gesegnetes neues Jahr bescheren, mein Herr.»

«Auch Ihnen ein gutes neues Jahr, General Booth», krächzte ich mürrisch und kam mir dabei sehr vornehm und sehr bedauernswert vor. «Nehmen Sie bitte das Typhuszeichen von der Tür, wenn Sie gehen.»

«Typhuszeichen, Typhuszeichen?» murmelte der General wie vor den Kopf gestoßen, als er seine wöchentlichen fünfundzwanzig Cent nahm und flüchtete. Bösartig grinste ich mein gerahmtes juristisches Diplom an der Wand an.

Auf höchst unerfreuliche Weise lernte ich an diesem Tag etwas, was ein Mann, der nie eine Staatsstellung bekleidet hat, schwerlich zu begreifen vermag: das Gefühl völliger Verlorenheit und Leere, das jemand überfällt, wenn er in der Wahl hinausfliegt. Je länger er sein Amt innehatte, desto schlimmer ist es. Dieses krankhafte Gefühl hat nichts mit Vernunft zu tun, ist etwas kindisch und läßt sich doch nicht unterdrücken. Der letzte Freund hat einen verlassen, alles hat sich verschworen, einen zu verhöhnen und zu demütigen. Jeder deutet zornig, haßerfüllt heimlich auf den Geschlagenen. Den ganzen Tag weidete ich mich an meiner eigenen Verzweiflung. Am späten Nachmittag seufzte ich und läutete nach Maida.

«Ich dachte schon, Sie hätten den Gashahn aufgedreht», meinte Maida fröhlich; keck und keß trippelte sie herein, schüttelte ihren Lockenkopf und ließ sich, bewaffnet mit ihrem Stenogrammblock und einer Batterie dolchspitzer Bleistifte, mir gegenüber in einen Sessel fallen. «Wollen Sie mir jetzt Bieglers Abschiedsrede diktieren?»

Ich lachte – wie ich hoffte, ausdruckslos – und schob ihr einen zerdrückten Zwanzig-Dollar-Schein über den Schreibtisch. «Kein Diktat, Maida, eher ein Gnadengesuch. Laufen Sie rüber in den Schnapsladen, und holen Sie mir eine Flasche von meinem Lieblingsgift. Wenn Sokrates seinen Schierlingsbecher leeren durfte, werde ich mich ja wohl mit Whisky trösten dürfen.» Ich sah auf das Schneetreiben draußen. «Kaufen Sie sich vom Wechselgeld einen Sportwagen, und benutzen Sie den Rest des Tages, um ihn einzufahren. Ich halte die Stellung.»

«Wie immer in alter Frische, Boss», sagte Maida und stand auf. «So viel einsamer Mut geht mir zu Herzen. Der Chef und seine treue Flasche. Vergessen Sie aber in Ihrem Kummer nicht ganz, daß die Wähler in diesem Kreis Ihnen eine schöne zehnjährige Hochschulausbildung im Strafrecht bezahlt haben. Wo bleibt Ihre Dankbarkeit? Mit der Verteidigung eines einzigen schweren Falles können Sie doch jetzt fast genausoviel verdienen wie in einem Jahr als Ankläger. Und keiner mehr, der umsonst etwas von Ihnen will und Ihnen erklärt: ‹Jawohl, ich zahl meine Steuern.› Wer jetzt Ihr Büro betritt, muß sofort den Geldbeutel zükken. Und ich brauch zu den Leuten nicht mehr freundlich zu sein. Junge, Junge, ich kann kaum erwarten, daß es soweit ist. In zehn Minuten bin ich mit dem Stoff zurück. Schönen Dank für den Sportwagen.»

Vermutlich hatte die aufgeweckte Maida wie immer recht, was so aufreizend an ihr ist. Im Grunde genommen wurmte es mich gar nicht so sehr, daß ich mich in Kürze als ausrangierter Staatsanwalt betrachten mußte, sondern daß mein Stolz verletzt und ich von einem charmanten jungen Burschen ausgestochen worden war, der kaum sein Studium beendet hatte und vermutlich noch Bürgschaft mit Bürgerschaft verwechselte. Warum sich der Tatsache verschließen? Ich litt, weil ich länger als notwendig gewartet hatte und nicht rechtzeitig als Meister abgetreten war. Statt dessen hatte ich mich von einem unerfahrenen Grünschnabel überrunden lassen, von einem Lausebengel, der nichts als seine Jugend besaß.

Ich saß am Schreibtisch, lauschte dem heulenden Wind und fragte mich, was wohl aus Maida und den zwanzig Dollar geworden sei, als es an der Tür klopfte. Maida konnte es nicht sein, sie wäre wie üblich hereingeplatzt, hätte geschrien und gestampft oder ihren Schlüssel benutzt. Sicherlich war es ein rücksichtsloses Subjekt, das sich den ganzen Tag in Kneipen herumgetrieben, sich die Nase begossen hatte und mich nun überfiel, um sich an dem gestürzten Herrn der Anklage zu weiden. Na, ich wollte ihm zeigen, was für einen wachsamen Diener des Staates er mit mir verlor. Ich ging zur Tür und öffnete.

Da stand, schneebedeckt und leicht angesäuselt, mein alter irischer Freund, Parnell McCarthy, ebenfalls Anwalt in Chippewa. Er hielt eine feuchte braune Tüte oben und unten fest und balancierte sie vorsichtig, als berge sie eine kostbare Plastik. Mit seiner knolligen roten Nase und seinen zwinkernden grauen Augen erinnerte er ein wenig an einen umherstreifenen Sankt Nikolaus. Er roch auch genauso gut.

«Guten Tag, Paul», sagte er schwerfällig mit seiner schnarrenden Stimme, stolzierte mit seinem holprig-würdevollen Gang ins Zimmer herein und redete unablässig. «Ich komme als Kurier, nicht als Grieche, der Geschenke bringt. Traf Miss Maida unten an der Treppe, als ich heraufwollte. Sie bat mich, dies abzuliefern – dieses Paket hier.» Er untersuchte die Tüte. «Keinen Dunst, was sie enthält, Ehrenwort, nicht die blasseste Ahnung.» Er schüttelte das Paket und hielt es ans Ohr. «Obwohl ich ein bißchen neugierig bin, wie du wohl merkst.» Er zwinkerte und schüttelte es von neuem. «Doch, ich glaube, ich habe einen leisen Verdacht, oder sagt's mir mein kleiner Finger? Hier», sagte er und stellte die Flasche auf die Löschunterlage meines Schreibtischs, seine plumpen Hände schwebten behütend darüber. «Bin einer hübschen jungen Maid immer gern gefällig.» Er untersuchte die Tüte und schüttelte den Kopf. «Vielleicht ein Abschiedsgeschenk, ein Zeichen der Wertschätzung von einem deiner untröstlichen Wähler», riet er. «Mag aber genausogut ein Kohlkopf sein, wer weiß.»

Ich brummte. «Wie wär's, wenn der Kurier die Nase in die Tüte steckte, Parn, während ich Wasser und Gläser hole? Was auch drin sein mag, entkorke es.» Während ich am Waschbecken in Maidas Zimmer Wasser laufen ließ, bis es kalt war, hörte ich Parnell mit der Tüte rascheln, hörte sein gespielt erstauntes Quieken und seine wildentzückten Seufzer, die ich für weniger gespielt hielt. «Hoppla, was ist denn das? Herrje, eine Pulle Whisky, echter Whisky! So ein Zufall! Und was für 'ne schöne schimmernde Flasche! Na, da kommt der alte Parnell McCarthy ja gerade rechtzeitig, um mit seinem Busenfreund und Kollegen Paul Biegler einen feierlichen Tropfen zu trinken. Wie klein doch die Welt ist und, ach, voll berauschender Überraschungen!»

Der alte Knabe ist mal wieder aufgekratzt, dachte ich, während ich ihn von der Tür aus geruhsam betrachtete. Er hielt die Flasche gegen das Licht, summte, vollführte ein paar bedächtige Tanzschritte und schmunzelte stillvergnügt vor sich hin. In diesem Augenblick beneidete ich ihn. Parnell McCarthy besaß eine ganz seltene und kostbare Gabe, die Fähigkeit, Freud und Leid mit anderen zu teilen, die beneidenswerte Bereitschaft, unbedeutenden Gelegenheiten und belanglosen Dingen Vergnügen und Frohsinn abzugewinnen. Bei all seinem Zynismus hatte er sich das Staunen und die entwaffnende Unschuld bewahrt, mit der ein Schulbub seinen Drachen steigen läßt.

«Ob du fertig bist oder nicht, Parn, jetzt geht's los», sagte ich, füllte die Gläschen und mischte meinen Whisky mit Wasser, wobei er mir mit großen Augen zusah wie ein Kind unter dem Weihnachtsbaum. Er nahm sein Gläschen in die eine, das Glas mit Wasser in die andere Hand, beugte sich dann über meinen Schreibtisch und stieß feierlich mit mir an, ohne einen Tropfen zu verschütten. «Auf einen der besten Vertreter der Anklage, die Iron Cliffs je gesehen hat», sagte er leise. «Auf die glänzende Zukunft des neuen Strafverteidigers.»

Mißbilligend schüttelte ich den Kopf. «Prost Neujahr, Parn!» sagte ich, und wir setzten die Gläser an den Mund. Parnell trank seinen Whisky wie immer pur und einen Schluck Wasser rasch hinterher. Für jemand, der an chronischer Arthritis litt und dabei leicht angetrunken war, schienen mir seine Bewegungen unglaublich flink und geschickt. Freilich hat er sich Jahre und Jahre geübt, dachte ich. Die Übung war in der Tat Parnells Verhängnis. Denn vor mir stand vermutlich der gerissenste Anwalt, den ich je gekannt habe, der gewiegteste und zugleich erfolgloseste.

«Aaah!» machte Parnell und fuhr mit der Zunge über die Lippen. «Ein sauberes Gebräu – das heißt für Bauern, die aussterben wollen.»

Dann sprachen wir über mancherlei, über Vergangenes, Gegenwärtiges und Künftiges. Wie meist, wenn wir allein und friedlich beieinandersaßen, erzählte er mit ein paar liebevollen Worten von Nora, seiner Frau, die vor vielen Jahren im Kindbett gestorben war. Richter Maitland hatte mir einmal verraten, daß Parnell nach ihrem Tod nie wieder der alte gewesen sei. Lange war es still zwischen uns, dann fragte ich Parnell, ob er glaube, ich könne mit Amos Crocker, dem führenden Strafverteidiger, konkurrieren. «Meinst du, gegen den komme ich auf?» wiederholte ich.

Meine Frage war nicht müßig. Amos Crocker war ein Hurrapatriot und ein Rechtsanwalt der alten Schule, der in Iron Bay wohnte und dort seine Praxis hatte. Solange ich zurückdenken konnte, trieb er in und um den Gerichtshof sein Unwesen, schwitzend und schwülstig, ein Wüterich und ein Höllendrachen. Schon meinen Vorgängern war er stets ein Dorn im Auge gewesen, und als ich Ankläger wurde, hatte er sich nur insofern verändert, als er sein letztes Haar verloren und sich eine rote Perücke erworben hatte, ein Hörgerät – und einen fast sagenhaften Ruf juristischer Unfehlbarkeit.

«Hm!» brummte Parnell, rekelte sich in seinem Sessel und dachte, so hoffte ich jedenfalls, über meine Frage nach.

Der alte Crocker war uns Anwälten schlechthin als *Die Stimme* oder als *Willi der Greiner* bekannt. Neben seinem donnernden Baß waren Tränen das Geheimnis seines Erfolges; er heulte sich durch jede Gerichtsverhandlung, und viele Jahre hindurch hatten weinerliche Geschworene ihn und seine überwältigenden Tränenströme mit Freisprüchen belohnt. Angeblich bemaß er sein Honorar nach der Menge der vergossenen Tränen.

«Polly», meinte Parnell schließlich und stützte seine Ellbogen auf meinen Schreibtisch, «bei einem Vergleich eurer juristischen Fähigkeit und Allgemeinbildung käme zweifellos heraus, daß der alte Greiner Willi nie mehr eine Strafsache in die Hand bekäme.» Er schüttelte den Kopf. «Was keineswegs ein Kompliment für dich ist ... Dieser aufgeblasene alte Windbeutel! Alles, was er kann, ist belfern und brüllen. Meiner wohlüberlegten Meinung nach ist er ein Hohlkopf und ein Schwindler. Zugegeben, er macht wenig Worte, aber die gebraucht er dafür immer wieder. Wenn er sich an die Geschworenen wendet, wenn der uferlose Redestrom seiner plumpen, blechernen Rhetorik versiegt, dann schwimmen alle – der Richter, die Geschworenen, sein Mandant, die Gegenseite – in einem Zustand schlagartiger Trance.»

Parnell redete sich in Feuer und stand auf. «Hörst du ihn nicht geradezu, wie er vor den Geschworenen lossabbelt, Polly? Wie er stolz mit dem Finger deutet und besorgt umheräugt? Du weißt, daß er in einem Straffall nur eine einzige Beweisführung auf Lager hat – und die leiert er seit vierzig Jahren ohne Unterlaß hinunter. Hör ihn dir doch an!» Parnell besaß eine ungewöhnliche Gabe, seine Mitmenschen nachzuäffen. Er zog die Schultern hoch, blies die Backen auf, und im Handumdrehen stand der empörte alte Crocker vor mir, sogar die feuerrote Perücke schien er aufzuhaben. «Meine Damen und Herren», donnerte er los, «mit Vermutungen bringen Sie den Mann nicht ins Kittchen! Mit solchen Beweisen, liebe Leute, lockt man keinen Hund hinterm Ofen hervor!» Parnell schmunzelte und wurde wieder er selbst. «Du erinnerst dich doch an dieses unsterbliche Gewäsch?»

Ich nickte verdrießlich. «Ja, Parn, ich kenn's auswendig!»

Parnell erinnerte mich daran, daß Crocker mich nur einmal in sechs Jahren geschlagen hatte, und warf ihm vor allem maßlose Dummheit vor. «Das einzige, worin er sich wirklich auskennt, ist das kleine Einmaleins – er verlangt horrende Honorare und bekommt sie auch.»

«Wenn man die Beweggründe untersuchte, aus denen Leute, die im Druck sind, den oder jenen Anwalt wählen, könnte man eine ganze Bibliothek zusammenschreiben», fuhr er langsamer fort. «Verstehst du, je schuldiger einer ist, je ärger er in der Patsche sitzt, desto geneigter wird er sein, einen wütenden Feuerfresser wie Crocker zu nehmen. Wenn jemand wirklich daran glauben muß, was der eine oder andere sicherlich dunkel ahnt, dann will er auch mit fliegenden Fahnen ins Kittchen wandern. Er legt Wert darauf, unter den günstigsten Vorzeichen eingelocht zu werden, gleichsam auf einer kostspieligen Vergnügungsreise hineinzusegeln unter der bewährten Führung eines berufsmäßigen Klagebruders, der wie ein Löwe für ihn kämpft. Das scheint sein schwankendes Selbstbewußtsein wiederherzustellen, es stärkt seine geschwächte Moral, er kann den Leidensweg der Einbuchtung dann besser verkraften.»

«Hochinteressant, Parn», gestand ich und nickte. Nur Parnell vermochte dem Problem so fesselnde Schlaglichter zu geben.

Parnell schüttelte den Kopf. «Ich jedenfalls habe mir dieses trübe Geschäft viel zu lange angeschaut, Polly, und mir scheint, daß die meisten Leute, denen es ans Leder geht, geneigt sind, Klamauk und Zetermordiogeschrei mit einer gerissenen Strafverteidigung gleichzusetzen. Eine traurige Angelegenheit. Aber so geht es ja nicht nur im Rechtsleben zu. Ein intellektueller Nebel schwebt über dem Land. In fast allen Lebensbezirken kommt unsere unbändige Lust am Mittelmäßigen, unser Heißhunger nach dem Drittklassigen zum Vorschein.»

«Willst du damit etwa sagen, daß ich versuchen soll, den alten Crocker nachzuahmen?» fragte ich. «Mit Geflenn und allem anderen? Ich kann mir natürlich eine Bohne ins Ohr stecken, aber ob ich je eine rote Perücke finde, die sich mit der seinen messen kann, das bezweifle ich.»

«Den alten Spitzbuben nachahmen!» knurrte Parnell. «Nie im Leben, Polly! Das hättest du nicht sagen dürfen, mein Junge. Du hast mir eine aufrichtige Frage gestellt, und ich habe versucht, dir aufrichtig zu antworten. Oder wolltest du, daß ich dir Sand in die Augen streue?»

«Entschuldige, Parn. So war's nicht gemeint. Hier, trink noch einen. Prost!» Ich füllte sein leeres Glas.

Parnell stand auf, lehnte sich vor und stieß mit mir an. «Am sichersten könntest du dich vielleicht durchsetzen, wenn du irgendwann mal einen schweren Fall bekämst und ihn gewinnst. Zeig den Hunden, wie man einen Straffall wirklich anfaßt – mit Herz und Hirn, nicht mit Armen und Lunge. Erst mußt du ihn freilich kriegen und dann auch noch gewinnen. Da liegt der Hase im Pfeffer. Jeder kapiert, was Erfolg ist – besonders, wenn's ihm von den Titelseiten der Zeitungen entgegenschlägt. Aber Kopf hoch, Polly, und halt die Augen auf.»

Parnell stürzte seinen Whisky, dann seinen Schluck Wasser hinunter und schritt entschlossen zur Tür.

«Du weißt, ich würd gern noch bleiben, Polly, ein paar mit dir kippen und den Silvesterabend mit dir verbringen», sagte er, schüttelte mir die Hand und zog ein Paar dunkle Baumwollhandschuhe an. «Aber ich – ich muß heim und 'n Nickerchen machen. Nachher geht's zur Abendandacht – jedes Jahr einmal, weißt du, da muß ein so lascher Kirchgänger wie ich schon halbwegs nüchtern erscheinen. Nacht, altes Haus. Ein gutes neues Jahr und alles Gute.»

Ich stand in der offenen Tür und sah ihn würdevoll zum Treppenkopf stelzen. Er drehte sich nicht um. Ich hörte ihn die Holzstiege hinunterächzen und wartete, bis die Haustür in ihren rostigen Angeln kreischte. Dann ging ich zurück, setzte mich an meinen Schreibtisch und goß den Rest der Flasche in ein Bierglas. «Auf Parnell Emmett Joseph McCarthy – einen der unbekannten großen Männer unserer Zeit», flüsterte ich und leerte das Gefäß.

Parnell hatte recht gehabt. Nach dem ersten Tag im neuen Jahr, als Mitch Lodwick seine Stelle als Staatsanwalt angetreten und die Lastwagen der Kreisverwaltung die letzte Ladung der angehäuften Akten aus meinem Büro zu ihm verfrachtet hatten, entwickelte sich alles ungefähr so, wie er prophezeit hatte. Alle wichtigen – und einträglichen – Strafverteidigungen gingen nach wie vor an den flennenden Berserker Amos Crocker. Mit einem bedeutsamen Unterschied allerdings, der die Sache aber nur noch verschlimmerte – für mich jedenfalls: Der alte Crocker begann Mitch bei seinen Straffällen ziemlich regelmäßig auszustechen. Nicht bei allen selbstverständlich, aber bei den meisten. Das Ergebnis war, daß der alte Mann mehr denn je als führender Strafverteidiger des Kreises galt.

Da ich gelegentlich auch essen und Maida entlohnen mußte, geriet ich schließlich an Scheidungen und an das Nachlaßgericht, wo ich mithalf, den Besitz Verstorbener zwischen die verschiedenen Steuereinnehmer und die trauernden Hinterbliebenen aufzuteilen. Beruflich ist nichts dagegen einzuwenden, daß ein Anwalt sich mit Scheidungs- und Testamentsfällen und anderen einwandfreien Dingen beschäftigt, nur konnte ich bei dieser Tätigkeit meine lange Erfahrung im Strafrecht kaum oder gar nicht verwerten. Die Arbeit war angenehm, mäßig einträglich und sicher. Aber nach dem dramatischen, aufregenden Amt eines Staatsanwalts erschien sie mir geisttötend und unerträglich langweilig. Die einzige Pflichtverteidigung in dieser Zeit wurde mir durch Gerichtsbeschluß übergeben; es handelte sich um einen unbemittelten Angeklagten, einen jungen Lagerdelinquenten mit einem Sündenregister, das so lang war wie sein Gesicht und auch meines – nach seiner Verurteilung. Ich fürchte, meine Verteidigung war nicht gerade glänzend. Ich war nicht bei der Sache gewesen, ja, ich glaube, ich sah noch ein paar Gründe mehr als Mitch und die Geschworenen, aus denen er verknackt werden mußte.

Ein kühler Wind war aufgekommen, Vorbote des herannahenden Herbstes; ich stand auf, schloß das Fenster meines Büros und tastete mich im Dunkeln ins Schlafzimmer. Seit einiger Zeit war ich so grantig und rastlos, daß ich bereits verkündet hatte, ich würde mich im Herbst für die Kongreßwahlen aufstellen lassen. So weit war es mit mir gekommen. Über Washington, den großen Hauptbahnhof amerikanischer Politiker, gab ich mich in dieser Beziehung keinen Illusionen hin, noch weniger über meine staatsmännischen Fähigkeiten. Immerhin konnte ich dort vielleicht gelegentlich Lärm schlagen oder aber der Tochter irgendeines Botschafters den Hof machen. Dann hatte Mitch Lodwick verbreitet, er werde sich von seiner Partei als Gegenkandidat aufstellen lassen. Nun aber schien es, als sollten wir zunächst bei der Verhandlung eines sensationellen Mordprozesses die Klingen kreuzen.

Geh zu Bett, Biegler, dachte ich und gähnte ausgiebig. Morgen fällt dir vielleicht dein erster großer Mordfall in den Schoß.

3. Kapitel

Alle Gefängnisse stinken, und das Kreisgefängnis von Iron Cliffs bildet keine Ausnahme. Trotz des alljährlichen, in der Kampagne für seine Wiederwahl weidlich ausgeschlachteten Lobes, das der Bezirksrichter Battisfore für die Reinlichkeit seiner Strafanstalt eingeheimst hatte, war es weder ihm noch irgend jemand anderem bisher gelungen, die Gerüche nach einer Horde ungewaschener Männer, nach kaltem Schweiß und Urin in Rosenduft zu verwandeln. Ich bekam diesen bedauerlichen Zustand in voller Wucht zu spüren, als das äußere Gefängnistor sich geräuschvoll hinter mir schloß. In dem nahezu zweijährigen Urlaub vom Verbrechen hatte ich vergessen, wie scheußlich es dort roch.

«Veilchenduft», murmelte ich, die Nase rümpfend, und versuchte leicht zu atmen. Gefängniswärter Sulo Kangas, der Finne, hatte Dienst. Selig schlummernd, saß er mit gefalteten Händen, die Innenflächen nach oben, auf seinem Stuhl. Einen Augenblick kam es mir so vor, als habe er vor seiner Umwelt kapituliert und sei ohnmächtig geworden. Sein blondes Wuschelhaar stand in einer Locke himmelwärts, er saß unter dem Verbrecheralbum-Konterfei eines der zehn gesuchtesten Übeltäter des Landes. «Hallo, Sulo», grüßte ich halblaut, bemüht, ihn nicht unnötig zu erschrecken. «Ich möchte mit Oberleutnant Manion sprechen.»

Sulo schüttelte den Kopf wie jemand, der gerade geduscht hat, und segelte langsam ins Bewußtsein zurück. «Ja, ja, ja.» Er rieb sich die Augen, strich seinen Haarschopf glatt und stemmte sich hoch. Es war wirklich ein Jammer, ihn zu stören. Bis zu seiner Pensionierung fehlten nur wenige Jahre, und wer ihn kannte, hoffte, er würde so lange durchhalten. Viele Jahre hindurch war er ein guter, zuverlässiger Wärter gewesen, nun aber eigentlich nur noch müde. «Ich möchte gern mit Oberleutnant Manion sprechen, Sulo», wiederholte ich taktvoll.

«Freilich, freilich, Polly», brummte Sulo und griff nach einem großen Messingschlüssel, der an einem dicken Metallreifen über seinem Rollschreibtisch an der Wand hing. «Wollen Sie in seine Zelle gehen?»

«Könnten wir unseren Schwatz in das Büro des Gefängnisdirektors verlegen, Sulo? Ich sehe, daß es leer ist.»

«Sicher, sicher», gab Sulo zurück, öffnete die stählerne Gittertür, die das Gefängnisbüro von den Zellenblocks trennte, schloß sorgsam hinter sich zu und schlurfte, den Messingschlüssel über den Arm gehängt, treppauf zu einer der oberen Zellenreihen.

Zur Wappnung zündete ich mir ein Zigarillo an und paffte wütend, während ich das Foto eines der zehn berüchtigtsten Verbrecher des Landes musterte. Hm ... Der Ausreißer erinnerte mich unbestimmt an einen ehemaligen Pfadfinderführer, den ich von früher kannte, einen verflixt geschickten Burschen, der mit zwei trockenen Stäbchen das tollste Feuerwerk in Brand bekam. Ich trat näher und las einen Teil des Sündenregisters. Es war das kurze *Wer ist Wer?* des Verbrechens, auf seine Weise ebenso voraussehbar wie die Ankündigung einer Hochzeit in der guten Gesellschaft. Vorbereitet in der staatlichen Besserungsanstalt, vollendet in Sing-Sing ... Ich las weiter. Wahrhaftig ein Früchtchen. Erstaunlich, wie ein so junger Mann, der so viele Jahre seines Lebens hinter Gittern verbracht hatte, in den kurzen Freiheitspausen so viel hatte anstellen können. Wenn man nur lernen könnte, solch geballte Energie, solch einseitigen, aufs Unheil gerichteten Eifer zu lenken und zu leiten, man hätte ein Kriegsschiff damit bemannen können.

Ich fragte mich, ob er in seinem jetzigen Schlupfwinkel wohl stolz darauf sei, unter diese Verbrecherelite, die Großen Zehn gezählt zu werden. Da gab es alljährlich die zehn bestangezogenen Dämchen; allwöchentlich die zehn besten Schlager; und schließlich die zehn besten

Mannschaften während der Fußballsaison. Stets die zehn Superlative: die besten, die größten, die elegantesten, die lautesten, und hier, Himmelherrgott, die zehn verdorbensten ...

«Ja, Sir», sagte eine ruhige Stimme neben mir. «Ich bin Frederic Manion.»

«Richtig, richtig.» Sulo erinnerte sich seiner guten Manieren. «Das is Polly Biegler, früher mal unser Staatsanwalt. Er ist unser bestes Stück.»

«Danke, Sulo», sagte ich verbindlich. «Freut mich, Sie kennenzulernen, Oberleutnant Manion.»

Als ich den Mann ansah, durchfuhr mich der triste Gedanke, daß wir trotz unserer Illusionen über Zivilisation und Kultur und unseres ganzen Geredes über Duldsamkeit, Recht und gesellschaftliche Objektivität bei den meisten Menschen, die unseren Weg kreuzen, nur auf zweierlei Weise reagieren: entweder mögen wir sie auf den ersten Blick, oder wir mögen sie nicht. So einfach ist das, und in diesem Fall stellte ich fest, daß ich Frederic Manion auf den ersten Blick nicht mochte. Toleranz, Gerechtigkeit, Objektivität in allen Ehren, aber ich konnte ihn nicht ausstehen. Eine Aura zähflüssiger Eigenliebe klebte an ihm wie ein Trikot; er trug sein Ich wie einen Heiligenschein. Und das erste, was er tat, war, daß er mich in meinem Vorurteil bestärkte.

«Hallo», sagte er, faßte rasch nach meiner ausgestreckten Hand und ließ sie sofort wieder los. «Ich habe schon auf Sie gewartet.»

Der leise Anflug von Ärger und Vorwurf entging mir nicht. «Jawohl», sagte ich und zeigte auf das Büro des Gefängnisdirektors. «Ich glaube, wir unterhalten uns am besten dort.»

Wir saßen uns gegenüber, ich in einem Drehstuhl hinter dem Schreibtisch des Direktors – auf dem ich als Ankläger während manch spannender Sitzung gesessen hatte – und Oberleutnant Manion an der Seite des Tischs. Er schickte sich an, eine Zigarette zu rauchen, was ein langwieriger Ritus war. Sie wurde sorgfältig ausgesucht, als sei jede einzelne in der Schachtel einzigartig; sie wurde vorsichtig geklopft, ein paar flüchtige Tabaksfäden wurden herausgezupft; und dann wurde sie kräftig in eine lange, reichgeschnitzte Elfenbeinspitze eingedreht; probeweise wurde an ihr gesogen, ob sie auch wirklich zog – was offensichtlich der Fall war; ein Küchenstreichholz wurde zutage gefördert und am Gefängnisschreibtisch angerissen – gottlob wußte der Gefängnisdirektor, daß ich ein Feuerzeug benutzte; das Streichholz mußte lange brennen, damit sich der Schwefelrauch verziehen konnte; und dann – endlich – wurde die Zigarettenspitze zwischen zwei Reihen starker weißer Zähne unter ein Bärtchen geklemmt. Siehe da, der Mann rauchte! Mir war, als sähe ich einem entscheidenden Strafstoß in den letzten Sekunden eines unentschiedenen Fußballspiels zu. Guter Gott, der Mann hatte es geschafft ...

Mein eventueller Mandant lehnte sich zurück und betrachtete mich gelassen, mit Augen, die weder schwarz noch braun, aber verblüffend dunkel waren; sein Gesichtsausdruck dabei war weder interessiert noch uninteressiert, sondern entrückt, abwesend bis an die Grenzen des Mißfallens. Verdammt noch mal, schien seine Haltung auszudrücken, du bist mein Rechtsanwalt, nimm also du den Ball gefälligst auf. Mister Kaltblut, dachte ich bei mir. Eine Zeitlang sprach keiner von uns ein Wort, und hätte nicht ich das Schweigen gebrochen, wir wären – bestimmt mit der Erlaubnis des Direktors – wie zwei Figuren aus einem Wachsfigurenkabinett dort hockengeblieben.

«Wo haben Sie die elegante Zigarettenspitze her?» fragte ich.

Er betrachtete sie mit mattem Lächeln. «Von China

über die Burmastraße, zweiter Weltkrieg. Handgeschnitztes Elfenbein, Ming-Dynastie, Mitte des sechzehnten Jahrhunderts.»

«Hm! ... Ripley hat mir nie erzählt, daß man damals schon Zigaretten oder Zigarettenspitzen hatte, geschweige denn Tabak.»

«Doch.» Manion zog nachdenklich an seiner Ming-Spitze. Ich fühlte, daß die Diskussion über das Thema beendet sei, und dachte, daß ich jetzt vielleicht lieber über etwas Näherliegendes reden sollte, zum Beispiel über die Möglichkeiten seiner Verteidigung gegen die Anklage auf Mord ersten Grades.

Mit kühler Distanz wandte sich der Oberleutnant ab und schaute sich im Raum um. Ich folgte seinem Blick. Die vorherrschende Farbe im Büro war, wie im ganzen Gefängnis, Grau: graue Wände, graue Decke, schmutziggraue Gitterstäbe vor grauen rußigen Fenstern. Ich blinzelte. Selbst der Zementfußboden war einförmig grau. Welch ungepriesenes Verkäufertalent, fragte ich mich, hatte den Ausstatter des Landkreises so gut einzuwickeln verstanden? Die grauen Wände waren zum größten Teil mit einem prächtigen Fries verschiedenster Reklamekalender geschmückt, die Handschellen, Fußeisen, Zwangsjakken, Maschinenpistolen, Tränengasbomben und ähnliches abbildeten und anboten. Andere Kalender wiederum waren den freundlicheren Seiten des Gefängnislebens gewidmet: Kübel (garantiert unzerbrechlich), Pulver gegen Kakerlaken, Insekten- und Entlausungsmittel und – mein Blick hing entzückt daran – ein wunderwirkender Zerstäuber, der den Geruch auch der übelriechendsten Zuchthäuser der Welt in würzigen Tannenduft zu verwandeln versprach.

Sollte das wirklich möglich sein? dachte ich mit wehmütiger Skepsis. Vielleicht könnte ich ein Paket telegrafisch bestellen, wenn ich diesen Fall übernahm.

An der Wand hing die unvermeidliche optische Lesetafel, mit der man die Sehschärfe der Führerschein-Bewerber prüft.

«P-L-U-T-O», wiederholte der Oberleutnant zungenfertig, «5, 0, 7, 8, 4 ...» und weiter, die ganze Liste herunter. Ich schob meine Hornbrille auf die Stirn. Sogleich verschwamm mir das Bild vor den Augen, und ich ging auf das Diagramm zu.

«Noch mal, Oberleutnant Manion», bat ich. «Bitte noch mal, ich kann's kaum glauben.»

Der Leutnant las die Reihe rasch und haargenau herunter.

«Schön.» Ich setzte mich wieder auf meinen Stuhl. «Damit schwimmt eine Möglichkeit der Verteidigung den Bach hinunter ...»

Die dunklen Augen des Offiziers bohrten sich in meine. «Was erzählen Sie da?»

«Ich fürchte», sagte ich trocken, «Sie werden nicht behaupten können, daß Sie schlecht gezielt haben.»

Mit unbeweglichem Gesicht brummte der Oberleutnant vor sich hin und nahm die begonnene Zimmerinventur mit kühler Miene wieder auf. Ich begriff, daß dieser des Mordes Verdächtige nicht gesonnen war, über die Klemme, in der er saß, zu scherzen.

Eine ganze Wand war, einem Altar ähnlich, dem grossen Mann selbst, dem Gefängnisdirektor Max Battisfore, gewidmet. Sie war nahezu lückenlos mit glasgerahmten Fotografien ausgestattet, die ihn als populären Mann zeigten. Mit den verschiedensten Gesten der Verbrüderung bezeugten sie seine stumme, nie versiegende Liebe zu Mitbürgern und Wählern. Man sah, wie er Hände schüttelte, wie er umarmte oder umarmt wurde, manchmal beides zur gleichen Zeit; wie er Auflauf aß, Preise, Pokale und Plaketten verteilte oder entgegennahm, und auch, wie er eine endlose Galerie von Königinnen krönte.

«Liebe, dein Reich hat keine Grenzen», murmelte ich.

«Hm!» meinte der Oberleutnant. «Er muß Aktionär bei Eastman Kodak sein.»

Es gab noch viele andere Aufnahmen des Gefängnisdirektors; auf manchen stellte er sich lächelnd mit Politikern vom Notar bis zum Gouverneur, auf anderen mit Leuten, deren Zugehörigkeit ich inmitten eines solchen Überschwangs von Brüderschaft nicht genau zu erkennen vermochte. Besonders sprangen die eingerahmten Diplome ins Auge, die die Sauberkeit des Gefängnisses bezeugten. Ich seufzte und wandte mich dem Oberleutnant zu.

«Wie wäre es, Oberleutnant Manion, wenn wir ein wenig von Ihnen sprächen, bevor wir Ihren Fall behandeln? Das hilft dem Anwalt immer, sich in seinen Fall zu versetzen und etwas von dem herauszukriegen, was man in juridischen Fachbüchern nicht finden kann. Ich glaube, die Psychologen nennen das ‹Nachweisrahmen›.»

«Kenne ich nicht», sagte der Oberleutnant.

«Lassen wir's also. Wie alt sind Sie?»

«Sechsunddreißig.»

«Wie alt ist Ihre Frau?»

«Einundvierzig.»

«In der Zeitung steht fünfunddreißig.»

Pause; dann: «Sie ist einundvierzig.»

«Ach so. Ist das Ihre erste Ehe?» Die Unterhaltung verlief im Telegrammstil.

«Nein.»

«Vielleicht erzählen Sie mir einfach, um Zeit zu sparen, den Verlauf Ihrer Ehen. Ich brauche Tatsachen, verstehen Sie mich?»

«Ist das nötig?»

«Das zu beurteilen, überlassen Sie am besten mir.»

«Es ist meine zweite.»

«Wie endete die erste?»

«Mit Scheidung.»

«Wer ließ sich scheiden: Ihre Frau oder Sie?»

«Meine Frau.»

«Weshalb?»

«Seelische Grausamkeit, daß ich Kekse im Bett aß und so ähnlich.» Er hielt inne und strich sanft über seinen Schnurrbart. «Der wirkliche Grund war der, daß sie einen anderen kennengelernt hatte, während ich im Krieg war. Ich habe ihr keine Hindernisse in den Weg gelegt.»

«Ich verstehe. Haben Sie im Krieg auf dem europäischen oder pazifischen Kriegsschauplatz gedient?»

«Auf beiden.»

«Kämpften Sie auch auf beiden?»

«Nicht zu knapp.»

«Auszeichnungen?»

«Nicht zu knapp. Die kriegt jeder, der nicht gerade kneift oder schlappmacht.»

«Wie war's mit Korea?»

«War auch dort.»

«In der Kampftruppe?»

«Nicht zu knapp. Kam gerade rechtzeitig zum großen Abhauen vom Yalu.»

«Was heißt Abhauen? Das klingt mir etwas zynisch.»

«Rückzug heißt es.»

«Ach so! Irgendwelche koreanische Auszeichnungen?»

«Nicht zu knapp.»

Hier war ich also an einen echten Kriegshelden geraten, an einen, der nicht nur bescheiden, sondern stilgerecht einsilbig war. Würde der sich bei Gericht mit all seinen Ordensschnallen und Ehrenzeichen nicht dekorativ ausnehmen? Schon sah ich im Geist die Geschworenen, von Glanz und Gloria umflattert. «Wie», fragte ich, «sind Sie nur in diesen gottverlassenen Winkel verschlagen worden?»

«Nach dem koreanischen Waffenstillstand wurde ich in die Staaten zurückgeschickt. Seitdem hat man mich als

Ausbildungsoffizier von Einheit zu Einheit kommandiert. Deshalb bekamen Laura und ich auch einen Wohnwagen.»

«Wer ist Laura?»

«Meine Frau.»

«Worin waren Sie Ausbildungsoffizier?»

«Flak-Artillerie. Anscheinend eignet sich unser großer See vortrefflich als ungefährliche Zielscheibe.»

«Erzählen Sie von Ihrer Frau», bat ich.

Wieder ein kaum merkliches Flackern in seinen Augen: «Was wollen Sie wissen?»

«Die üblichen Daten, auch über das augenblickliche Eheverhältnis.»

«Ich bin ihr zweiter Mann, sie ließ sich von ihrem ersten scheiden.»

Glanz und Gloria verwehte ein bißchen. «Hm! ... Kannten Sie Ihren – ah – Vorgänger?»

«Wir haben in derselben Einheit gedient.»

Glanz und Gloria verwehte noch mehr. «Das heißt, daß Sie Kameraden waren?»

Eine winzige Pause. «*Sie* könnten's so nennen.»

Es gab mir einen Stich, und ich merkte, daß ich gut daran täte, mich mit dem modernen Soldatenjargon vertraut zu machen, ließ es aber auf sich beruhen. «Ich verstehe», sagte ich. «Vielleicht erzählen Sie mir, wo Ihr Ex-Kamerad war, als Sie mit seiner Frau anbändelten.» Der Ex-Staatsanwalt genoß es allmählich, Mister Kaltblut die Daumenschraube anzulegen, diesen ordengeschmückten Flak-Spezialisten, der sich nichts aus Ehrenzeichen machte.

«Deutschland. Besatzungsarmee.»

«Und wo waren Sie beide?»

«Georgia.»

Glanz und Gloria wehte schlapp am Mast. «Kein schlechtes Arrangement, was?» fragte ich, erhielt aber keine Antwort. «Hatte einer von Ihnen Kinder aus erster Ehe?»

«Nein.»

«Auch in dieser nicht?»

«Nein.»

«Eins in Aussicht?»

Mister Kaltblut verstummte. «Erwarten Sie eins?» wiederholte ich.

Wütend erwiderte er: «Nein. Falls dieses Schwein, der Quill, das nicht besorgt hat!»

Dies war plötzlich ein aufschlußreicher Schritt auf gefährlichem, auf höchst gefährlichem Gelände. In einem so heiklen Fall wie diesem trat man überall auf Minen, und ich hatte nicht vor, eine von ihnen aus Versehen zum Explodieren zu bringen. Daher schwenkte ich jäh vom Thema ab. «Mit was für einer Waffe haben Sie Quill umgelegt?»

Die dunklen Augen sprühten. «Mit einer deutschen Lueger-Pistole. Andenken aus dem Zweiten Weltkrieg.»

«Mit einer halbautomatischen Pistole also, die unserer .38 ziemlich ähnlich ist.» Ich hatte einmal eine gesehen, kam mir also sehr fachkundig vor und versuchte, den Stolz in meiner Stimme zu unterdrücken.

Seine Antwort machte uns fast zu narbenbedeckten Kriegskameraden. «Ja», sagte er.

«Jetzt werden die Polizisten sie natürlich haben.»

«Ja, ich habe sie der Polizei ausgeliefert.»

«Erzählen Sie mir, woher Sie die Pistole haben. Das kann wichtig für Sie sein.»

«Ist das nötig?»

«Hören Sie zu», sagte ich, «vielleicht beschränken Sie sich auf Ihren militärischen Kram, und überlassen mir das Urteil über gesetzliche Fragen.»

Oberleutnant Manion errötete und setzte sich gerade auf. Seine dunklen Augen umschatteten sich und blickten in die Ferne. «Also gut», begann er langsam. «Wir rückten in Deutschland vor, es war im Frühling des letzten Kriegsjahres. Es dämmerte, ich führte eine Handvoll Männer auf einem Spähtrupp. Wir waren etwa zwölf. Der Abschnitt war stark beschossen worden und bot wenig Deckung. Der Nachrichtendienst hatte gemeldet, die Deutschen seien in vollem Rückzug, die Luft sei rein.»

«Weiter», bat ich und überlegte bereits die Wirkung von alledem auf ein ziviles Geschworenengericht.

«Der Nachrichtendienst hatte sich getäuscht», fuhr er fort. «Plötzlich krachten Gewehrschüsse. Drei von meinen Leuten fielen, zwei davon waren, wie ich später erfuhr, sofort tot, der dritte starb hinter der Linie.»

«Weiter», befahl ich.

«Wir warfen uns hin und blieben liegen. Als es dunkler wurde, klärte ich kurz auf und sah etwas Graues vorbeihuschen, einen grauen Ärmel, der hinter dem Rest eines zerstörten Schornsteins verschwand.»

«Und was taten Sie?» fragte ich.

«Wir hätten den Ort ausräumen können, aber ich wußte nicht, wie viele dort noch lagen. Soviel stand fest: war das kein einzelner Scharfschütze gewesen, dann war es entweder um die oder um uns geschehen. Ich konnte mich mit meinen Leuten nicht verständigen, daher kroch ich bäuchlings weiter und erreichte in großem Bogen den Schornstein.»

«Langstreckenrobben», bemerkte ich.

«Es war ein einzelner Heckenschütze. Ich kroch in sichere Schußweite der Pistole näher – dann gab ich's ihm.»

«In den Rücken, von hinten?» fragte ich bekümmert, weil ich an Glanz und Gloria, an den Schwur der Pfadfinder dachte.

Er lachte kurz auf, das erste fröhliche Zeichen. «Entweder er oder ich. Er hatte mir gerade drei von meinen Männern abgeknallt. Ich wartete nicht erst, bis er sich in Positur gesetzt hatte.»

«Weiter», drängte ich.

«Als ich zu ihm hinkroch, stellte ich fest, daß es ein alter Offizier war, grau, zerfetzt und schon verwundet. Sechzig hatte er bestimmt auf dem Buckel. Sein linker Arm hing in einer schmutzigen Schlinge. Ein Auge war verbunden. Das andere starrte mich an wie ein Wolf in der Falle. Eigentlich sah er wie ein zerlumpter Walddieb aus. Noch immer hielt er die Lueger-Pistole umklammert. Er hatte einen Gewehrschaft daruntergestellt und versuchte sie zu heben. Er beschimpfte mich auf deutsch.»

«Was passierte dann?»

«Ich wollte ihm eine zweite Ladung verpassen – aber dann starb er. War ein Soldat gewesen von altem Schrot und Korn. Seine Pistole nahm ich als Andenken mit.» Frederic Manion hielt inne und spielte mit seiner Ming-Spitze. «Auf diese Weise bin ich zu meiner Lueger gekommen.»

Glanz und Gloria flatterte wieder flott am Mast, obwohl ich schon manchen Jäger weitaus spannender von seinen Fehlschüssen hatte erzählen hören. «Entschuldigen Sie mich einen Augenblick», sagte ich und stand auf. «Ich bin gleich wieder da.»

«Ja», murmelte Mister Kaltblut feierlich wie eine Nachteule und wandte seine Aufmerksamkeit wieder der Zigarettenspitze aus der Ming-Zeit zu.

Draußen überlegte ich mir, daß Oberleutnant Manion und der alte deutsche Heckenschütze, mochten sie sein, was sie wollten, auf jeden Fall eines gemeinsam hatten: beide waren gute Soldaten, folgsame Jünger der Philosophie – das Warum geht uns nichts an ... Jawohl, irgendwie mußte ich vor Gericht die wundervolle Geschichte mit der Lueger-Pistole anbringen. Aber wie? Und was setzte ich mir da in den Kopf? Polly Biegler, wohlgemerkt, übernahm diesen Fall nicht. Reagierten ältliche Ex-Ankläger denn so mechanisch wie alte Feuerwehrpferde? Schnaubten, tänzelten und stampften sie vor ihren Krippen, sobald sie das Getöse der Feuerwehrglocke hörten?

Von Sulos Telefon aus rief ich mein Büro an. Der schlafende Sulo rührte sich nicht einmal in seinem Stuhl. «Maida», sagte ich, «es sieht so aus, als schlitterten wir in den verflixten Manion-Fall hinein.»

«Gut, gut», meinte Maida. «Aber womit will er Sie bezahlen? Etwa mit *Purple Hearts*? Wissen Sie nicht, daß Berufssoldaten nie einen Pfennig in der Tasche haben? Ich weiß es, ich war mal mit einem verheiratet.»

Ich schluckte und verschluckte mich wie ein Lausbub, der beim Ausschlecken eines Kochtopfes ertappt wird. «Das weiß ich noch nicht. Darüber haben wir noch nicht gesprochen. Im Augenblick liegt mir nur daran, Tatsachen aus ihm herauszuholen, Madame. Sie sind so kalt und berechnend, Maida.»

«Und Sie sollten etwas berechnender sein und über Ihr Honorar sprechen. Ich habe gerade Ihren Kontoauszug geprüft.»

«Psst ... nicht am Telefon, Maida. Ich gelte doch als der erfolgreiche, wohlhabende Strafverteidiger. Ich bin überbesetzt, verstanden, und übernehme nur aus purer Liebe zur unterdrückten Menschheit noch neue Fälle. Mein Herz blutet für die Hefe des Volkes. Ich bin und bleibe ein unverbesserlicher alter Liberaler, der sich einzig und allein für die blinde Gerechtigkeit und das geschändete Recht abquält.»

«Sie sind nahezu pleite. Was haben Sie eigentlich mit dem Honorar aus der Nachlaßsache King gemacht? Haben Sie mitgeholfen, Uranium in einer neuentdeckten Mine vorzutäuschen?»

«Ich habe mir ein paar notwendige Sachen angeschafft.»

«Was denn?»

«Etwas Schnaps und eine Burburry-Jacke, weil meine alte nur noch aus Fetzen besteht. Außerdem eine kleine Überraschung für Ihren Geburtstag. Sehen Sie, ich rufe Sie an, um Ihnen zu sagen, daß ich heute nachmittag nicht mehr ins Büro komme, und dann reiben Sie mir unter die Nase, wie pleite wir sind. Sagen Sie lieber alle Termine ab. Die Post mache ich morgen früh selbst.»

«Termine liegen nicht vor. Langsam scheint sich herumzusprechen, daß Sie sich in die Wälder zurückgezogen haben. Auch ich glaube schon daran. Parnell McCarthy war da, ein Luftpost-Einschreibebrief von Ihrer Mutter ist gekommen – das ist alles.»

«Was wollte Parn?»

«Er hatte sein übliches Montagvormittag-Leiden. Vermutlich braucht er Geld – was denn sonst? Sind Sie nachmittags zurück?»

«Nein, ich habe hier zu tun, und gegen Abend gehe ich fischen.»

«Fischen, fischen, fischen», sagte Maida. «Sie haben doch gerade ein langes Wochenende hinter sich. Haben Sie's eigentlich auf die Forellen abgesehen?»

«Ich fürchte, es ist eine Blutfehde, Maida. Jahrelang habe ich sie gefangen, nun haben sie mich am Wickel. Ich hasse sie beinahe noch mehr als Frauen. Außerdem werde ich wohl kaum noch Zeit haben zum Fischen, wenn ich mich erst mal in den Fall hier verbeiße – sofern ich ihn übernehme. Sollten Sie nichts Besseres zu tun haben, als über meinem Kontoauszug zu brüten, gehen Sie lieber früh heim. Auf Wiedersehen, Maida.»

So verkehren Maida und ich miteinander.

Ich legte den Hörer auf und warf einen verstohlenen Blick auf Sulo, der sanft zu schnarchen begonnen hatte. Dabei kam mir der Gedanke, daß eines schönen Tages wahrscheinlich ein guter Samariter auf Zehenspitzen hereinschleichen, den dicken Messingschlüssel von der Wand nehmen und das Zuchthaus mitsamt seinem Gestank leeren würde. Ich fragte mich auch, wozu Oberleutnant Manion wohl versucht wäre, wenn er wüßte, daß der einzige Mensch, der zwischen ihm und der Freiheit stand, wie ein

Murmeltier schlief. Als ich zu ihm zurückging, sah ich ihn in der offenen Bürotür stehen. «Keine Angst», sagte er und lächelte kurz. «Ich breche nicht aus. Es hätte wenig Sinn, und im übrigen ist es vielleicht ganz witzig, abzuwarten, wie die Sache weitergeht.»

«Ja, ja, ja», brummte Sulo und rieb sich die Augen. «Sind Sie schon fertig, Polly?»

4. Kapitel

Wir saßen von neuem am Schreibtisch des Direktors. Es war jetzt an der Zeit, zur Sache zu kommen. «Nachdem ich gestern abend mit Ihrer Frau telefonierte, habe ich den Polizeibericht über Ihren Fall im Abendblatt gelesen», sagte ich. «Kennen Sie ihn?»

«Natürlich.»

«Stimmt er im großen ganzen?»

«Ja.»

«Um nur die Hauptpunkte herauszugreifen: Die Zeitung behauptet, Sie seien letzten Freitag, fünfundvierzig Minuten nach Mitternacht, also Samstag früh, in Barney Quills Bar in Thunder Bay erschienen und hätten fünfmal auf ihn geschossen. Dann seien Sie in Ihren Wagen gestiegen und zu Ihrem Wohnwagen auf dem Touristenparkplatz von Thunder Bay zurückgefahren. Sie hätten den stellvertretenden Parkwächter geweckt und ihm mitgeteilt, daß Sie soeben Barney Quill erschossen hätten. Daraufhin sei er weggegangen, um die Polizeistreife von Iron Bay zu rufen, und Sie hätten in Ihrem Wohnwagen gewartet, bis die Beamten eingetroffen seien. Stimmt das?»

«Ja.»

«Weiter schreibt die Zeitung, die Beamten hätten Sie in Gewahrsam genommen und Sie in dieses Gefängnis übergeführt; Ihre Frau habe Sie begleitet. Dabei habe Ihre Frau den Polizisten erklärt, am selben Abend habe Barney Quill sie im Walde vergewaltigt und sie später am Eingangstor zum Touristenparkplatz verprügelt. Stimmt das?»

«Ja.»

«Dann sei der Gefängnisarzt gerufen worden und habe Ihre Frau einer Untersuchung unterzogen, ohne dabei Spuren festzustellen, die auf eine Vergewaltigung hätten schließen lassen. Ihre Frau habe sich aber bereit erklärt, einen Polygraph- und einen Lügendetektor-Test machen zu lassen, um die Wahrheit ihrer Aussage zu beweisen. Dieser Test sei auch gemacht, das Ergebnis aber nicht bekanntgegeben worden. Stimmt das?»

«Ja.»

«Die Zeitung schreibt noch, Sie hätten sich geweigert, Ihre erste mündliche Aussage vor den Polizeibeamten, Sie hätten Barney Quill erschossen, zu präzisieren. Stimmt das?»

«Ja.»

«Haben Sie inzwischen irgendwelche weiteren Aussagen, mündlich oder schriftlich, an die Polizei gemacht?»

«Nein.»

«In Ordnung. Lassen Sie uns nun über ein paar Dinge sprechen, die in der Zeitung gestanden haben könnten. Haben Sie gesehen, wie Barney Quill Ihre Frau vergewaltigte?»

Zum erstenmal war in Mister Kaltbluts Augen eine kleine Reaktion zu verspüren; sie schienen sich rasch und ohne Lidschlag zu bewegen wie die einer Schlange – es war mehr ein flinkes sprühendes Flattern als ein Blinzeln. «Nein», sagte er leise.

«Haben Sie gesehen, daß er sie am Tor verprügelt hat?»

«Nein.»

«Oder gehört, daß sie geschrien hat, wie sie vorgibt?»

«Nein ... Das heißt, es kam mir vor, als habe ich sie schreien hören, wie im Traum. Auf jeden Fall habe ich sie am Parkplatztor getroffen.»

Der Ex-Ankläger in mir kam langsam auf Touren. «Sie haben also zum erstenmal von Barneys Nachstellungen gehört, als Ihre Frau Ihnen davon erzählte?»

«Ja.»

«Was haben Sie da getan?» Ich wollte ihn zwingen, mehr zu sagen als nur ja oder nein.

«Ich habe mich natürlich sofort um sie gekümmert. Sie war fürchterlich zugerichtet. Das eine Auge war fast zugeschwollen, beide Augen, Gesicht und auch die Arme waren grün und blau geschlagen; ihr Rock war zerrissen, ihr Schlüpfer weg.»

«Hm ... Wie lange blieben Sie bei Ihrer Frau, bevor Sie in die Hotelbar gingen?»

«Das weiß ich nicht mehr.»

«Ich halte das für wichtig, empfehle Ihnen also, daß Sie versuchen, sich daran zu erinnern.»

Nach einer Pause: «Vielleicht eine Stunde.»

«Vielleicht auch länger?»

«Ja, vielleicht.»

«Vielleicht auch kürzer?»

«Vielleicht.»

Ich hielt inne, zündete mir ein Zigarillo an und ließ mir Zeit dazu. Ich war bei einem Punkt angelangt, wo ein paar falsche Antworten auf ein paar richtige Fragen mir, sofern ich seinen Fall übernahm, einen Mandanten aufhalsen würden, dessen Sache strafrechtlich nicht zu vertreten war. Entweder machte ich jetzt Schluß und überließ es einem anderen Anwalt, sich den Kopf darüber zu zerbrechen, oder ich stellte ihm die verhängnisvollen Fragen und ritt ihn dabei hinein. Oder drittens, ich hielt ihm wie jeder gerissene Anwalt eine geharnischte Standpauke. Ich studierte den Mann, der unergründlich wie ein Araber dasaß, seine Ming-Zigarettenspitze zärtlich befingerte und die Unterlippe graziös an seinem dunklen Schnurrbart hochschob. Er merkte anscheinend gar nicht, wie nahe ich daran war, ihn zu dem Geständnis zu bringen, daß er des Mordes ersten Grades schuldig war. Damit wäre er erledigt gewesen.

Es war verlockend, ihm die verhängnisvollen Fragen zu stellen, höchst verlockend, diesen eiskalten Kerl im Öl seines fetten Ichs schmoren zu lassen. Warum sollte ich meine langjährige Erfahrung für den Versuch seiner Rettung drangeben? Warum eigentlich, warum? Eine interessante Frage, die ich lange erwog. Vielleicht, weil ich eine Chance sah, den Fall durchzustehen und bei dieser Gelegenheit Mitch Lodwick auszustechen? Hm ... Oder weil sich hier eine einmalige Aussicht bot, einen deftigen Fall zu gewinnen und damit endlich den geschwätzigen alten Gauner Amos Crocker von seinem Piedestal zu stürzen? Hm ... Weil ich mich als Abgeordneter gegen Mitch aufstellen lassen wollte und dies eine günstige Gelegenheit war, ihn nicht nur zu schlagen, sondern unsere entsprechenden Fähigkeiten in einem dramatischen Duell zu erproben? War es, wenn auch weniger bewußt, weil ein zweifelhaftes Subjekt sich vor Jahren einmal im Rausch an meiner älteren Schwester Gail zu vergreifen versucht hatte, die damals noch auf der Schule war, und mein Vater Oliver den Mann um ein Haar totgeschlagen hätte und dann die Polizei aufforderte, ihn zu verhaften – eine Aufforderung, der sie nicht nachkam? Oder war es, weil ich mich als gescheiterter Kriegsuntauglicher nun in dem Ruhm sonnen konnte, einen echten Fronthelden zu verteidigen, einen Mann, der in zwei scheußlichen Kriegen den Kopf hingehalten hatte? Waren es all diese Dinge zusammen? Und was hatte das alles mit der Schuld oder Unschuld Frederic Manions zu tun? Oder mit dieser schwer greifbaren Sache namens Gerechtigkeit?

In diesem Augenblick steckte Sulo Kangas seine Nase zur Tür herein. «Pause», sagte er. «Mittagessen.» Als ich noch überlegte, wie Sulo nun wach geworden sei und ob er vielleicht einen Wecker gestellt habe, warf er mir einen verständnisvollen Blick zu und fragte: «Wollen Sie mit uns essen, Polly?» Er strahlte, ganz der freundliche Gastgeber. «Sie sind herzlich eingeladen.»

Bei dem Gedanken schüttelte es mich innerlich. Die Kost des Herrn Polizeidirektors Battisfore erhielt seine Schutzbefohlenen sicherlich am Leben, trug vermutlich aber wenig oder nichts zu ihrer Vergeistigung bei. Rasch schaute ich auf meine Uhr und erhob mich.

«Tut mir leid, Sulo», log ich. «Ich bin in der Stadt zum Essen verabredet.» Ich schielte zu meinem voraussichtlichen Mandanten hinüber und merkte, daß er lächelte. Wahrhaftig, der Mann lächelte.

«Gut gemacht, Herr Rechtsanwalt», murmelte er, nachdem Sulo sich zurückgezogen hatte. «Ich hoffe, Sie werden es sich schmecken lassen.»

«Danke», sagte ich. «Wünsche Ihnen dasselbe. Um zwei Uhr bin ich wieder hier.»

5. Kapitel

Ich fuhr zum Iron-Bay-Klub, wo ich in aller Ruhe aß, anschließend mit Billy Webb eine Runde Kribbage spielte und ihm mehr als dreizehn Dollar abnahm. Um zwei Uhr war ich wieder im Gefängnis und stellte zu meiner Genugtuung fest, daß der Sheriff noch nicht zurück war.

«Macht es dir was aus, wenn wir noch mal das Büro des Direktors benutzen, Sulo?» fragte ich bescheiden. Ich fürchtete, daß ich ihn beleidigt hatte, als ich seine Einladung zum Mittagessen ausschlug.

«Nein, nein, nein, Polly», erwiderte Sulo, gutmütig wie immer. «Der Sheriff ist noch auf Tour.»

Ich wartete, bis Sulo Oberleutnant Manion aus seiner Zelle herunterholte, und dachte dabei folgendes: Obgleich Sheriffs auf ihren Rundreisen mehr Kilometer zurücklegen – und daher mehr Kilometergeld einstecken –

als nahezu jede andere Abart von Plattfußindianern und Polizisten zusammen, sind sie, auf ihren Wanderfahrten jedenfalls, als Klasse nicht unähnlich den drei weisen Affen: Sie hören nichts, sprechen nichts und sehen auf keinen Fall etwas Böses. Ich versuchte mich auf die Fälle zu besinnen, bei denen irgendein Sheriff, den ich persönlich oder vom Hörensagen kannte, je einen Verbrecher dingfest gemacht hatte. Die Anstrengung verlief ergebnislos. Wenn auch die Sheriffs und ihre Leute die Haupt- und Nebenstraßen Tag und Nacht unermüdlich absuchten, so hatte sich doch nie ein betrunkener Fahrer in ihren Fängen verirrt; Kilometerfresser waren nachgerade unbekannt, und niemand, aber auch gar niemand überfuhr jemals ein Stopzeichen oder ein rotes Licht. Offenbar brauchte die Öffentlichkeit, um das Vergehen abzuschaffen, nur die Augen davor zu verschließen – wenigstens verschwand das Verbrechen in der Sekunde, da der Sheriff auf der Bildfläche erschien. Es war fast ein Wunder. Freilich gehörte es auch zu einem traurigen System; selbst wenn er es darauf anlegte, konnte ein Sheriff nichts daran ändern – falls er trotzdem im Amt bleiben wollte.

Der alte Parnell McCarthy traf den Nagel auf den Kopf, als er mich eines Tages fragte: «Wie kannst du denn erwarten, daß ein Mann die Leute einsperrt, die ihn wählen und ihn im Amt lassen? Das geht einfach gegen die menschliche Natur, und unsere seltenen ‹guten› Sheriffs sind politische Käuze und Blindgänger, deren Los es ist, sehr bald politisch in Vergessenheit zu geraten. Wir wollen keine *guten* Sheriffs. Wie könnten wir sie wollen, wenn wir als einzige Eignung verlangen, daß ein Sheriff nicht mehr als einundzwanzig Jahre alt sei?»

«Sieh da», sagte mein Mandant. «Haben Sie gut gespeist?»

«Hören Sie, Manion», sagte ich und wurde plötzlich scharf, «mein Name ist nicht ‹Sieh da›, sondern Biegler.»

Wenn ich dieses kühle Früchtchen je vertreten sollte, würde ich mir jedenfalls verbitten, von ihm «Sieh da» genannt zu werden.

«Verzeihung, Mr. Biegler. Haben Sie heute mittag gut gespeist?» wiederholte er kühl.

«Danke, ausgezeichnet», entgegnete ich. «Sie auch, Oberleutnant Manion?»

«Ich war gerade dabei, es zu vergessen.» Er schloß die Augen und rümpfte die Nase. «Vielleicht hätte ich nicht davon sprechen sollen.»

«Nur Mut, Camillus! Auch das geht vorüber», zitierte ich abwesend. «Setzen Sie sich. Ich habe inzwischen über Ihren Fall nachgedacht.»

«Gut, und wie lautet Ihr Befund?»

«Setzen Sie sich», wiederholte ich, «und hören Sie gut zu. Holen Sie lieber Ihre Ming-Spitze hervor.»

«Jawohl, Sir.» Oberleutnant Manion ließ sich gehorsam nieder und förderte den Zigarettenhalter zutage. Sein Anwalt schickte sich an, seine Vorlesung vom Stapel zu lassen.

Und was ist die Vorlesung?

Die «Vorlesung» ist ein altes Verfahren, das der Anwalt benutzt, um seinen Klienten so einzupauken, daß dieser gar nicht mehr genau weiß, ob er vorbereitet wurde oder nicht, und damit der Anwalt sein Gesicht und die Illusion wahren kann, er habe seinen Mandanten nie gedrillt. Denn Klienten für das Kreuzverhör einzupauken gilt nicht nur als anstößig, es ist genauso unmoralisch, als wenn man sie ausnimmt, und ganz schlecht. Daher die «Vorlesung», die Unterweisung, ein kunstvolles Verfahren, so alt wie das Recht selbst, eine Methode, die von einigen der anständigsten und moralischsten Anwälte des Landes unentwegt angewendet wird. «Wieso ich? Ich habe ihm doch nicht vorgekaut, was er sagen soll», damit kann sich der Rechtsanwalt später immer herausreden. «Ich habe ihm nur das Recht erklärt.» Dabei empfiehlt es sich, finster dreinzublicken, die Achseln zu zucken und tugendhaft hinzuzufügen: «Das ist doch meine Pflicht, oder nicht?»

Die Frage ist unanfechtbar, und das gleiche gilt von der fachmännischen Belehrung. Ich war also bereit, meine Pflicht für meinen Klienten zu tun. Er saß da und betrachtete mich ruhig und wachsam, während ich mir ein neues Zigarillo anzündete.

«Wie ich Ihnen schon gesagt habe», begann ich, «habe ich in der Mittagspause über Ihren Fall nachgedacht.»

«Ja. Sie haben es bereits erwähnt.»

«Allerdings», bemerkte ich. «Ich muß aber feststellen, daß noch manche Frage zu beantworten, manche Einzelheit zu besprechen wäre. Ich enthalte mich jeden verfrühten Urteils über Ihren Fall.» Ich machte eine Pause, um die Eröffnungssalve der Vorlesung abzufeuern. «Wie die Dinge aber im Augenblick liegen, muß ich Sie darauf aufmerksam machen, daß Sie mir bisher noch keine einleuchtende Einlassung auf die Anklage wegen Mordes enthüllt haben.»

Wieder hielt ich inne, damit dieser Satz sich ihm gut einprägen konnte – eine unerläßliche Bedingung für den Erfolg der Vorlesung. Mein Mandant blinzelte und fuhr mit der Zunge über beide Spitzen seines Schnurrbarts. «Sollten Sie mir etwa anraten, auf schuldig zu plädieren?» fragte er mit kaum merklichem Lächeln.

«Vielleicht tue ich es zum Schluß», sagte ich, «aber das habe ich nicht damit gesagt. Vorläufig möchte ich nur, daß Sie gut eingespielt reagieren wie ein Mann, der» – ich zögerte – «in derartigen Fällen nicht ganz unerfahren ist.» Allmählich überwältigte mich die Schönheit meiner Bescheidenheit, und ich bekämpfte den Drang, mit den Augenlidern zu flattern.

«Schön, aber wie steht's mit Quill, dem Kerl, der meine Frau vergewaltigt hat?» fragte mein Mandant, ohne mit der Wimper zu zucken. «Wie steht's mit dem ‹Naturrecht›?»

Darauf hatte ich gewartet. «Das angloamerikanische Recht kennt kein ‹Naturrecht›», antwortete ich etwas päpstlich. «Dies ist lediglich eines jener heißgeliebten Ammenmärchen, für das die Leute sich geradezu umbringen. Tatsächlich ist ein Mann, der sich auf den Mythos des ‹Naturrechts› verläßt, rasch verlassen.» Ich schwieg, genoß mein Wortspiel und beschloß, es nicht zu vergessen.

«In Michigan gibt es aber keine Todesstrafe, nicht wahr?» meinte der Oberleutnant. Offensichtlich hatte sich mein Mandant während der Mittagszeit auch seinerseits Gedanken gemacht.

«Meine Bemerkung war eine Redensart», entgegnete ich. «Um aber Ihre Frage zu beantworten: Mit Ausnahme des Hochverrats – und einen solchen Fall hat es bisher bei uns noch nicht gegeben – haben Sie recht: Es gibt in Michigan keine Todesstrafe. Auf Anhieb würde ich allerdings annehmen, Oberleutnant Manion, daß Sie, wenn man Sie verurteilt, die Todesstrafe vielleicht vorzögen.»

Ich hatte ziemlich derb zugehauen. Oberleutnant Manion blickte eine Sekunde lang seine starken, feingliedrigen Hände und dann mich an. «Sie haben's erraten», sagte er langsam. Er sah in dem düsteren, graugestrichenen Raum umher und holte, robust wie er war, tief Atem. «Lieber tot als meine Tage in einem Loch wie diesem zubringen.»

«Das Loch würde diesem kaum ähneln, es wäre schlimmer, viel schlimmer. Dieses hier ist nur ein Kilometerstein auf dem Weg zur Hölle.»

«Ja. Zuchthaus wäre schlimmer.»

«Können wir das ‹Naturrecht› nun beiseite lassen?»

«Vielleicht. Aber Naturrecht oder nicht – hat ein Mann kein Recht, einen Kerl umzubringen, der seine Frau vergewaltigt hat? Ist das denn nicht das *geschriebene* Recht?»

«Nein, nur wenn er die Vergewaltigung verhindern will oder wenn er ihn gerade dabei erwischt oder wenn er seine

Flucht vereiteln will.» Wieder betraten wir Glatteis, und ich sprach rasch, um nicht unterbrochen zu werden. «Tatsächlich, Oberleutnant Manion, gibt es trotz des kunstvollen Wortaufwandes in den Gesetzbüchern, die sich mit der Verteidigung eines Mordes beschäftigen, nur etwa drei Möglichkeiten, sich gegen diese Anklage zu verteidigen: einmal mit der Einlassung, daß es kein Mord war, sondern Selbstmord oder Unfall; oder zweitens, daß Sie es nicht getan haben konnten, daß Sie also ein Alibi haben, daß Sie verwechselt wurden oder dergleichen; und endlich drittens, daß, selbst wenn es geschah und Sie es getan haben, Ihre Handlungsweise entweder gerechtfertigt oder entschuldbar war.» Ich hielt inne, um die Wirkung meiner Worte auf meinen Schüler zu beobachten.

Der Oberleutnant wurde nachdenklich. «Wie könnte ich in dieses rosige Bild hineinpassen?» fragte er vorsichtig.

«Ich kann Ihnen eher sagen, wo Sie nicht hineinpassen», fuhr ich fort. «Da eine Bar voller Menschen gesehen hat, wie Sie Barney Quill anscheinend kaltblütig niedergeschossen haben, passen Sie wohl schwerlich in die ersten zwei Klassen der Verteidigung. Darüber – fürchte ich – brauchen wir kein Wort zu verlieren.» Wieder machte ich eine Pause. «Wenn Sie überhaupt irgendwo hineinpassen, so kann es nur in die dritte Kategorie sein. An die müssen wir uns halten.»

«Sie meinen also», sagte Manion, «meine einzige Verteidigung liegt in der Möglichkeit, einen guten Rechtfertigungs- oder Schuldausschließungsgrund zu finden?»

Meine Lektion lief programmgemäß ab. «Sie machen Fortschritte», sagte ich und nickte beifällig. «Sie brauchen nur noch *gesetzliche* Rechtfertigung oder Schuldausschließung zu sagen, dann kriegen Sie eine *Eins* von mir.»

«Und Sie sagen, ein Mann hat kein Recht, einen Kerl umzulegen, der soeben seine Frau vergewaltigt und verprügelt hat?»

«Vielleicht moralisch, aber nicht gesetzlich. Auf keinen Fall, wenn schon alles vorbei war, wie bei Ihnen und Ihrer Frau.» Ich fragte mich, warum ich nicht nach Detroit ginge und dort in Abendkursen unterrichtete. Dann hätte ich wenigstens an Ort und Stelle den Fußballwettkämpfen meiner alten Schule zuschauen können. «Sehen Sie, Oberleutnant Manion», fuhr ich fort, «nicht der *Akt* des Tötens macht den Mord aus; es sind die Umstände, der Zeitpunkt, die Gemütsverfassung oder die Absicht, die zu der Handlung führten.» Ich schwieg und hörte fast meinen alten Professor für Strafrecht, wie er dies vor nahezu zwanzig Jahren im Hörsaal herunterleierte. Es war erstaunlich, wie gut das alte Zeug saß.

Die Augen des Leutnants kniffen sich zusammen und flackerten kaum merklich. «Vielleicht», begann er und räusperte sich. «Wenn ich darüber nachdenke, *habe* ich Quill vielleicht dabei ertappt. Darüber habe ich der Polizei keine genaue Auskunft gegeben.» Seine Augen blickten mich jetzt ruhig und stetig an. Dieser Mann, das sah ich, war nicht nur ein gelehriger Schüler, sondern er besaß, wie die meisten Menschen – Anwälte eingeschlossen –, zweifellos einen tückischen Verstand. Vielleicht versuchte er sogar instinktiv, die empfangene Unterweisung an seinem Anwalt zu erproben. «Ich hab nie etwas Genaues gesagt», schloß er.

Es kommt vor, daß ein Rechtsanwalt sich mitten in seiner Vorlesung an einen Strohhalm klammert, um seine wankende Tugend zu stärken. «Aber mir haben Sie es gesagt», warf ich ein, selbstgefällig zögernd, die Brust von Rechtschaffenheit geschwellt und dankbar für den raschen Anflug von Tugendhaftigkeit, den er ausgelöst hatte. «Im übrigen hätten Sie ihn dann gleich ins Jenseits befördern müssen und nicht, wie Sie bereits zugegeben haben, erst eine Stunde danach. Das Ertappen muß mit dem Töten in Verbindung stehen. Auch dann, wenn Sie ihn tatsächlich dabei erwischt hätten – was aber nicht der Fall war. Ich habe Ihnen eben gesagt, daß die *Zeit* einer der bestimmenden Faktoren dafür ist, ob Totschlag Mord ist oder nicht. Hier ist sie ein ganz entscheidendes Moment. Sehen Sie nicht ein, daß in Ihrem Fall die Zeit der Haken ist? Die Zeit, die zwischen Vergewaltigung und Totschlag abgelaufen ist. Da wird die Staatsanwaltschaft einhaken, sie wird die Schlußfolgerung ziehen, daß Sie Barney Quill vorsätzlich und aus niedrigen Beweggründen erschossen hätten. Das, mein lieber Freund, und nichts anderes wird man Ihnen zur Last legen.»

Gelassen fragte er: «Soll das heißen, daß ich auf schuldig plädieren soll?»

«Darüber haben wir ja bereits gesprochen. Wenn ich soweit bin, Ihnen zu einem Rückzieher zu raten, werden Sie das schon merken. Im Augenblick möchte ich, daß Sie sich über das, was Ihnen bevorsteht, klarwerden.»

Der Offizier blinzelte nachdenklich. «Ich bin schon dabei, mir klar darüber zu werden», antwortete er.

«Versuchen Sie, es von dieser Seite anzusehen, Manion.» Warm geworden, fuhr ich fort: «So wie der Mord eines der elementarsten und primitivsten Verbrechen ist, so ist auch das Gesetz über den Mord trotz der zahllosen Abhandlungen, die darüber verfaßt wurden, in seiner Grundauffassung noch immer reichlich elementar und primitiv. Die menschliche Sippe hat früh gelernt, daß wahlloses Töten nicht nur dem Ansehen und Wohlstand des Stammes schadet, sondern seinen Bestand gefährdet und daher von vornherein schlecht ist. Aus diesem Grund wurde Mord zum Tabu erhoben. Können Sie mir folgen?»

«Reden Sie weiter.»

«Zugleich zeigte sich, daß es Gelegenheiten gab, wo Töten trotz allem dennoch gerechtfertigt sein konnte. Nackt und nüchtern ausgedrückt, lief es so ziemlich auf dies hinaus: Du sollst nicht töten – außer wenn es gilt, dich, deinen Besitz oder deine Nächsten zu schützen. Dieser einfache Satz umschließt noch heute die weitaus meisten Verteidigungsmöglichkeiten gegen eine Mordanklage. Wenn ein Mensch versucht, mir das Leben, meine Frau oder meine Kuh wegzunehmen, darf ich ihn töten, um dies zu verhindern. Jage ich ihn aber fort oder stiehlt er mir, wie etwa in Ihrem Fall, meine Frau oder meine Kuh, während ich beim Fischen bin oder vielleicht in meinem Wohnwagen schlafe, muß ich zu anderen Mitteln greifen, wenn ich das Verbrechen entdecke. Ich muß anders handeln, eben weil ich ihn nicht auf frischer Tat ertappt habe; der Schaden ist bereits angerichtet, die Gefahr vorüber, der Verbrecher muß später und in aller Ruhe zur Rechenschaft gezogen werden.

Sie bemerken also, daß die Geschichte mit dem Ertappen auf frischer Tat den wichtigen Faktor Zeit voraussetzt, den Zeitablauf, den ich bereits erwähnt habe. Selbst eine Verteidigung nach jenem ‹Naturrecht›, das Sie anführten, setzt gewöhnlich voraus, daß der betrogene Ehemann seine Frau im Hochzeitsbett mit dem Eismann überrascht. Heutzutage wird es vielleicht der Mann von der Tiefkühlung sein. Auf jeden Fall setzt fast jede sogenannte Notwehrverteidigung die Vorstellung voraus, daß der Mensch, der getötet wird, auf frischer Tat ertappt wurde, *bevor* der Totschläger Zeit hatte, um Hilfe zu rufen und bei den Stammesältesten – der heutigen Polizei – Klage zu führen. Kommen Sie mit?»

Der Oberleutnant nickte mürrisch.

«Die Vorstellung, daß man später, nach der Tat, den Dieb von Frau oder Kuh töten könnte, wurde von den meisten früheren Stämmen ebenso verworfen, wie sie noch heute weitgehend abgelehnt wird. Sie wurde damals und wird heute zurückgewiesen, weil der ‹verteidigende› Totschläger Zeit hatte, sich zu beruhigen. Die Sache ist geschehen und vorbei, der Ausnahmezustand existiert nicht mehr, der Missetäter kann in aller Ruhe und ordnungsgemäß bestraft werden. Außerdem wird eine solche Verteidigung abgelehnt, weil sie der Erfindungsgabe Tür und Tor öffnet. Jedenfalls, man darf einen Menschen töten, um sein Weib oder seine Kuh oder sein eigenes Leben zu schützen, nicht aber, um einen Täter nach getaner Tat zu bestrafen. Nun, meine Anthropologie mag etwas bäurisch klingen, aber mein juristisches Wissen ist es nicht. Das Recht sagt, daß Geschäft der Strafverfolgung müsse ausnahmslos ihm überlassen bleiben, das heißt der Staatsanwaltschaft.

Wenn wir dies auf Ihre Lage anwenden, Oberleutnant Manion, so war alles, was Ihrer Frau passierte, aus und vorbei, als Sie es erfuhren. Sie konnten sie nicht mehr retten; sie hatte schon alles durchgemacht, die Gefahr war bereits vorüber; und wenn Barney Quill sie vergewaltigt hat, so hätte man ihm auf dem Gerichtswege mit einer Klage beikommen können. Nun steht auf Vergewaltigung und Mord bei uns lebenslänglich Zuchthaus, aber nicht die Todesstrafe. Durch Ihre Handlungsweise rissen Sie die Gerichtsbarkeit gewaltsam an sich und verhängten über Barney Quill die Todesstrafe. Die Gesellschaft ist nun darauf aus, Sie für die Verletzung eines der ältesten und grundlegendsten Tabus zu bestrafen.»

Wir saßen und schwiegen, der Offizier zupfte wieder an seinem Schnurrbart. Er sah etwas verdrießlich aus. «Aber kann das Gericht mich nicht freisprechen, wie immer das verdammte Gesetz auch lauten mag?» fragte er.

«Natürlich kann es das», erwiderte ich. «Es kommt auch häufig genug vor. Aber nicht in Anbetracht, sondern in Ermangelung einer gesetzlichen Verteidigung. Geschworenengerichte, genau wie Auto fahrende Frauen, tun unter Umständen das Unglaublichste. Die notorische Unberechenbarkeit von Geschworenengerichten und das Spiel des Zufalls, das damit zusammenhängt, gehören zu den fesselndsten Seiten der Rechtsprechung. Das macht die

Handhabung des Gesetzes wie die Prostitution zu den letzten unberechenbaren Berufen – beide verwenden die Kunst der Verführung, beide versuchen ihre Ware im günstigsten Licht anzupreisen, und beide müssen so tun, als umwerben sie Wildfremde mit der größten Begeisterung. Daher sind höchst erfolgreiche Prozeßanwälte hilflose Schaubudenleute; daher sind sie zu neun Zehnteln Schmierenschauspieler und nur zu einem Zehntel Anwälte. Wie die Dinge aber in Ihrem Fall liegen, wäre das Recht eindeutig gegen Sie. Der Richter wäre praktisch gezwungen, die Geschworenen dahin zu instruieren, daß sie Sie verurteilen. Sehen Sie das ein? Ein Geschworenengericht hätte alle Mühe, wollte es Sie laufenlassen. Juristisch gesprochen, liegt bei Ihnen ein klassischer Fall von vorsätzlichem Mord vor.»

«Sie wollen also meinen Fall nicht übernehmen?» sagte er ruhig.

«Sachte, sachte. Noch bin ich nicht bereit, mich so zu entscheiden. In einem Mordfall, sehen Sie, hat das Geschworenengericht nur eine beschränkte Wahl. Innerhalb dieser Wahl kann es Sie freigeben, es kann Sie aber auch verurteilen. Ein Richter, der Ihren Fall ohne ein Geschworenengericht zu verhandeln hätte, müßte, wie ich schon sagte, fraglos letzteres tun. Wollen Sie sich nun einem Gericht stellen, das von vornherein gegen Sie ist?» Ich zögerte, bevor ich meinen Treffer losließ. «Sollten Sie nämlich dazu bereit sein – ich bin es nicht. Entweder ich finde eine vernünftige und einleuchtende legale Verteidigung für Ihren Fall, oder aber ich rate Ihnen, einen Rückzieher zu machen.» Nachdenklich brach ich ab. «Es gibt noch ein anderes ‹Oder›.»

«Und das wäre?»

Eine kleine Andeutung, ein flüchtiges Spiel mit der Angst des Klienten, sein Anwalt könne ihn im Stich lassen, gehört zu einer vernünftigen Taktik während des Einpaukens. Dabei empfiehlt es sich, den Angeklagten angemessen zu ducken. «Oder aber, Oberleutnant Manion, Sie suchen sich einen anderen Anwalt», sagte ich und wartete darauf, daß er sich winden würde.

«Zum Beispiel?» wollte der Offizier wissen, ohne auch nur mit der Wimper zu zucken. «Wen empfehlen Sie?»

Die Sache klappte nicht wie geplant. Nun konnte ich nicht mehr ausweichen. Wenn dieses kaltschnäuzige Früchtchen jemanden wie den alten Crocker wollte, so sollte er ihn haben. «Oh, wir haben einen großartigen alten Anwalt im Kreis, kregel wie ein Dorfschauspieler», antwortete ich. «Spezialisierter Fachmann der Halbinsel für das Naturrecht.» Ich hätte hinzufügen können – tat es aber aus Nächstenliebe nicht –, daß Crocker darauf spezialisiert war, weil er nie im Leben ein juristisches Lehrbuch in die Hand genommen hatte. «Ich könnte mich sogar für Sie bei ihm verwenden», fügte ich hinzu.

«Meinen Sie Amos Crocker?» fragte er ruhig.

Verwundert hob ich die Brauen. «Vielleicht», wehrte ich ab. «Woher wissen Sie von Crocker?»

«Wir haben versucht, ihn zu bekommen», erwiderte Mister Kaltblut. «Er konnte nicht, weil er sich ein Bein gebrochen hat.»

«Bein?» fragte ich. «Crocker hat sich ein Bein gebrochen? Das war mir nicht bekannt.» Plötzlich fühlte ich Mitleid mit dem windigen alten Gauner. Neben Parnell McCarthy war er ungefähr der letzte der schneidigen, farbenprächtigen Rechtsanwälte aus der alten Zeit, die im Landkreis noch tätig waren. Wir anderen entwickelten uns zu einer saft- und kraftlosen, furchtbar feinen Gilde, die mit Samtpfötchen auftrat, zu so etwas wie einer Kreuzung zwischen einem Testamentsvollstrecker und einem von Magengeschwüren gequälten vereidigten Bücherrevisor. «Wann ist denn das passiert?»

«An dem Abend, an dem ich Quil erschoß. Wie seine

Haushälterin meiner Frau am Telefon sagte, ist er gestürzt, als er aus der Badewanne stieg. Er liegt mit einem Gipsbein im Krankenhaus. Wird vor ein paar Monaten nicht wieder auf sein. Ein bißchen zu lange, hier herumzuhängen. Wenn ich schon dran glauben muß, möchte ich mit der Sache vorankommen.»

«Hm!» meinte ich nachdenklich. Ich fühlte mich merkwürdig gedämpft und leer. Hier hatte ich es mit einem Mandanten zu tun, der selbst ganz hübsch einzupauken verstand. Ich ertappte mich dabei, daß ich verdrießlich hoffte, wenigstens in zweite Wahl zu kommen. Der Gedanke nagte an mir. «Ich hoffe, ich stand an zweiter Stelle», sagte ich.

«Ja», erwiderte der Oberleutnant ruhig. «Was heißt übrigens ‹einen Rückzieher machen›?»

Er hatte nicht nur selbst eine kurze Vorlesung gehalten, er brachte mich auch geschickt auf meine zurück.

«Ich bin entzückt, Oberleutnant Manion», antwortete ich. «Wie Abhauen Rückzug bedeutet, heißt einen Rückzieher machen so ziemlich dasselbe: sich schuldig bekennen, die Flinte ins Korn werfen, sich an einen Strohhalm klammern, zu Kreuze kriechen oder – wie die alten englischen Richter es ausdrücken – sich der Gnade der Staatsgewalt anheimgeben.»

Das war freilich ein ziemlicher Brocken, der Oberleutnant kaute auch nachdenklich auf ihm herum. «Hm ...! Das heißt einfach ausgedrückt, daß Sie mit dem ‹Naturrecht› nicht weiterkommen?»

Ich schaute zur Zimmerdecke hinauf und verzog die Lippen. «Wenn Sie wollen, können Sie es so auslegen. Ja, so könnte man auch formulieren. Ich bin Rechtsanwalt, kein Jongleur oder Hypnotiseur, nicht einmal ein Zauberkünstler oder etwa ein jugendlicher Redner. Wenn ich mir vornehme, einen Mann vor einem Geschworenengericht zu verteidigen, so will ich eine gesetzliche Chance haben, seinen Freispruch zu erkämpfen, also auch eine annehmbare Aussicht, ein neues Verfahren zu beantragen oder mit Erfolg Berufung einzulegen. Vielleicht waren Sie moralisch berechtigt, Barney Quill umzulegen. Ich will es Ihnen sogar einräumen. Vor Gericht aber ziehe ich es vor, die moralische Rechtsprechung dem Jüngsten Gericht zu überlassen. Ich verfüge, wie die meisten Anwälte, über eine gesunde Portion Schauspielertalent, aber ich habe nicht vor, zu Gericht zu gehen und mich einzig und allein auf die Nachsicht, die Torheit oder den Zustand der Galle von zwölf Geschworenen zu verlassen.» Ich brach ab. Da Crocker aus dem Weg war, konnte ich vielleicht ein bißchen schärfer herangehen. «Abgesehen davon, verspüre ich nicht die geringste Lust dazu. Haben Sie das gut verstanden?»

«Ich fürchte, ja, Herr Doktor.»

«Und noch etwas, da Ihr Herz ja noch immer am ‹Naturrecht› zu hängen scheint. Es kommt darauf an, das Gesicht zu wahren. Wir selbstgefälligen Bleichgesichter im Westen bilden uns so gern ein, daß es Sünde sei, das Gesicht wahren zu wollen. Wir halten es für eine Art halb unreifer, halb unergründlicher Mystik, für ein Vorrecht des Ostens.» Ich zögerte. «Das ist nichts weiter als – als der reinste ...»

«Mist», sagte der Oberleutnant feierlich.

«Genau», stimmte ich zu. «Das war wie ein tapferer Soldat und ein Herr gesprochen, Oberleutnant Manion. Ich danke Ihnen. Aber zurück zu unserem Gesicht ... Wir alle sind überall und jederzeit nur damit beschäftigt, unser Gesicht zu wahren. Selbst in diesem Fall geht es um nichts anderes. Schließlich ist einer der unausgesprochenen Gründe, warum Sie angeklagt werden, daß man das Gesicht wahren will, nämlich das Gesicht der Gesellschaft. Der Hauptgrund, warum ich zögere, Ihren Fall – so wie die Dinge im Augenblick liegen – zu übernehmen, ist die Furcht, dabei mein Gesicht zu verlieren. Können Sie mir folgen?»

«Ja. Es interessiert mich brennend», antwortete er ernst. Neugierig blickte ich ihn an. Es war nicht immer ganz leicht, festzustellen, wann dieser Mensch sarkastisch wurde.

«Danke», sagte ich. «Das bringt mich zu meinem Hauptpunkt. Selbst Geschworene müssen ihr Gesicht wahren. Passen Sie gut auf. Das Geschworenengericht könnte in Ihrem Fall nichts lieber wollen als Ihnen Ihre Geschichte abnehmen oder Sie laufenlassen, weil es sich in Ihre Frau verknallt hat, weil es Barney Quill plötzlich wie die Pest haßt, vielleicht auch aus all diesen Gründen zusammen und einigen mehr. Wenn aber der Richter – der ein ganz hübsches gesetzliches Gesicht zu wahren hat – sich vom Recht praktisch gezwungen sieht, die Geschworenen zu Ihrer Verurteilung aufzufordern – was ich jetzt für ziemlich sicher halte –, dann können die Sie nur laufenlassen, indem sie dem Richter seine Instruktion ins Gesicht schlagen, also ihr Gesicht verlieren, nicht wahren. Verstehen Sie? Sie und ich würden also vor Gericht zwölf Bürger, zwölf völlige Unbekannte auffordern, ihr kostbares Gesicht in aller Öffentlichkeit zu verlieren, nur um das Ihre zu retten. Das scheint mir ein bißchen viel verlangt, und ich hoffe, darauf werden Sie sich nicht zu verlassen brauchen.»

Oberleutnant Manion förderte seine Ming-Spitze zutage und betrachtete sie eingehend, als sähe er sie zum erstenmal. «Was empfehlen Sie also?» fragte er.

Das war eine gute Frage. «Ich weiß noch nicht. Vorläufig habe ich versucht, Ihnen die Wichtigkeit, die nackte Notwendigkeit vor Augen zu führen, daß wir außer dem ‹Naturrecht›, an das Sie sich mit aller Kraft klammern, eine gültige gesetzliche Verteidigung finden müssen, falls es eine solche gibt. Versuchen Sie, die Sache einmal so zu sehen: Was Barney Quill Ihrer Frau angetan haben mag, bevor Sie ihn erschossen, könnte für einen möglichen Freispruch des Geschworenengerichts günstige Umstände, ein weniger feindliches Klima schaffen. Aber das allein genügt noch nicht.» Ich zögerte. «Jedenfalls nicht für Paul Biegler.»

«Das heißt also, Sie wollen einen Weg finden, der den Geschworenen eine halbwegs einleuchtende gesetzliche Handhabe liefert, mich laufenzulassen – und dabei noch immer ihr Gesicht zu wahren.»

Mein Mann ging auf die Unterweisung großartig ein. «Genau», sagte ich und fügte hastig hinzu: «Ob Sie eine solche Verteidigung bekommen können, wird sich zeigen. Ich hoffe jedoch, Oberleutnant Manion, daß ich Ihnen bewiesen habe, wie lebensnotwendig es ist, sie zu finden, sofern es sie gibt.»

«Ich glaube, das haben Sie», sagte er langsam. «Ich glaube, das haben Sie wirklich.» Er hielt inne. «Sagen Sie mir bitte mehr über diese Sache der Rechtfertigungs- oder Schuldausschließungsgründe. Entschuldigen Sie», fügte er leise lächelnd hinzu, «ich meine die gesetzlichen Rechtfertigungs- oder Schuldausschließungsgründe.»

«Zuerst muß ich mein Büro anrufen», sagte ich und stand auf. «Das gibt mir auch Gelegenheit, eine kleine private Gehirnmassage einzulegen. Es ist lange her, daß ich mich mit einem Mordfall beschäftigt habe.»

6. Kapitel

Ich saß wieder bei meinem Mandanten, zum Start bereit. Die Anzeichen waren günstig: zum erstenmal rauchte er *ohne* den Ming-Halter. «Jetzt wollen wir das fesselnde Thema der Rechtfertigungs- oder Schuldausschließungsgründe untersuchen», sagte ich.

«Schießen Sie los, wenn Sie soweit sind», entgegnete der Oberleutnant.

Ich blickte den Mann hoffnungsvoll an. War es möglich, daß er einen Funken Humor besaß? «Nehmen wir also Notwehr», begann ich. «Das ist das klassische Beispiel eines Rechtfertigungsgrundes für Totschlag. Nach allem, was ich bisher von Ihrem Fall gehört und gelesen habe, brauchen wir uns damit wohl nicht allzulange aufzuhalten.»

«Vielleicht nicht», räumte Oberleutnant Manion ein. «Vorläufig können wir es übergehen.»

«Tun wir's», sagte ich trocken. «Dann gibt es die Verteidigung des Heimes, des Besitzes, die Verteidigung von Verwandten oder Freunden und dazu wiederum mehr Unterabteilungen, als ein Hund Läuse im Fell hat, aber auch die wollen wir im Augenblick außer acht lassen. Ich habe Ihnen bereits auseinandergesetzt, warum ich glaube, daß Sie sich nicht darauf berufen können, Sie hätten Ihrer Frau zu Hilfe kommen müssen. Als Sie Quill erschossen, brauchte sie keine Verteidigung mehr. Die Sache ist also ganz einfach.»

«Fahren Sie fort», bat Oberleutnant Manion stirnrunzelnd.

«Dann gibt es die Verteidigung eines Totschlags, der verübt wurde, um eine Untat zu verhüten – man hat Sie bestohlen –; um die Flucht des Täters zu vereiteln – er macht sich mit Ihrer Brieftasche aus dem Staub –; oder um den Täter festzunehmen – Sie haben ihn eingeholt, und entweder versucht er zu entkommen oder ist bereits flüchtig.»

An diesem Punkt angelangt, blinzelte ich nachdenklich. Ein Gedanke, nicht größer als eine Erbse, meldete sich am Hintertürchen meines Gehirns. Woll'n mal sehen ... Traf es nicht zu, daß Barney Quill, wenn er Laura Manion tatsächlich vergewaltigt hatte, zu der Zeit, als er erschossen wurde, eo ipso ein Verbrecher war? Es pochte leise weiter. Schön, aber was dann? «Hm ...!» meinte ich. Das wollte überlegt sein.

Die Augen des Oberleutnants sprühten und bohrten sich in meine. «Wen – was sehen Sie?» fragte er. Mir wurde immer klarer, daß dieser Soldat kein Einfaltspinsel war.

«Nichts», log ich zungenfertig, «nicht das geringste.» Der Schüler schien den Lehrer überholen zu wollen, und das war nicht gut. In welche Sparte meines endgültigen Verteidigungsplanes der Einfall auch passen mochte, ich spürte, daß es noch nicht an der Zeit war, ihn einbauen zu wollen. «Ich dachte gerade nach», schloß ich.

«Ja», sagte Oberleutnant Manion, «Sie dachten gerade nach.» Er lächelte matt. «Sprechen Sie doch weiter; wie lauten ein paar andere gesetzliche Rechtfertigungs- oder Schuldausschließungsgründe?»

«Dann gibt es die knifflige und zweifelhafte Verteidigung des Rauschzustandes. Ich selbst habe nie einen Fall erlebt, wo sie Erfolg gehabt hätte. Aber da Sie nicht betrunken waren, als Sie Quill erschossen, wollen wir gnädig darüber hinweggehen. Oder waren Sie es etwa?»

«Ich war strohnüchtern. Bitte fahren Sie fort.»

«Endlich gibt es die Verteidigung der Unzurechnungsfähigkeit.» Ich machte eine Pause, dann sagte ich unvermittelt, leichthin: «Und damit verließen sie ihn!» Damit erhob ich mich, als wollte ich gehen.

«Erzählen Sie weiter.»

«Mehr gibt es nicht zu erzählen.» Langsam ging ich im Zimmer auf und ab.

«Ich meine über die geistige Unzurechnungsfähigkeit.»

«Ach so, Unzurechnungsfähigkeit.» Ich tat überrascht. Es war, als lockte ich einen dressierten Seehund mit einem Hering. «Schön. Wenn geistige Unzurechnungsfähigkeit bewiesen werden kann, gilt sie als vollständige Verteidigung gegen Anklage auf Mord. Sie rechtfertigt den Totschlag zwar nicht, wie etwa Notwehr, schließt die Schuld jedoch aus.» Der Lehrer drehte auf. Hier fühlte er sich überdies zu Hause. «Unser Recht erfordert, daß ein strafbarer Totschlag, ja jedwedes Verbrechen von einem geistig normalen Menschen verübt wurde, der – wie das Recht betont – imstande ist, Recht von Unrecht zu unterscheiden. Ist ein Mensch geistig anomal, im Rechtssinn anomal, so mag der Akt des Totschlags noch immer Mord sein, aber das Gesetz entschuldigt den Täter.»

Oberleutnant Manion saß sehr still und aufrecht da. «Ich verstehe, und dieser, dieser Täter – was geschieht mit ihm, wenn er – wenn er entschuldigt wird?»

«Wenn er nach dem Gesetz des Staates Michigan – wie übrigens nach den Gesetzen vieler anderer Staaten – auf Grund von geistiger Unzurechnungsfähigkeit von der Mordanklage freigesprochen wird, muß er als geistig unzurechnungsfähiger Verbrecher so lange in einer Irrenanstalt verbleiben, bis er für zurechnungsfähig erklärt wird.» Ich trommelte mit den Fingern auf den Schreibtisch des Sheriffs und sah auf die Uhr – das Bild eines Menschen, der es eilig hat.

Mein Mann schien Blut zu lecken. «Wie lange dauert es, bis man ihn dort wieder herausbekommt?»

«Von wo?» fragte ich unschuldig.

«Aus der Irrenanstalt.»

«Ach so, Sie meinen, falls jemand behauptet, zur Zeit der Tat sei er unzurechnungsfähig gewesen, zur Zeit des Prozesses und seines etwaigen Freispruchs aber zurechnungsfähig ist?»

«Genau!»

«Ich weiß nicht», sagte ich und rieb mir das Kinn. «Monate, vielleicht sogar ein Jahr. So einfach ist das nicht. Da ich so lange öffentlicher Ankläger gewesen bin, habe ich mich mit dieser Phase nie beschäftigen müssen. Ich brachte die Angeklagten eben hinein; sie rauszukriegen war die Aufgabe eines anderen. Auch hätte ich nie angenommen, daß diese Verteidigung für Ihren Fall in Frage kommen könnte.»

Meine Einfalt war freilich übertrieben. Schon die Lektüre der Zeitung am Vorabend hatte mich überzeugt, daß Unzurechnungsfähigkeit die beste, wenn nicht die einzige

Verteidigung war, die dem Mann blieb. Und nun hatte ich soeben alle anderen Türen vor seiner Nase zugeschlagen und behauptet, dies sei die letzte. Nur ein Schwachsinniger hätte das nicht gemerkt, und ich lernte rasch, daß Oberleutnant Manion nicht schwachsinnig war.

«Sagen Sie mir mehr darüber», bat er seelenruhig.

«Ich könnte hinzufügen, daß das Gesetz, nach dem der Angeklagte wegen Unzurechnungsfähigkeit zwar freigesprochen, aber ins Irrenhaus gesteckt wird, eigens gemacht worden sei, um jeden, der geneigt ist, sich in Strafverfahren auf Unzurechnungsfähigkeit zu berufen, zu entmutigen.»

«So?»

«Daher geht der Mensch, der wegen mangelnder Zurechnungsfähigkeit Freispruch beantragt, ein Risiko ein, das gleiche Risiko, das Sie damals auf sich nahmen, als Sie nicht wußten, ob der alte deutsche Offizier hinter seinem zerstörten Schornstein allein war.»

Ich machte eine Pause und klopfte meine Pfeife aus. Die Unterweisung war vorüber. Jetzt kam mein Schüler an die Reihe. Der Oberleutnant sah zum Fenster hinaus. Er untersuchte seine Ming-Spitze. Ich saß mäuschenstill da. Dann sah er mich an. «Vielleicht», meinte er, «vielleicht war ich unzurechnungsfähig.»

Ganz beiläufig erwiderte ich: «Wann waren Sie vielleicht unzurechnungsfähig? Als Sie den deutschen Leutnant erschossen?»

«Sie wissen, was ich meine. Als ich Barney Quill erschoß.»

«Hm ... Warum sagen Sie das?»

«Ich weiß selbst nicht recht», fuhr er langsam fort. «Ich – ich glaube, mir wurde schwarz vor den Augen. Zwischen dem Augenblick, als ich ihn an jenem Abend hinter seiner Bar stehen sah, und der Rückkehr in meinen Wohnwagen kann ich mich an nichts mehr erinnern.»

«Wollen Sie damit sagen, daß Sie sich nicht erinnern, ihn erschossen zu haben?» Verwundert schüttelte ich den Kopf.

«Ja, das will ich damit sagen.»

«Sie erinnern sich nicht einmal daran, daß Sie nach Hause fuhren?»

«Nein.»

«Sie erinnern sich nicht einmal daran, daß Sie Barneys Barmann bedrohten, als er Ihnen nach der Schießerei bis vor die Tür nachlief?» Ich verhielt den Atem. «Sie erinnern sich nicht, daß Sie sagten: ‹Willst du auch 'ne Ladung, Buster?›»

Die dunklen Augen flackerten unmerklich. «An nichts erinnere ich mich.»

«Soso!» sagte ich und zwinkerte, während ich mir das Erstaunliche seiner Eröffnung vorzustellen versuchte. «Vielleicht haben Sie da einen Ausweg.»

Die Vorlesung war vorüber. Ich hatte den Burschen über das Recht aufgeklärt; er hatte mir dafür Dinge erzählt, die vielleicht zu einem Antrag auf Freispruch wegen Unzurechnungsfähigkeit ausreichten. Das Ganze war wie eine Spiegelfechterei vor sich gegangen, genauer gesagt, wie ein Duell mit gepolsterten Hämmern. Man brauchte nur noch die losen Enden zusammenzuknüpfen. Ich wollte versuchen, es kurz und schmerzlos zu machen.

Ich drehte mich um und sah aus dem schmutzigen, rußigen Fenster. «Lassen Sie mich einen Augenblick nachdenken», sagte ich. Vielleicht – dachte ich – war der Mann schwachsinnig, als er Barney Quill erschoß. Vielleicht war er wirklich durchgedreht, sah und hörte nichts mehr und konnte sich auch auf nichts besinnen. Schön und gut. Aber ein Haken war daran, ein Haar war in der Suppe seiner Unzurechnungsfähigkeit, und das mußte unter die Lupe genommen werden. War es nicht besser, das jetzt zu tun, ehe ich mich auf den Fall einließ, als später in der Hitze des Gefechts? Ich wandte mich wieder zu Manion um.

«Hören Sie zu, Oberleutnant. Halten Sie sich fest. Ich schieße scharf. Vielleicht waren Sie unzurechnungsfähig. Vielleicht konnten Sie sich auf nichts besinnen. Aber in etwas stimmen Sie und die Zeitung überein. Sie beide sagen aus, gleich nach Ihrer Rückkehr zum Wagenpark, gleich nachdem Sie Barney Quill erschossen hatten, hätten Sie den Parkwächter geweckt und zu ihm gesagt: ‹Grad hab ich Barney Quill umgelegt.› Stimmt das?» Wieder hielt ich den Atem an.

Ich nehme fast an, er wußte, was kommen mußte, doch antwortete er leidlich ruhig. «Ja», erwiderte er, denn er konnte nicht anders, es gab keine andere Entgegnung, kein Entrinnen; er hatte sich schon zu weit festgelegt, umzukehren war ausgeschlossen.

Langsam, leichthin meinte ich: «Also schön, Oberleutnant. Nun sagen Sie mir eins: Wie konnten Sie dem Parkwächter erzählen, Sie hätten gerade Barney Quill über den Haufen geknallt, wenn Sie den Verstand verloren hatten und sich an nichts erinnerten? *Wer hat Ihnen das dann gesagt?*»

«Nun», begann er, brachte dann aber kein Wort mehr heraus und schloß die Augen. Er hatte sich festgefahren. Zum erstenmal sah ich ihn im dunkeln tappen. Sein Schweigen hielt an. Ich fragte mich inzwischen, ob ich etwa dabei sei, mich in einen jener unverbesserlichen Ankläger zu verwandeln, die immer mehr Gründe zur Verurteilung als zum Freispruch finden.

«Nur zu, Oberleutnant», sagte ich. «Denken Sie nach!»

Ungeduldig, mit vorgeschobener Unterlippe: «Ich bin dabei! Ich versuche ja, mich zu erinnern, verdammt noch mal.»

Ich dankte meinem Schöpfer, daß kein Geschworenengericht ihm dabei zusah. Gleichzeitig fiel mir auf, daß er ein entzückendes Kind gewesen sein müsse.

«Na los doch», drängte ich. «Was hat Sie bloß dazu gebracht, dem Parkwächter zu erzählen, Sie hätten Barney gerade erledigt, wenn Sie sich doch an nichts erinnerten?»

Er sprach rasch und sprunghaft. «Moment mal. Es kommt wieder ... Barney Quill war der letzte Mensch, den ich sah, bevor ich meiner Sinne nicht mehr mächtig war. Ja, in dem ganzen Lokal sah ich immer nur sein Gesicht vor mir ... Meine Pistole ... Als ich die Bar betrat, wußte ich, daß meine Lueger geladen war. Und in meinem Wohnwagen sah ich dann, daß sie leergeschossen war. Da taucht plötzlich was auf ...» Er warf seine Hände in die Luft. «Verstehen Sie denn nicht? Ich dachte mir, ich *müßte* ihn erschossen haben, weiter nichts. Darum ging ich zum Parkwächter und sagte es ihm.» Er hielt inne und schaute mich an wie ein Kind, das eben sein Weihnachtsgedicht aufgesagt hat. Hatte er seine Sache nicht fein gemacht?

Es war die einzige einleuchtende Erklärung, die er geben konnte. «Ich verstehe», sagte ich nachdenklich. «So sieht die Sache also aus.» Hätte ich diese Antwort als Ankläger bekommen, wäre es ein Vergnügen gewesen, den Mann fix und fertig zu machen. «Ich verstehe», wiederholte ich. Dies hier war wohl das größte Hindernis für eine erfolgversprechende Verteidigung mit Unzurechnungsfähigkeit. Auch das mußte ich mir noch gründlich durch den Kopf gehen lassen.

Ich sah auf meine Armbanduhr und stand auf. «Schluß für heute», sagte ich. «Das Pensum ist erledigt. Morgen sehe ich Sie wieder.»

«Wollen Sie meinen Fall nun übernehmen?»

«Das weiß ich noch nicht. Unter anderem müssen wir ja auch noch die Frage meines Honorars besprechen, Oberleutnant Manion.»

«Das hatte ich befürchtet.»

Ich stand schon in der Tür. «Morgen bin ich also wieder da.»

«Noch eine Frage – wie stehen wir denn da?»

«Oberleutnant», sagte ich lächelnd, «wir haben einen harten Tag hinter uns. Vielleicht finden wir einen Weg, jemandem etwas von seinem Gesicht zu wahren, mehr möchte ich nicht sagen. Sie verstehen, das ist eine der wichtigsten und am wenigsten besprochenen ‹Verteidigungen›, die das Strafrecht kennt.»

«Was ich zum Parkwächter gesagt habe, wird das die Sache verderben?»

«Ich weiß es nicht. Schließlich kann man nicht gleich alles haben, alter Freund. Nur eines noch: Wenn das Geschworenengericht wirklich vorhat, Sie für unzurechnungsfähig anzusehen, wenn es Sie wirklich laufenlassen will, werden Himmel und Hölle es nicht daran hindern können. Auf Wiedersehen für heute. Ich habe noch zu tun.»

«Guten Abend, Mr. Biegler. Wünsche Ihnen Glück beim Angeln.»

Ich fuhr herum. «Woher wissen Sie denn das?»

«Ich habe Ihren Angelkasten und die Geräte im Wagen gesehen – von meinem Zellenfenster aus.» Er lächelte. «Daß Sie das Zeug den ganzen Tag in der Sonne braten lassen, wenn Sie nicht von hier aus zum Fischen fahren wollten, konnte ich mir nicht denken.»

«Danke», sagte ich schüchtern lächelnd. Die Unterweisung war vorbei. Mein gerissener Oberleutnant hatte mit fliegenden Fahnen bestanden, und ich hatte den leisen Verdacht, dieser Fuchs sei mir ab und zu ein paar Sprünge voraus gewesen.

7. Kapitel

In jener Nacht schlief ich schlecht. In den Geburtswehen eines Mordfalles ist ein Anwalt wie ein neu verliebter Mann. Was er denkt, was er spricht, was er sinnt und was er träumt – alles hängt mit seinem Fall zusammen, seinem herrlichen, lausigen, verteufelten Fall. Was er auch treibt und tut, immer begleitet ihn das ewig aufdringliche Pochen seines Falles. Der Verliebte und der Anwalt eines Mordfalls, sie beide haben auf gleiche Weise eines der ganz köstlichen, verwirrenden, enttäuschenden, erheiternden, ermüdenden und aufregenden menschlichen Erlebnisse. Es sah so aus, als würde ich mich Hals über Kopf verlieben.

«Guten Morgen, Herr Beamter», sagte ich zu Sulo. «Wird Oberleutnant Manion noch bei Ihnen geführt? Oder hat er sich inzwischen abgemeldet?» Seit zehn Jahren komme ich Sulo mit diesem uralten Witz, und immer wieder löst er die gleichen Lachsalven aus. Auch als er seinen mächtigen Messingschlüssel hervorholte, schüttelte er sich noch vor Lachen. «Hohoho ... Ich – ich habe Ihren Soldaten noch da. Er ... Sie können wieder dem Sheriff sein Büro benutzen. Er ist auf der Runde.»

Es war beruhigend zu hören, daß der unermüdliche Sheriff schon wieder dem Verbrechen auf der Spur war. Außerdem gab es mir Gelegenheit, mit Sulo ein Wörtchen zu reden. «Setz dich eine Minute», sagte ich. «Wir haben schon so lange nicht mehr miteinander geschwatzt.» Ich kam mir wie ein Versicherungsagent vor, der einen seriösen Reflektanten hätschelt. «Erzähl mal, wie geht's deinem Hexenschuß?»

«Freilich, freilich», entgegnete Sulo und setzte sich dankbar unter das Konterfei des vom FBI heißbegehrten Verbrechers.

«Du, Sulo», fragte ich, bevor er sich über seinen Hexenschuß verbreiten konnte, «in der Nacht, in der sie Oberleutnant Manion eingeliefert haben, hattest du wohl keinen Dienst? Du machst nach wie vor tagsüber Dienst, nicht wahr?»

«Klar, Polly, tagaus, tagein. Für den Nachtdienst sind meine Knochen zu alt.»

«Hm ... Oberleutnant Manion will mich zum Anwalt

nehmen, Sulo. Aber ich weiß nicht, ich weiß nicht recht.» Ich sprach meine Sorgen mit meinem alten Freund durch. «Wie ist denn seine Frau, sag mal?»

Sulo strahlte. «Ach, eine nette, eine sehr nette Dame.» Er nickte. «Sieht auch gut aus – trotz der ‹blauen› Augen.» Sulo blinzelte und deutete mit beiden Händen einen Halbmond über der Brust an. «Holz vor der Hütte, Junge, Junge ...»

«Schäm dich, Sulo! Und treib's bloß nicht zu weit. Du weißt, wie's Barney Quill ergangen ist.»

Wieder entglitt mir Sulo, trunken vor Lachen, und während ich darauf wartete, daß er sich beruhigte, überlegte ich mir, was für ein rücksichtsvoller, menschenfreundlicher Demokrat ich sei, meinen Tag mit einem ehemaligen Amtskollegen zu vertrödeln. Dabei hatte ich doch alle Hände voll zu tun. Der Gedanke tat mir wohl. Nebenbei fiel mir ein, was für ein schäbiger Trick es war, hier herumzusitzen und den liebenswert unschuldigen alten Gefängniswärter auszuquetschen. Wie durchtrieben und doppelzüngig konnte man eigentlich werden? Nur, um die Haut eines Mannes zu retten, der dem alten Sulo in Ehrgefühl, Würde und den einfachsten Tugenden vermutlich nicht das Wasser reichte? Aber tat ich das etwa für Oberleutnant Manion? Strengte ich mich in Wirklichkeit nicht für Polly Biegler an? Das mindeste war jedenfalls, daß ich zu meinem alten Freund aufrichtig war.

Sulo hatte sich erholt und befühlte sein Kreuz, ein sicheres Zeichen, daß er gleich mit einem eingehenden Bericht über seinen Hexenschuß beginnen würde. «Hör zu, Sulo», sagte ich, um ihm den Wind aus den Segeln zu nehmen. «Ich muß dich was fragen, muß dir eine einfache Frage stellen. Wenn du die Antwort nicht weißt, so sag's mir. Wenn du sie weißt und sie mir nicht geben willst, bin ich nicht böse. Einverstanden?»

«Immer los, Polly», sagte Sulo trocken.

«Weißt du, ob Barney Quill Laura Manion vergewaltigt hat?»

Sulo musterte mich mit seinen ausgeblichenen blauen Augen, blickte weg und mich wieder an. «Das fragen Sie mich, Polly?» Er zuckte die Achseln. «Wie soll ich das wissen – ich war zu Hause im Bett. Warum fragen Sie nicht die Dame selbst? Die war doch dabei.»

Wir schwiegen. Nun wußte Sulo klipp und klar, daß ich ihn ausquetschen wollte, aber ich hatte ihm immerhin reinen Wein eingeschenkt. Ich wickelte ein Zigarillo aus, biß das Ende ab, steckte es aber nicht an. Ich mußte noch deutlicher werden. «Du brauchst mir's nicht zu sagen, Sulo, wenn du nicht magst», sagte ich. «Ich will dich wahrhaftig nicht ärgern oder gar hineinziehen. Ich muß mich nur entscheiden, ob ich den Fall übernehmen will – noch heute vormittag, eigentlich in wenigen Minuten. Nehme ich ihn, will ich ihn aber auch gewinnen, das ist für mich genauso wichtig wie für den Oberleutnant. Und wenn ich mit Gewißheit herauskriegen kann, daß Barney die Frau vergewaltigt hat, glaube ich, kann ich ihn gewinnen.» Ich hielt inne. «Da hast du den ganzen Schwindel, Sulo.»

Sulo blickte verstohlen im Zimmer umher. «Ich glaube, vielleicht hat er's wirklich getan», sagte er ruhig.

«Woher weiß *du* das?»

«Der Lügendetektortest hat angezeigt, daß sie die Wahrheit gesagt hat.»

«Bist du sicher? Sicher über die Ergebnisse des Lügendetektors, Sulo?» drängte ich. «Ich muß ganz sicher sein.»

«Die Polizei hat's dem Sheriff gesagt, der Sheriff mir. Das ist die reine Wahrheit, Polly. Ich werde Sie doch nicht anlügen.»

«Dank dir, Sulo.» Ich schüttelte ihm die Hand. «Mehr will ich gar nicht wissen. Jetzt geht's mir schon viel, viel besser. Jetzt, glaub ich, kannst du den Oberleutnant herunterholen.»

«Sicher, sicher», murmelte Sulo, öffnete seine Gittertür und schloß sie hinter sich. Auf der anderen Seite zögerte er, blickte mich nachdenklich durch die Stäbe an und lächelte. «Danke der Nachfrage, Polly», sagte er trocken. «Mein Hexenschuß ist besser geworden, viel besser.» Er machte kehrt und schlurfte, leise in sich hinein lachend, die Treppe hinauf.

Guter alter Sulo, guter alter Hexenschuß.

Wie ein Rechtsanwalt seinen Mandanten nicht unbedingt zu lieben braucht, um ihn gut zu vertreten, so braucht er auch nicht unbedingt an dessen moralische Unschuld zu glauben. Aber bisweilen hilft es; es half mir jetzt, und ich fühlte mich erleichtert. Der Lügendetektor hatte also bewiesen, daß die Frau die Wahrheit gesagt hatte, soso! Hatte die Anklage vor, diese Ergebnisse zu verschweigen? Wenn ja, wie konnte ich dann durchsetzen, daß die Geschworenen sie zu hören bekamen, zumal die Ergebnisse solcher Tests vor Gericht nicht anerkannt wurden? Nun, vorläufig durfte ich mir darüber keine grauen Haare wachsen lassen ...

Sulo hatte mir mehr gesagt, als er wollte, viel mehr. Dies war tatsächlich der erste Lichtblick in dem ganzen Fall. Nun hatte ich, so wichtig das war, nicht nur die Bestätigung, daß die Dame vergewaltigt worden, sondern auch, daß ihre Geschichte wahr war. Ich wußte aus Erfahrung, daß die gewissenhafte Polizei während des Detektortests jede Einzelheit recherchierte: in ihrem Fall also die Ereignisse vor der Vergewaltigung, die Vergewaltigung selbst und den Auftritt nachher am Parkplatztor, wo Barney sie angeblich verprügelt hatte. Dieser letzte Akt befreite meinen Mann von dem Verdacht, er habe seine Frau vielleicht in einem jähen Anfall von Eifersucht selbst verhauen. Das erhärtete auch die Wahrheit von Oberleutnant Manions Bericht über alles, was er nach der Rückkehr seiner Frau getan hatte. Ich wußte jetzt nicht nur, daß diese

Dinge stimmten, ich wußte auch, daß der Ankläger sie wußte. Wenn dies alles auch noch keine einwandfreie Verteidigung Manions garantierte, so wußte ich nun doch, was das Gericht wußte, und – vielleicht ebenso wichtig – ich wußte außerdem, daß die Geschworenen nicht wußten, daß ich es wußte. Es war alles etwas verwickelt, ich war nicht ganz sicher, wohin es führen würde ... Da hörte ich das Schlagen und Kreischen der eisernen Gittertür.

«Guten Morgen, *Mister* Biegler», sagte die bekannte spöttische Stimme.

«Ah, Sie sind's, Oberleutnant. Guten Morgen.»

«Sie sehen heute sehr nachdenklich aus.»

Ich sog die Luft ein wie ein erstickender Vogel. «Lediglich erstes Stadium des Komas, hervorgerufen durch teilweise Erstickung.» Ich stand auf und zeigte auf die Tür des Büros. «Wollen wir uns in das Fliederzimmer zurückziehen und dort sprechen? Ich bin gleich wieder munter.»

«Bitte nach Ihnen, Herr Verteidiger», sagte der Oberleutnant würdevoll.

«Danke, sehr gütig.»

Wieder hatte ich es Sulo angetan, wir ließen ihn japsend auf seinem Stuhl unter dem Fahndungsbild des Schurken zurück. «Er, er, er ...» Ich war gerührt. Guter alter Sulo. Trotz Hexenschuß und allem anderen, er hatte den ehemaligen Ankläger immer noch gern.

«Oberleutnant Manion», sagte ich, als ich ihm gegenübersaß. «Ich habe mich entschlossen, Ihren Fall zu übernehmen.»

«Gut, sehr gut. Wie hoch ist Ihre Honorarforderung?»

«Dreitausend. Ist Ihnen das zuviel?»

«Keineswegs. Ich hätte mehr erwartet.»

«Dann sollte ich vielleicht mehr verlangen. Mir liegt daran, daß meine Mandanten mit mir zufrieden sind.»

«Ich bin durchaus zufrieden – dreitausend Dollar sind angemessen und anständig.»

«Gut. Wann können Sie zahlen?»

«Sie werden sich etwas gedulden müssen. Im Moment bin ich pleite.»

«*Was?*»

«Ich bin pleite. Im Augenblick könnte ich nicht einmal drei Dollar zahlen.»

«Können Sie sich was leihen?»

«Nein.»

«Wie steht's mit Ihrem Wohnwagen?»

«Der Wagen ist bis auf die letzte Schraube mit Hypotheken belastet.»

«Und wie steht's mit Ihren Verwandten? Jeder hat doch einen reichen Onkel.»

«Ich habe keine Onkel, weder reich noch arm. Meine Eltern sind tot. Meine einzige nahe Verwandte ist eine verheiratete Schwester in Dubuque. Sie und ihr Mann schulden *mir* Geld. Sie haben vier Kinder und eine Hypothek.»

«Sie scheinen der Sproß eines guthypothekierten Stammes zu sein», sagte ich. «Hören Sie zu, Manion, warum haben Sie mich kommen lassen, obwohl Sie wußten, daß Sie mich nicht bezahlen konnten? Dachten Sie vielleicht, ich hätte ein Büro für Heimkehrerhilfe?»

«Ich brauche einen Anwalt und wollte den besten.»

«Sie meinen den zweitbesten, nicht wahr? Oder haben Sie die hervorragende Autorität im Naturrecht, den alten Crocker, vergessen?»

Der Oberleutnant zuckte die Achseln und blickte mich fest an. «Schön», sagte er langsam, «wenn Sie mich nicht vertreten wollen, dann werde ich mir eben jemand anders suchen müssen.»

Ich starrte ihn an. Spürte dieser Mann womöglich, daß ich ihn jetzt fast selbst bezahlt hätte, um den Fall zu behalten? «Sie lassen mich einen geschlagenen Tag mit diesem Fall verplempern, obwohl Sie die ganze Zeit wissen, daß

Sie nicht zahlen können», sagte ich und gab mir dabei Mühe, beleidigt auszusehen.

«Sie haben mich doch nicht danach gefragt.»

Ich war hereingefallen. Er konnte unmöglich wissen, daß ein halbwegs anständiger Rechtsvertreter kaum vom Honorar sprechen würde, bevor er wußte, ob er einen Fall wirklich zu übernehmen gedachte. Andererseits hätte ich natürlich etwas über seine finanziellen Verhältnisse herausbringen können, als ich am vergangenen Vormittag zum erstenmal mit ihm sprach. Wahrscheinlich hätte ich es auch tun sollen. Warum nicht ehrlich sein? War es nicht die pure Wahrheit, daß ich ihn von Anfang an im Verdacht gehabt hatte, mittellos zu sein? Hatte ich mit meiner Frage nicht absichtlich so lange gewartet, bis es zu spät, bis ich rettungslos in die Sache verstrickt war? Wie würde ich mit Maida zurechtkommen, mit unserem blutarmen Bankkonto? Der Gedanke zwang mir ein Lächeln auf.

«Hören Sie zu, Manion», begann ich. «Wieviel können Sie zahlen und wann?»

«Ich kann Ihnen nächste Woche einhundertfünfzig Dollar anzahlen. Nächste Woche ist Zahltag.»

«Sie sind sich wohl klar darüber, daß ich, wenn ich den Fall annehme, für die Dauer des Prozesses ein Gehalt bekommen muß?»

«Gewiß. Darum biete ich es Ihnen ja auch an», sagte er kühl.

Dieser eiskalte Seeräuber hatte etwas anziehend Freimütiges.

«Wann können Sie die nächste Rate zahlen?»

«Das weiß ich nicht. Wenn ich freigesprochen werde, gebe ich Ihnen einen Schuldschein und zahle Ihnen jeden Monat soundso viel.»

«Die berühmten letzten Worte», warf ich ein. «Angenommen aber, Sie werden verurteilt?»

«Dann verlieren wir vermutlich beide. Aber ist das

nicht eben ein Risiko – genauso, als beantrage man Freispruch wegen Unzurechnungsfähigkeit?»

Wie der Spitzbube sich wand! ... Einmal mußte ich es noch versuchen, Maidas wegen. «Angenommen, ich übernehme Ihren Fall nicht, bevor Sie mir die Hälfte meines Honorars zahlen?»

Achselzuckend meinte er: «Dann müßte ich, so leid es mir tut, jemand anders nehmen.»

«Würden Sie das riskieren?» fragte ich. «Würden Sie das wirklich riskieren?»

Mit einem leisen Lächeln: «Ich habe doch jetzt eine Handhabe, oder etwa nicht? Ich war doch unzurechnungsfähig, oder nicht? Wie kann ich da noch verlieren?»

Ich bekam meine Vorlesung ganz hübsch zurück. Bewundernd blickte ich ihn an, diesen durchtriebenen Burschen, der alles auf eine Karte setzte, der auf dem letzten Loch pfiff. Er hatte mich so weit, daß ich hilflos angelaufen kam, und ich war jetzt fest überzeugt, er wußte, daß ich gar nicht mehr anders konnte als seinen Fall übernehmen. Der Augenblick der Entscheidung war gekommen; entweder ging ich angeln, oder ich ging an die Arbeit. Ich holte tief Luft und nahm alle Kraft zusammen.

«Oberleutnant Manion», sagte ich und streckte ihm die Hand entgegen. «Sie haben Ihren Rechtsanwalt. Und ich scheine meinen Mandanten zu haben. An die Arbeit also!»

Er nahm meine Hand. «Es ist mir ein Vergnügen, Herr Rechtsanwalt. Wo fangen wir an? Das müssen Sie mir nämlich sagen. Vergessen Sie nicht, ich war krank und komme gerade erst wieder zu mir.»

«Wird schon alles werden. Zunächst gehen wir mal zu Sulo. Ich möchte nämlich mit ihm besprechen, ob wir nicht draußen in meinem Wagen verhandeln können. Der Gestank hier drinnen bringt mich langsam um. Selbst für dreitausend wird mir das zuviel.»

Ich hielt meinem Mandanten die Tür auf. Wir fanden

Sulo, der auf seinem Stuhl eingenickt war, und ich überlegte, ob ich ihn wecken sollte.

8. Kapitel

Die äußere Gefängnistür ging auf, und eine majestätische Figur stolzierte herein. Ein Konfektionshut gab eine schweißbedeckte Stirn frei; aus einem elegant geschnittenen, bestickten Gabardinehemd mit viel zu vielen Perlmuttknöpfen auf den Taschen und Manschetten kam der gebräunte Hals hervor; zwei Kordeln hingen darum, zusammengehalten von einer dollargroßen silbernen Schnalle, auf der nicht etwa *Gerechtigkeit* und *Freiheit*, sondern ein störriges Fohlen eingraviert war. Die weiten Hosen staken nachlässig in staubigen randgenähten Zugstiefeln. Nur ein Cowboy-Abzeichen fehlte noch auf der Brust.

Es war ein feierlicher Augenblick, es fiel mir schwer, keinen Kratzfuß zu machen. Sheriff Max Battisfore war endlich von seiner Kontrollfahrt auf den Staatsstraßen zurückgekehrt. Sein forschender Blick glitt ratlos durch den Raum. Er blieb an mir haften und leuchtete auf, die Freude darin war unverkennbar.

«Mensch, Paul», sagte der Sheriff, ergriff mit beiden Händen meine Rechte und sah mir in die Augen. «Wenn das nicht mein früherer Lieblingsankläger ist! Da steht er, wie er leibt und lebt. Hab dich ja eine Ewigkeit nicht gesehen. Behandelt der alte Sulo euch auch gut, dich und den Oberleutnant?» Er schlug mir auf die Schulter und schüttelte mir weiter die Hand. Der Sheriff hatte Fortschritte gemacht, hatte eine unwiderstehliche Neigung zu lärmender Leutseligkeit entwickelt, gab einem das Gefühl, daß man *gebraucht* wurde. Seine Haltung schien zu sagen: Wir mögen zu entgegengesetzten politischen Parteien gehören, aber wahre Freundschaft ist mehr als Parteizugehörigkeit.

«Wie geht's dir denn überhaupt, du alter Angeber?» fuhr er fort und stieß mich in die Rippen.

«Danke, ausgezeichnet, Max. Mir geht's gut. Und dir?»

«Danke, danke. Irgendwelche Anrufe, Sulo? Aha, auf meinem Block ... Jawohl, Polly, fühl mich pudelwohl. Ging's mir noch besser, müßte Sulo mich in eine meiner Zellen einsperren.» Er brach ab, als Sulo pflichtgemäß lachte. «Sag mir, alter Freund, wie geht's dir denn eigentlich?»

«Mir geht's gut, Max», wiederholte ich trocken und fügte, da ich seine Besorgtheit um meine Gesundheit zweimal beruhigt hatte, hinzu: «Wenn du eine Minute Zeit hast, möchte ich gern ein Wörtchen mit dir reden.»

«Aber natürlich, Polly, komm gleich mit.» Er ging mir in sein Büro voran. «Mach die Tür zu und setz dich. Fühl dich wie zu Hause. Hab dich lange nicht mehr gesehen. Sag mir, wie geh ... ah ... willst du nicht rauchen?»

Ich zeigte ihm meinen Zigarillostummel. «Danke, Max, ich bin den italienischen Stumpen immer noch treu.»

«Verflixt noch eins, ich freu mich, dich wiederzusehen. Wie fühlst du dich eigentlich, ich meine, wie geht es dir wirklich?»

«Hör zu, Max», sagte ich und wagte den Sprung ins Wasser, «wie sah das Ergebnis von Laura Manions Lügendetektortest aus?» Ich hielt mein Feuerzeug unter mein kaltes Zigarillo und verbrannte mir dabei die Finger.

«Ach das! Na, als gerissener Ankläger – denkst du noch an die alten Zeiten? – weißt du ja, Polly, daß die Polizei den Test gemacht hat. Die haben also auch die Ergebnisse.» Er legte mir vertraulich die Hand auf mein Knie. «Du weißt doch, wie eifersüchtig sie immer ihre Vorrechte gewahrt haben.» Weise wiegte er sein Haupt. «Genauso sind sie auch heute noch. Meinst du also nicht, es wäre besser, wenn du sie selbst fragtest?» Er warf einen Blick auf seinen Block. «Verbinden Sie mich mit Detroit Nummer elf», murmelte er abwesend. Er sah auf. «Mensch, Polly, freu mich so, dich wiederzusehen.»

«Vielleicht hast du recht, Max», gab ich widerwillig zu und stand auf. «Es ist ihre Sache, ich frage sie also wohl lieber selbst. Aber wozu eigentlich? Sie werden's mir kaum verraten – die Ergebnisse werden ja vom Gericht sowieso nicht anerkannt.» Auch ich konnte vertraulich sein. «Ich glaube, ich laß die ganze Geschichte», sagte ich entschlossen. «Jawohl, ich glaube, ich laß es bleiben. Das macht die Sache nur noch verwickelter. Soll mir der Lügendetektor gestohlen bleiben.» Ich schüttelte dem Sheriff kräftig die Hand, während er mit der anderen den Hörer aufnahm. «Danke, Max, und verzeih die Störung.»

«Jederzeit zu Diensten, Polly. Lange nicht mehr gesehen. Freu mich, daß du mal wieder hereingeschaut hast, alter Angeber ... Hallo, Fräulein, hier Sheriff Battisfore. Verbinden Sie mich mit Nummer elf in Detroit. Stimmt, mein Schatz, genau vor 'ner Stunde ... Natürlich, für dich bleib ich ewig am Apparat ...»

Max stand in voller Positur vor der mit Fotografien beklebten Wand. Zum erstenmal fiel mir auf, daß ihn kein Bild in seiner Amtstätigkeit darstellte, auf keinem Foto verfolgte er einen Übeltäter oder nahm einen Verbrecher fest ... Dennoch beeindruckte mich diese Szene so, als wenn man viel von einer berühmten Persönlichkeit gelesen, sie vielleicht auch im Fernsehen erblickt und dann plötzlich das Glück hat, ihr in der privaten Atmosphäre des eigenen Heims gegenüberzutreten. Man hatte sich nie klargemacht, was für eine bemerkenswerte Erscheinung sie wirklich war.

«Noch eine andere Sache, Max», sagte ich. «Ich wollte Sulo vorhin danach fragen, wende mich aber wohl doch lieber an den Chef. Ich habe nun den Fall Manion auf dem Hals, so daß wir beide eine Menge zu besprechen haben.» Ich zögerte. «Es gibt einen Haufen zu tun, der Prozeß wird in drei Wochen steigen», erklärte ich.

«Freilich», pflichtete der Sheriff bei. «Er hat sich ja auch einen der besten Anwälte ausgesucht, Polly. Den besten, wenn's um mein Geld ginge.»

«Vielen Dank, Max», sagte ich. Ich wußte nicht recht, wie ich die Sache anpacken sollte. «Nun stellt der Kreis aber noch immer kein Gefängnissprechzimmer zur Verfügung, und es ist mir höchst peinlich, dir dauernd in deinem Büro im Wege zu sein. Schließlich hast du ja auch was zu tun.»

«Ja, bitte?» meinte der Sheriff hilfsbereit.

«Darum habe ich mir überlegt, ob Oberleutnant Manion und ich uns nicht gelegentlich in meinen Wagen draußen setzen könnten. Auf diese Weise könnten wir ungestört unter vier Augen verhandeln, ohne dir dabei auf der Pelle zu sitzen.» Gleichzeitig könnten wir, dachte ich bei mir, frische Luft schnappen.

«Hm ...!» Der Sheriff verzog die Lippen, schloß die Augen und nickte. «Hm ...!» Er warf mir einen verstohlenen Blick zu. «Seine Zelle steht immer zur Verfügung, Polly», sagte er nachdenklich. Ich schwieg mit Nachdruck, denn es machte mir Spaß, zu beobachten, wie er das Für und Wider erwog.

«Hm!» Der Sheriff nickte.

«Vielleicht sollte ich doch lieber darauf verzichten, Max», sagte ich. «Vielleicht werden die Leute sagen, weil du selbst ein so aktiver Veteran bist, räumst du Kriegsteilnehmern ungebührliche Vorrechte ein. Vielleicht werden die anderen Veteranen sogar auf dir herumhacken, weil du mit einem alten Kameraden ein Risiko eingehst – mit einem Mann, der sich nicht scheute, einen Menschen umzubringen, der vielleicht seine Frau vergewaltigt und verprügelt hat.» Ich hatte die Trumpfkarte ausgespielt und wartete nun.

«In Ordnung, Polly», sagte der Sheriff ruhig, fast beiläufig. «Nimm ihn mit raus, sooft du willst. Du haftest für ihn.»

«Keine Handschellen?»

«Nein. Er läuft schon nicht weg – im übrigen wirst du das zu verhüten wissen –, keiner von euch beiden könnte sich das leisten.»

Das war scharfsinnig analysiert. «Dank dir, Max», sagte ich. Dieser Mann war eben wirklich eine Persönlichkeit. Ich fühlte mich in gehobener Stimmung und war nicht nur froh, dem Gefängnis gelegentlich entfliehen zu können, sondern auch erleichtert, weil mit der Handlungsweise des Sheriffs das günstige Ergebnis des Lügendetektortests stillschweigend anerkannt wurde. Vor allem aber war ich obenauf, weil dieses wandelnde (oder besser: patrouillierende) Barometer der Volksmeinung mir praktisch zu verstehen gegeben hatte, daß, seiner Ansicht nach wenigstens, die maßgebende Stimmung meinem Mandanten entgegenkam. Schließlich waren die Geschworenen doch nur eine Handvoll Spießbürger. Wenn sogar Max so über meinen Mandanten dachte, warum sollten sie dann anderer Auffassung sein? Jawohl, dies war der zweite große Schritt voran. Meine Chancen stiegen. «Das werde ich dir nicht vergessen, Max», sagte ich und öffnete die Tür.

«Nicht der Rede wert, Polly.» Der Sheriff reckte den Hals. «Hallo, Sulo, komm rein!» brüllte er über mich hinweg. «Gern geschehen, alter Knabe. Himmel, freut mich, dich so wohl zu sehen. Bist bleich wie's Kätzle am Bauch.»

«Angelblässe», antwortete ich.

«Bist auch dünner geworden, nicht, Polly? Bist ja mager wie ein – wie ein –»

«Indianer aus einem Zigarrenladen», entgegnete ich. «Mein einziger Gewichtsschwund, Max», sagte ich und fuhr reuig über meine schütteren Schläfen, «kommt vom Haarausfall ... Die Zeit marschiert so schnell wie das Verbrechen.»

«Du machst mich fertig, Polly», schmunzelte der Sheriff, schob den Hörer vor das andere Ohr und drückte mehrmals auf die Gabel.

9. Kapitel

Es tat wohl, in der warmen Sonne zu sitzen, den üppigen Augustduft aus Mrs. Battisfores Blumengarten zu riechen, dem fernen Summen des Verkehrs und dem Getrappel und Geplapper der vertrauenswürdigen Häftlinge zu lauschen, die als regelmäßige Gäste des Sheriffs, als genesende Sauf- und Raufbrüder des Landkreises die großen gewellten Rasenflächen des Gerichtsgebäudes bevölkerten. Es tat wohl, den Möwen zuzusehen, wie sie weit über dem großen glitzernden See herabstießen, herumwirbelten und wieder in die Lüfte stiegen. Wir rauchten, schauten schweigend hinaus, und ich dachte träge und wenig originell, das Hauptübel in der Welt seien doch die Menschen. Jemand hatte es blumenreicher, wenn nicht sogar besser ausgedrückt: «Wo all das Gute winkt, wo nur der Mensch versagt.»

«Wir brauchen einen Psychiater», sagte ich.

«Warum?»

«Er muß Ihre Unzurechnungsfähigkeit beweisen. Geisteskrankheit, Oberleutnant Manion, ist eine medizinische Angelegenheit. Damit Sie sich bei der Verteidigung darauf berufen können, müssen wir ein ärztliches Gutachten vorlegen, daß Sie geistig unzurechnungsfähig waren. Ist das getan, haben wir den Vorteil, daß ausschließlich der Anklagebehörde die Last zufällt, Ihre Unzurechnungsfähigkeit abzustreiten. Das ist unser wichtigstes und dringendstes Problem.»

«Ich verstehe», sagte mein Mandant. «Dann werden wir uns also einen Psychiater nehmen. Wenn es aber eine medizinische Angelegenheit ist, genügt dann nicht auch ein hiesiger Arzt?»

«Nein, mein Freund, mit einem hiesigen Arzt können

wir nichts anfangen. Die haben alle Hände voll zu tun, die Bevölkerung zu verarzten und mit den neuesten Wunderpillen auf dem laufenden zu bleiben, und wagen sich nicht auf das komplizierte Gebiet des Geistes. Außerdem verstehen die meisten nicht viel mehr davon als Sie und ich.»

«Sie sind allzu bescheiden, Herr Rechtsanwalt. Haben Sie vergessen, daß Sie es waren, der auf die Bewußtseinsstörung kam?»

«Nein», erwiderte ich vorsichtig. «Ich habe lediglich alle Möglichkeiten der Verteidigung aufgezählt – Sie waren es, der mir Tatsachen offenbarte, aus denen sich ableiten ließ, daß Sie geistesgestört gewesen sein müssen. Selbst wenn wir hier einen Arzt fänden, der tollkühn genug wäre, Ihre Geistesstörung zu bezeugen, brauchte die Staatsanwaltschaft nur einen Facharzt für Psychiatrie auf ihn loszulassen, der aus ihm – und aus Ihrem Antrag auf Freispruch wegen Geistesgestörtheit – Kleinholz macht. Sehen Sie, Psychiater sind ein Volk für sich. Wenn zum Beispiel ein gewöhnlicher Arzt, ein Rechtsanwalt oder ein Soldat in ein Varieté geht, so will er sich nur Busen und Beine der Mädchen ansehen. Ein Psychiater nicht. Läßt sich einer dieser seltsamen Vögel schon herab, einer Varietévorstellung beizuwohnen, so will er dabei das Publikum beobachten. Mann Gottes, Sie können doch nicht einen braven Kreisarzt gegen ein solches Ungeheuer aufstellen.»

«Woher würde die Anklagebehörde das aber wissen?»

«Was wissen?»

«Woher wüßte die Staatsanwaltschaft, ob wir einen Arzt oder einen Psychiater zu Rate ziehen – oder daß wir überhaupt auf Unzurechnungsfähigkeit plädieren? Wie wäre es ihr also möglich, sich auf den Gegenschlag vorzubereiten?»

Mein Mandant war kein Dummkopf, und ich war froh, daß er nicht querschoß. «Im Gesetz heißt es: Die Verteidigung muß der Staatsanwaltschaft vor der Verhandlung ihre Absicht bekanntgeben, auf Unzurechnungsfähigkeit zu plädieren. Wir können so etwas nicht geheimhalten. Überraschungsanträge auf Freispruch wegen Geistesgestörtheit sind ‹unfair›, ‹unanständig›, heißt es im Gesetz. Wir müssen leider mit offenen Karten spielen.»

«Eine ziemlich unwissenschaftliche Angelegenheit», meinte Manion nachdenklich. «Die Sache mit der Unzurechnungsfähigkeit ist verflixt unwissenschaftlich.»

«Warum sagen Sie das?»

«Sie sagen mir, daß wir ohne einen medizinischen Sachverständigen Geistesgestörtheit nicht beweisen können. Trotzdem haben Sie und ich bereits beschlossen, daß ich geistesgestört war; wir wissen, daß wir auf Geistesstörung plädieren werden – Sie sagen mir, es sei die einzige Verteidigung, die mir übrigbleibt. Sogar ich sehe das jetzt ein. Mit anderen Worten: Sie als einfacher Anwalt und ich als dummer Soldat haben ausgemacht, ich sei medizinisch und rechtlich unzurechnungsfähig gewesen. Nachdem wir das beschlossen haben, müssen wir uns jetzt einen medizinischen Sachverständigen einhandeln, der *unsere* Entscheidung bestätigt. Und nun sagen Sie mir auch noch, daß ein gewöhnlicher Arzt für so etwas nicht in Frage kommt.» Der Oberleutnant schüttelte den Kopf. «All das klingt höchst unwissenschaftlich.»

Es ärgerte mich auf unerklärliche Weise, daß er meinen Beruf so frisch-fröhlich kritisierte. Wenn das einer aus der Familie tat, mochte es noch angehen, aber ein Wildfremder, das ging mir zu weit. «Oberleutnant Manion», sagte ich, «nichts ist leichter für einen Laien, als sich über Gesetze lustig zu machen. Die Juristen und das Recht sind zu allen Zeiten die Zielscheibe des allgemeinen Spotts gewesen. Der durchschnittliche Mensch kommt in seinem Leben nur mit kleineren Verordnungen in Konflikt. Gewöhnlich weiß er, ob er gewonnen oder verloren hat. Vielleicht erinnert er sich auch daran, daß Dickens durch die knurrende Stimme des Mr. Bumble das Recht einmal einen Esel nannte. Somit ist für ihn das Recht fortan ein Esel, und er wird über Nacht sein schärfster Kritiker.»

«Ich verstehe es noch immer nicht», sagte der Oberleutnant. «In dieser Hinsicht zum mindesten sieht das Recht sogar wie ein Preisesel aus.»

«Zugegeben. Doch möchte ich darauf hinweisen, daß man deswegen noch nicht die gesamte Rechtsprechung in Grund und Boden verdammen darf. Besonders Sie sollten dankbar sein, daß das massive Gebäude, genannt Recht, besteht. Zufällig stellt es Ihre einzige Hoffnung dar.»

«Wie meinen Sie das?» fragte der Oberleutnant barsch.

«Ich will versuchen, es Ihnen zu erklären», sagte ich. «Mr. Bumble hatte nur teilweise recht, denn trotz aller Unzulänglichkeiten hält das Recht – und nur das Recht – unsere Gesellschaftsordnung zusammen und verhindert, daß sie ein Tollhaus wird. Wenn das Recht auch weiß Gott nicht vollkommen ist, so ist doch außer der Macht bisher noch kein anderes System erfunden worden, die Menschen zu regieren. Das Recht ist das Sicherheitsventil der Gesellschaft, es ist die schmerzloseste Art, sie zu verbessern; alles andere führt zur Anarchie. Genauer gesagt, Oberleutnant: In Ihrem Fall sorgt das Recht dafür, daß Barney Quills Verwandte nicht hier eindringen und jeden Manion umlegen, den sie erwischen. Es sorgt auch dafür, daß die verschuldeten Manions aus Dubuque nicht ihrerseits einen bewaffneten Überfall auf die Quills in Szene setzen. Mit anderen Worten: Das Recht verhütet, daß die Klemme, in der Sie sich befinden, in Kleinkrieg ausartet.»

Ich hielt inne, um mich an die ungewohnte Rolle eines Verteidigers des Rechts zu gewöhnen. «Das Recht ist der Feuerwehrmann, der die Strohfeuer der Gesellschaft löscht; es ersetzt das Faustrecht durch ordnungsgemäße Rechtsprechung. Gerade die Langsamkeit der Gesetzesmühle, ihre schwerfällige Unpersönlichkeit, ihr Beharren auf althergebrachten und erprobten Verfahren, all das dient dazu, die Leidenschaften zu kühlen, die Gemüter zu besänftigen und sie zur Ordnung, zur Vernunft zu bringen. Schon das ist eine gewaltige Leistung, gleichgültig, wie der einzelne Prozeß ausfallen mag. Wie jemand einmal so treffend gesagt hat: ‹Der Unterschied zwischen einem Straßenkampf und einer Debatte ist das Recht.›» Ich zögerte. «Mehr noch: Unsere herrliche Magna Charta, unsere Verfassung, unsere *Bill of rights* und all das übrige wären nichts als veraltetes, hochtrabendes Geschwätz, hätten wir nicht das *Recht*, um sie zu untermauern, zu deuten, ihnen Sinn und Kraft und Leben zu verleihen. Erhabene Begriffe von persönlicher Freiheit und Gerechtigkeit allein setzen sich nicht durch. Sie müssen tagtäglich auf dem Amboß des Herzens neu geschmiedet werden. Und das geschieht durch das Recht, denn jedes Geschworenengericht im Land ist ein kleines tägliches Wunder der Demokratie in Funktion.»

Der Oberleutnant blickte mich mit halb belustigtem Lächeln an, als ich in Begeisterung geriet.

«Denken Sie doch an Rußland», fuhr ich fort. «Dort ist das Recht von einer stoisch-freudlosen Horde knotiger Kerle in runden Hüten, schludrigen Hosen und zweireihigen Überziehern abgelöst worden, von Männern, die mit konstanter Bosheit auf ihren Oberleutnants Manion herumhacken, und das alles im Namen des allgewaltigen Staates. *Sie* sind das Recht. Dort hätten Sie schon vor Tagen fröhlich ‹gestanden›.» Ich schüttelte den Kopf. «Mein Gott, Sie brauchen sich doch bloß umzusehen. Wie geht es denn zu? Mitternächtliches Klopfen an der Haustür, der Unglückliche wird vor ein Erschießungskommando geschleppt, ein paar heisere Befehle – dann Stille, nichts als tödliches, namenloses Schweigen ... Kein Mensch wird auch nur wagen, sich nach Ihnen zu erkundigen, geschweige denn, Sie zu verteidigen; solch proletarische Neugierde würde sich verhängnisvoll auswirken.»

«Ich wußte gar nicht, daß Sie sich aus meinem Fall wirklich etwas machen», sagte der Oberleutnant lächelnd. «Ich hoffe nur, Sie sind bei der Verhandlung halb so beredt.»

Wie beteiligt ich bereits war, hatte ich nicht gewußt, und ich konnte mich eines Lächelns nicht erwehren. «Nach alldem wäre nur noch zu bemerken, daß Sie mit der Geistesgestörtheit völlig recht haben. Die gegenwärtige Handhabung des Rechts in bezug auf Unzurechnungsfähigkeit ist nahezu so primitiv und unsinnig wie zu der Zeit, da wir unsere Geisteskranken fesselten und folterten. Darin gehe ich mit Ihnen einig.»

Der Oberleutnant runzelte die Stirn und sah besorgt drein. «Ich hoffe, Sie sind nicht von unserer These der Bewußtseinsstörung abgekommen. Und was ist, wenn unser Psychiater – falls wir je einen finden – sagt, ich sei gar nicht verrückt?»

«Dann ziehen wir eben von Haus zu Haus, bis wir uns einen einhandeln, der es von Ihnen behauptet. Einhandeln, wie Sie es nennen, müssen wir jemand. Der Ausdruck gefällt mir. Ich freue mich schon darauf, ihn an Parnell weiterzugeben.»

Der Oberleutnant musterte mich scharf. «Wer ist Parnell?»

«Ach, ein alter Freund und Rechtsanwalt. Mein ‹Schleifstein des Rechts›.»

«Ach so. Wohin gehen wir also, um einen Psychiater einzuhandeln?»

Nachdenklich zündete ich mir ein Zigarillo an. «Das kann ein schwieriges Problem werden», sagte ich. «Entweder gibt es auf der ganzen Halbinsel keine Geisteskranken, oder wir sind alle verrückt. Jedenfalls scheinen Psychiater diese Gegend zu meiden. Die einzigen, von denen ich weiß, arbeiten in Wohlfahrtsinstitutionen oder staatlichen Anstalten: im Lazarett in Iron Mountain, im

Gefängnis drüben in Marquette, in der Irrenanstalt in Newburry und in den verschiedenen Kinderkrankenhäusern. Meist sind sie fest angestellt, ich glaube also nicht, daß wir von denen jemand bekommen können. Sehr viel wahrscheinlicher ist, daß das Gericht mit einem von ihnen aufwartet.»

«Was tun wir also?»

«Wir versuchen, uns jemand einzuhandeln.»

Der Oberleutnant zuckte die Achseln. «Schön, wenn's nicht anders geht, geht's eben nicht anders. Wo beginnen wir?»

«Nicht wo, Oberleutnant, ist die Frage, sondern *womit*. Ich habe die Herren Psychiater nämlich im Verdacht, daß sie nicht viel menschenfreundlicher sind als wir Rechtsanwälte. Auf jeden Fall weniger als ein törichter Anwalt, den ich zufällig kenne. Die lassen sich nämlich bezahlen – und zwar bar auf die Hand.»

«Sie machen mir die Sache nicht gerade leicht. Wie soll ich einen Psychiater bezahlen? Sie wissen doch, daß ich pleite bin. Ich kann ja nicht einmal Sie bezahlen.»

Ich gab mir Mühe, nicht unfreundlich zu sein. «Sie könnten mir wenigstens helfen, mehr verlange ich ja nicht. Und endlich aufhören, so viel Selbstmitleid zu haben.» Ich zögerte. «Eine Stelle gibt es noch, wo wir uns einen Psychiater holen könnten. Ich hatte leise gehofft, Sie würden sie selbst vorschlagen.»

«Und die wäre?» fragte der Oberleutnant gleichmütig.

«Die Armee der Vereinigten Staaten», sagte ich.

«Ob das Heer einen stellen würde, weiß ich nicht.»

«Ich auch nicht, aber Sie könnten mir sagen, wohin und an wen ich schreiben soll. Bei dieser Gelegenheit darf ich Ihnen auch wohl nochmals vor Augen führen, wie wichtig das ist. Erstens ist Ihre einzige Verteidigung vorübergehende Bewußtseinsstörung. Zweitens brauchen Sie, um dies beweisen zu können, einen Psychiater. Drittens können Sie sich keinen Psychiater leisten. Viertens müssen wir uns dann eben auf andere Weise einen fangen. Verstanden?»

«Ich werde Ihnen Namen und Anschrift meines Vorgesetzten geben, bevor Sie gehen», antwortete der Oberleutnant. «Bitte erinnern Sie mich daran.»

«Tun Sie es lieber gleich. Ich schreibe ihm noch heute abend oder rufe ihn an. Denn das, mein Bester, ist des Pudels Kern.»

10. Kapitel

Während mein Mandant die Adresse aufschrieb, fuhr eine Frau in einem schwarzen geschlossenen Wagen vor dem Gerichtsgebäude vor. Sie stieg aus, gefolgt von einem kleinen, quicken, kurzhaarigen Terrier, der ausgerechnet eine angezündete Taschenlampe im Maul hielt. Die Dame trug eine dunkle Brille; als sie über den Rasen näher kam, dachte ich einen Augenblick, sie sei eine Hollywood-Schönheit: sie hatte den gleichen elastisch-wiegenden Gang, die gleiche üppig gefüllte Bluse; sie hatte sogar das gleiche rotbraune, hochfrisierte Haar, die vollen Farben, die kirschroten Lippen. Doch schon bevor sie meinen Wagen erreichte, wußte ich, daß es nicht meine Traumschönheit von der Leinwand war, sondern die Frau, deretwegen mein Klient Barney Quill erschossen hatte.

«Hallo, Manny», sagte sie mit einer leisen, melodischen Stimme. «Wie kommst du in die Sonne heraus? Hat der freundliche Sheriff etwa beschlossen, dich freizulassen?»

«Sieh da, Laura», sagte mein Mandant. «Wie geht's? Wie geht's Rover? Hast du den Wohnwagen fortgeschafft? Das ist Paul Biegler, Laura, der meinen Fall übernimmt. Er hat erreicht, daß wir hier draußen sprechen können.»

«Freut mich, Sie kennenzulernen, Mr. Biegler», sagte Laura Manion und gab mir die Hand. Sie lächelte beschämt. «Ich hoffe, Sie können Manny aus dem Schlamassel heraushelfen, in das ich ihn gebracht habe.»

«Ich will mein Bestes tun, Mrs. Manion. Wenn wir alle mithelfen, sollte es vielleicht möglich sein.» Die Sätze, fand ich, klangen, als spräche sie ein berufsmäßiger pessimistischer Fußballtrainer am Vorabend eines großen Wettspiels.

Einen Augenblick herrschte Schweigen. Oberleutnant Manion kniete nieder und streichelte das Hündchen, das sich vor lauter Freude, seinen Herrn wiederzusehen, wie toll gebärdete. «Rover hat Manny seitdem – seit jener schrecklichen Nacht nicht mehr gesehen», erklärte Laura Manion.

«Und Sie?» fragte ich ruhig. «Wann haben Sie Ihren Mann zum letztenmal gesehen?»

«Sonntag nachmittag. Warum fragen Sie?»

«Ich überlegte mir das gerade, weiter nichts. Eigentlich nur, um irgendwas zu sagen.» Ich zögerte. «Übrigens, wann können wir uns einmal unterhalten?»

«Wann Sie wollen», sagte sie, den Kopf zur Seite geneigt. «Ich bin heute hergekommen, weil ich Sie sprechen wollte. Jetzt, wenn es Ihnen paßt.»

«Je eher, desto besser. Meinen Sie, wir sollten uns zu dritt unterhalten?»

Eine merkliche Pause entstand. Sie schürzte die feuchten roten Lippen. «Wie Sie und Manny meinen», erwiderte sie.

Der Oberleutnant kauerte noch immer am Boden, streichelte den Hund. «Wie denken Sie darüber, Manion?» fragte ich.

Er blickte von der Seite zu mir auf. «Wie wär's, wenn Sie darüber bestimmten, Mr. Biegler? Ich richte mich ganz nach Ihnen.» Als ich zu seiner Frau hinübersah, kam es mir vor, als schüttele sie den Kopf.

«Ich glaube fast, Ihre Frau und ich sollten uns, wenigstens zunächst, allein unterhalten. Glauben Sie, Sie werden es ertragen, in Sulos liebevolle Arme zurückzuwandern? Ich spräche lieber hier draußen im Wagen.» Wieder trat ruckartig eine Stille ein, ein erleichtertes Schweigen, wie mir schien. «Und noch was», sagte ich. «Vermutlich werden wir drei uns von jetzt an wohl ziemlich häufig sehen. Und wenn ich auch kein besonderer Anhänger des modernen Kults der Zwanglosigkeit bin – darf ich vorschlagen, daß wir einander mit dem Vornamen anreden?»

«Okay, Paul!» Der Oberleutnant richtete sich auf und salutierte. «Ich überlasse Sie und Laura Ihrem Gespräch. Bis nachher, Schatz», sagte er zu seiner Frau und ging auf das Gefängnis zu. «Komm, Rover», rief er, worauf der Hund glücklich hinter ihm herrannte. Frederic und Laura Manion hatten sich bei dieser Begegnung nicht ein einziges Mal berührt.

Ich hielt Mrs. Manion die Wagentür auf, schloß sie wieder hinter ihr und setzte mich von der anderen Seite auf den Führersitz. «Würden Sie Ihre Brille abnehmen, Mrs. Manion?» fragte ich.

«Ich heiße Laura», antwortete sie. «Haben Sie das schon wieder vergessen? Wenn Sie den Anblick ertragen können, der Sie erwartet, nehme ich sie ab – warum nicht?» Sie tat es.

«Herr des Himmels!» rief ich aus. In den zehn Jahren meiner Tätigkeit als Ankläger hatte ich so blau geschlagene Augen noch nie gesehen, obwohl ich doch an manches gewöhnt war. «Hat Barney Quill das wirklich getan?»

Ich hielt den Atem an. Ihre Augen waren groß, von einem leuchtenden Aquariumgrün. In sie zu schauen war wie ein Blick in Meerestiefen, und ich begann dunkel zu begreifen, was Barney Quill an dieser Frau um den Verstand gebracht haben konnte. Sie war ungemein anziehend, von einem atemberaubenden, verwirrenden, fast elektrisierenden Reiz. Ihre Weiblichkeit drang ihr aus allen Poren, umgab sie wie heißer Tropenduft, und sie war – ich fand kein anderes Wort dafür – skandalös begehrenswert. Bei einer Frau mit den schönsten Augen, in die ich je geblickt hatte, wirkte dies alles zugleich wie ein Trick. Mir fiel eine Bemerkung von Parnell McCarthy ein. «Es gibt Frauen, die ihr Geschlecht ausstrahlen», hatte er einmal gesagt, «alle anderen handeln nur damit.» Laura Manion hob ihre langen Wimpern, sah mich ernst an und nickte dabei. «Ja», flüsterte sie, «das hat Barney Quill getan.»

«Setzen Sie die dunkle Brille lieber wieder auf», sagte ich müde. Ich fühlte mich ein wenig schwindlig und suchte nach einem Zigarillo. «Erlauben Sie, daß ich rauche?»

«Aber natürlich», antwortete sie mit ihrer leisen Stimme. «Das heißt, wenn Sie mir Feuer geben.»

Eine Weile rauchten wir stumm. «Zunächst muß ich, glaube ich, wissen», begann ich, «ob Sie zur Verhandlung hierzubleiben, das heißt, ob Sie hierzubleiben und zu helfen gedenken.»

Die dunklen Augengläser fuhren jäh herum und bohrten sich in meine Augen; fast konnte ich sehen, wie sie mich aus jenen grünlichen Tiefen staunend anstarrte. «Wie können Sie so etwas fragen, Mr. Biegler?» sagte sie gelassen. «Wie sind Sie nur auf die Idee gekommen, ich könnte nicht hierbleiben?»

«Ich frage Sie, Mrs. Manion, weil ich es als Anwalt Ihres Mannes wissen muß. Sie sind Hauptzeugin in diesem Prozeß, und falls Sie nicht hierbleiben und mithelfen wollen, wird Ihr Mann wohl wenig Aussicht haben, den Hals aus der Schlinge zu ziehen. So wie die Dinge liegen, steht es ohnehin nur fünfzig zu fünfzig. Dabei haben Sie meine Frage noch immer nicht beantwortet.» Es tat mir leid, daß ich sie gebeten hatte, sich die Brille aufzusetzen, denn ich hatte das Gefühl, gerade jetzt müßte es aufschlußreich sein, ihre Augen zu beobachten. «Die Frage lautet: Sind Sie für oder gegen ihn?»

Laura Manion zerdrückte die eben entzündete Zigarette in meinem Aschenbecher. Als sie eine neue suchte und sich zu mir umwandte, damit ich ihr Feuer gab, zitterte ihr die Hand. Sie sog den Rauch tief ein und hielt ihn an; als sie ihn ausatmete, schien er wie ein Schluchzen zu entweichen.

«Immer mit der Ruhe», sagte ich gelassen. «Wie solch ein Fall ausgeht, weiß man nie.» Ich hielt inne, tastete mich behutsam vor, der dunklen, aber sich verstärkenden Ahnung folgend, daß es zwischen dieser Frau und ihrem Mann nicht zum besten stünde. «Man darf nie allzuviel Hoffnung auf den Ausgang eines Geschworenenprozesses setzen. Ein wichtiger Entlastungszeuge kann fehlen, und der Angeklagte mag trotzdem freikommen. Der Hauptzeuge kann dasein, und der Angeklagte mag dennoch verurteilt werden. Bei diesen Dingen weiß man nie, woran man ist.»

Sie hörte gespannt zu. «Was hat Manny Ihnen erzählt?» fragte sie. «Ich meine nicht über den Fall, sondern über uns, über unser gemeinsames Leben, über irgendwelche Zukunftspläne?»

Aha, sie hatten also vor, sich scheiden zu lassen, dachte ich. «Kein Wort, Mrs. Manion; keine Silbe», sagte ich wahrheitsgetreu. «Ich schwöre es Ihnen.»

«Wie konnten Sie dann wissen – wie können Sie fühlen –» Sie brach ab, drückte wieder ihre Zigarette aus, wandte sich um und blickte mich an. «Sagen Sie mir», fuhr sie hastig fort, «wie konnten Sie nur daran zweifeln, daß ich bleiben und mithelfen würde? Schien es Ihnen möglich, daß das gar nicht so sicher war? Bitte sagen Sie mir das, bitte.»

«Aber, Mrs. Manion», erwiderte ich höflich, «ich habe nicht einen Augenblick daran gezweifelt. Es war eine der üblichen Fragen, mit denen wir Rechtsanwälte versuchen, uns unserer Zeugen zu versichern. Vielleicht habe ich mich dabei etwas unbeholfen angestellt. Seit einiger Zeit bin ich mit der Materie nicht mehr ganz vertraut.»

«Kam es daher, daß wir uns vorhin so kühl gegenübertraten, daher vielleicht?» Sie nahm ihre Brille ab; in ihren Augen standen Tränen.

«Bleiben Sie da, Laura?» fragte ich.

«Ja», sagte sie langsam, «ja, ich bleibe. Das ist das mindeste, was ich für den armen Manny tun kann.»

«Gut, ich habe es also bemerkt. Sie wußten es, und ich wollte, daß Sie wüßten, es sei mir aufgefallen. Und wenn Sie hierbleiben, halte ich es für unangebracht, daß es noch allzu vielen anderen Leuten auffällt. Unsere kleine Gemeinde ist wachsam, nach diesem Mord ist sie besonders auf dem Quivive, und wie in allen solchen Städtchen verbreitet sich jeder böswillige, schädliche, oft ganz grundlose Klatsch mit Windeseile.» Ich öffnete die Tür auf meiner Seite. «Entschuldigen Sie mich einen Augenblick, Mrs. Manion, ich muß mit dem Gefängniswärter sprechen. Ich bin gleich wieder zurück. Wir haben noch viel, sehr viel zu besprechen.»

Rasch lehnte sie sich vor, eine Hand auf dem Sitz. «Sagen Sie Manny nichts», bat sie. «Bitte, kein Wort.»

«Ich weiß gar nicht, wovon Sie reden, Laura», antwortete ich lächelnd, «aber ich sage bestimmt kein Wort.»

Kapitel 11.

Als ich aus dem Gefängnis trat, rannte ich dem Ankläger, Mitch Lodwick, in die Arme, der gerade aus dem Büro des Sheriffs kam. Wir begrüßten uns und schüttelten einander die Hand. Der Staatsanwalt war ein Bild für Götter, junge Männlichkeit, ganz in Beige: Sommeranzug in hellem Beige, gleichfarbiges Hemd und gepunktete seidene Krawatte, weiß und hellbraune Sporthalbschuhe, ein fescher Strohhut mit beigefarbenem Band, dazu sein sonnengebräuntes, lächelndes Gesicht, aus dem die schneeweißen Zähne fast unanständig hervorblitzten.

«Na, Polly», sagte Mitch, «Max erzählt mir gerade, daß du mit dem Fall Manion zu tun hast. Dann werden wir also ein Hühnchen zusammen rupfen. Scheint ja ein besonders zahmes Bürschchen zu sein.»

«Nur Technicolor fehlt noch, Mitch, alles andere ist vorhanden: Mord, Vergewaltigung, sogar ein herziges Hündchen. Selbst Hollywood hätte es nicht besser gekonnt.»

Mitch lachte. «*Angebliche* Vergewaltigung, was, Polly?»

«Ich bin nicht ganz sicher, Mitch. Ich habe den Fall erst eben übernommen und die Dame noch kaum gesprochen.»

Mitch grinste boshaft. «Kaum, Polly? In einigen Kreisen erzählt man sich, der letzte Mann, der sie auch kaum gesehen habe, sei an Bleivergiftung gestorben.» Er senkte die Stimme. «Ich hatte schon gehofft, dich irgendwo aufzugabeln.»

«Hier bin ich, Mitch. Was gibt's denn?» Sollte dies vielleicht das Stichwort zum Lügendetektortest sein?

«Es handelt sich um eine Vertagung», sagte Mitch. «Was hieltest du davon, wenn wir übereinkämen, den Fall von der September-Sitzungsperiode in die Dezemberperiode zu verlegen? Wir haben doch beide die Kongreßwahlen vor uns, nicht wahr? Und ich kann mir nicht denken, daß du dein geliebtes Forellenfischen wegen eines lächerlichen Mordes ins Wasser fallen lassen willst. Außerdem ist Richter Maitland noch in Mayo Brothers und wird wohl im September kaum den Vorsitz übernehmen können. Vermutlich wirst du doch, genau wie ich, lieber ihn haben wollen, als es mit einem unbekannten Richter aus der Provinz zu riskieren, der sich hier seine Sporen verdienen will. Was meinst du?» Ich überlegte. Das Angebot erschien mir jedenfalls verlockend, zumal auch mir die Anwesenheit des weisen alten Amtsrichters Maitland, mit dem ich so lange zusammengearbeitet hatte, sehr erwünscht war. In diesem

Fall mußte der Richter unbedingt ein wirklicher Mensch sein, nicht nur ein liebenswürdiger politischer Marktschreier im schwarzen Talar. Noch andere Gründe sprachen dafür, die Mitch nicht erwähnt hatte, weil er sie nicht kennen konnte. Lief der Fall bis in die Dezemberperiode hinein, konnte ich sehr viel besser auf einer anständigen Anzahlung auf mein Honorar bestehen, was weiß Gott wichtig für mich war. Zudem hatte ich ja auch noch die kitzelige Aufgabe, einen fachkundigen Psychiater anzuheuern und meinen Mandanten auf Draht zu bringen, und meine Zweifel, ob sich dies alles – wenn überhaupt – bis zur Gerichtsperiode im September bewerkstelligen ließ, wurden immer stärker. Einer Vertagung stand eigentlich nur eines im Wege: die Person meines Klienten.

«Na, Polly, was meinst du?» fragte Mitch. «Vertagen wir den Fall? Ich dachte, da gäbe es gar nichts zu überlegen.»

Ich schüttelte den Kopf. «Ich fürchte, Mitch, wir werden einer Vertagung nicht zustimmen können. Ich täte es wirklich gern, aus all den Gründen, die du erwähnst, und einigen mehr. Aber wie du weißt, gibt es bei Mord keine Kaution, und ich kann von meinem Mandanten nicht gut verlangen, daß er weitere drei Monate hier im Gefängnis hockt, nur weil es uns in den Kram paßt. Außerdem ist es ja gar nicht sicher, ob Richter Maitland selbst im Dezember den Vorsitz übernehmen kann. Ich hege sogar leise Befürchtungen, daß er vielleicht nie wieder vorsitzen wird. Trotzdem bin ich dir dankbar, Mitch. Aber ich hoffe, du verstehst meine Gründe.»

«Ja, ich verstehe dich.» Mitch nickte nachdenklich. «Wie wär's denn, wenn wir deinen Oberleutnant im nächsten Monat wegen Mordes im zweiten Grad herannähmen und die ganze Sache in einem Aufwaschen erledigten?»

Ich schüttelte den Kopf. «Nein, Mitch, auch dabei könnte er noch lebenslänglich bekommen. Das ist mir zu schnell, zu riskant. Dazu gäbe er sich nicht her, und ich ließe es auch nicht zu. Aber ich mache dir einen Vorschlag. Wie wär's, wenn du nur Anklage wegen Totschlags erhebst, damit ich meinen Mann auf Kaution herausbringe? Auf diese Weise bekommen wir unsere Vertagung, du kannst deine Wähler bezirzen, ich kann meine Forellen aufschrecken – und alle sind glücklich und zufrieden. Dann können wir vor der Dezemberperiode ernstlich prüfen, ob wir ihn nicht mit Totschlag davonkommen lassen können, vorausgesetzt, daß du und Richter Maitland weihnachtlich genug gestimmt seid.»

«Nein, Polly. Diese Affäre ist Mord und nichts anderes. Das weißt du doch selbst. Würdest du die Anklage in Totschlag verwandeln, wenn du noch Ankläger wärst?» Mitch knipste mit den Fingern. «Einfach so mir nichts, dir nichts von lebenslänglich auf ein Maximum von fünfzehn Jahren? Das soll ich schlucken?»

«Nicht übel pariert, Mitch», sagte ich lächelnd. «Wäre ich aber Ankläger und davon überzeugt, daß Barney Quill die Manion vergewaltigt hat, würde ich allen Ernstes eine mildere Anklage in Erwägung ziehen.» Ich zögerte. «Vor allem, wenn ich zum Beispiel einen ausgewachsenen Lügendetektortest hätte, der mir die Sache erleichterte – vorausgesetzt, daß er es täte.» Nachdenklich hielt ich inne. «Aber wenn ich noch immer dächte, die Vergewaltigung sei nur eine Ausrede, wie du vorhin meintest, würde ich den Strafantrag wohl auch nicht abändern.»

Meine Anspielung auf den Lügendetektor war nicht programmgemäß. Aber Mitch, der das Ergebnis bestimmt kannte, war eben beim Sheriff gewesen, und Max hatte ihm zweifellos unser Gespräch von neulich wiedererzählt. Ich wartete darauf, daß er etwas sagte.

Mitch blinzelte nachdenklich und räusperte sich. Dann ging er mit ein paar flinken Schritten um mich herum, wie ein gewandter Läufer auf dem Fußballplatz, und öffnete die Eingangstür des Gefängnisses. «Mir scheint, Polly, als ginge es bald an die Arbeit. Du bist nicht für die Vertagung, und ich bin nicht für Totschlag.» Er lächelte. «Aber was willst du zur Verteidigung vorbringen? Alte Kistendeckel? Halb Thunder Bay hat gesehen, wie dein Oberleutnant den Barney umlegte.»

«Keine Angst, Mitch, ich werde schon was finden.»

«Na, denn auf Wiedersehen, Polly.»

«Auf Wiedersehen, Mitch.»

Die Gefängnistür fiel seufzend ins Schloß. Das war's also.

Als ich aus dem Gefängnis kam, ging Laura Manion neben meinem Wagen auf und ab. Sobald sie mich erblickte, trat sie ihre Zigarette aus, setzte sich rasch hinein und begann, als ich kaum neben ihr saß, abgehackt, atemlos auf mich einzureden.

«Sie haben Manny gesehen ... Sie haben ihm alles erzählt, das weiß ich ... Dabei hatten Sie doch gesagt, Sie täten es nicht ... Warum haben Sie das nur gemacht, wo Sie mir doch versprochen hatten, stillzuschweigen?» Sie stand vor einem Nervenzusammenbruch. «Ich hätte nie – ich – ich –»

«Mrs. Manion!» sagte ich scharf. «Bitte, nehmen Sie sich zusammen. Ich habe Ihren Mann nicht einmal von weitem gesehen. Hier, stecken Sie sich eine Zigarette an, und beruhigen Sie sich.» Ich knipste mein Feuerzeug an, hielt es ihr hin und wartete, bis sie einige tiefe Züge getan hatte. «Bin ich entschuldigt?» fragte ich dann.

«Verzeihen Sie», sagte sie. «Aber Sie sind so plötzlich weggegangen und so lange fortgeblieben. Was hat Sie bloß so aufgehalten?»

«Haben Sie den stattlichen Mann in Beige gesehen, der eben das Gefängnisgebäude verließ?»

Sie nickte. «Ja. Wer ist das?»

«Das ist der teuflische Ankläger, Mitchell Lodwick. Mit

dem habe ich eben gesprochen.» Ich gab ihr unsere Unterhaltung kurz wieder. «Und darum ist der alte Petzer Biegler so lange ausgeblieben», schloß ich. «Habe ich nun wieder Ihr Vertrauen?»

«Verzeihen Sie, Paul», wiederholte sie und legte unvermittelt ihre Hand auf meinen Arm. «Ich bin so furchtbar aufgeregt und – und –»

«Verängstigt?» schlug ich vor. «Haben Sie Angst vor Ihrem Mann, Laura? Ist das der Grund Ihrer Nervosität?» Ich wartete einen Augenblick, bevor ich weitersprach. «Ich glaube, ich habe ein Recht darauf, zu wissen, was zwischen Ihnen beiden vorgeht. Wenn ich im dunkeln tappe, kann ich unmöglich mein Bestes hergeben.»

Wiederum nahm sie ihre Brille ab und blickte mich lange prüfend an. Ich hatte das Gefühl, auf den Grund des Meeres zu sinken, suchte in meiner Tasche nach einem Zigarillo und riß mich von ihrem Blick los, um es anzuzünden.

«Ja», sagte sie leise. «Ich vertraue Ihnen, Paul. Und ich muß einfach mit jemandem reden, sonst explodiere ich. Ich – ich –» Sie zögerte und lächelte. «Ich weiß nicht, wo ich anfangen soll.»

Ich streifte meinen Stumpen am Aschenbecher ab. «Wie wär's, wenn Sie mir zunächst meine Frage beantworteten? Haben Sie Angst vor Ihrem Mann?»

Sie begann, als spräche sie zu sich selbst. «Angst? Angst?» Sie wandte sich mir zu. «Nein, Paul, es ist nicht Furcht, es ist etwas Subtileres und zugleich Demütigenderes. Sind Sie jemals eifersüchtig gewesen?»

«Meinen Sie auf eine Frau, die ich gern hatte?»

Sie nickte rasch. «Ja, das meine ich. Eifersüchtig auf jemanden, den Sie wirklich liebten?»

«Glücklicherweise nicht», antwortete ich nachdenklich. «Das heißt, nie ernstlich, nie über ein gelegentliches Herzklopfen hinaus. Und das ist lange her ... Eifersucht ist für mich die zermürbendste und zerstörendste Empfindung, und ich weigere mich seit langem ganz entschieden, auf irgend jemand oder irgend etwas eifersüchtig zu sein. Dafür ist das Leben einfach zu kurz. Aber meine Ansichten über Eifersucht werden Ihrem Mann kaum helfen, die Mordanklage zu entkräften, Ihre hingegen könnten es vielleicht. Beruht die Spannung zwischen Manny und Ihnen auf Eifersucht?» Dies war eine wichtige und möglicherweise einschneidende Wendung, ich mußte es also wissen.

Nachdenklich und schweigsam saß sie da. «Ja», sagte sie langsam, «Eifersucht kommt der Sache wohl am nächsten.» Einen Lidschlag lang schloß sie die Augen, bevor sie weitersprach. «Ich will versuchen, es Ihnen zu erklären. Manny war immer eifersüchtig auf mich, auch vor unserer Ehe schon. Ich hätte ahnen müssen, wohin das führen würde. Aber seine Eifersucht schmeichelte mir, sie schützte mich auch.» Sie zögerte. «Später, als wir verheiratet waren, entdeckte ich, wie – wie entsetzlich so etwas sein kann.»

«Uns geht's jetzt um die Wahrheit, Laura, daher frage ich sehr direkt. Hat er jemals Grund gehabt, eifersüchtig zu sein?»

Ihre Antwort schien zu rasch, zu sicher, um geheuchelt zu sein. «Nein, nie! Nicht ein einziges Mal. Und wahrhaftig nicht, weil sich keine Gelegenheit geboten hätte.» Sie lächelte, und dieses Lächeln hatte etwas mädchenhaft Wehmütiges, Schmachtendes. «Das» – sie machte eine unbestimmte Gebärde –, «was ich an mir haben mag, war immer kompliziert.» Sie schüttelte den Kopf. «Bitte, glauben Sie nicht, daß ich nicht gern lache und lustig bin oder nicht gelegentlich gern ein schmeichelhaftes Wort höre. Ich habe auch Männer gern, aber nicht auf die Art, wie Manny das anzunehmen scheint. Er ist eifersüchtig auf jeden Mann, dem ich irgendwo begegne. Sehr wahrscheinlich ist er in diesem Augenblick auch eifersüchtig auf Sie.»

Unwillkürlich zuckte ich zusammen und stellte mir einen kitzeligen Augenblick lang vor, wie sich eine Lueger-Pistole in meinen Rücken bohrte. Aber dann kam mir der Gedanke, daß sie möglicherweise übertrieb, daß sie in ihrer Erregung und unter dem Eindruck des jüngsten Erlebnisses versuchte, ihr Schuldgefühl zu verdrängen. Plötzlich fiel mir ein, daß mein Klient am Vortag mein Angelgerät in meinem Wagen entdeckt hatte. Mein Wagen parkte wieder am selben Platz. So ließ sich auf rasche und einfache Weise das eine oder andere herausfinden.

«Entschuldigen Sie», sagte ich unvermittelt und stieg rasch aus. Dann gähnte ich ausgiebig, streckte mich, drehte mich dabei rasch um und sah wie zufällig an den Gefängnisfenstern hinauf. Trotz Ruß und Staub blieb kein Zweifel: ich hatte flüchtig einen Blick auf ein vertrautes Gesicht mit einem Schnurrbart, auf eine blitzartig verschwindende Khakiuniform erhascht. Nun hat zwar jeder arme Sträfling gewiß das Recht, am Fenster seiner Zelle zu stehen und hinauszusehen, und viele, das wußte ich, kamen, wie ein Raubtier hinter seinen Gittern, gar nicht davon los. Ihn aber hatte das rasche Zurückweichen verraten; der eifersüchtige Oberleutnant war überführt; ich merkte, daß seine Frau mir vermutlich die Wahrheit sagte.

«Geht es Ihnen nicht gut?» fragte sie besorgt, als ich wieder neben ihr Platz nahm.

«Beinkrämpfe», sagte ich mit verzerrtem Gesicht. «Bitte, reden Sie weiter.»

«Viel mehr gibt's da nicht zu erzählen. Ich hatte gedacht, alles würde besser werden, als Manny hierher versetzt wurde. Sein Standort ist ja woanders, müssen Sie wissen.»

«Wurde alles besser?»

Sie schüttelte den Kopf. «Nein, eher schlechter. Seine Versetzung bedeutete eine neue Schar fremder Männer, die ihn eifersüchtig machten.» Sie hielt inne. «Manny ist ein feiner Kerl, aber allmählich tötet er mein Gefühl für ihn. Wie soll man einen Mann auf die Dauer lieben, der einen ständig dazu bringt, daß man sich wie eine – Dirne vorkommt?»

«Weiter», bat ich. Ich hatte nicht vor, auf das Thema Eifersucht oder die männliche Spielart dieser Leidenschaft ausführlicher einzugehen.

«Genau vor zwei Wochen nahmen wir an einer Cocktailparty des Offizierskorps im Hotel teil. Ein dummer, halb betrunkener Leutnant, den ich nie vorher gesehen hatte, lief mir nach und nannte mich Kleopatra. Er war noch ein Kind, vermutlich hätte ich seine Mutter sein können. Schließlich griff er scherzhaft nach meiner Hand und küßte sie wie ein überschwenglicher Geck. Es war eines der kleinen Vorkommnisse, die jeder, der Soldat ist, kennt und versteht. Aber Manny schlug ihn zusammen. Seitdem bin ich nie wieder ausgegangen – bis zu jener schrecklichen Nacht. Ich, ich glaube, sogar auf Barney Quill war er halb und halb eifersüchtig.»

Ich spitzte die Ohren. «Wie meinen Sie das?»

«Wir waren mehrmals in Barneys Bar, denn sie war eigentlich das einzige anständige Lokal in der Stadt, wo man etwas trinken konnte. Barney war einer dieser redseligen Speichellecker und konnte selbst mit einer Vogelscheuche Süßholz raspeln, wenn sie nur einen Rock anhatte. Einoder zweimal blieb er an unserem Tisch stehen – das tat er bei den meisten Gästen – und ließ sein armseliges Repertoire billiger Schmeicheleien vom Stapel, die gleichen Redensarten, die ich in hundert Bars und Büros mit oder ohne Manny gehört habe. Aber bei ihm bekam Manny es in den falschen Hals, und wir gingen von da an nicht mehr hin.»

«Gab es einen Auftritt, eine Szene?» fragte ich, den Atem anhaltend.

«Zum Glück nicht. Manny sagte mir nur, ich sollte

schnell austrinken, dann gingen wir heim.» Sie schüttelte den Kopf. «Es war so kindisch. Es ist so kindisch – und nun so tragisch. Und ich fühle mich so schuldig.»

«Haben Sie etwas von dem, worüber wir jetzt sprachen, der Polizei gesagt – oder sonst jemandem?»

«Kein Gedanke! Natürlich habe ich ihr die Ereignisse in jener Nacht ausführlich geschildert. Ich hatte ja nichts zu verbergen.»

«Sind Sie dessen ganz sicher? Besinnen Sie sich gut.»

«Ja, ganz sicher.»

«Haben Sie der Polizei von Barneys Überfall erzählt? Und die ganzen Begleitumstände vorher und nachher?»

«In allen Einzelheiten.»

«Haben Sie das alles bei Ihrem Lügendetektortest ausgesagt?»

«Ja, natürlich», antwortete sie ungeduldig.

«Wer hat Ihnen geraten, den Test machen zu lassen?»

«Der Vorschlag kam von mir. Ich hatte irgendwo darüber gelesen.» Gelangweilt musterte sie ihre Fingernägel.

«Kennen Sie das Ergebnis?»

«Nein, ich habe gar nicht mehr daran gedacht. Aber wenn die Maschine etwas taugt, kann es überhaupt nur ein Ergebnis geben. Ich habe die reine Wahrheit gesagt. Die war weiß Gott schlimm genug.»

Ich hatte, einstweilen jedenfalls, weder dem Oberleutnant noch Mrs. Manion sagen wollen, daß ich das Ergebnis kannte. Und zwar nicht nur, um Sulo zu decken, sondern auch aus eigenen Gründen. Nun sah ich, daß ich meinen Plan ändern müsse.

«Sie haben den Test bestanden», sagte ich. «Er hat erwiesen, daß Sie die Wahrheit gesagt haben.»

«So! Hat der stattliche junge Ankläger Ihnen das vorhin erzählt?» fragte sie ohne sonderliches Interesse.

«Sie scheinen durch Ihre dunkle Brille gut zu sehen, Gnädigste», antwortete ich. «Nein, der stattliche Ankläger nicht. Woher ich es weiß, kann ich Ihnen nicht sagen, aber ich weiß es jedenfalls. Es gibt gewisse Symptome in meiner Branche, aus denen ich zu lesen gelernt habe.» Eines von ihnen ging mir auf, während ich sprach. Mitch kannte das Ergebnis des Tests bestimmt, und wäre dieser für uns schlecht ausgefallen, hätte er mir das sicherlich gesagt, weil es seine Argumentation nur unterstützen konnte, als er mir darzulegen versuchte, von seiten der Anklage sei wegen Mordes zweiten Grades für schuldig zu plädieren. Er hatte keinen Grund, mir das Resultat eines für uns schlechten Tests vorzuenthalten, hingegen verschiedene Gründe, es nicht zu verheimlichen. Warum war mir das nicht schon eher eingefallen?

«Weiß Manny es?» fragte sie.

«Noch nicht, aber ich habe beschlossen, es ihm zu sagen.» Denn nun war mir klar, daß dieser geängstigte Mann beruhigt werden müßte, schleunigst außerdem, sonst brauchten wir unter Umständen nicht einmal mehr einen Psychiater hinzuziehen, um zu erfahren, daß er geistesgestört war; er würde es nämlich sein. «Noch etwas», sagte ich. «Verraten Sie keinem Menschen, daß Sie das Ergebnis kennen. Wenn jemand Sie fragt, sagen Sie einfach, Sie wüßten es nicht. Dies kann von ausschlaggebender Bedeutung sein. Versprechen Sie's mir?»

«Ganz bestimmt. Und Sie, Paul, sagen Manny nicht weiter, was ich Ihnen gerade erzählt habe.»

Mir schauderte innerlich bei dem Gedanken. «Um Gottes willen nicht. Sie tun's aber auch nicht.»

«Natürlich nicht», erwiderte sie, gezwungen lächelnd. «Wir beide haben jetzt ein Geheimnis. Und ich hoffe, daß ich Ihnen manche Zusammenhänge deutlicher machen konnte.»

«Mir wird so langsam verschiedenes deutlich», sagte ich.

Wieder legte sie rasch die Hand auf meinen Arm.

«Bitte, denken Sie nicht, daß ich Manny in irgendeiner Weise kritisieren oder etwa bloßstellen wollte. Er war – er ist – in vieler Hinsicht so zartfühlend und so gut. Er würde für mich durchs Feuer gehen.»

«Er würde sogar für Sie töten, nicht wahr?»

Sie verbarg ihr Gesicht in den Händen. Ich bereute meine Frage und fürchtete schon, sie werde weinen. «Ruhig, Laura», sagte ich. «Wahrscheinlich kann er nicht aus seiner Haut. Manchmal kommt es mir so vor, als sei Eifersucht eine Krankheit – ein Leiden des ganzen Menschen oder seiner Empfindungswelt. Ich weiß nicht ... Sie möchten ihm helfen. Ich, als sein Anwalt, möchte ihm auch helfen.» Ich brach einen Augenblick ab. «Jetzt muß ich aber gehen. Ich möchte Sie morgen vormittag wieder sprechen. Heute abend muß ich mich mit dem Fall beschäftigen. Und bitte, spielen Sie Sulo und dem Sheriff eine kleine verliebte Wiedersehensszene mit Manny vor. Tun Sie's vor allem Manny zuliebe. Ich mache mir langsam Sorgen um Ihren Mann.»

«Schönen Dank, Paul.» Sie streckte die Hand aus, die ich ergriff. «Sie haben ein gutes Herz. Jetzt geht's mir schon viel besser.» Sie überließ mir ihre Hand.

«Wir haben jetzt ein Geheimnis, Laura, darum will ich Ihnen gleich noch ein zweites anvertrauen. Ohne zu wissen, was Sie mir heute nachmittag erzählt haben, hätte ich es nie erwähnt.» Ich blickte auf ihre Hand. «Vom Zellenfenster Ihres Mannes kann man meinen Wagen sehen.» Sie wurde rot und entzog mir rasch ihre Hand. Als ich ausstieg und auf die andere Seite ging, um ihr die Tür zu öffnen, zwang ich mich, nicht zum Gitterfenster hinaufzusehen.

«Guten Abend, Paul», sagte Laura Manion lächelnd.

«Guten Abend, Laura. Kopf hoch, wie es sich für eine Offiziersfrau gehört.»

12. Kapitel

An diesem Abend arbeitete ich bis spät in die Nacht hinein. Ich vertiefte mich in das Strafrecht und setzte einen Brief auf, den Maida in meinem Namen unterzeichnen sollte. Er war an den Vorgesetzten des Oberleutnants gerichtet, gab einen Überblick über seinen Fall und seine Probleme und schloß mit der dringenden Bitte, mir einen Heerespsychiater zur Verfügung zu stellen. Danach schrieb ich Maida auf, sie möge Parnell McCarthy sagen, daß ich ihn morgen am späten Abend dringend sprechen müsse. «Nach dem Angeln», setzte ich herausfordernd hinzu. Dann fiel ich auf mein ungemachtes Bett.

«Holdrio, Sulo!» sagte ich. «Ein Frühaufsteher wünscht dir einen guten Morgen. Ich möchte den Oberleutnant einen Augenblick sprechen. Kann ich nicht geschwind hinauflaufen, damit wir den Wirbel vermeiden?»

«Gewiß, gewiß, lauf nur rauf, Polly», erklärte Sulo freundschaftlich, nahm seinen dicken Messingschlüssel von der Wand und ließ mich in das Heiligtum, das eigentliche Gefängnis, ein. «Drei Treppen, dann rechts den Gang entlang bis zum Ende. Dort ist des Oberleutnants neue Anschrift und Behausung. Die Zelle ist nicht abgeschlossen.» Sulo schmunzelte über seinen kleinen Witz vor sich hin.

Ich zwang mich zu einem Lächeln und schickte mich an, die eisenbeschlagenen Stufen zu erklimmen. «Falls Mrs. Manion auftaucht, soll sie bitte in meinem Wagen auf mich warten.»

Als ich die widerhallende Treppe hinaufstieg, die sich durch ein Labyrinth von Röhren aller Art emporwand, dachte ich, daß der Mensch sich anscheinend an alles gewöhnen könne. Tausende von Menschen, über die ganze Welt verstreut, wohnten in einer ähnlichen oder noch schlimmeren Umgebung.

Aus einer entlegenen Zelle drangen die Klänge einer weich gezupften Gitarre, begleitet von einer tremulierenden Fistelstimme, die die Geliebte anflehte, sich doch auf jenem gegenüberliegenden Ufer einzufinden. Ich blieb stehen und hielt den Atem an; plötzlich war ich gepackt, die Saiten meines Herzens gerieten unwillkürlich in Schwingung, auf unerklärliche Weise ging mir dieses Gemisch aus Trauer und Komik nahe. Doch widerstand ich dem plötzlichen Wunsch, den unbekannten Künstler aufzusuchen, ihm die Hand zu drücken und endlich einem Menschen zu begegnen, der dieses eindringlich betörende Instrument nicht wie eine Trommel traktierte. Ich mußte ja einen Mordfall entschleiern, jetzt durfte ich mir keinen Abstecher leisten. Achselzuckend stieg ich weiter; dabei kam mir der Gedanke, daß ich in einer früheren Inkarnation wohl ein gitarrespielender Gärtner auf einer spanischen Hazienda gewesen sein müsse, Pablo O'Biegler mit Namen.

«Guten Morgen, Oberleutnant Manion», sagte ich.

Mein Mandant saß zeitunglesend auf seiner ungemachten Koje, steckte in alten Sporthosen und einem weißen Hemd, sein dunkles Haar war ungekämmt, das Gesicht unrasiert.

«Oh, guten Morgen!» antwortete er, erhob sich hastig und deutete auf den einzigen Hocker neben dem deckellos gähnenden Klosett. «Nehmen Sie bitte Platz. Ich – so früh habe ich Sie nicht erwartet, sonst wäre ich fertig gewesen.» Er wies vage auf die Zelle. «Verzeihen Sie, daß es hier so wüst aussieht in diesem – diesem –»

«Stall», half ich ihm weiter, während ich mich hinsetzte. Ich hatte vergessen, wie verheerend schmutzig die Zellen wirklich waren. Auch war mir nicht aufgefallen, daß er sich für seine täglichen Sitzungen mit mir immer sorgfältig frisiert und angezogen hatte. «Hier», sagte ich und reichte ihm ein dickes Buch, «das wird Sie von Ihrer Umgebung ablenken.» Es war Thomas Wolfes *Schau heimwärts, Engel.* «Ich hoffe, Sie kennen es noch nicht.»

«Danke, vielen Dank.» Behutsam besah er den dicken Band. «Nein, ich kenne es noch nicht», sagte er, beugte sich über seine Koje und schob das Buch vorsichtig unter sein Kopfkissen, das er aufklopfte, damit es gut versteckt war. «Ich habe nie davon gehört.» Er lachte kurz auf. «Ich bin eben ein typischer Landsknecht, glaube ich, der sich nur für dreierlei interessiert: für Wein, Weib und Krieg, oder wie in Pusan einmal ein Soldat gesagt hat: für Bier, Karten und Kampf. Ist es gut?»

«Gut?» wiederholte ich. «Das hat ein wütender Wal geschrieben – geschrieben mit seinem schlagenden Schwanz, getaucht in sein eigenes siedendes Blut ... Nur bin ich nicht all die Stufen heraufgeklettert, um mit Ihnen über Wolfe zu sprechen.» Ich senkte die Stimme. «Ich bin gekommen, um Ihnen mitzuteilen, daß Ihre Frau den Lügendetektortest bestanden hat. Sie hat also die Wahrheit gesagt.»

Der Oberleutnant starrte mich in gespanntem Schweigen an, prüfend, fast verständnislos. Die dunklen Augen flackerten. «Woher wissen Sie das?» fragte er in einem vor Bewegung plötzlich heiseren Ton. Auch seine Augen verengten sich zu listigen Schlitzen. Meine Ahnung hatte mich also nicht getrogen: er hatte ihr die ganze Zeit mißtraut.

«Das kann ich Ihnen nicht sagen, Oberleutnant Manion», antwortete ich ruhig. «Aber ich weiß, daß es stimmt. Und jetzt besteht für mich auch nicht mehr der leiseste Zweifel, daß die Geschichte Ihrer Frau in allen wichtigen Einzelheiten wahr ist – einschließlich der Vergewaltigung.» Der Oberleutnant schloß die Augen und schüttelte mit zusammengepreßten Lippen den Kopf. Der arme Schlucker, dachte ich. Der arme gequälte Tropf. Immer noch hatte der Zweifel an ihm genagt, ob sie wirklich vergewaltigt worden sei oder Barney Quill absichtlich gereizt, vielleicht gar dazu aufgefordert habe.

«Noch etwas», sagte ich. «Niemand darf erfahren, daß wir wissen, was wir wissen. Ich meine das Ergebnis des Tests.» Ich stand auf und wollte wieder gehen.

«Ich verstehe», antwortete der Oberleutnant. «Haben Sie es so eilig? Ach so, vermutlich wollen Sie lieber unten auf mich warten.» Er lächelte und blickte sich in der Zelle um. «Das kann ich Ihnen nicht verdenken. Ich komme sofort.» Er erhob sich und ging auf die Zellentür zu.

«Ich habe erst im Lauf des Nachmittags Zeit, Oberleutnant. Übrigens habe ich gestern abend an Ihre Dienststelle geschrieben und um einen Psychiater gebeten. Ich habe nicht hinterm Berg gehalten. Jetzt muß ich mit Ihrer Frau sprechen. Das wird wohl heute vormittag eine lange Sitzung werden.» Ich zögerte. «Lieber wäre es mir, wenn Sie nicht dabei wären.»

Der Oberleutnant stand wie angewurzelt da. «Sie haben doch gestern mit ihr gesprochen», stieß er plötzlich hervor. «Sie haben über – über zwei Stunden mit ihr geredet. Ich – ich kann –» Er verstummte und kaute nervös auf seiner Unterlippe.

«Ja, Oberleutnant?» sagte ich, drehte mich um und blickte ihm voll ins Gesicht. «Haben Sie gesagt, was Sie sagen wollten? Sind Sie fertig?»

Er war rot bis zu den Haarwurzeln. «Ich – ich dachte gerade», stotterte er.

Ich beobachtete ihn, zwischen Zorn und Mitleid schwankend. «Oberleutnant Manion», sagte ich sanft, «ich möchte nicht wissen, was Sie denken. Nein, ich lege keinen Wert darauf. Sie haben genug angedeutet.» Ich hielt inne. «Auch scheint es mir so, als säßen Sie schon tief genug in der Klemme, ohne noch mehr Unheil stiften zu müssen. Seien Sie endlich vernünftig, Oberleutnant, bitte! Wir haben Wichtigeres zu tun – wir haben einen üblen Mordfall auf dem Hals.»

Ich hielt ihm die Hand hin. Noch immer stand er wie

erstarrt, hochrot, die Stirn gerunzelt, die Augen starr, die Unterlippe zwischen den Zähnen. Nach einer ganzen Weile erst nahm er meine Hand. «Jawohl, Sir!» sagte er; der kurze Satz schoß wie Dampf aus einem Ventil. Ich drehte mich um und verließ rasch die Zelle.

Als ich die hallende Gefängnistreppe hinunterratterte, riß ich mein Taschentuch heraus und wischte mir die Stirn ab. Die Gitarre war verstummt. Ich merkte, daß ich rannte, und verlangsamte meinen Schritt. Unten angelangt, rasselte ich an der großen Haupttür wie jemand, der einem Alptraum entfliehen will. «Laß mich um Gottes willen heraus, Sulo!» schrie ich. «Ich brauche frische Luft. Ich – ich ersticke.»

«Reg dich bloß nicht so auf», sagte Sulo und lief herbei, mich zu befreien – wovon, wußte ich selbst nicht recht ...

Tief atmend stand ich vor der Gefängnistür. Wie gut es tat, am Leben zu sein und nicht mehr auf das offene Geschwür der Eifersucht blicken zu müssen. Als ich meinen Wagen erreichte, wartete Laura Manion mit ihrem kleinen Hund bereits auf mich.

«Haben Sie es Manny gesagt?» fragte sie begierig, noch bevor ich richtig saß. «Wie hat er es aufgenommen?»

«Ob ich ihm was gesagt habe?» erwiderte ich scharf. Ich wußte genau, was sie meinte, spürte aber, wie ein unerklärlicher Unmut in mir aufwallte. An was für ein Paar erregbare Kindsköpfe war ich da nur geraten!

«Das Ergebnis des Tests natürlich. Ich war schon so gespannt.»

«Ach so, das», antwortete ich fast fröhlich. «Ja, ich hab's ihm gesagt. Alles ging nach Wunsch. Ich habe ihn auch gebeten, den Mund zu halten. Er ist gerade dabei, sich und sein Junggesellenheim auf Hochglanz zu polieren. Nach Tisch gedenke ich, mich ausführlicher mit ihm zu unterhalten. Bis dahin möchte ich Ihre Geschichte hören, von A bis Z. Hätten Sie die Freundlichkeit, Ihrem Herzen einen Stoß zu geben?»

«Soll ich sie Ihnen genauso erzählen wie der Polizei?»

«Ich möchte die Geschichte so hören, wie Sie sie der Polizei erzählt haben, plus –»

«Plus was?»

Ich lächelte. «Plus dem, was Sie der Polizei *nicht* erzählt haben. Kommen Sie, Laura, Sie sind doch ein kluges Kind und sind mir sicher um ein paar Lichtjahre voraus. Ich will die ganze Story – dazu alle Begleitumstände, ob schöne oder weniger schöne. Begreifen Sie doch, wenn Sie Ihrem Anwalt nicht sagen, worauf er gefaßt und gewappnet sein muß ...»

«Wo soll ich beginnen?» fragte sie lächelnd.

«Am besten beginnen Sie bei A.»

13. Kapitel

«Ich hatte fast den ganzen Nachmittag gebügelt», begann Laura Manion in hausfraulichem Ton. «Manny war vom Schießstand etwas später nach Hause gekommen als sonst, es war gegen sechs Uhr – an dem Abend, an dem der Schuß fiel.» Sie trug Hosen und einen engen Pullover, hatte die Beine hochgezogen und saß mit gekreuzten Beinen auf indische Manier in ihrer Ecke. «Ich glaube, er war mit ein paar Offizieren in Barneys Bar gewesen und hatte eine Runde oder zwei getrunken, jedenfalls war er müde und hungrig.»

«War er betrunken?» fragte ich.

«O nein, nur – schläfrig, angenehm entspannt.»

«Ich verstehe», sagte ich. «Haben Sie das der Polizei gesagt? – Ich meine von seiner Schläfrigkeit, von seiner angenehmen Entspanntheit?»

«Ich habe es nicht gesagt, und sie hat mich auch nicht danach gefragt.»

«Schön», erwiderte ich. «Erzählen Sie weiter. Ich werde versuchen, Sie nur zu unterbrechen, wenn es unbedingt nötig ist.»

Laura Manion fuhr fort. Manny hatte vor dem Abendbrot ein Nickerchen gemacht; dann gegessen; darauf nochmals kurze Zeit geschlafen. Als er aufwachte, bat er um einen Whisky mit Soda, aber im Wohnwagen war kein Whisky mehr. Dann wollte er Bier, aber auch Bier war nicht mehr da. Laura Manion schlug vor, sie sollten in Barneys Bar etwas trinken, aber Manny knurrte und drehte sich zur Wand.

«Und was taten Sie die ganze Zeit?» fragte ich.

«Ich habe mich schrecklich gelangweilt», antwortete sie. «Über eine Woche war ich nicht aus dem verflixten Wohnwagen herausgekommen, außer bei Besorgungen. Ich kam mir da drinnen langsam wie in einer Gefängniszelle vor.»

Kleopatra, dachte ich. Die gefangene Kleopatra, an das Bügelbrett eines verschuldeten Wohnwagens gekettet. Das Bild schien mir nicht ganz zu stimmen. «Weiter», bat ich.

Ihr Mann war wieder eingeschlafen. Aus dem See war der Vollmond heraufgeschwommen und stahl sich zwischen den Kiefern hindurch, die den Wohnwagen umstanden. Es war eine prachtvolle Sommernacht, und Laura saß eine Zeitlang am Fenster und betrachtete den schimmernden See. Schließlich weckte sie Manny und sagte ihm, sie habe vor, zur Hotelbar zu gehen und Bier zu holen. Ob er mitkommen wolle? Manny gähnte, sagte nein, meinte aber, er werde vielleicht nachkommen. Dann schlief er wieder ein. Diesmal begann er zu schnarchen. Es klang ihr wie ein Außenbordmotor, der manchmal aussetzt.

Laura hörte sich das Schnarchen an, solange sie es aushielt, rief dann den kleinen Hund Rover, nahm ihre Taschenlampe und ging zu Barneys Hotelbar. Dabei schlug sie den Weg durch den Wald ein, ihren üblichen Weg zur

Stadt, der viel kürzer war als der auf der Landstraße. Sie schätzte, es müsse kurz vor neun gewesen sein, genau erinnerte sie sich nicht mehr, jedenfalls wurde es dunkel. Nach etwa zehn Minuten sei sie wohl in der Bar gewesen.

Barneys Hotelbar war fast leer, nur wenige Gäste saßen herum, die meisten davon aus dem Ort. Nein, Offiziere waren nicht darunter. Vielleicht ein oder zwei Touristen. Ja freilich, der Touristenparkplatz, auf dem Manions Wohnwagen stand, war voll, es war Hochsaison. «Links von uns Touristen, rechts von uns Touristen ...» In der Bar waren außer ihr nur noch der Barmann, der, wenn sie sich richtig erinnerte, Paquette hieß, und eine blonde Kellnerin, Fern Soundso, den Nachnamen wußte sie nicht mehr genau, vielleicht Malmquist oder Youngquist, so ähnlich. Auf merkwürdige Namen stößt man in diesem bewaldeten Winkel, nicht wahr?

«Ja», gab ich zu. «Hier oben ist Smith ein seltener Name. Und wo war Barney Quill? War er nicht da, als Sie hinkamen?»

«Nein, er erschien erst später. Ich bestellte einen Whisky mit Soda – mein übliches Getränk –, dann trat ich an die Pinball-Maschine und spielte.»

«Sie haben Pinball gespielt?» fragte ich ungläubig.

Sie lächelte, herausfordernd in ihrer Unberechenbarkeit. «Das tue ich für mein Leben gern», antwortete sie. «In dieser Beziehung bin ich vielleicht komisch.»

«Dieses Neuröschen teilen Sie mit Millionen anderen.» Ich schüttelte traurig den Kopf.

«Irgendwie muß eine Soldatenfrau ihre Zeit schließlich herumbringen – und dabei doch Soldatenfrau bleiben. Ich spiele es jedenfalls gern.»

«Weiter», sagte ich müde.

Sie spielte weiter, es gab kein Entrinnen; mehr Lichter flammten auf, mehr Klingeln läuteten, mehr Farben und Zahlen sprühten und sprangen, die Maschine war von Zittern und Zucken überschauert – und sie spielte immer weiter. Dann stand Barney Quill plötzlich neben ihr und forderte sie auf, um einen Whisky mit ihm zu spielen. Sie nahm es an, sie spielten, und Laura gewann das erste Spiel. Ja, Fern brachte ihnen die Whiskys an den Spielautomaten.

«Dieser Barney – in was für einer Verfassung war er denn?» fragte ich. «Wie benahm er sich? Schien er angeheitert? Machte er – machte er Ihnen irgendwelche Avancen?»

«Er kam mir nüchtern vor. Ich muß sagen, er benahm sich tadellos. Das heißt dort, in der Bar. Keine Spur von Flirten oder so» – sie zögerte und lächelte –, «und aus langer Erfahrung habe ich, glaube ich, für solche Anzeichen ein Fingerspitzengefühl.»

«Anzunehmen. Hat die Polizei auch danach gefragt?»

«Ja. Ich gab ihr die gleiche Antwort, weil es der Wahrheit entspricht. Er war freundlich und höflich, nicht mehr und nicht weniger.»

«Weiter», bat ich. «Wann rissen Sie sich endlich aus der Verzauberung des Spiels?»

Sie und Barney spielten noch mehrere Runden. Einige ihrer Gläser tranken sie an der Bar. Im Lauf des Abends trank sie drei oder vier Whiskys mit Soda, mehr als vier waren es sicherlich nicht. Nein, sie war nicht berauscht, sie fühlte sich entspannt und gut gelaunt, vielleicht wie Manny, als er zum Abendessen nach Hause gekommen war. Dann merkte sie, daß es auf elf zuging, bestellte also ihre sechs Flaschen Bier und wollte aufbrechen. Da schlug Barney ihr vor, sie zum Wohnwagen zurückzufahren. Jawohl, er war noch immer höflich, aber sie lehnte dankend ab, sie meinte, mit ihrer Lampe und Rover könne sie gut zu Fuß nach Hause gehen.

Barney warnte sie; um diese Jahreszeit treibe sich ein Haufen seltsamer Vögel in der Stadt umher, und er sehe es als seine Pflicht an, dafür zu sorgen, daß die Frau Oberleutnant sicher nach Hause komme. Dabei erwähnte er die Bären.

«Bären!» sagte ich. Erst Pinball und nun Bären. Klein Laura und die drei Bären. «Was für Bären denn?» fragte ich.

«Anscheinend durchstöbern die schwarzen Bären nahezu jeden Abend alle Müllhaufen im Städtchen und auf dem Wagenparkplatz. Ich erinnerte mich, daß Manny mir erzählt hatte, er habe eines Nachts einen Bären gesehen, als er die Hauptstraße entlangfuhr. Dann fiel mir ein, daß eine Woche vorher einer unserer Soldaten einen dieser Burschen angeschossen hatte.»

«Was taten Sie also?»

«Nun, ich war halbwegs entschlossen, mit Barney zu fahren, aber ich wußte ja, daß Manny ihn nicht leiden konnte – wie jeden x-beliebigen Mann, der nett zu mir war –, lehnte also nochmals ab und dankte ihm für den reizenden Abend. Ich ging zum Waschraum, der hinter dem Spielautomaten lag, um mich zurechtzumachen, damit ich, wenn ich fertig war, ungesehen durch die Seitentür der Bar entschlüpfen konnte.»

«Ich verstehe», sagte ich.

Als sie aus dem Waschraum zurückkam, hatte Laura Manion ihre Taschenlampe angezündet und sie Rover gegeben – er trug sie im Maul wie einen Knochen, es war sein kleines Kunststück –, dann entwischten sie, wie geplant, durch die Seitentür.

«Was passierte dann?» fragte ich.

Jemand, der im Dunklen gestanden hatte, sagte «Pst!» und kam heran. Es war Barney. Der Motor seines Wagens lief bereits, wieder bat er, sie doch nach Hause fahren zu dürfen, wieder äußerte er seine Besorgnis wegen des fremden Gesindels und der Bären.

«Was taten Sie also?» fragte ich.

«Nun, nach der hellerleuchteten Bar kam es mir da

draußen furchtbar dunkel vor, und so töricht es letzten Endes war, ich fürchtete mich plötzlich mehr vor fremden Bären als vor fremden Männern. Außerdem kam es mir unliebenswürdig und sogar verletzend vor, sein Angebot weiterhin zurückzuweisen. Es schien so viel einfacher, mich rasch nach Hause fahren zu lassen – es war ja so nahe. Daher ging ich darauf ein. Rover und ich kletterten in den Wagen, Rover mit der Stablampe im Maul saß zwischen uns.»

«Weiter», sagte ich.

«Nun, Barney fuhr die Hauptstraße hinunter, auf die normale Einfahrt des Wohnwagenparkplatzes zu. Die Strecke liegt nur etwas weiter ab als der Fußweg, den ich hinwärts eingeschlagen hatte. Ich weiß noch, daß ich mir ein bißchen töricht vorkam, als er zum Touristenpark einbog, denn ich hatte ihm diese Autofahrt so lange abgeschlagen, und nun fuhr er mich eben doch geradewegs nach Hause, genau wie er versprochen hatte.»

«Weiter», sagte ich.

«Vor dem Grenzgebiet des Touristenparks und der Haupteinfahrt führt die Straße ein kurzes Stück durch dichten Wald. Als wir dort hinkamen, sah ich, daß ein Gittertor die Straße versperrte. Ich hatte es vorher nie gesehen.»

«Was geschah dann?»

«Als ich die Wagentür öffnen und Barney fürs Heimfahren danken wollte, legte er seine Hand auf meine, vielleicht auch auf meinen Arm – nicht gewaltsam, sondern ganz leicht –, und sagte, er habe ganz vergessen, daß der Parkwart nachts das Tor verschließe. Er wüßte aber einen anderen kleinen Zufahrtsweg, der nicht vergittert sei; es habe keinen Zweck, daß ich mich staubig mache, wenn ich über den Zaun klettere und dann die sandige Straße entlanglaufe, er bringe mich gern auf dem anderen Weg hin. Damit fuhr er rasch im Rückwärtsgang auf die Hauptstraße, schaltete in den Vorwärtsgang und fuhr die Straße hinunter – in eine Richtung, in der wir uns noch weiter von der Hotelbar entfernten.»

«Hatten Sie bis zu diesem Augenblick irgendwelche Angstgefühle?»

«Nein, überhaupt nicht.»

«Schön. Wie ging es weiter?»

«Er fuhr rasch die Hauptstraße entlang und bog dann ganz plötzlich rechter Hand in einen mir unbekannten schmalen zweispurigen Weg ein, der vom Touristenparkplatz fortführte. Erst jetzt hatte ich zum erstenmal das Gefühl, daß da nicht alles stimme. ‹Wohin fahren Sie, Barney?› fragte ich. Statt einer Antwort packte er mich, diesmal ziemlich fest, am Arm und fuhr wie ein Besessener weiter. Wie weit, weiß ich nicht. Plötzlich bremste er den holpernden Wagen ab und knipste die Lichter aus. Jetzt hatte ich wirklich Angst, ich öffnete die Tür und versuchte auszusteigen, aber er zog mich zurück. Er war furchtbar stark. Dann begann der Hund zu winseln, Barney öffnete die Tür auf seiner Seite und warf ihn hinaus. Die ganze Zeit hatte er kein Wort gesprochen. Ich sah kaum die Hand vor den Augen, aber ich hörte Rover draußen jaulen.»

«Weiter», sagte ich.

«Dann rückte Barney dicht an mich heran und sagte mit einer heiseren, wilden Stimme, die ich kaum wiedererkannte, er werde mich vergewaltigen.»

«Gebrauchte er dieses Wort?»

«Genau das Wort. Ich solle mich nur nicht zimperlich anstellen, sagte er – auch das wörtlich –, sonst käme ich nicht mehr lebend aus dem Wagen. Die ganze Zeit griff und faßte er nach mir, und ich versuchte ihn abzuwehren.»

«Hatten Sie bis dahin schon geschrien?»

«Nein. Ich glaube, ich fühlte, daß es sinnlos war; ich hatte den Eindruck, wir seien meilenweit von jeder menschlichen Behausung entfernt; als hätten wir uns in den tiefsten Dschungel verirrt. Auch bekam ich fürchterliche Angst, daß er mich tatsächlich umbringen könne.»

«Weiter.»

«Die ganze Zeit griff er gierig nach mir und schlug mir mit den Fäusten auf die Knie, regelrechte Trommelwirbel. Ich preßte die Beine zusammen. Ich fühlte, wie ich schwach wurde. Endlich sagte ich: ‹Wenn Sie mir das antun, wird mein Mann Sie töten.›»

«Das haben Sie ihm gesagt?» fragte ich, die Augen zusammenkneifend.

«Ja, ich war schon völlig verzweifelt und dachte, wenn ich das sage, erschrickt er vielleicht und wird vernünftig. Im übrigen war es mein Ernst.»

Dieses Geständnis eröffnete trübe Aussichten und gab zu Gedankengängen Anlaß, die einem geschickten Ankläger willkommen sein mußten. Doch war jetzt keine Zeit, darüber nachzusinnen. «Was geschah dann?» fragte ich.

«Was ich sagte, schien ihn nur noch wilder zu machen. Er lachte laut auf, wenn man das lachen nennen will – ein schreckliches, gackerndes Geräusch –, und erklärte, Manny hätte nie den Mut, ihn umzubringen. Er, Barney, sei einer der besten Pistolenschützen in Michigan, nein, im Mittelwesten; er nehme es spielend mit einem Dutzend solcher Soldätchen wie Manny auf, und dabei dürfe man ihm noch eine Hand auf dem Rücken festbinden. Er gab an wie ein Wahnsinniger.»

«Hm!» sagte ich. «Interessant, sehr interessant. Fahren Sie fort.»

«Ich sagte noch mal, wenn er das täte, würde Manny ihn bestimmt umbringen – dabei rangen wir die ganze Zeit, und da rückte er plötzlich von mir ab, schlug mit der Faust auf mich ein und beschimpfte mich. ‹Da hast du's, gottverdammte Armeenutte!› ist einer der Ausdrücke, an die ich mich noch erinnere. Ich wurde fast ohnmächtig. Ich fühlte, wie etwas riß, als er an meinem Schlüpfer zerrte. Alles, worauf ich mich dann noch besinnen kann, ist, daß er unentwegt wie ein Verrückter auf meine Knie einschlug. Ich war fast erledigt. Draußen hörte ich den Hund jaulen und winseln, dazwischen kratzte er an die Tür.»

Während dieses Berichtes beobachtete ich sie scharf. Sie gab keinen Seufzer von sich, vergoß keine Träne, zögerte keine Sekunde; sie erzählte ihre Geschichte eher so, als versuche sie getreulich, einen bösen Traum zu rekonstruieren. «Und dann?» fragte ich.

«Nun, schließlich wußte ich, daß er – daß er's geschafft hatte, daß er erreicht hatte, was er wollte.»

«Sind Sie ganz sicher?»

«Darin irrt sich eine Frau nicht, Paul. Es tut mir heute noch weh; ich wollte ihn nicht, ich war ... Sie verstehen das sicherlich ...»

«Weiter», sagte ich nickend.

«Er war wie ein rasendes Tier. Ich wehrte mich nicht länger. Erstens konnte ich nicht mehr; jedenfalls schien es besser, diesen Alptraum so rasch wie möglich hinter sich zu bringen. Ich verlor jeden Zeitbegriff. Alles, was ich noch in Erinnerung habe, ist, daß er plötzlich nicht mehr auf mir lag, daß Rover wieder neben mir saß, daß der Wagen wieder fuhr. Ich muß zeitweise bewußtlos gewesen sein. Ich hatte nur noch einen Wunsch: Fort von diesem Rasenden. Es schien, als wolle er etwas zerreißen, zerstören.»

«Sprach einer von Ihnen? Ich meine, mehr als das, was Sie bereits berichtet haben?»

«Nein, sonst fiel kein Wort; Barney atmete tief, fast wie ein Sterbender, ein scheußlicher Rachenlaut zwischen Schluchzen und Stöhnen. Es war der unheimlichste Ton, den ich je gehört habe, in gewisser Weise war er das Schlimmste an dem ganzen furchtbaren Erlebnis – so seltsam das klingen mag. Es war, als werde er jeden Augenblick losweinen, in Schluchzen ausbrechen ...» Sie schüttelte den Kopf. «Noch heute höre ich es nachts.»

«Weiter», sagte ich.

«Schließlich waren wir wieder auf der Hauptstraße. Dann sah ich, daß wir uns von neuem dem Gatter näherten. Ich faßte nach dem Türgriff und hatte ihn schon halb heruntergedrückt, als Barney mich packte. Ich konnte nicht hinaus. Er wollte mir den Pullover herunterreißen ... Dann sagte er, ich solle mich ganz ausziehen. ‹Wir versuchen's mal so›, sagte er. Er war wie ein Verrückter, hieb unablässig auf mich ein und versuchte dabei, mir meinen Pullover auszuziehen. Jetzt mußte er aber den Wagen bremsen, sonst wären wir gegen das Gatter geprallt. Irgendwie gelang es mir dabei, die Tür von neuem zu öffnen, und Rover sprang hinaus. Seine Lampe brannte noch immer. Barney ließ nicht locker. Er will mich umbringen, dachte ich. Plötzlich nahm ich alle Kraft zusammen, riß mich los und rannte davon. Ich konnte Rover mit seiner Lampe im Maul an einer Öffnung des Zaunes wütend hin und her rennen sehen und rannte auf ihn, auf das Licht zu.»

«Kamen Sie durch den Zaun?»

«Das weiß ich nicht mehr. Plötzlich fühlte ich Barney im Nacken. Er trat und stieß mich, dann ließ er sich mit seinem ganzen Gewicht auf mich fallen. Er schlug mich mit Fäusten, hieb auf mein Gesicht und meinen Körper ein. Ich schwöre es, er wollte mich umbringen. Ich fühlte, wie ich ohnmächtig wurde. In dem Augenblick habe ich geschrien. Zwei- oder dreimal schrie ich los, so laut ich konnte. Plötzlich entdeckte ich, daß ich allein war, daß ich lief, Rover und seinem Licht nachlief, auf unseren Wohnwagen zu. Ich stolperte und fiel, raffte mich wieder hoch – wie oft, weiß ich nicht –, aber ich rannte mit aller Kraft immer auf das Licht zu.»

«Haben Sie Barney nicht mehr gesehen?»

Sie schloß die Augen und schüttelte den Kopf. «Nein. Ich habe ihn nie mehr zu Gesicht bekommen – weder tot noch lebendig.»

«Weiter», sagte ich.

«Als ich an die Tür unseres Wohnwagens kam, trat Manny gerade heraus. Er schien noch halb im Schlaf zu sein. Später hat er mir gesagt, er habe mich im Traum schreien hören und sei aufgewacht. Ich fiel ihm in die Arme.»

Ich sah auf die Uhr. «Wollen Sie eine Pause machen?» fragte ich. «Vielleicht eine Zigarette rauchen oder mit dem Hund ein Stück gehen?» Wenn nicht ihr, so war jedenfalls mir danach zumute.

«Nein», sagte sie und lächelte dann. «Aber Sie vielleicht?»

«Eine kurze Pause, ja», sagte ich. «Inzwischen können Sie Ihre Gedanken sammeln.»

14. Kapitel

Wenn Sie mir das antun, bringt Manny Sie um, hatte Laura Manion gesagt. Sie hatte recht gehabt; sie kannte ihren Manny, aber Barney kannte ihn nicht; er «hatte ihr das angetan», und Manny hatte ihn umgelegt. Die Reaktion war ebenso primitiv, elementar – und ebenso unvermeidlich –, als wenn man die Hand über ein offenes Feuer hält: man verbrennt sie sich zwangsläufig. Hatte Manny in jener Nacht den Verstand verloren, so mußte Barney außer Rand und Band gewesen sein. Gerade die Gewißheit, daß ihm etwas Schlimmes zustoßen müsse, wenn er Laura Manion vergewaltigte, machte ihre Geschichte höchst zweifelhaft. Was hatte Barney Quill eigentlich erwartet, wenn er auch nur die Hälfte von dem getan hatte, was Laura vorgab? Hatte er vorsätzlich versucht, sein Leben zu zerstören? Wer war dieser Barney Quill überhaupt gewesen? Wo war bei ihm etwas faul? Ich begriff, daß noch viel, viel Arbeit vor mir lag, noch viele Fragen einstweilen offenblieben.

Manny bringt Sie um, hatte sie gesagt. Diese verhängnisvollen Worte dröhnten mir im Ohr. Als Strafverteidiger brauchte ich mir nichts vorzumachen, sympathisch klangen sie nicht. Aber die Hände waren mir gebunden; die Worte waren gefallen, daran ließ sich nichts ändern. Ich schüttelte den Kopf. Anwälte haben etwas von Schauspielern, dachte ich bei mir: das Stück setzt ihnen ihre Grenzen; sie müssen sich in ihre Rolle finden; es steht ihnen nicht zu, Worte zu verändern oder Texte zu improvisieren. Tun sie es doch, werden sie zu Schmierenschauspielern oder Winkeladvokaten. Was Laura Manion erzählt hatte, klang weiß Gott einleuchtend, hätte ich aber den Dialog zu verfassen gehabt, so hätte er anders gelautet. Nahm der furchtbare Satz uns nicht allen Wind aus den Segeln, wenn wir uns mit Unzurechnungsfähigkeit verteidigen wollten? Mußte Lauras Warnung die Handlung ihres Mannes nicht zu vorsätzlichem Mord stempeln, zum mörderischen Vergeltungs- und Racheakt? Weiter: Hatte sie der Polizei gestanden, was sie zu Barney gesagt hatte? Wichtiger vielleicht noch: Hatte sie es *Manny* erzählt? Hatte sie ihren Mann etwa angeregt, loszugehen und Barney den Garaus zu machen? Nun, das alles mußte sich in Kürze herausstellen.

«Laura», sagte ich, als ich wieder neben ihr im Wagen saß, «haben Sie der Polizei erzählt, daß Sie Barney gewarnt haben, Manny werde ihn umbringen, wenn – wenn er Sie ‹belästige›, wie unsere Zeitungen Vergewaltigungen zu nennen pflegen?»

«Natürlich. Ich habe der Polizei alles erzählt, was geschehen ist, alle Vorgänge und Worte, an die ich mich erinnern konnte. War das nicht richtig?»

«Gewiß.» Ich mußte besonnen bleiben, es hatte keinen Sinn, sie unnötig zu erschrecken. «Und haben Sie auch Manny erzählt, was Sie zu Barney gesagt haben?» Ich wartete mit angehaltenem Atem auf ihre Antwort.

«Ja, ihm zuallererst», erwiderte sie.

Mir sank das Herz. Dies konnte der Sache eine üble Wendung geben; es konnte nicht nur die Wirkung unserer Behauptung der Geistesgestörtheit vor Gericht beeinträchtigen, sondern auch die weitaus wichtigere Frage erschweren, ob ein angesehener Psychiater in Anbetracht der Sachlage überhaupt noch Unzurechnungsfähigkeit feststellen würde. Wie dem auch sei, es war am besten, alle schlechten Nachrichten auf einmal zu bekommen.

«Haben Sie der Polizei auch gesagt, daß Sie es Manny bereits erzählt hätten?» fragte ich.

«Ja», entgegnete sie, und meine Lebensgeister drohten mich zu verlassen, «als wir zum Gefängnis fuhren. Das haben die Beamten bestimmt gehört, und ihnen habe ich es dann ja später sowieso gesagt.»

Meine Lebensgeister erwachten wieder, und fast – aber nur fast – hätte ich sie umarmen können. «Heißt das, daß Sie es Manny zum erstenmal nach der Schießerei erzählt haben – nicht vorher?»

Meine Besorgnis und meine plötzliche Erleichterung waren Laura ganz entgangen. «Selbstverständlich. Vorher ist mir der Gedanke, ihm das zu sagen, gar nicht gekommen», erwiderte sie leichthin. «Wahrscheinlich hatte ich Angst, Manny könnte tun, was er dann später wirklich tat. Ich kannte ihn doch ... Davon abgesehen, ging alles so schnell ...»

«Was hatten Sie an jenem Abend an?» fragte ich, um schnell von dem lästigen Thema abzukommen. «Waren Sie so ähnlich gekleidet wie heute?» Während ich sie wieder betrachtete, hatte ich die leise Hoffnung, daß es nicht der Fall gewesen sei. Aber hatte sie nicht bereits erwähnt, daß sie einen Pullover anhatte?

«Nun, ich hatte einen Pullover an, einen ganz ähnlichen wie diesen» – ich zuckte innerlich zusammen –, «einen Rock, ein Unterkleid und Schlüpfer.»

«Keinen Hüftgürtel?» fragte ich hoffnungsvoll.

«Lieber Himmel, nein», sagte sie, «so was trage ich nie.»

«Wer hat jetzt den ... Schlüpfer, den Barney Ihnen herunterriß? Die Polizei?»

«Ich habe ihn nie wieder gesehen. Den zerrissenen Rock haben wir der Polizei abgeliefert. Am nächsten Tag fuhr die Polizei mich und Rover an die Stelle – sie entdeckte sie anscheinend durch frische Reifenspuren im Gras, dort, wo Barney offensichtlich umgedreht hatte, außerdem an Rovers Winseln und Gehabe, als wir hinkamen» (sie streckte den Arm aus und tätschelte den Hund, während sie sprach), «aber meinen Schlüpfer haben sie nirgends gefunden, obgleich sie den Wald im ganzen Umkreis absuchten. Nur meine Brille – die, Gott sei Dank, heil war.»

«Brille?» fragte ich. «Wollen Sie damit sagen, daß Sie bei der ganzen Geschichte eine Brille aufhatten?»

«Nein, ich hatte sie nicht auf, sondern nur im Futteral in der Hand, und als ich bei dem Zweikampf mit Barney das erstemal aussteigen wollte, muß ich sie verloren haben.»

«Warum tragen Sie sie jetzt nicht?» fragte ich.

«Vorläufig brauche ich leider noch meine dunkle Brille.» Sie lachte ihr tiefes, kehliges Lachen. «Außerdem trage ich sie ohnehin nur zum Lesen oder für nahe Sicht. Beim Pinball-Spielen hatte ich sie an dem Abend auf.» Sie lachte von neuem. «Ein Glück, daß sie die gefunden haben – ohne Brille kann ich nicht mal eine Schlagzeile lesen.»

Brille! dachte ich. Noch ein kleiner Pluspunkt für uns. Es würde ohnehin zumindest schwerfallen, diesem lüstern wirkenden Geschöpf seinen Glanz zu nehmen, aber versuchen mußte ich es trotzdem.

«Sie oder Ihr Mann haben mir doch mal erzählt, daß Sie den Wohnwagen umstellen wollten», sagte ich. «Wieso eigentlich?»

«Ich habe den Wohnwagen vom Touristenpark in

Thunder Bay auf einen kleinen privaten Campingplatz in Iron Bay gefahren», antwortete sie. «Erstens wollte ich von der – von der alten Stelle fort –» sie zögerte –, «und dann hatte ich auch von den Touristen und Neugierigen genug. Seit jener Nacht haben die den Wagen Tag und Nacht belagert, als sei ich eine neunköpfige Hydra. Ich konnte mich kaum mehr rühren. Sowie ich mich hinauswagte, standen sie da, starrten mich blöde an oder fragten mich ungeniert, ob sie mich und Rover knipsen könnten. Manche gingen sogar so weit, Einzelheiten über den Fall mit mir besprechen zu wollen. So etwas von krankhaft widerwärtiger Neugier habe ich noch nicht erlebt.» Sie schüttelte den Kopf.

«Der Preis des Ruhms», sagte ich. «Aber das ist noch gar nichts. Warten Sie, bis der Prozeß erst steigt. Da werden Sie sehen, daß krankhafte Neugierde sich nicht auf Touristen beschränkt. Sie liegt in der Natur des menschlichen Tiers, fürchte ich.»

«Meinen – meinen Sie, daß die Verhandlung sehr besucht sein wird?» fragte sie ängstlich.

«Ziemlich», sagte ich. «Der Fall hat ja alles aufzuweisen. Vergewaltigung, Mord. Sogar ein Hündchen.» Ich sah jedoch, wie sich das «Gerichtssaalfieber» in ihren Zügen ausprägte, und wechselte daher rasch das Thema. «Haben Sie der Polizei bis hierher im wesentlichen die gleiche Geschichte erzählt wie mir?»

«Ja, praktisch dieselbe.» Sie zuckte die Achseln und lachte. «Das mußte ich ja. So hat es sich abgespielt.»

«Na schön, Sie haben sie auch sehr gut erzählt, gut und wirkungsvoll. Sie klingt wahr. Ich hoffe nur, vor Gericht wird es Ihnen ebenso gut gelingen.»

«Danke, Paul. Ich werde mir Mühe geben.»

«Noch etwas – etwas Wichtiges.»

«Und das ist?»

«Sie sind sich wohl darüber klar, daß der Staatsanwalt

Sie bei der Verhandlung ins Kreuzverhör nehmen wird, wenn ich fertig bin?»

«Das hatte ich angenommen. Jedenfalls tut er's immer im Film. Droht mit dem Finger und so weiter.»

«Nun, vielleicht wird er versuchen, Ihre Geschichte umzustoßen, Sie aus dem Konzept zu bringen oder Dinge aus Ihnen herauszufragen, die wir lieber verschweigen würden. Im Augenblick vermag ich nicht vorauszusagen, was das im einzelnen sein mag. Aber Sie verstehen doch, was ich meine?»

Sie nickte.

«Worauf es mir ankommt», fuhr ich fort, «ist, daß Sie stets die Wahrheit sagen. Ich glaube, bisher haben Sie es getan, aber Mitch – ich meine, der öffentliche Ankläger – könnte versuchen, Ihnen noch mehr zu entlocken, neue Dinge unter Umständen, die Sie in Ihrer verständlichen Verwirrung oder in dem Wunsch, der Sache zu helfen, lieber verschleiern, unterdrücken oder sogar abstreiten möchten.» Ich hielt inne. «Tun Sie es nicht. Im Zweifelsfall sagen Sie die Wahrheit. Die Wahrheit bringt ein geschicktes Kreuzverhör noch am besten durcheinander. Ich weiß, was ich sage. Ich werde freilich versuchen, Mitch in Schranken zu halten – aber ein Kreuzverhör kann sich unter Umständen ausdehnen, auf jeden Fall kann Mitch Ihnen die Hölle heiß machen.»

Laura schüttelte den Kopf. «Warum sollte er das versuchen? Er sieht so freimütig und offen aus – dabei nett und freundlich.»

«Vielleicht wird er versuchen, Ihre Geschichte von der Vergewaltigung anzuzweifeln. Die brutale Tatsache der Vergewaltigung ist sein großes Problem in diesem Fall, und niemand weiß das besser als er. Verstehen Sie, Laura, wenn er Sie ständig bearbeitet, aus dem Konzept bringt und Sie zur kleinsten Lüge in irgendeiner Nebensächlichkeit verleitet und wenn er diese kleine Lüge später bei der Widerlegung oder auf irgendeine andere Weise den Geschworenen darlegt – wenn er das fertigbringt, kann er unter Umständen einen Zweifel an unserer großen Wahrheit suggerieren – der bitteren und sonst unwiderlegbaren Wahrheit der Vergewaltigung. Verstehen Sie das? Es ist einer der ältesten Kniffe im Strafprozeß.»

«Ich verstehe genau, Paul. Aber warum sollte er ein Interesse daran haben, meine Geschichte der Vergewaltigung zu widerlegen? Er weiß doch schon, daß ich die Wahrheit gesagt habe – der Lügendetektortest hat es ihm doch bewiesen.»

Ich lachte, ein wenig zynisch, fürchte ich. «Meine Gute», sagte ich, «ein Staatsanwalt vor Gericht, der einen großen Fall gewinnen will, ist wie ein Zeitungsmann, der auf eine Sensationsmeldung lauert – man kann ihm nicht trauen. Niemals. In solchen Zeiten würde er seine eigene Großmutter verkaufen. Gott sei mir gnädig, aber ich hab's selbst schon getan.»

Sie schüttelte den Kopf. «Wie schmutzig und gemein», sagte sie. «Ich – ich dachte, das Recht stehe über solchen Dingen ... Wie kann ein Anwalt nur versuchen, etwas, was er als Wahrheit erkannt hat, zu verdrehen und zu entstellen?»

«Wir Rechtsanwälte entwickeln sehr schnell eine Schutzhaut dagegen», antwortete ich. «Die Geschichte ist ganz einfach. Es ist unsere tiefste und heiligste Überzeugung, daß unsere Sache im Grunde gerecht und richtig ist und daß die andere Seite aus einer Horde schuldiger Schurken und Lügenbolde besteht.» Ich schüttelte den Kopf. «Auch hier handelt es sich wieder einmal um das alte Dilemma des Menschen in neuer Verkleidung: Heiligt der Zweck die Mittel? Mitch wird sich – und zwar mit einiger Überzeugung – sagen, daß, selbst wenn Barney Sie vergewaltigt hat, dies Manny noch lange keine Berechtigung gibt, ihn totzuschießen. Daher muß der Mann schuldig sein. Von dort ist es nur noch ein Schritt, ein Hupfer zu der Überzeugung, daß die wirkliche Wahrheit oder Falschheit der Vergewaltigung eigentlich keine Rolle mehr spielt. Verstehen Sie mich?»

«Ich fürchte, ja», erwiderte Laura Manion, schüttelte aber doch zweifelnd den Kopf.

Ich fürchtete schon, ich hätte ihr allzufrüh allzuviel gesagt und in ihr das «Gerichtssaalfieber» erzeugt, wie die Rechtsanwälte es nennen, das bluternste Gegenstück zum Lampenfieber in einer freundlicheren Welt. Es mußte indes sein; es würde nicht leichter für sie sein, wenn ich sie erst kurz vor dem Prozeß damit überfiele; und auf diese Weise hatte sie wenigstens Zeit, gründlich nachzudenken, und konnte lernen, mit ihrer Last zu leben.

«Lassen Sie sich durch diese Aussichten nicht beirren, Laura», ermutigte ich sie. «Sie brauchen nur Ihre großen Augen weit aufzumachen und die Wahrheit zu sagen. Ich sehe, das fällt Ihnen ohnehin nicht schwer, und wir müssen nur aufpassen, daß niemand irgendeine winzige Unwahrheit sagt, damit wir unsere große Wahrheit verteidigen können. Ich hoffe, daß ich die Anklage damit festnageln kann. Daher wollen wir unsere Vergewaltigungsgeschichte auch nicht abschwächen, nur um geringfügige Zwischengewinne einzustecken.» Es war ein Trost, dachte ich, daß Taktik und Wahrheit gelegentlich Hand in Hand gehen konnten.

«Vielen Dank, Paul», sagte sie und berührte ganz kurz meinen Arm. «Ich werde die Augen groß aufmachen und die Wahrheit einfach herausfliegen lassen.» Sie hielt inne und lächelte. «Sie scheinen diesen Fall um jeden Preis gewinnen zu wollen, nicht wahr?»

«Wußten Sie nicht, gnädige Frau», fragte ich lachend, «daß auch ich von der Gerechtigkeit unserer Sache überzeugt bin? Die Anklagebehörde ist nichts als eine Meute verlogener Bluthunde. Sie sehen, das ist eine Berufskrankheit von uns Anwälten.» Ich schaute auf die Uhr, es war bald Mittagszeit. Schon sah ich Mister Kaltblut rastlos in seiner Zelle auf und ab gehen, ängstlich durchs Zellenfenster spähen und meinen Rücken mit seinen lodernden schwarzen Augen belauern.

«Da wir gerade von weitgeöffneten Augen sprechen», fuhr ich fort, «ich möchte, daß Sie noch heute zu einem Fotografen gehen und Ihre ‹blauen› Augen in all ihrem Glanz konterfeien lassen. Und alle blauen Flecken dazu. Seit gestern sind sie bereits etwas verblaßt. Lassen Sie von jeder Stellung mindestens zwei Schnappschüsse machen. Wenn der ganze Rummel vorüber ist, werde ich Ihnen eine Serie davon überlassen, damit Sie sie in Ihr Album einkleben können. Gehen Sie zu Tom Benett; ich rufe ihn vorher an. Ich will nicht, daß er Ihre Schrammen besonders hervorhebt, das ist wahrhaftig nicht notwendig, möchte aber auch nicht, daß er sie retuschiert. Diese Herren neigen von Berufs wegen nämlich dazu; sie möchten unbedingt, daß jedermann wie ein sieben Tage altes Albino-Kaninchen aussieht. Und bitte machen Sie dabei nicht auf ‹Glamour›.»

Ich stieg aus dem Wagen. «Kommen Sie wieder, wenn Sie damit fertig sind. Ich möchte den Schluß der Geschichte hören.»

«Abgemacht, Paul.» Laura Manion lachte. «Ich verspreche Ihnen, wie eine vollkommene Hexe auszusehen.»

«Dies wiederum dürfte Ihnen schwerfallen, Gnädigste», widersprach ich galant.

15. Kapitel

Bekommen Mandanten und Zeugen bisweilen Gerichtssaalkrämpfe, so leidet der Anwalt gelegentlich an so etwas wie «Vorbereitungsangst». Als ich im Iron-Bay-Klub mein Mittagbrot verzehrte, glaubte ich ihre ersten Ansätze an mir zu entdecken. Die Anzeichen sind kaum merklich und schwer zu benennen. Plötzlich überkam mich ein Gefühl von Unwirklichkeit, wenn ich an den Fall und seinen möglichen Ausgang dachte, eine trübe Empfindung der Unzulänglichkeit und des Zweifels, eine Ahnung, daß ich irgendwie den Anschluß verpaßt hätte – ich litt auf einmal an der beängstigenden Vorstellung, den Wald nicht mehr vor Bäumen zu sehen.

Ich merkte auch plötzlich, daß ich ein Sandwich in der Luft hielt und ein paar Gäste bereits herüberschauten. Rasch biß ich herzhaft hinein.

Taktische Einfälle, die mir zugeflogen waren, stritten sich nun mit anderen, allerdings unzusammenhängenden strategischen Ideen, die mir doch anfangs ebenso großartig erschienen waren. Ich merkte, es war höchste Zeit, von den turbulenten Manions mit ihren Privatproblemen wegzukommen und den Fall an sich zu beleuchten. Von da aus war es nur noch ein Gedankensprung, bis ich beschloß, angeln zu gehen. Ich seufzte, schob das letzte Stück von meinem Sandwich fort, ging nach oben und rief das Kreisgefängnis an.

«Bist du's, Sulo?» fragte ich. «Hier Polly Biegler. Hör zu, Sulo. Sag den Manions, mir sei etwas dazwischengekommen und ich könne sie heute nachmittag nicht sprechen.»

«Ist gemacht, Polly», antwortete Sulo sanft. «Sie kommen heute also nicht.»

«Danke. Auf Wiedersehen, Sulo. Ich liebe dich heiß und innig.»

«Was sagen Sie da?» brüllte Sulo in den Apparat.

«Ich komme heute nicht!» schrie ich zurück, schloß die Augen und legte den Hörer auf.

Ja, es war an der Zeit, fischen zu gehen.

Für einen guten Fang indessen war es noch zu früh und viel zu hell, so daß ich mich zunächst zu Dr. Trembath auf den Weg machte.

Sein Wartezimmer war wie üblich überfüllt, wie üblich vorwiegend mit in sich gekehrten Schwangeren, die seine Spezialität waren. Glücklicherweise hatte Dr. Trembaths Sprechstundenhilfe Verständnis für mich, und da sie fühlte, daß meine Schwangerschaft bereits in fortgeschrittenem Stadium war, saß ich nach wenigen Minuten neben meinem Arzt, einem ungeschlachten Feldmarschalltyp mit dem geduldig-leidenden Gesichtsausdruck eines überarbeiteten Engels.

«Ich bin Verteidiger im Mordfall Manion», sagte ich und schüttelte seine mächtige Pranke. «Ob Sie's glauben oder nicht, ich brauche von Ihnen ein paar sexuelle Aufklärungen. Bitte, versuchen Sie simpel mit mir zu sprechen – nicht in dem Küchenlatein, das ihr Ärzte meist gebraucht.»

«Fragen Sie», sagte Dr. Trembath mit einem müden Seufzer und zündete sich eine Zigarette an.

«Sicherlich wissen Sie über den Fall aus den Zeitungen Bescheid und auch, daß Manions Frau behauptet, Barney Quill habe sie vergewaltigt», begann ich.

«Jawohl.» Dr. Trembath war ein stiller Typ, der nie viel Worte machte. Die Frauen beteten ihn an – Gegensätze, die einander anziehen.

«Die Dame, um die es sich handelt, Laura Manion, ist ein Satan von einem Weib. Sie ist jetzt zum zweitenmal verheiratet. Könnte ein Arzt durch eine Untersuchung feststellen, ob sie vergewaltigt worden ist?»

Der Arzt schüttelte langsam verneinend den Kopf.

«Oder ob sie unlängst Geschlechtsverkehr gehabt hat?»

«Nur wenn kurz danach eine ärztliche Untersuchung vorgenommen worden wäre.»

«Das Ehepaar Manion hat mir gesagt, der alte Doktor Dompierre habe sie auf ihre Bitte hin neulich im Gefängnis untersucht. Das Ergebnis sei negativ ausgefallen.»

«Hat er dabei ein Spekulum benutzt?» fragte der Arzt,

uneingedenk der Bitte, auf medizinisches Latein zu verzichten.

«Die Manions behaupten, nein. Aber ist das Untersuchungsverfahren trotzdem korrekt?»

«Ich hätte es nicht so gemacht.»

«Aber ist es medizinisch zulässig?»

«Nein. Meiner Ansicht nach keinesfalls.»

«Könnte man nicht, falls sich herausstellte, daß die Frau ungewöhnlich empfindlich ist, daraus schließen, daß sie gewaltsam mißbraucht wurde?»

Der Arzt blickte zur Decke und blinzelte nachdenklich. «Ich würde eher sagen», begann er, «daß die Symptome, die Sie erwähnen, rein subjektiver Art sind. Daher könnte ein Arzt ihre Schmerzen oder Empfindlichkeiten nicht bezeugen. Auf diese Weise wäre kein unmittelbarer Beweis von Vergewaltigung oder überhaupt von geschlechtlichem Verkehr, den er bezeugen könnte, erbracht. Sollte die Behauptung der Frau über das Wundgefühl und ihre Behauptung, es rühre von unerwünschtem Geschlechtsverkehr her, jedoch wahr sein – mit anderen Worten, würde man ihre Geschichte glauben, dann könnte ein vorsichtiger Arzt bezeugen, dies sei ein Beweis dafür, daß der Verkehr gegen ihren Willen stattfand.» Er hielt inne und lächelte. «Ich brauche Ihnen wohl nicht zu sagen, daß eine normale Frau empfangsbereit für den Akt sein muß. Ich nehme ferner an, daß unter Juristen ein Tatbestandsmerkmal der strafbaren Vergewaltigung darin besteht, daß sie gegen den Willen der Frau vorgenommen wird.»

«Sehr richtig, Doktor», erwiderte ich. «Würden Sie dies bezeugen, wenn Sie vor Gericht gefragt würden, daß ihre Empfindlichkeit auf erzwungenen Geschlechtsverkehr zurückzuführen ist?»

Er dachte einen Augenblick nach. «Ich müßte sie zuerst untersuchen», meinte er dann.

«Gut», sagte ich. «Wann können Sie sie untersuchen?»

Der Arzt knurrte und deutete müde auf das überfüllte Wartezimmer. «Eine mehr oder weniger spielt ja auch keine Rolle mehr.» Er seufzte. «Wann wollen Sie sie mir schicken?»

«Wie wär's heute nachmittag?»

«Einverstanden. Schicken Sie sie her.»

«Vielen Dank. Nur eine Frage noch: Hätte eine Obduktion Barney Quills den Beweis erbringen können, daß *er* kurz vor seinem Tode einen Geschlechtsverkehr und einen Orgasmus gehabt hat?»

«Ja.»

«Wodurch?»

«Durch Flecke am Körper oder an den Kleidern, besser noch durch Untersuchung der Samenbläschen, die entleert sein müßten, wenn er kurz vorher einen geschlechtlichen Höhepunkt erreicht hat. Ich zeige es Ihnen.» Er griff hinter sich, zog ein dickes medizinisches Buch heraus, blätterte darin und zeigte mir dann ein Bild der komplizierten Dinge, die beim Mann vor sich gehen, wenn er sich zum Liebesvollzug anschickt.

«Wie groß die Natur ist», sagte ich, als er geendet hatte. «Allerdings glaube ich, daß ich mich künftig lieber ausschließlich ans Angeln halte.»

«Darf ich fragen, ob an dem Toten eine Obduktion vorgenommen worden ist?» fragte der Arzt.

«Ich vermute es. Nur so kann der Staatsanwalt die Todesursache wirklich feststellen – das gehört zu dem, was wir Juristen *corpus delicti* nennen, wenn Sie meine schlechte Aussprache verzeihen wollen.»

«Sind Körper und Kleider auf das untersucht, was wir eben besprochen haben?»

«Gerade das weiß ich eben nicht. Das ist einer der Gründe, warum ich Sie aufgesucht habe.» Ich war zum schwierigsten Teil gekommen und zögerte. «Wären Sie bereit, diese Dinge für die Verteidigung zu bezeugen – falls es notwendig werden sollte? Das heißt, ich müßte Sie wohl darauf aufmerksam machen, daß eine Zeugenaussage höchstwahrscheinlich nötig sein wird.»

Der Arzt saß nachdenklich da und paffte an seiner Zigarette. Ich hatte einen überlasteten Mann vor mir, einen der fleißigsten und besten Ärzte des Landkreises. Konnte ich es ihm verübeln, wenn er sich scheute, in einen so fragwürdigen Sensationsprozeß verwickelt zu werden? Dr. Orion Trembath, hervorragender Arzt und Chirurg von Iron Bay, heute für die Verteidigung im Zeugenstand! würden die Zeitungen verkünden. All das sah er natürlich voraus.

«Doktor Trembath», sagte ich leise und erhob mich, «mein Oberleutnant hier ist schrecklich einsam, dazu unter lauter fremden Menschen. Außerdem hat er kein Geld. Ich versuche, ob ich jemand anders finde, wenn Sie sich da heraushalten möchten.»

Der Doktor drückte sein Zigarette aus, erhob sich und reichte mir die Hand. Obwohl ich groß bin, überragte er mich noch. «Wenn alle Stricke reißen, können Sie mit mir rechnen.»

«Ich danke Ihnen, Herr Doktor. Hoffentlich hat niemand die Nase hereingesteckt, während wir uns unterhielten.»

Jetzt hatte ich also den Arzt, den ich wollte, einen, dessen Überzeugung für keinen Preis zu kaufen war. Draußen stellte ich fest, daß sich die Sonne hinter Wolken versteckt hatte. Ich blickte zum Wetterturm auf. Ein leichter Wind blies vom Westen her. «Bläst der Wind aus Westen, Angeln geht am besten.» Meine Nasenflügel weiteten sich.

Ich ging zum Klub zurück, rief noch einmal das Gefängnis an und bat Sulo, mich mit dem Oberleutnant zu verbinden. Anscheinend saß er noch immer da und wartete auf mich. «Ihr Anwalt will mit Ihnen sprechen», hörte ich Sulo brüllen.

«Ich kann heute nachmittag nicht hinüberkommen», sagte ich.

«Das hat mir Sulo vorhin schon mitgeteilt. Ich warte auf Laura. Wie steht meine Sache?»

«Auf Spitz und Knopf. Ich gehe jetzt angeln. Ich will allein sein und ein bißchen Spucke für Mister Lodwick sammeln.»

Der Oberleutnant lachte, und ich berichtete ihm in kurzen Worten, daß ich seine Frau am Spätnachmittag bei Dr. Trembath zur Untersuchung angemeldet hatte. «Sehen Sie zu, daß sie pünktlich hingeht», schloß ich.

«Aber sie hat doch schon einen Arzt», widersprach der Oberleutnant in jenem gekränkten Ton, den ich schon so gut kannte.

«Das weiß ich.»

«Ist einer nicht genug? Brauchen wir denn *zwei*?»

Ich zählte innerlich bis zehn. «Ich möchte nicht spitz sein, Oberleutnant Manion, aber der von Ihnen gewählte Arzt steht für mich auf einer Ebene mit Amos Crocker. Wahrscheinlich hat der ihn auch empfohlen.» Ich zögerte. «Hören Sie zu, Oberleutnant, langsam wird es mir über, Ihnen jedesmal, wenn ich Ihre Zustimmung zu einem Vorschlag brauche, drohen zu müssen, daß ich den verdammten Fall hinschmeiße. Aber ich warne Sie. Sollten Sie darauf bestehen, den bisherigen Arzt zu behalten, so fahren Sie, glaube ich, weit besser damit, wenn Sie abwarten, bis der alte Crocker wieder auf zwei Beinen steht. Der und Ihr Arzt, die werden ein rührendes Paar abgeben, beide verstehen sich ausgezeichnet auf Stegreiflösungen. Haben Sie mich verstanden?»

«Ja.»

«Schicken Sie Ihre Frau also zu dem neuen Arzt?» Es gab eine lange Pause, und ich konnte mir sein ärgerlich-jähes Erröten, das Zupfen an seinem winzigen Bärtchen, das Beißen auf die Unterlippe gut vorstellen.

«Meinetwegen! Ich schicke sie hin.»

«So ist's gut. Nun kann ich leichten Herzens zum Angeln fahren.»

«Hoffentlich fallen Sie ins Wasser.»

«Was höre ich da?»

«Ich sagte, ich wünsche Ihnen Hals- und Beinbruch.»

«Wieder mal der alte Hitzkopf. Ich hatte Sie verstanden. Jetzt sprechen wir dieselbe Sprache.»

«Kommen Sie morgen rüber?»

Ich hatte mir das noch nicht, wenigstens nicht bewußt, überlegt, und meine Antwort kam aus heiterem Himmel. «Nein, Oberleutnant, morgen komme ich nicht. Ich habe gerade beschlossen, daß es höchste Zeit für mich ist, einmal den Schauplatz der Ereignisse zu besuchen. Morgen fahre ich nach Thunder Bay.»

«Wann sehe ich Sie also wieder?»

«Wahrscheinlich übermorgen. Aber nageln Sie mich bitte nicht fest. Ich besuche Sie, wenn ich Sie besuche. Im Moment gehe ich fischen.»

Also fuhr ich zum Fischen, mein Herz klopfte sorglos und fröhlich. Gegen Abend zuckte meine Leine über zwei ausgewachsenen Forellen, und kurz vor der Dunkelheit biß ein fetter Großpapa an. Nun ging der Kampf los. «Komm, mein Engel, komm», schwatzte und schmeichelte ich. «Komm zum Papi, komm schön zum Papi.» Zwanzig Minuten später machte ich den gewohnten Ruck und fing ihn in meinem Netz. «Ah ...!» Das war meine größte Bachforelle des Sommers gewesen. Im schwankenden Licht meiner Taschenlampe sah sie wie ein gesprenkelter tropfender Streifen Abendsonne aus. Aber das Allerbeste: Zwanzig Minuten lang war es mir gelungen, den Fall Manion ganz und gar zu vergessen.

16. Kapitel

Als ich nach Hause kam, saß Parnell McCarthy auf der Bank, die der Chiropraktiker auf der anderen Seite des Ganges für die Müden und Lahmen, die seine Dienste beanspruchten, aufgestellt hatte.

Parnell döste vor sich hin, die Hände über der bunten Reitweste gefaltet, die ich zu Maidas Entsetzen auf einer meiner Angelreisen in Kanada für ihn erstanden hatte. Er war sehr stolz auf sie, und seit ich ihm dieses farbenfrohe Bekleidungsstück im letzten Jahr geschenkt hatte, knöpfte er seine Jacke nie mehr zu. Insgeheim wünschte ich mir nichts sehnlicher, als auch solch eine Weste zu tragen, nur fehlte mir dazu der Schneid.

Parnell schwankte im Schlaf leise hin und her. Ich beugte mich vor und schnupperte seinen Atem. Aha, anscheinend nüchtern, schloß ich erleichtert. Als ich ein zweites Mal schnüffelte, um mich zu vergewissern, schlug Parnell die Augen auf und ertappte mich dabei.

«Solltest dich was schämen», knurrte er, «einen alten Herrn zu bespitzeln und zu beschnüffeln, wenn er sein Abendnickerchen macht!» Schwerfällig raffte er sich auf. «Wo bist du bloß gewesen? Natürlich wieder beim Angeln, wie ich an deiner übelriechenden Aufmachung sehe. Auch ich kann schnüffeln, wie du siehst, junger Stutzer ... Los, hinein! Jetzt geht's an die Arbeit. Ich will alles genau hören, von A bis Z.»

Ich schloß mein Büro auf und nahm das Wäschepaket, das vor der Tür lag, mit hinein. Parnell bot ich einen bequemen Sessel an, legte meinen Fisch auf Eis, zog meinen Pyjama und einen alten Bademantel an, entfachte ein Feuer, das Maida schon im Kamin vorbereitet hatte, und schaltete die Deckenbeleuchtung aus. Dann setzte ich mich bequem in meinen Sessel und erzählte Parnell die ganze Geschichte, die guten und schlechten Seiten, meine Pläne und Hoffnungen, meine Befürchtungen und Ängste.

Parnell unterbrach mich selten und dann nur kurz, damit ich merkte, daß sein flinker Verstand stets eine Pferdelänge vorauslief. Es war ein beruhigendes Gefühl, ihn bei mir zu wissen; und ein Teil der Verwirrung und Unsicherheit, die mich am Vormittag bedrückt hatte, schien allein mit dem Berichterstatten bereits zu schwinden.

«Nun, Parnell», schloß ich, «was sagt die Anklage? Hat die Verteidigung überhaupt eine Chance? Zu schonen brauchst du mich nicht. Sag mir alles, was du auf dem Herzen hast.»

«Ich denke nach», entgegnete er, schloß die Augen und zupfte am grauen Haar seines schlaffen Halses.

Das war ein Spielchen von uns. Während meiner Tätigkeit als Ankläger hatte Parnell meist als eine Art freiwilliger Strafverteidiger fungiert. Alle meine schweren Fälle hatten wir im voraus «verhandelt». Auf diese Weise hatte Parnell Theorie und Taktik meiner Fälle auf dem harten Amboß seines Gehirns geschmiedet, erprobt und nicht selten auch revidiert. Wie ich Mister Kaltblut gesagt hatte, war er mein Wetzstein des Rechts.

«Hab ich eine Chance?» wiederholte ich.

«Natürlich hast du eine Chance», begann er mürrisch. Er räusperte sich. «Red doch nicht so daher, Mensch. Das steht dir nicht. Auf das pflaumenweiche Geschwafel können wir verzichten. Du hast was los und weißt das auch genau.» Er schüttelte den Kopf. «Kein übler Fall, mein Lieber, ein ganz schöner Brocken», meinte er nachdenklich. «Ich – ich wünschte, ich steckte selbst darin.» Er seufzte. «Und daß ich mir das gewünscht habe, ist schon manches Jahr her.»

Auf diese Eröffnung hatte ich gewartet. «Du bist doch schon drin, Parnell», sagte ich ruhig. «Bis zum Hals steckst du drin. Du brauchst nur noch ja zu sagen. Na und?»

Stille trat ein. Parnell saß regungslos da, und einen Augenblick dachte ich, er sei wieder eingeschlafen. Doch als ich mich vorbeugte, sah ich, daß seine Augen offen waren, weit offen. In der Glut des verlöschenden Feuers kam es mir vor, als funkelten sie verdächtig, aber vielleicht hatte ich mich getäuscht. «Ist das dein Ernst, Junge?» sagte er fast im Flüsterton. «Willst du wirklich, daß ich bei deinem großen Mordfall mitmache?»

«Du hast's gehört, Parn. Ich will dich, brauche dich, meine dich. Ich bin nicht großzügig. Ich brauche schlicht, einfach und selbstsüchtig deine Hilfe. Du weißt doch, wie sehr mir daran liegt, diesen Fall zu gewinnen.»

«Schön, ich mache mit, Paul, aber unter einer Bedingung.»

«Und die wäre?»

«Daß Parnell McCarthy hinter den Kulissen bleibt, völlig im Hintergrund. Verstanden? Nicht einmal dein Mandant darf es wissen. Niemand außer uns – und Miss Maida, natürlich. Nichts davon darf durchsickern.»

«Aber warum denn nicht, Parn?» fragte ich. «Warum bloß nicht?»

Parnell knurrte. «Schon der Anblick eines gedunsenen, whiskysaufenden, rot angelaufenen Alten wie ich am Tische der Verteidigung reicht aus, um jeden Fall zu verderben», fuhr er fort. «Du hast weiß Gott auch ohne mich Hindernisse genug zu überwinden. Und sollte irgendwas schiefgehen – denk an die stets unberechenbaren Geschworenen –, möchte ich nicht, daß einer von uns sich deswegen Gewissensbisse machen muß. Ich – ich halte es für richtiger, daß ich nur im Geist dabeisitze. Ich bin sowieso in der Nähe.» Er zögerte. «Außerdem hat es noch einen anderen Grund.»

«Welchen, Parn?»

«Wenn du den Fall gewinnst, soll es einzig und allein dein Sieg sein. Du bist bereits auf der richtigen Fährte, das weißt du ja, und im Grunde brauchst du mich gar nicht. Deine größten Fälle hast du gewonnen, bevor wir uns überhaupt kennenlernten. Natürlich versuche ich, dir auf meine stümperhafte Weise zu helfen, aber so ein alter

Knabe wie ich fühlt sich schon belohnt, wenn er dich das Rennen machen sieht. Kapierst du, was ich sage?» Er hielt inne, fast ärgerlich räusperte er sich. «Ich – ich, verdammt noch mal, gib mir eines von deinen lausigen Zigarillos. Ich rauche sie nur aus Selbstschutz – dein ekelhafter Rachenputzer brennt mir in den Augen.»

«Ich verstehe dich, Parn», sagte ich und gab ihm einen Stumpen. «Ich nehme deine Bedingungen unter einer Voraussetzung an.»

«Und die wäre? Du tust so, als verhandelten wir über den neunundneunzigjährigen Mietvertrag einer Kaufhausgesellschaft. Was für 'ne schöne Bedingung hast du dir ausgeklügelt?»

«Daß wir das Honorar, das ich vielleicht bekomme, teilen», sagte ich. «Ich habe dir ja erzählt, wie es damit steht – und welches Risiko ich laufe.»

Parnell zwinkerte. «Worauf willst du hinaus, Paul? Einen alten Mann herausfordern?»

«Es ist mir Ernst damit, genauso wie es mir Ernst war, als ich dich aufforderte, mitzumachen», sagte ich grob. «Entweder wir teilen uns das Honorar, oder wir sind geschiedene Leute.»

«Gut, mein Junge, ich bin einverstanden. Ich tu's, um dir zu helfen und deiner großzügigen Laune nachzugeben. Nachdem ich dies gesagt habe, mag es unfreundlich und allzu geschäftsmäßig klingen, wenn ich hinzufüge, daß du wohl nie einen roten Heller sehen wirst – gleichgültig, ob du verlierst oder gewinnst –, falls der Manion dich nicht vor der Verhandlung bezahlt.» Er lachte kurz auf. «Ich muß das sagen, damit du nicht meinst, ich sei hinter dem Geld her, das bin ich beileibe nicht, bin's nie gewesen. Aber auch du bist es nicht, Paul, auch du bist ein Anwalt, kein Geschäftsmann, der versehentlich Jura studiert hat. Ich bin gerührt und mächtig stolz auf dich, daß du bereit bist, diesen armen Teufel mit – ohne –»

«Hör zu, Parn», unterbrach ich ihn, «du weißt genau, daß die Klemme, in der Oberleutnant Manion sitzt, nicht oder kaum der Anlaß ist, daß ich den Fall übernehme. Bitte, mach nicht einen opferbereiten Liberalen aus mir.»

«Die Rolle steht dir besser, als du glaubst. Bitte keine Einschüchterungsversuche. Hol mir lieber eine Flasche Bier und schüre das Feuer. Wir müssen jetzt endlich arbeiten. Laß uns die Ärmel hochkrempeln.»

17. Kapitel

«Also gut, Herr Ankläger», sagte ich, während Parnell einen Schluck aus seinem Bierglas tat. «Geben Sie mir die Gründe an, aus denen mein Mandant verurteilt werden müßte. Es wird langsam spät.»

Parnell blickte mich ausdruckslos an, dann beugte er sich vor. «Müßte ich die Anklage leiten», begann er ernst, «ritte ich unerbittlich auf der einen Frage herum: Wenn der Angeklagte Manion nicht seine Waffe nahm, um in Barney Quills Bar zu laufen und ihn niederzuschießen, warum ging er dann überhaupt hin? ‹Meine Herren Geschworenen›, würde ich sagen, ‹vor Ihnen steht ein Mann, der vorsätzlich eine geladene Pistole nimmt, sie verbirgt, dem Mann, der gerade seine Frau vergewaltigt hat, nachgeht und ihm eine Garbe in den Leib jagt. Warum, warum – wenn nicht einzig und allein, um den Mann zu töten, was er dann auch sofort tat.›» Parnell hielt inne, seine grauen Augen sprühten vor Lebendigkeit. «Mißt die Verteidigung dieser Beweisführung irgendeinen Wert bei? Wie will mein findiger Freund diese Klippe umschiffen?»

«Weiter, Parn», sagte ich. «Da gibt's noch mehr, viel mehr. Verschieße alle Munition, die du hast. Dann erst komme ich.»

«Jawohl, ich habe noch mehr auf Lager», fuhr Parnell nachdenklich fort. «In Verbindung mit der erwähnten Beweisführung und auch, um deine Behauptung einer Bewußtseinsstörung zu entkräften, würde ich auf der Tatsache herumreiten, daß der Angeklagte unmittelbar nach der Schießerei anscheinend auch den Barmann, der ihm nachging, über den Haufen zu knallen drohte; ferner, daß er zu seinem Wohnwagen zurückkehrte und sich dem Parkwart mit den bedeutsamen Worten auslieferte: ‹Ich habe soeben Barney Quill erschossen.› Mit anderen Worten: ‹Führen Sie mich ab, Herr Polizist, meine Sendung ist vollbracht. Ich bin ausgezogen, um Barney zu schnappen, und ich habe ihn gekriegt, das walte Gott.› Ist das die Handlung eines Wahnsinnigen, eines Mannes, der den Verstand verloren hat, der nicht wußte, was er tat? Sogar seine Frau, die seine Eifersucht kannte, hat prophezeit, daß er Barney umbringen werde – und ich will verdammt sein, wenn er das nicht getan hat.»

«Ich erhebe Einspruch, Parn», sagte ich. «Das mit der Eifersucht ist nicht fair. Das sind Privatinformationen, die die Anklage – so hoffe ich – nicht besitzt und auch nicht bekommen wird. Aber sonst hast du meine schwache Stelle getroffen.»

«Einspruch zurückgewiesen», gab Parnell kaltblütig zurück. «Der junge Lodwick mag als Staatsanwalt unerfahren sein und nicht gerade ein Schwergewichtler, wenigstens vorläufig noch nicht, aber auf Eifersucht müßte er schon aus ihrer Behauptung geschlossen haben, daß ihr Mann Barney umbringen werde, *wenn* ... Und wenn er nicht dahinterkommt, tun's die Geschworenen bestimmt.»

«Ich behaupte nicht, daß mir die Aussage der Frau besonders gefällt, Parn», gab ich zu. «Du weißt, daß sie mir Sorgen macht. Aber ich würde einwenden, daß diese Frau sich in einer verzweifelten Lage befand – kurz davor, vergewaltigt zu werden –, sich an einen Strohhalm klammerte, daß sie ein letztes Ablenkungsmanöver versuchte, Barney mit körperlicher Vergeltung und Bestrafung drohte, wenn er sie vergewaltigen würde. Was sollte die arme Frau denn sonst sagen oder tun? Und wie konnte sie denn wissen, was ihr Mann später tun würde? Wie viele andere Männer können die Geschworenen denn vorweisen, die er getötet hat, weil sie seine Frau vergewaltigt haben? Und überleg doch, wieviel schlechter die Sache stünde, wenn sie Manion vor der Schießerei erzählt hätte, was sie zu Barney gesagt hat?»

«Braves Kind, Polly», nickte Parnell. «Keine üble Antwort, junger Mann. Ist dir das gerade jetzt eingefallen?»

«Ich glaube, ich brüte darüber schon, seit ich angeln ging.» Ich schüttelte düster den Kopf. «Trotzdem habe ich noch einen Haufen Arbeit vor mir. Ich habe noch kaum an der Oberfläche geritzt. Außerdem muß ich eine Menge Präzedenzfälle studieren. Ich habe einfach noch nicht die Zeit dazu gehabt. Und zunächst möchte ich mal alle Tatsachen haben.»

«*Wir* haben noch einen Haufen Arbeit vor uns», verbesserte Parnell vorwurfsvoll. «*Wir* müssen noch eine Menge Präzedenzfälle studieren. Vergiß nicht, daß ich ab jetzt an dem Fall beteiligt bin.»

«Ich gestehe mein Unrecht ein», sagte ich lächelnd. «Aber im Augenblick bist du der Ankläger. Fahren Sie mit der Anklage fort, Herr Staatsanwalt.»

Parnell und ich beleuchteten den Fall von allen Seiten, arbeiteten Schlachtpläne aus, verwarfen sie, ersetzten sie durch neue, überlegten, wie wir die Vergewaltigung nachweisen könnten, wo die Anklage uns darin einen Riegel vorschieben könnte, wie wir wenigstens die Tatsache von Lauras Lügendetektortest ins Feld führen könnten ... Schließlich zog Parnell seine silberne Uhr heraus.

«Herr des Himmels, so lange bin ich schon ewig nicht mehr aufgewesen. Für heute reicht's, mein Junge. Jetzt geht's zu Bett. Wir müssen unseren Grips zusammenhalten, denn dieser Fall wimmelt geradezu von kniffligen

Punkten. Übrigens hoffe ich doch, daß Richter Maitland den Vorsitz führen wird.»

Ich schüttelte den Kopf. «Nein, Parn, ich fürchte nicht. Er ist noch immer in Mayo, es soll ihm gar nicht gut gehen.»

«Wer wird's dann sein?»

«Keine Ahnung. Wenn Mitch es weiß, verrät er's nicht. Hoffentlich ist es nicht einer von den traurigen Winkelpolitikern aus dem Unterstaat – für diesen Fall brauchen wir einen wirklich guten Juristen. Übrigens fahre ich morgen nach Thunder Bay und sehe mich da ein bißchen um. Kommst du mit?»

«Gern! Ich warte schon die ganze Zeit, daß du mich aufforderst. Fährt Maida auch mit?»

«Maida? Warum denn Maida?»

«Weil's da allerhand Detektivarbeit zu leisten gibt», antwortete Parnell bestimmt. «Und dafür eignet sie sich glänzend. Unbedingt muß sie mit. Befehl von einem erfahrenen Rechtsanwalt, junger Mann.»

«Gut», sagte ich gehorsam. «Und wann fahren wir ab?»

«Punkt acht von hier.»

«Aber Maida kommt nicht vor neun. Und ich bringe es nicht übers Herz, sie zu dieser unmenschlichen Zeit noch herauszuklingeln. Jetzt ist's zwei vorbei.»

Als Parnell mit einer Munterkeit, die ich seit Jahren nicht mehr an ihm beobachtet hatte, zur Tür ging, sagte er: «Stell deinen Wecker und ruf sie um sieben an. Der alte Thomas Edison ist jahrelang mit vier Stunden Schlaf ausgekommen. Willst du als junger Mann im Bett verrotten?» Er winkte verächtlich mit der Hand. «Wir haben viel zu tun und müssen zeitig los. Um acht Uhr fahren wir ab.»

«Jawohl, Sir. Sonst noch etwas, Sir? Und schönen Dank, Parn. Du – du hast mir genug Stoff zum Kopfzerbrechen gegeben.»

Parnell schob seinen Daumen in das Armloch seiner

Reitweste und grinste. «Nacht, Polly, behüt dich Gott! Daß ich mir nach ewig langer Zeit mal wieder wie 'n richtiger Anwalt vorkomme, verdanke ich dir.»

«Gute Nacht, Parn», rief ich der schwerfälligen Gestalt zärtlich nach.

18. Kapitel

Die Michigan-Halbinsel führt ein so unschuldiges Hirtenleben, daß fähige Privatdetektive dort kaum zu finden sind. Wie überall, trifft man auch da ein paar eifrige Jugendliche und gelegentliche Sonderlinge, die sich in einem Briefkurs einen Fingerabdruckkasten und einen Blechstern verdient haben, eines jener fragwürdigen Diplome also, die man im Selbstunterricht von zwölf Stunden erwerben kann. Uns konnten diese Laien wenig nützen.

Alle Anwälte oder Mandanten der Halbinsel, die die Dienste eines echten Privatdetektivs benötigten, mußten wohl oder übel jemand von auswärts kommen lassen oder ihre eigene Spürnase gebrauchen. Da mein Klient aber nicht einmal mich oder einen Psychiater bezahlen konnte, geschweige denn einen Detektiv, blieb uns nichts anderes übrig, als selbst Geheimsuchdienst zu spielen.

Thunder Bay war ehemals ein reges Holzfäller- und Fischerdörfchen am See, das langsam eingeschlafen war, als die Weißtannen geschlagen und die Fische gefangen waren. Nachdem es ein Menschenalter lang in anmutiger Armut dahingedämmert hatte, wurde es wiederentdeckt und erlebte mit dem Herannahen jener merkwürdigen Besucher, jener modernen amerikanischen Zigeuner, die unter dem Namen Sommergäste bekannt sind, eine wundersame Auferstehung. Da Unterhaltung und Ernährung der Touristen die Einwohner mehr und mehr in Anspruch nahmen, hielt ich mich in zunehmendem Maße von dem Städtchen fern. So wußte ich von Barney Quill, der selbst ein Neuankömmling war, kaum mehr als seinen Namen. Vielleicht hatte ich ein- oder zweimal etwas über ihn in der Zeitung gelesen – vermutlich hatte er einen Bären geschossen oder einen mächtigen Fisch gefangen …

Als Maida, Parnell und ich am Seeufer entlangfuhren – wir hatten uns zu dritt auf die Vorderbank meines Wagens geklemmt –, merkte ich, daß ich ganz vergessen hatte, wie herrlich die Fahrt nach Thunder Bay war: hohe knarrende Gehölze duftender norwegischer Kiefern, weite Flächen schneeweißen Sandes, Seemöwen, unablässig kreisende Möwen. Dann und wann ein kühner Adler, der himmelswärts zu klimmen schien; die abwechselnd schroffen und bewaldeten Granit- oder Sandsteinhügel, mitunter zur hageren Würde kleiner Bergkuppen aufragend, dann wieder unvermittelt Sandstreifen oder von neuem königliche norwegische Kiefern … Und natürlich immer der weite, glitzernde, schwellende See, der größte Binnensee der Welt, heimtückisch und gefährlich wie eine verschmähte Frau – an den Strand plätschernd oder schäumend, meist aber in erregtem Zustand. Heute jedoch zeigte er sich von seiner besten, manierlichsten Seite und bot den friedfertigen Anblick eines Weihers.

«Ich dachte eben», begann Parnell McCarthy.

«Bitte, Parn», sagte ich. «Bitte jetzt kein Wort über den verflixten Fall.» Ich deutete auf den See. «Sieh doch, wie unglaublich schön das alles ist. Manchmal glaube ich, ich gehe zu oft angeln.»

«Ich dachte eben», fuhr Parnell feierlich fort, «daß es gut und gerne ein Vierteljahrhundert her ist, daß ich mir die Mühe gemacht habe, hierherzufahren. Das letztemal fuhren meine Nora und ich in einem Jagdwagen mit Jukkerstuten hier am Ufer entlang … Ich dachte gerade, was für Narren wir doch sind, daß wir all die Schönheit ungesehen dahinschwinden lassen und auf der Jagd nach Dollars, nach Weibern, nach Forellen und nach den zweifelhaften Freuden der Flasche unserem frühen Selbstmord entgegenrasen.» Er seufzte und holte tief Luft. «Wie wir das Leben vergeuden, sträflich vergeuden – ich könnte heulen vor Kummer. Junge, Junge, ich muß mein Leben ändern.»

«Hören Sie bloß auf, Parn.» Maida kicherte wie ein Schulmädel. «Sie reden immer mehr wie Cyrano. Wenn Sie so weitermachen, verliebe ich mich noch unweigerlich in Sie.»

Ich warf einen Blick auf Maida. «Seit wann liest du Rostand?» fragte ich aalglatt. «Wenn ich mir die Bemerkung erlauben darf, sollten wir diesem zauberhaften See lieber den Rücken kehren, bevor wir alle durchdrehen.»

Der Wagen erkletterte mühsam ein Stück steiles Felsufer, die Straße war zwischen hohe Granitwände eingehauen, dann ging es langsam bergab, und das Städtchen Thunder Bay lag vor uns, säuberlich ausgebreitet, wie aus der Vogelschau gesehen, zwischen hohe Kiefern und die glitzernde, heute so friedliche Bucht gedrängt, der es seinen Namen verdankte.

Langsam fuhren wir die Hauptstraße des Ortes entlang, am Touristenparkplatz vorbei, der zur Rechten in einem Kieferngehölz am See versteckt lag, vorbei an der üblichen Reihe von Tankstellen, Läden, an der Post, an zwei Kirchen und – gewissermaßen zum Ausgleich dafür – an einer verblüffenden Anzahl neonerleuchteter Tavernen, den unvermeidlichen Souvenirläden, einem Schönheitssalon und den üblichen Buden. Gegen Ende der langen Straße stand rechts, mit dem Blick auf den See, ein großer weißer, schmucker dreistöckiger Fachwerkbau. Eine Glasveranda lief die gesamte Front und die Hälfte der dem See zugewandten Seite entlang. Das war der Thunder-Bay-Gasthof, in dessen Bar der Inhaber Barney Quill jüngst das Leben lassen mußte. Kurz hinter dem Gasthof hielt ich und stellte den Motor ab.

«Nun, Parn», sagte ich, «wie lautet unser Schlachtplan?»

«Ich schlage vor, Polly, daß du mich vor einer der kleineren Tavernen absetzt – keine Angst, ich trinke nicht – und Maida einem Schönheitssalon zu einer Maniküre oder dergleichen überantwortest. Beide Stellen scheinen mir günstige Ausgangspunkte für unsere Nachforschung zu sein. Dann begibst du dich schnurstracks zum Gasthof. Bald wird sich ohnehin herumgesprochen haben, daß du im Dorf bist, und man wird dich da erwarten. Daher gehst du am besten sofort, dann hast du das hinter dir. Anschließend treffen wir uns alle gegen Mittag im Hotel, schlage ich vor, essen da und tauschen unsere Erkundungen aus. Was hältst du davon?»

Ich nickte. «Klingt nicht übel, Parn.»

«Aber ich brauche doch keine Maniküre», schmollte Maida, «ich mache mir die Nägel selbst.»

Parnell verbeugte sich artig. «Ich will gern zugeben, hochverehrte Dame, daß jegliche Pflege, die diese widerlichen Besitzer von Schönheitsetablissements Ihrer bezaubernden Gestalt zuwenden könnten, Eulen nach Athen tragen hieße», sagte er, «doch bin ich ebenso davon überzeugt, daß Ihr hellwaches Köpfchen, dem nur noch Ihre hinreißende Schönheit die Spitze zu bieten vermag, Ihnen einen einleuchtenden Grund eingeben wird, eine dieser übelriechenden Stätten aufzusuchen.»

«Ich habe Sie gewarnt, Parnell», lachte Maida. «Wenn Sie weiter so mit mir Süßholz raspeln, werden Sie bald ein bis über die Ohren verliebtes Frauenzimmer am Halse haben.»

«Unsinn!» sagte ich ungeduldig und ließ den Wagen an. «Genug mit dem romantischen Gefasel!»

19. Kapitel

Mit einigem Bangen setzte ich Parnell vor der ersten Taverne ab, danach Maida vor dem Schönheitssalon und wünschte beiden Erfolg. Dann fuhr ich zum Hotel zurück, parkte meinen Wagen nahe dem Straßeneingang zur Schankstube – der Tür, durch die Oberleutnant Manion gekommen und gegangen war, als er Barney erschoß – und zündete mir ein Zigarillo an. Nachdem ich tief Luft geholt hatte, drückte ich gegen die Tür.

Sie gab nicht nach. Ich rüttelte und drehte am Knauf; die Tür war verschlossen. Einem maschinengeschriebenen Zettel an der Scheibe entnahm ich, daß das Lokal erst von mittags an geöffnet sei. Ich spähte durchs Fenster; drinnen war es dämmerig und still. Achselzuckend begab ich mich zum Haupteingang des Hotels; vielleicht konnte ich von dort einen Blick in die Bar werfen. Da das Hotel auf einem steilen Sandhügel stand, ragte die Vorderseite sehr viel höher über die Straße auf als die Rückfront, die etwa einen Meter in den Hügel eindrang. Ich erklomm die Stufen zur Glasveranda.

Die Halle war leer, nur eine Gruppe schlafwandlerisch benommener Touristen saß um ein loderndes Feuer im Steinkamin. Ich sah mich rasch um und entdeckte auf einer Tür die Inschrift: *Cocktail-Bar.* Die Tür war unverschlossen, und ich stieg schnell die Stufen hinunter. Biegler, dachte ich, deine Karriere als Detektiv hat offiziell begonnen.

Der morgendlich schale Biergeruch einer ungelüfteten Bar schlug mir entgegen, als ich am Fuß der Treppe haltmachte, um mich an das dämmerige Licht zu gewöhnen. Ich schien allein zu sein. Der Raum war groß und, bis auf eine mit einem Seil abgesperrte runde Tanzfläche in der Mitte, mit Tischen angefüllt, auf denen Stühle standen. Links in der Ecke, zwischen einem Klavier und einem grellbunten Musikautomaten, stand Laura Manions Spielautomat. Daneben und näher zu mir lagen die Waschräume. Langsam betrat ich den Raum. Zu meiner Rechten, etwa neun Meter von der Tür zur Straße, durch die ich soeben hatte eintreten wollen, befand sich die Bar selbst. Ich zuckte zusammen. Handtuch und Glas in der Hand, stand regungslos ein kleiner dunkler Mann hinter der Theke, ein zähes, schlau aussehendes Männchen in einer weißen Schürze, das mich unverwandt musterte.

«Hallo», sagte ich und kam näher. «Ich bin Paul Biegler aus Chippewa, Oberleutnant Manions Rechtsanwalt.»

«Ich weiß», erwiderte er, wandte die Augen ab und putzte emsig weiter sein Glas. «Was kann ich für Sie tun, Mr. Biegler? Ich bin Paquette, der Barmann.»

«Nun», sagte ich lächelnd, «wenn Sie mir eine Flasche Ingwerbier – die Marke ist mir gleichgültig – gebracht haben, sagen Sie mir vielleicht, ob Sie bei der Schießerei dabei waren.»

Flasche und Glas wurden prompt vor mich hingestellt, das Geld wurde einkassiert, und schon war er wieder beim Gläserputzen. «Ich war dabei», sagte er tonlos. «Genau wie's in den Zeitungen gestanden hat.»

«Vielleicht könnten wir uns ein bißchen über die Geschehnisse unterhalten.»

«Vielleicht –», er drehte ein Glas im Licht. «Vielleicht auch nicht.»

Dieses Katz-und-Maus-Spiel, merkte ich, konnte tagelang weitergehen, ein Abenteuer, für das ich weder Zeit noch Lust hatte. Daher beschloß ich, mit diesem Zeitgenossen Makulatur zu reden. Entweder er machte den Mund auf oder nicht; je eher ich wußte, woran ich war, desto besser. Selbst hartnäckiges Schweigen konnte aufschlußreich sein.

«Sehen Sie, Mr. Paquette», sagte ich, «mir persönlich ist es völlig gleichgültig, ob Sie etwas von sich geben oder nicht. Vor Gericht werde ich Sie schon zu fassen kriegen – dort müssen Sie nämlich den Mund auftun, und zwar nicht zu knapp. Aber wir alle ersparen uns vielleicht eine Menge Zeit und unnützen Wirbel, wenn Sie mir helfen, herauszufinden, was ich hier finden will und, wie ich Ihnen verspreche, auch finden werde.»

Das Putzen hörte auf. «Zum Beispiel?» fragte er.

Ich zuckte die Achseln. «Na, um einen Anfang zu machen, beispielsweise: Wo standen Barney und Manny – ich meine Oberleutnant Manion –, als die Schüsse losgingen?»

«Ich habe keine Schüsse losgehen sehen.»

Aus den Zeitungsmeldungen ging dies nicht klar hervor. «Wo waren Sie?» fragte ich.

«Ich stand vorn im Raum, bei ein paar Kunden am Tisch. Wir hatten viel Betrieb gehabt, und Mr. Quill hatte mich abgelöst, damit ich wieder zu Puste kam. In dieser Beziehung war er immer rücksichtsvoll. Langsam wurde die Bar leerer.»

Der immer rücksichtsvolle Mr. Quill, dachte ich bei mir, als plötzlich der Groschen fiel. Der müde Barmann hatte gesagt, er habe vorn im Raum gestanden. Ein armer erschöpfter Barmann war vom mitfühlenden Chef abgelöst worden, damit er ausspannen konnte, und hatte vorn, das heißt im Raum, *gestanden* und sich mit Kunden unterhalten. Gemächlich spürte ich der Fährte nach. «Wer waren die Kunden?» fragte ich.

«Ein Mann namens Pedersen mit seiner Frau und einem Freund aus Iron Bay. Sie hatten einen Ausflug gemacht.»

Ich merkte mir den Namen. «Wo stand denn der Tisch der Pedersens?»

«Da im Raum.»

«Natürlich. Aber *wo* im Raum? Dort beim Spielautomaten? Bei der Treppe? Beim Klavier?» Ich hielt inne, plötzlich überzeugt, daß es keine der erwähnten Stellen war. «Oder stand der Tisch da drüben an der Ausgangstür?»

«Ja», murmelte er.

Wer am Fenster neben der Tür stand, konnte meiner Ansicht nach jeden Gast sehen, der sich ihr von außen näherte. Selbst einen Gast wie Oberleutnant Manion. Doch lassen wir diese Frage jetzt beiseite, dachte ich bei mir, es hat keinen Sinn, diesen Schlaufuchs gleich zu Beginn festzunageln. Aber ein bißchen sollte ich vielleicht doch durchblicken lassen, nur um ihn zu beunruhigen, nur um ihm eine kleine Ahnung zu geben, worauf mein Verdacht fiel.

«Warum haben Sie sich denn nicht hingesetzt», fragte ich leichthin, «als Sie mit den Pedersens ein bißchen plauderten? Stehen denn nicht gewöhnlich vier Stühle um einen Tisch?»

Er warf mir einen Blick zu, antwortete aber ziemlich prompt. «Auf dem vierten Stuhl lag ein Paket», sagte er. Dem triumphierenden Aufblitzen entnahm ich, daß er die Wahrheit gesprochen hatte. Indessen war sein Sieg von kurzer Dauer; so rasch ließ ich nicht locker.

«Hätte der arme ermüdete Barmann sich nicht hinsetzen und das Paket auf den Schoß nehmen können? Erzählen Sie mir nur nicht, daß es ein Amboß war. Oder hätte er sich nicht noch einen Stuhl heranholen können?» Warnend hob ich die Hand. «Erzählen Sie mir nur nicht, daß keiner frei war – es wurde bereits leerer, Sie erinnern sich doch?»

Diesmal hatte ich ihn am Wickel. Finster dreinblickend, preßte er die Lippen aufeinander und schaute furchtsam zur Treppe hinüber.

«Aber vielleicht», fuhr ich fort, «machen Sie's wie der Postbote, der im Urlaub auf Berge klettert – vielleicht stehen Sie am liebsten auf Ihren zwei Füßen?»

Wie die meisten Menschen, konnte Mr. Paquette fast alles vertragen, nur keinen Spott. «Worauf wollen Sie hinaus?» fragte er ärgerlich. «Ob ich saß oder stand – spielt das eine Rolle, verdammt noch mal?»

Kleiner Kläffer, dachte ich. Aber ich hatte nicht vor, meine Gedanken zu verraten, vorläufig wenigstens noch nicht, und konnte ohnehin sicher sei, daß er jetzt wußte, daß ich Bescheid wußte. Vielleicht flößte ihm das mehr Respekt vor der Wahrheit ein. «Nur keine unnötige Aufregung», sagte ich. «Barney Quill war jedenfalls allein hinter der Bar, als Oberleutnant Manion hereinkam, nicht wahr?»

«Hab ich Ihnen doch schon gesagt!»

«Stand er oder saß er?»

«Er stand. Er stand immer, wenn er die Bar bediente.»

Ich erwog meine nächste Frage. «Wie lange löste er Sie ab, als er allein hinter der Bar stand?»

«Na, 'ne knappe Stunde, würde ich sagen.»

Der müde kleine Posten hatte also fast eine Stunde an der Tür Wache gestanden! «Und *wann* hatte er Sie abgelöst?»

«Gegen Mitternacht vielleicht.»

«Und wann ging die Schießerei los?»

«Punkt zwölf Uhr sechsundvierzig.»

«Woher wissen Sie das?»

«Beim ersten Schuß fuhr ich herum und sah auf die Uhr.»

Ob er erstaunt gewesen war, daß der falsche Mann fiel? Die Uhr hing an der Wand hinter der Bar. «Dann müssen Sie auch einige der anderen Schüsse gesehen haben, nicht wahr, Mr. Paquette?»

Er zündete sich eine Zigarette an, seine Hand schien unmerklich zu zittern.

«Ich sah Oberleutnant Manion auf dem Bargeländer stehen, sich vorlehnen und auf etwas hinter der Bar zielen.»

Schon früh hatte ich gelernt, daß diese hübsche Art peinlicher Genauigkeit bei einem Zeugen nicht selten darauf schließen ließ, daß er feindlich gesinnt war oder log. «Na, na! Dieses Etwas war natürlich Barney Quill, nicht wahr?»

«Nun ja. Jedenfalls stellte sich heraus, daß er es war.»

«Und wo stand der Oberleutnant an der Bar?»

Er bezeichnete die Stelle. «Gegen die Mitte zu, da, zwischen den beiden Geländerstangen. Es war der einzige freie Platz; die Bar war besetzt. Barney hatte gerade eine neue Runde bezahlt. Er war immer freigebig damit. Der Oberleutnant drehte sich um und verschwand fast in dem Augenblick, als ich herumfuhr. Ich lief ihm durch die Tür nach – die Tür, durch die Sie vorhin hereinwollten.»

«Oh! Sie haben mich also draußen gesehen. Was geschah dann?»

«Als ich draußen war, flog er herum und schrie mir ins Gesicht: ‹Willst du auch 'ne Ladung, Buster?›»

Ich zuckte innerlich zusammen, fragte aber tapfer weiter. «Was taten Sie?»

«Ich sagte: ‹Nein, Sir› und rannte in die Bar zurück.»

Das war für uns noch schlimmer als der Zeitungsbericht. Diese Kampfeswut auf seiten des Oberleutnants war weitaus weniger als «kaum vereinbar» mit dem von uns in Aussicht genommenen Bild eines Mannes, dem Schrecken und Schmerz den Verstand geraubt hatten. Aber ich durfte nicht verzweifeln ... «Buster ist natürlich nicht Ihr Name?» fuhr ich fort.

«Nein, ich heiße Alphonse mit Vornamen. Meist werde ich Al oder Phonse gerufen.»

Daß die Leute immer so fürchterlich originell sein müssen, dachte ich. «Lebte Barney da noch?»

«Nein, anscheinend war er auf der Stelle tot. Von sechs Schüssen trafen fünf. Er hatte keine Chance mehr.»

«Sie meinen, selbst zu schießen.»

Rasch sagte er: «Ich meine, am Leben zu bleiben.»

«Wissen Sie, ob einer von den beiden gesprochen hat?»

«Ich selbst habe nichts gehört, aber später erfuhr ich, daß Barney ‹Guten Abend, Herr Oberleutnant› gesagt hat.»

«Und Manion – hat ihn jemand sprechen hören?»

«Nein. Anscheinend sagte er kein Wort, obgleich mehrere Personen später behauptet haben, sie hätten ihn angesprochen, auch eine unserer Kellnerinnen.»

«Wie heißt die?»

«Fern Rundquist.»

Das war keine schlechte Nachricht. Mein armer angeschlagener Mandant sah und hörte nichts. Mit der Verteidigung ging es hinauf und hinunter, dann stand sie still ...
«Sind Sie zu Barney hingegangen?» fragte ich.

«Ja.»

«Haben Sie seine Leiche untersucht?»

«Ja, aber erst, nachdem ich die Bar aufgeräumt und abgeschlossen hatte.»

«Um wieviel Uhr war das?»

«Gegen ein Uhr. Ich brauchte niemand rauszuschmeißen, die meisten flüchteten sofort nach der Schießerei.»

«So daß Sie schließlich mit der Leiche allein waren?»

«J-ja. Irgend jemand mußte doch auf die Polizei warten.»

«Wer hat die benachrichtigt?»

«Ich.»

«Wann?»

Er zögerte einen Augenblick. «Das steht alles in der Akte, wissen Sie», sagte ich. «Wenn Sie's mir nicht sagen, erfahre ich es von der Polizei.»

«Ich dachte gerade nach», entgegnete er. «Gegen ein Uhr fünfzehn, würde ich sagen.»

«Meine Güte! Warum haben Sie denn so lange damit gewartet, Mr. Paquette?»

«Ach, bei der Aufregung und alldem – ich – ich – hab's wahrscheinlich einfach vergessen.»

«Hm! Ihr Chef wird um zwölf Uhr sechsundvierzig niedergeknallt – *das* vergessen Sie in all Ihrer Aufregung nicht –, und dann fällt Ihnen eine halbe Stunde später ein, daß man vielleicht die Polizei benachrichtigen könnte. Auf den Gedanken waren Sie vorher gar nicht gekommen, stimmt's?»

«Genau», knurrte er.

Ich schlürfte mein Ingwerbier und zündete mir ein frisches Zigarillo an. Alphonse Paquette widmete sich wieder dem Gläserputzen. Ich stellte fest, daß es dasselbe Glas war, das er bereits hinlänglich poliert hatte. Der Mann, schloß ich, weiß vermutlich viel mehr, als er irgend jemandem verraten hat oder vielleicht jemals zu sagen gedenkt. Und doch zeichneten sich trotz seiner Verschwiegenheit bereits gewisse Mutmaßungen ab. Ich war jetzt überzeugt, daß Barney Quill den Oberleutnant erwartet hatte; daß er seinen Barmann absichtlich abgelöst hatte, nicht nur, damit dieser ihm bei dem bevorstehenden Klamauk nicht im Wege stand, sondern damit er ihn warnen und er, Barney, rechtzeitig hinter die Bar, seine Festung, flüchten konnte. Mit den die Theke umstehenden Gästen, denen er eine Runde spendierte, hatte er sich mit einem weiteren Schutzwall ahnungsloser Menschen umgeben – nur der Platz der Kellnerinnen, den Bargäste stets freilassen müssen, bildete eine Lücke. Daß dieser einzige freie Platz Barneys Achillesferse werden sollte, warf auf die Tragödie ein ironisches Licht. Ich war jetzt außerdem überzeugt, daß er bewaffnet gewesen war – warum sollte er sonst so lange hier gewartet haben?

«Wann traf die Polizei ein?»

«Kurz nach zwei Uhr – die Entfernung, die gewundenen Straßen, Sie wissen ja.»

«Ja, ich weiß.» Ich machte eine Pause. «Dann waren Sie also mit der Leiche über eine Stunde allein?»

«Freilich. Irgend jemand mußte ja in den sauren Apfel beißen und warten.» Noch immer mühte er sich mit demselben polierten Glas ab, und ich fürchtete langsam, es würde sich in seinen Händen auflösen.

«Das haben Sie mir eben schon gesagt.» Ich machte eine neue Pause. «Würde es Ihnen sehr viel ausmachen, Mr. Paquette, wenn Sie das Glas hinstellten? Sie sind jetzt bald eine halbe Stunde damit beschäftigt. Ich sehe nämlich den Leuten, mit denen ich rede, gern ins Gesicht, was vielleicht eine altmodische Manier von mir ist.»

Er stellte das Glas hin und schaute mich mit unverhohlener Feindseligkeit an. «Ich sehe Sie an, Mister», sagte er. «Schießen Sie los.»

«Gut. Und während dieser einstündigen einsamen Totenwache haben Sie die Schußwaffen hinter der Bar weggeräumt und fortgeschafft?»

Seine Augen bohrten sich standhaft in die meinen. Doch schien in dem Blick mürrischer Feindseligkeit nun plötzlich auch Furcht aufzuflackern. «Was für Pistolen?» fragte er gleichmütig und versuchte, beherrscht zu bleiben. «Ich weiß nicht, wovon Sie reden. Wer spricht denn von Pistolen? Wenn Sie glauben, Sie können mich auf Anwaltsmanier aufs Glatteis locken, so gehen Sie lieber Ihrer Wege. Ich habe nämlich was anderes zu tun.»

«Sie scheinen bereits auf meinem Glatteis ausgerutscht zu sein, alter Freund. Ich sagte Schußwaffen und nicht Pistolen. Was haben Sie mit den Pistolen gemacht?»

Er war plötzlich blaß und gespannt. «Hatten Sie etwa ein Gewehr erwartet?» entgegnete er.

«Wie soll ich das wissen? *Sie* haben Pistolen gesagt – nicht ich. Merken Sie sich das lieber für die Verhandlung. Damit Sie nicht noch mal aufs Glatteis geraten.»

«Ist das alles?» fragte er kaltschnäuzig. «Alles, was Sie von mir wissen wollten?»

«Kaum. Aber vielleicht gehen wir auf etwas anderes über – auf ein weniger heikles Thema. War Barney während des Abends fort gewesen?»

«Ja», sagte er mißmutig.

«Wann?»

«Gegen elf Uhr, kurz bevor Mrs. Manion wegging.»

«Wann haben Sie ihn danach wiedergesehen?»

«Gegen Mitternacht, kurz bevor er mich ablöste.»

«Durch welche Tür kam er herein – von der Straße oder über die Hoteltreppe?» Ich wartete eine Sekunde ab. «Denken Sie daran, daß auch andere das wissen.»

Unsicher antwortete er: «Über die Hoteltreppe.»

So weit, so gut; das hatte Barney wohl Zeit und Gelegenheit gegeben, sich umzuziehen, sich zu säubern und – ach ja! – Laura Manions Schlüpfer zu beseitigen.

«Hatte er sich umgezogen?» fragte ich. Als keine Antwort kam, wiederholte ich meine Frage. Noch immer schwieg er. «Muß ich bei jeder Frage von neuem daran erinnern, daß ich von anderen erfahren kann, was Sie mir nicht sagen wollen?»

«Warum fragen Sie dann nicht die anderen?» sagte er hitzig. «Warum hacken Sie die ganze Zeit auf mir herum?»

«Man spricht immer nur mit einem Zeugen auf einmal», erklärte ich. «Im Augenblick sind Sie an der Reihe.» Ich zuckte die Achseln. «Aber wenn Sie nicht wollen ...» Ich tat, als wollte ich gehen. «Vielleicht ist es Ihnen lieber, wenn ich vor Gericht erkläre, Sie hätten sich geweigert, diese lächerliche kleine Frage zu beantworten?»

Fast spie er mir die Antwort ins Gesicht. «Er hatte sein weißes Hemd ausgezogen und ein Trikothemd übergestreift. Das – tat er manchmal. Es war eine heiße Nacht. Ob er sich noch weiter umgezogen hat, weiß ich nicht. Ich war Mr. Quills Barmann, nicht sein Kammerdiener.»

«Vielleicht, daß er sich im Sporthemd besser bewegen konnte, wenn er ein Glas hob – oder auch ein Gewehr?» fragte ich freundlich. «Waren Sie nicht erstaunt, als Sie herumfuhren und immer noch den Oberleutnant dastehen sahen, Barney aber nicht mehr? Und als Sie herumfuhren, wollten Sie da vielleicht feststellen, wieviel Uhr es war, damit Sie später aussagen konnten – für Barney natürlich?»

Er lächelte frostig, und ich merkte sofort, daß er mir mürrisch lieber war. «Wie wär's», entgegnete er langsam, «wenn Sie das bei den anderen nachzuprüfen versuchten?»

Er hatte gut gezielt; außerdem sah ich ein, daß ich von ihm wenig oder nichts erfahren konnte, was andere mir nicht bestätigen konnten. «Auf jeden Fall», sagte ich, «kommt Barney im Sporthemd herunter und löst Sie sofort an der Bar ab.»

«Richtig. Das hat jeder gesehen.» Fast schien es, als entschuldige er sich bei mir – oder vor sich selbst –, daß er etwas zugab, was der Verteidigung von Nutzen sein könnte. Die Sache wurde interessant; interessant und anregend. Dabei ernst. Warum benahm der kleine Mann sich so ausweichend und feindselig?

«Hat Barney Sie regelmäßig hinter der Bar abgelöst?»

Seine Augen flatterten. «Gelegentlich.»

«Wie oft hat er Sie, sagen wir, in den letzten zwei Wochen vor der Schießerei abgelöst? Auch das kann nachgeprüft werden, vergessen Sie das nicht. Nebenbei, ich verspreche Ihnen, dies nicht mehr zu sagen, wenn Sie mir versprechen, stets daran zu denken.»

«Während dieser Zeit hat er mich zufällig nicht abgelöst. Sonst allerdings häufig.»

«Im letzten Monat also?» fragte ich.

«Das weiß ich nicht mehr.»

«Ich glaube nicht, daß das Gericht mit dieser Antwort zufrieden sein wird. Sie kämen in Verdacht, ausweichen zu wollen, und für einen so offenen und ehrlichen Menschen wie Sie wäre das doch schade. Vielleicht versuchen Sie's noch mal.»

«Er hat mich nicht abgelöst.»

Trotz auffallender Lücken sah ich nun schon etwas klarer. «Na also», warf ich hin. «Barney hat Sie zufällig an demselben Abend hinter der Bar abgelöst, an dem er *zufällig* Laura Manion geschändet und verprügelt hat.» Es war an der Zeit, die Dinge beim Namen zu nennen. «Schauen Sie, Freundchen: Hat er Ihnen nicht in Wirklichkeit gesagt, Sie sollen sich mal kurz von der Bar wegscheren, damit Sie keinen auf den Pelz gebrannt bekämen? Und standen Sie nicht auf seinen Befehl nahezu eine Stunde da am Fenster, damit Sie den Oberleutnant kommen sahen und Barney warnen konnten?»

«Wer hat denn behauptet, Barney habe sie geschändet?» fragte er.

«Zweifeln Sie daran?» fragte ich.

«Ich war nicht dabei.»

«Ich weiß, daß Sie nicht dabei waren, alter Freund. Ich habe Sie auch nur gefragt, ob Sie daran zweifeln, daß er sie geschändet hat.» Er hatte eine unauffällig verschlagene Art, vom Thema abzulenken.

Herausfordernd entgegnete er: «Jawohl, ich bezweifle es. Wenn er sie verführt hat, was ich auch bezweifle, dann mit ihrer Zustimmung. Jeder konnte sehen, daß sie ein Flittchen ist.»

Mit diesem gewinnenden Vertreter würden wir vor Gericht noch unsere helle Freude erleben, das war mir klar. «Ich verstehe», sagte ich. «Vor einer Sekunde konnten Sie mir nicht sagen, ob er sie geschändet hat, weil Sie nicht dabei waren, aber jetzt haben Sie plötzlich, obwohl Sie immer noch nicht dabei waren, alle Antworten für das, was geschehen ist, parat. Stimmt das?» Ich hielt inne und überlegte, ob ich es riskieren sollte, dem Mann weiter zu Leibe zu rücken und ihn dadurch völlig zu verschnupfen, oder ob ich vorsichtig vorgehen sollte, um damit soviel wie möglich aus ihm herauszubekommen. Ich beschloß, das Risiko zu laufen und kurzen Prozeß zu machen.

«Mr. Paquette», sagte ich, «ich kann mir denken, daß Sie auf alle diese peinlichen Fragen keinen gesteigerten Wert legen, was ich Ihnen gar nicht übelnehme. Ich verstehe auch, daß Sie ernstlich auf mich böse sind. Aber wo gehobelt wird, da fallen Späne, und zufällig hängt die Freiheit und die gesamte Zukunft eines Mannes von diesem Prozeß ab. Zufällig können Sie einige Fragen beantworten. Ich habe mir in den Kopf gesetzt, diese Antworten zu bekommen, aber Sie, Freundchen, machen nicht richtig mit, ja, Sie sind weit davon entfernt, es zu tun. Und wenn ich sehe, daß ich mit Ihnen nicht klarkomme, verspreche ich Ihnen, daß die Geschworenen Sie dazu bringen werden. Was Sie bisher von mir hinnehmen mußten – so unangenehm es Sie auch berühren mochte –, ist nichts im Vergleich zu dem, was Sie von mir vor Gericht erleben werden, wenn Sie noch weiter Sperenzchen machen. Sie werden entweder als Vollidiot oder als Lügner dastehen, vielleicht auch als beides. Ich werde Ihnen schon die Hölle heiß machen, darauf können Sie sich verlassen.»

Er wurde puterrot vor Zorn und trat rasch einen Schritt zurück. «Soll das eine Drohung sein?» Eine Sekunde lang dachte ich, er würde zuschlagen. Die Sekunde ging jedoch vorüber.

«Nein, keine Drohung», erwiderte ich, «sondern ein Versprechen. Ich möchte es eher einen Vorgeschmack dessen nennen, was Sie erwartet, wenn Sie nicht versuchen, die Wahrheit zu sagen. Und zwar schleunigst. Die Wahrheit ist so einfach, Mr. Paquette; da gibt's nichts zu fackeln, keine Ausflüchte, keine Märchen, keine Verschleierungen, keine Halbwahrheiten, um sich zu drücken. Nur die schlichte Wahrheit. Ich empfehle Ihnen, den Versuch mal zu machen. Und warum nicht gleich?»

«Sie meinen, alles, was ich bis jetzt gesagt habe, sei gelogen?» fragte er.

«Natürlich nicht. Aber Sie weichen mir aus, Sie sagen nicht die ganze Wahrheit. Halten Sie mich für so dumm, alter Freund? Ich bin schon mit ganz anderen Leuten fertig geworden. Und wenn Sie auch fix sind und sicherlich dazulernen, so können Sie mich doch noch nicht ins Bockshorn jagen.»

«Was meinen Sie damit?» fragte er.

«Sie sind nur ehrlich in den Dingen, von denen Sie wissen, daß ich sie bereits kenne oder daß andere sie ohnehin aussagen werden. Und Sie drücken sich unentwegt. Vor einer Weile habe ich Sie gefragt, ob es nicht zuträfe, daß Barney Sie gar nicht abgelöst, sondern von der Bar weggeschickt habe, damit Sie aus dem Wege wären, wenn das Feuerwerk losging, und damit Sie ihn warnen könnten. Sie haben nicht einmal zu einer Antwort angesetzt. Dachten Sie, ich vergäße die Frage oder sie erledigte sich von selbst?»

Alphonse Paquette blinzelte bedächtig. Offensichtlich hatte ich ihn nachdenklich gestimmt, er schien etwas zu überlegen, das Für und Wider von Umständen zu erwägen, von denen ich nichts wußte. Ich fragte mich, wo seine Position sei. Daß er mit etwas hinter dem Berg hielt, davon war ich überzeugt, aber warum? Warum diese Treue, dieses Verlangen, etwas zu verbergen oder jemanden zu decken? Hatte der rücksichtsvolle Mr. Barney ihm so viel bedeutet? Und wenn, was konnte für ihn dabei herauskommen? Wer zwang ihn zum Schweigen und weshalb?

«Sie haben mir noch immer nicht geantwortet», sagte ich.

Er seufzte und schüttelte den Kopf. «Er hat mich nicht fortgeschickt», sagte er fast verbissen. «Er löste mich ab, wie ich Ihnen gesagt habe. Ich hielt nicht nach Oberleutnant Manion Ausschau.»

Ich fühlte, daß ich ihn fast soweit gehabt hatte. «Gut, mein Lieber, Sie wollen es nicht anders. Aber vergessen Sie nicht, daß ich Sie gewarnt habe. Und ich will Ihnen ruhig sagen, daß Sie nach Noten lügen. Das merkt jedes Kind.»

«Es ist die Wahrheit, glauben Sie mir», sagte er verdrossen, fast resigniert. Ärger und Trotz waren vorüber – vorüber oder verborgen; er wartete nur noch darauf, daß ich ging.

Ich beschloß, ihm den Wunsch teilweise zu erfüllen, mich vorübergehend zu verziehen und den Waschraum zu besichtigen. «Entschuldigen Sie mich», sagte ich. «Ich muß mal verschwinden und hoffe, ich sehe Sie noch, wenn ich zurückkomme.»

20. Kapitel

Ich war einigermaßen erstaunt, daß er noch da war, als ich wiederkam, und verlor keine Zeit mit langweiligen Fragen. «Wie lange haben Sie für Barney gearbeitet?» begann ich. «Munter, Freundchen! Auch das ist eine Frage, die Sie ohne weiteres wahrheitsgetreu beantworten können. Ich kann sie nachprüfen, und es tut niemandem weh, wenn Sie sie mir beantworten.»

Tonlos warf er hin: «Achtzehn Monate.»

«Kannten Sie ihn schon vorher?»

«Nein. Ich bin zufällig reingeschneit. Er brauchte einen Barmann, und ich bekam die Stellung.»

«Und wer ist jetzt Ihr Chef?»

Nach einer Pause: «Ich weiß noch nicht.»

«Los, los. Irgend jemand muß das Lokal doch führen. Wer ist das? Oder sind Sie vielleicht der neue Chef?»

«Eine Frau.»

Plötzlich ging mir ein Licht auf. Natürlich, eine Frau – ein Weibsbild mußte ja dabeisein. Warum war ich nicht gleich darauf gekommen? Nun, man konnte nicht an alles denken – und während der Angelsaison kamen mir Frauen sowieso kaum in den Sinn ... «Und wer ist diese Frau?» fragte ich.

«Mary Pilant. Sie ist oben. Sie führt das Hotel. Sie – sie war Barneys Empfangsdame.»

Bei dem Wort «Empfangsdame» zögerte er kaum merklich. Das gab mir zu denken. «Wird sie – wird sie die neue Besitzerin?»

«Woher soll ich das wissen?» sagte er. «Ich bin nur ein simpler Barmann, wie Sie sehen. Mein Platz ist hier. Warum fragen Sie sie nicht selbst?»

«So simpel auch wieder nicht. Aber lassen wir das; das kann ich jederzeit woanders erfahren.»

«So?» Er machte ein erstauntes Gesicht. «Wie denn?»

«Indem ich in den Akten des Nachlaßgerichts oder im Handelsregister von Iron Bay nachschlage. Oder aber, indem ich bei der Alkoholkontrollbehörde in Lansing telegrafisch anfrage, ob eine Übertragung Ihrer Schankkonzession beantragt wurde. Wir leben in einem Zeitalter des Papierkrieges, wissen Sie; man kann noch nicht einmal sterben, ohne daß irgendein Notar seinen Stempel auf den Leichnam drückt. Aber ist es nicht eine Schande, daß Sie mir all die unnötige Arbeit aufhalsen?» Ich hielt inne. «Kommen Sie, Alphonse, gehört ihr der Laden? Ersticken Sie doch nicht die zarte Blüte unserer Freundschaft dadurch, daß Sie in mir den Verdacht erregen, Sie hielten hinterm Berg.»

«Barney hat ein Testament hinterlassen», sagte er resigniert. «Ich glaube, er hat alles Mary – Miss Pilant hinterlassen. Das heißt, ich weiß es. Es muß zwar noch vors Gericht und so weiter, aber ich nehme an, daß sie alles bekommt.» Er breitete seine dünnen, geschmeidigen Hände aus, als wolle er den ganzen Komplex umarmen. «*Alles.*»

«War diese Mary bei der Schießerei zugegen?»

«Nein.»

«Hm ...! Wo war sie?»

Er senkte den Blick. «Ich weiß es wirklich nicht», antwortete er; ich nahm mir vor, dies gelegentlich nachzuprüfen.

Plötzlich kam mir ein Gedanke. «Sind Sie vielleicht einer der Zeugen dieses Testamentes?»

Verblüfft sah er auf. «Woher wissen Sie das?»

Ich lachte. «Ich habe gelebt, Alphonse, lange genug gelebt. Und wann hat Barney das Testament gemacht, das Sie unterschrieben haben, Alphonse? Oder möchten Sie lieber, daß ich das selbst feststelle?»

«Etwa drei Wochen bevor – bevor er ermordet wurde.»

«War Barney verheiratet?»

«Verheiratet und geschieden. Ist aber lange her. Drunten in Wisconsin.»

«Hat er Eltern?»

«Sind beide tot.»

«Kinder?»

Er lächelte flüchtig, ein Lächeln, das ich auf Eis legte. So einer war Barney also gewesen ... «Ich glaube, eine Tochter war da», sagte er.

«Sind sonst noch Verwandte zurückgeblieben, und ist einer von ihnen bei der Beerdigung aufgetaucht?»

«Er wurde in Wisconsin begraben.»

«Sehr gut, aber meine Frage lautete anders», warf ich hin. «Wie steht's mit den Verwandten?»

Er blickte nervös zur Treppe hinüber. «Neben der geschiedenen Frau und der Tochter kann noch eine verheiratete Schwester existieren. Darüber weiß ich nichts.» Er scharrte unruhig hin und her; merkwürdigerweise schien das Thema ihn stärker zu beunruhigen als die Schießerei.

Ich machte eine Pause und zündete mir, während ich über den raschen Wechsel der Sachlage nachdachte, ein neues Zigarillo an. Die Handlung wurde immer dickflüssiger, wie hausgemachte Erbsensuppe. Hätte Barney kein Testament hinterlassen, bekäme seine Tochter alles, das stand gesetzlich fest; sie wäre die einzige Erbin. Ließ er keine Ehefrau zurück und vermachte alles einer Fremden, dann bekam die Fremde alles und die Tochter nichts; auch darüber bestand kein Zweifel. Gelang es aber einer Verwandten oder einem Vormund, das Testament zu beanstanden oder gar hinfällig zu machen – wegen Zwangs, unzulässiger Beeinflussung, Betrugs, Trunksucht, geistiger Unfähigkeit oder dergleichen –, dann war das Testament ungültig, und die Tochter bekam alles. Der Einsatz war freilich hoch genug – hier ging es um ein florierendes und gut geführtes Sommerhotel in einem beliebten Badeort. Bei jeder Testamentsstreitigkeit hielt der Testamentszeuge wichtige – und *wertvolle* – Trümpfe in der Hand. Etwas dämmerte in meinem Gehirn.

«Wer war der andere Zeuge bei dem Testament?» fragte ich.

«Der Nachtportier oben.»

Das Ganze war fast zu schön, um wahr zu sein; Mary Pilant und ihre treuen Angestellten blieben am Drücker. Ich beschloß, meine immer stärker werdende Vermutung über die Ursache – oder eine der Ursachen –, aus der das alles geheimgehalten wurde, auf die Probe zu stellen. Sollte es die Furcht sein, jemand könne das Testament anzweifeln?

«Wie stand's mit Barneys Trinken?»

Er hob die Hände. «Er trank ein bißchen. Die meisten Leute im Schankgewerbe können kaum anders.»

«Das leuchtet mir ein. Wie etwa Besitzer von Schokoladengeschäften den ganzen Tag Schokolade kauen. Aber am Tag der Schießerei – wieviel hat er da getrunken?»

«Ungefähr soviel wie sonst. Eigentlich trank er jeden Tag ungefähr das gleiche Quantum.»

«Sehen Sie, mein Lieber, das könnte man von jemand, der täglich einen Schoppen trinkt, genauso sagen wie von ausgemachten Säufern. Die Frage ist: *Wie viel* hat er getrunken?»

«Wenn Sie glauben, daß er betrunken war, irren Sie sich. Er hatte sein übliches Quantum getrunken.»

Ich fragte geduldig: «Wieviel war das etwa?»

«Ach, ein paar Glas, so ungefähr.»

«Mann Gottes, machen Sie mir doch nichts weis – allein mit Laura Manion hatte er schon mehr getrunken. Was hat er denn die ganze Stunde hinter der Bar getan, als er Runden ausgab – etwa Brause gekippt? Aber lassen wir das im Augenblick beiseite, und beschäftigen wir uns mit der interessanten Dame namens Mary – wie stand die zu Barney?»

Er lächelte kurz, vielsagend. «Warum gehen Sie nicht rauf und fragen sie? Sie ist sehr umgänglich. Ich habe Ihnen bereits erklärt, daß sie seine Empfangsdame war.» Er warf einen raschen Blick auf die Uhr über der Bar. «Entschuldigen Sie mich, ich muß die Tür zur Straße aufschließen.» Er seufzte. «Die Touristen werden bald aufkreuzen.»

Es war elf Uhr dreißig, und auf dem Schild an der Tür stand zwölf Uhr. Wollte mein nervöser Freund den Touristenschwarm nur hereinlassen, um damit eine willkommene Ablenkung zu finden? Ich beschloß, ihm das durchgehen zu lassen.

Statt die Außentür aufzuschließen, lief Alphonse Paquette jedoch rasch die Treppe zum Hotel hinauf, sicherlich, um die künftige Erbin, Mary Pilant, zu warnen, daß der niederträchtige und naseweise Paul Biegler in der Nähe sei. So fand ich mich allein in dem leeren Barraum; plötzlich regte sich in mir ein vereitelter Drang nach Malz, ein verjährter Säuferinstinkt, den Generationen handfester Branntweinbrenner, Brauer und Kneipenbesitzer meiner Seele eingeimpft haben mußten – und schon ertappte ich mich dabei, daß ich, wie von einem Magnet gezogen, hinter die Bar schlich. «Hm ...!» machte ich und blieb stehen.

Auf dem Fußboden in der Mitte der Bar war ein dunkler Fleck zu sehen, vermutlich die Stelle, wo Barney zusammengebrochen war. Sorgfältig untersuchte ich die Bar an diesem Punkt. Dann kniete ich nieder und betrachtete die Sache aus dieser Stellung heraus. «Hm ...!» Etwa fünfzehn Zentimeter unter der Theke, in der Nähe des Servierstands und außer Sichtweite für jeden, der davorstand, entdeckte ich ein schmales hölzernes Bord, etwa einen Meter zwanzig lang. Ich stieß einen leisen Pfiff aus und betrachtete die Lade näher. Sie war aus billigerem Holz gemacht als die Bar und später eingebaut worden, keine solide Handwerksarbeit, eher von einem Amateur gebastelt. Wozu das Fach wohl diente? Zur Zeit enthielt es eine kunterbunte Sammlung von Salz-, Pfeffer- und Senffässern. Es konnte genausogut, das sah ich deutlich, ein kleines Arsenal von Schußwaffen, ja sogar einen Karabiner, eine kurze Flinte oder ein paar Pistolen geborgen haben.

Ich drehte mich mit dem Rücken zur Bar und betrachtete den Spiegel und das Flaschenregal. Der Spiegel schien unbeschädigt. Auf Zehenspitzen beugte ich mich über die aufgereihten Flaschen. Am unteren Ende des Spiegels, etwa auf der Höhe – jawohl – des Herzens, war ein sauberes kleines ausgesplittertes Loch zu sehen. Sollte es durch einen Schuß meines Mandanten entstanden sein, so mußte dabei mindestens eine Flasche zerplatzt sein. Als ich wieder hinter der Bar hervortrat, kam ich mir wie Sherlock Holmes vor; ich hätte in diesem Augenblick gern eine gekrümmte Shagpfeife und eine jener vorn und hinten aufgekrempelten Jagdmützen gehabt. Dazu eine karierte Reitweste. Es rüttelte an der verriegelten Tür. Ich hörte leises Fluchen.

Anscheinend hatten der Barmann und sein neuer Chef ein ausgedehntes Palaver miteinander. Es mußte außerdem sehr dringlich sein, wenn sie mich mit diesem Überfluß an Getränken allein ließen. Ich war gerührt und geehrt, daß sie mir auf diese Weise meine Ehrlichkeit und Nüchternheit bescheinigten. Der durstige Türrüttler hatte den Kampf aufgegeben und den Rückzug angetreten, aber ich tröstete mich mit dem Gedanken, daß er es bis zur nächsten Oase nicht weit habe.

Ich ging auf die Tür zu und blieb an dem Tisch in der

Nähe des Fensters stehen, wo der Barmann sich, wie er sagte, «ausgeruht» hatte. Da mir eine Markise draußen die Sicht versperrte, bückte ich mich, bis ich etwa aus der Augenhöhe Paquettes um mich blickte, der kleiner war als ich. Jetzt sah ich gut, sowohl nach draußen als auch – ich wandte mich leicht um – auf die Bar; die Stelle konnte als Ausguck nicht besser gewählt sein. An der Wand, zwischen der Tür und der Bar, hing eine Tafel, auf der verschiedene Ankündigungen, Wettspielergebnisse, Zeitungsausschnitte, Fotos und dergleichen angeschlagen waren. Ich trat rasch darauf zu und setzte meine Brille auf.

Dabei fiel mir Max Battisfore, der Sheriff von Iron Cliffs, ein. Denn dieses Brett schien eine Gedenktafel zu sein, die Barney Quill seinem Freunde Barney Quill gewidmet hatte. Sie diente ausschließlich zur Verherrlichung seiner Leistungen als Fischer, Jäger, Scharfschütze, dann, in zweiter Linie, als Kegler, Skiabfahrtsläufer und Sieger in Regatten mit Außenbordmotorbooten. Barney Quills Rekorde und Ruhmestaten nahmen kein Ende ...

«Das war 'n Kerl, wie?» sagte eine Stimme hinter mir. Überrascht fuhr ich herum. Alphonse Paquette, der Barmann, war zurückgekehrt.

«Was für schöne weiche Schuhe du trägst, Großmutter», sagte ich.

Er lächelte flüchtig. «Die brauche ich wegen meiner Ballen. Wo ich mir den ganzen Tag hinter der verdammten Bar die Füße in den Leib trete.»

«Und wo Sie am Fenster stehen und die Aussicht genießen, wenn Sie das nicht tun. Haben Sie sich mit Mary Pilant über mich ausgesprochen?» fragte ich lächelnd.

«Höchst zufriedenstellend und sachlich. Sie hat gesagt, ich solle den Mund halten. Keine Fragen mehr und keine Antworten. Befehl von der Dame – und die ist der Chef.»

Vielleicht kommt Mary Pilant doch ein bißchen spät damit, dachte ich. Ich hätte gern gewußt, was für ein Typ sie war. Vermutlich eine perlenbehängte Person mit Goldzähnen und einer tiefen Stimme; eine jener Damen, die wildfremde Gäste nach fünf Minuten «Goldschatz» und «Herzchen» nennen. Die Vorstellung gefiel mir nicht sonderlich, vielleicht konnte ich Parnell auf sie hetzen.

«Na schön», sagte ich, «da Sie nicht reden dürfen oder wollen, kann ich ja eigentlich gehen. Es ist ohnehin Essenszeit. Wenn ein reisender Anwalt nicht reden darf, ist er schlecht daran; er kann nicht gut den Mund aufmachen, ohne Fragen zu stellen.»

«Das habe ich bemerkt.»

Etwas auf dem Anschlagbrett war mir aufgefallen, hatte mich verwundert. «Nur eine Frage noch, eine leichte, harmlose, kleine Frage», sagte ich.

«Versprechen Sie mir, mich dann zu verschonen und zu gehen? Ich habe nämlich noch mehr zu tun.»

«Auf meine Pfadfinderehre. Nur kann ich nicht versprechen, daß ich nicht wiederkomme.»

Er schüttelte den Kopf und seufzte. «Also raus mit Ihrer verdammten Frage. Anwälte können einem wirklich den Nerv töten.»

«Seit ich mich aus dem öffentlichen Leben zurückgezogen habe, ist mir kein hübscheres Kompliment zuteil geworden», sagte ich. «Danke, Alphonse.» Ich deutete auf ein großes, ungerahmtes glänzendes Foto auf dem Brett. Es zeigte ein Paar am Strand. Der Mann, mit welligem, an den Schläfen ergrautem Haar – nach den anderen Aufnahmen zu schließen, fraglos Barney Quill –, lächelte auf seine Begleiterin hinunter, eine fabelhaft aussehende brünette Person, die ernst in die Linse blickte. Sie bildeten ein auffallend schmuckes Paar; wäre der Altersunterschied nicht so groß gewesen – meiner Schätzung nach konnte der Mann leicht ihr Vater sein –, ich hätte sie für ein Ehe- oder Liebespaar gehalten. Sollte diese zerbrechliche junge Frau die durchtriebene Mary Pilant sein?

«Sind das Barney und Mary?» fragte ich.

«Das sind Barney und Mary», antwortete er. «Mein Chef sieht gut aus, wie?»

Ich versuchte meine Verwirrung über diese neue Entwicklung zu verbergen. Die Erbsensuppe wurde immer zähflüssiger. «Kann man wohl behaupten», sagte ich, «aber jetzt gehe ich, wie versprochen.» Ich steuerte auf die Treppe zu. Auf der ersten Stufe drehte ich mich um. «Einen freundschaftlichen Rat», sagte ich, «keine Frage.»

«Und der wäre?» fragte er mit künstlicher Geduld.

«Entfernen Sie nicht das Pistolenregal hinter der Bar. Dazu ist es zu spät – ich habe es schon gesehen, und wenn Sie es jetzt herausnehmen, wird das übel vermerkt werden. Das hätten Sie tun sollen, bevor die Polizei kam – gleich, als Sie die Pistolen wegräumten.»

«Beim nächsten Mord werde ich daran denken. Hätten Sie keine Lust, die Rolle des Leichnams zu spielen? Es wäre mir ein Vergnügen, wenn Sie mitmachen wollten.»

«Nur über *Ihre* Leiche, Buster», sagte ich und klomm langsam die Treppe hinauf. Ein sauberer Vertreter! Und keineswegs dumm; vielleicht nur ein wenig zappelig. Ich überlegte mir, wieviel wohl für ihn herausspränge, wenn alles gutging. Nun, weder ihm noch der reizenden Mary Pilant wünschte ich Unheil. Leben und leben lassen war mein Motto. Nein, ich wünschte ihnen nichts Böses – jedenfalls nicht solange die beiden mir bei meiner Verteidigung nicht in die Quere kamen. Sollten sie das versuchen, würde es allerdings nicht ohne Kampf abgehen, trotz aller Anziehungskraft. Und es sah fast so aus, als gäbe es Kämpfe.

Ich hatte Mitch gesagt, diesem Falle fehle nur noch Technicolor. Da hatte ich gewaltig untertrieben. Nun war Technicolor hinzugekommen, und zwar in der Gestalt von Miss Mary Pilant. Ich beschleunigte den Schritt.

21. Kapitel

Hotels, die sich anstrengen, gemütlich und anheimelnd zu wirken, gelingt das ebensowenig wie Bäckereien, die ihr Kastenbrot als «Hausbrot» anpreisen. Wenn aber ein Hotel überhaupt eine persönliche Note vorzutäuschen vermag, so war es dem Thunder-Bay-Hotel geglückt. Man fühlte sich hier in der Tat behaglich. Trotz des Fremdenverkehrs lag eine Atmosphäre von zwangloser Häuslichkeit über der Halle.

Sie wimmelte von Besuchern, darunter Maida, die am Kamin saß und, ungeachtet des Trubels und Lärms um sie her, die Nase in eines ihrer unvermeidlichen Detektivromanheftchen steckte. Endlich ist sie mal mit einem Fall beschäftigt, der mehr Geheimnisse birgt als zehn mühsam erdachte Schauerromane, und muß trotzdem noch diese albernen Kriminalromane lesen, dachte ich.

In unserem Fall haftete dem, was tatsächlich vorgefallen war, allerdings wenig Geheimnisvolles an – es wurde in zunehmendem Maße grausam sichtbar. Diese Tatsachen aber, mochten sie noch so melodramatisch sein, berührten nur die Oberfläche, sie waren nur die aus dem Meer aufragende Spitze des Eisberges. Die «inneren Tatbestände», der Kern der Sache – sie enthielten das wirkliche Geheimnis, ein dichtes Gewirr dunkler Triebe und verworrener Beweggründe von Männern und Frauen aus Fleisch und Blut.

Ich blickte umher. Ein Gedränge von leer dreinschauenden Menschen, die ziellos auf und ab schlenderten. Wo aber waren die Uniformen? Was war aus den Offizieren geworden? Ich ging zum Empfangsschalter.

Der bebrillte Angestellte schien mit einem Stapel Registrierkarten eine Patience zu legen. Seine entrückte Konzentration ließ keine Unterbrechung zu. Aha, hier wird geschwindelt! dachte ich, als er sich schließlich eine Karte von unten austeilte. Nach einer ungebührlichen Pause seufzte er, mischte die Karten und sah auf. «Bitte?» fragte er mit jenem Gemisch von Herablassung, Langeweile und innerer Qual, das das Kennzeichen von Hotelangestellten der ganzen Welt zu sein scheint.

«Was ist aus den Offizieren geworden?» fragte ich. «Ich sehe keine schimmernden Aufschläge mehr. Ist schon wieder Krieg?»

«Das Heer hat den Rückzug angetreten», erwiderte er feierlich. «Sie sind gestern mit Sack und Pack ausgezogen, Gott sei Dank!» Er verdrehte die Augen nach oben, offensichtlich ein schwergeprüfter Mann. Kein Mensch weiß, was ich durchgemacht habe, schien sein Blick sagen zu wollen.

«War der Rückzug geplant, oder geschah er wegen der Schießerei?» fragte ich. «Ich dachte, die Truppen sollten während der Septembermanöver hierbleiben.»

«Das Offizierskorps hat mir keine offiziellen Gründe für seinen Auszug mitgeteilt», antwortete er mit beneidenswertem Sarkasmus. «Ich weiß nur, daß die Herren glücklicherweise abgezogen sind.»

«Übrigens», fragte ich beiläufig, «hatten Sie an dem Abend Dienst, als Barney erschossen wurde?»

Er blickte mich scharf an. «Was geht Sie das an?» fragte er kühl.

«Ich bin der Anwalt von Oberleutnant Manion. Paul Biegler aus Chippewa.»

«Ach so», sagte er achselzuckend, «ich dachte, Sie seien wieder mal ein neugieriger Tourist.»

«Verschwenden Sie doch wenigstens ein Lächeln, wenn Sie das sagen.» Ich blinzelte. «Aber hatten Sie Dienst?»

«Ja, letzte Woche hatte ich Nachtdienst.»

Aha, endlich einen Schritt weiter, dachte ich, während ich sofort die nächste Frage stellte. «Erinnern Sie sich noch, wann Barney nach Hause kam? Was er anhatte? Wie er aussah?»

Er nickte. «Gewiß erinnere ich mich daran», sagte er mit Nachdruck. «Barney kam durchs Hauptportal hereingelaufen, er war etwa …»

In diesem Augenblick drängte sich ein schwammiges weibliches Etwas zwischen uns und überschüttete den Empfangschef mit einer Flut von Fragen. «Ja, gnädige Frau, Mittagessen wird bis ein Uhr dreißig serviert», erklärte er geduldig. «Nein, gnädige Frau, wir geben keine Vespertüten. Nein, gnädige Frau, bis vier Uhr muß das Zimmer geräumt sein, nicht bis fünf. Ja, gnädige Frau, drunten, in der Bar, wurde der ‹arme wehrlose Mann› erschossen.» Mißmutig wandte er sich wieder an mich. «Sehen Sie, wie es hier zugeht?» murmelte er. «Die machen mich rein wahnsinnig.»

«Sie wollten gerade sagen ...», begann ich. In diesem Augenblick stürzte eine Kellnerin an den Schalter und sprach ernst auf den Mann ein. «Miss Pilant möchte, daß Sie in den Speisesaal kommen – *sofort!*» sagte sie.

So hatte Mary Pilant also gewettet! Hilflos, erbittert drehte ich mich zu der noch immer wartenden Dame um.

«Entschuldigen Sie die Störung», sagte ich kalt und dachte, wie erholend es sein müßte, ihr herzhaft in die Weichteile zu treten. Ich stelzte fort.

Das Heer hatte sich also aus dem Staube gemacht, es war dem Feuer Oberleutnant Manions gewichen. Ich hatte wirklich Glück! Um einen Tag war ich zu spät gekommen und konnte jetzt nicht mehr feststellen, was die Offiziere wußten. Und nun fuhr mir auch noch Mary Pilant in die Parade. Wie konnte sich die plötzliche Flucht des Offizierskorps auf unsere Hoffnung auswirken, einen Militärpsychiater gestellt zu bekommen?

Als ich verdrießlich in der Halle stand, kam Parnell hereingestapft, schnaubend und puffend wie eine alte Lokomotive mit Holzfeuerung, das breite Gesicht puterrot und verschwitzt. Ich machte mir schon Sorgen – bis ich seinen triumphierenden Ausdruck sah: Er mußte etwas Wichtiges ausgegraben haben, er kam mir zufrieden und zuversichtlich vor wie ein alter Hund mit einem frischen

Knochen. Blind stob er an mir vorbei und ließ sich wie ein aufgerollter Wal neben Maida in einen Sessel am Kamin plumpsen; doch war er nicht so abgespannt, daß er vergessen hätte, den verblüfften Touristen seine bunte Reitweste zur Schau zu stellen.

«Wie gefällt Ihnen meine neue Frisur, Chef?» flötete Maida, als ich mich zu den beiden gesellte.

«Fabelhaft sehen Sie aus, falls Sie die Aufmachung als ringelblonde Zulukafferin als wirksame Verkleidung für Ihren augenblicklichen Geheimdienst betrachten. Worauf es mir freilich noch mehr ankommt: Hat sich das Opfer gelohnt? Wie wollen Sie eigentlich aussehen, wie Mata Hari bei einem Trinkgelage?

«Sehen Sie, Parn», erklärte sie schmollend, «jetzt verstehen Sie vielleicht, warum ich mich nach einem freundlichen Wort sehne.»

«Wenn ich Sie genauer anschaue, Maida», sagte ich, «stelle ich allerdings fest, daß Sie hinreißend aussehen. Verzeihen Sie meine Unbeherrschtheit, ich hab ein anstrengendes Erlebnis hinter mir. Lassen Sie uns zum Essen gehen, dann erzähle ich's Ihnen.»

Als wir den Speisesaal betraten, wurden wir von einer jungen Dame begrüßt. Ich hielt den Atem an. Es war Mary Pilant. Sie sah viel hübscher aus als auf dem Foto, zierlich und beherrscht, und hatte große kluge Augen.

«Drei Personen?» fragte sie höflich.

«Bitte», sagte ich. «Und bitte in einer ruhigen Ecke.»

«Vielleicht essen Sie lieber auf der Veranda», schlug sie vor. «Wir haben dort einige überzählige Tische. Dort haben Sie nicht nur Ruhe vor Touristen» – sie hielt inne und lächelte kaum merklich –, «Sie können sich auch in Ruhe unterhalten.»

«Vielen Dank», antwortete ich und lächelte auch. «Sehr zuvorkommend von Ihnen.»

Als sie uns durch die Menge laut schwatzender Sommergäste führte, betrachtete ich sie mit jener begehrlich-bekümmerten Bewunderung, die Männer mittleren Alters mit Glatzenansatz auf unerreichbare jugendliche Weiblichkeit zu heften pflegen. Das Gleichmaß und die leichte Anmut ihres Ganges fielen mir auf, die zarte Rundung ihrer Waden, die schmalen Fesseln, die kleinen Ohrmuscheln und das feine, wohlgeformte Köpfchen mit dem dunklen weichgelockten Haar im Nacken, die verhaltene Klugheit ihres Gesichtes.

Wie, dachte ich bei mir, hat ein Mann vom Schlage Barney Quills es nur fertiggebracht ...? Er war doch älter als ich.

«Hier wären wir», sagte Mary Pilant und blieb bei einem geschmackvoll gedeckten Tisch stehen, der eine großartige Aussicht auf den See gewährte.

«Vielen Dank», sagte ich. «Wie schön der Blick von hier ist. Ich sehe schon, wir müssen öfter herkommen.»

«Das sollte uns sehr freuen, Mr. Biegler.» Sie lächelte. «Unser Städtchen hat alle möglichen Sehenswürdigkeiten.»

«Das habe ich schon bemerkt», antwortete ich, «und einige auch bereits in Augenschein genommen, wie Sie vielleicht gehört haben. Aber sicherlich gibt's noch viel mehr zu sehen – wenn mir der Ausblick nicht zu sehr verstellt wird.»

Sie hielt meinem Blick stand, als ich ihr leicht mokantes Lächeln beobachtete. Es war wie ein Schachspiel. «Ich schicke Ihnen gleich eine Kellnerin», sagte sie und ging.

«Wer ist das?» fragte Maida, sobald sie fort war. «Wer ist dieses zauberhafte Geschöpf? Und was für ein merkwürdiges Duell fochten Sie beide aus? Mir kam das Ganze ziemlich spanisch vor.»

«Das war Mary Pilant», antwortete ich. «Sie war Barney Quills Empfangsdame. Auf unser Wortduell komme ich später zurück.»

Parnell hatte sich mittlerweile beruhigt. «Herrlich, herrlich», murmelte er und drehte sich immer wieder nachdenklich zum See um.

Maida machte große Augen. «Also das ist die in den Fall verwickelte Schönheit», flüsterte sie. «Halb und halb hatte ich ein zweiköpfiges weibliches Ungeheuer erwartet, eine Art intrigante Hexe.»

«Ich weiß, was Sie meinen», sagte ich. «Erzählen Sie, was Sie über sie erfahren haben. Bei der Sache stimmt nämlich irgendwas nicht.»

Maida hatte eine Menge erfahren. Sie mußte über eine halbe Stunde warten, bis sie an die Reihe kam. Der Salon war überfüllt mit schönheitsdurstigen Frauen, ansässigen und auswärtigen, hatte über ein halbes Dutzend Angestellte. «Es ging wie in einem Dampfbad zu. Alle schwatzten von dem Mord; es wurde über nichts anderes gesprochen.»

«Und das Resultat der Geschichte, Maida? Über Einzelheiten können wir später reden.»

«Nach einer Version ist Mary Barneys Verhältnis gewesen – andere wiederum bezweifeln das stark.»

Parnell mischte sich ein. «Wenn Frauen beim Friseur klatschen und an einer ihrer Geschlechtsgenossinnen überhaupt noch ein gutes Haar lassen, ist das, was sie erzählen, schon von vornherein höchst zweifelhaft.»

Ich warf einen raschen Blick auf Parnell. War auch er schon in Mary verliebt? Das konnte ja gut werden ... «Wer ist sie, Maida, woher stammt sie?» fragte ich.

«Anscheinend hat sie vor ein paar Jahren mit einer Gruppe von Lehrerinnen ihren Sommerurlaub hier verbracht», erzählte Maida. «Sie muß wirklich ein bezauberndes Wesen sein, denn Barney verliebte sich Hals über Kopf in sie – so will es der Volksmund wissen –, er machte sie zur ersten Empfangsdame des Hotels und setzte sie allen Aushilfskellnerinnen vor die Nase, mit doppelt soviel Gehalt, wie sie als Lehrerin bezog. Als ihre Kolleginnen zu ihren Schulkindern heimfuhren, blieb sie einfach hier, als Barneys Empfangsdame.»

«Ich kann's ihm nicht verdenken», meinte Parnell nachdenklich. Er seufzte tief, und wieder wanderte sein Blick über den glitzernden See. «Sie – sie erinnert mich an jemanden, den ich mal gekannt habe», sagte er langsam, «freilich liegt das Millionen Jahre zurück ...»

Wieder blickte ich rasch zu Parnell hinüber. Meinte er Nora damit? War das der Fall, so erschien mir seine verpatzte Karriere jetzt in einem neuen Licht.

«Wenn aber Barney für Mary Pilant so viel übrig hatte», fragte ich, «wie konnte er dann Laura Manion so fürchterlich zurichten? Was erzählt man sich darüber?»

«Nun», sagte Maida, «darüber sind mindestens zwölf verschiedene Auslegungen im Umlauf. Die einen sagen, Barney habe durch das viele Trinken sein moralisches Gleichgewicht verloren; dann wiederum soll Laura Manion ihn in der betreffenden Nacht, wie schon vorher, dazu verführt haben. Eine andere Stimme behauptet, Vergewaltigen sei eine alte Masche Barneys gewesen, die er bei weiblichen Sommergästen immer angewendet habe. Demgegenüber will die Gegenpartei wissen, Barney habe Laura Manion nicht einmal berührt – wenn sich auch alle darüber einig sind, daß er ein reißendes Tier gewesen sei.» Maida hielt inne. «Was das reißende Tier betrifft, so habe ich das Mädchen, das mich bediente, im Verdacht, daß es wußte, wovon es sprach. Ich entdeckte nämlich in ihrer Stimme einen Anflug von Wehmut.»

«Würde die Stimme der Erfahrung bitte fortfahren?» sagte ich.

«Was aber immer wieder erzählt wird, ist, daß Barney einfach den Kopf verlor bei dem Gedanken, er könne Mary Pilant verlieren – daß sie gewissermaßen den ganzen Sturm entfesselt habe.» Maida machte eine Pause und senkte die Stimme. «Die Kellnerin kommt», zischte sie, wie es Mata Hari nicht geschickter vermocht hätte.

Ungeduldig wartete ich, bis die Kellnerin unsere Bestellung entgegengenommen hatte und verschwunden war. «Wie meinen Sie das – daß Barney sie verlieren könne, daß sie den Sturm entfesselt habe?»

«Es heißt, Mary Pilant habe unlängst mit einem jungen Offizier aus Manions Truppenteil angebändelt – mit einem Leutnant namens Loftus, Sonny Loftus nannten ihn alle –, und Barney habe versucht, dem einen Riegel vorzuschieben. Die eine Lesart lautet, Barney habe ihr einen Heiratsantrag gemacht, eine zweite, er sei bereit gewesen, ihr sein Hotel dazu zu schenken; sie aber habe es abgelehnt, mit dem jungen Offizier zu brechen, und sei drauf und dran gewesen, den Dienst zu quittieren; zum mindesten habe sie gedroht, wegzulaufen. Natürlich ist das alles nur Klatsch, aber vermutlich kann man in einer wirklichen Kleinstadt nicht einmal unbelauscht gähnen. Und da dachte ich schon, Chippewa sei schlimm genug.» Sie hielt inne und lächelte. «Und gelegentlich gähne ich doch sogar dort ...»

«Weiter», drängte ich. «Ich glaube, wir müssen auf die Geschichte Ihres geheimen Liebeslebens im Augenblick verzichten. Nächsten Monat ist die Verhandlung, wissen Sie.»

«Eins zu null für Sie, Chef», räumte Maida liebenswürdig ein. «Jedenfalls stimmen alle Geschichten darin überein, daß Barney in letzter Zeit schwer getrunken hat – er scheint zwar von jeher allerlei vertragen zu haben –, noch bis in den Abend hinein, an dem Laura Manion in die Bar kam.»

«Schön. Aber warum, warum tat er das?» sagte ich mehr zu mir als zu Maida. «Wie konnte er glauben, die hübsche Mary mit einer solchen Bluttat zu halten oder zurückzugewinnen?»

«Das eben ist das brennende Rätsel. Darüber zerbricht sich jeder den Kopf.» Maida schüttelte den ihren. «Das geht über mein Begriffsvermögen, Chef.»

«Vielleicht war eher Barney der Mann, der einen Psychiater brauchte», murmelte ich halb zu mir selbst.

Langsam meinte Parnell: «Es scheint, als hätten die beiden Manions den Schauplatz eines Geschehens betreten, an dem sie gar keinen Anteil hatten, als seien sie in ein Trauerspiel geraten, über das der Vorhang längst gefallen war.»

«Bravo, Parn!» stimmte ich ein, und er strahlte vor Vergnügen. «Es sieht mir immer mehr danach aus, als seien die Manions bloß Strohmänner in einem größeren, dunkleren Spiel gewesen. Wir müssen herausfinden, wie es damit bestellt war. Das könnte des Rätsels Lösung bringen.»

Und doch, was hatte dies alles mit meiner Verteidigung zu tun? Was würde geschehen, wenn wir alles erfuhren? Und warum deckte Mary Pilant Barney Quill in so auffälliger Weise? Oder geschah es nur, um das Testament nicht zu gefährden, damit sie schließlich den ganzen Schwindel vereinnahmen konnte? Voller Zweifel schüttelte ich den Kopf. Ein so gerissener und gieriger Geiz schien sich mit so viel zarter Weiblichkeit kaum zu vertragen, es reimte sich einfach nicht zusammen. Aber vieles schien in diesem Fall ohnehin nicht zusammenzupassen. Warum hatte sie überhaupt bei einem solchen Menschen gearbeitet? Vorsicht, Biegler! dachte ich. Was die Person auch zu ihrer Handlungsweise bewogen haben mag, du hast nur die Wahrheit zu suchen, nichts anderes!

Die Kellnerin erschien und nahm unsere Bestellung für den Nachtisch entgegen, während Maida mit entwaffnender Natürlichkeit von herrlichen Kiefern, dem fabelhaften Wetter, der unbezahlbaren Aussicht plauderte; dabei glühten und sprühten ihre Augen vor Erregung über ihre neue Rolle.

Dann aber begann ich auf Parnells Bitte mit meinem Bericht.

Wir waren schon bei der dritten Tasse Kaffee, als ich schilderte, wie ich das Waffenregal gefunden hatte. Dabei beschränkte ich mich auf das Wesentliche. Dann entwikkelte ich meine Theorie, daß der Barmann als Wachposten gedient habe, und erzählte von dem Schwarzen Brett, wie der einnehmende Paquette schließlich verstummt sei, von der plötzlichen Abberufung des Empfangschefs in den Speisesaal und so weiter. Als ich geendet hatte, war es zwei Uhr vorbei.

«Und nun zu dir, Parn», sagte ich. «Du siehst nicht etwa aus wie eine Katze, die eine Maus verspeist hat, sondern wie eine Maus, die eine Katze verschlungen hat. Spuck's aus, alter Freund.»

22. Kapitel

Parnell hatte einen lebhaften Vormittag hinter sich, ja, als er die Geschichte seiner morgendlichen Tätigkeit zum besten gab, staunte ich, daß ein so leidender alter Mann auch nur die Hälfte davon in so kurzer Zeit hatte bewältigen können. Er war der geborene Detektiv: gerissen, findig, den Blick stets auf die Hauptsache gerichtet; als er zu erzählen begann, sah ich ihn mit wachsender Bewunderung an.

Zuerst war es langsam gegangen. In der ersten Taverne, die er besuchte, hatten nur ein stinkbesoffener Indianer und der Besitzer selbst gesessen, der aber verstummte und in das Hinterzimmer flüchtete, sowie Parnell auf das Thema der verhängnisvollen Schießerei kam.

Parnell hatte alle Tavernen des Städtchens abgeklappert – es waren nicht weniger als sieben – und in jeder beharrlich mindestens eine Flasche Brause getrunken. Glücklicherweise hatte man in allen übrigen – die meist von Ortsansässigen, Lastwagenchauffeuren oder Holzfällern der

Umgebung besucht wurden – von dem Mordfall gesprochen oder, wenn nicht, dieses Lieblingsthema bereitwillig wiederaufgenommen. Er hatte eine Menge vom Leben und Treiben des verstorbenen Barney Quill vernommen, vom Fischer, Jäger und Preisschützen, der nie einen Schuß verfehlte …

«Zunächst einmal war Barney wahrscheinlich der bestgehaßte Mann im Städtchen», berichtete Parnell. «Die allgemeine Erleichterung über seinen Tod war ebenso erschreckend wie verständlich. Niemand konnte ihn leiden, allen war seine unerträgliche Heuchelei erhabener Tugenden schlechthin zuwider, seine kaum verhehlte Neigung, sich als Hansdampf in allen Gassen, als Übermensch aufzuspielen, der besser schießen, raufen, lieben konnte als die drei Besten im Dorf zusammen.»

«Es gibt Stimmen, Parn, die behaupten, daß er womöglich gar nicht so unrecht hatte», schaltete ich ein.

«Ich war mit meinen Erkundungen noch nicht sehr weit gekommen, als ich entdeckte, daß in dieser weitverbreiteten Abneigung eine starke Dosis Angst steckte», fuhr Parn fort, «eine Furcht, die nicht unbegründet war. Es scheint, daß die Berichte alle so ziemlich der Wahrheit entsprechen: Tatsächlich stach er jeden einzelnen, wenn nicht sogar jedes Trio in Thunder Bay im Jagen, Schießen und Ringen aus. Von den umliegenden Ortschaften, auf die ich gleich zu sprechen kommen werde, gar nicht zu reden. Anscheinend bildete der Kerl sich nicht nur ein, daß er ein As sei, er war es auch tatsächlich. Er wollte den König von Thunder Bay, den Allgewaltigen im Ländchen, spielen, und das gelang ihm auch. Das Wörtchen Furcht scheint er nicht gekannt zu haben. Ein wirklich außergewöhnlicher Typ.»

«Kannst du mir ein Beispiel nennen?» fragte ich. «Das könnte wichtig sein.»

Parnell ging über meine Unterbrechung nachsichtig hinweg. «Vor einiger Zeit hat er fast den stämmigen jungen

Lastwagenfahrer umgebracht, der ihn zusammenschlagen wollte.» Parnell hielt nachdenklich inne und schob die Lippen vor. «Ja, das ist ein einigermaßen gutes Beispiel. Es gibt aber noch viele andere.»

«Oh, wie interessant!» sagte Maida und beugte sich vor.

«Ehe die junge Mary Pilant bei Barney arbeitete –» bei ihrem Namen wurde Parnells Blick weich –, «scheinen Hotel und Bar, vorwiegend aber die Bar, ein Treffpunkt für lautes Gelichter, hartgesottene Lastwagenfahrer und zweifelhafte Saufbrüder aus dem Ort gewesen zu sein – für Leute also, die tief ins Glas guckten. Das änderte sich jedoch, als Miss Mary auf dem Plan erschien, von einem Tag auf den anderen. Offensichtlich überzeugte sie Barney im Handumdrehen, daß er seine Zeit und seine Talente verschwende und nur mit Sommergästen und Touristen wirklich Geld zu verdienen sei. Freilich müsse das hiesige Aufgebot zuerst einmal weggeschickt werden – was dann dank Barneys unverblümter Sprache auch gelang.»

«Sie wollen doch damit nicht sagen, daß die Leute sang- und klanglos abzogen?» fragte Maida ganz aufgeregt.

«Geduld, mein Täubchen», sagte Parnell. «Natürlich gab es Krach, Keilerei, blaue Augen und blutige Schädel – mehr, als ein Verfasser von Abenteuerromanen sich auszudenken vermag. Die ortsansässigen Stammgäste waren wütend, ihre Kneipe für die Touristen räumen zu müssen; schließlich waren sie zuerst dagewesen, daher pochten sie auf ihr altes Vorrecht.» Parnell machte eine Pause. «Aber ... das Endergebnis war unvermeidlich.»

«Wie meinen Sie das?» warf Maida atemlos ein.

«So rasch sie zur Tür reinkamen, wurden sie von Barney auch wieder hinausbefördert, mit eintöniger Regelmäßigkeit. Das ging so weit, daß die Touristen sich, zumal Samstag abends, an Ort und Stelle versammelten, um der zwangsweisen Evakuierung beizuwohnen.»

«Herrlich!» murmelte Maida.

«War den Eindringlingen nach Boxen zumute, gab's Barney ihnen mit den Fäusten; stand ihnen der Sinn nach einem herzhaften Ringkampf, rang er mit ihnen ...»

«Oberleutnant Manion müßte die Kongreßmedaille dafür bekommen, daß er ihm überhaupt die Stirn bot», sagte ich. «Statt dessen werfen sie ihn ins Kittchen.»

«Nach dem letzten Klamauk hatten die neuen Erben des Thunder-Bay-Hotels eine Zeitlang Ruhe, bis der junge Lastwagenfahrer ins Städtchen, das heißt in eines der benachbarten Holzlager kam.»

«Wer war er, woher stammte er?» wollte Maida wissen.

«Das weiß ich nicht, jedenfalls war er anscheinend nicht nur etwa doppelt so groß wie Barney, der freilich kein Riese war, sondern auch nur halb so alt. Und als die Holzfäller im Lager erfuhren, daß ihr neuer Kumpan auch noch ein Preisringkämpfer war, zogen sie am darauffolgenden Samstag unter Anführung dieses kraftstrotzenden Gladiators in Barneys Bar und verlangten eine Runde Schnaps.»

«Was geschah dann?» fragte ich.

«Unterbrechen Sie doch nicht!» Maida zupfte mich am Ärmel.

«Barney trat zum Zweikampf gegen ihn an. Sie kämpften eineinhalb Stunden, und Barney schlug ihn schließlich k.o. Damit hatten die unerwünschten Besuche unliebsamer Gäste ein Ende.»

«Donnerwetter!» sagte ich. «Das alles muß sich zugetragen haben, als ich noch Ankläger war. Und wo war die Polizei? Wo war der Sheriff? Ich habe von der ganzen Sache nie etwas läuten hören.»

«Vielleicht fanden die Gendarmen, Barney komme ihnen als unfreiwilliger Hüter der Ordnung wie gerufen. Der einzige stellvertretende Sheriff im Städtchen war der freundliche alte Mann, der jetzt als Parkwächter fungiert – derselbe, dem sich unser Oberleutnant in der Mordnacht stellte.»

Eine Kellnerin erschien und beäugte unseren noch unabgedeckten Tisch aus der Nähe. Ich schaute auf die Uhr. «Es wird spät», sagte ich. «Laßt uns aufbrechen und im Wagen weitersprechen.»

«Ich kann's kaum erwarten», gestand Maida und setzte eine offizielle Miene auf.

23. Kapitel

Als ich unsere Rechnung im Speisesaal bezahlte, war Mary Pilant nirgends zu sehen. «Wir danken Ihnen, Fräulein», sagte ich zu der Kellnerin. «Wir haben unser Mittagessen sehr genossen; die Bedienung, die Aussicht, die ausgezeichnete Seeforelle – alles war vorzüglich. Richten Sie bitte Miss Pilant aus, wir kämen bestimmt wieder. Aber vergessen Sie's nicht.»

«Willst du sie nicht aufsuchen?» fragte Parnell, als wir in die Halle hinausgingen. «Ich meine Mary Pilant.»

Ich schüttelte den Kopf. «Hat keinen Sinn, Parn. Jedenfalls nicht jetzt, solange sie sich uns von der kühlen Seite zeigt. Denn wenn ich ihr einmal gegenüberstehe, muß sie Farbe bekennen oder wenigstens so viel erzählen, wie wir überhaupt aus ihr herausbekommen können. Im übrigen hast du deine Geschichte noch nicht einmal zu Ende erzählt, und ich sehe deiner verschmitzten Miene an, daß du noch allerhand auf Lager hast.» Ich hielt inne und senkte die Stimme. «Bleib hier stehen und paß auf, während ich mit dem Empfangschef zu sprechen versuche. Daraus wirst du sehen, wie wenig Sinn es hat, ihr auf den Leib zu rükken.»

Ich ging zum Schalter. «Verzeihen Sie», begann ich. «Als wir kurz vor Tisch unterbrochen wurden ...» Der Angestellte sah auf und blickte mich versteinert an. «Hat es Sinn, mit Ihnen zu sprechen?» fragte ich. «Oder sitzt der Knebel zu fest?»

Der Mann schaute befangen drein, als er den Kopf schüttelte. «Es hat keinen Sinn», antwortete er. «Tut mir leid ... ich will meine Stellung nicht verlieren.»

«Einmal werden Sie doch sprechen müssen», warnte ich ihn ruhig. «Vor Gericht müssen Sie mir ohnehin Rede und Antwort stehen.»

Er sah mich eine Sekunde ausdruckslos an und blickte zur Tür des Speisesaals. «Wirklich?» fragte er. Ich fuhr herum, und tatsächlich stand Mary Pilant regungslos in der Tür. Sie lächelte, nickte mir freundlich zu und entschwand meinen Blicken.

«Traurig, traurig», meinte Parnell, als wir fortgingen, und nickte bekümmert. «Kaum zu fassen, daß sie sich zu solchem Lug und Trug hergeben kann. Sie machte ihm ein Zeichen, ich sah, wie sie den Kopf schüttelte. Ach, was für eine verzwickte, böse Welt ...!»

«Das alles riecht nach Krieg, Parn», sagte ich und legte meine ohnehin gefurchte Stirn noch mehr in Falten. Eines war sicher: Welche Beweggründe sie auch immer haben mochte, in ihrer ruhigen Art stand Mary Pilant ihrem verblichenen Chef, dem sagenhaften Barney Quill mit seiner unerbittlichen Kampfkraft, in nichts nach. «Siehst du, Parn», sagte ich, «die kleine Person gefällt sich darin, uns die Wahrheit vorzuenthalten. Und nichts brauchen wir dringender als die Wahrheit.»

Parnell seufzte und schüttelte den Kopf. Es bekümmerte ihn, daß seine süße Nora-Mary sich so benahm.

Bevor wir uns zur Heimfahrt rüsteten, fuhren wir zum Touristenparkplatz, um einen Eindruck von der Anlage zu gewinnen; wir hielten an der nun geöffneten Einfahrt und der kleineren Öffnung im Zaun daneben, durch welche Laura Manions Hündchen den Weg vorangeleuchtet hatte.

Der Weg schlängelte sich durch den Park, führte unter norwegischen Kiefern zum See und beschrieb dann in nördlicher Richtung landeinwärts einen Bogen zum Wärterhäuschen. In dessen unmittelbarer Nähe hatte Manion seinen Wohnwagen geparkt, wie wir aus einem gelben Grasfleck schlossen. Parnell machte mich darauf aufmerksam, daß der Wagen ziemlich weit nördlich vom Gattertor gestanden habe, das heißt näher zur Stadt und zu Barneys Hotel als zum Eingangstor hin. Ich legte die Hand auf die Wagentür, um auszusteigen. «Wohin willst du?» fragte Parnell höflich.

«Ich dachte, ich statte dem Parkwart einen Besuch ab», sagte ich. «Willst du mitkommen?»

«Den kannst du dir schenken», entgegnete Parnell hochnäsig. «Hab ihn bereits gesprochen; ich habe meinen Vormittag nicht wie gewisse Leute in der schicksten Bar der Stadt verbummelt.»

«Hat's sich gelohnt?»

«Ich erzähl's dir auf der Rückfahrt – bei dem Anblick all dieser Touristen und Wohnwagen bekomme ich Heuschnupfen.»

Auf der Fahrt aus der Stadt machte ich an einem ziemlich obskuren zweispurigen Feldweg halt, der von der Hauptstraße in westlicher Richtung abzweigte, vom Touristenparkplatz fortführte und auf die Waldungen zuhielt. «Das muß der Weg sein, den Barney mit Laura fuhr, als er sie vergewaltigte», sagte ich.

Auf seiner Morgenwanderung hatte Parnell gehört, daß Manions Schüsse nicht nur den Barspiegel, sondern auch eine Flasche Whisky getroffen hatten; daß Barney ein Scharfschütze mit verschiedenen Waffen, insbesondere Pistolen, gewesen sei; daß er eine beträchtliche Sammlung aller Arten von Schußwaffen, in der Hauptsache Pistolen, besessen habe; daß er in dem Verdacht stand, irgendwo hinter der Bar Waffen zu verstecken; daß er im Hintergrund eine samtbezogene Platte verwahrte, auf der zum Staunen seiner Gäste die vielen Auszeichnungen und

Schnallen aufgeheftet waren, die ihm seine Schützenleistungen eingebracht hatten.

«Ich hab nichts dergleichen entdeckt, Parn», sagte ich, «und dabei habe ich mich aufmerksam umgesehen.»

«Vielleicht hat der Besitzer sie mit ins Grab genommen», vermutete Maida. «Letzten Winter habe ich irgendwo gelesen, daß man einen Skiläufer, der sich das Genick gebrochen hatte, mit seiner ganzen Ausrüstung, einschließlich Skiwachs und Brille, beerdigt hat.»

«Am Abend der Schießerei waren die Medaillen noch da», sagte Parnell. «Einer meiner Informanten aus dem Ort behauptet, er habe sie kurz vorher noch gesehen.»

«Ich denke, Barney hat keinen der ortsansässigen Bauern hereingelassen», warf Maida ein.

«Nur eine Handvoll geläuterter Erwählter, die sich anständig aufführten – und badeten –, also den neuen Anforderungen genügten», gab Parnell zur Antwort. «Vermutlich eben nur solche, die in der Furcht des großen Barney Quill lebten.»

«Wie steht's mit dem Parkwart, Parn?» fragte ich. «Hast du aus dem etwas herausbringen können?»

«Ach ja, der Parkwächter! Braves Männchen mit Namen Lemon.»

«Was hast du von ihm erfahren?»

«Zunächst einmal, daß es nur eine Zufahrt zum Park gibt; mit anderen Worten: Barney log wie gedruckt, als er Laura Manion weismachen wollte, er könne sie auf einem anderen Weg heimfahren.»

«Ausgezeichnet, das dürfen wir nicht vergessen.»

«Ich erfuhr außerdem, daß der Wärter das Ehepaar Manion, vor allem Laura, schätzte und daß er Barney nicht leiden konnte. Er nannte ihn ein Rauhbein, einen Gernegroß und sagte, wenn er persönlich auch Vergewaltigung und Totschlag verdamme, so sei das Städtchen doch heilfroh, den Kerl los zu sein.»

«Sehr gut, Parn. Weiter!»

«Mary Pilant mag er auch. Er sagt, sie sei eine vollendete Dame, und er kann nicht begreifen, warum sie je bei solch einem Scheusal gearbeitet habe, geschweige denn, seine Geliebte gewesen sei, was er übrigens stark bezweifelt.» Parnell hielt inne. «Jawohl, ein untadeliger, wahrheitsliebender kleiner Mann, der die Augen offenhält», fügte er hinzu, offensichtlich erfreut darüber, einen Parteigänger für Mary gefunden zu haben.

«Was sonst noch, Parn? Das alles klingt nicht übel, aber was hast du außerdem zu vermelden? Raus mit der Sprache.»

Ich hatte mich nicht getäuscht: Bei seiner natürlichen Neigung zum Dramatischen hatte Parnell das Beste bis zum Schluß aufbewahrt.

«Jetzt komme ich zum Knalleffekt», kündigte er an. «Verstehst du, Polly, wir müssen bei der Verhandlung darauf gefaßt sein, daß die Anklage die Behauptung aufstellt oder wenigstens den Einwurf macht, Barney habe unsere Dame nicht im Walde vergewaltigt, sondern die Sache sei ein abgekartetes Spiel gewesen, sie habe sich sozusagen leicht herumkriegen lassen, und nicht Barney habe sie geprügelt, sondern ihr eifersüchtiger Mann, und zwar oben beim Wohnwagen, *nachdem* sie zu Hause ankam. Kannst du mir folgen?»

«Ohne weiteres, Parn», sagte ich trocken. «Diese Möglichkeit hat mir bereits zu schaffen gemacht, wie du weißt.»

«Schön. Ich glaube, daß wir gewappnet sind, diese Behauptung zu widerlegen.» Parnell machte eine Pause, er hätschelte seine Sensationsnachricht wie eine Mutter ihr neugeborenes Kind. «Es ist ein wirklicher Schlager, das kann ich euch versichern», fügte er geheimnisvoll hinzu.

«Los, erzählen Sie doch!» drängte Maida. «Sie spannen mich auf die Folter.»

«Geduld, mein Püppchen», wies Parnell sie sanft zurecht. «Also: Zwei Touristen, die schon fast einen Monat hier sind – ein älteres Ehepaar aus Akron –, haben ihren Wohnwagen gerade heute vormittag abgemeldet. Sie hatten sich von Mister Lemon verabschiedet und brachen bereits auf, als die Frau beiläufig bemerkte, sie hoffe, jetzt würde sie endlich ihre Angstträume los. Daraufhin fragte Mister Lemon sie natürlich, welcher Art diese Angstträume seien. Worauf sie ihm unumwunden erklärte, noch immer wache sie nachts von den Schreien jener armen Frau am Tor auf ...»

«Bist du sicher, sie sagte *am Tor*, Pam?» fiel ich ihm ins Wort. «Bist du ganz sicher? Das ist nämlich von größter Wichtigkeit.»

«Am Tor», antwortete Parnell fest. «Und zwar genau um elf Uhr neunundfünfzig; sie hat auf die Uhr gesehen. Ich fragte den Parkwart mehrere Male, ob sie ‹am Tor› gesagt habe; er antwortete, er erinnere sich ganz genau daran. Dann erklärte er mir, der Wohnwagen dieses Ehepaares aus Ohio habe von allen Wagen des Parks der Einfahrt am nächsten gestanden, und die Schreie müßten vom Tor oder aus der Nähe des Tores gekommen sein, nicht vom Wohnwagen. Die Frau aus Ohio sei nämlich ein bißchen schwerhörig, und beide, sie und ihr Mann, wären von dem Geschrei aufgewacht, während er, Mister Lemon, der einen leichten Schlaf habe und gut höre und dessen Häuschen in nächster Nähe von Manions Wohnwagen stehe, keinen Laut vernommen habe.»

«Donnerwetter, Parn!» sagte ich. «Das ist ein großer Schritt voran. Hast du die Namen der Leute?»

Parnell tippte auf seine Brusttasche. «Namen und Anschrift habe ich in mein Notizbuch eingetragen. Sie haben ihre Geschichte bereits der Polizei erzählt. Damit dürfte jeder Versuch der Anklage, die Prügelei an den Wohnwagen zu verlegen, restlos scheitern.»

«Was hast du noch erfahren können?» fragte ich. «Ich

merke, daß du uns deinen letzten Trumpf immer noch vorenthältst.»

Parnell runzelte die Stirn und wurde ernst. «Du hast recht, Paul», gab er zur Antwort. «Ich habe noch etwas.» Parnell seufzte. «Was ich zu berichten habe, könnte unter Umständen der Schlüssel zu der ganzen Sache sein. Ich spreche von Mary Pilant.»

«Warum dann so trübsinnig, Parn?» fragte Maida. «Raus mit der Sprache.»

«Als ich um die Mittagszeit ins Hotel stürzte, konnte ich es kaum erwarten, meine Neuigkeit loszuwerden.» Parnell seufzte tief. «Als ich Mary Pilant dann aber sah, schmolz mein kleiner Triumph dahin, und ich hatte gar keine Lust mehr, sie zu erzählen. Genauso geht's mir noch jetzt.»

Wieder einmal Nora, dachte ich und sagte: «Wie du meinst, Parn.»

«Ich muß es aber doch sagen, es ist viel zu wichtig für den Fall. Wie wir die Sache – wenn überhaupt – verwenden können, weiß ich noch nicht genau. Aber wie vieles andere, was wir heute erfahren haben und vermutlich nicht auswerten können, ist auch dies in einem weiteren Rahmen wichtig. Es könnte uns zum Verständnis des Falles im allgemeinen verhelfen.» Parnell seufzte wieder. «Wenn ein Anwalt seinen Fall erst einmal wirklich *begriffen* hat, ist die Schlacht schon halb gewonnen.»

«Sehr schön, Parn», sagte ich ruhig.

«Ich hatte die siebente und letzte Taverne erreicht», begann er, «als ich auf einen nett aussehenden jungen Soldaten stieß, der eine Flasche Limonade trank. Ich hatte bereits gehört, daß die Truppen abgezogen seien, daher machte ich mich – neugierig, wie ich bin – an ihn heran und fragte ihn, ob er wohl zu Oberleutnant Manions Einheit gehöre. Er gehörte dazu. Blitzschnell kam mir der Gedanke, mich vorzustellen und ihm zu erklären, ich sei dem Anwalt Oberleutnant Manions bei der Voruntersuchung behilflich; gleichzeitig fragte ich ihn auf gut Glück, ob er irgendwelche Einzelheiten wisse, die für uns von Nutzen seien.»

«Weiter, Parn», sagte ich und fragte mich, was das alles mit Mary Pilant zu tun hatte.

«Schön. Bei diesen Worten warf der Soldat einen raschen Blick durch den Raum und zog mich in eine Ekke. Dort vertraute er mir an, er habe etwas auf dem Herzen, das vielleicht von Nutzen sein könne; er sei zwar nicht sicher, ziehe aber vor, es mir mitzuteilen, da er im Begriff sei, die Stadt zu verlassen.»

«Und was war es, Parn?»

«Er sagte, in der Nacht vor der Schießerei habe sein Kojenkamerad Spätausgang gehabt; da die Nacht mondhell und warm war und der Mann einen über den Durst getrunken hatte, bekam er plötzlich Lust, am Strand entlangzugehen und nackt zu baden. Nichts Böses ahnend, schlenderte er also am See entlang, als er plötzlich stolperte. Er leuchtete mit seiner Taschenlampe, und siehe da, ein junger Leutnant lag im Sand vor ihm, und einige Schritte davon, hinter einem Haufen Treibholz, stand eine Frau, die er als die gut aussehende Empfangsdame des Thunder-Bay-Hotels erkannte. Ihren Namen wußte er nicht. Er weiß ihn übrigens heute noch nicht.»

«Olala!» sagte ich. «Und was passierte dann?»

«Er lief fort wie ein Wiesel», sagte Parnell und verstummte, seine ausgegangene Zigarre mürrisch musternd. Während seines Berichtes war er immer verdrießlicher geworden, so daß es an der Zeit war, ihn aufzumuntern. Indes sah ich immer noch nicht, inwiefern dies alles für unseren Fall von Wichtigkeit sein sollte.

«Nun, Parn, kein Gesetz verbietet einem Pärchen, sich am Strand zu ergehen», warf ich hin. «Jedenfalls bis jetzt nicht. Du erinnerst dich, daß Maida uns beim Essen erzählte, nach ihren Erkundungen sei diese Mary mit einem jungen Offizier befreundet. Warum so viel Aufhebens um einen Mondscheinspaziergang?»

«Nicht wegen des Strandbummels», fuhr Parnell hartnäckig fort. «Es geht um ihren Aufzug, ihren Anzug – besser gesagt, um ihre leichte Bekleidung.» Er verdrehte die Augen. «Sie schienen beide nicht allzuviel anzuhaben.»

«Vielleicht war das Ganze nur Soldatenklatsch, Parn», sagte ich. «Schließlich stammt die Geschichte von einem Mann, der nicht einmal dabei war.»

Parnell schüttelte den Kopf. «Nein, Polly. Das habe ich nachgeprüft. Ich fragte den jungen Soldaten, von wem er die Sache habe. Dann fragte ich, wo und wann sein Kamerad ihm die Geschichte erzählt habe. Er antwortete: ‹Am darauffolgenden Abend in Barneys Bar, also in der Nacht der Schießerei, kurz bevor Laura Manion eintrat.› Dann wollte ich wissen, ob noch jemand von dem Abenteuer wisse – hör gut zu, Paul –, und er erwiderte, kein Mensch wisse davon, sein Kumpel habe absichtlich den Mund gehalten, damit er mit dem jungen Offizier keinen Krach bekäme. Ich fragte weiter, auch, wer noch in der Bar gewesen sei, und er sagte: ‹Niemand außer dem Barmixer.› Ich fragte, ob der Barmann vielleicht etwas mitgehört haben könne, was er immerhin für möglich hielt, weil dieser, wie er sich nun erinnerte, plötzlich verschwunden und nach oben gegangen sei.»

«Sie meinen also, Parn», warf Maida aufgeregt ein, «daß der Barmixer zu Barney lief und ihm alles brühwarm erzählte – und daß diesem dabei der Kragen platzte?»

«Ich weiß – ich weiß eigentlich nicht genau, was ich meine», gab Parnell düster zur Antwort. «Ich berichte euch nur, was ich gehört habe. Dann fragte ich den Soldaten, wo sein Kumpel sei, und er sagte, er lade im Quartier gerade den letzten Lkw auf, der gleich abbrausen solle. Ich bat ihn, mich zu ihm zu fahren; und innerhalb einer halben Stunde – meine erste, ungemütliche Fahrt in einem Jeep – hatte ich den ganzen Salat von dem Beteiligten selbst. Es stimmte aufs I-Tüpfelchen.»

«Wo sind die jungen Leute jetzt?» fragte ich.

«Sie befinden sich auf dem Transport in ein neues Übungslager in Georgia. Ich habe ihre Namen und Anschriften.» Er zuckte verdrießlich mit den Schultern. «Das ist mein großer Schlager.»

«Wenn aber Barney durch seinen Mixer von Marys Entgleisung mit dem Offizier erfuhr», sagte Maida, «warum ging er dann nicht auf den Verführer – oder auf Mary selbst los? Warum mußte er sich gerade an der unschuldigen Manion schadlos halten?»

Parnell warf die Hände hoch. «Wie soll ich das wissen?» erwiderte er langsam. «Je mehr ich über den Fall erfahre, desto weniger kenne ich mich aus. Ich weiß nicht mal, ob Barney von Marys nächtlicher Eskapade etwas wußte. Allerdings ist landläufig bekannt, daß er über ihren Flirt mit dem jungen Mann im Bilde war und daß er verzweifelte Anstrengungen machte, zwischen die beiden einen Keil zu schieben.» Parnell hielt inne. «Ich möchte annehmen, daß es eines ganzen Stabes von Psychiatern bedürfte, um die Seelenregungen dieses Menschen zu entwirren ... Vielleicht war er wütend auf die ganze Armee – weil er in Thunder Bay nicht mehr die erste Geige spielte, und um das Maß vollzumachen, hatten die Soldaten ihm sogar seinen Schatz abspenstig gemacht. Denn als die Soldatenfrau Laura Manion ihm in die Netze geriet, konzentrierte er seine ganze aufgestapelte Galle und Enttäuschung auf sie.» Parnell schüttelte den Kopf. «Ich weiß wirklich nicht, was ich sagen soll – ich bin nur ein whiskysüffelnder Advokat und nebenbei ein sentimentaler alter Narr.»

24. Kapitel

Am nächsten Morgen erschien Parnell sogar noch vor Maida in meinem Büro und leistete mir bei meiner zweiten Tasse Kaffee Gesellschaft. «Ich habe nachgedacht, alter Junge», sagte er, «ich habe nicht sonderlich gut geschlafen.»

«Auch ich habe nachgedacht, Parn», erwiderte ich und deutete auf einen geöffneten Brief auf meinem Schreibtisch. «Lag gestern abend im Briefkasten. Brief von einem Offizier, stationiert in Thunder Bay, der mir auf meine Bitte, einen Heerespsychiater zu stellen, einen Korb gibt. Schreibt, Manion gehöre nicht zu seinem Truppenteil – er sei nur auf Sonderkommando dort gewesen –, ich solle mich lieber an seine Einheit wenden. Schickt mir die Anschrift.» Ich schüttelte den Kopf. «Wir müssen also wieder von vorn anfangen – kein Psychiater, und der Termin rückt mit Windeseile heran.»

«Das ist eine der Sachen, über die ich nachgegrübelt habe, Paul. Du bist dir doch darüber klar, daß wir den Staatsanwalt von unserer Absicht, Freispruch wegen Unzurechnungsfähigkeit zu beantragen, nach dem Gesetz mindestens vier Tage vor der Verhandlung benachrichtigen müssen. Wann hast du vor, das zu tun? Die Zeit fliegt wie der Wind.»

«Das Problem hat mich fast die ganze Nacht beschäftigt, Parn – von dem Augenblick an, als ich den Brief da las. Bis jetzt habe ich die Benachrichtigung aus mehreren Gründen hinausgeschoben: Erstens wollte ich wissen, ob wir tatsächlich einen Psychiater bekommen können; zweitens will ich mir von der Gegenseite nicht früher als notwendig in die Karten gucken lassen; auch wollte ich die Staatsanwaltschaft davon abhalten, einen eigenen Gegenpsychiater auf unseren Mandanten loszuhetzen, oder das wenigstens verzögern. Aber ich bin froh, daß du das Thema angeschnitten hast, denn ich war gerade zu der Überzeugung gekommen, wir sollten die Benachrichtigung gleich –

heute noch – absenden, gleichgültig, wie die Sache ausgeht. Was hältst du davon?»

«Erreichst du damit nicht gerade das, was du vermeiden wolltest?» fragte Parnell nachdenklich. «Du läßt die Katze vorzeitig aus dem Sack und gibst der Gegenseite sozusagen einen Vorsprung. Glaub nicht, daß ich bloß Einspruch erheben will, ich möchte lediglich deinen Verstand auf die Probe stellen – unser kleines Gesellschaftsspiel, du weißt.»

Und schon erörterten wir wieder einmal in allen Einzelheiten das Für und Wider unseres Schlachtplans. Ich gab Parnell zu bedenken, daß, wenn wir unsere Benachrichtigung hinausschöben, dies der Staatsanwaltschaft an sich schon Veranlassung geben würde, den Fall zu vertagen, da Mitch dann geltend machen könnte, er benötige weitere Zeit, um seinerseits ein fundiertes psychiatrisches Gegengutachten einzuholen. Parnell pflichtete mir zunächst bei, warf dann aber die Frage auf, ob die Anklagebehörde unseren Mandanten überhaupt untersuchen könnte.

«Mir ist heute nacht nämlich eine glänzende Idee gekommen», fügte er hinzu.

«Wie meinst du das? Dir ist doch sicher das Verfahren geläufig, wonach der Ankläger bei vorsätzlichem Mord beim Gericht einen Antrag auf Unzurechnungsfähigkeit stellen und eine Untersuchung durch einen Psychiater beantragen kann. In dem Augenblick, wo wir Freispruch wegen Unzurechnungsfähigkeit beantragen, kann Mitch – nur auf Grund unserer Angaben – bei Gericht seinerseits geltend machen, daß der Angeklagte vielleicht unzurechnungsfähig gewesen sei (er braucht es nicht zuzugeben), und dann kann er über unseren Mandanten herfallen.»

Parnell grinste maliziös. «Ich bin im Bilde, mein Junge», sagte er. «Ich bin auf dem laufenden. Wenn so ein Antrag gestellt wird, brauchen wir unserem Klienten nur zu sagen, er solle den Mund halten und den Psychiater der

Gegenpartei zum Teufel schicken. Er läßt sich einfach auf nichts ein.»

Ich rückte unruhig auf meinem Stuhl hin und her. «Du meinst also, Parn, wir sollten Oberleutnant Manion vorschreiben, sich mit dem Psychiater der Gegenseite auf nichts einzulassen?»

«Jawohl, ihm sagen, er solle sich nicht untersuchen lassen und kein einziges Wort mit dem Arzt wechseln», schlug er vor. «Ich meine, unser Freund wird ihnen allen erklären, sie sollten machen, daß sie wegkommen.»

«Glaubst du, damit kommen wir durch, Parn? Dieses Verfahren kannst du in allen Lehrbüchern finden, seit Jahr und Tag. Laufe ich dabei nicht Gefahr, wegen Mißachtung des Gerichts oder dergleichen ins Kittchen zu kommen?»

«Lassen wir's doch darauf ankommen. Im Gesetz und in den Kommentaren steht eine Menge alter Kram, der sich keine fünf Minuten lang vertreten ließe, sobald die Verfassungsmäßigkeit angefochten würde. Fast jeder neue Band der Entscheidungen des Obersten Gerichtshofs enthält mindestens ein glänzendes Beispiel dafür. Die Gesetzgebung setzt sich dauernd solche verfassungswidrigen Läuse in den Pelz, und ich bin der Ansicht, dieses Gesetz gehört dazu. Ich habe es seit Jahren auf dem Kieker und bin der Meinung, daß es nicht das Papier wert ist, auf dem es steht. Verfassungsmäßig, wohlbemerkt.»

«Langsam sehe ich, worauf du hinauswillst», murmelte ich.

«Verstehst du», fuhr Parnell fort und redete sich langsam in Feuer, «eine der grundlegenden Klauseln der staatlichen und bundesstaatlichen Verfassung besagt, daß niemand gezwungen werden kann, in einem Strafprozeß gegen sich selbst auszusagen. Wenn also irgendein Gesetz oder Verfahren bezweckte, einen eines Verbrechens Angeklagten zu *zwingen*, daß er sich der Untersuchung eines feindlich gesinnten Psychiaters unterzieht, wäre es damit nicht eo ipso verfassungswidrig?»

«Hm!» Ich dachte über die Kühnheit seines Gedankenganges nach. «Aber angenommen, der Richter verwirft alle unsere verfassungsmäßigen Argumente? Entweder wir legen Berufung ein, was auf eine Vertagung hinausläuft – oder die andere Seite drückt dennoch ihre psychiatrische Untersuchung durch.»

Parnell schmunzelte und schüttelte den Kopf. «Nein, alter Freund. Keines von beiden. Entscheidet der Richter gegen uns, kann unser Mandant die Leute immer noch rauswerfen. Und was wollen sie denn tun, wenn er das macht? Der Richter, Mitch, der Arzt und alle anderen? Wenn unser Freund nicht den Mund auftut, wer will ihn dazu zwingen? Sie können ihm nicht drohen, ihn wegen Mißachtung des Gerichts einzusperren, denn das arme Schwein sitzt schon drin. Du hingegen bist fein heraus, Polly. Du hast ja mitgearbeitet. Und was nützt ihnen ihre Untersuchung, wenn er nicht mitmacht? Das gesamte Verfahren der Psychoanalyse setzt bekanntlich, um wirksam zu sein, eifrige Mitarbeit des Beteiligten voraus.»

An der Wohnungstür rasselte ein Schlüssel, und Maida kam mit der üblichen lärmenden Sorglosigkeit hereingestürmt, nur zwanzig Minuten zu spät.

«Was treibt ihr beide denn hier?» fragte sie. «Erzählt ihr euch unanständige Witze?»

«Ich wollte, so wär's», erwiderte ich. «Aber wir waren dabei, die trüben Sümpfe gesetzlicher Unzurechnungsfähigkeit zu erkunden.»

«Nun», meinte Maida verächtlich, «jeder von euch hat glänzendes Laboratoriumsmaterial, sich darin zu üben.»

«Kommen Sie mit Ihrem Block, junge Dame», sagte ich. «Und ein bißchen Respekt vor unseren Jahren, wenn Sie schon nicht unseren Verstand achten.»

Maida verschwand in ihr Zimmer und kam mit ihrem

Stenoblock und ihrer Batterie nadelspitzer Bleistifte zurück. «Hinein in die Tretmühle», seufzte sie und setzte sich nach Sekretärinnenart umständlich zurecht – wie ein Hund, der sich zehnmal um die eigene Achse dreht, bevor er sich zur Ruhe legt.

«Fertig?» fragte ich, als das langwierige Drehen und Wenden aufhörte.

«Fertig.»

25. Kapitel

Ich diktierte die Benachrichtigung an das Gericht, daß wir beabsichtigten, auf Unzurechnungsfähigkeit zu plädieren, einen Begleitbrief zu der Kopie, die an Mitch ging, und einen zweiten zum Original an die Geschäftsstelle des Kreisgerichts. «Setzen Sie unter den Brief an das Kreisgericht ein Nachwort: ‹Ich hoffe, daß Sie durch reinen Zufall, wie üblich, wenigstens ein gut aussehendes Mädchen unter den Geschworenen auftreiben können, um unsere Qual ein wenig zu erleichtern.›»

Maida rümpfte die Nase und blickte Parnell an: «Mord oder nicht, der Chef tut's nicht ohne ein Späßchen.»

«Und jetzt setzen Sie einen Brief an Oberst Mugfur auf – Anschrift finden Sie in diesem Absagebrief. Wir schreiben das gleiche wie schon vorher an den hohen Herrn in Thunder Bay, als wir um einen Heerespsychiater baten. Ändern Sie ihn ab, wo es notwendig ist. Alles klar?»

«Alles klar.»

«Braves Kind. Und tippen Sie das herunter, so rasch Sie können. Die Privatdetektive McCarthy und Biegler müssen ihre falschen Bärte ankleben und sich auf die Socken machen.»

«Und lassen mich armes Würstchen ganz allein?» fragte Maida kläglich.

«Siehst du, Parn, eine gut gedrillte Sekretärin verdirbt

man am schnellsten damit, daß man sie ein einziges Mal Gendarm spielen läßt.»

«Das ist fast so schlimm, wie für einen Tag Königin gewesen zu sein», bemerkte Parnell mit bewundernswerter Neutralität, als Maida sich in die Tretmühle begab.

Ich lehnte mich zurück und zündete mir einen meiner neapolitanischen Stinkbolzen an. «Parn, all das, was wir bisher besprochen haben, ist nur ein weiterer Beweis für den verrückten Rechtszustand, der existiert, wenn jemand sich zu seiner Verteidigung auf seine Unzurechnungsfähigkeit beruft», sagte ich. «Nimm zum Beispiel diese Benachrichtigung an Mitch. Ist das nicht ein schlagendes Beispiel für das, was ich meine? Hier teilen wir Mitch quietschfidel unsere Absicht mit, auf mangelnde Zurechnungsfähigkeit zu plädieren und diese auch zu beweisen, und geben gleichzeitig seelenruhig zu, daß wir noch keinen Psychiater haben – ihn also noch gar nicht konsultieren konnten. Unser Mandant ist durchgedreht, bloß weil ich sage, er sei durchgedreht. Ein Mann wird kaltblütig niedergeknallt. Ich sage, sein Mörder muß freigesprochen werden, weil Herr Doktor Biegler sich selbst zum einzigen Gerichtspsychiater ernannt hat.»

«Übertreibst du da nicht ein bißchen? Schließlich bestimmst du ja nicht, daß der Mann schwachsinnig ist – du mußt immerhin noch einen Psychiater finden, der deine Annahme bestätigt.»

«Wir werden auch einen finden. Darüber bist du dir doch wohl klar, Parn. Wenn wir genug Geld hätten, könnten wir uns vor diesen Vertretern kaum retten.»

«Gehst du mit der Psychiatrie nicht ein wenig streng ins Gericht, Paul? Willst du sie denn alle zu Schaumschlägern und Scharlatanen stempeln?»

«Das wollte ich damit nicht sagen, Parn. Ich will nur sagen, daß – wie Manion behauptet – der ganze Unzurechnungsfähigkeitszauber etwas verdammt Unwissenschaftliches an sich hat. Ich glaube, ich bin einfach wütend darüber, daß unser Beruf sich dazu hergibt, einem so brüchigen Zustand Vorschub zu leisten.»

«Vielleicht ist das Recht auch hier weiser, als du denkst, Paul. Vielleicht ist gerade dies ein weiterer Beweis für die wunderbare Schmiegsamkeit des Rechts, für seine Anpassungsfähigkeit, für den weiten Spielraum, den es einem Geschworenengericht gibt, um zu einem gerechten Urteil zu kommen.» Parnell hielt nachdenklich inne. «Man kann Gerechtigkeit nicht mit dem Zollstock messen. Oder willst du mit deiner Bemerkung sagen, daß es ungerecht wäre, wenn Oberleutnant Manion auf Grund vorübergehender Bewußtseinsstörung freigesprochen würde? Geht dein Berufseifer für abstrakte Gerechtigkeit etwa so weit?»

Der gerissene Parnell trieb mich in die Enge, das wußten wir beide. «Nun, das nicht gerade. Es ist – es ist nur ...»

«Natürlich meinst du das nicht, Paul», unterbrach Parnell trocken. «Was meckerst du also? Wie würdest du die Frage denn lösen, wenn du der Ansicht wärest, das gegenwärtige System tauge nichts? Wie lautet der neue, verbesserte Biegler-Plan? Wäre es dir lieber, ein Richter würde einen Stab staatlich besoldeter Psychiater ernennen, die dir an den Kopf werfen, den Mandant sei kerngesund und kreuznormal gewesen, als er Barney erschoß? Wäre dir dabei wohler zumute, würdest du dies als wissenschaftlicher ansehen?»

«Du trittst mir zu nahe, Parn», sagte ich, kleinmütig lächelnd.

«Es ist an der Zeit, daß ich dir endlich zu nahe trete, alter Freund. Was du vergißt, mein lieber Polly, ist nämlich dies: Strafprozesse sind von Natur aus eine höchst parteiische Angelegenheit – ein primitives, rücksichtsloses Handgemenge, wo jeder für sich selbst kämpft –, also genau das Gegenteil von einer unbeteiligt-wissenschaftlichen

Entschließung. Keiner weiß das im Grunde besser als du. Ich glaube sogar, daß dies einer der Gründe ist, warum in diesem herrlichen Laboratoriumszeitalter, in dem alles, was wir berühren oder kaufen, mit Wissenschaft vollgepumpt ist, daneben aber wenig Menschliches aufzuweisen hat – warum jedermann sich zu dem kunterbunten Trubel eines Prozesses hingezogen fühlt. Der Mensch lechzt heutzutage nach wirklichem Drama, nach echter Erregung, er will das läuternde Erlebnis, bei dem es um die Wurst geht, nicht missen.» Parnell schüttelte den Kopf. «Nee, Paul, das Recht ist wahrscheinlich weiser, als du glaubst. Kein Wort mehr über wissenschaftliche oder unwissenschaftliche Methode, verstanden?»

Parnell war mir ganz schön auf den Leib gerückt. «Aber wenn du mit deiner verfassungsmäßigen Deutung recht hast, wird die Staatsanwaltschaft unserem Mandanten kaum etwas anhaben können. Ist das etwa richtig und gerecht? Ich hoffe schon fast, Mitch beantragt eine Untersuchung unseres Klienten. Hast du recht mit dem, was du von der augenblicklichen Verfahrensweise sagst, wird die Anklagebehörde den Mann nicht untersuchen können, wenn es uns nicht paßt. Deshalb behaupte ich nach wie vor, daß es ein primitives und verdammt unwissenschaftliches Verfahren ist. Vielleicht lassen wir unsere Beweisführung daher lieber auf sich beruhen.»

«Diskussion, nicht Beweisführung», berichtigte Parnell. «Einverstanden; lassen wir sie auf sich beruhen. Und nachdem wir den Fragenkomplex von allen Seiten beleuchtet haben, was müssen wir heute noch tun?»

«Ich glaube, ich sehe mal nach meinen Leuten. Zunächst muß ich herausfinden, ob sie noch ein Eheleben führen – eine Sache, die sich von einem Tag auf den anderen ändern kann. Angesichts der gestrigen Expedition habe ich mit ihnen auch einiges zu besprechen. Hast du Lust, mitzukommen?»

Parnell nickte. «Gern, Polly. Ich habe nämlich so meine Gedanken, so meinen eigenen kleinen Plan.»

Maida kam mit den fertigen Briefen herein, die ich unterzeichnete. «Wohin geht's heute?» strahlte sie. «Ich kann's kaum erwarten.»

Ich seufzte und schüttelte den Kopf. «Wenn's durchaus sein muß», sagte ich. «Hängen Sie ein Schild an die Tür, und kommen Sie mit. Wir stecken die Briefe unterwegs in den Kasten.»

Als ich Maida und Parnell am Seiteneingang des Gerichtsgebäudes absetzte, sagte Parnell ernst: «Polly, wenn du den Oberleutnant über die gestrigen Ergebnisse aufgeklärt hast, möchte ich, daß du ihm eine Frage vorlegst.»

«Und die wäre?»

«Frage ihn nur dies: ‹Wenn Sie nicht vorhatten, Barney zu erschießen, als Sie bewaffnet die Bar betraten, was beabsichtigten Sie dann?› Frag ihn das, Paul, und bestehe auf einer Antwort.»

«Okay, Parn», sagte ich achselzuckend. «Soll das ein Teil deines Geheimplanes sein?»

«Wer weiß, wer weiß», antwortete er, rätselhaft lächelnd. «Kommen Sie, Maida, Ihr phantasieloser Chef wird wieder einmal naseweis.»

«Hm ...!» Ich überlegte, was mein schlauer alter Fuchs wohl jetzt im Schilde führen mochte.

26. Kapitel

Der Oberleutnant und ich saßen plaudernd auf der Hintertreppe des Gerichtsgebäudes in der Sonne, unmittelbar an der Auffahrt zum gegenüberliegenden Gefängnis. «Sind Sie jetzt im Bilde, Oberleutnant Manion?» fragte ich.

«Sie scheinen einen ereignisreichen Tag gehabt zu haben, Herr Doktor», meinte er.

Ein schwaches Lob von meinem Herrn und Meister,

dachte ich, als ich ihm antwortete: «Mehr oder weniger» und dabei überschlug, daß ich ihm nicht die Hälfte erzählt, vieles nur angedeutet, manches, einschließlich der mangelhaften Mitteilsamkeit der Angestellten des Gasthofes, überhaupt nicht erwähnt hatte. Gab ich ihm das jetzt zu verstehen, würde er sich aber noch mehr Sorgen machen, als er es bereits tat; und ich legte keinen Wert darauf, daß er auch bei der Verhandlung geistesschwach wirkte; es genügte mir durchaus, wenn er während der Schießerei unzurechnungsfähig gewesen war.

Ich verriet ihm auch nicht, was wir über Mary Pilant und ihr mitternächtliches Stelldichein am Strand erfahren hatten. Der Wert, den diese kleine Klatschgeschichte bergen mochte, lag zunächst sicherlich darin, daß sie nicht an die große Glocke gehängt wurde.

Du willst dir doch nicht etwa eine elegante Erpressung leisten, Biegler! dachte ich. Man mochte es drehen und wenden, wie man wollte, Erpressung blieb ein häßliches Wort. Vielleicht konnte man sagen: Paul Biegler erwägt die Möglichkeit, einer wertvollen kleinen Hilfe zuliebe über Mary Pilant diskretes Stillschweigen zu wahren. Ja, das klang schon viel besser. Ich wandte mich wieder an meinen Oberleutnant.

«Waren Sie sich vor jener Nacht darüber klar, daß Barney Quill ein Preisschütze war, vor allem auf Pistolen?»

«Ich hatte davon gehört, auch seine Medaillen in der Bar gesehen, und befreundete Offiziere hatten darüber gesprochen – allem Anschein nach machte der Mann kein Hehl daraus, daß er ein guter Schütze war. Ich bin allerdings nie gegen ihn angetreten.»

«Nur das eine Mal, wollen Sie sagen – als er verlor. Wußten Sie oder hatten Sie jemals gehört, daß er einen Haufen Flinten und Pistolen besaß und einen Teil davon angeblich hinter der Bar aufbewahrte?»

«Das ganze Städtchen wußte das.»

«Schön. Was sonst noch?»

«Jetzt, da Sie davon sprechen, fällt mir ein, daß einer unserer Offiziere einmal erzählte, Barney und ein paar unserer Jungens hätten eines Tages in der Bar über Waffen gesprochen und dabei habe Barney hinter die Bar gegriffen und eine halbautomatische Pistole zutage gefördert.»

«Gut. Sehr gut. Das wußten Sie also vor der Nacht der Schießerei.»

«Natürlich wußte ich das vorher – seitdem sitze ich ja.»

«Stimmt. Immerhin hätte der Offizier herkommen und es Ihnen nachträglich erzählen können. Es ist mir trotzdem so lieber. Haben Sie je eine dieser Waffen gesehen?»

«Nein, ich hatte für diesen Menschen nie viel übrig und hielt mich von ihm und seiner Bar so fern wie möglich. Wir waren uns nie grün.»

Ich versuchte, mir meinen zurückhaltenden Klienten als Freund von irgend jemandem vorzustellen, gab es aber rasch wieder auf. «Und wo ist der Offizier jetzt, der gesehen hat, wie Barney seine Pistole vorführte?»

«Vermutlich auf dem Weg nach Georgia, wenn die Truppen abgezogen sind, wie Sie sagen.»

«Hm ...! Wußten Sie auch oder hatten Sie vielleicht davon gehört, daß Barney ein guter Faust- und Ringkämpfer war?»

Der Oberleutnant zuckte die Achseln. «Ich hatte davon gehört – Barney stellte sein Licht nicht unter den Scheffel, wissen Sie –, wie er die Holzfäller hinausbefördert und einen stämmigen jungen Boxer fertiggemacht hatte. Und als Laura mir erzählte, wie er in jener Nacht mit seinen Glanzleistungen im Boxen und Ringen geprahlt habe, bestätigte sie das ja auch.»

Mein Herz sank. «Das heißt, daß sie es Ihnen vor der Schießerei erzählt hat?»

«Nein, später – entweder im Gefängnis oder auf dem Weg hierher.»

Mein Herz stieg, oder was Herzen sonst tun mögen, wenn sie aufhören zu sinken. «Ich verstehe», sagte ich, «auf jeden Fall wußten Sie aber in der Nacht, als Sie zur Taverne gingen, daß Sie es mit einem handfesten Kunden zu tun haben würden, einem Raufbold, der keiner Balgerei aus dem Wege ging?»

Oberleutnant Manion schien wenig geneigt, Barney Quill Ehre einzuräumen, gleichgültig auf welchem Gebiet. «Ja», gab er grollend zu, «ich hatte gehört, daß mit ihm schlecht Kirschen essen sei.»

«Dennoch hatten Sie den Schneid, ihn herauszufordern?» fragte ich verwundert.

Er sah mich scharf an. «Keine tausend Teufel hätten mich davon abgehalten», sagte er leise und eindringlich.

Wir gerieten auf schlüpfrigen Grund, und ich überlegte mir schon, daß ich wohl lieber ablenken sollte, als mir die Frage einfiel, die Parnell gestellt wissen wollte. Sollte ich eine so schwerwiegende Frage wirklich an ihn richten? Wenn ich's aber unterließ, würde es dann nicht die Staatsanwaltschaft tun? War es daher nicht besser, gleich in den sauren Apfel zu beißen?

«Oberstleutnant Manion», sagte ich, «ich werde Ihnen eine Frage stellen und verlange eine aufrichtige Antwort. Ich will, daß Sie ehrlich antworten und sich Ihre Antwort gut überlegen.»

«Fragen Sie», sagte mein Mandant.

«Wenn Sie nicht vorhatten, Barney Quill in jener Nacht zu erschießen, als Sie bewaffnet seine Bar betraten, was beabsichtigten Sie dann?»

«Ihn – ihn am Wickel zu kriegen», antwortete der Oberleutnant rasch. «Ihn am – am Schlafittchen zu packen und ihm die Leviten zu lesen – ihm das Handwerk zu legen.»

Mir schwante etwas. Hatte Parnell, der alte Fuchs, mich wieder einmal überrundet? «Was meinen Sie damit – ihn am Wickel zu kriegen, ihm das Handwerk zu legen?»

«Ich – ich weiß es eigentlich nicht genau. Einfach, was ich sagte, wahrscheinlich ... Wenn der – der Kerl wirklich das getan hatte, wovon Laura sprach, wovon ich überzeugt war, dann durfte er nicht mehr frei herumlaufen, das wußte ich.» Der Oberleutnant hielt inne, dann sprach er schnell weiter. «Verstehen Sie ..., es war mir unerträglich, diesen Hund frei herumlaufen zu sehen ... Es war alles so verrückt ... Wenn er so etwas tun konnte, war ich dann sicher, daß er ihr nicht wieder auflauerte, ja daß er nicht wiederkam, sich vielleicht danach aus dem Staube machte oder etwa mir nachstellte – wenn ich nicht rechtzeitig zupackte und ihn festhielt?»

«Wenn Sie nicht zupackten und ihn für wen festhielten?» fragte ich, kaum lauter als flüsternd. Kühnheit und Brillanz von Parnells scharfsinnigem Gedankenspiel kamen mir langsam zum Bewußtsein.

«Für die Polizei wahrscheinlich. Ich wußte eines: Ich mußte ihn schnappen, bevor er abhauen konnte oder vielleicht mir ans Leder ging. Ich konnte nicht anders.»

«Als ihn zu töten?» fragte ich.

«Nein, nein – nicht zu töten – ihm das Handwerk zu legen.» Die Augen des Offiziers wurden dunkel. «Ich will aber ganz ehrlich sein – ich hätte ihn dabei umgebracht, wäre er mir krumm gekommen.»

«Tat er es? Kam er Ihnen krumm?»

«Ich – ich weiß es wirklich nicht mehr.» Der Oberleutnant fuhr sich mit dem Daumen über die Brauen. «Es ist alles so verschwommen.»

«Wie wär's, wenn Sie mir erzählten, was Sie noch in Erinnerung haben?» schlug ich vor. «Denken Sie scharf nach.»

Manion blinzelte. «Als ich zum Hotel kam, parkte ich meinen Wagen und blieb einen Augenblick stehen, um mich an das Licht zu gewöhnen», begann er. «Dann betrat ich rasch die Bar. Dieser – dieser Barney stand hinter der Theke und blickte in den Spiegel, den Rücken zu mir gewandt.» Manion sprach sprunghaft, als geschähe alles, während er redete. «Ich sehe ihn, und er sieht mich. Wir blikken einander an ... Sonst sehe ich nichts – der Raum mag menschenleer gewesen sein ... Die Szene ist erstarrt wie ein Bild ... Ich gehe auf die Bar zu, noch immer blicken wir einander ins Gesicht ... Dann, als ich halbwegs, vielleicht auch schon nahe heran bin, dreht er sich um, nein, er wirbelt herum und läßt den linken Unterarm vor sich über die Bar fallen – so. Sein rechter Arm hängt herunter, außer Sicht ... Seine Lippen sind geschürzt, in dauernder Bewegung ...» Der Oberleutnant machte eine Pause und seufzte. «Dann, glaube ich, gab ich's ihm ... Danach ist alles vernebelt, verschwommen.»

Ich zündete mir ein Zigarillo an und paffte schweigend. Ein Gefängnisinsasse kam heraus, bückte sich hastig, um einen meiner Zigarillostummel aufzuheben, und ich stand auf, zertrat den Stummel und gab ihm einen neuen Stumpen. Er stammelte «Entschuldigung, bitte» und verdrückte sich mit Eimer und Scheuerlappen.

Der Oberleutnant wischte sich den Schweiß von der Stirn. Dies war das erste Mal, daß ich die wirkliche Geschichte der Schießerei hörte. War es Sorglosigkeit oder Eingebung gewesen, daß ich so lange darauf gewartet hatte? Mir fiel wieder ein, wie es leise in meinem Gehirn gearbeitet hatte, als ich an einem der ersten Tage über die Bedeutung der Tatsache nachdachte, daß Barney Quill nach der Vergewaltigung ein Verbrecher war, der frei herumlief. Jetzt arbeitete es weitaus heftiger in mir. Geriebener alter Parnell! Aber noch immer gab es Fäden der Geschichte, die lose umherflatterten ...

«Wenn Sie der Ansicht waren, daß dieser Mann ‹geschnappt› werden mußte, wie Sie sagen, kam Ihnen dann nicht der Gedanke, den alten Parkwart aufzuwecken, damit er Barney festnehmen konnte?» fragte ich. «Sie wußten doch, daß er den eigentlichen Parkwart vertrat?»

Oberleutnant Manion lachte kurz und freudlos auf. «Ich glaube schon, daß mir das bekannt war, nur dachte ich nicht daran, und hätte ich's getan, hätte ich ihn wohl nicht darum gebeten.» Er drehte sich um und schaute mir voll ins Gesicht. «Wenn – wenn Ihnen so etwas passiert wäre, Doktor Biegler, hätten Sie dann Ihren alten Vater hingeschickt?»

Ich paffte an meinem Zigarillo und blickte auf das verschlungene Mauerwerk des vergitterten Gefängnisses über dem Fahrweg. «Ich glaube, Ihre Antwort sagt alles, Oberleutnant Manion», sagte ich. Diese Antwort mußte Mitch schlucken, ob er wollte oder nicht. «Und damit sollten wir für heute Schluß machen.»

Ich blieb sitzen, das erloschene Zigarillo im Mund, und dachte nach. Der gute Parnell hatte vielleicht eine unserer härtesten Nüsse geknackt: Warum war Manion in die Bar gegangen? Die Steinchen unseres Puzzlespiels fügten sich nach und nach zusammen. Gleich wollte ich ihn aufsuchen und ihm die Neuigkeit brühwarm mitteilen.

«Schade, daß ich meinen Fotoapparat nicht bei mir habe», sagte eine Frauenstimme. «Ihr seht aus, als hättet ihr vor, zum Angeln zu fahren.» Laura Manion stand mit ihrem kleinen Hund neben uns. Rasch küßte sie ihren Mann, blickte dabei zu mir herüber, schüttelte mir dann die Hand und setzte sich zu uns auf die sonnenwarmen Stufen. Sie trug ein kleidsames dunkles Leinenkostüm, hauchdünne Strümpfe, Schuhe mit hohen Absätzen und einen kleinen Strohhut mit einem kurzen Schleier, der ihre Augen bedeckte.

«Schön, daß Sie gekommen sind, Laura», sagte ich. «Manny wird Ihnen später von meinem Ausflug nach Thunder Bay erzählen, im Augenblick habe ich freilich noch ein paar Fragen, die mir am Herzen liegen.» Ich lachte. «Ein Anwalt hat immer Fragen auf Lager.»

Der Oberleutnant stand auf und wollte sich verabschieden. «Bleiben Sie sitzen, Manion», bat ich. «Ich glaube, wir können das gemeinsam besprechen. Wenn nicht, schicke ich Sie in Sulos Obhut zurück. Im Augenblick brauche ich Ihrer beider Hilfe.» Ich wandte mich an Laura. «Haben Sie daran gedacht, die Aufnahmen machen zu lassen und zum Arzt zu gehen?»

«Ja, Paul, ich bin wie ein angehender Hollywoodstar von allen Seiten aufgenommen, betastet, betätschelt und beäugt worden. Die Bilder sollen morgen fertig sein.»

«Ausgezeichnet. Nun zu der Dame Mary Pilant – Sie haben sie doch beide kennengelernt?»

«Ja», bestätigte Laura. «Ist sie nicht reizend?»

«Gewiß», sagte ich, «das kann man wohl behaupten. Aber kann mir einer von Ihnen mehr von ihr erzählen? Sie arbeitete ja bei Barney, wie Sie wissen.» Ich wollte nicht nur herausbekommen, wieviel, sondern auch wie wenig Laura und Manny von ihr wußten.

«Nun», meinte Laura, «über sie und Barney wurde viel geredet. Aber soviel ich weiß, war sie eine vollendete Dame. Einer unserer jüngeren Offiziere war ganz vernarrt in sie.»

«Wer war das?»

«Keine Ahnung mehr – vielleicht weiß Manny es noch.»

Ich wandte mich an ihn. «Leutnant Sonny Loftus», erwiderte er kurz und bündig.

«Waren sie – war die Sache ernst?» fragte ich.

Laura und Manny blickten einander an und zuckten die Achseln. «Mein Gott, Manny, beschwören könnte ich das nicht», sagte sie, ihren Mann anlächelnd. «Diese verteufelten Muschkoten, wissen Sie ... Immer nur strammer Dienst, nie eine freie Minute ...» Sie hob die Arme. «Ernst? Vielleicht ein Sommerflirt, wer weiß?»

«Und Sie, Manny?» fragte ich.

Er schüttelte den Kopf. «Ich weiß es wirklich nicht», meinte er ratlos.

«Was halten Sie von Paquette, dem Barmixer?»

«Er machte die besten ‹Old-Fashioned› im ganzen Städtchen», gab Manny zur Antwort. «Bei ihm war es ein wirklicher Cocktail, kein Fruchtsalat.»

«Er war immer höflich zu mir», meinte Laura. «Ich glaube, er war eben ein gewandter Barmann, eine Stütze des Hotels. Nach der Schießerei war er sehr zuvorkommend uns gegenüber.»

Ich wurde wach. «Wie meinen Sie das?»

«Nun, er bot mir an, mich am ersten Sonntag zum Gefängnis zu fahren, damit ich Manny besuchen konnte – ich war ja unfähig, selbst zu steuern –, und brachte Manny eine Stange seiner Lieblingszigaretten mit.»

Ich spitzte die Ohren. «Sonst noch etwas?»

«Auf der Fahrt zum Gefängnis sagte er, wie leid ihm das Ganze für mich und Manny tue, und setzte hinzu – wie drückte er sich noch aus? –, er hätte mir vorher sagen können, daß Barney wie ein Tier sei.»

Ich schaute sie an. Das Faszinierende und auch das Niederschmetternde der Anwaltstätigkeit besteht nicht zuletzt in den erfreulichen und unerfreulichen Überraschungen, die Mandanten und Zeugen dem Verteidiger unentwegt bescheren. «Sie meinen», fragte ich, meine Fährte witternd und bereits in voller Fahrt, «Barneys Barmixer habe gesagt, er hätte Sie warnen können, daß sein Chef wie ein Tier sei? Gebrauchte er dieses Wort? Sagte er ‹Tier›?»

«Gewiß, Paul. Ich dachte, ich hätte Ihnen das schon erzählt. Er erzählte auch, Barney habe in letzter Zeit stark zu trinken begonnen und es sei ein Pech, daß wir gerade jetzt nach Thunder Bay gekommen wären. Können Sie damit etwas anfangen?»

Mandanten sind eben Mandanten, dachte ich, und Anwälte eben Anwälte – die beiden kommen nie zusammen. «Ja, ich kann es gebrauchen», sagte ich. «Wissen Sie noch mehr?»

«Nun, er brachte Manny Zigaretten, wie gesagt. Er war wirklich nett und mitfühlend.»

Fragend blickte ich den Oberleutnant an. «Als er mir die Zigaretten gab, sagte er mir, wie leid es ihm um mich tue», erklärte Manion, «und ich solle wissen, das einzige, was er persönlich gegen mich habe, sei, daß ich eine Flasche erstklassigen schottischen Whisky zertrümmert hätte, keinen billigen Fusel, als ich Barney Quill erschoß.»

«Drückte er sich so aus?»

«Ja. Er saß eine Zeitlang bei mir, dann ging er wieder. Seine Freunde führen ihn nach Thunder Bay zurück, erzählte er. Laura blieb über Nacht da – wir versuchten den ganzen Tag, Sie zu erreichen. Außerdem mußte sie ihren –» er hielt inne und lächelte – «ihren geliebten Tierarzt aufsuchen.»

Ich mußte mich beherrschen, um nicht aufzuspringen und Parnell zu suchen, ihm das Stichwort weiterzugeben. «Hat einer von Ihnen ihn seither gesehen?» fragte ich. «Ich meine den Barmixer?»

Laura schüttelte den Kopf. «Einmal habe ich ihn in Thunder Bay auf der Straße getroffen – ich war natürlich nie wieder in der Bar –, da sprach er mich kurz an, erkundigte sich nach Manny und ging sofort weiter. Seither hat keiner von uns noch einmal etwas von ihm gesehen oder gehört.»

«Fiel der Name Barney noch mal – als Sie ihn auf der Straße trafen?»

«Nein.» Laura dachte nach. «Da Sie davon sprechen: Er kam mir damals eigentlich doch schweigsam und zurückhaltend vor. Außerdem hatte er es eilig. Er sagte gerade ‹Tag›, ‹Wie geht's Manny?›, und weg war er.»

Wieder einmal sah ich Mary Pilants zarte wissende Hand am Werk. Was wurde gespielt? Was war geschehen? Dieser Mann hatte sich also alle Mühe gegeben, nett zu den Manions zu sein, hatte seinen toten Chef ein Tier genannt – und als ich dann mit ihm sprach, wand er sich auf einmal wie ein Aal, wich aus und nannte Mrs. Manion ein Flittchen, das sich ohne viel Aufhebens aufs Kreuz legen ließe. Was war da plötzlich geschehen?

Ich berichtete den Manions von der Absage des Regiments, fügte hinzu, daß ich jetzt an Manions Truppenteil wegen des Psychiaters geschrieben hätte, und riet den beiden, sich mit dem unliebsamen Gedanken vertraut zu machen, daß man uns vielleicht nicht mehr rechtzeitig vor der Verhandlung einen Nervenarzt zur Verfügung stellen würde. «Bis dahin sind es nur noch zweieinhalb Wochen. Dennoch habe ich die Hoffnung nicht aufgegeben, Manion, und werde in der Armee so lange herumschnüffeln, bis ich einen aufgable, und wenn ich bis ins Kriegsministerium vordringen muß.» Ich erhob mich. «Jetzt muß ich gehen. Morgen ist Samstag, da komme ich nicht. Nächste Woche muß ich meine schwarzen Ärmelschoner überstreifen und ernstlich Kommentare wälzen. Aber ich lasse von mir hören. Auf Wiedersehen!» Ich wandte mich zum Gehen.

«Viel Glück beim Angeln zum Wochenende, Paul!» rief Laura mir nach. Ich drehte mich um: Sie und der Oberleutnant standen Arm in Arm lächelnd da, ein Bild des Eheglücks und der Eintracht. Zu schade, dachte ich, daß die sonst allzu neugierigen Zeitungsfotografen nie zur Stelle sind, wenn sie wirklich gebraucht werden!

27. Kapitel

Ich betrat das Gerichtsgebäude durch den hinteren Eingang und stieg in der hohen Marmorhalle die breiten Marmorstufen zum Gerichtssaal im zweiten Stock hinauf, da ich hoffte, Parnell und Maida in der daneben liegenden Bibliothek zu finden. Meine Schritte hallten auf den verlassenen Gängen wider, ich durchwanderte das Gewirr von

Fluren hinter dem Gerichtssaal, aber die Bibliothek war leer. In dem heißen Raum roch es stickig wie in einer Sauna. Stapel staubiger Kommentare, Entscheidungssammlungen und Taschenausgaben bedeckten Tische und Stühle. Ich verließ den Brutkasten, warf einen Blick in das Beratungszimmer der Geschworenen, wo so manches Schicksal sich erfüllt hatte und die traditionellen zwölf Stühle um den langen Tisch standen. Weder dort noch in den anderen Räumen war eine Menschenseele zu erblikken. Schließlich fand ich die beiden in dem mit einem Stahlboden ausgelegten Archivgewölbe des Nachlaßgerichts im Erdgeschoß; Parnell hielt ein Schriftstück dicht vor die Augengläser und diktierte Maida mit verstohlener Miene. «Ssst!» warnte ich von der Tür aus.

Parnell fuhr zusammen und blickte über den Rand seiner stahlgefaßten Brille hinweg. «Noch fünf Minuten, und wir haben's», sagte er, es klang wie ein Raunen. «Verschwinde bloß, bevor jemand kommt und uns überrascht.»

«Entschuldigen Sie bitte.» Ich zuckte die Achseln, trat den Rückzug an und machte Miss Etta, der reizenden Registraturbeamtin des Nachlaßgerichts, umständlich den Hof. Sie strahlte mit ihren sechzig Jahren mehr Anziehungskraft und Wärme aus, als die meisten verheirateten Frauen im ganzen Leben aufzubringen vermögen. Wäre sie etwas jünger und ich etwas älter gewesen, ich glaube, ich hätte an eine Ehe gedacht ...

«Ach, Polly!» Etta errötete. «Sie reden mal wieder daher, nein wirklich ...»

Gefolgt von Maida, die einem getreuen Knappen glich, tauchte Parnell mit seiner schäbigen Aktenmappe unter dem Arm aus dem Verlies auf. Beide segelten an mir vorbei, dem Hauptgang zu.

«Abschied nehmen, welch süßer Kummer», flötete ich Etta zu, die von neuem errötete, ließ sie stehen und lief

Parnell und Maida nach. Am Ende des langen Marmorgangs holte ich sie ein. «Was gibt's Neues?» fragte ich.

«Wart's doch ab, bis wir allein sind. Das Zeug ist glühend heiß.»

«Zu Befehl», sagte ich und folgte ihnen, kleinmütig auf meinem Zigarillo kauend, brav zum Wagen.

Parnell hatte sich beeilen müssen, erklärte er; denn der Grundbuchrichter sei jeden Augenblick erwartet worden, und er habe keine Lust verspürt, dabei ertappt zu werden, wie er in der Akte «Barney Quill» herumspionierte.

Er und Maida strahlten; sie hatten in dem neuangelegten Aktenstück die Unterlagen *Nachlaß des verstorbenen Barney Quill* ausgegraben. Der Nachlaß war am Montag nach der Schießerei aufgenommen worden, an demselben Tag also, an dem ich den Fall übernahm. Mary Pilant hatte den Antrag gestellt und den Erfordernissen des Gesetzes gemäß eine Tochter, Bernardine Quill, sechzehn Jahre alt, wohnhaft in Drei Weiden, Wisconsin, als einzige gesetzliche Erbin angegeben. Das Testament vermachte alles Mary Pilant und datierte – wie der Barmixer bereits gesagt hatte – etwa drei Wochen vor dem Mord. Das nächste wichtige Schriftstück handelte vom Erscheinen vor Gericht und von einer Anfechtungserklärung des Testaments durch einen Rechtsanwalt in Green Bay im Auftrag einer gewissen Janice Quill, persönlich und in ihrer Eigenschaft als Vormund der Tochter Bernadine. Es griff die Rechtsgültigkeit des Testaments mit so ziemlich allen klassischen Mitteln an, mit denen man ein Testament in Frage stellen kann, einschließlich unzulässiger Beeinflussung und mangelnder Testierfähigkeit des Barney Quill wegen seiner Trunksucht.

«Janice Quill?» fragte ich. «Dürfte wohl die Mutter des Kindes sein – und als solche Barneys geschiedene Frau.»

«Genau», bemerkte Parnell trocken, «nur hat die Dame sich mit der Scheidung nicht einverstanden erklärt. Sie hat einen Antrag gestellt, belegt durch einen Stapel eidesstattlicher Erklärungen, worin sie behauptet, die in Wisconsin ausgesprochene Scheidung zwischen ihr und Barney sei nichtig, weil Barneys Scheidungsklage ihr niemals formgerecht zugestellt worden sei.»

«Die Sache wird immer bunter. Worauf beruft sie sich denn?» fragte ich. «Nach all den Jahren muß sie doch gewußt haben, daß sie geschieden war. Was veranlaßt sie jetzt plötzlich, ihre Scheidung rückgängig machen zu wollen?»

«Pinkepinke», gab Parnell zur Antwort, machte einen Katzenbuckel und rieb seine trockenen Hände. «Immer das alte Lied – Geld, Geld, Geld ...»

«Schön, aber was kann sie sich davon versprechen, daß sie versucht, vor einem Nachlaßgericht des Staates Michigan das Scheidungsurteil eines anderen Staates anzugreifen? Nach der Treu-und-Glauben-Klausel der Verfassung ist das doch verboten, wie du weißt.»

«Im allgemeinen ja, Polly», pflichtete mir Parnell bei. «Doch gibt sie an, auch dort vorstellig zu werden, um die in Wisconsin ausgesprochene Scheidung rechtsungültig zu machen. Wenn sie überdies behauptet, Barneys Frau gewesen zu sein, wird es vielleicht Mary Pilants Aufgabe sein, das Gegenteil zu beweisen.»

«Genau das, Parn. Anscheinend haben wir nun nicht nur Oberleutnant Manions Mord zu verteidigen, sondern auch noch Barney Quills Testament und Scheidung.»

Parnell lächelte. «Wie meinst du das? Was haben wir damit zu tun?»

«Weil eine Anfechtung des Testaments- und des Scheidungsurteils Manions Chancen entgegenarbeitet. Daher halten auch Mary Pilant und ihr Personal so dicht. Verstehst du das denn nicht? Es geschieht in erster Linie zum Schutz des verflixten Testaments, nicht um uns zu schädigen. Wenn die Gesellschaft nämlich das kostbare Testament schützen kann, bekommt Mary Pilant, selbst wenn Barneys ehemalige Frau die Scheidung über den Haufen wirft, noch immer etwa zwei Drittel des ganzen Schwungs; und wenn Testament- und Scheidungsurteil gültig bleiben, bekommt die kleine Pilant alles. Daher wollen die auch nicht, daß Barney als Säufer und Radaubruder hingestellt wird, der vom Saufen so verdummt und verbiestert war, daß er nicht einmal mehr ein Testament aufzusetzen verstand und nicht imstande war, Laura Manion das anzutun.»

«Auch ich habe mir das etwa so zurechtgelegt», sagte Parnell trocken, «nur hatte ich kaum erwartet, daß ein Strafverteidiger darauf kommen würde.»

«Daher hielt der Barmixer den Manions gegenüber plötzlich den Mund», fuhr ich fort, ohne auf Parnells Seitenhieb zu antworten. «Daher stellt er jetzt auch Laura als Flittchen hin. Daher würde Mary Pilant ihn auch lieber hängen sehen als uns die Wahrheit sagen. Ein schöner Salat, was?»

«Aber wieso haben wir denn etwas damit zu tun?» fragte Maida. «Wieso kann das unserem Oberleutnant etwas ausmachen?»

«Weil diese Vergewaltigung – wenn ich ein derartig anstößiges Wort in Ihrer Gegenwart aussprechen darf – der goldene Schlüssel zu unserer Verteidigung ist. Alles, was diesen grausamen Tatbestand in Zweifel stellt, schadet unserer Sache.»

«Ich verstehe immer noch nicht.»

«Sehen Sie, vielleicht der größte Zweifel, der den ganzen Fall treffen kann, wäre der, daß ein nüchterner Mensch im Vollbesitz seiner fünf Sinne das tun könnte, was Barney getan hat. Mit dem Ergebnis, daß dieses reizende Völkchen – ohne Rücksicht auf seine Beweggründe – Barney erfolgreich als nüchternen, gottesfürchtigen, friedliebenden Pfadfinder hinstellen würde und versuchen müßte, Laura Manion bei der Verhandlung runterzumachen, damit unsere Geschichte angezweifelt wird, wobei gleichzeitig Mitleid mit dem jüngst Verstorbenen erweckt werden kann. Ein zweischneidiges Schwert, wie Sie sehen. Und es entspricht überdies nicht der Wahrheit.»

«Jetzt verstehe ich», sagte Maida stirnrunzelnd.

«Was hast du eben gemeint, als du sagtest, der Barmann habe den Manions gegenüber den Mund gehalten?» fragte Parnell. «Hat er ihn denn je vorher aufgemacht?»

«Ich will dir's erklären», sagte ich. «Die Dinge überstürzen sich so, daß ich noch keine Zeit hatte, dir alles zu berichten.» Ich erzählte also Parnell und Maida, was ich kurz vorher vom Ehepaar Manion erfahren hatte. «Aber nun fügt sich alles zusammen», fuhr ich fort. «Er ist Marys Kronzeuge und ihr Hauptrückhalt bei der Verteidigung von Barneys Testament. Weiß der Himmel, was für ihn dabei herausschaut. Vermutlich eine Scheibe von der Bar.» Ich brach ab.

«Laßt uns ein Filmskript daraus machen», schlug Maida vor, «und uns den Erlös teilen.»

«Aus den Akten geht hervor, daß der alte Martin Melstrand hier aus dem Städtchen als Mary Pilants Anwalt auftritt», sagte Parnell. «Wie ihr wißt, ist Martin ein geriebener Anwalt in Nachlaß- und Vermögenssachen, aber faul wie die Sünde. Er wird seinen Fall nicht vor Gericht bringen, bis er nicht getreten wird – vertrackterweise wird unsere Verhandlung vorüber sein, bevor seine Testamentssache verhandelt wird. Ein weiterer Grund, warum unser Mordfall vertagt werden sollte – dann wäre der Testamentsstreit ausgestanden, gleichgültig, ob verloren oder gewonnen, und die Gemüter hätten sich mittlerweile beruhigt.»

«Ach was, Parn», sagte ich mürrisch, «gegen die Entscheidung des Nachlaßgerichtes wird sicherlich, ganz gleich, wie sie ausgeht, Berufung eingelegt, daher ist eine Vertagung für uns keine Lösung. Himmel noch mal, dieser Fall ist weiß Gott zum Wahnsinnigwerden.»

«Aber denk doch an die Kommentare, Polly, an die

Lehrbücher», stöhnte Parnell begeistert. «Denk doch an die vielen spannenden Präzedenzfälle, die wir durchackern müssen. Ich kann's kaum erwarten, bis wir beginnen. Wollen wir nicht nach Hause und gleich anfangen?» Er war wie ein Schuljunge, der sein erstes Fahrrad auspackt.

«Heute abend fahr ich zunächst einmal übers Wochenende zum Angeln weg, Parn», antwortete ich. «Ich muß mal ganz für mich allein sein und den Fall einem Geschworenengericht von meinesgleichen – von Forellen – vorlegen. Wahrscheinlich ist es auch die letzte Gelegenheit zum Fischen. Aber Montag packen wir's ernstlich an.» Ich zuckte die Achseln. «Wenn du's aber gar nicht erwarten kannst, so laß dich um Gottes willen nicht abhalten.» Parnell machte ein langes Gesicht; ich erinnerte mich zu meinem Schrecken, daß er seine zusehends schwindende Bibliothek schon lange in Alkohol angelegt hatte. «Ich gebe dir auf jeden Fall einen Schlüssel zu meinem Büro», sagte ich und händigte ihm den zweiten Schlüssel aus. «Es steht dir jederzeit zur Verfügung, wir sind ja Partner, wie du weißt. Sollten während deiner nächtlichen Forschungsarbeit fremde Damen aufkreuzen und sich bei mir umschauen, so wisse, daß es meine Nichten sind. Es sind immer meine Nichten. Schick sie unbeirrt heim.»

«Dank dir, Polly», sagte Parnell und steckte den Schlüssel gelassen ein. «Vielen Dank, ich werd ihn heute abend benützen.»

«Ein interessantes Thema, über das du dich von vornherein informieren könntest, Parn: Darf ein Privatmann ohne Haftbefehl eine Verhaftung vornehmen wegen eines Verbrechens, das in seiner Abwesenheit begangen wurde? Daß die Frage plötzlich auftaucht, ist dir zu verdanken.»

Parnells Augen leuchteten voller Eifer. «Hast du ihm die Frage wirklich gestellt?» fragte er frohlockend. «Sag mir, was er geantwortet hat. Auch das ist eine Sache, die mir gestern nacht durch den Kopf gegangen ist. Sie eröffnet uns neue Möglichkeiten.» Er brach ab, blinzelte und schüttelte den Kopf. «Schöne Aussichten für die Rechtsbelehrungen, die der Richter den Geschworenen erteilen muß! Junge, Junge!»

In diesem Augenblick sah Parnell fast unanständig glücklich aus. Ich beneidete ihn; denn hier saß einer jener seltenen Glückspilze vor mir, deren Steckenpferd nächst dem Whisky zufällig auch ihr Beruf war: die eifersüchtige Geliebte des Rechts.

ZWEITER TEIL

Die Verhandlung

1. Kapitel

Zu guter Letzt hatten wir beim Heer einen Psychiater aufgegabelt, allerdings nicht bevor ich das Kriegsministerium bedrängt hatte und erst als Parnell und ich praktisch selbst Anwärter auf das Ruhebett des Psychiaters geworden waren.

Parnell hatte eifrig Lehrbücher gewälzt und Dutzende obskurer, aber passender alter Fälle ausgegraben, von denen ich nie gehört hatte. Mit seinem grünen Augenschirm sah er wie der Kassierer eines Buchmachersyndikats und dann wieder wie der Meistergraveur einer Bande von Geldfälschern aus. Er schwebte im siebenten Himmel – pläneschmiedend, wühlend, schreibend, diktierend. «Hier, Maida, nehmen Sie dies bitte auf ...!»

«Aber wozu das alles?» stöhnte ich. «Was soll die ganze Schreiberei, wenn wir am Ende doch keinen anständigen Psychiater an Land ziehen können? Und ich habe so viel Zeit zum Angeln versäumt ...»

Spät am Dienstag abend rief die Armee an. Parnell und ich machten einen Satz, ich wußte, bevor ich den Hörer abnahm, daß es Manions Truppenteil war. Endlich war der Befehl da ... Wenn der Oberleutnant sich Donnerstag vormittag um acht Uhr im Lazarett von Bellevue, Unteres Michigan, einfinden wollte, werde ein Heerespsychiater ihn untersuchen; der Befehl werde noch schriftlich bestätigt.

«Das soll heißen», sagte ich ungläubig in den Apparat, «daß wir unseren Mandanten in ein Lazarett in der Nähe von Detroit einliefern müssen, um ihn untersuchen zu lassen.»

«Sehr richtig», antwortete der diensttuende Offizier.

«Aber, Oberst», gab ich zurück, «Oberleutnant Manion sitzt hier am Ende der Welt im Kreisgefängnis auf Anklage wegen Mordes ersten Grades. Auf Mord gibt es keine Kaution – für Geld oder gute Worte kommt er hier nicht heraus. Nicht einmal den schönen Augen des Kriegsministers zuliebe.»

Der Herr Oberst ließ sich nicht erweichen. «Ihre Sache, Sir. Ich habe Ihnen den Befehl des Generals vorgelesen. Das ist unser letztes Wort; der Befehl wird schriftlich bestätigt.» Dann fluchte ich, hierauf fluchte der Herr Oberst; schließlich hängte ich auf und erzählte Parnell den Vorgang.

«Ich hätte gute Lust, mir einen anzutrinken», sagte ich und schaute mürrisch das Telefon an. Parnell nahm seinen Hut.

«Wohin gehst du?» fragte ich. «Willst du mir Gesellschaft leisten? Hauen wir mal einen auf den Kopf!»

«*Wir* gehen jetzt zum Gefängnis und werden den Sheriff bewegen, daß er oder sein Stellvertreter unseren Mandanten mit einem Auto ins Untere Michigan fährt», sagte Parnell. «Wir zahlen die Spesen, auf diese Weise bleibt er technisch in Untersuchungshaft. Jedermann wahrt sein Gesicht. Es gibt nur den einen Weg, Polly. Los, es wird spät!»

«Für mich auch», sagte Maida und packte Block und Bleistifte zusammen. «Nehmen Sie lieber Ihre Akten zu sich, man kann nie wissen, was in einem so unheimlichen Fall noch alles passiert.»

Glücklicherweise trafen wir Sheriff Battisfore zu Hause an; ja, ich mußte ihm sogar am Bett einen Vortrag halten und war überrascht und einigermaßen enttäuscht, wie prosaisch und spießbürgerlich er sich ohne seinen Cowboyputz in einem zerdrückten Nachthemd ausnahm ... Rasch erklärte ich ihm mein Abenteuer mit dem Heer und die Klemme, in die der Befehl des Generals mich gebracht hatte.

«Was kann man da bloß machen?» murmelte ich und versuchte halb so verzweifelt auszusehen, wie mir tatsächlich zumute war.

«Nicht leichter als das, Polly», meinte der Sheriff gelassen. «Ich laß ihn durch Untersheriff Carl Vosper morgen hinunterfahren. Carl ist ein ruhiger Mann und ein tadelloser Fahrer. Du mußt das Ganze natürlich bezahlen – Benzin, Kilometergeld, Carls Tagesgeld –, dann kann sich keiner aufregen ... Jetzt fahr aber lieber heim und leg dich aufs Ohr – du siehst ja aus, als hätten sie dich durch den Wolf getrieben.»

«Sheriff, Sie sind ein Genie», sagte ich und schüttelte ihm feierlich die Hand. Von jetzt an konnte Max Battisfore meinetwegen die Staatsstraßen, als Indianerhäuptling verkleidet, patrouillieren – er war mein Mann. Statt heimzufahren und zu Bett zu gehen, verfügten Maida, Parnell und ich uns jedoch in das Büro des Sheriffs unten im Gefängnis, kamen mit unserer kniffligen hypothetischen Frage zu Ende und arbeiteten einen Begleitbrief an einen Psychiater aus, von dem wir nie gehört hatten und dessen Namen wir nicht einmal kannten.

«Geben Sie dies bitte Sulo, damit er den Brief morgen früh Oberleutnant Manion aushändigt», sagte ich dem Wärter vom Nachtdienst und übergab ihm den dicken Umschlag.

Die Vögel zwitscherten und lärmten, als wir nach Hause fuhren. Ich stellte verdrießlich fest, daß die Blätter bereits gelb wurden, eine unliebsame Mahnung, daß es mit dem Angeln bald vorbei sei ...

Am nächsten Tag, einem Mittwoch, fuhren der Oberleutnant und Untersheriff Carl Vosper, bewaffnet mit unserem Brief, in aller Frühe in das angegebene Lazarett. Wir hörten von ihnen erst wieder am Sonntag kurz vor Mitternacht, also am Vorabend der Eröffnung der Hauptverhandlung. Mein Mandant rief mich, wie vereinbart, sofort an. Ich saß allein zu Hause und starrte in den brennenden Kamin.

«Nun, Oberleutnant, waren Sie schwachsinnig?»

«Noch durchgedrehter hätte ich kaum sein können», gab der Offizier zurück.

«Wie nannte er's?»

«Ich – ich weiß gar nicht, wo ich anfangen soll. Aber selbst ich bin jetzt felsenfest davon überzeugt.»

«Waren Sie's vorher nicht, Oberleutnant?» fragte ich sanft.

«Natürlich, klar – keine Frage, aber er hat mir das Wie und Warum erst richtig auseinandergesetzt. Es läßt sich schwer erklären. Sie werden's schon sehen.»

«Aber ich habe Ihnen doch gesagt, Sie sollten ihn bitten, Ihnen die Sache kurz und bündig einzupauken.»

«Diese Leute können sich niemals kurz fassen, lieber Doktor. Ich glaube, das bringen sie gar nicht fertig. Was er mir gesagt hat, ist etwa folgendes: Als ich Barney erschoß, litt ich an Bewußtseinsspaltung – keine Ahnung, was das heißen soll –, etwas, was bisweilen – hm! – unwiderstehlicher Zwang genannt wird.»

Ich schloß die Augen. «Herr des Himmels ... nein – *das kann er nicht gesagt haben!*»

«Doch, genau das hat er gesagt. Ist das denn nicht gut für uns?»

«Wie heißt er?» fragte ich ausweichend. «Das muß ich für die morgige Verhandlung wissen.»

«Dr. Matthew Smith. Er ist gleichzeitig Stabsarzt.»

«Smith? Ganz einfach Smith? Sind Sie sicher, Oberleutnant? Ich hatte immer geglaubt, Psychiater müßten unbedingt ausländische ellenlange Namen haben, um ihr Diplom zu bekommen.»

«Matthew Smith ...», wiederholte der Oberleutnant unerschütterlich. «Sagen Sie mal, Herr Rechtsanwalt, haben Sie getrunken? Geht es Ihnen nicht gut?»

«Mir ist es nie besser gegangen, Manion. Also, bis morgen vor Gericht. Legen Sie sich schön zu Bett, und schlafen Sie – das ist die Hauptsache.»

Unwiderstehlicher Zwang also war der Befund. Parnell und ich hatten uns jetzt wochenlang damit abgequält, unsere Verteidigung nach dem althergebrachten Schema von der mangelnden Fähigkeit des Delinquenten zur Unterscheidung zwischen Recht und Unrecht aufzubauen (danach gilt jemand so lange für gesund im Sinne des Gesetzes, als er dieses Unterscheidungsvermögen besitzt). Es war die einzige Spielart von Geistesgestörtheit, die amerikanische Gerichte bisher als Schuldausschließungsgrund anerkannten. Und nun hatten das Schicksal und ein unvernünftiger General uns einen Psychiater beschert, der behauptete, es sei unwiderstehlicher Zwang – das heißt: unabhängig davon, ob er den Unterschied zwischen Recht und Unrecht wußte, hätte der Oberleutnant Barney erschossen, weil er nicht anders konnte ...

Alles, was ich von der Lehre von Zwangshandlungen als Schuldausschließungsgrund eines Verbrechens wußte, hatte ich vor Jahren auf der Hochschule im ersten Semester gelernt. Was davon bei mir hängengeblieben war, ermunterte mich nicht sonderlich: unwiderstehlicher Zwang wurde als Verteidigungsgrund von der überwiegenden Mehrzahl der Gerichte glattweg abgelehnt. Ich hielt es für sehr wahrscheinlich, ja für fast unvermeidlich, daß der vorsichtige und keineswegs revolutionäre Oberste Gerichtshof von Michigan ebenso dachte.

Ich kämpfte mit mir, ob ich Parnell anrufen und ihm die Hiobsbotschaft mitteilen sollte. Aber nein, es war zu spät; die Würfel waren gefallen; wir hatten gesetzt und verspielt. Der gute Parnell sollte lieber schlafen, er brauchte dringend Ruhe.

Ich schleppte mich zu meinem verwühlten Bett, ließ mich darauf fallen und starrte den größten Teil der Nacht zur Decke hinauf, derselben Decke, die mein bierbrauender Großvater vor einer Million Jahren gezogen hatte ... Ja, das Braugewerbe, das war ein einfaches und vernünftiges Handwerk – man braute Bier, und Millionen von Menschen verfielen tagtäglich dem unwiderstehlichen Drang, nein Zwang, ein Gläschen zu trinken. Nach und nach fielen sie einem neuen Zwang zum Opfer und wurden ihn los; dann kauften sie gesalzene Erdnüsse oder Kartoffelchips und tranken ein neues – nie gab es ein Theater mit irgendwelchen Obersten Gerichtshöfen; die eigene Aufnahmefähigkeit war der einzige Gradmesser, der einzige Leitgedanke … Allmählich fiel ich in einen unruhigen Schlummer. Hört, hört, hört …! klang es mir in den Ohren, bis der Wecker rasselte.

2. Kapitel

«Das Volk des Staates Michigan gegen Frederic Manion», rief Richter Weaver auf. «Die Anklage lautet auf Mord.»

Ich stand auf, nickte dem Oberleutnant zu und wartete, bis er kerzengerade vor dem Richter stand, dann stellte ich mich links neben ihn. Mitch stand rechts, in der Hand die Anklageschrift, und blickte erwartungsvoll zu mir herüber. Würde ich darauf bestehen, daß er sich durch die endlose Verlesung der Anklage quälte?

«Wer erscheint?» fragte der Richter.

«Rechtsanwalt Paul Biegler für den Angeklagten», sagte ich. «Meine Vollmacht liegt bereits bei den Akten, Euer Gnaden.»

«Sehr gut», sagte er und wandte sich an Mitch. «Gehen Sie zur Verlesung der Anklage über, Herr Staatsanwalt.»

«Euer Gnaden», sagte ich, «der Angeklagte verzichtet auf die Verlesung der Anklage und hat im Augenblick nichts weiter zu sagen.»

«Damit plädiert also der Angeklagte auf ‹nicht schuldig›, und wir werden in das entsprechende Verfahren eintreten», sagte der Richter kurz. «Sind beide Seiten für die Verhandlung bereit?»

«Die Verteidigung ist fertig», sagte ich. Der Richter wandte sich an Mitch, der stirnrunzelnd dastand, und räusperte sich.

«Wir werden unter Umständen eine Vertagung beantragen müssen, Euer Gnaden», sagte Mitch.

Der Richter blickte mich fragend an. «Die Verteidigung ist bereit», sagte ich. «Wir haben keine Benachrichtigung erhalten, daß eine Vertagung beantragt wurde, und sehen uns gezwungen, einem etwaigen Antrag zu widersprechen. Mein Mandant befindet sich in Untersuchungshaft.»

«Sie haben das Wort, Herr Ankläger», sagte der Richter.

«Die Gegenseite hat einen Antrag auf Freispruch wegen Unzurechnungsfähigkeit gestellt», sagte Mitch, «hat uns jedoch noch nicht den Namen des psychiatrischen Sachverständigen mitgeteilt, wie das Gesetz es vorschreibt.»

Der Richter blickte mich über seine Brille an. «Mr. Biegler?»

«Eine Kopie des Antrages auf Unzurechnungsfähigkeit wurde der Anklagebehörde vor nahezu drei Wochen, genaugenommen vor achtzehn Tagen zugesandt. Das Original befindet sich bei den Akten der Gerichtsverwaltung. Es enthält die Namen der uns damals bekannten Zeugen, die in der Frage der Unzurechnungsfähigkeit eine Rolle spielen. Mr. Lodwicks Kopie war von einem Brief begleitet, in dem ich erklärt habe, daß ich ihm den Namen des Psychiaters nicht nennen könne, da ich ihn noch nicht wisse, daß ich es aber so bald wie möglich nachholen werde. Mit Erlaubnis des Gerichtes möchte ich das jetzt tun – ich habe seinen Namen erst gestern am späten Abend erfahren.»

Der Richter hob die Brauen. «Erlaubnis ist erteilt», sagte er, worauf ich vortrat und dem Richter das Original eines Schriftsatzes mit Namen und Anschrift Dr. Matthew Smiths überreichte. Dann gab ich Mitch eine Kopie. Der

Richter blickte Mitch an. «Besteht die Anklagebehörde noch immer auf ihrem Vertagungsantrag?» fragte er. «Ich glaube, wir sind zu einer Vertagung berechtigt», sagte Mitch. «Und zwar aus dem zusätzlichen Grund der Überraschung.»

Der Richter sprach ruhig: «Will die Anklagebehörde behaupten, daß sie, nachdem die Verteidigung sie vor nahezu drei Wochen über ihren Antrag auf Unzurechnungsfähigkeit benachrichtigt hat – behauptet sie, daß es sie überrascht, wenn die Verteidigung zur Unterstützung ihres Antrages ein Gutachten beibringt?» Er brach ab und lächelte leichthin. «Oder wollen Sie damit nahelegen, Mr. Lodwick, der Psychiater der Verteidigung, dessen Name Ihnen soeben mitgeteilt wurde, sei auf seinem Gebiet so überragend und besitze eine so gewaltige Autorität, daß Sie zur Hinzuziehung neuer Psychiater weitere Zeit benötigen, um das Gutachten des genannten möglicherweise zu erschüttern oder zu widerlegen?»

Die Sache wurde bereits brenzlig; Milch lief rot an, warf aber die Flinte nicht ins Korn. «Nein, Euer Gnaden», sagte er, «wir legen nichts dergleichen nahe, finden uns aber auch nicht damit ab. Wir glauben, daß der von uns zugezogene Psychiater durchaus in der Lage ist, die Behauptung des Psychiaters der Verteidigung zu widerlegen. Es – es ist nur, weil die Verteidigung sich nicht nach dem Gesetz gerichtet hat.»

«Mr. Biegler?» sagte der Richter.

«Entschuldigen Sie mich einen Augenblick, Euer Gnaden», sagte ich, trat auf ein Nicken des Richters an meinen Stuhl und entnahm meiner Aktenmappe einen Band der Gesetzessammlung des Staates Michigan. Parnell saß da, die Augen mit der Hand verdeckt. Rasch ging ich zum Richtertisch zurück. «Erlauben Sie mir, auf Abschnitt 28.1043 unserer Gesetzessammlung zu verweisen», sagte ich. Der Richter nickte, ich fuhr fort. «Das Gesetz fordert, daß bei Ausfertigung und Überreichung der Benachrichtigung wegen eines Antrages auf Unzurechnungsfähigkeit dieser die Namen der Zeugen der Verteidigung enthalten muß – ich zitiere –, ‹soweit sie ihr derzeit bekannt sind›. Daß das Gesetz durchaus solche Situationen in den Bereich der Möglichkeiten gezogen hat wie diejenige, über die Mr. Lodwick sich jetzt beschwert, geht deutlich aus dem Zitat und dem nächsten Satz hervor: ‹Die Namen anderer Zeugen können vor oder während der Verhandlung mit Genehmigung des Gerichtes genannt und zu den Akten gegeben werden ...› Euer Gnaden, wir haben soeben eine derartige Erlaubnis erhalten, und der Name des ‹anderen› Zeugen ist nunmehr mitgeteilt worden. Wir hätten Mr. Lodwick aus dem Bett trommeln müssen, hätten wir ihm die Mitteilung früher machen wollen. Ich möchte behaupten, daß wir uns damit völlig dem Buchstaben und dem Sinn des Gesetzes gemäß verhalten haben.»

«Ich bin mit Ihrem Gesetz ziemlich vertraut, Mr. Biegler», sagte der Richter. Er blickte in den Gerichtssaal. «Es ist immer wieder überraschend, was wir Juristen bisweilen in unseren Gesetzen entdecken, wenn wir uns die Mühe machen, sie zu lesen. Es ist auch überraschend, wieviel Zeit man damit sparen könnte.» Er seufzte und wandte sich wieder an Mitch, der wie ein begossener Pudel dastand. «Besteht die Anklage noch immer auf ihrem Vertagungsantrag?»

«Ich habe meine Stellungnahme bekanntgegeben», wiederholte Mitch zäh; auch jetzt wollte er noch nicht klein beigeben.

«Ich entnehme Ihren Worten, Mr. Lodwick», fuhr der Richter fort, «daß die Staatsanwaltschaft einen Gegengutachter zugezogen hat.»

«Ja, Euer Gnaden.»

«Haben Sie Mr. Biegler seinen Namen mitgeteilt?»

«Nein, Euer Gnaden. Sein Name steht in der Anklageschrift, ebenso die der anderen Zeugen. Die Gegenseite erhält ihre Kopie direkt.»

Der Richter legte seine Fingerspitzen zusammen und wiegte sich in seinem Stuhl auf und ab. Er schien die Uhr an der gegenüberliegenden Wand zu studieren. «Die Verteidigung kennt den Namen des Arztes der Anklagebehörde nicht, aber diese hat den Namen des Arztes der Verteidigung soeben vernommen. Das gleicht die Sache so ziemlich aus, nicht wahr, Mr. Lodwick? Vielleicht haben Sie im Augenblick sogar einen kleinen Vorteil.»

«Ja, Euer Gnaden», gab Mitch zu.

Der Richter lächelte, aber nicht unfreundlich. «Ich glaube, dann wollen wir die Sache auf sich beruhen lassen. Soweit die Staatsanwaltschaft Antrag auf eine Vertagung gestellt hat, ist diese abgelehnt. Wie lange wird die Verhandlung dauern? Ich bitte auch um Vorschläge der Herren Anwälte, wann wir beginnen sollen.»

«Ich schätze, die Verhandlung wird zwei bis drei Tage dauern», sagte Mitch. «Ich möchte gern am Mittwoch beginnen, dem ersten Tag der Sitzungsperiode der Geschworenen.»

Der Richter wandte sich an mich.

«Die Anklage hat mir soeben die Kopie der Anklageschrift überreicht», sagte ich. «Ich habe soeben die Namen von mehr als dreißig Zeugen der Anklage gelesen. Ich würde sagen, daß vier Tage bis eine Woche der Sache näherkämen. Der Beginn der Verhandlung am Mittwoch früh ist uns trotzdem recht.»

«Manches Jahr der Erfahrung auf dem Richterstuhl», sagte der Richter, «hat mich gelehrt, daß es sich empfiehlt, die Zeitschätzung der Anwälte mindestens zu verdoppeln.» Er lächelte. «Rechtsanwälte sind viel zu bescheiden; sie scheinen ihre ungewöhnliche Gabe, Zeit, wenn nicht zu vergeuden, so doch zu verbrauchen, bei weitem zu unterschätzen ... Immerhin werden wir diesen Fall als ersten auf die Liste setzen und wollen hoffen, daß wir bis Weihnachten fertig werden. Ich möchte nämlich in den Feiertagen meine Enkel besuchen. Die Verhandlung wird am kommenden Mittwoch um neun Uhr vormittags beginnen.» Er senkte die Stimme. «Die Herren Anwälte wollen sich bitte nach Bekanntgabe des Sitzungskalenders in meinem Zimmer einfinden.» Der Richter befragte seinen Kalender und schaute auf. «Das Volk des Staates Michigan gegen Peter Findley und Lois Green – wegen Konkubinats.»

Ich gab dem Oberleutnant einen leichten Stoß, er marschierte auf seinen Platz zurück. Er hatte den Mund nicht aufgetan; dazu war keine Gelegenheit gewesen. Ich eilte wieder auf meinen Platz und verstaute mein Gesetzbuch.

«Runde Nummer eins», flüsterte Parnell, als ich mich setzte. «Gut gemacht.»

«Das ist 'n Richter, Parn», flüsterte ich zurück. «Bei Gott, ich glaube fast, wir haben einen wirklichen Richter bekommen.»

Die Bekanntgabe des Sitzungskalenders ging auch vorüber; nun saßen Richter Weaver, Mitch und ich im Richterzimmer. «Rauchen Sie, meine Herren, und machen Sie es sich gemütlich», sagte er lächelnd. «Ich habe meine Tagesration bereits hinter mir. In den letzten Jahren darf ich mir nur eine leisten – strikte Anweisung des Arztes.» Er setzte sich an seinen Schreibtisch und füllte bedächtig eine klobige Bruyèrepfeife mit einem Tabak, der *Unvergleichlich* hieß, einem scharfen Rachenputzer, der aus Abfällen von Seegrasmatratzen zu bestehen schien. Mitch und ich zündeten unsere Zigarette und Zigarre an und schätzten dabei insgeheim diesen unbekannten Richter aus dem Unterstaat ab, mit dem wir über eine Woche lang auskommen sollten.

«Ein herrlicher Herbsttag –» Mitch versuchte eine Unterhaltung in Gang zu bringen und schaute dabei auf seine Uhr.

«Hm ...!» sagte der Richter, beendete seine Arbeit, übersah unsere forsch hingehaltenen Feuerzeuge, kramte in seiner Tasche nach einem großen Streichholz und blies endlich eine Wolke bläulich dahinrollenden Rauchs von sich. Mitch rümpfte die Nase und zwinkerte mir zu.

Richter Harlan Weaver war ein großer, langsamer, bedachtsam aussehender Mann von Mitte Fünfzig, wie mir schien; er sprach langsam und handelte langsam, dachte aber darum wohl noch lange nicht langsam. Er hatte große Hände und lange, breite Finger. Große buschig-graue Augenbrauen, die er ohne Unterlaß geduldig aus den Augen strich, verliehen ihm ein seltsam knabenhaftes Aussehen. Ich konnte ihn mir fast als barfüßigen Buben am alten Schwimmbecken in der fruchtbar blühenden Farmgegend von Unter-Michigan vorstellen, wo er jetzt ständiger Richter war. Er war der Typ eines Mannes, der sich vermutlich seit seinem zehnten Lebensjahr äußerlich kaum verändert hatte. Mit seinen ruhigen blauen Augen schaute er mich nachdenklich an.

«Wie Sie wohl bemerkt haben, meine Herren, habe ich etwas von einem Brummbär an mir.» In seiner Stimme klang ein wohltönendes Rollen mit. «Ich habe festgestellt, daß das der Arbeit gut bekommt.» Nachdenklich zog er an seiner Pfeife. «Außerdem habe ich gefunden, daß Anwalt und Publikum allzuviel Nachsicht bei einem Richter leicht als Schwäche auslegen. Nun, haben Sie etwas auf dem Herzen? Irgend etwas, was uns die vor uns liegende Aufgabe erleichtern könnte?»

«Ja», antwortete Mitch, «ich hätte gern unseren Pathologen zuerst geholt, wenn das möglich wäre. Das ist zwar etwas aus der Ordnung, ich weiß, aber der Mann ist mit Arbeit überhäuft, und kein Mensch ahnt, wie lange er oder wir zu warten haben werden, wenn wir uns streng an die Reihenfolge der Beweisführung halten.» Der Richter blickte mich an.

«Einverstanden», sagte ich. «Ein sehr vernünftiger Vorschlag, Mitch. Lassen Sie uns Barney gleich umlegen.»

«Sonst noch etwas?» fragte der Richter.

«Ich hätte noch gern ein paar Plätze reserviert für die Zeugen der Staatsanwaltschaft», sagte Mitch. «Es sind eine ganze Menge Leute, wie Paul schon bemerkt hat, und wenn sie keine reservierten Plätze haben, werden die Zuschauer sie vermutlich hinausdrücken und ...»

«Wie viele brauchen Sie?»

«Ich schätze, drei Bänke werden genügen», antwortete Mitch. «Wenigstens für den ersten oder zweiten Tag.»

«Dafür werde ich sorgen» – der Richter warf mir einen Blick zu –, «vorausgesetzt, daß die Verteidigung nicht zu beantragen gedenkt, daß die Zeugen abgesondert werden.» Ich verneinte mit einer Kopfbewegung. «Sonst noch etwas? Soll ich nicht vielleicht vierzehn Geschworene zuziehen? Es wäre doch jammerschade, diesen Fall zu verhandeln, wenn dann fünf Minuten vor Toresschluß einer wegen Grippe oder Beri-Beri ausfällt und wir noch mal von vorn anfangen müssen. Wie stehen Sie dazu? Ich kann das auch von mir aus tun und hätte keine Bedenken dagegen, möchte aber, wenn die Anwälte den gleichen Wunsch haben, Hand in Hand mit ihnen arbeiten.»

«Ich wollte die Sache schon selbst zur Sprache bringen, wenn Sie sie nicht angeschnitten hätten», sagte ich.

«Ausgezeichnete Idee», stimmte Mitch zu. «Es wäre wirklich unerfreulich, wenn wir diesen ganzen Tanz zweimal aufführen müßten.» Er lächelte und schaute mich an. «Außerdem haben Polly und ich noch etwas in der Politik vor und möchten uns an die Arbeit machen, bevor der Schnee fällt.»

«Das habe ich bereits gehört», sagte der Richter. «Also gut, ich werde anordnen, daß die Jury mit vierzehn Geschworenen besetzt wird. Noch etwas?»

«Skizzen», sagte Mitch. «Wir haben eine Skizze von der

Taverne anfertigen lassen, eine vom Wohnwagen des Angeklagten und eine vom Parkplatz mit Umgebung, soweit die Taverne in Betracht kommt. Vielleicht könnten wir Zeit sparen, wenn ...»

Der Richter sah mich an. «Wer hat die Vermessungen vorgenommen und die Zeichnungen angefertigt, Mitch?» fragte ich.

«Kriminalkommissar Julian Durgo und seine Leute von der Polizei haben die Vermessungen gemacht. Das Architektenbüro Anderson und Ives hat die Zeichnungen nach ihren Angaben angefertigt.»

«Sonst noch etwas, meine Herren?» rumpelte der Richter weiter. «Ich bin ein Anhänger der These, daß einigermaßen gebildete Menschen sich über viele Dinge einigen können, wenn sie sich zunächst einmal über ihre eigene Angelegenheit klargeworden sind.» Er lächelte. «Ich sage ‹einigermaßen gebildete Leute›, denn ein wirklich gebildeter Mensch ist mir nämlich noch nie begegnet. Freilich gebe ich die Hoffnung nicht auf, in meinem Leben doch noch mal einen zu treffen – ich bin eben ein unverbesserlicher Optimist. Noch etwas?»

Mitch lachte unsicher. «Mehr fällt mir im Augenblick nicht ein, Euer Gnaden», sagte er. Ich warf einen raschen Blick auf den Richter und dachte: Wenn es nicht um diesen verflixten Mordfall ginge, könnten wir uns jetzt gemütlich vor meinem Kamin zutrinken und dabei herausfinden, wo jeden der Schuh drückt. Lag in seiner Haltung nicht ein mir verwandter Zug von Zynismus?

«Und Sie, Mr. Biegler?» fragte der Richter. «Sie haben sich kaum geäußert. Ein kampfgestählter früherer Staatsanwalt wie Sie muß doch bis obenhin voller allglatter Teufelskünste stecken. Ich war auch mal Staatsanwalt, müssen Sie wissen. Irgendwelche Vorschläge, die uns die bevorstehende Prüfung erleichtern könnten?»

Ja, aber nur an meinem Kamin, dachte ich und fuhr lachend mit dem Finger über meine Stirn. «Gewiß, bis hier, Herr Richter», antwortete ich. «Aber wäre es nicht schade, wenn jeder von uns seine kleinen Überraschungen schon vorher auspackte?»

Der Richter drehte seinen Sessel herum und richtete seine blauen Augen nachdenklich auf den See. «Bis zu einem gewissen Grade haben Sie recht, Doktor», meinte er langsam, «aber nur bis zu einem gewissen Punkt.» Er blickte mich von der Seite an. «Wenn ein Anwalt seine Theorie und Taktik allzu lange für sich behält, verführt er das Gericht bisweilen zu Trugschlüssen und legt am Ende nur sich selbst herein. Daher rate ich Ihnen, meine Herren: Wenn Sie glauben, mir im Rahmen des Gesetzes irgend etwas anvertrauen zu können, was die *konkrete* Lösung des Falls beschleunigt, so dürfen Sie sich auf meine Diskretion verlassen. Damit meine ich nicht, daß der eine von Ihnen angelaufen kommen soll, sobald der andere mir den Rükken kehrt – ich habe nicht vor, den Fall in Gängen oder Konferenzzimmern zu verhandeln. Vergessen Sie nicht: Ich sagte ‹im Rahmen des Gesetzes anvertrauen›.» Er brach ab. «Sonst noch etwas, Mr. Biegler?»

Ich hatte mir einen scharfsichtigen und wachen Richter gewünscht, mein Wunsch schien in Erfüllung gegangen zu sein. Außerdem war er offenherzig. Ich lächelte. «Instruktionen», sagte ich. «Wenn eine Seite Rechtsbelehrungen an die Geschworenen verlangt, würde das Gericht dem Anwalt dann wohl erlauben, eine solche Bitte schon vor dem Ende der Verhandlung vorzutragen?» Die Theorie unserer Verteidigung lag in der Bitte um Instruktionen, die Parnell und ich mit viel Mühe ausgetüftelt und formuliert hatten. Ich hatte nicht beabsichtigt, unsere Karten früher auf den Tisch zu legen als unbedingt notwendig; aber nun hatte ich einen Richter vor mir, der mit der Zusicherung strengster Diskretion ganz offen um einen Hinweis bat. Warum sollte man ihn also im dunkeln lassen?

«Ich werde Ihre Bitte um Instruktionen nicht nur wohlwollend aufnehmen, ich ersuche sogar darum», erwiderte er. «Wenn der Anwalt auf seinem Recht und seiner Taktik so lange wie möglich sitzt – vielleicht um die Gegenseite zu verwirren oder ihr Sand in die Augen zu streuen –, mag er damit der Gelehrsamkeit und Hellsicht des Richters ein Kompliment machen wollen, läßt ihn aber unter Umständen ebensooft im unklaren. Ich bilde mir nicht ein, Gedanken lesen zu können. Noch viel weniger behaupte ich, alle Gesetze im Kopf zu haben. Möchten Sie vielleicht schon jetzt ein derartiges Verlangen aussprechen?»

«Im Augenblick noch nicht, Euer Gnaden», log ich unschuldig und warf einen Blick zu Mitch hinüber. Er sollte nach Möglichkeit gar nicht wissen, daß ich überhaupt um Instruktionen zu bitten gedachte. «Aber wer weiß, vielleicht werden wir später die eine oder die andere erbitten. Hätten wir bejahendenfalls dadurch Gelegenheit, unsere Anfragen im Licht der weiteren Entwicklung des Prozesses abzuändern oder zu ergänzen? Ich meine, auch von der Verteidigung sollte man keine allzu übertriebene Hell- und Weitsicht verlangen.»

Der Richter lächelte und nickte; er hatte meinen raschen Blick auf Mitch gesehen. «Gewiß können Sie Ihre Instruktionen gegebenenfalls ergänzen oder ändern. Oder auch ganz von vorn anfangen, obwohl ich dazu nicht raten möchte. Irgendwelche vorläufigen Anfragen würde ich eher als vertrauliches Verhandlungsmemorandum zur ausschließlichen Unterstützung des Gerichts behandeln. Also, Mr. Biegler, ich stehe zu Ihrer Verfügung – je eher, desto lieber.»

«Da Sie von Verhandlungsmemos sprechen», warf ich ein, «würden diese auch vertraulich behandelt werden?»

«Gewiß, Mr. Biegler, vorausgesetzt, daß die Anwälte sie nicht selbst austauschen wollen. All das gilt natürlich auch für Sie, Herr Ankläger. Das Gericht setzt nicht auf Favoriten – nur ganz selten jedenfalls und dann inkognito auf einem sehr entfernten Rennplatz.»

«Jaja!» murmelte Mitch abwesend und schaute, wie schon wiederholt während der Unterhaltung zwischen dem Richter und mir, auf seine Uhr. Mir tat der arme Teufel leid, ich konnte mir vorstellen, wie er schwitzte: Sein erster großer Mordfall stand ihm bevor. Einige dreißig Zeugenvorladungen mußten ausgefertigt und zugestellt werden, sicherlich läutete sein Telefon ununterbrochen, Polizisten und Anwälte gaben einander vermutlich die Türklinke zu seinem Büro in die Hand – und das Volk tobte, um an ihn heranzukommen. Bitte, Mr. Lodwick, nur eine Minute. Alles dauerte immer nur eine Minute, ich wußte aus bitterer Erfahrung, daß eigentlich jedermann den unerklärlich-dunklen Drang verspürte, dem Staatsanwalt am ersten Tag der Verhandlung aufzulauern. Keine andere Stunde des Jahres schien besser dazu geeignet ...

«Ausgezeichnet, meine Herren.» Der Richter erhob sich. «Ich denke, unsere kurze Zusammenkunft hat bereits ein paar Früchte gezeitigt. Auch lag mir daran, daß wir uns ein wenig beriechen, bevor wir uns in der Hitze des kommenden Gefechts die Zähne zeigen und aufeinander losgehen.»

«Besten Dank, Herr Richter», sagte Mitch und drängte zur Tür. «Wirklich eine erfreuliche Aussprache ... Aber ich glaube, jetzt muß ich schleunigst gehen. Ich habe noch einen Haufen Arbeit vor mir ...»

Der Richter verabschiedete uns an der Tür. «Auf Wiedersehen, meine Herren, auch ich habe noch das eine oder andere zu erledigen.»

«Ordentlicher Kerl, der Alte», meinte Mitch, als wir das Gericht verließen.

«Nicht übel, Mitch», sagte ich. «Bei dem kommen wir beide auf unsere Kosten.» Ja, er ist in Ordnung, und außerdem ist er ein wirklich guter Jurist, dachte ich, als ich zu meinem Wagen hinauslief, in dem Parnell auf mich wartete. Jetzt hatten wir den ungewissen, verhängnisvollen Kampf um den «unwiderstehlichen Zwang» zu bestehen.

3. Kapitel

Ich stattete meinem Oberleutnant einen kurzen Besuch ab, um die Geschichte seines Abenteuers mit Dr. Smith zu hören. Er war tatsächlich durch die ganze Mühle gedreht worden – war untersucht, ausgefragt, gemessen, getestet, herumgepufft, geknetet, auseinandergenommen und zusammengesetzt worden, das alles von einem Stab der verschiedenartigsten Spezialisten; dann folgten drei lange intensive Sitzungen mit Dr. Smith persönlich. Die Behandlung hatte, das stand eindeutig fest, «unwiderstehlichen Zwang» ergeben.

«Sie haben ihm doch erzählt, wie es Ihnen schwarz vor den Augen wurde, als Sie sahen, wie Barney herumwirbelte, seinen linken Unterarm auf die Theke fallen ließ und dabei seinen rechten Arm verbarg?»

«Ich habe ihm alles gesagt, was ich Ihnen erzählt habe – vielleicht sogar noch mehr. Er ließ nicht einen Augenblick locker.»

«Und meinen Brief mit unserem Entwurf der mutmaßlichen Fragen haben Sie ihm auch ausgehändigt?»

«Ja. Er läßt Ihnen dafür danken und Ihnen sagen, daß ihm Ihr Brief bei der Ausarbeitung seiner Diagnose geholfen habe.»

Wir hakten von neuem bei dem und jenem Punkt ein; wie ein besorgter Vater, der seine Tochter in den Trubel der Großstadt entläßt, warnte ich ihn, sich nicht mit fremden Ärzten oder Psychiatern auf Plaudereien oder Vertraulichkeiten einzulassen. Ich schärfte ihm nochmals ein, Laura daran zu erinnern, sie solle bei der Verhandlung unbedingt ihre Brille und ihren neuen Hüftgürtel tragen. Vor allem aber keinen Pullover. «Jetzt muß ich gehen, Oberleutnant», sagte ich. «Ich muß immer noch Kommentare wälzen.»

«Der ‹unwiderstehliche Zwang› macht Ihnen anscheinend zu schaffen, was?» fragte er.

«Kopf hoch, Manion. Wenn ich Sie morgen nicht besuchen kann, rufe ich Sie an. Mittwoch ist der große Tag.»

Parnell und ich fuhren auf einem Umweg durch das wellige Farmland der Finnen nach Chippewa heim. Viele Kilometer lang sprachen wir kein Wort, sogen nur die Schönheit der Landschaft in vollen Zügen ein.

Dann erzählte ich Parnell von meiner Sitzung mit dem Richter und Mitch, von meiner wachsenden Überzeugung, daß wir in dem ungewissen Lotteriespiel mit fremden Richtern, die uns mitunter aus dem Unterland zugewiesen wurden, diesmal vielleicht einen Treffer gezogen hätten, erzählte, daß mir der Mann zusehends sympathischer würde.

«Sehr richtig, Polly, auch mir hat die Art gefallen, wie er den jungen Mitch von seinem schlecht begründeten Vertagungsantrag loszueisen versuchte und dann elegant zu einem anderen Thema überging, als der junge Mann sich nicht davon abbringen lassen wollte. Das zeigt Güte und beweist, daß er frei von geistigem Hochmut ist – manch anderer Richter hätte mit seiner Gelehrsamkeit geprahlt wie ein Pfandleiher mit seinen Diamanten.» Parnell schmunzelte. «Obwohl es mir Spaß machte, wie unauffällig er dem Grünschnabel den einen oder anderen Denkzettel verpaßte – wenn ich auch nicht einmal sicher bin, daß der andere es begriffen hat.»

«Es sieht nicht so aus, als hätte ich Gelegenheit, die von dir so geliebte Verfassungsrechtsfrage, über die wir uns neulich stritten – ich meine, unterhielten –, aufs Tapet zu bringen. Wie du weißt, hat Mitch keinen Ton davon gesagt, daß er eine Gegenuntersuchung will. Eher scheint es mir, daß er den Zug verpaßt hat. Noch heute dachte ich, er käme mit etwas Besonderem heraus – aber nein. Er tat mir beinahe leid.»

«‹Hochmut kommt vor dem Fall›», zitierte Parnell. «Na wenn schon, vielleicht hat er unbewußt mit ‹unwiderstehlichem Zwang› gerechnet. Los, alter Knabe, drück auf die Tube. Das Schauspiel der Herbstblätter bricht mir langsam mein sentimentales altes Herz, aber ich kann's nicht erwarten, daß wir die Köpfe über unseren Lehrbüchern zusammenstecken. Dort steht nämlich die Antwort auf unsere Frage.»

Als wir mit erhöhter Geschwindigkeit weiterfuhren, las Parnell die Zeugenliste der Staatsanwaltschaft, die unserer Kopie der Anklageschrift beilag. «Siebenunddreißig sind es. Leider ist Mary Pilant nicht darunter.» Er seufzte. «So werde ich sie also nicht zu Gesicht bekommen.»

Fast wäre ich mit einem mit Holzstämmen beladenen Lastwagen zusammengebumst. «Die Dame hat sich sauber aus der Affäre gezogen», sagte ich. «Wie heißt der Psychiater noch? Ich hab ganz vergessen, nachzusehen.»

Parn überflog die lange Liste von neuem. «Drei Ärzte sind genannt», sagte er. «Doktor Raschid – vermutlich der Pathologe vom Heiligen-Franz-Hospital, der die Leichenöffnung des verblichenen Barney Quill vornahm –, ein Doktor Dompierre –»

«Das ist der Gefängnisarzt, der unsere Dame untersucht hat – wenn auch nicht sehr sachgemäß.»

«– und ein Doktor Gregory, W. Harcourt Gregory, kein Geringerer.»

«Das muß ihr Psychiater sein», sagte ich. «Ich habe den Namen nie gehört.»

Die Welt der Wissenschaft – heißt es – sei voll von beachtlichen Beispielen dafür, daß Forscher, die einander nicht kennen und mitunter durch Kontinente getrennt sind, unabhängig voneinander in den gleichen verwickelten Fragen gleichzeitig zu den gleichen Ergebnissen gelangen. In ähnlicher, wenn auch bescheidenerer Weise hatten Parnell und ich an jenem Abend kurz vor Mitternacht – zwar nicht durch Erdteile, sondern nur durch Großmama Bieglers Eßzimmertisch voneinander getrennt – ein aufregendes Erlebnis.

Fast den ganzen Nachmittag und Abend waren wir jenem schwer zu fassenden, irrlichternden «unwiderstehlichen Zwang» durch einen Berg von Lehrbüchern und Kommentaren nachgejagt.

In meiner Verzweiflung hatte ich begonnen, all die alten Schulfälle von Unzurechnungsfähigkeit des Staates Michigan hartnäckig von neuem durchzukauen. Wenn Michigan die Lehre des «unwiderstehlichen Zwangs» als Schuldausschließungsgrund nicht akzeptierte, mußte doch sicher ein Präzedenzfall zu finden sein, wo ein derartiger Antrag gestellt und abgelehnt worden war. Ich seufzte, stand auf, holte mir einen neuen verstaubten Kommentar von dem Stapel und setzte mich wieder an unseren mit Schriftstücken übersäten Tisch. Meine Ohren dröhnten, langsam schwamm mir die Schrift vor den Augen. Ich blies den Staub von dem Band, begann zu blättern und fraß mich gerade durch ein edles Stück altmodischer Juristenprosa, als mir plötzlich ein Satz in Druckschrift riesengroß in die Augen sprang: «Wenn der Angeklagte bei Begehung der fraglichen Tat nicht wissen konnte, ob er unrecht tat, *oder wenn er nicht die Kraft hatte, dem Zwang, die Tat zu tun, zu widerstehen* . . ., wäre dies als unzurechnungsfähig zu bezeichnen.» Ich schluckte einmal kurz, schloß die Augen, schüttelte kräftig den Kopf und sah noch mal hin – noch immer stand der Satz da. Stumm schob ich Parnell das Buch über den Tisch, als der plötzlich aufstand, einen leisen Freudenschrei ausstieß und seinen grünen Augenschirm in die Luft warf.

«Dunnerknipsel!» schrie er und lief aufgeregt auf und ab. «Rasch, Polly, sch-schlag nach: *Volk von Michigan gegen Durfee*, 62 Michigan 487. Ich glaube, wir haben's ...»

«Es liegt bereits vor dir, Herr Doktor», sagte ich. «Lies und vergieße Freudentränen.» Somit waren Parnell und ich der großen Brüderschaft der Unsterblichen der Wissenschaft beigetreten – wir hatten die gleiche Antwort zur gleichen Zeit gefunden.

Parnell hatte schließlich im Band 70 der amerikanischen Entscheidungssammlung auf Seite 659 eine glänzende Randbemerkung über «unwiderstehlichen Zwang» ausgegraben. «Hör zu, Polly», sagte er, hob seinen zu Boden gefallenen Augenschutz auf und wanderte gemächlich auf und ab wie ein fettleibiger Abt, der soeben eine glänzende Bestätigung für sein lang gehätscheltes Bild vom Paradies gefunden hat. «Zunächst geht die Stelle von dem berühmten englischen M'Naghten-Fall aus, der das klassische Kriterium der Unzurechnungsfähigkeit, wie es noch heute in den meisten Staaten gilt, bekanntlich definiert, das heißt, ob der Angeklagte zur Zeit der Tat den Unterschied zwischen Recht und Unrecht wußte. Nun hör zu.»

«Ich höre ja zu. Lies und spare dir deine Belehrungen. Ich habe mein Diplom. Dort hängt's!»

«Dann heißt es: ‹Obwohl seither die überwältigende Mehrheit der medizinischen Sachverständigen dieses ‹Recht-und-Unrecht-Kriterium› als unwissenschaftlich und auf irreführenden Grundsätzen basierend verworfen hat, hält eine große Anzahl von Gerichten dennoch bis auf den heutigen Tag hartnäckig daran fest.›» Parnell brach ab und blickte mich über seinen Brillenrand verschmitzt an. «An dieser Stelle war ich so weit, stillschweigend den Gashahn aufzudrehen. Da wußte ich, daß die gewichtige Aussage der Sachverständigen gegen uns war.»

«Aber kamen die guten Schwindler damit durch?» murmelte ich andächtig.

«Dann behandelte die Entscheidung all die verschimmelten Präzedenzfälle und Entscheidungen unserer geliebten Schwesterstaaten – die ich nur noch mit einem Auge las, weil ich auf das Todesurteil wartete.»

«Na und, bekam unser Held die Schöne, Parn? Los – du spannst mich auf die Folter!»

Parnell überging meinen respektlosen Einwurf. «Endlich kam ich zu dem Teil, der die Überschrift trägt: ‹Lehre anerkannt.› Jetzt zitterten mir die Hände, als ich las: *‹In einer ganz geringen Anzahl von Staaten* gilt folgende Regel› – hör genau zu –: ‹Wenn jemand, der eines Verbrechens angeklagt ist, zwar im Besitz der erforderlichen Einsicht in das Wesen und die Folgen seiner Tat gewesen sein mag, jedoch im Bewußtsein seines Unrechts dennoch von einem unwiderstehlichen Zwang getrieben wurde, diese Untat zu begehen, ... so soll dies die Schuld ausschließen.›»

«Du hättest Shakespeare spielen sollen, Parn», sagte ich. «Und zwar in Connecticuts Scheunen und Tennen. Wenn ich dich höre, bekomme ich eine Gänsehaut.»

«Dann werden die Staaten aufgezählt», fuhr Parnell mit glühenden Augen fort. «Ich gehe mit dem Finger die Liste entlang – Alabama – Arkansas – das gute alte Georgia – Kentucky, oha! – Louisiana – und dann, hurra! das brave alte rebellische Yankee-Michigan! Volk des Staates Michigan gegen Durfee, Gott hab ihn selig, 1886! Lang, lang ist's her, damals war selbst der alte Parnell nur ein leiser Gedanke in Terence McCarthys Köpfchen. In seinem recht wachen Köpfchen, möchte ich hinzufügen – wir waren nämlich nicht weniger als elf...! Na schön, Polly, auf jeden Fall wußte ich jetzt, daß wir mit Gottes und unseres Obersten Gerichtshofes Hilfe unseren Oberleutnant über ein weiteres Hindernis geschubst hatten. Heil dem faulen Kopf Durfee!»

«Und jetzt hol ich mir was zu trinken», sagte ich und stand auf. «Dir bring ich einen Apfelsinensaft mit.»

Als ich mit den Getränken zurückkam, saß Parnell noch immer verzückt über dem Durfee-Kommentar. «Warum kommen wir nur erst so spät darauf?» murmelte er vor sich hin. «Wir müssen es doch beide während der letzten zwei Wochen gelesen haben – ich meine fast, ich sehe hier meine eigenen geheimen Bleistiftzeichen am Rande.»

«Es ist, glaube ich, wie bei der Schönheit oder bei der Liebe, Parn. Wenn ein Mensch nicht danach sucht, wird er's vermutlich niemals finden. Wir suchten eben nicht nach ‹unwiderstehlichem Zwang›, darum fanden wir die Stelle auch nicht. Anscheinend nennt man es in Michigan ohnehin anders. Na, prost!»

Aber der vertiefte Parnell hörte nicht zu. «‹*Oder wenn er nicht die Kraft* besaß, dem Impuls zur Verübung der Tat zu widerstehen ...›», flüsterte er verzückt. Er schüttelte den Kopf. «Das klingt mir wie Musik in meinen Ohren! Und was für eine großartige Instruktion das abgeben wird!»

Die gesprungene Glocke des Rathausturmes schlug zwölf. Stumm prostete ich Parnell zu und trank auf den famosesten Anwalt, der mir je begegnet war.

4. Kapitel

Am Mittwoch morgen, zehn Minuten vor neun Uhr, verließ ich Laura und Frederic Manion nach einem kurzen letzten Händedruck im Gefängnisbüro, eilte durch den Hintereingang des Gerichtsgebäudes die breite Marmortreppe hinauf und bahnte mir durch die von einer sich drängenden Menschenmenge überfüllten Gänge den Weg in das Richterzimmer.

«Guten Morgen ... Guten Morgen ... Guten Morgen ...»

Der Richter, Mitch, der Sheriff und der Protokollführer Grover Gleason waren dort versammelt. Ein fünfter

Mann trat herzu und wartete darauf, vorgestellt zu werden. Mitch räusperte sich.

«Polly, das ist Claude Dancer vom Stab des Generalstaatsanwaltes in Lansing – Paul Biegler. Claude wird während der Verhandlung neben mir sitzen.»

«Freut mich, Sie kennenzulernen, Mr. Biegler», sagte Claude Dancer mit tiefer, wohlklingender Stimme und schüttelte mir mit einem verbindlichen Lächeln fest die Hand. «Der Chef hat mich hergeschickt, damit ich Mitch an die Hand gehe, falls er mich brauchen sollte. Aber ich glaube, wir werden uns wohl kaum in die Haare geraten, der Junge scheint mir auf Draht zu sein.»

Claude Dancer war ein untersetzter, beweglich-drahtiger Vierziger, klein und kahlköpfig – viel kahler noch als ich, was ich mit maliziöser Genugtuung feststellte –, spärliche Büschel kurzen Haares klebten wie zwei Fellstücke an beiden Seiten seines Kopfes. Dies, gepaart mit einer rosigen Haut und einem quicklebendigen, leicht stubsnäsigen Gesichtsausdruck, verlieh ihm ein koboldhaftes Aussehen, etwas von einem frühreifen Säugling, der sich als Mann aufspielt, oder vielleicht umgekehrt etwas von einem mit allen Wassern gewaschener Schlaukopf, der sich als Wickelkind gibt; ich war dessen nicht ganz sicher ... Die volle Stimme erhöhte meine Unsicherheit nur noch. Ich hätte hundert gegen eins gewettet, daß er Vorlesungen über Rhetorik belegt und auf der Hochschule einen Debattierklub geleitet hatte.

«Ihnen geht ein großer Ruf voraus, Mr. Dancer», sagte ich. «Darf ich Ihnen zu der Leitung der großen Untersuchung des Einbruchs in Detroit gratulieren? Sie haben's den Burschen wirklich gezeigt.»

Claude Dancer lächelte bescheiden. «Vielen Dank!» sagte er. «Es wird mir ein Vergnügen sein, mit Ihnen zu arbeiten.»

Ich warf einen Blick durch das Fenster auf den großen

See, der im Sonnenglanz tanzte, und blinzelte nachdenklich. Nun hatte auch Mitch seine kleine Überraschung aufgetischt; er hatte also doch etwas in petto gehabt. Jetzt wurde ein Jurist auf Oberleutnant Manion losgelassen, der alle Register zu ziehen verstand, einer der fähigsten und gewiegtesten Staatsanwälte im Stab des Generalstaatsanwalts. Daß der Generalstaatsanwalt zufällig ein Mitglied von Mitchs politischer Partei war, er und ich zufällig in den Kongreßwahlen einander gegenüberstanden, hatte natürlich mit dem Fall nichts zu tun. Solch einen Gedanken durfte ich überhaupt nicht aufkommen lassen.

«Mr. Dancer hat, kurz bevor Sie eintrafen, zwanglos eine Frage angeschnitten», sagte Richter Weaver. «Da es Sie und Ihren Mandanten betrifft, bat ich ihn, damit zu warten, bis Sie hier wären. Fahren Sie jetzt bitte fort, Mr. Dancer.»

Mr. Dancer wandte mir seinen unschuldigen Käthe-Kruse-Kopf zu. «Nun, Biegler, als Mitch und ich gestern abend den Fall durchsprachen, hatte ich doch einen kleinen Vorschlag zu machen.»

«Und der wäre?» fragte ich, schon ahnend, worauf sich sein Vorschlag bezog.

Claude Dancer war ein gewandter Plauderer. Er modulierte seine schöne Stimme wie ein Musiker, er spielte darauf wie ein Meisterpianist. «Da Sie auf Unzurechnungsfähigkeit plädiert und einen Psychiater zugezogen haben, da die Staatsanwaltschaft gleichfalls einen Nervenarzt gerufen hat», sagte er, «und da nach dem Gesetz die Anklagebehörde das Recht hat, eine Untersuchung des Geisteszustandes des Angeklagten zu beantragen» – er brach ab –, «ich nehme an, Sie sind mit dem Verfahren vertraut, Doktor?»

«Einigermaßen. Sprechen Sie weiter – ich bin ganz Ohr.»

«Und da es den Ablauf der Dinge nur unnötig aufhalten würde, wenn man jetzt noch einen offiziellen Antrag stellte, dachte ich, wir könnten doch eigentlich die Verhandlung gemeinsam für ein oder zwei Tage inoffiziell hinauszögern, damit unser Arzt Ihren Mandanten kurz untersuchen kann.» Er streckte die Hände aus. «Nur ein Vorschlag, um Zeit zu sparen, weiter nichts.»

Da kam es heraus; die einfachste Sache von der Welt, etwa, wie wenn man einen Baumstamm vom Lastwagen herunterrollt. Nur einem Dummkopf konnte die wahre Absicht, die dahintersteckte, entgehen. Und dabei so schlicht und überzeugend formuliert. Lediglich eine zwei- oder dreitägige harmlose Plauderei zwischen dem Psychiater der Anklagebehörde und Oberleutnant Manion. Ich warf dem Richter einen Blick zu. Unbeteiligt saß er da und schaute über den See, seine Augen unverwandt geradeaus gerichtet.

«Wollen Sie damit sagen, Dancer», erwiderte ich, «Sie erbitten *mein* Einverständnis dazu, daß Ihr Psychiater an meinem Mandanten herumfummeln darf?»

Ein rasches Ausstrecken der geschmeidigen Hände. «Herumfummeln? Ja, vielleicht herumfummeln, wenn Sie wollen. Bloß, um Zeit zu sparen. Jeder gewinnt dabei.»

Ich wandte mich an Mitch. Ich wollte sehen, wie weit der kleine aalglatte Mann mit der tiefen Stimme zu gehen bereit war. «Darf ich annehmen, daß Ihre Zeugen alle vorgeladen sind und draußen warten, Mitch?» Ich wies auf den Gerichtssaal. «Sind auch die Geschworenen alle versammelt und bereit?»

«Alles versammelt», sagte Mitch.

Ich wandte mich wieder an Claude Dancer. «Meine Antwort auf Ihren kleinen Vorschlag zur Zeitersparnis, Mr. Dancer, lautet leider: Nein.» Ich war sehr gereizt, daß er mich für einen so hinterwäldlerischen Tölpel hielt. «Hingegen habe ich einen anderen Vorschlag zu machen.»

«Und der wäre?» Sein lebhaftes Gesicht blickte begierig zu mir auf.

«Daß wir uns jetzt geradewegs in den Gerichtssaal begeben, damit die Staatsanwaltschaft ihren verspäteten Antrag auf eine Untersuchung des Geisteszustandes des Angeklagten in aller Form zu Protokoll geben kann.»

«Was wollen Sie damit sagen?»

Nun war es an mir, die Hände auszustrecken. «Aber die Antwort ist doch ganz einfach, Mr. Dancer», sagte ich. «Wenn der Richter Ihren Antrag, weil Sie so spät und ohne Entschuldigung damit kommen, ablehnt, können die Geschworenen und die Presse und jedermann trotzdem sehen, welch entscheidende Bedeutung die Anklagebehörde der Untersuchung des Angeklagten durch ihren Psychiater zubilligt.» Ich machte eine verbindliche Gebärde nach der Tür. «Sollen wir hineingehen – wenn das Gericht damit einverstanden ist?»

Claude Dancer blickte mich hellwach an, wie ein erfahrener Boxer, der um die erste Runde geprellt worden ist und nun insgeheim die Kräfte des Gegners abschätzt. Ich warf einen raschen Blick auf den Richter, der noch immer in den Anblick des Sees versunken schien, obgleich ich ein paar Fältchen in seinen Augenwinkeln sah. «Eine Notwendigkeit für eine derartige Untersuchung besteht nicht», bemerkte Claude Dancer mit seiner wohlklingend-tiefen Stimme kühl. «Auch räumt die Staatsanwaltschaft einer solchen Notwendigkeit keine Berechtigung ein. Es war lediglich ein kleiner Vorschlag, um Zeit zu sparen, mehr nicht.»

«Auch um Geld zu sparen», sagte ich lächelnd und konnte mir nicht verkneifen, hinzuzufügen: «Denken Sie doch an all das schöne Geld, das dem Steuerzahler erspart würde, wenn man einige dreißig Zeugen und ein Regiment von Geschworenen nach Hause schicken müßte, die doch alle aus öffentlichen Mitteln bezahlt werden. Ihre Sorge geht mir zu Herzen.» Claude Dancer errötete, ich sah, daß ich eine heimliche Rechte gelandet hatte.

«Wie heißt eine übel beleumdete Frau mit vier Buchstaben?» fragte der Protokollführer Grover Gleason aus dem Hintergrund mit nachdenklich flatternden Augendeckeln und geschürzter Oberlippe, er war die ganze Zeit in sein übliches Kreuzworträtsel vertieft gewesen.

«H-u-r-e», buchstabierte ich. «Wußten Sie das nicht? In der oberen Halbinsel, Grover, sagt man stets Hure.»

«Scher dich zum Teufel, Biegler!» rief Grover.

«Ei, ei, ei, Grover, welch derbes Wort!» entgegnete ich vorwurfsvoll, als Grover mich dankbar anblickte, um sofort wieder in seine Rätselwelt zu versinken.

Mit gleichmütiger Stimme wandte der Richter sich an Mitch. «Ich nehme daher an, Herr Ankläger, daß die Staatsanwaltschaft nicht beabsichtigt, einen offiziellen Antrag auf psychiatrische Untersuchung des Angeklagten zu stellen.»

Ich hielt den Atem an, als Mitch Claude Dancer fragend anblickte, der rasch abwinkte. Claude Dancers und mein Blick trafen sich, wir lächelten. Wir hatten uns beide schweigend geeinigt: Dies war *unser* Kampf. War es nicht eine Schande, daß ein Dritter sich zwischen uns in den Ring drängte ...?

Bedächtig erhob sich der Richter, schüttelte seinen Talar aus und schlug dabei mit dem Ärmel wie ein großer schwarzer Vogel. «Kommen Sie, meine Herren», sagte er frisch. «Draußen wartet ein interessanter Mordfall auf uns. Wir werden nicht damit fertig, wenn wir uns hier herumzanken.»

Wir traten alle achtungsvoll zurück, als der Richter uns über den kurzen Flur zum Gerichtssaal vorausging. Eigentlich hatte er einen forschen Gang, wie er seine großen Füße so mutwillig aufsetzte, und doch wieder schien er seltsam schwebend, als wandle er auf einem unsichtbaren Sprungbrett. Wir alle schlossen uns ihm gehorsam an, gleich den weniger prächtigen Teilnehmern an einem traditionellen mittelalterlichen Brauch, was wir – bei Lichte besehen – ja auch waren.

5. Kapitel

Der Gerichtssaal war voller Menschen, vorwiegend Frauen, und sie wiederum vorwiegend von jener Sorte, die man gewöhnlich in verschiedenen Phasen in Schönheitssalons unter Trockenhauben sitzen sieht, wo sie mit gierigen Augen die letzten waschechten Skandälchen verschlingen. Jeder verfügbare Platz des Zuhörerraums war besetzt, in den Seitengängen und an der hinteren Wand standen in unordentlichen Klumpen die Zuspätgekommenen. Der Richter erstieg in seiner nachschleifenden schwarzen Robe die kurzen Stufen zu seinem Platz und blieb stirnrunzelnd hinter seinem Sitz stehen, bis wir unsere Plätze eingenommen hatten. Ein Blitzlicht leuchtete auf. Der Richter, noch strenger runzelnd, wandte sich zum wartenden Sheriff um und nickte ihm zu, der daraufhin der Versammlung mit einem Schlag seines Hammers das Zeichen zum Aufstehen gab.

«Hört, hört, hört!» bellte Max Battisfore, als stehe er draußen und rufe seine entlaufenen Hunde von weit her zusammen. «Hiermit beginnt die Sitzung des Kreisgerichts von Iron Cliffs. Bitte nehmen Sie Platz.»

Richter Weaver setzte sich und blickte unbeweglich auf die zusammengedrängte, flüsternde Menge. «Meine Damen und Herren», begann er mit seiner mächtigen, eintönig hallenden Stimme, «ich bin von Unter-Michigan herüberberufen worden, um an Stelle Ihres erkrankten Richters Maitland den Vorsitz zu führen. Ich beabsichtige nicht, Brauchtum oder Überlieferung dieser Gemeinde bei Mordprozessen, wie sie auch geartet sein mögen, umzustoßen. Doch möchte ich Sie darauf aufmerksam machen, daß, solange ich hier sitze, dies mein Gericht ist und ich es bin, der den Vorsitz führt.»

Der Richter brach ab, die Zuhörer husteten leise, dann fuhr er fort. «Zunächst: Wer von den Zuschauern keinen Sitzplatz findet, kann den Sitzungen nicht beiwohnen. Ich habe nicht gewußt, daß es hier so viele Einwohner gibt, die sich für Totschlag interessieren. [Ich blickte mich verstohlen nach Parnell um, konnte ihn aber nicht finden.] Jedenfalls muß ich Sie daran erinnern, daß dies ein hohes Gericht ist und kein Fußballplatz oder ein Boxring. Angeklagte und Staatsanwaltschaft haben ein Recht auf eine öffentliche Verhandlung, das soll ihnen auch nicht genommen werden; aber ich lege diese ‹Öffentlichkeit› im Sinne einer *sitzenden*, nicht einer stehenden Öffentlichkeit aus. Ich bedaure.» Er wandte sich zum Sheriff. «Mr. Sheriff, wollen Sie bitte den Saal von allen stehenden Personen räumen lassen.»

«Ja, Sir, Euer Gnaden. Sofort, Sir.» Max setzte sich in Trab und machte mit den Händen scheuchende Bewegungen, als treibe er sein Federvieh zusammen. Als die enttäuschte Menge scharrend und maulend aus dem Gerichtssaal hinausschlurfte, suchte ich den Saal nach Parnell ab und fand ihn auf der Seite des Sitzungssaales zu meiner Linken, in einem der für die Anwälte reservierten Stühle neben der großen Mahagonitür, durch die wir gerade eingetreten waren. Verwirrt schaute er nach Mitchs Tisch hinüber, dann, als er mich sah, hob er Achseln und Brauen und schmunzelte.

Mitchs Tisch war eindrucksvoll mit Lehrbüchern und Aktenmappen bedeckt, mit Karten, Skizzen, Schriftstükken, Aktenbündeln und Eingaben. Hinter seinem Tisch kritzelte Bob Birkey, ein Reporter der *Gazette*, emsig an einem Tischchen. Ich griff in die Aktenmappe zu meinen Füßen, holte mir einen Schnellhefter mit Aufzeichnungen und einen Notizblock heraus und legte sie mit meinem Bleistift auf meinen leeren Tisch. Parnell und ich hatten unseren Plan nach dem Vorbild Amos Crockers ausgeheckt: das Bild des bis an die Zähne bewaffneten Staates gegen den armen, auf weiter Flur verlassenen Soldaten …

Max Battisfore stand wieder auf seinem Platz. «Euer Gnaden», sagte er, «der Gerichtssaal ist von stehenden Personen geräumt.»

«Danke, Mr. Sheriff», sagte der Richter. «Und noch etwas, worauf ich Wert lege. Das Fotografieren ist bei diesem Prozeß im Gerichtssaal nicht gestattet. In dieser Beziehung bin ich unerbittlich. Auch die Veröffentlichung der soeben gemachten Aufnahme erlaube ich nicht und darf darum bitten, daß der Film mir ausgeliefert wird. Zuwiderhandeln wird als Mißachtung des Gerichts geahndet.» Lächelnd blickte er auf den Reporter der *Gazette* herab. «Ich darf mich darauf verlassen, daß der Übertreter, falls er nicht mehr anwesend sein sollte, davon in Kenntnis gesetzt wird. Der Beamte des Gerichts möge den Fall aufrufen.»

Clovis Pidgeon enttauchte seinem Mahagoniverschlag vor dem Richtertisch und schaute zu dem mit Vogelmist beschmutzten Oberlicht auf. Einen Moment sah es so aus, als wolle er beten. «Das Volk des Staates Michigan gegen Frederic Manion!» rief er mit seiner hohen Tenorstimme. «Die Anklage lautet auf Mord.»

«Bitte vereidigen Sie die Geschworenen», sagte der Richter.

Clovis stellte sich feierlich vor den Geschworenen auf und hob die rechte Hand. «Bitte stehen Sie auf und erheben Sie die rechte Hand!» kündigte er an. Sein mageres, lebhaft französisches Gesicht war gekrönt von kühn wehendem, früh ergrautem Haar, das er wie ein silbernes Barett trug. «Bitte erklären Sie unter Eid», und seine Stimme klang wie ein feierliches Gebet, «daß Sie auf alle Fragen, die an Sie in Ihrer Eigenschaft als Geschworene in dieser Sache gerichtet werden, der Wahrheit gemäß antworten werden. So wahr Ihnen Gott helfe.»

Die Geschworenen murmelten ihr «Ja» und setzten sich

wieder. In Clovis' Stimme bebte eine besondere Inbrunst, die er streng für solche Gelegenheiten aufbewahrte. Schon lange hatte er das Ritual auswendig gelernt und vermochte sich daher ausschließlich auf den Vortrag zu konzentrieren, der ihm einwandfrei gelang. Während der Gerichtssitzungen glich Clovis bisweilen tatsächlich einem vollendeten Schauspieler von Nebenrollen, der stets drauf und dran ist, den Hauptdarsteller an die Wand zu spielen.

«Bitte rufen Sie eine Jury von vierzehn Geschworenen auf», forderte der Richter Clovis auf.

Clovis setzte sich und griff nach einer viereckigen Holzschachtel, die Zettel mit den einzelnen Namen der langen Geschworenenliste enthielt. Auffällig schüttelte er die Schachtel wie ein gewandter Barmixer seinen Becher, wobei mir einfiel, daß der Mann auf beiden Gebieten zuständig war. Dann löste er eine der Seitenwände, griff mit der Geste eines Zauberkünstlers, der ein Kaninchen hervorzaubert, in den Behälter und förderte einen kleinen Zettel zutage.

«Oscar Haverdink!»

Ich schrieb den Namen auf meinen Block, drehte mich um und sah ein uhuhaftes Männchen sich aus der Sitzreihe im hinteren Teil des Gerichtssaales lösen und zu der leeren Geschworenenbank nach vorn hinken.

«Doris Flanders!» rief Clovis, und Doris, ein schlangenhaft geschmeidiges, jugendliches Geschöpf mit langen Ohrringen und in voller Kriegsbemalung, glitt auf den Stand zu; sie gab sich dabei betont jüngferlich, errötete befangen und trug ihre zerbrechliche Weiblichkeit, als berge sie eine heilige Flamme. Ich warf einen Blick zu Clovis hinüber, der genug Zeit hatte, mir ein verständnisinniges Triumphlächeln zu gönnen. Auftrag ausgeführt, schien sein Blick zu sagen; du siehst, Polly, ein blondes Gift ist für die Dauer der Sitzung garantiert.

«John Traski!» rief Clovis wieder, und so ging es weiter,

bis vierzehn verschüchterte und befangene Geschworene – neun Männer und fünf Frauen –, den Blick erwartungsvoll auf den Richter geheftet, auf ihren Plätzen saßen.

«Meine Damen und Herren», sagte der Richter mit angenehmem Tonfall, «der Prozeß, den wir nun verhandeln wollen, ist ein Strafprozeß. Vielleicht kann ich Sie mit seiner Eigenart am besten vertraut machen, indem ich den Teil der Anklageschrift verlese, den die Staatsanwaltschaft für diesen Fall unterbreitet hat.»

Der Richter nahm die Anklageschrift auf. «Die Anklagebehörde sagt in ihrer Anklageschrift, daß der Angeklagte Frederic Manion am sechzehnten Tage des vergangenen August – ich zitiere – ‹im Kirchspiel Mastodon im Kreis Iron Cliffs im Staat Michigan verbrecherisch, vorsätzlich und heimtückisch einen gewissen Barney Quill getötet und ermordet habe›.»

Der Richter ließ die Anklageschrift wie ein Herbstblatt auf die Tischplatte gleiten und richtete den Blick wieder auf die Geschworenen. «Dies, meine Damen und Herren, ist eine Anklage wegen Mordes ersten Grades. Bevor wir fortfahren, möchte ich Sie kurz auf Ihre Eignung, hier als Geschworene zu sitzen, prüfen. Ich erwarte, daß jeder einzelne von Ihnen antwortet, wenn ich Sie auch nicht immer einzeln anrede. Bitte heben Sie die Hand hoch, falls ich irgendeinen von Ihnen ausgelassen haben sollte. Und vergessen Sie nicht, daß Sie unter Eid aussagen. Haben Sie mich gut verstanden?»

Als Antwort kam ein zustimmendes Gemurmel von der Geschworenenbank.

Nun erklärte der Richter in kurzen Zügen den Grundsatz, daß ein Angeklagter bis zum Beweis des Gegenteils als unschuldig zu gelten hat und seine Schuld nur dann als erwiesen gilt, wenn nach menschlichem Ermessen nicht daran zu zweifeln ist. Dann fragte er die Geschworenen, ob sie diese Lehre verstanden hätten und sie auf den Angeklagten während der Verhandlung anzuwenden bereit wären. Alle hatten es begriffen und nickten; dann ging er auf die gesetzlichen Voraussetzungen über.

«Zunächst einmal, sind alle von Ihnen Bürger des Staates Michigan? Wer kein Staatsbürger ist, hebe die Hand hoch!» Wieder ließ sich Gemurmel vernehmen. Keine Hand erhob sich. Der Protokollführer, der mit dem Rükken zu den Geschworenen saß, blickte fragend zum Richter auf, der ihm zunickte.

Dann fuhr der Richter fort und stellte die üblichen Fragen: «Ist einer von Ihnen krank oder hört schlecht? Ist jemand über siebzig und möchte entbunden werden? Sprechen und verstehen alle Englisch? Ist einer der Geschworenen während der letzten zwölf Monate bei einem Geschworenengericht tätig gewesen? Ist einer Beamter und möchte deshalb entbunden werden? Befindet sich ein Friedensrichter oder Vollstreckungsbeamter unter Ihnen, oder ist jemand von Ihnen mit einem solchen verwandt?» Alle Geschworenen absolvierten die Fragen mit fliegenden Fahnen.

«Soweit also Ihre Eignung», sagte der Richter. «Nun möchte ich auf Ihr Verhältnis zu unserem Fall kommen. Der Staatsanwalt, Mr. Lodwick, sitzt auf der rechten Seite des Anwaltstisches, näher zu Ihnen. Darf ich annehmen, daß einer von den Geschworenen mit ihm bekannt ist?» Etwa die Hälfte hob ängstlich die Hand.

«Kennt einer von Ihnen ihn näher?»

Keiner antwortete.

«Macht irgendeiner von Ihnen Geschäfte mit ihm?» Wieder keine Antwort. «Sind jemand von denen, die ihn kennen, irgendwelche Gründe oder Umstände der Beziehung zu ihm bekannt, die es Ihnen erschweren oder unmöglich machen würden, diesen Fall allein nach dem Gesetz und nach dem Ergebnis der Beweisaufnahme objektiv zu entscheiden?»

Von neuem gleichgültiges Schweigen.

Hierauf befragte der Richter die Geschworenen genauso über Claude Dancer, den Gehilfen des Generalstaatsanwalts aus Lansing, aber keiner von ihnen kannte ihn oder hatte von ihm gehört. Anscheinend wußte keiner von ihnen etwas von den Erkundigungen, die über sie eingezogen worden waren. Genau wie vorher Mitch nahm er dann mich vor, im wesentlichen mit den gleichen Ergebnissen und nur mit der Ausnahme, daß praktisch alle Geschworenen zugaben, mich zu kennen. Jaja, der Preis des Ruhms! dachte ich. Meine zehnjährige öffentliche Rabulistik war doch nicht unbemerkt vorübergegangen.

«Nun zu dem Angeklagten Frederic Manion, der zur Rechten von Mr. Biegler sitzt.» Ich fühlte den Oberleutnant steif und gespannt auf meiner Seite. «Kennt ihn jemand unter Ihnen?»

Die Geschworenen saßen dumpf und unbeteiligt da, schüttelten die Köpfe und blickten den Offizier neugierig an, der starr geradeaus sah. Das war also der Mann, der den Hotelier in Thunder Bay erschossen hatte.

«Oder seine Frau, Laura Manion? Bitte stehen Sie auf, Mrs. Manion.» Laura saß auf einem der Anwaltsstühle hinter uns, sie stand auf, sittsam und verhalten dreinschauend, und lächelte den Geschworenen leicht zu; dann setzte sie sich. Wieder schüttelten die Geschworenen den Kopf.

«Gut», sagte der Richter. «Die Anklagebehörde behauptet, daß in den Morgenstunden des 16. September, eines Samstags – gegen ein Uhr früh, glaube ich –, der Angeklagte die Hotelbar eines Barney Quill im Städtchen Thunder Bay im Kirchspiel Mastodon in diesem Kreis betrat und ihn erschoß. War einer von Ihnen mit dem Verstorbenen bekannt?»

Ein einzelner Geschworener hob die Hand. Ich befragte meine Aufzeichnungen; es war Oscar Haverdink, der ältliche Geschworene, der als erster aufgerufen worden war.

Parnell und ich wußten, daß er als früherer Holzfäller aus Thunder Bay ein guter Geschworener sein würde. Wir wußten ferner, daß wir kaum hoffen konnten, ihn zu behalten, denn er hatte Barney nicht leiden können und niemandem gegenüber ein Hehl daraus gemacht.

«Mr. Haverdink», sagte der Richter, «wie lange haben Sie den Verstorbenen gekannt?»

«Etwa neun Jahre, Sir – seit er in unser Städtchen kam.»

«Wie gut kannten Sie ihn?»

Der Geschworene überlegte. «Na», meinte er, «Thunder Bay ist ein Dorf. Jedermann, glaube ich, kannte diesen Barney – ich meine, kannte Mr. Quill.»

«Haben Sie den Fall mit irgend jemandem, der den Tatbestand zu kennen schien, besprochen?»

Der Geschworene lächelte. «Ich glaube, wir im Städtchen haben in der letzten Zeit über nichts anderes mehr gesprochen. Wir haben ja sonst wenig Abwechslung. Der letzte Totschlag ist – na, der war wohl gegen Ende jenes trockenen Sommers.»

«Damit brauchen wir uns jetzt nicht zu befassen, Mr. Haverdink», sagte der Richter freundlich. «Mit unserem Fall haben wir genug zu tun. Ich möchte Sie aber jetzt fragen, ob Sie sich über die Umstände des Falles oder über Schuld oder Unschuld des Angeklagten Gedanken gemacht oder schon eine bestimmte Meinung gebildet haben. Wenn ja, sagen Sie uns aber bitte nicht, welche.»

Der Geschworene blickte seine Füße, dann den Geschworenen neben ihm, zuletzt wieder den Richter an. Er sprach leise und verlegen.

«Sehen Sie, Herr Richter, ich – ich rede nicht gern schlecht über Tote –»

«Halt!» unterbrach der Richter rasch und hob dabei die Hand. «Das genügt.» Der Geschworene blickte verstört umher, als habe er versehentlich etwas Anstößiges gesagt. Der Richter winkte die Anwälte an seinen Tisch. Rasch sammelten sich Mitch, Claude Dancer und ich wie heimliche Verschwörer um ihn.

«Nun, meine Herren», flüsterte der Richter grimmig und beugte sich vor, «es sieht fast so aus, als wären wir gleich im ersten Bohrloch auf Öl gestoßen.»

«Verteidigungsöl», flüsterte Claude Dancer und sah mich aus funkelnden Augen an.

«Machen Sie es lieber kurz und schmerzlos mit ihm, Herr Richter», flüsterte ich. «Sonst tut die Staatsanwaltschaft es später ohnehin, und das kann den Fall nur aufhalten.» Ich lächelte Claude Dancer an. «Ich werde dem ausgeschlossenen Geschworenen später einen Dankesbrief schicken.» Mitch flüsterte kurz mit Claude Dancer und nickte dann dem Richter zu, der seinerseits uns zunickte; rasch nahmen wir unsere Plätze wieder ein.

«Mr. Haverdink», fuhr der Richter fort, «da Sie im selben Ort wie der Verstorbene leben, wäre es Ihnen angenehmer oder vielleicht weniger peinlich, wenn Sie der Pflicht enthoben würden, in diesem Fall als Geschworener zu fungieren?»

Der Geschworene nickte eifrig. «Ganz gewiß, Euer Gnaden, das wäre viel besser. Sie verstehen, ich –»

«Das wäre alles. Das Gericht entschuldigt Sie. Sie können von der Geschworenenbank abtreten. Hat einer von den Anwälten irgendwelche Einwände?»

«Keine, Euer Gnaden.» Mitch und ich spritzten hoch und antworteten pflichtgemäß. Ich wollte einen Blick von Parnell erhaschen, wagte es aber nicht.

«Herr Gerichtsbeamter», sagte der Richter.

Der Gerichtsbeamte schüttelte seine Schachtel und fand einen neuen Namen.

«Alexander James Petrie», verkündete er; ich war sicher, daß Mr. Petrie seinen Namen noch nie so inbrünstig und liebevoll hatte deklamieren hören.

Der Oberleutnant beugte sich vor und flüsterte: «Ich

glaube, der Alte von vorhin machte sich nicht allzuviel aus Barney. Zu dumm, daß wir ihn nicht behalten konnten.»

«War leider unmöglich», flüsterte ich zurück. «Auf jeden Fall hat er sich bereits bezahlt gemacht. In gewisser Weise ist er unser erster Zeuge, dazu vielleicht einer der besten gewesen.»

Der neue Geschworene saß auf seinem Platz. «Ich muß alle Geschworenen ersuchen, Bemerkungen, die sie von anderen Geschworenen während der Untersuchung hören, keine Beachtung zu schenken», sagte der Richter. «Auch darf keiner von Ihnen Schlüsse aus dem ziehen, was Sie gehört haben oder im Lauf der Untersuchung voneinander hören werden. Haben Sie das alle gut verstanden?» Die Geschworenen nickten feierlich, wieder empfand ich das Bedürfnis, Parnell anzublicken. Der entschuldigte Geschworene hatte eine erste Lanze für die Verteidigung gebrochen, der Richter war durch seine bloße Pflichterfüllung gezwungen gewesen, dies zu unterstreichen. Derartige Dinge gehörten zu den unwägbaren Nebenerscheinungen von Geschworenengerichten.

Nun sprach der Richter den neuen Geschworenen an. Hatte dieser die an die anderen gerichteten Fragen gehört? Kannte er ...? War er ...? Hatte er ...? Nein, er kannte keinen von uns Anwälten; er hatte weder Oberleutnant Manion vorher gesehen, noch war er dem Verstorbenen zu Lebzeiten begegnet. All das überstand der neue Geschworene auf wunderbare Weise.

«Nun möchte ich alle Geschworenen fragen, ob jemand unter Ihnen über den Fall gesprochen oder gelesen hat.»

Alle Geschworenen hoben die Hand; jeder, der es versäumt hätte, würde sich damit praktisch des Meineids, der Dummheit oder der Tatsache bezichtigt haben, daß er mit der Zahlung seines Zeitungsabonnements im Rückstand war.

«Hat sich einer unter Ihnen über Schuld oder Unschuld

des Angeklagten Gedanken gemacht oder eine Meinung gebildet? Antworten Sie einfach ja oder nein, oder heben Sie die Hand.»

Inzwischen waren alle schlau geworden, keine Hand fuhr in die Höhe, und vierzehn Köpfe wurden unter Nein-Gemurmel geschüttelt.

«Nun frage ich Sie alle, ob Sie, falls Sie berufen werden, aus irgendeinem Grunde in diesem Fall nicht unvoreingenommen urteilen können; dabei mache ich Sie darauf aufmerksam, daß nach dem Gesetz der Angeklagte so lange als unschuldig zu gelten hat, bis seine Schuld über jeden vernünftigen Zweifel erwiesen ist.»

Keine Erwiderung.

«Kann jeder von Ihnen ein gerechtes und unparteiisches Urteil abgeben, das ausschließlich auf dem Gesetz und der in öffentlicher Verhandlung erreichten Beweisaufnahme fußt?»

Alle glaubten dessen fähig zu sein. Der Richter blickte Mitch an. «Fahren wir fort, meine Herren», sagte er. «Sie zuerst, Herr Ankläger?»

Mitch nickte dem Richter zu und fuhr in seiner im Flüsterton abgehaltenen ernsten Zwiesprache mit Claude Dancer fort. Der Richter öffnete ein Gesetzbuch und begann darin zu lesen. Ich flüsterte meinem Mandanten zu: «Was machen die Geschworenen für einen Eindruck auf Sie, Oberleutnant?» Er zuckte die Achseln. «Das steht bei Ihnen, Doktor», antwortete er leise.

Die Staatsanwaltschaft hatte das Recht, fünfzehn Geschworene ohne Begründung abzulehnen, und die Verteidigung konnte sogar zwanzig Geschworene ablehnen, ohne eine Begründung dafür zu geben. Eine bloße Handbewegung genügte. Darüber hinaus konnten wir jeden Geschworenen «aus besonderem Grunde» ablehnen, wenn sich bei unserer Befragung herausstellte, daß er nicht die erforderlichen Voraussetzungen besaß, voreingenommen oder sonstwie ungeeignet war. Die Aufgabe der Befragung würde sehr bald auf mich zukommen.

«Die Staatsanwaltschaft verzichtet», sagte Mitch schließlich. «Wir haben keine Fragen an die Geschworenen.» – «Und Sie, Mr. Biegler?» fragte der Richter.

Ich schluckte einmal und stand rasch auf. «Die Verteidigung verzichtet ebenfalls.»

«Will jemand von dem Recht der Ablehnung ‹ohne besonderen Grund› Gebrauch machen?» fragte der Richter nun. «Wie steht es mit Ihnen, Herr Ankläger?»

«Entschuldigen Sie mich einen Augenblick, Euer Gnaden», sagte Mitch; er und Claude Dancer steckten von neuem die Köpfe zusammen und zogen flüsternd ihre Notizen zu Rate, während ich versuchte, auf meinem Notizblock eine springende Forelle zu zeichnen. Ein Psychoanalytiker hätte mir vermutlich erklärt, ich sei von drallen Meerjungfern besessen ...

«Die Staatsanwaltschaft möchte Michael Powers von seiner Geschworenenpflicht entbinden», sagte Mitch schließlich. Der Geschworene Powers saß da, als habe er ein nasses Handtuch ins Gesicht bekommen. Was hatte er denn getan? Gekränkt blickte er zum Richter auf. Diese Wendung der Dinge war mir nicht unangenehm, denn Michael Powers war einer der Geschworenen, die Parnell und ich auf die Liste der unsicheren Kandidaten gesetzt hatten.

«In Ordnung. Mr. Powers, Sie können abtreten», sagte der Richter. «Sie sind der weiteren Mitwirkung bei diesem Fall entbunden. Danke. Bitte, Herr Gerichtsbeamter.»

«Kenneth Medley», rief Clovis leidenschaftlich, als der «verewigte» Mr. Powers nun aus dem Geschworenenstand in den Zuschauerraum stelzte und Mitch anstarrte. Eine Stimme mehr für Paul Biegler bei den Kongreßwahlen, dachte ich. Biegler, der Freund des Volkes!

Wieder exerzierte der Richter mannhaft die langweilige Litanei mit dem neuen Geschworenen durch; wieder gab der Geschworene mit etwas Glück und etwas Verstand die richtigen Antworten; wieder verzichteten beide Parteien auf Ablehnung – schließlich trat die große Entscheidung an mich heran ... Sollte ich von meinem Recht der Ablehnung «ohne besonderen Grund» Gebrauch machen?

«Es steht jetzt bei Ihnen, Mr. Biegler!» sagte der Richter.

«Bitte geben Sie mir etwas Zeit, Euer Gnaden», sagte ich, worauf er nickte und sich wieder in sein Gesetzbuch vertiefte. Im Gerichtssaal wurde es still. Das war es! Noch immer saßen zwei Geschworene auf der Geschworenenbank, die auf unserer Liste der unsicheren Kantonisten standen. Die Bedenken waren groß und auch wieder nicht so groß: Es war noch kein Jahr her, daß ich gegen den Bruder des einen Geschworenen in einer recht erbitterten Testamentsstreitigkeit mit Erfolg aufgetreten war, und als Staatsanwalt hatte ich den Ehemann der anderen Geschworenen wegen Trunkenheit am Steuer ins Kittchen gebracht. Noch geringere Anlässe konnten Geschworene verschnupfen ... Aber, Herr des Himmels, konnte ein Geschworener so kleinlich sein und einen Menschen wegen Mordes verurteilen, nur weil ...? Juppeidi und juppeida ...!

Andererseits saßen etliche Geschworene hinten im Saal, die ich ganz gern vorn auf der Bank gesehen hätte, und unter den vierzehn auf der Bank war wiederum ein Paar, das ich unbedingt behalten wollte. Zwar waren es keine Leute, die laut loslegen würden, dafür aber meiner Ansicht nach unvoreingenommene Geschworene, die das Herz auf dem rechten Fleck hatten. Der eine war ein junger finnischer Kriegsteilnehmer mit einem aufgeweckten Gesicht, ein Grubenarbeiter, der in einer der Farmergemeinden wohnte. Den anderen hatte ich vor Jahren bei einer parteipolitischen Versammlung kennengelernt und dabei einen günstigen Eindruck von ihm gewonnen. Konnte aber ein

Kriegsteilnehmer, besonders wenn er intelligent war, nicht vielleicht versessen darauf sein, einem Offizier eins auszuwischen? Und mochte der andere inzwischen nicht zu den Liberalen übergegangen sein? Diese und andere Gedanken kreisten in meinem Gehirn. Vielleicht war es besser, den Dingen freien Lauf zu lassen. Vielleicht löste ich eine Kettenreaktion von Ablehnungen aus, wenn ich auch nur einen ablehnte. Vielleicht würde Mitch wunderbarerweise die Segel streichen, wenn ich auf mein Ablehnungsrecht überhaupt verzichtete.

Schließlich gab es ja unter den bisher nicht aufgerufenen Geschworenen noch genug bedenkliche oder mehr als bedenkliche Kandidaten.

«Was meinen Sie, Oberleutnant?» flüsterte ich. Ich wußte, was er dachte. Trotzdem war ich verpflichtet, ihn zu fragen; man mußte seine Mandanten immer fragen, falls etwas schiefging ... Wie nicht anders zu erwarten, erhielt ich als Antwort sein übliches Achselzucken; seine völlige Abhängigkeit von mir und meinem Urteil ernüchterte mich. Ich warf Parnell einen kurzen Blick zu. Auch er hob unmerklich die Schultern und überließ mich meinem eigenen Urteil. Ich hatte also, was ja auch richtig war, ganz allein zu entscheiden. Rasch holte ich Atem und stand auf.

«Euer Gnaden», sagte ich, «die Verteidigung ist mit den Geschworenen einverstanden.»

«Also wieder zu Ihnen, Herr Ankläger», sagte der Richter.

Mitch und Claude Dancer verfielen in eine lange geflüsterte Beratung, während ich zu meiner Skizze zurückkehrte und meiner Forelle einen Angler zugesellte – einen schmucken Fischer mit schütterem Haar und einer langen Nase. Die Geschworenen, denen mittlerweile klargeworden war, daß sie ohne weiteres ausgeschieden werden konnten, auch wenn sie alle Proben bestanden hatten, versuchten auf ihren Sitzen harmlos dreinzuschauen.

«Euer Gnaden» – Mitch sprang auf –, «die Staatsanwaltschaft ist mit den Geschworenen ebenfalls einverstanden.»

Das Wunder war geschehen; wir hatten in weniger als einem halben Tag die Geschworenen für einen Mordprozeß gewählt. Ich hatte manchmal in Strafverhandlungen die Anklage geführt, wo allein die Wahl der Geschworenen zwei Tage lang gedauert hatte, in einem sogar drei. Dabei hatte keine Seite die Unzurechnungsfähigkeit oder die Vergewaltigung erwähnt, als hätten wir beide eine Heidenangst, uns allzufrüh in die verzwickten und verfänglichen Fragen verwickelt zu sehen. Oberleutnant Manion hatte, ohne es zu wissen, einen weiteren Rekord aufgestellt; sein Fall war der erste Mordfall, den ich erlebt oder von dem ich gehört hatte, bei dem die Verteidigung nicht eine einzige Ablehnung ohne Begründung ausgesprochen hatte. «Rasche Wahl der Geschworenen im Mordfall Manion», würde die *Gazette* vermutlich verkünden. «Die Stammkunden im Zuschauerraum des Gerichts können sich kaum an ein schnelleres Verfahren erinnern.»

«Vereidigen Sie die Geschworenen», sagte der Richter ruhig und blickte über seine Brillengläser zu Clovis hinüber.

Clovis sprang auf und nahm den Geschworenen, die sich erhoben, den letzten Eid ab.

«Schwören Sie feierlich», stimmte er an, «daß Sie nach bestem Gewissen zu urteilen versuchen werden in diesem Prozeß zwischen dem Volke des Staates Michigan und dem Angeklagten, der Ihrem Urteil ausgeliefert ist, nach dem Ergebnis der Beweisaufnahme und nach dem Gesetz dieses Staates. So wahr Ihnen Gott helfe ...»

Dies war Clovis' schönster Augenblick.

Der Richter wandte sich an die Reservegeschworenen, die hinten im Saal saßen. «Alle anderen Geschworenen sind bis zum nächsten Montag um neun Uhr morgens beurlaubt», sagte er. «Sollte eine Verzögerung eintreten, werden Sie benachrichtigt werden.» Er sah auf die Uhr des Gerichtssaals. «In Anbetracht der vorgerückten Stunde halte ich es für angebracht, die Vormittagssitzung zu vertagen.» Er wandte sich an die Manion-Geschworenen. «Sie sind bis dreizehn Uhr dreißig beurlaubt. Bitte sprechen Sie in der Zwischenzeit nicht über den Fall. Natürlich auch nicht mit anderen. Sollte irgend jemand versuchen, den Fall mit Ihnen zu besprechen, setzen Sie mich sofort davon in Kenntnis. In Ordnung, Mr. Sheriff.»

«Hört, hört, hört!» sang Max gefühlvoll, als habe Clovis' Staatsvorstellung ihn beflügelt. «Der ehrenwerte Gerichtshof hat sich bis dreizehn Uhr dreißig vertagt.»

Der Sheriff trat herunter und stellte sich in die Nähe des Oberleutnants. Schließlich war hier ein Mann wegen Mordes angeklagt, ein wachsamer Sheriff durfte sich da auf nichts einlassen ... Zwar hatten der Oberleutnant und ich wochenlang unbewacht in meinem Wagen plaudern dürfen, dabei hatte aber auch kein Gerichtssaal voller Wähler zu den Fenstern hereingelugt. «Eine glatte Sache, Sheriff, was?» murmelte ich. Ich sah, daß Mitch und Claude Dancer an ihrem Tisch flüsternd die Köpfe zusammensteckten. «Bis nachher», sagte ich zu meinem Mandanten, packte meine Aktentasche und lief dem Richter in sein Zimmer nach.

Eine Filmrolle stand fein säuberlich mitten auf seinem Schreibtisch. «Ist die Katze aus dem Haus, tanzen die Mäuse über Tisch und Bänke», sagte er und schob den Film in die Schublade. «Ja bitte, Mr. Biegler?»

Wiegend hob ich die mitgebrachte Last. «Ich bringe Ihnen fast sieben Pfund Anträge für Instruktionen, dazu einen Schriftsatz, Euer Gnaden», sagte ich und legte den umfangreichen Ordner vor ihn hin.

«Danke, das ist mir sehr lieb, und ich freue mich darauf, sie durchzusehen.» In diesem Augenblick läutete das Telefon, die schwere Hand des Richters ließ sich auf die Gabel fallen, er lächelte mich schüchtern an und errötete dabei wie ein Schulbub. «Sie müssen mich entschuldigen, Mr. Biegler», sagte er. «Heute ist unser Hochzeitstag – ich hatte meine Frau angerufen, und ich glaube, sie ruft jetzt zurück.»

«Herzlichen Glückwunsch!» murmelte ich, die mächtige Tür leise hinter mir schließend, und fragte mich, ob denn wirklich jeder Hans seine Grete haben mußte ... Wo und wann würde ich meine wohl finden?

6. Kapitel

Parnell und ich fuhren am Seeufer zu einem entlegenen Rastplatz, um in Ruhe essen und reden zu können. Die meisten Sommergäste waren wie Zugvögel südwärts geflogen; ich parkte den Wagen so, daß der glitzernde See vor uns lag. Maida hatten wir zu Hause gelassen, sie sollte sich um das Büro kümmern, einige Sachen in die Maschine schreiben, die Parnell ihr gegeben hatte, und – das war meine stille Hoffnung – ein paar Geldbeträge in Empfang nehmen.

«Langsam verliebe ich mich in unseren Richter», sagte Parnell. «Er wird dem alten Maitland immer ähnlicher – er führt den Vorsitz wie bei einem regelrechten Gericht. Er ist eben durch und durch Jurist. Ich glaube sicher, daß er unsere Instruktionsanträge mindestens versteht, wenn nicht sogar ihnen stattgibt.»

Ich nickte und paffte nachdenklich an meinem Zigarillo.

«Bist du sicher, daß du ihm alle Instruktionen gegeben hast, auch die letzten über private Verhaftung und unwiderstehlichen Zwang?»

Parnell hatte diese letzten Instruktionen alle selbst ausgearbeitet; es waren seine Lieblingskinder, sein besonderer Stolz. Gleichzeitig waren sie Schulbeispiele knapper, verständlicher und akkurater Rechtsdarstellung. «Ich habe ihm den ganzen Krempel hingelegt», sagte ich. «Jetzt weiß er wenigstens, worauf wir hinauswollen.»

«Und wie gefällt dir Mr. Claude Dancer?» fragte Parnell schalkhaft und blickte mich dabei aus den Augenwinkeln an.

«Der wird uns noch zu schaffen machen», knurrte ich. Parnell lachte hell auf. «Polly, ich glaube fast, du bist froh, daß Mitch sich ihn geangelt hat.» Sein Mund verzog sich zu einem breiten Grinsen. «Nun, ich habe nichts gegen eine anständige Rauferei. Dazu sitze ich zu dicht am Ring.» Trockener fuhr er fort: «Aber über dich und Mitch habe ich mir doch meine Sorgen gemacht.»

«Wieso denn das?»

«Nun, der junge Mitch ist kein übler Kerl, und wenn er bei der Stange bleibt, wird er eines Tages einen guten Ankläger abgeben. Vorderhand freilich seid ihr beide noch so wenig aufeinander abgestimmt, daß ich schon Angst hatte, du kämest entweder überhaupt nicht in Fahrt, oder wenn, dann würden die Geschworenen unbewußt für den schwächeren Mitch Partei ergreifen. Aber die Gefahr besteht ja jetzt nicht mehr.»

«Nein, Parn, das brauchen wir nicht mehr zu befürchten. Ich werde auch kaum einschlafen. Im Gegenteil, ich habe so das Gefühl – das geschulte Gefühl, würde der Richter sagen –, daß wir einen recht heißen Kampf vor uns haben. Aber Mitch hat nicht einmal versucht, eine Gegenuntersuchung durchzudrücken, und all die herrlichen Präzedenzfälle wegen unserer Verfassungsfrage haben wir nun umsonst nachgeschlagen. Nur die schleimige Art, wie er den Dancer hereingeschmuggelt hat, hat mir nicht gefallen. Das hätte er mir wenigstens früher mitteilen können.»

Parnell lachte noch mehr. «Dein ausgeprägter Sinn für die eigene Partei gefällt mir, Polly, aber übertreib es nicht. Du weißt jetzt wenigstens, daß Claude Dancer dabei ist –

aber daß ich mitmache, weiß niemand. Meinst du nicht, der alte Parnell wiegt Mr. Dancer ein wenig auf?» Er berührte meinen Arm. «Ein klein wenig Sinn für Proportion, und alles geht gut aus!»

Ich konnte mich eines Lächelns nicht erwehren. «Du nimmst es mit zwölfen von der Sorte Claude Dancers auf, Parn», sagte ich gähnend, «aber ich glaube, was mir vor allem fehlt, ist, daß ich mich mal richtig ausschlafen kann.»

«Das sollst du haben», erwiderte Parnell, «aber erst, wenn der Fall ausgefochten ist.» Er zog seine dicke silberne Uhr. «Los, es ist an der Zeit. Die Glocke wird bald die erste Runde des Hauptkampfes einläuten.»

Die Verhandlung begann ruhig. Als das Gericht vollzählig versammelt war, fragte ich den Richter, ob Laura Manion sich an unseren Anwaltstisch setzen dürfe. Dem Antrag wurde stattgegeben. Dann nickte der Richter Mitch zu, der aufstand und ruhig an den Geschworenenstand trat. «Wenn es dem Gericht und den Damen und Herren Geschworenen beliebt ...», begann er und las dann den Geschworenen die Eröffnungserklärung vor. Endlich waren wir soweit. Zunächst stellte er Claude Dancer vor, «... den Gehilfen des Generalstaatsanwalts, der mir auf meine Bitte während der Verhandlung assistieren wird». Claude Dancer stand auf, verbeugte sich kurz und freundlich vor den Geschworenen und setzte sich wieder bescheiden hin.

Mitchs Eröffnungserklärung war gut, sie war klar, kurz und enthielt nur das Notwendigste. Sie war tatsächlich so gut aufgebaut, daß ich vermuten mußte, Dancers geschickte Hand sei dabei im Spiel gewesen. Verstohlen blickte ich Parnell an. Seinem befriedigten Schmunzeln entnahm ich, daß er genau das gleiche dachte. Wie gemein von dem alten Kracher, dachte ich, jetzt freut er sich auch noch, daß ich auf die Schippe genommen werde. Mitchs Anklageschrift war ebenso bedeutsam durch das, was sie enthielt, wie durch das, was sie verschwieg. Er vermied jede Erwähnung der Vergewaltigung und des Lügentests. Es war jetzt klar, daß die Anklage beabsichtigte, sich nur an den Mord zu halten und der Beweisführung von allem anderen tunlichst einen Riegel vorzuschieben. Ich lehnte mich vor und blickte Mitch unverwandt an. Es bestand wirklich keine Gefahr, daß ich einschlafen würde.

«Die Verteidigung behauptet, der Angeklagte sei zu der Zeit, als die verhängnisvollen Schüsse abgegeben wurden, vorübergehend unzurechnungsfähig gewesen», hörte ich Mitch sagen. «Wir glauben beweisen zu können, daß er im vollen Besitz seiner geistigen Kräfte war und die Tat in der Hitze der Leidenschaft und Empörung beging. Wir beabsichtigen ferner, zu zeigen, daß der Mord vorsätzlich und böswillig geschah, wie der Herr Richter sagen würde. Mit anderen Worten, meine Herren und Damen Geschworenen, wir trauen uns zu, beweisen zu können, und werden beweisen, daß der Angeklagte, Frederic Manion, des Totschlags ersten Grades schuldig ist. Ich danke Ihnen.»

Mitch kehrte an seinen Tisch zurück, wo Claude Dancer ihn stumm, aber unverkennbar zu seiner Eröffnungserklärung beglückwünschte. Etwas zu offensichtlich, so schien es mir; wenn meine Vermutung über die Quelle und Anregung zu dieser Erklärung richtig war, roch Dancers Mätzchen allzusehr nach Eigenlob und überdies nach plattem Betrug. Wenn es stimmte, daß alle guten Staatsanwälte einen Schuß Schauspielerblut haben, so konnte Dancer mit Fug und Recht ein Stutzer genannt werden. Jedenfalls ertappte ich mich dabei, daß er mir auf unerklärliche Weise auf die Nerven ging – auch wenn er den Mund noch gar nicht aufgetan hatte. Mochte er tausendmal glauben, er könne die Geschworenen mit seiner durchsichtigen Drahtzieherei zum Narren halten, ich ärgerte mich darüber, daß er glaubte, er könne mich so leicht für dumm verkaufen. Vielleicht aber – so dachte ich –, vielleicht war es ihm ganz gleichgültig, ob ich sein Spiel durchschaute oder nicht; schließlich hatte ich keine Stimme unter den Geschworenen.

«Mr. Biegler», sagte der Richter, «möchten Sie die Eröffnungserklärung der Verteidigung jetzt machen?»

«Wenn Euer Gnaden damit einverstanden sind», sagte ich und erhob mich dabei, «zöge die Verteidigung es vor, sich ihre Erklärung für später vorzubehalten.»

«Sehr gut», sagte er, den Blick zu Mitchs Tisch gewandt. «Rufen Sie Ihren ersten Zeugen auf.»

«Die Staatsanwaltschaft ruft Dr. Homer Raschid auf», verkündete Mitch.

Dr. Raschid, der Pathologe am Hospital des Heiligen Franz in Iron Bay, trat vor. Clovis Pidgeon sprang dramatisch auf, um ihn zu vereidigen, und erinnerte dabei an einen gewandten Schlagzeugspieler in einem Symphonieorchester, der geduldig eine halbe Stunde wartet, um seinen winzigen Triangel ein einziges Mal anzuschlagen.

«Bitte schwören Sie feierlich, daß Sie die Wahrheit sprechen werden, die reine Wahrheit und nichts als die Wahrheit, so wahr Ihnen Gott helfe», tremulierte Clovis' tragender Tenor. Eines mußte man ihm lassen, wenn er einen Zeugen vereidigte, so war der Zeuge wirklich vereidigt. Hätte jemand nach einer so feierlichen und rührenden Ermahnung noch lügen können? Und doch war es erstaunlich, wie viele es immer wieder fertigbrachten ...

«Ja», sagte Dr. Raschid und setzte sich auf den Zeugenstuhl. Er war ein hageres Etwas mit einem hohen Schädel, der eher danach aussah, daß er zu Hause Sonette verfaßte, als danach, daß er Leichen sezierte. Allerdings hatte ich niemals ein Gedicht von ihm zu Gesicht bekommen, kannte ihn aber als äußerst tüchtigen Pathologen.

«Ihren Namen, bitte!» sagte Mitch.

«Homer Raschid», antwortete der Arzt.

«Beruf?»

«Ich bin Arzt.»

«Fachgebiet?»

«Ich bin Pathologe am Heiligen-Franz-Hospital, hier.» Der Arzt sprach rasch, als sei er beim Zahnarzt bestellt und habe es eilig, wegzukommen. Über zehn Jahre hatte ich ihn innerhalb oder außerhalb des Gerichtssaales nie anders erlebt.

«Seit wann praktizieren Sie, Doktor Raschid?»

«Oh ...!» Der Arzt blinzelte, als staune er darüber, wie schnell die Zeit dahinfliege. «Seit einunddreißig Jahren.»

«Wo haben Sie Ihre ärztliche Ausbildung erhalten?»

Rasch stand ich auf. «Die hervorragende Eignung Dr. Raschids wird nicht bestritten», warf ich ein. Mitch nickte, der Arzt blickte dankbar zu mir herüber, als habe ich ihm die Doktorwürde verliehen. Damit beabsichtigte ich nicht, ihm Honig um den Bart zu streichen, sondern die Verhandlung voranzutreiben und Leerlauf nach Möglichkeit zu vermeiden. Daß Dr. Raschid in seinem Fach zu Hause war und nicht einmal lügen würde, um die eigene Großmutter zu retten, wußte jeder. Wozu also das lange Vorspiel ...

«Haben Sie die Obduktion der Leiche eines gewissen Barney Quill vorgenommen?» fragte Mitch.

«Ja.»

«Wann und wo?»

«Am 17. August, einem Sonntagabend, hier im Heiligen-Franz-Hospital.»

«Auf wessen Veranlassung?»

«Auf Veranlassung des amtlichen Leichenbeschauers Leipart.»

«Wer war zugegen?»

«Der Leichenbeschauer und Kriminalkommissar Durgo von der staatlichen Polizei, zwei oder drei andere Beamte und natürlich ich.»

«Wer identifizierte die Leiche?»

«Die eben genannten Beamten.»

«Wollen Sie uns bitte Ihren Befund mitteilen, Dr. Raschid?» fragte Mitch.

Der Arzt entnahm einer Mappe, die er bei sich hatte, einige Schriftstücke. «Ich habe einen Obduktionsbefund ausgearbeitet», sagte er. «Er ist ziemlich lang, ich will daher, wenn es Ihnen recht ist, das Wichtigste in allgemeinverständlicher Sprache zusammenfassen.»

Ich erhob mich. «Wir sind mit einer derartigen Zusammenfassung einverstanden, wenn die Staatsanwaltschaft es ist.»

Mitch wandte sich zu Claude Dancer um. «Die Staatsanwaltschaft ist einverstanden», sagte Mitch. «Bitte fahren Sie fort, Herr Doktor.»

«Die Leiche wies tiefe Wunden auf, wie sie Kugeln verursachen. Es waren insgesamt zehn solcher Schußwunden, als ob alle Kugeln in den Körper eingedrungen wären und ihn wieder verlassen hätten. Ein Schuß war an der rechten Schulter vorn eingedrungen und am hinteren Schulterblatt ausgetreten.»

«Fahren Sie bitte fort, Herr Doktor.»

«Zwei Kugeln gingen in der Gegend des rechten Schlüsselbeins hinein und kamen am Rückgrat heraus; eine weitere durchschlug das Herz und die rechte Lunge und trat an der rechten Brustwand auf der Höhe der neunten Rippe in der mittleren Axillarlinie aus; dies verursachte heftige Blutungen in beiden Brustfellräumen. Die fünfte Kugel durchlöcherte den Unterleib, fünf Zentimeter unter dem Nabel, durchdrang den Rectus und kam etwa zehn Zentimeter links von der Mittellinie wieder heraus. Das Bauchfell und die Bauchhöhle wurden nicht in Mitleidenschaft gezogen.»

«Waren Sie in der Lage, die Todesursache festzustellen?» fragte Mitch.

«Jawohl.»

«Konnte der Tod durch die von Ihnen bezeugten Wunden eingetreten sein?»

«Das wäre durchaus denkbar.»

«Trat der Tod Ihrer Ansicht nach durch die geschilderten Wunden ein?»

«Ja. Nach meiner Auffassung war die Wunde in Brust und Herz die unmittelbare Todesursache. Die anderen Wunden trugen nur dazu bei.»

«Haben Sie Ihren Befund schriftlich niedergelegt?»

«Ja. Ich habe das Original und einige Durchschriften mitgebracht.»

«Kann ich eine bekommen?»

Der Arzt händigte Mitch die Kopien des Berichts aus. «Ich bitte, daß das Original des Obduktionsbefunds zur Identifizierung als Beweisstück Nummer eins der Staatsanwaltschaft gekennzeichnet wird», sagte Mitch und reichte dem Protokollführer eine Kopie. Dieser schaute auf die Uhr und schrieb die angegebene Nummer auf den Bericht.

Dann kam Mitch mit dem Bericht und einer Kopie zu mir herüber. «Die Staatsanwaltschaft übergibt den Obduktionsbefund der Verteidigung zur Prüfung», sagte er.

«Ich bitte um etwas Zeit, Euer Gnaden», sagte ich. Der Richter nickte zustimmend.

Der Befund, der den Lauf der Pistolengeschosse und die erheblichen Verletzungen ausführlich beschrieb, bestand aus einer fünf Seiten langen, enggeschriebenen Analyse. Er berichtete auch von anderen, unbeschädigten Stellen des Körpers. Gegen Ende des Befunds fiel mein Blick auf eine interessante Einzelheit. «Die Untersuchung der Geschlechtsorgane des Toten erwies, daß er nicht steril gewesen sein kann», hieß es da. War dieser Befund notwendig, um die Todesursache festzustellen? Ich las den Bericht zu Ende und trug ihn zu Mitch hinüber, der neben dem Zeugen stand. «Die Verteidigung hat keinen Einwand», sagte ich.

«Die Staatsanwaltschaft unterbreitet den Bericht als Beweisstück Nummer eins der Staatsanwaltschaft zur Identifizierung», sagte Mitch und händigte den Befund dem Protokollführer aus.

«Das Beweisstück wird angenommen und entsprechend gekennzeichnet», sagte Richter Weaver.

«Bitte stellen Sie Ihre Fragen an den Zeugen», sagte Mitch zu mir und kehrte an seinen Tisch zurück. Ich ging auf den Zeugen zu. «Herr Doktor, schien es Ihnen, daß Barney Quill fünfmal mit Pistolenkugeln getroffen worden war?»

«Jawohl.»

«Es schien also, daß jeder einzelne Schuß ihn durchbohrte, das heißt auf der einen Seite hineinging und auf der anderen Seite herauskam?»

«Ganz richtig.»

«Ein Laie würde vielleicht sagen, daß der Verstorbene regelrecht durchlöchert worden wäre?»

«Genau so.»

«Darf ich daraus schließen, daß Sie keine Kugeln fanden?»

«Ja. Ich habe es in meinem Bericht erwähnt.»

«Ich habe es bemerkt. Ihr Schluß, daß die Wunden von Kugeln herrührten, war mehr oder minder eine Vermutung, nicht wahr?»

«In gewissem Sinne ja.»

«Und zwar fußte er bis zu einem gewissen Grade auf der Geschichte des Falles und den Auskünften, die Sie von Männern bekamen, die die Obduktion veranlaßt hatten und dabei zugegen waren?»

«Ja.»

«Waren Sie, als Sie die Obduktion durchführten, davon in Kenntnis gesetzt, daß der Betroffene von dem Angeklagten in einer Bar erschossen worden war?»

«Ja.»

«Diese und andere Auskünfte waren Ihnen also von den Beamten bereits geliefert worden.»

«Freilich. Von ihnen und durch die Zeitungen.»

«Aber die Beamten klärten Sie über gewisse Zusammenhänge auf, bevor Sie zu Ihrer Aufgabe schritten.»

«Stimmt.»

Jemand trat kaum hörbar von hinten auf mich zu, ich drehte mich um. Es war ausgerechnet Claude Dancer, der auf den Ballen wippte und unschuldig zum Oberlicht aufschaute. Ich wandte mich wieder dem Zeugen zu. «Somit wurde Ihr Befund bis zu einem gewissen Grade von den Auskünften beeinflußt?»

«Ja. Aber mein Hauptanliegen galt der Todesursache. Die stellte ich fest. Dazu brauchte ich keinerlei Auskünfte.»

«Natürlich nicht, Dr. Raschid», sagte ich. «Sie haben keinen Zweifel darüber gelassen, daß der Verstorbene niedergeknallt worden ist.» Ich wollte den Geschworenen deutlich vor Augen führen, daß auch ich keineswegs die Absicht hatte, die offensichtliche Tatsache, daß der Oberleutnant Barney erschossen hatte, in Zweifel zu ziehen. Aber ich bezweckte noch etwas anderes, hatte im Augenblick etwas Wichtigeres im Auge – vielleicht spürte Claude Dancer es bereits. Das würde sich gleich herausstellen. «Dann sagen Sie uns bitte, Doktor», sagte ich langsam, «sagen Sie uns doch, was Sie veranlaßte, Feststellungen über eine eventuelle Sterilität des Toten zu treffen.»

«Ich erhebe Einspruch gegen die Frage!» Eine tiefe Stimme dröhnte in meinen Ohren. Auf einmal warf Claude Dancer die Maske des bloßen Helfers ab.

«Aus welchen Gründen, Mr. Dancer?» fragte der Richter milde.

«Die Frage hat nichts mit der Sache zu tun und ist belanglos», sagte er. «Die Staatsanwaltschaft hat diesen Zeugen aufgerufen, um die Todesursache aufzuzeigen. Er hat sie aufgezeigt. Das Kreuzverhör muß sich auf diese Frage beschränken. Und für sie ist die Tatsache, ob dieser Mann steril war oder was weiß ich, ohne Belang.»

«Mr. Biegler?» fragte der Richter.

«Eben deswegen habe ich die Frage gestellt, Euer Gnaden», antwortete ich, wandte mich um und nahm den Obduktionsbefund vom Tisch des Stenografen. «Ich werde jetzt den Teil des ärztlichen Befundes vorlesen, der mit der Überschrift ‹Allgemeiner Befund› auf Seite fünf oben steht, und zitiere: ‹Die Untersuchung der Geschlechtsorgane des Toten erwies, daß er nicht steril gewesen sein kann.› Das ist ein Teil des Obduktionsbefundes der Staatsanwaltschaft. Dieser Bericht ist als Beweismaterial zugelassen, ich halte mich daher für berechtigt, mich über alles zu orientieren, was er enthält.»

«Der Einspruch ist zurückgewiesen», sagte der Richter. «Lassen Sie den Zeugen antworten.»

«Sie können jetzt antworten, Herr Doktor», sagte ich.

«Antworten, worauf?» fragte der verständlicherweise aus dem Konzept gebrachte Arzt. «Ich – ich glaube fast, ich habe die Frage vergessen.»

«Lesen Sie die Frage nochmals vor», sagte der Richter zu dem Protokollführer.

Finster dreinblickend, schlug dieser rasch die Seiten seines Notizbuches zurück und bewegte dabei – ob lesend oder fluchend, vermochte ich nicht zu sagen – die Lippen. Er fand die Stelle und räusperte sich. «Sagen Sie uns doch, was Sie veranlaßte, Feststellungen über eine eventuelle Sterilität des Toten zu treffen», las er mit dem langweilig-eintönigen Tonfall vor, den alle Gerichtsschreiber bei der Ausübung ihres Berufes anscheinend zwangsläufig entwikkeln.

«Jetzt können Sie unbedenklich antworten, Doktor», ermunterte ich ihn. «Die Luft ist rein.»

«Weil ich darum gebeten wurde», erwiderte der Arzt.

«Wer bat Sie darum?»

«Die anwesenden Beamten.»

«Ich verstehe», sagte ich. «Wußten Sie, als Sie die Untersuchung vornahmen, daß ein anderer Arzt die Frau des Angeklagten daraufhin untersucht hatte, ob sich Spuren einer Vergewaltigung bei ihr feststellen ließen, und daß diese Untersuchung negativ ausfiel?»

«Ja.»

«Ich erhebe Einspruch!» rief Claude Dancer. «Fußt auf Hörensagen, belanglos ... Besserer Beweis wäre der Befund eines anderen Arztes.»

«Sie hinken ein wenig nach, Mr. Dancer», sagte der Richter mild. «Die Frage scheint bereits beantwortet worden zu sein.»

«Dann beantrage ich, daß die Antwort aus dem Protokoll gestrichen wird und die Geschworenen belehrt werden, daß sie Frage und Antwort unbeachtet lassen müssen.»

Die Stimme des Richters schien kaum merklich anzuschwellen. «Der Antrag ist zurückgewiesen. Fahren Sie bitte fort, Mr. Biegler.»

«Hatten Sie bei diesem Teil der Untersuchung in erster Linie die Absicht, festzustellen, ob der Verstorbene steril war oder nicht?» fuhr ich fort.

«Richtig.»

«Hatte diese Untersuchung irgend etwas mit der Feststellung der Todesursache zu tun?»

«Nein, nichts.»

«Würden Sie bei der Feststellung der Todesursache an einem Körper, der so offensichtlich Geschoßwunden erlegen ist, unter normalen Umständen eine derartige Untersuchung vornehmen?»

«Niemals.»

«Sie haben diese Sonderuntersuchung also nur gemacht, weil Sie von den Untersuchungsbeamten dazu aufgefordert wurden?»

«Jawohl.»

«Nun, Herr Doktor, wenn also je die Frage auftauchen würde, ob ein Mann mit einer Frau – wie diese behauptet – Verkehr gehabt hat, und eine ärztliche Untersuchung dieser Frau förderte irgendwelche darauf hindeutenden Spuren nicht zutage, während andererseits festgestellt wurde, daß der Mann nicht etwa steril war, spräche das dann nicht dafür, daß gar kein Verkehr stattgefunden hat?»

«Einspruch!» donnerte Claude Dancer hinter mir.

«Zurückgewiesen», sagte der Richter.

«Ja», antwortete der Zeuge.

«So daß also, wenn diese Frage jemals später – sagen wir, bei einem Mordprozeß – angeschnitten würde, niemand – nicht einmal der Strafverteidiger – argumentieren oder behaupten könnte, der negative Befund der Untersuchung der Frau könne auf eine Sterilität des Mannes zurückzuführen sein?»

Ich drehte mich um und schaute Claude Dancer an, wobei ich den Kopf herumwarf, als ducke ich mich vor einem Schneeball. Der Gerichtssaal kicherte. Claude Dancer blickte unbeweglich vor sich hin. Ich wandte mich wieder dem Zeugen zu.

«Das dürfte zutreffen», sagte er. «Ich nehme nach wie vor an, daß hauptsächlich dies die Absicht der Anfrage war.»

«Einspruch! – Der Zeuge nimmt an», drängte Claude Dancer.

«Dem Einspruch wird stattgegeben», entschied der Richter.

«Ich beantrage, daß die Antwort im Protokoll gestrichen wird und die Geschworenen belehrt werden, sie unbeachtet zu lassen.»

«Dem Antrag ist stattgegeben. Wollen die Herren Geschworenen bitte die letzte Frage unbeachtet lassen. Fahren Sie fort, Mr. Biegler.»

«Nun, Herr Doktor, wurden Sie aufgefordert, zu untersuchen, ob der Verstorbene kurz vorher Geschlechtsverkehr gehabt hat und es dabei zum Orgasmus kam?»

«Nein.»

«Haben Sie eine derartige Untersuchung vorgenommen?»

«Nein.»

«Hätten Sie es tun können?»

«Ja.»

«Hätten Sie diese Frage beantworten können?»

«Sicher wohl.»

«Sie wurden aber nicht dazu aufgefordert und taten es auch nicht.»

«Richtig.»

«Sie haben auch nicht gehört, daß das Thema besprochen wurde?»

«Nein.»

Ich warf einen verstohlenen Blick auf die Geschworenen. Einige von ihnen blickten einander an, mein finnischer Kriegsteilnehmer schaute geradewegs auf mich. Sollte ich den Anflug eines Lächelns auf seinem Gesicht entdeckt haben?

«Nun, Herr Doktor, noch eine oder zwei Fragen, dann sind wir vermutlich miteinander fertig. Haben Sie das Blut des Verstorbenen auf Alkoholgehalt untersucht?»

«Nein.»

«Wurden Sie dazu aufgefordert?»

«Nein.»

«Hätten Sie dies feststellen können, wenn man Sie darum gebeten hätte?»

«Leicht.»

«Das ist alles, Herr Doktor. Ich danke Ihnen», sagte ich und ging zu meinem Tisch zurück.

«Nicht schlecht», flüsterte der Oberleutnant.

«Wir haben wenigstens einen Fuß in der Tür», flüsterte ich zurück.

«Haben Sie noch Fragen an den Zeugen, Herr Ankläger?» fragte der Richter.

Mitch und sein Gehilfe besprachen sich. «Keine weiteren Fragen», sagte Mitch, sich halb aufrichtend.

Der Richter wandte sich an Dr. Raschid. «Sie sind entlassen, Doktor. Das ist alles.» Als der Arzt mit dankbarer Miene den Saal verließ, schaute der Richter auf die Uhr. «Wir legen eine Pause von fünfzehn Minuten ein», sagte er ernst. «In Ordnung, Mr. Sheriff.»

Mit seinem Hammer gab Max den Anwesenden das Zeichen, sich zu erheben. «Hört, hört, hört! – Dieses ehrenwerte Gericht wird auf fünfzehn Minuten vertagt.» Allgemeines Aufatmen, wie ein plötzlich geöffnetes Dampfventil; die Mehrzahl der Zuhörer schlurfte und schob sich zu den Türen.

7. Kapitel

Parnell war verschwunden. Ich fand ihn nirgends und hoffte nur, er sei nicht von unwiderstehlichem Durst überfallen worden. Eilig begab ich mich zu den Manions in das Beratungszimmer – der Sheriff erging sich gewichtig vor der Tür, denn die scharf beobachtenden Geschworenen mußten dort vorbei – und erklärte ihnen die mögliche Bedeutung der Beweisführung, die sich aus den Aussagen des guten Dr. Raschid ergab. Das meiste hatten sie erfreulicherweise bereits verstanden und sahen deutlich, daß die Anklage offensichtlich darauf aus war, jede Erwähnung der Vergewaltigung zu unterdrücken. Wenn sie das begriffen, würde das Geschworenengericht es hoffentlich auch so sehen. Jedenfalls konnte ich in meiner Beweisführung später besonders darauf hinweisen. Ich kritzelte eine rasche Eintragung in mein verläßliches Notizbuch, ohne das die meisten Verteidiger gänzlich verloren wären.

Vor allen Dingen aber versuchte ich die Manions zu beruhigen; im Augenblick kam es nur darauf an, daß mir die beiden nicht kopfscheu wurden. Das meiste unserer gemeinsamen Arbeit war getan. In einer freilich qualvollen Hinsicht war die Verhandlung ein gut einstudiertes Bühnenstück, ein Stück, das nur einmal über die Bretter ging und dann für alle Zeiten auf Eis gelegt wurde. In anderer und beruhigender Hinsicht wiederum war es keineswegs wie ein gut geprobtes Stück: Der eine oder andere Schauspieler würde bestimmt seine Rolle vergessen, oder, was viel schlimmer war, irgendeiner mochte einen gänzlich unerwarteten Dialog einflechten und damit den Ablauf des Dramas grundlegend ändern. Ich hatte zu viele «Uraufführungen» bei Gericht erlebt, um nicht auf diese stets im Hintergrund lauernde Möglichkeit gefaßt zu sein. *Etwas* mußte passieren; es war weniger eine Frage des *Ob* als des *Wann* ...

«Dieser Dancer ist nicht mein Fall», meinte Laura. «Er ist so – dreist und selbstsicher. Er muß uns hassen wie die Pest.»

«Ehrlich gesagt, Laura, wird er auch mir langsam unsympathisch», antwortete ich und dachte, aber behielt es für mich, daß er vor allem viel zu gerieben und gefährlich sei, überdies hartnäckig wie eine Mücke.

Der Oberleutnant, der auf einem erkalteten Heizungskörper am Fenster saß und in einer alten Nummer der *Gazette* über seinen bevorstehenden Prozeß las, blickte auf. «Als der Richter gegen Dancer entschied, während Sie den Arzt vernahmen, grinste einer der Geschworenen und platzte fast heraus.»

«War es der untersetzte junge Blonde, der in der ersten Reihe ganz links sitzt?»

«Genau der. Er scheint einer Ihrer Anhänger zu sein. Sobald Sie den Mund auftun, paßt er auf wie ein Luchs.»

Nachdenklich zündete ich ein Zigarillo an und blickte auf den See hinaus. Vielleicht sollte ich mich diesem jungen, aufgeweckten Geschworenen zuliebe ins Zeug legen. Ich erinnerte mich, daß ich mir als Staatsanwalt bei längeren Verhandlungen nicht selten unbewußt einen einzelnen Geschworenen ausgesucht hatte, für den ich sprach und agierte. Meistens flog mir ein unmerkliches Zeichen, daß man die gleiche Sprache sprach, ein Hauch des stillschweigenden Einverständnisses zu. Auf diese Weise schien man – wenigstens ging es mir so – ein tieferes Gefühl der Unmittelbarkeit, der direkten Ansprache zu bekommen. Plötzlich war ein greifbares Ziel gegeben, auf das man sich konzentrieren konnte, eine sichtbare Zielscheibe, auf die man alles, was man an Überredungs- und Überzeugungskraft besaß, zu richten vermochte. «Hm . . .!» sagte ich abwesend und hielt Laura mein Feuerzeug hin.

«Danke, Paul.» Sie nahm die Brille ab. «Mit diesem verflixten Ding kann ich kaum sehen. Können Sie nicht auch erreichen, daß ich Strümpfe stricken darf?»

Ich lächelte maliziös. «Kaum, meine liebe Laura, kaum.»

Ja, meine Arbeit mit den Manions war vorüber. Wenn sie ihre Rolle immer noch nicht auswendig kannten, wenn sie jetzt noch nicht wußten, wie sie sich zu benehmen hatten, konnte ich ihnen nicht helfen.

Max Battisfore steckte die Nase zur Tür herein. «Noch fünf Minuten, Polly», sagte er. «Der Richter möchte Sie sprechen.»

«Danke. Ich komme sofort, Max.»

Der Richter, Mitch und Claude Dancer saßen plaudernd im Richterzimmer mit dem jungen Fotografen der *Gazette*, dem man seine Entgleisung verziehen hatte.

«Dieser junge Mann sagt, sein Publikum – damit meint er seinen Boss – verlange, daß er uns aufnehme», bemerkte der Richter lächelnd, zu mir gewandt. «Vielleicht hat die Verteidigung Lust, mitzumachen.»

«Vielen Dank, Herr Richter! Das war sehr entgegenkommend von Ihnen.» Ich wußte, die Frage würde früher oder später auftauchen, ich war auf sie vorbereitet. «Aber es tut mir leid», log ich gelinde, «im Augenblick stecke ich bis über beide Ohren in Verhandlungen mit meinem Mandanten. Später gern.»

«Na schön», sagte der Richter, «dann laufen Sie rasch wieder zu Ihren Leuten.»

Als ich mich abwandte, glaubte ich ein anerkennendes Aufleuchten in seinen Augen zu entdecken. Sollte er meine Taktik erkannt haben, die darin bestand, den mächtig sich blähenden und brüllenden Staat gegen den auf verlorenem Posten unbesungen – und unfotografiert – kämpfenden Verteidiger auszuspielen? «Bitte hierher, meine Herren, weg vom Fenster!» hörte ich den Fotografen sagen. Ich eilte zurück und ermahnte die Manions, sich unter keinen Umständen aufnehmen zu lassen. Später sei dazu noch genügend Zeit, wenn alles gutging. Ich versuchte nicht einmal zu erklären, warum; vorderhand hatten die beiden genug zu knacken und zu verdauen.

«Hört, hört, hört ...!»

Der Rest des Nachmittags schlich grämlich dahin. Gerichtsverhandlungen gehen nur auf dem Fernsehschirm rasch, wo die traurige Wirklichkeit der drängenden Realität der zahlungskräftigen Auftraggeber weichen muß. Durch Übereinkunft wurden Zeichnungen und Diagramme als Beweismaterial eingebracht, den Geschworenen vorgeführt. Der nächste Zeuge der Anklage war der Leichenbeschauer Leipart, ein augenscheinlich scheues Männchen, das ein Doppelleben führte – als Leichenbeschauer und -bestatter.

Während Mitchs Vernehmung – Claude Dancer schien seine Maske wieder aufgesetzt zu haben – erzählte er, wie er Barney Quills durchlöcherte Leiche mit dem Gesicht zum Erdboden hinter der Bar gefunden habe. «Er lag in einer Blutlache.» Die Leiche lag auf ihrer rechten Seite nach der Mitte der Bartheke zu, und der Mann war mausetot. Als er mit der Polizeistreife gegen zwei Uhr in der Frühe eintraf, hatte der Barmixer ihnen die Tür geöffnet. Was er dann getan hatte? Nun, als die Vermessungen und Schnappschüsse vorbei waren, nahm er den Körper mit nach Iron Bay und behielt ihn bis zur Obduktion am darauffolgenden Sonntag, der er beiwohnte, im Kühlraum. Dann balsamierte er den Leichnam ein und verfrachtete ihn nach Wisconsin. Als der Leichenbeschauer seine Aussage machte, kam es mir vor, als berichte er von einem Abenteuer oder dem Mißgeschick mit einer Teppichrolle.

«Ihr Zeuge», sagte Mitch.

Beim Kreuzverhör brachte ich heraus, daß der Barmixer allein war, als er Leichenbeschauer und Polizei einließ; daß dies mehr als eine Stunde nach dem angegebenen Zeitpunkt des Erschießens gewesen war; daß er, der Leichenbeschauer, die Kleider des Verstorbenen der Polizei ausgeliefert habe, die sie vermutlich nach East Lansing zur Untersuchung ins Kriminallaboratorium schickte ...

«Zu welchem Zweck?» fragte ich.

«Um sie auf Spuren zu untersuchen», erwiderte der Leichenbeschauer.

Ich drehte mich halb um, in der Erwartung, das Sprachrohr aus Lansing möge wieder losdonnern; aber alles war trauter Friede. «Kennen Sie die Ergebnisse etwaiger Kleideruntersuchungen?»

«Nein. Aber die Polizei sollte es wissen.»

«Waren Sie bei der Obduktion zugegen, als die Beamten Dr. Raschid aufforderten, zu prüfen, ob der Verstorbene steril gewesen sei oder nicht?»

«Ich war die ganze Zeit dabei.»

«Und?»

«Ja, ich war in dem Augenblick zugegen.»

«Geschah dies in der Absicht, später jede etwaige Behauptung zu widerlegen, der Verstorbene sei steril gewesen?»

«So verstand ich es.»

«Wurde unter den Beamten darüber gesprochen, daß man den Arzt bitten sollte, festzustellen, ob der Verstorbene kurz vorher eine Ejakulation gehabt habe?» fragte ich. (Ich hatte ein bißchen Sorge, wie die hübsche Geschworene, die so betont jungfräuliche Doris Flanders, dies alles aufnahm. Ich riskierte einen kleinen Seitenblick und stellte fest, daß sie sich vortrefflich hielt und, auf der Stuhlkante sitzend, sich vorbeugte.)

«Ja, darüber wurde gesprochen», sagte der Leichenbeschauer.

«In Anwesenheit des Arztes?»

«Nein.»

«Es wurde auch keine derartige Untersuchung vorgenommen?»

«Ich bin nicht sicher, daß sie möglich gewesen wäre.»

«Aha! Waren Sie hier, als Dr. Raschid vor einiger Zeit aussagte?»

«Nein. Ich bin eben gekommen. Ich muß gleich noch zwei Fälle erledigen.»

Erstaunt hob ich die Brauen. «Noch zwei Mordfälle? Du lieber Himmel! Anscheinend kommen wir vom Regen in die Traufe ...»

«Nein, zwei Leichen.»

«In Ihrer Rolle als Leichenbeschauer oder als Einbalsamierer?»

«Die beiden Leichen müssen einbalsamiert werden.»

«Das freut mich für Sie, Herr Leichenbeschauer, aber würden Sie bitte meine vorige Frage beantworten?»

«Welche Frage?»

«Ich fragte Sie, ob Dr. Raschid den Verstorbenen tatsächlich daraufhin untersuchte, ob dieser kurz vorher eine Ejakulation hatte.»

«Nein, das hat er nicht getan.»

«Oder auf Alkoholgehalt im Blut?»

«Nein, nichts dergleichen.»

«Haben die Beamten darüber gesprochen?»

«Das kann ich nicht sagen.»

«Das ist alles, Herr Leichenbeschauer. Ich glaube, Sie können unbesorgt zu Ihren wartenden Kunden zurückgehen.»

Lächelnd gab er zurück: «Die haben es nicht eilig, Mr. Biegler. Sie beschweren sich selten.»

Mitch hatte keine weiteren Fragen an den Zeugen und rief als nächsten einen Berufsfotografen auf, der eine Anzahl Fotografien für die Anklage gemacht hatte; sie alle wurden ohne Widerspruch als Beweismaterial angenommen. Barney hätten sie gefallen, dachte ich, denn sie waren alle von ihm: mehrere Aufnahmen des großen Barney, als Häuflein Elend regungslos hinter der Bar liegend; Barney aufgebahrt, en face und linkes und rechtes Profil; dabei kamen die Schußwunden glänzend zur Geltung. Auch zeigten sie den kraftvoll-selbstherrlichen, herrschsüchtigen Körper, der sich für immer beruhigt hatte und nur wegen eines dunklen, wirren Triebes …

«Ich biete den Zeugen der Verteidigung an», sagte Mitch.

Ich war gerade dabei, auf das Kreuzverhör zu verzichten, als Laura Manion sich vorbeugte. «Der Mann da!» flüsterte sie aufgeregt. «Er hat in jener Nacht ein paar Aufnahmen von mir gemacht. Das – das ist mir eben wieder eingefallen …»

«Braves Kind», flüsterte ich, stand langsam auf und ging gedankenvoll auf den Zeugen zu. Die erste Abweichung vom vorgesehenen Dialog, dachte ich; mit ein wenig Glück konnte sie günstig für uns ausgehen. Es konnte aber auch anders kommen; mit Gelegenheiten, die uns zu schaffen machen würden, mußten wir rechnen.

«Mr. Burke», sagte ich höflich und deutete auf die letzten Beweisstücke, «sind das die einzigen Aufnahmen, die Sie von dem Fall gemacht haben?»

Blitzschnell blickte er zu Mitchs Tisch hinüber. «Nein, es waren noch ein paar mehr.»

«Sind sie nichts geworden?» fragte ich.

«Doch.» Ein Unterton von Berufsstolz klang in seiner Stimme mit. «Mir mißlingt selten eine Aufnahme.»

«Das glaube ich gern, Mr. Burke. Und diese hier können sich sehen lassen.» Ich brach ab. «Vielleicht haben Sie die anderen zu Hause gelassen?» Keine Antwort, ich drängte nicht. «Vielleicht waren die anderen überflüssige Duplikate?»

«Nein. Es waren keine Aufnahmen von gleichen Stellungen.»

«So?» fragte ich überrascht. Ich warf einen Blick auf die Geschworenen, meine Überraschung schien sie anzustekken. «Hatten die anderen Bilder vielleicht nichts mit dem Fall zu tun? Waren es vielleicht lediglich ein paar interessante Aufnahmen am Rande, aus einer künstlerischen Laune des Fotografen heraus entstanden? Ein zerkerbter Baumstumpf, eine Kiefer, der Sie nicht zu widerstehen vermochten?» Ich machte eine Pause. «Vielleicht sogar eine hübsche Frau?»

Dem Zeugen war nicht wohl zumute. «Es waren Aufnahmen von Oberleutnant Manions Frau.»

Ich sagte nichts und schaute nach der Uhr hinüber. Mitch und sein Assistent steckten heftig flüsternd die Köpfe zusammen. Ich blickte die Geschworenen an, die ihrerseits einander rasche Blicke zuwarfen. Mein junger finnischer Geschworener sah mir kerzengerade ins Gesicht und – war es möglich? – schien fast zu nicken. Ich wandte mich wieder an den Zeugen.

«Und diese Aufnahmen von Mrs. Laura Manion – sind die gut geworden?»

«Ausgezeichnet.»

«Wann haben Sie sie gemacht?»

«Am gleichen Abend.»

«Somit würden sie also zeigen, wie Mrs. Manion unmittelbar nach der Schießerei aussah?»

Bissig entgegnete er: «Und ob.»

«Wie viele haben Sie gemacht?»

«Drei.»

Wieder hörte ich hinter mir die rastlos kurzen, wie wattierten Schritte; Mr. Dancer stelzte wieder einmal auf mich zu.

«Würde es Ihnen etwas ausmachen, sie mir zu zeigen?»

«Ich habe sie nicht bei mir. Sie liegen in meinem Atelier.»

«Wie schade ... Ich glaube, Sie haben mir nicht geantwortet, als ich Sie fragte, ob Sie sie zu Hause gelassen haben. Wie kommt es, daß Sie sie nicht mitgebracht haben?»

«Ich bin aufgefordert worden, das nicht zu tun.»

«Hm ...! Sicherlich nicht von jemandem, der mit dem Fall zu tun hat?»

«Doch, Sir.»

«Nun, Mr. Burke, wollen Sie uns vielleicht sagen, wer es war?»

«Einspruch!» donnerte es in meinen Ohren.

«Zurückgewiesen», sagte der Richter, als ich mein Ohr mit dem kleinen Finger auffällig vorschob – das Ohr auf der Seite der Geschworenen.

«Der Zeuge kann antworten.»

«Mr. Burke», sagte ich sanft, «wäre es möglich, daß jemand, der im Augenblick in einem Abstand von – sagen wir – drei Häuserblocks von mir entfernt steht, Sie aufgefordert hat, die Bilder nicht mitzubringen?»

«Er steht genau hinter Ihnen. Es war Mr. Dunstan. Er sagte nur, es sei nicht notwendig, die Bilder von Mrs. Manion mit zur Verhandlung zu bringen.»

«Dancer!» Claude Dancers Stimme knirschte in meinem Ohr. «Mein Name ist Mr. Dancer, nicht Dunstan.»

«Sehen Sie, der Name des Herrn ist *Mister* Dancer», wies ich den Zeugen zurecht. «Auch legen die Dunstans vermutlich keinen Wert auf eine Verwechslung, verstehen Sie – vielleicht kennen sie Mr. Dancer.» (Ich mußte mich schadlos halten, wo ich konnte. Dancer würde mir ohnehin auf den Pelz rücken, wenn er an die Reihe kam.)

«Es tut mir leid», sagte der Zeuge. «Mr. *Dancer* hat mir gesagt, ich solle sie nicht mitbringen.»

«Schön, wenn Sie die Bilder nicht bei sich haben, können Sie sie auch nicht gut vorzeigen», sagte ich. «Aber vielleicht können Sie uns Mrs. Manion beschreiben, so wie Sie sie an jenem Abend mit eigenen Augen gesehen haben? Das wäre möglicherweise noch besser.»

«Einspruch!» sagte Mr. Dancer, diesmal mit geringerem Getöse. «Eindeutig belanglos, geht nur die Verteidigung an, wenn überhaupt zulässig, was ich bezweifle.»

«Ich ziehe die Frage zurück», sagte ich rasch, bevor der Richter seine Entscheidung geben konnte. Wenn der kleine Mr. Dancer dachte, er könne seiner Sache damit helfen, daß er den Geschworenen, die mittlerweile vor Neugierde brannten, das Zeugnis darüber vorenthielt, so mochte er es tun. Damit schob er Enttäuschung und Mißerfolg nur hinaus. «Ich gebe Ihnen den Zeugen zurück», sagte ich, mich verbeugend, und ging wieder an meinen Tisch.

«Keine weiteren Fragen», sagte Mr. Dancer, mich versteinert anstarrend.

Meine Zeit kommt noch, dachte ich. Nur Mut, Camillus ...

Suchend drehte ich mich nach Parnell um, um mich in seinem Beifall zu sonnen, konnte ihn jedoch nicht ausfindig machen. Zum Teufel! dachte ich. Gerade wenn ich mal einen Treffer lande, treibt sich der alte Knabe auf der Toilette herum. Solange er nicht tief ins Glas guckte, war es indes nicht einmal so schlimm.

8. Kapitel

«Ich trank stillvergnügt mein Bier in der Bar», sagte Carl Yates, der Wildhüter, aus, der erste einer langen Reihe von Augenzeugen. «Früher am Abend hatte ich die Wälder nach Scheinwerfern durchstreift. Ich hatte nämlich ein paar von den jungen Soldaten, die um Thunder Bay herum stationiert waren, im Verdacht, daß sie nachts Wild mit ihren Jeeps anleuchteten. Mehrere von ihnen hatte ich ja bereits geschnappt ... Schön, ich stand also an der Bar und trank gemütlich mein Glas Bier, wie ich schon sagte, als ich plötzlich eine ganze Reihe von Schüssen hörte. Ich fuhr herum – da stand ein Mann auf dem Geländer, weit über die Theke gelehnt, und drückte eine leere Pistole auf etwas ab, was auf der anderen Seite am Boden lag.»

«Was taten Sie da?» fragte Mitch.

«Ich verduftete ...» Der Zeuge blickte rasch zu Richter Weaver hin.

«Verzeihung – ich machte mich aus dem Staub; denn dabei hatte ein Wildhüter nichts verloren.»

«Kannten Sie den Mann, der geschossen hatte?»

«Nicht namentlich – aber ich würde ihn wiedererkennen.»

«Sehen Sie ihn jetzt im Saal?» fragte Mitch. Der Oberleutnant, dem ich rasch zunickte, erhob sich sofort.

«Ja, er sitzt – nein, er steht in der Nähe von Rechtsanwalt Biegler, dort an dem anderen langen Tisch, der Herr mit dem Bärtchen in der Uniform eines Oberleutnants.»

«Beziehen Sie sich auf den Angeklagten Frederic Manion?»

«Ja.»

«Ihr Zeuge», sagte Mitch.

In meinem Kreuzverhör machte ich nicht den Versuch, herauszubringen, wie Barney sich kurz vor der Schießerei benommen haben mochte. Meinem Eindruck nach hatte die Mehrzahl der Zeugen, einschließlich des Zeugen hier, aller Wahrscheinlichkeit nach keine Bewegung Barneys gesehen, weil sie ganz einfach nicht aufgepaßt hatten, wozu ja auch keine Veranlassung bestand. Verneinte mir aber beim Verhör jeder Zeuge, irgendeine Bewegung an Barney beobachtet zu haben, so mußte dies die Geschworenen in ihrer Annahme bestärken, daß Barney sich nicht gerührt habe. Deshalb versuchte ich auch gar nicht erst, an der Tatsache zu rütteln, daß der Oberleutnant die verhängnisvollen Schüsse abgefeuert hatte. Meine Fragen setzten vielmehr genau das Gegenteil voraus. Nur Parnells Lieblingsanwalt, der alte Amos Crocker, «Willi der Greiner», besaß die Kaltschnäuzigkeit, sich vor ein Geschworenengericht hinzustellen, in einem Augenblick einen tödlichen Schuß zu verneinen und im nächsten darauf zu bestehen, daß sein Mandant geistesgestört gewesen sei, als er abdrückte.

«Mr. Yates», sagte ich, ein hübsches Bild beschwörend, «als Oberleutnant Manion Barney Quill erschoß, als dieser zusammenbrach, als der Offizier sich auf das Bargeländer stellte und sich über die Theke lehnte, um dem Gestürzten die letzten Patronen in den Leib zu jagen» – ich hielt inne – «sagte Frederic Manion da: ‹Da hast du's, du Hurensohn!› – oder etwas Ähnliches?»

«Nicht, daß ich wüßte. Ich erinnere mich nicht, daß Oberleutnant Manion auch nur einen Ton gesprochen hätte. Wie ein Postbote kam er herein, lieferte seine Post ab, machte kehrt und schritt seelenruhig zur Tür.»

Eine der endlosen Überraschungen bei Gerichtsverhandlungen – das fiel mir jetzt ein – war die unerwartete Bildhaftigkeit des Ausdrucks, die manchem Zeugen oftmals ungewollt zu Gebote stand. Sie fehlte nur, wenn der

Zeuge sich anstrengte, plastisch zu schildern. «Sah er ärgerlich oder empört aus?» fragte ich weiter.

«Nicht, daß ich dergleichen gesehen hätte. Natürlich konne ich das nicht deutlich erkennen und bin auch nach der Schießerei nicht mehr lange dageblieben. Ich rannte schleunigst nach Hause.»

«Wieviel Uhr war es? Ich meine, als die Schüsse fielen?»

«Etwa zwölf Uhr vierzig oder fünfundvierzig, soweit ich mich erinnere. Als ich zu Hause ankam, sah ich auf die Uhr, da war es eine Minute nach eins.»

«Und dieses wohlverdiente Abendgläschen Bier, Mr. Yates, hat der Verstorbene das für Sie bezahlt?»

«Ja. Ich legte mein Geld auf die Bar, aber Barney schob es mir wieder zu. ‹Das geht auf Hotelkosten, Carl›, sagte er.»

«Ich verstehe. War die Bar voll?»

«Ja, praktisch der ganzen Länge nach besetzt. Es schien mir, als habe der Oberleutnant sich auf den einzigen Platz geschoben, der noch frei war. Er muß dort Spuren hinterlassen haben.»

«Sprechen Sie von dem Servierstand der Kellnerinnen?»

«Ich glaube wohl. Jedenfalls war das die Stelle, an der Barney keine Gäste duldete.»

«Hat Barney alle, die an der Bar standen, zu Freibier eingeladen?»

«Ja, uns alle. Später hörte ich, es sei nicht die erste Runde gewesen, die er bezahlt habe.»

«Trank er mit?»

«Jedenfalls bei der Runde, die er mir spendierte.»

«War es, soviel Sie wissen, seine Gewohnheit, Runden auszugeben?»

«Hm …! Da muß ich mal überlegen.» Der Zeuge dachte eine Weile nach. «Es war das erstemal, daß er in meiner Gegenwart die Bar freihielt, seit ich in Thunder Bay Dienst tue. Im kommenden Mai werden es drei Jahre.»

«Kehrten Sie ziemlich regelmäßig in Barneys Bar ein – ich meine, für Ihre gelegentlichen Abendschoppen?» Ich hatte nicht vor, diesen aufrichtigen, tüchtigen Wildhüter als Saufbruder hinzustellen; nach meiner Ansicht verdiente jeder Mann, der unseren Wild- und Fischbestand – insbesondere die munteren Forellen für Paul Biegler – beschützte, jedes Maß, das er verkraften konnte, mochte es Freibier sein oder nicht.

Er lächelte beifällig. «Ja, eigentlich bin ich ein Stammgast», stimmte er zu.

«Ich verstehe. Wo und neben wem standen Sie an der Bar?»

«Am äußersten Ende, nächst der Straße. Ich unterhielt mich mit den Mongoose-Zwillingen.» (Die Mongoose-Zwillinge waren zwei junge Indianer, beides ehemalige Soldaten; Parnells und meine Voruntersuchungen wiesen darauf hin, daß sich jeder Wildhüter eine ruhige Minute gönnen durfte, vorausgesetzt, daß er ein wachsames Auge auf die Gebrüder Mongoose hatte.)

Ich beschwor die uns bevorstehende Kontroverse über Barneys Ruhmestaten mit Feuerwaffen und Pistolen absichtlich nicht herauf, obgleich dieser Zeuge ein Liedchen davon hätte singen können. Ich wollte, daß sich für die Geschworenen ein klares Bild in anderer Richtung ergäbe, wollte diese Eindrücke nicht durch eine Flut verwirrender Einsprüche und Einwände des wild gewordenen Mr. Dancer verzerrt oder verwischt sehen. Für die Pistolen war noch später Zeit.

«Wo war der Barmann während der Schießerei?» fragte ich.

«Er stand in der Nähe der Tür, glaube ich. Wenigstens sprach ich mit ihm, als ich hereinkam.»

«War es Barneys Gewohnheit, allein hinter der Bar zu arbeiten, falls Sie das beurteilen können?»

«Nein, das könnte ich eigentlich nicht sagen. Ich erinnere mich sogar, daß ich zu den Mongoose-Zwillingen eine Bemerkung darüber machte. Oftmals stand er am Ende der Bar oder auch dahinter, bediente aber selten seine Gäste. Das blieb im allgemeinen dem Barmann oder auch den Kellnerinnen überlassen.»

«War es ebenso ungewöhnlich, daß der Barmixer vorn im Schankraum neben der Tür stand?»

Der Zeuge blickte nachdenklich zum Oberlicht auf.

«Wenn Sie jetzt davon sprechen ..., ja, freilich war es ungewöhnlich. Phonse stand eigentlich immer hinter der Bar.»

Etliche neue Steinchen fügten sich auf diese Weise stillschweigend in unser wachsendes Beweismosaik ein. Ich blickte mich rasch um, natürlich kam Mr. Dancer wieder von hinten auf mich zugeschlichen. Auch er mußte etwas gerochen haben. Sollte man ihn, nachdem er sich die Mühe genommen hatte, sich heranzupirschen, etwa so tatendurstig und stumm da stehenlassen? Ich mußte rasch etwas fragen, was sein wohlklingendes Organ zum Tönen bringen würde.

«Nun, Mr. Yates», fuhr ich fort, «was machte Ihnen der Verstorbene kurz vor der Schießerei für einen Eindruck?»

«Wie meinen Sie das?»

«Schien er nervös oder zappelig, also wie jemand, der ein Unheil wittert», sagte ich und verhielt einen Moment, «oder war er fröhlich, ruhig und gelassen?» Die Frage war aus mehreren Gründen anfechtbar, das wußte ich; ich setzte jedoch darauf, daß mein Mr. Dancer gleichfalls ein Spieler und daher neugierig war, die Antwort zu erfahren. Schon dachte ich, halb gewonnen zu haben. Hinter mir herrschte tiefes Schweigen.

«Er wirkte völlig ruhig und gelassen», erwiderte Carl Yates. Fast meinte ich, Claude Dancers befriedigtes Schnurren hinter mir hören zu können, zweifellos dachte er an den empfindlichen Schlag, den unsere Geschichte von der Vergewaltigung soeben bekommen hatte. Wie konnte ein Mann, der sich soeben so schändlich an einer Frau vergriffen hatte, so ruhig und gelassen aussehen? Ich brach ab, damit die Zuhörer diesen Eindruck mit Ruhe in sich aufnehmen konnten, dann hielt ich die Zeit für gekommen, Claude Dancers zarten Traum zu zerstören.

Rasch sprach ich weiter: «Wenn Sie also heute nicht als Zeuge in der Mordsache Frederic Manion aufträten, Mr. Yates, könnten Sie, selbst wenn der hier verhandelte Fall statt dessen ein Prozeß der Staatsanwaltschaft gegen Barney Quill wegen *Vergewaltigung* wäre, nach wie vor offen und ehrlich dasselbe sagen – daß nämlich Barney Quill ruhig und gelassen war?»

Das unmißverständliche «Ja» des Zeugen und Claude Dancers dröhnender «Einspruch» prallten in meinem Ohr aufeinander. Der Kleine war außer sich; ich mußte mich allen Ernstes fragen, wie der über das Papier dahinfliegende Stift des armen Protokollführers dem erregten Wortschwall überhaupt nachzukommen vermochte.

«Die Frage ist einwandfrei unzulässig», entschied der Richter streng, als Claude Dancers Redefluß versprudelt war, «so daß Frage und Antwort aus dem Protokoll gestrichen und die Geschworenen aufgefordert werden, beides außer acht zu lassen.» Stirnrunzelnd blickte er mich an. «Sie müssen doch gewußt haben, Mr. Biegler, wie höchst unpassend Ihre Frage war. Jedenfalls muß ich Sie vor einer Wiederholung warnen.»

«Ich bitte um Verzeihung, Euer Gnaden. Halten Sie es bitte meinem übertriebenen Kampfeseifer zugute», murmelte ich zerknirscht. «Ich will mich bessern.» Dann wandte ich mich Claude Dancer zu, dessen kleine, widerspenstige Haarborsten zu beiden Seiten des Kopfes starr in die Luft zu stehen schienen.

«Der Zeuge der Staatsanwaltschaft geht an Ihren Assistenten zurück, Hauptankläger Dancer», sagte ich.

«Keine Fragen», sagte Mr. Dancer kurz angebunden; endlich war jeglicher Vorwand oder Zweifel darüber, wer wessen Assistent war, in alle Winde zerstoben.

Als ich mich wieder auf meinen Platz setzte, bemerkte ich, daß Parnell zurückgekehrt war, glücklicherweise nüchtern, von einem Ohr zum anderen grinsend. Wochenlang hatten wir uns wegen der Taktik bei dieser letzten zweifelhaften Frage in den Haaren gelegen, Parnell war dafür gewesen. Sein Argument hatte gelautet: Wir müssen in dem Prozeß rechtzeitig auf dramatische Weise vorbringen, daß Barney, wenn er Laura tatsächlich vergewaltigt hatte, das einzige tat, was ihm übrigblieb, falls er nicht weglaufen oder klein beigeben wollte: er mußte der Welt kaltschnäuzig die Stirn bieten und sich gegen die unvermeidliche Anklage wegen Notzucht rechtzeitig wappnen. Barney *mußte* ruhig erscheinen. Ich blickte meinen Lieblingsgeschworenen an; er sah mir gerade ins Gesicht. Seine Augen leuchteten auf, rasch schaute ich weg; es schien, als habe der alte Parnell wieder einmal gewonnen. Jedenfalls war die Frage der Vergewaltigung nicht mehr von der Hand zu weisen. Ebenso klar mußte den Geschworenen die feste Absicht der Staatsanwaltschaft sein, diese Frage ein für allemal auszuschalten.

Die nächsten acht oder zehn Zeugen, lauter Männer, hatten an der Bar gestanden; bis auf unbedeutende Abweichungen, die unvermeidlich sind, wenn verschiedene Leute dasselbe Ereignis zu schildern suchen, waren sich alle so ziemlich darüber einig, daß der Oberleutnant auf die Bar zugegangen war und wortlos sein Schießeisen auf Barney abgefeuert hatte; daß er sich auf das Bargeländer gestellt hatte, nachdem Barney gestürzt war, und dann ebenso stillschweigend kehrtgemacht und die Bar verlassen hatte. Alle stimmten darin überein, daß die Schießerei gegen zwölf Uhr fünfundvierzig stattfand. Bei mehreren dieser Zeugen, einschließlich der rätselhaften Mongoose-

Zwillinge, kam ich im Kreuzverhör zu dem Ergebnis, daß Barney an jenem Abend bis zu fünf Runden ausgab; daß er dabei jedesmal Whisky trank; daß diese plötzliche Menschenfreundlichkeit eines Schankwirts eine bemerkenswerte Abweichung von seiner sonstigen Unfreundlichkeit gewesen sei (der Mann einer der Kellnerinnen bestritt diese Behauptung allerdings; da ich aber seinen feuerroten Zinken sah, brachte ich nicht den Mut auf, ihm zu widersprechen); daß der Barmann außerhalb der Bar im Schankraum stand, also ein ziemlich ungewöhnliches Verhalten; daß Barney guter Dinge zu sein schien, ruhig, gelassen. Aus zwei Zeugen brachte ich heraus, daß sie den Oberleutnant angesprochen hatten, als er kurz vor dem Schießen an die Bar getreten war, daß der Angeklagte ihren Gruß jedoch weder erwidert noch sie angeblickt hatte. Beide Zeugen meinten auch, Barney Quills «Guten Abend, Herr Oberleutnant» oder dergleichen gehört zu haben, als der Angeklagte auf die Bar zukam.

Die Vernehmung aller dieser Zeugen übernahm Mitch, er verhörte auch die beiden Kellnerinnen, die anschließend aussagten; daraus schloß ich, daß Dancer den etwas geschädigten Eindruck, Mitch sei nach wie vor der Hauptankläger, wieder herzustellen suchte, oder daß er sich für die bevorstehende Vernehmung der wichtigeren Zeugen aufsparte, vielleicht traf auch beides zu. Keine der Kellnerinnen hatte viel Neues zu berichten, außer daß die eine im Kreuzverhör aussagte, der Offizier habe ihren Gruß nicht erwidert, als er eintrat. Die andere Zeugin, eine freundlich-dralle Dirn, buchte einen Lacherfolg, als sie Mitch erklärte, nach dem ersten Schuß sei sie «auf die Damentoilette geflüchtet»; dies hatte von seiten des Richters ein ermahnendes Klopfen und einen finsteren Blick auf die Menge zur Folge.

Mittlerweile ging es auf fünf Uhr zu; auf Mitchs Anfrage, ob weitere Zeugen aufgerufen werden sollten, nickte der Richter ihm bejahend zu; Mitch blickte mich an, zuckte resigniert die Schultern und rief Ditlef Pedersen auf. Hier hatten wir nicht nur einen Richter vor uns, der seinen Gerichtshof mit eiserner Hand lenkte, sondern zugleich einen Juristen, der einen vollen Arbeitstag für Geschworene, Anwälte und Zeugen für angebracht hielt.

Ditlef Pedersen (der Name gefiel mir; er rollte wie ein Bonbon auf der Zunge) war der Mann, der mit Frau und Schwägerin am Tisch neben der Tür nach der Straße zu gesessen hatte. Neben diesem Tisch hatte der Barmann, Alphonse Paquette, sich stehend «ausgeruht», nachdem Barney die Bar übernommen hatte. Während Mitchs Verhör sagte Mr. Pedersen, ein großer blonder Gipsarbeiter aus Iron Bay, folgendes aus: Er und die Seinen seien in der Bar eingekehrt, um ein Gläschen zu trinken und ein paar Flaschen Bier in ihr Wochenendhäuschen am See mitzunehmen; sie hätten eine Weile mit dem Barmann, der an ihrem Tisch gestanden habe, geplaudert. Plötzlich hätten sie Schüsse gehört – «sie klangen wie ein Riesenfeuerwerk» –, dann hätten sie Oberleutnant Manion, gefolgt von dem Barmann, eiligst den Raum verlassen sehen.

«Ihr Zeuge», sagte Mitch.

«Blieb der Barmann draußen, oder kehrte er zurück?» fragte ich.

«Er kam gleich wieder herein.»

«Sagte er etwas zu Ihnen?»

«Ja, er sagte, er habe erkannt, daß es Oberleutnant Manion gewesen sei.»

«Sonst noch etwas?»

«Nein, er ging schleunigst zur Bar hinüber.»

«Sind Sie sicher, daß er nichts anderes gesagt hat?» drängte ich, mich an die Sache mit «Buster» erinnernd.

«Ganz sicher. Kurz darauf gingen wir weg. Meine Frau war nervös – sie erwartete ein Kind, wissen Sie.»

«Das wußte ich nicht, Mr. Pedersen. Wie lange stand der Barmann an Ihrem Tisch?»

«Eine ganze Weile – gut und gern eine halbe Stunde, würde ich sagen. Vielleicht sogar länger. Wir hatten keine Eile – es war eine schöne Mondnacht.»

«Gewiß doch, Mr. Pedersen. Setzte der Barmann sich zu Ihnen, und plauderte er mit Ihnen?»

«Er sprach mit uns, nahm aber nicht Platz, obgleich wir ihn mehrere Male dazu aufforderten.»

«Sie *forderten* ihn auf, sich zu setzen?» fragte ich. Das war weit mehr, als ich erhofft hatte – der ermüdete, sich ausruhende – und ach so wachsame – Barmann, der nicht einmal Platz nahm, wenn man ihn dazu aufforderte.

«Ja, er sagte aber, er erwarte einen Freund von auswärts und wolle nach ihm Ausschau halten. Er sah dauernd aus dem Fenster.»

Ich blickte auf die Reihen wartender Zeugen der Staatsanwaltschaft und entdeckte Alphonse Paquette, den Barmann, der mit verschränkten Armen geradeaus sah. Mary Pilant war nicht zu sehen; tatsächlich hatten weder Parnell noch ich sie seit der Eröffnungsverhandlung in der Umgebung des Gerichtsgebäudes erblickt.

«Sprach der Barmann mit Ihnen und den Ihren?»

«Hin und wieder ein Wort. Nur Alltägliches – über das Wetter, den Angelsport; über die Sommergäste, die Soldaten draußen auf dem Schießstand; wie Barney unlängst wieder bei einem Pistolenschießen gewonnen habe und dergleichen mehr.»

Ich hätte den Mann umarmen können. Nur ganz Alltägliches, weiß der Teufel! «Der Barmann hat Ihnen also gesagt, Barney habe bei einem Wettschießen wieder gewonnen?» fragte ich.

«Ja. Wir hörten nur halb zu, weil es ja nichts Neues war; Barney gewann andauernd im Pistolenschießen – ich glaube, er war eine Art Schützenkönig.»

Nachdenklich machte ich eine Pause. Strafverteidiger, die ihre Sache allzu vollendet zu machen versuchten, verdarben dadurch bisweilen nur alles. Vielleicht sollte ich mich hier bescheiden. Claude Dancer übersehend, der wieder einmal von hinten auf mich zugeschlichen kam, wandte ich mich an Mitch. «Ihr Zeuge, Herr Ankläger», sagte ich.

Mitch blickte Claude Dancer an, als ich die beiden und die Geschworenen beobachtete. Aha, das kurze informative Kopfschütteln! «Keine Fragen», sagte Mitch eilends.

«Mr. Sheriff», sagte der Richter. «Genug für heute.»

«Hört, hört, hört ...!» donnerte der Sheriff.

9. Kapitel

Parnell nickte mir zu, stand auf und ging zum Wagen hinaus. Ich blieb an unserem Tisch sitzen und plauderte noch einen Augenblick mit Laura und ihrem Mann, während Max mit wehrhaft verschränkten Armen – Hier kommt keiner durch! schien seine Haltung zu sagen – in achtungsvollem Abstand von unserem Tisch stand. Als die murmelnde, scharrende Menge der Zuschauer endlich verschwunden war, nickte Max mir zu, machte eine Kopfbewegung zum Gefängnis hin und eilte fort. Seine kleine Schaustellung war vorüber ... Am liebsten hätte ich einen Freudenschrei ausgestoßen. Daß Max den Oberleutnant zu einem so frühen Zeitpunkt des Prozesses unbewacht ließ, wollte mir als gutes Omen für den Fortgang der Verhandlung erscheinen; aufmerksam hatte ich nach einem derartigen Zeichen Ausschau gehalten; ich selbst hatte keine blasse Ahnung, wie wir eigentlich standen.

Ein Anwalt, der seinen Fall mitten im Prozeß abzuschätzen sucht, gleicht einem betrogenen Ehemann: nicht selten ist er der letzte, dem die wahre Sachlage aufgeht. Maxens Bereitschaft, den Offizier allein ins Gefängnis zurückfinden zu lassen, war zum mindesten seiner Auffassung nach ein beredtes Zeugnis dafür, daß mein Mandant noch in keiner allzu großen Gefahr schwebte. Dazu hatte ich für die Meinungen von Mr. Max Battisfore in Dingen der Psychologie der Masse und der Gemütsveranlagung der Allgemeinheit einen gesunden Respekt entwickelt; denn schließlich verbrachte dieser Mann seine Zeit zum großen Teil mit dem Studium dieser Fragen. Davon sagte ich den Manions aber keinen Ton.

«Ich habe schlechte Nachrichten für Sie, Herr Doktor», sagte der Offizier.

«‹Schlechte Nachricht, gute Nachricht, Nachricht in der Stadt›», summte ich. «Nun, heraus mit der Sprache, Herr Oberleutnant!»

«Laura hat heute früh die Post abgeholt und vergessen, mir einen Brief von der Heeresverwaltung zu geben.»

«Verflixt! Erzählen Sie mir bloß nicht, daß unser Psychiater sich das Bein gebrochen hat.»

«Nicht ganz so schlimm. Die Heeresverwaltung schreibt, daß meine Gehaltszahlung bis zur Beendigung meines Falles eingestellt wird.» Er zuckte die Achseln. «Es tut mir leid – ich hatte mir ausgerechnet, ich könnte Ihnen eine weitere Anzahlung machen.»

Ein Anwalt, der bis über beide Ohren in einem Fall steckt, denkt zuallerletzt an Geld. «Lassen Sie sich darüber keine grauen Haare wachsen, Oberleutnant», sagte ich leichthin. «Wie hat Ihnen der kurze linke Haken gefallen, den ich unserem Freund Dancer verpaßte?»

«Doch, doch», antwortete der Offizier unbestimmt, Laura aber legte impulsiv die Hand auf meinen Arm. «Ganz gleich, ob wir gewinnen oder verlieren, Paul, wir werden Sie nie vergessen. Sie sind fabelhaft.»

Das Gespräch drohte ein bißchen feucht zu werden, und ich machte dem Paar einige Vorschläge, die mir im Laufe des Tages eingefallen waren. Schließlich trennten wir uns, Laura begleitete ihren Mann durch den Haupteingang des Gerichtssaals zum Gefängnis hinüber, ich schlug meinen üblichen Weg durch das Richterzimmer ein, eine alte, mir nur halb bewußte Angewohnheit aus meiner Zeit als Staatsanwalt.

Richter Weaver saß allein am Schreibtisch und las in einem Band der Entscheidungssammlung des Staates Michigan. Der Ordner mit unseren Instruktionsanträgen lag neben ihm. Er schaute auf.

«Nun, Mr. Biegler, ein neuer Tag, ein neuer Dollar», sagte er freundlich.

«Ich sehe Sie immer nur arbeiten, Herr Richter», entgegnete ich. «Essen Sie eigentlich je?»

Der Richter lächelte. «Ich weiß nicht. Ich glaube, ich arbeite nicht mehr als jeder andere. Aber wenn ein Anwalt einem solch eine Menge komplizierter Instruktionsanträge aufhalst, kommt man um die Arbeit nicht herum. Ich fürchte, ich werde es wohl Mitternacht schlagen hören.» Er strich über meinen Ordner. «Das da haben Sie ja auch nicht über Nacht verfaßt.»

«Nein, Herr Richter», sagte ich und kam mir reichlich gemein vor, weil ich ihm nicht verraten konnte, daß es in der Hauptsache Parnells Werk war. «Ich hoffe, Sie finden etwas Anregung darin.»

Der Richter legte seine beiden knochigen Hände vor sich auf die Schreibtischplatte. In diesem Augenblick erinnerte er mich an meinen Vater, wenn er sich anschickte, eine seiner berühmten Tischreden über die Wohltat der Mäßigkeit und das frühe Schlafengehen vom Stapel zu lassen. Nachdenklich blickte er zum Fenster hinüber. «Ich werde die Instruktionsentwürfe, die Sie mir gegeben haben, in keiner Weise übersehen. Mag sein, daß sie ganz oder teilweise erteilt, vielleicht aber auch nicht erteilt werden.» Er blickte mich an. «Aber Sie haben sich offensichtlich große Mühe damit gegeben und so angestrengt darüber nachgedacht, daß es nur recht und billig ist, wenn ich Ihnen sage, sie halten vorläufig der Prüfung stand. Die von Ihnen zitierten Entscheidungen erfüllen ihren Zweck; sie bekräftigen das, wofür Sie sie anführen, voll und ganz. In dieser Hinsicht sind es die am besten belegten Instruktionen, die mir bisher vor Augen gekommen sind.» Er lächelte. «Und nun lassen Sie uns über etwas anderes sprechen. Setzen Sie sich, und zünden Sie sich eine Ihrer Räucherkerzen an.»

«Besten Dank, Herr Richter!» murmelte ich, doppelt befangen, weil ich Parnell nicht seinen gerechten Anteil an dem empfangenen Lob weitergeben konnte. «Es ist sehr großmütig von Ihnen – in so einem Prozeß kommt man sich bisweilen reichlich unsicher und verlassen vor. Man schwankt förmlich zwischen Verzückung und Verzagen hin und her.»

«Ich weiß, ich weiß.» Der Richter schob sein Buch fort und stopfte seine Pfeife. Ein Bein über die Armlehne gelegt, saß ich da und schaute auf den verlassenen See hinaus; ich sehnte mich danach, auf seinem Spiegel dahinzugleiten, nichts bei mir zu haben als einen Laib Brot, einen Krug Wein – und wen noch? Fast wäre ich errötet; ausgerechnet an Mary Pilant dachte ich.

«Sie lieben Ihr Richteramt, nicht wahr?» fragte ich.

«Ich muß Ihnen ein Geständnis machen, junger Mann», sagte er, als seine Pfeife brannte. «Ich habe eine stille Liebe zu Mordprozessen, und in meiner Art bin ich ebenso wild auf sie wie die aufgedonnerten Dämchen, die unsere Sitzungen füllen. Schon der dramatische Rohstoff eines Mordfalls fasziniert mich ... Der Angeklagte, der so zurückhaltend um seine Freiheit kämpft – bei ihm äußert sich das Drama als *Understatement*, als Untertreibung; die Gegenseite, die Anklage – jene Meister des *Overstatement*, der Übertreibung, die unter Aufbietung aller Mittel um den Sieg, um Ansehen, um neue Mandanten, um politischen

Aufstieg, um weiß Gott was ringen; die wetterwendischen Geschworenen, die einmal zur einen, einmal zur anderen Seite neigen; schließlich der Richter selbst, der sein Bestes tut, die Wahrheit zu erraten, und gleichzeitig Anstand und Würde bewahren möchte.» Er hielt inne. «Jawohl, ein Mordprozeß ist ein hinreißendes Schauspiel.»

«Ganz recht, Herr Richter», pflichtete ich trocken bei. «Kein Schauspiel der Welt kommt einem Mordprozeß gleich. Bei diesem Drama kann nicht nur jäh das Ende kommen, auch die Hauptdarsteller können, wenn sie versagen, Kopf und Kragen verlieren.»

«Merkwürdig, daß Sie das sagen.» Der Richter griff nach einem Kommentar. «Hören Sie sich folgendes an. Ich fand es neulich in Gallaghans Arbeit über *Verfahren und Praxis in Michigan*, Abschnitt 38.48. Der Herausgeber, der hier schreibt, muß ein verhinderter Philosoph oder ein Romancier sein.» Geschickt wendete er die Blätter um, bis er die betreffende Stelle gefunden hatte. «Hier ist es. Er spricht über Schwurgerichte.» Der Richter machte eine Pause und räusperte sich.

«‹Im Verlauf der Verhandlung vor einem Schwurgericht gibt es in der Regel viele Umstände, die von enttäuschten und schlauen Anwälten später als Grund dafür angeführt werden, daß es anders kam, als es hätte kommen sollen. Dies gilt vor allen Dingen für Strafprozesse, bei denen jedes nur erdenkliche Mittel, die Geschworenen in der einen oder anderen Weise zu beeinflussen, angewendet und das kleinste Versehen im Falle einer Berufung dem Berufungsgericht vorgetragen wird.›»

Der Richter brach ab und schaute auf. «Jetzt komme ich zu der Stelle, die ich meine. Hören Sie zu. ‹Dies ist ein hochinteressantes Feld. Es übertrifft die Welt der Bühne, läßt die Möglichkeiten des Films belanglos erscheinen, es stellt die hervorragendsten Erzeugnisse der Romanschriftsteller durch die bloße Kraft der geballten, lebensbedingten Erfahrungswerte so stark in den Schatten, daß jeder Erguß der Einbildungskraft in der Gegenüberstellung mit der Wirklichkeit des Gerichtssaales verblassen und farblos wirken muß ... Bei jedem Geschworenengericht werden nachbarliche Interessen und der persönliche Ruf in die Waagschale geworfen; schwere Verantwortung, ja die Zukunft des einzelnen steht auf dem Spiel.›»

«Amen», sagte ich. «Der Mann hat ins Schwarze getroffen.»

Der Richter schloß sein Buch und schob es langsam beiseite. «Ich habe bei vielen Mordprozessen im ganzen Staat den Vorsitz geführt», fuhr er fort. «Ich dränge mich sogar danach. Die meisten Richter scheuen davor zurück und behaupten, sie hielten schwülstiges Gerede und leeres Gedresche nicht aus. Drunten im Staat schütteln alle Kollegen meines Amtsbezirkes den Kopf und nennen mich den ‹Mord-Weaver›.» Der Richter brach ab und lächelte. «Meine Leidenschaft für Mord ist nahezu anrüchig. Und trotz meiner besorgten Hochachtung vor dem Recht hege ich bisweilen den traurigen Verdacht, daß das durchschnittliche Geschworenengericht seine Fälle ohne Rücksicht auf das Recht entscheidet.» Er zuckte die Achseln und lächelte wieder. «Eigentlich ein düsteres Geständnis für einen passionierten Bücherwurm wie mich. Freilich werde ich den Eindruck nicht los, daß auch Sie ein Vertreter derselben Theorie – und damit auch der Psychologie der Geschworenen – sind.»

«Kann ich nicht leugnen, Herr Richter», sagte ich. «Wenn ich mir auch nie ganz klar darüber geworden bin. Ich glaube aber nicht, daß der Mensch ein besseres System zu ersinnen vermag, um die Konflikte des einzelnen mit der Gesellschaftsordnung aus der Welt zu schaffen. Wenigstens bringt unser Geschworenensystem trotz all seiner Mängel und Gefahren das Wesen der Demokratie primär zum Ausdruck – wenigstens liegt bei uns der Ausgang des

Verfahrens nicht, wie mancherorts, von vornherein so gut wie fest.»

«Sehr richtig», sagte er und blickte auf den See hinaus. «Dennoch können wir nicht umhin, Vollendung zu erträumen und anzustreben ...»

«Wie ein Hund, der den Mond anbellt.»

Der Richter nickte. «Der Mensch ist das einzige Tier, das lacht und weint», sagte er und senkte die Stimme, «denn er ist das einzige Lebewesen, dem der Unterschied zwischen dem, wie die Dinge sind, und dem, wie sie sein sollten, bewußt wird.»

«Eine tiefsinnige Beobachtung, Herr Richter», sagte ich. «Und schön gesagt.»

Der Richter lachte und klopfte seine Pfeife aus. «Ich mag es schön gesagt haben, junger Mann, aber ein gewisser William Hazlitt hat es geschrieben. Vielleicht beschäftigen Sie sich einmal mit ihm, falls Sie ihn noch nicht kennen. Hazlitt besaß Charakter und Verstand – zwei Artikel, um deren Besitz sich die Durchschnittsmenschen nach meiner Ansicht nicht sonderlich zu bemühen pflegen.»

Jetzt hörten wir Lärm hinter der Mahagonitür; sie öffnete sich, und zunächst erschien ein Besenstiel, dann ein mächtiger dampfender Eimer und zum Schluß Smoky Madigan.

«Verzeihung, meine Herren», sagte Smoky, verbeugte sich kleinlaut und trat geräuschvoll den Rückzug an. «Dachte, die Luft sei rein.» Die schwere Tür fiel ins Schloß.

Ich erhob mich und drückte mein Zigarillo aus. «Herr Richter», sagte ich langsam, «die Gefühle Ihres William Hazlitt geben mir zu denken.» Ich hielt inne und nickte der verschlossenen Tür zu. «Sie machen mir sogar Mut und ...» Wieder brach ich ab, unschlüssig, ob ich freimütig meine Meinung bekennen dürfe. «Wenn – wenn ich noch Staatsanwalt wäre, hätte ich die Anklage wegen eines Verbrechens gegen den armen Teufel fallenlassen und ihn statt dessen nur wegen eines harmloseren Vergehens angeklagt, um ihn hinterher zu einer kurzen Erholungskur bei unserem Sheriff ins Gerichtsgefängnis zu schicken, zu einem Plätzchen mithin, wo er glücklich wäre und sich nützlich machen könnte, anstatt im Zuchthaus unter einer Horde hoffnungsloser Berufsverbrecher zu verrotten. Wenn dieser Mann nämlich ein Verbrecher ist, dann möchte ich William Hazlitt heißen.»

Der Richter lächelte. «Das Gericht nimmt die Ansichten der Herren Anwälte stets gern zur Kenntnis, schließlich sind sie Beamte des Gerichts. Wir werden sehen, Mr. Biegler, wir werden sehen.»

«Ich danke Ihnen, Herr Richter, und gute Nacht. Es war mir eine Freude, mit Ihnen plaudern zu dürfen. Und viel Vergnügen beim Rechtsstudium.»

Er hatte sich bereits in sein Buch vertieft und schaute zerstreut lächelnd auf. «Sehr angenehm, Mr. Biegler, sehr angenehm. Guten Abend.»

Ich eilte fort, um Parnell von dem Kompliment zu berichten, das der Richter unseren Instruktionen und unserem Schriftsatz ausgesprochen hatte.

Aber Parnell saß nicht im Wagen und war auch nirgendwo sonst zu erblicken. Auf seinem Sitz lag nur ein rasch hingeworfener Gruß. «Lieber Polly», las ich, «der alte Hühnerhund trabt einer neuen Fährte nach. Ich kann nicht länger warten. Wenn ich Glück habe, sehe ich Dich morgen am späten Vormittag wieder. Gib auf den kleinen Dancer acht, und mach Dir keine Sorgen. Parn.»

10. Kapitel

Als das Gericht am nächsten Morgen, einem Donnerstag, zusammentrat und ich mich an das Licht gewöhnt hatte, stellte ich eine Veränderung an Mitchs Tisch fest. Eine neue Gestalt saß daran, ein großer, dunkler, gebückter Mensch mit einem altmodischen ölig-schwarzen Schnurrbart, der über die Oberlippe seines mageren Gesichtes herabfiel. Seine Physiognomie erinnerte mich an einen romantisch anmutenden Konzertpianisten, der zu meiner Kinderzeit einmal in unserer Stadt aufgetreten war.

Als die Geschworenen eingetreten waren und jenes zähflüssige Schweigen, das einer Sitzung vorauszugehen pflegt, den Gerichtssaal füllte – in dem Augenblick also, als der Richter Mitch zunickte, er möge die Feindseligkeiten eröffnen –, erhob ich mich mit fliegenden Schläfen und richtete das Wort an das Gericht.

«Euer Gnaden», sagte ich, «die Verteidigung stellt fest, daß eine dritte Person am Tisch der Anklage sitzt. Wir möchten wissen, ob das Gericht unsere Neugierde nach der Identität und Funktion dieser Persönlichkeit teilt.»

Die vierzehn Augenpaare der gleichfalls neugierigen Geschworenen bohrten sich in den Neuankömmling, der ihre Blicke mit verächtlich schlaffen Nasenflügeln erwiderte. Der Richter nickte in Richtung auf Mitchs Tisch.

«Euer Gnaden», sagte Claude Dancer, sich erhebend, «der Herr an unserem Tisch ist Dr. W. Harcourt Gregory, der psychiatrische Sachverständige der Staatsanwaltschaft in diesem Fall. Wir wollten ihn soeben vorstellen und um die Erlaubnis des Gerichts bitten, daß er als Beobachter am Tisch der Anklage sitzen dürfe, als der Strafverteidiger sich mit charakteristischer Bravade bemüßigt fühlte, über die Stränge zu schlagen und aus der Sache eine Staatsaktion zu machen. Wir möchten jetzt mit aller Ehrerbietung die Identifikation vornehmen und den entsprechenden Antrag stellen.»

«Mr. Biegler?» fragte der Richter, rollte seine Augen und seufzte schwer, als wollte er sagen: Jetzt geht die Komödie schon wieder los.

Mit pochenden Schläfen lachte ich Claude Dancer über

den Raum hinweg ins Gesicht. Wenn der Kleine den unwiderstehlichen Drang verspürte, mir an den Wagen zu fahren, so war er heute an den Falschen geraten. «Die Verteidigung bedauert ihr schlechtes Benehmen und ihre bäuerliche Neugierde in bezug auf den fremden Herrn», sagte ich aalglatt und giftig, «erlaubt sich indessen die Anfrage, was der Beobachter der Staatsanwaltschaft beobachten soll.»

Der Richter runzelte die Stirn und biß sich auf die Lippen, um ein Lächeln zu unterdrücken. «Mr. Dancer?»

«Den Angeklagten natürlich», warf Claude Dancer vorlaut hin, «wie der auf Staatsaktionen erpichte Herr Strafverteidiger sich wohl denken kann.»

Geduldig fragte der Richter: «Mr. Biegler, wollen Sie bitte den Ball auffangen – oder sollte ich lieber Dolch sagen?»

«In diesem Fall, Euer Gnaden, hat die Verteidigung keinen Einwand zu erheben. Um nichts auf der Welt würden wir den Fortschritt der reinen Wissenschaft zu hemmen wünschen. Ich werde sogar meinen Stuhl zurückschieben, damit der Arzt besser sehen kann. Indessen möchten wir unserer Erleichterung darüber Ausdruck verleihen, daß die dritte Person nicht, wie wir zunächst befürchteten, eine zusätzliche Verstärkung der Rechtsberatung darstellt, die auf Veranlassung der Anklagebehörde eiligst von Lansing herbeigerufen wurde.»

Dr. Gregory wieherte beifällig und fuhr mit der Hand zum Mund; Claude Dancer warf mir einen wütenden Blick zu.

«Dem Antrag der Anklage wird stattgegeben», sagte der Richter trocken und blickte über die Köpfe der verstummten Menge auf die Uhr an der hinteren Wand. «Meine Herren, könnten wir jetzt vielleicht mit der Verhandlung fortfahren, nachdem Sie Ihre Morgengymnastik hinter sich, Ihr Mütchen gekühlt und Ihre Galle gereizt haben, oder würden Sie vorziehen, daß das Gericht eine Pause einlegt, damit Sie die geschliffenen Klingen Ihrer Suada kreuzen können?»

Mitch und ich sprangen auf. «Die Staatsanwaltschaft ist bereit», sagte Mitch.

«Die Verteidigung ist bereit», krächzte ich. Ein neuer Kampftag hob an.

Mitch rief Ditlef Pedersens Frau auf, danach ihre blonde Schwester. Ihre Aussagen entsprachen im wesentlichen der Pedersens. Als ich mein Kreuzverhör beendet hatte, stand Mitch auf.

«Euer Gnaden, die Anklageschrift führt noch weitere sieben Augenzeugen der Schießerei auf, mit deren Ladung der Sheriff betraut worden ist. Der Sheriff hat mir mitgeteilt, daß er außerstande sei, sie vorzuladen, weil diese Zeugen sich außerhalb der Staatsgrenzen befinden. Zur Kenntnisnahme der Verteidigung möchte ich hinzufügen, daß drei von ihnen Soldaten sind, die vorübergehend in der Nähe von Thunder Bay stationiert waren und nun im Staate Georgia stehen; die anderen vier sind Sommergäste, die nicht im Staate wohnhaft sind.» Dann rief Mitch die Namen der sieben fehlenden Zeugen auf.

«Mr. Biegler», sagte der Richter, «was sagen Sie dazu?»

«Die Verteidigung bittet die Staatsanwaltschaft um Mitteilung, ob diese Zeugen vor ihrer Abreise befragt worden sind und ob ihr Zeugnis bejahendenfalls die Aussagen, die bereits gemacht wurden oder noch gemacht werden, bestätigt.»

«Alle sieben Zeugen wurden verhört, und wir geben zu Protokoll, daß sie im Grunde nichts Neues zu sagen hatten», antwortete Mitch.

Ich wußte, daß das Gericht, falls dies zutraf, die Staatsanwaltschaft der Notwendigkeit, die abwesenden Zeugen vorzuführen, entheben konnte und es fraglos auch tun würde; und ich wußte, daß die Anklage sich jedenfalls nur ehrlich zu bemühen brauchte, um eine Vorladung der auswärtigen Zeugen zu erreichen, sobald das Datum der Verhandlung bekannt war; das hatte sie augenscheinlich getan. Ein wenig Entgegenkommen erschien also angebracht. «In diesem Fall, Euer Gnaden», sagte ich, «verzichtet die Verteidigung auf die Herbeischaffung der sieben Zeugen und auf ihr Kreuzverhör. Wir tun dies, weil allen Beteiligten klargeworden sein muß, daß die Tatsache, daß der Angeklagte, Frederic Manion, den Tod Barney Quills durch Erschießen herbeigeführt hat, weder jetzt ein Streitfall ist noch es jemals war. Wir bestreiten nur, daß es sich um Mord handelt.»

Sofort war Claude Dancer wieder auf seinen Füßen. «Es besteht für die Verteidigung keine Veranlassung, eine Rede zu halten. Entweder sie verzichtet oder sie verzichtet nicht ...»

«Sehr gut, meine Herren», schaltete sich der Richter ein. «Eine gute Rede rechtfertigt noch lange keine zweite. Rufen Sie Ihren nächsten Zeugen auf, Herr Ankläger.»

«Die Staatsanwaltschaft ruft Alphonse Paquette auf», sagte Mitch. Clovis Pidgeon erhob sich und vereidigte, wie üblich mit pathetischer Stimme, Barneys kleinen Barmann, der in seiner Sportkombination und mit makellos pomadisiertem Haar geschniegelt dastand, mit seinem «Ja» antwortete und den Zeugenstand bestieg.

«Sie können sich setzen», sagte der Richter.

«Danke, Euer Gnaden», antwortete der Zeuge.

«Sagen Sie Ihren Namen», begann Mitch.

«Alphonse Paquette.»

«Wo wohnen Sie?»

«In Thunder Bay, Michigan.»

«Wo arbeiten Sie?»

«Im Thunder-Bay-Hotel.»

«In welcher Eigenschaft?»

«Als Barmann in der neuen Cocktailhalle und -bar am Obersee.»

Ein bißchen geschmackvolle Gratispropaganda für die Heimindustrie ist nie verkehrt, nicht einmal vor Gericht, dachte ich.

«Hatten Sie Dienst am Freitag abend, dem 15. August, und während der frühen Morgenstunden des Samstags, 16. August, dieses Jahres?» fuhr Mitch fort.

«Ja.»

«Kannten Sie Barney Quill zu Lebzeiten?»

«Ja.»

«Wie lange?»

«Etwa eineinhalb Jahre – er war mein Chef; so lange habe ich bei ihm gearbeitet.»

«Kannten Sie den Angeklagten Frederic Manion vor jener Nacht?»

«Ja.»

«Wie lange?»

«Ungefähr drei Wochen; er war gelegentlich Gast in unserer Bar.»

«Können Sie hier im Saal den Mann identifizieren, den Sie als Oberleutnant Manion kennen?» (Wieder stieß ich den Oberleutnant leicht, der wie ein Ladestock hochschoß.)

«Ja.»

«Tun Sie es bitte.»

«Der Herr in der Uniform, der dort neben seinem Anwalt, Mr. Biegler, steht.»

«Waren Sie in der Bar, als die Schüsse fielen?»

«Ja.»

«Wo waren Sie?»

«Ich stand neben dem Tisch der Pedersens, die zuletzt als Zeugen vernommen wurden.»

«Haben Sie die Schießerei selbst gesehen.»

«Nein.» (Der verlogene Hund, dachte ich.)

«Haben Sie sie gehört?»

«Ja, Sir – ich hörte sechs Schüsse. Etwa nach dem zweiten Schuß blickte ich mich um und sah einen Mann in einer Feldbluse, der sich über die Bar beugte.»

«Und dann?»

«Dann richtete der Mann sich auf, drehte sich um und ging durch die Tür, in deren Nähe ich stand, hinaus.»

«Erkannten Sie ihn?»

«Ich war meiner Sache nicht sicher», erwiderte der Zeuge. (Das war aufgelegtes Gewäsch, sagte ich mir; ein gutes Dutzend Zufallsgäste hatten den Oberleutnant auf den ersten Blick erkannt, aber dieser kaltschnauzige Lügenbold wollte ihn nicht eimal nach einstündigem Schmierestehen erkannt haben.)

«Was taten Sie dann?» fragte Mitch. (Aha, jetzt kommt das «Willst du auch 'ne Ladung, Buster?» dachte ich.)

«Ich rannte durch die Tür hinter ihm her.»

«Konnten Sie ihn draußen erkennen?»

«Ja. Er drehte sich um und blickte mich an, da erkannte ich ihn.»

«Wer war der Mann, der Sie anblickte?»

«Frederic Manion.»

Mitch drehte sich beiläufig um, warf einen Blick auf Claude Dancer, und wieder sah ich das verräterische Nikken. «Ihr Zeuge, Mr. Biegler», sagte Mitch.

Einen Augenblick saß ich wie vor den Kopf geschlagen da. Hier hatten wir einen der wenigen Zeugen der Staatsanwaltschaft vor uns, der für die Anklage von ausschlaggebender Bedeutung war und ihr helfen konnte («Willst du auch 'ne Ladung, Buster?»), unsere Verteidigung wegen Unzurechnungsfähigkeit zunichte zu machen. Die Gegenseite hatte den Zeugen bis an die Schwelle dieser für uns vernichtenden Aussage herangeführt, ihn dann mir nichts, dir nichts stehenlassen und mir zum Kreuzverhör zur Verfügung gestellt. Was hatte das nur zu bedeuten?

«Ich sehe noch eben meine Notizen durch», log ich den Richter gelinde an, der mir mit einem Nicken zu verstehen gab, daß ich mir Zeit nehmen könnte. Blicklos starrte ich auf das weiße Blatt vor mir.

Hätte Mitch die Verhandlung allein geführt, hätte ich den Braten nicht so stark gerochen, aber angesichts des kleinen Dancer mit seinen Blinkzeichen ... Mr. Dancer konnte es natürlich kaum erwarten, daß ich auf den Leim ging. Nahm ich mich mit diesem Zeugen nicht in acht, dann brachte ich, der *Verteidiger* selbst, die vernichtenden Worte zur Sprache. Auf diese Weise würde ich mit meinem tölpelhaften Benehmen nicht nur Dancer einen Gefallen tun, sondern – und das wog schwerer – dem Zeugnis des Barmanns größeres Gewicht, größere Schlagkraft verleihen. Dieser Zeuge – so könnte die Jury folgern – war weder bereit, noch sah er es darauf ab, alles auszupacken, was dem Offizier schaden konnte; die Verteidigung persönlich mußte es erst Wort für Wort aus ihm herausziehen. Es muß also doch wahr sein ... Vermied ich aber die geschickte Falle und umging die Fangfrage, konnte die Anklage es in der neuen Vernehmung noch immer herauslocken. Claude Dancer hatte mir geschickt eine Fußangel gelegt. Vermutlich erkannte ich sie, weil ich diese Taktik früher selbst so oft angewendet hatte.

Ich stand auf und ging auf den Zeugen zu. «Sprachen Sie den Oberleutnant an, als Sie ‹durch die Tür hinter ihm herrannten›, wie Sie es eben so dramatisch erzählt haben?»

«Ja. Ich sagte: ‹Herr Oberleutnant Manion›.»

«Ich verstehe. Es war also derselbe Mann, von dem Sie soeben ausgesagt haben, Sie seien nicht sicher gewesen, ob Sie ihn erkannt hätten?»

«Nun, ja.»

«Half Ihnen vielleicht die Beleuchtung aus der Bar, als Sie ihn beim Namen nannten?»

«Ich dachte mir, daß er es sein müsse.»

«Meine Frage, Mr. Paquette, lautete, ob die Barbeleuchtung Ihnen dabei half.»

«Nein.»

«Aha! Nun haben mehr als zwölf zufällige Gäste in der Bar den Oberleutnant ganz deutlich erkannt, Sie aber – der Sie an der Tür standen, als er eintrat und auch als er hinausging –, Sie mußten seine Identität erraten?»

«Ganz recht.»

Wie er lügt, dachte ich. «Tat der Oberleutnant irgend etwas, als Sie seinen Namen nannten?»

«Er fuhr herum.»

«Und da waren Sie imstande, sich über Ihre Vermutung, daß es Manion sei, zu vergewissern?»

«Ja, Sir.»

Nun war es soweit, ich ließ nicht locker. «Sagte der Oberleutnant irgend etwas?»

«Ja, Sir.»

Ich warf einen raschen Blick zu Claude Dancer hinüber, der zur Decke emporblickte; sicherlich hielt er schadenfroh beide Daumen. «Würden Sie uns *bitte* sagen, Mr. Paquette, was er sagte?» drängte ich ihn.

«Er sagte: ‹Willst du auch 'ne Ladung, Buster?›»

«Aha! Und hielt Ihnen seine Pistole unter die Nase?»

«Ich glaube schon.»

«Seine *leer*geschossene Pistole?»

«Das wüßte ich nicht zu sagen.»

«Sie haben doch gehört, daß alle Zeugen der Staatsanwaltschaft ausgesagt haben, der Oberleutnant habe unentwegt seine leergeschossene Pistole auf Barney abgedrückt.»

«Ja, das schon, aber damals wußte ich nicht, daß sie nicht geladen war.» (Dieser gerissene Lump.)

Ich blickte hinüber und sah Mitch und seinen Assistenten in eifrig-lächelnde Beratung vertieft. «Nun, Mr. Paquette», sagte ich, «ich nehme an, daß Sie Ihre Geschichte natürlich der Polizei erzählt haben.»

«Ja.»

«Auch dem Herrn Ankläger Lodwick?»

«Ja.»

«Auch seinem zeitweiligen Helfer, Mr. Claude Dancer?»

«Ja.»

«Sie haben natürlich diesen allen – nicht wahr? – erzählt, was Sie mir soeben gesagt haben, nämlich, daß der Oberleutnant herumfuhr und sagte: ‹Willst du auch 'ne Ladung, Buster?›»

«Einspruch!» donnerte Dancer. «Die Verteidigung versucht zu unterstellen, daß die Anklage etwas zu verbergen sucht. Der Grund, aus dem wir dieses Thema nicht zur Sprache bringen wollten, ist der, daß damit die Gefahr einer falschen Beurteilung oder eines Verfahrensmangels heraufbeschworen werden könnte, da es unter Umständen beweist, daß der Angeklagte noch eine weitere Straftat begangen hat.»

Ich drehte mich um und blickte zu Claude Dancer hinüber. «Der Angeklagte ist gerührt über Ihre Besorgnis um sein Wohl, Mr. Dancer», sagte ich. «Sie hätten ja den Gerichtssaal auf den Kopf gestellt, um diese Aussage herauszulocken, wenn ich es nicht getan hätte.»

«Na, na, na, meine Herren!» schalt der Richter. «Ich will die Antwort hören.»

«Ja, ich habe es ihnen allen erzählt.»

«Wann haben Sie es Mr. Dancer erzählt?» drängte ich weiter.

«Gestern abend und dann wieder heute früh.»

«Hat er oder jemand anderes Sie gewarnt, die Buster-Geschichte nicht etwa zu erzählen, weil sie zu Irrtümern führen oder den Oberleutnant schädigen könnte?»

Der Zeuge versuchte an mir vorbei zum Anklagetisch zu schielen. «Sehen Sie mich an und antworten Sie», sagte ich.

«Nein, ich glaube, das Thema wurde nicht angeschnitten.»

Ich blickte meinen Geschworenen an und stellte fest, daß er diesem reichlich verzwickten Tanz aufmerksam folgte. Dann brach ich ab und dachte an das, was dieser windige Barmann Laura und ihrem Mann früher über Barney erzählt hatte, ich rief mir seine Sympathiebezeigung und die Sache mit dem «Tier» wieder ins Gedächtnis zurück. Vielleicht empfahl es sich, diese Punkte jetzt anzuschneiden, freilich mußte es unauffällig geschehen. Setzte ich ihm die Pistole auf die Brust und fragte ihn geradeheraus, würde er das Ganze vermutlich rundweg abstreiten.

«Mr. Paquette», sagte ich, «wie nennen Sie als Barmann die billigeren Whisky-Marken?»

Überrascht: «Ach, Fusel oder Kochspiritus oder Rattengift – das ist unser Berufsjargon.»

«Natürlich. Und wie nennen Sie Ihren echten Whisky?»

«Nun, einfach Whisky oder manchmal auch Scotch.»

Anscheinend merkte er noch nicht, wie der Hase lief. «Ich verstehe», sagte ich. «Und wie nennen Sie einen Mann, der ein unersättliches Faible für Frauen hat – für alle und jedwede Frauen?»

«Was ist ‹Faible›?»

«Schwäche, Neigung, Begierde, Appetit, Hunger, mein Freund.»

Seine Augen flatterten, und ich merkte jetzt, daß er Lunte gerochen hatte. Vorsichtig: «Einen Weiberheld, einen Poussierstengel, würde ich sagen.» Er sah flüchtig zu dem Richter hinüber. «Vielleicht auch einfach einen Dummkopf.» Der Saal kicherte, der Richter brachte die Zuschauer mit einem strengen Blick zum Verstummen.

«Auch noch anders?»

Dancer sprang tänzelnd auf die Füße. «Wir sehen nicht, worauf das abzielt, Euer Gnaden. Ich –»

«Sie wollen damit sagen, Mr. Dancer, Sie sehen genau, worauf das abzielt», unterbrach ich.

«Fahren Sie fort, meine Herren, fahren Sie fort», sagte der Richter scharf.

«Auch noch anders, Mr. Paquette?» fragte ich.

«Schürzenjäger», schlug er vor.

«Hm ...! Reichlich veraltet. Versuchen Sie's noch mal.»

«Schwerenöter.»

«Kommen Sie, Mr. Paquette – Schwerenöter hatten mit Fischbeinkorsetts und Haarnetzen zu tun, immerhin kommen Sie der Sache schon näher. Sonst noch ein Ausdruck?»

Bedächtig, nachdenklich: «Nein, Sir, ich glaube, ich bin mit meinem Latein am Ende. Sehen Sie, Sir, ich habe nicht die Erziehung genossen, die Ihnen geboten wurde.»

Geriebener kleiner Fuchs, dachte ich. «Wie wär's mit dem Ausdruck ‹Tier›, reißendes Tier?» fragte ich. «Oder haben Sie ein zu behütetes Leben geführt, um ihn je gehört zu haben?»

«Natürlich hab ich ihn gehört. Er war mir nur entfallen.»

«Gewiß doch. Wenn man nur mit eingerosteten alten ‹Schwerenötern› zu tun hat, vergißt man so etwas. Gebrauchen Sie ihn selber auch bisweilen?»

«Nat–», begann er, hielt aber jäh inne. «Freilich. Jeder tut's doch.»

«Was bedeutet er?»

«Nun, vermutlich doch ungefähr das, was Sie gesagt haben – ein Frauenverbraucher.»

«Haben Sie den Ausdruck kürzlich gebraucht?»

«Daran könnte ich mich ebensowenig erinnern wie Sie.»

«Vielleicht kann ich Ihr Gedächtnis ein wenig auffrischen», sagte ich. «Wissen Sie noch, wie Sie Mrs. Manion am Sonntag nach der Schießerei nach Iron Bay fuhren?» Der Zeuge renkte sich den Hals aus, um einen Blick von

Mr. Dancer zu erwischen. «Sie brauchen Mr. Dancer dabei nicht anzuschauen», warf ich hin. «Ich glaube nicht, daß er zu der Zeit in der Gegend jagte.»

Dancer sprang auf. «Lassen Sie den Zeugen antworten», schrie er wütend. «Und versuchen Sie nicht, so zu tun, als weiche er aus.»

«Ich brauche es nicht einmal zu versuchen», erwiderte ich.

Jetzt sprach der Richter. «Ich schlage vor, Sie beide geben ein wenig Ruhe und lassen den Zeugen antworten. Ich befehle es Ihnen sogar. Fahren Sie fort», sagte er müde.

«Ja, ich erinnere mich daran», antwortete der Zeuge.

Plötzlich beschloß ich, einen kleinen Abstecher zu machen und dem Zeugen ein wenig einzuheizen; ließ man ihn eine Weile schmoren, tat das dem Gedächtnis mitunter gut. «Mr. Paquette», sagte ich, «Sie kannten doch den Getöteten ganz gut, nicht wahr?»

«Ja.»

«Sie betrachteten sich bis zu einem gewissen Grade auch als seinen Vertrauten?»

«Ja.»

«Könnte man sagen, daß Sie ebenso intim mit ihm standen wie jeder andere seiner männlichen Bekannten?»

Nachdenklich gab er zu: «Doch, ja.»

«Merkten Sie auch, wenn er schwer trank, oder nicht?»

«Ich erhebe Einspruch», sagte Claude Dancer. «Trinken hat mit dem Fall nichts zu tun. War der Verstorbene stockbesoffen, ist das noch lange keine Verteidigung gegen Anklage.» Der kleine Mann hatte die aufreizende Gepflogenheit, scine Einsprüche im Telegrammstil zu formulieren. Dazu besaß er die noch lästigere Angewohnheit, mit ziemlich durchtriebenen Einwänden zu kommen. «Sehe keinen Zusammenhang, Euer Gnaden», schloß er.

«Keine Sorge, Dancer, Sie werden ihn schon noch sehen!» erwiderte ich.

«Möglicherweise lasse ich den Einspruch gelten», sagte der Richter, «der Zeuge soll aber diese Frage noch beantworten.»

Ich nickte dem Zeugen zu. «Ich glaube nicht, daß er in der betreffenden Nacht besonders stark getrunken hatte», antwortete er.

«Ich habe Sie nicht gefragt, ob Barney in jener Nacht mehr trank als sonst, Mr. Paquette», sagte ich. «Ich wollte wissen, ob es Ihnen auffiel, *wenn* er wirklich trank.»

«Ja.»

Es mußte heraus: «Und hat er in jener Nacht viel getrunken?»

«Nein.» (Der verdammte Lügner, dachte ich, die Formel variierend.)

«Oder an jenem Tag?»

«Nein.»

«Wieviel trank er, wenn er heftig trank?»

«Ich erhebe Einspruch. Zeuge hat klipp und klar erklärt, der Verstorbene habe an jenem Tag nicht heftig getrunken, und das ist der Tag, der uns angeht. Sehe im übrigen weder Bedeutung noch Zusammenhang.»

«Ich finde auch, daß Sie etwas weit gehen, Mr. Biegler», sagte der Richter. «Da wir aber einmal dabei sind, will ich die Antwort noch hören. Ich mache Sie jedoch darauf aufmerksam, daß Sie die Grenze fast erreicht haben.»

Ich beschloß abzubiegen, bevor es zu spät war. «Ich ziehe die Frage zurück, Euer Gnaden.» Wieder wandte ich mich an den Zeugen. «Nun frage ich Sie, ob Sie durch Ihre Bekanntschaft mit dem Verstorbenen wußten, daß er ein hervorragender Pistolenschütze war.»

«Einspruch. Notwehr steht nicht zur Debatte. Ganze Beweisführung deutet darauf hin, daß Angeklagter fraglos Angreifer war. Unwesentlich und belanglos.»

«Mr. Biegler?» sagte der Richter.

Ich steckte in einer Zwickmühle. Niemand wußte besser als ich, warum mir daran lag, die Frage von Barneys Trunksucht und Waffenruhm anzuschneiden, und der Richter, der unsere gesamten Instruktionsanträge erhalten hatte, wußte es natürlich genausogut. Da Dancer gerissen genug war, zu spüren, worauf ich hinauswollte, legte er natürlich Einspruch ein, und wenn ich ehrlich war, mußte ich zugeben, daß sein Einwand an und für sich begründet war. Ich hätte den Richter bitten können, die Verhandlung zu unterbrechen. Dann hätte ich meine gesamten Lieblingstheorien vor Gott, der Jury und dem Berichterstatter der *Gazette* entwickelt; doch hatte ich nicht vor, Dancer in meine Karten gucken zu lassen und ihm so die Möglichkeit zu geben, mir im weiteren Verlauf der Verhandlung Knüppel zwischen die Beine zu werfen. Auch wehrte sich meine eingefleischte Lust an der Spannung dagegen, schon jetzt alle Trümpfe auszuspielen; ein paar wollte ich mir noch für die Geschworenen aufbewahren. Andrerseits konnte man nicht alles zugleich haben; ich mußte eben lernen, geduldig zu sein und mit dem kleinen Mr. Dancer Geduld zu haben. Das war, wie ich nur zu rasch lernte, eine Übung in Selbstbeherrschung, die mir nicht sonderlich behagte.

«Wir glauben, dieser Punkt könnte von Bedeutung sein, Euer Gnaden», sagte ich, «und mehrere Zeugen der Staatsanwaltschaft – darunter die Pedersens, glaube ich – haben bereits darauf hingewiesen, daß der Verstorbene ein glänzender Schütze war. Wir sind der Ansicht, die Sache stehe mit gewissen wichtigen Punkten des Falles in Zusammenhang. Indessen werden wir uns der Entscheidung des Gerichts fügen.» Es war ein lahmer, widerstrebender Rückzieher aus einer empfindlich gespannten Lage.

«Ich glaube, ich muß dem Einspruch stattgeben», sagte der Richter langsam. «Solange kein besonderer Streitpunkt auftaucht, der derartigen Fragen Gewicht verleiht, kann ich diese Art von Fragen leider nicht gestatten. Immerhin muß ich derartige etwaige Streitpunkte in der Beweisführung erst noch entdecken. Sollten irgendwelche entscheidenden Fragen, die Ihnen am Herzen liegen, im Verlauf der Verhandlung sachgemäß angeschnitten werden, werde ich beiden Seiten die Zügel schießen lassen. Aber erst dann. Das ist die Entscheidung des Gerichts.»

Ich warf meinem Geschworenen einen Blick zu und merkte, daß er niedergeschlagen war; der einzige Vorteil der richterlichen Entscheidung bestand darin, daß sie mir das Interesse dieses Mannes unmißverständlich bewies. Claude Dancer strahlte vor Genugtuung und Beifall über einen so gelehrten Richter, während Paul Biegler sein Gesicht zu wahren hatte. «Euer Gnaden», fragte ich, «ist das so zu verstehen, daß die Verteidigung sich ein weiteres Kreuzverhör dieses Zeugen für den Zeitpunkt aufsparen darf, da die entsprechenden Fragen angeschnitten werden?»

«So ist es zu verstehen, und so entscheide ich. Dieser Zeuge, ja alle Zeugen sind für die Dauer dieses Verfahrens geladen. Ich werde sie nicht endgültig entlassen, und sie bleiben, wenn ich nicht anders entscheide, in der Gewalt dieses Gerichts. Wenn die entsprechenden Streitpunkte auftauchen, die diese und ähnliche Fragen rechtfertigen, können beide Seiten nach Herzenslust und mit dem Segen des Gerichts auf sie losgehen.»

«Sehr gut, Euer Gnaden», sagte ich. «Unter dieser Voraussetzung haben wir vorderhand keine weiteren Fragen mehr an diesen Zeugen zu stellen.»

«Noch weitere Fragen?» fragte der Richter, Mitch anblickend. Claude Dancer überlegte einen Moment, das Kinn auf napoleonische Art in die Hand gestützt. «Nein, Euer Gnaden», erwiderte er. «Keine weiteren Fragen.»

«Noch etwas, Euer Gnaden», sagte ich. (Gerade für eine Gelegenheit wie diese hatte ich mir eine eindrucksvolle kurze Ansprache ausgedacht.) «Ich halte den Augenblick für gekommen, da ich gegen die anfechtbare Vernehmungstaktik der Staatsanwaltschaft Einspruch erheben muß. Dieser Zeuge der Staatsanwaltschaft zum Beispiel, der jetzt im Zeugenstand sitzt, wurde zuerst vom Ankläger, Mr. Lodwick, vernommen. Danach habe ich dann das Kreuzverhör übernommen, worauf Mr. Lodwick eiligst in den Hintergrund trat, damit der erste Assistent, Mr. Claude Dancer, sein Schnellfeuer von Einsprüchen loslassen konnte. Als dann die Staatsanwaltschaft wieder an der Reihe war, tat der emsige Mr. Dancer so, als wäre dieser Mann niemals Mr. Lodwicks Zeuge gewesen. Nun räumt *er* plötzlich ein, daß *er* keine weiteren Fragen zu stellen habe. Mr. Lodwick zieht Mr. Dancer gehorsam zu Rate, Mr. Dancer hingegen befragt offensichtlich nur den lieben Gott.» Ich brach ab und blickte meinen Geschworenen an. «Zwar habe ich nichts dagegen, jederzeit, jeden Orts mit diesen beiden Riesen der Rechtsprechung eine Klinge zu kreuzen, hielte es jedoch für gerecht und anständig, daß nur jeweils einer zur Zeit in die Schranken träte. Ich schätze es nicht, wenn beide gleichzeitig gegen mich ihre Degen zücken.»

«Ihrem Einspruch ist stattgegeben, Mr. Biegler», sagte der Richter. «Ich habe darauf schon gewartet und werde jedenfalls folgendes festsetzen: Auf jeder Seite darf nur ein Anwalt jeweils einen Zeugen vernehmen. Und in Anbetracht der Anzahl der Zeugen in diesem Falle entscheide ich ferner, daß nur dieser Anwalt Einspruch auf Fragen erheben darf, die dem betreffenden Zeugen gestellt wurden.» Der Richter blickte auf die Tür. «Mr. Sheriff», sagte er, «wir wollen zehn – oder besser fünfzehn Minuten Pause machen.»

11. Kapitel

Der Rest des Donnerstagvormittags schleppte sich bleiern dahin. Die Anklage schien die unwichtigen Überbleibsel ihrer Zeugen aussortieren zu wollen und sich die besten –

das heißt die für sie besten – für den Schluß aufzusparen. Mitch war für diese langweilige Aufgabe auserkoren worden, hatte sie sich vielleicht auch selbst zugewiesen, und ich meinerseits hatte alle Mühe, wach zu bleiben. Eine ganze Reihe schmucker, aufgeweckter Burschen der staatlichen Polizei marschierte in den Zeugenstand und ließ sich wie junge Mathematiklehrer bis ins kleinste über die Skizzen und endlosen Vermessungen aus: wo der Leichnam lag, wie weit es von der Bar zur Tür war, wie weit vom Hotel zum Wagenpark, vom Wohnwagen zum Häuschen des Parkwarts. Inzwischen trank ich literweise Wasser und fragte mich zerstreut, wohin Parnell sich verkrochen haben und was er im Schilde führen mochte.

Mitch mußte das alles über sich ergehen lassen, es half ihm nichts, aber ich konnte ihm helfen und tat es, indem ich die Agonie nicht hinauszog. Mein Kreuzverhör war mechanisch, etliche der Zeugen überging ich kurzerhand. Ich gab mir keine Mühe, mich über Barneys persönliches Leben, seine Gewohnheiten oder etwa seine Waffensammlung zu orientieren, von der die Polizisten vermutlich ohnehin nichts wußten. Vorsichtig machte ich einen großen Bogen um alles, was die Vergewaltigung, Laura Manion und vor allem die peinliche Frage des Lügentests anging. Ich war entschlossen, mich nicht mehr in Gefahr zu begeben, wollte weder vom Gericht eine Schlappe einstecken noch dem geriebenen Dancer etwas von meinem Schlachtplan verraten. Wenn die Anklage es so haben wollte – ich konnte warten, bis die Verteidigung an die Reihe kam, und dann meine Schläge austeilen; ich konnte notfalls sogar bis Weihnachten warten. Jedenfalls würde ich, wenn die Staatsanwaltschaft ihre besten Zeugen bis zum Schluß aufbewahrte, meine Trümpfe auch erst in letzter Minute ausspielen. Mittlerweile ging mir das Trinkwasser aus, ich begann eine schimmernde Fata Morgana von ganzen Seen eisgekühlten Tomatensaftes zu sehen.

Glücklicherweise vertagte sich das Gericht für die Mittagspause ein wenig früher; ich stolperte zu meinem Wagen hinaus und fuhr zu Parnells und meinem Seitenweg am See.

Parnells kleiner alter Parkwart, Mr. Lemon, ein freundliches wuscheliges Männchen, war nach Tisch der erste Zeuge der Staatsanwaltschaft; Dancer saß im Sattel. Mit beneidenswerter Umsicht und Flinkheit jagte er den Zeugen über die Hindernisse, ließ ihn erzählen, daß er in der Tat stellvertretender Sheriff sei, daß er stets ein Abzeichen trage und nebenbei als Wächter des Wohnwagenparks fungiere; daß sein Häuschen etwa zehn Meter vom Wohnwagen der Manions entfernt liege; daß er das Parkgatter allabendlich um zehn Uhr abschließe, was den Gästen des Parks bekannt sei. (Hier übersprang Dancer unauffällig meine zu erwartende Verteidigung; ich mußte, wenn auch ungern, das schlaue Bürschchen bewundern.) Endlich berichtete er, wie er in der Nacht der Schießerei geweckt wurde.

«Wer weckte Sie?» fuhr Dancer aalglatt fort.

«Oberleutnant Manion», antwortete der Zeuge.

«Zu welchem Zweck?»

«Er bat mich, ihn zu verhaften, Sir.»

«Sagte er etwas dazu?» (Jetzt kam es.)

«Er sagte: ‹Verhaften Sie mich lieber, Mr. Lemon, ich habe eben Barney Quill erschossen.›»

Claude Dancer hielt inne wie ein guter Schauspieler, damit sich die Worte den Zuhörern gut einprägen konnten. «Um wieviel Uhr war das?» fuhr er dann fort.

«Kurz vor ein Uhr morgens.»

«Und was taten Sie daraufhin?»

«Ich sagte ihm, er solle in seinen Wohnwagen gehen, ich würde ins Städtchen fahren und die Polizei verständigen.»

«Tat er das?»

«Ja, Sir.»

«Schließlich kam die Polizei und verhaftete ihn?»

«Jawohl. Jemand anderes hatte sie bereits benachrichtigt.»

Mr. Dancer wandte sich mir zu und lächelte, lächelte tatsächlich, und ich war mir sofort darüber klar, daß mir, wenn ich schon mit ihm zu tun haben mußte, sein Stirnrunzeln, genau wie bei Barneys Barmixer, weitaus lieber war. Er war in gnädiger Stimmung, der Tag ließ sich gut für ihn an, während Paul Biegler danebenhaute ... «Ihr Zeuge, Mr. Biegler.» Er lächelte zuckersüß und tänzelte leichtfüßig zu seinem assistierenden Chef zurück. Ich raffte mich hoch und fühlte mich dabei nicht einen Tag jünger als der Zeuge, den ich zu verhören hatte.

«Wie alt sind Sie, Mr. Lemon?» fragte ich.

«Ich werde im Februar neunundsechzig», antwortete er.

«Seit wann sind Sie Wächter des Touristen- und Wohnwagenparks von Thunder Bay?»

«An neun Jahren wird nicht viel fehlen, Sir.»

«In wessen Dienst stehen Sie – wer bezahlt Ihr Gehalt?»

«Der Sprengel – die Gemeinde Mastodon.»

«Seit wann sind Sie stellvertretender Sheriff?»

«Nahezu drei Jahre.»

«Wer entlohnt Sie dafür?»

Verwundert antwortete er: «Niemand, Sir – es ist ehrenamtlich.»

«So daß Sie Ihr Einkommen – wenigstens soweit es Ihre Arbeit betrifft – ausschließlich von der Gemeinde Mastodon als Wächter des Touristen- und Wohnwagenparks beziehen?»

«Ja, Sir.»

«Als stellvertretender Sheriff hatten Sie demnach Gerichtsbefehle zuzustellen, Landstraßen abzufahren, Verkehrssündern nachzujagen, Aufruhr zu unterdrücken, Streiks zu überwachen, die Kneipen der Außenbezirke an Samstagabenden und an Zahltagen abzuklappern – und all die vielen Dinge, die unser hier anwesender schwergeprüfter Sheriff und seine treuen Stellvertreter Tag und Nacht tun.» (Jetzt kam Max zu seinem Recht, im Augenblick seines Ruhmes schwoll ihm der Kamm wie einem Puter. In dieser Sekunde hätte der Oberleutnant ruhig aufstehen und ungehindert nach Georgia abreisen können.)

«O nein, Sir!» antwortete der Zeuge und wich bei dem Gedanken entsetzt zurück. «Ich arbeite nur im Park.»

«Sie haben also nie irgend etwas dergleichen getan, Sie versehen Ihr Amt nur, weil es sich mit Ihren Pflichten im Wagenpark verträgt. Sie haben als stellvertretender Sheriff nie einen Cent verdient, Sie tragen weder Uniform noch Waffe und haben vermutlich auch noch nie in Ihrem Leben einen Menschen verhaftet.»

«All das stimmt, Sir. Ich besitze nicht einmal eine Pistole.» Er zögerte, lächelte. «Vielleicht kann ich's Ihnen erklären, Mr. Biegler. Sehen Sie; vor etwa drei Jahren kamen die Jungens aus der Stadt zum erstenmal nachts in den Park und störten die Touristen. Nichts Anstößiges, wissen Sie – nur Lausbübereien. Wäre ich jetzt stellvertretender Sheriff, dachte ich damals, könnte ich sie ein bißchen in Schach halten.»

«Ließen sie sich denn in Schach halten, Mr. Lemon?» fragte ich lächelnd.

«Nicht auf Anhieb», gab er kleinmütig zu. «Es war meine Frau, die ihnen schließlich beikam.»

«Wie denn?»

«Mit Krapfen.»

«Mit Krapfen, Mr. Lemon?»

«Jawohl, mit Apfelkrapfen, Mr. Biegler. Isabelle – meine Frau, wollte ich sagen – entdeckte, daß sich die Jungens aus der Stadt am leichtesten zur Vernunft bringen ließen, wenn man ihnen den Mund mit hausgebackenen Küchlein stopfte.» Er streckte beide Hände aus. «Seither haben wir keine Unannehmlichkeiten mehr gehabt.»

Was für ein reizendes Männchen, dachte ich und blickte zu Mr. Dancer hinüber, der tief in Gedanken versunken schien – vermutlich dachte er an Isabelles Rezept. «Um zum Gatter überzugehen», sagte ich. «Ich glaube mich an Ihre Aussage zu erinnern, daß Sie dieses Gatter allabendlich um zehn Uhr abschließen und daß dies den Parkgästen durchaus bekannt ist.»

«Ja, Sir.»

«Ich nehme daher an, daß es den Bewohnern von Thunder Bay noch genauer bekannt ist.»

«Freilich, Sir – jeder wußte das. Das Tor wird seit der Eröffnung des Parks zu dieser Stunde geschlossen – lange bevor ich Parkwart wurde.»

«So daß ein Bewohner des Städtchens, der etwa einen Touristen zu späterer Stunde in den Park fahren wollte, zweifellos gewußt haben muß, daß das Tor abgeschlossen sein würde?»

«Einspruch», sagte Dancer. «Das Tor ist belanglos und unwichtig.»

«Mr. Biegler?» sagte der Richter.

Auch ich fühlte ein leichtes Aufwallen der Großmut in mir. «Ich füge mich Ihrer Entscheidung, Euer Gnaden.»

«Der Einspruch ist zurückgewiesen. Die Staatsanwaltschaft hat das Tor gewissermaßen aufgestoßen, die Verteidigung mag es billigerweise schließen. Lassen Sie ihn antworten.»

«Gewiß, Sir», antwortete Mr. Lemon. «Jeder wußte das.»

Nun machte ich mir ein Vergnügen daraus, auf dem quietschenden Gatter fröhlich hin- und herzuschwingen. Ich zeigte, daß der Parkwart zwar den Oberleutnant über das Tor aufgeklärt und ihm einen Schlüssel dazu gegeben, Laura jedoch nicht eingeweiht hatte; daß Mr. Lemon bei den wenigen Gelegenheiten, bei denen das Paar nach zehn Uhr ausgeblieben war, das Gatter nicht nur unverschlossen, sondern eigens für sie weit offengelassen hatte; daß neben dem Tor tatsächlich ein Zauntritt vorhanden war, den die Touristen allerdings höchst selten benutzten, da sie entweder durch das Tor fuhren oder, wenn sie zu Fuß gingen, den in nördlicher Richtung verlaufenden kürzeren Fußweg einschlugen, der in der Nähe von Mr. Lemons Häuschen vorbeiführte. Ich zeigte auch, daß im Park oder in seinem Umkreis oftmals Bären gesehen wurden, zumal bei Nacht am Müllhaufen neben der Einfahrt am Südrand. Endlich bewies ich, daß es außer der Einfahrt durch das Haupttor keine andere Fahrstraße in den Park gab.

«Um nun zum Schluß zu kommen, Mr. Lemon», sagte ich, «wie sah Oberleutnant Manion aus, als er Ihnen das, was Sie uns berichtet haben, sagte?» Claude Dancers Versäumnis, dies bei seinen Fragen herauszubringen, konnte natürlich eine Falle sein, andrerseits konnte man nie wissen ...

«Er war bleich wie ein Gespenst und stand kerzengerade, aufrecht und militärisch da. Das Sprechen schien ihm schwerzufallen, man hatte den Eindruck, als spräche er durch die Zähne. Er – er handelte wie ein Mensch im Traum.»

Ein kleiner Parkwart soll's ihnen zeigen, dachte ich und schwieg, damit sich diese Worte jedem einprägen konnten. War ein derartiges Benehmen nicht völlig unvereinbar mit kaltblütigem Mord, so war es nach meiner Ansicht doch noch weniger unvereinbar mit dem Bild eines Mannes, der von einer ausweglosen seelischen oder geistigen Störung heimgesucht wird. Ich beschloß, die Sache auf sich beruhen zu lassen.

«Und Mrs. Manion», fragte ich. «Haben Sie sie auch gesehen?»

«Gewiß. Als ich mit dem Herrn Oberleutnant zum Wohnwagen hinüberging, kam sie weinend herausgelaufen und sagte: ‹Sehen Sie nur, was Barney mir angetan hat.›»

Ich duckte mich halb, auf den donnernden Einspruch gefaßt, aber nein, Dancer war viel zu gerissen, als daß er den Geschworenen diese Aussage durch einen Einspruch unter die Nase gerieben hätte – das Wort war heraus, vielleicht ging es unbeanstandet durch.

«Wie sah sie aus?» fragte ich absichtlich, um einen Einwand herauszufordern.

«Ein – ein Bild des Grauens.» Der Zeuge schloß die Augen, als suche er einen Alptraum zu verscheuchen.

Jedermann im Saal und im Kreis wußte natürlich, daß Laura Manion *behauptet* hatte, Barney habe sie vergewaltigt. Dies jedoch war die erste Andeutung eines tatsächlichen Beweises dafür. Die Jury wußte jetzt, daß wir ziemlich nahe an der Vergewaltigung vorbeisegelten. Nach den mäuschenstillen Frauen mit ihren hängenden Mündern im Publikum zu schließen, mußten die Geschworenen vor Neugierde vergehen, die Sache endlich aus erster Quelle zu erfahren. Ich wollte mir indessen lieber die Zunge abbeißen, als daß ich mir nochmals eine Abfuhr holte. Andererseits mußte ich versuchen, die Enttäuschung der Geschworenen jemand anders in die Schuhe zu schieben. Langsam bekam ich Spaß an diesem Katz-und-Maus-Spiel. Ich sah zum Richter auf.

«Euer Gnaden», sagte ich, «wir scheinen auf ein Thema zuzusteuern, das in die Kategorie ‹Rühr mich nicht an› gehört. Ich habe nicht die Absicht, das Gericht zu verstimmen oder seine früheren Entscheidungen zu umgehen, möchte daher nicht ohne einen Hinweis des Gerichts fortfahren.»

Neugierig schaute ich mich im Saal um, als sähe ich den Raum zum erstenmal, unbefangen wie ein gelangweilter Sommergast, der von Sulo herumgeführt wird. «Hm . . .!» Der Richter lehnte sich zurück und studierte das gewölbte Oberlicht. Ich hatte ihm eine kleine Nuß zu knacken gegeben, das wußte er genauso gut wie ich. Doch ließ er sich nicht ins Bockshorn jagen und gab, wie ein guter Läufer in Bedrängnis, den Ball sofort an Claude Dancer ab: «Was sagt die Staatsanwaltschaft dazu, Mr. Dancer?»

«Auf keinen Fall», gab Dancer prompt zur Antwort; man konnte sich immer auf ihn verlassen. «Das Gericht hat entschieden; die Anwälte wissen Bescheid; nicht der Funke eines Beweises deutet auf –», er brach ab, zum erstenmal war der kleine Wunderredner um Worte verlegen. Ich war sicher, daß er um ein Haar «Vergewaltigung» gesagt hätte.

«Ja bitte, Mr. Dancer?» Ich schielte ihn hilfreich an.

«– auf irgendeinen Streitpunkt hin, für den diese Art von Fragen von Bedeutung wäre», schloß er, mir offen ins Gesicht sehend, und ließ sich auf einen Stuhl fallen.

«Vielleicht, Mr. Biegler, sollten Sie im Hinblick auf die Einstellung der Staatsanwaltschaft lieber ein anderes Thema anschneiden. Wie wir bereits besprochen haben, können Sie den Zeugen natürlich später von neuem aufrufen.»

Wie aus einem Munde seufzte der gesamte Saal erleichtert auf. Es klang, als habe jemand einen Luftballon angestochen. Fast jeder schien jemand anderen anzustarren. Für mich freilich war hoch interessant, daß die Geschworenen ausnahmslos Claude Dancer anblickten. Ich betrachtete die verstaubten Porträts der verstorbenen Richter an den Wänden, bis alle sich satt geschaut hatten; dann räusperte ich mich.

«Nun, Mr. Lemon», sagte ich, langsam auf das nächste delikate Thema übergehend, «um welche Zeit legten Sie sich in jener Nacht zur Ruhe?»

«Etwa um zehn Uhr fünfzehn, so wie immer, gleich nachdem ich das Tor abgeschlossen und die Nachrichten gehört hatte.»

«Wurden Sie danach noch in Ihrer Ruhe gestört, bevor Oberleutnant Manion Sie weckte?»

«Nein, obgleich ich einen leichten Schlaf habe.»

«Wie steht's mit Ihrem Gehör, Mr. Lemon?» fragte ich sanft.

«Ich höre ausgezeichnet. Meine Frau sagt, daß ich eine Stecknadel zu Boden fallen höre», lautete die stolze Antwort.

«Wie weit steht Ihr Haus vom Wohnwagen der Manions entfernt?»

«Etwa zehn Meter – wie die Skizze dort zeigt.»

«Wie weit ist es von Ihrem Haus zur Haupteinfahrt?»

«Etwa hundert Meter, wie die Vermessung ergeben hat.»

«Und nichts hat Ihren Schlummer – oder Ihre Ruhe gestört?»

«Nein, Sir.»

Langsam fragte ich: «Niemand sang?»

«Nein, Sir.»

«Und keine Frau schrie?»

«Die Schreie kamen vom Tor unten –»

«Einspruch, Einspruch!» Fast konnte ich Mr. Dancers Atemzüge im Nacken spüren.

Die Stimme des Richters klang ein wenig scharf, als er sagte: «Lassen Sie bitte den Zeugen ausreden, bevor Sie Einspruch erheben, Mr. Dancer.» Er wandte sich an den Zeugen. «Fahren Sie fort.»

«Es waren die Schreie von Mrs. Manion. Die Sommergäste aus Ohio drunten am Tor haben sie gehört.»

Einspruch, Hörensagen, Aussage von Sommergästen, waren einige der Einwände, die Dancer dem Gericht entgegenschleuderte.

«Euer Gnaden», sagte ich, einer plötzlichen Eingebung folgend, «ich ziehe die Frage zurück. Der Zeuge steht zu Ihrer Verfügung, Mr. Dancer.»

«Keine Fragen, Mr. Lemon», fauchte er.

«Ich danke Ihnen, Mr. Lemon», murmelte ich.

«Rufen Sie eine Pause von zehn Minuten aus, Mr. Sheriff», sagte der Richter und blickte nachdenklich stirnrunzelnd zum Oberlicht empor.

12. Kapitel

Der mitfühlende Richter mußte erraten haben, in welcher Verfassung ich war; an diesem Nachmittag entließ er uns etwas früher. Bis vier Uhr hatte Mitch eine Reihe weiterer Zeugen vernommen, und endlich war ich frei. Mit hängender Zunge und pochenden Schläfen rannte ich fast zu meinem Wagen hinaus und ließ das Gericht und Iron Bay fluchtartig hinter mir.

Es hatte zu regnen begonnen, zuerst nur leicht, dann mit eintönig-herbstlicher Hartnäckigkeit. Der strapazierte Strafverteidiger fuhr abseits von der Hauptstraße nach Hause, preschte durch bunte triefende Tunnel und wellende Hügel mit vergilbendem Laub. Die Jagd des Gerichtstages hatte eine gemischte Beute eingebracht, teils gut, teils schlecht. Zum größten Teil jedoch schlecht, schloß ich verstimmt, denn nicht nur der Barmann und die Anklage hatten sich verschworen, mir derbe Knüppel zwischen die Beine zu werfen, auch der sonst so brave Richter schien nun auf ihre Machenschaften einzugehen. Welche Gewißheit hatte ich denn, daß der Barmixer schließlich doch noch den Mund aufmachen und wenigstens einen Teil der Wahrheit preisgeben würde, falls der Richter mich überhaupt an ihn heranließ? Nein, alles in allem war es kein erfreulicher Tag für mich gewesen, und die Aussichten waren alles andere als rosig. Wo aber trieb sich nur der Wandervogel Parnell herum?

Im Außenbezirk von Chippewa hielt ich vor einem Lädchen und erstand, durch den Regen galoppierend, die *Gazette*, die ich in meinem vom Regen beprasselten, dampfenden Wagen gierig verschlang. «Heftiger Zusammenprall der Anwälte im Manion-Mordfall», verkündete eine der Schlagzeilen. Ungläubig las ich weiter. War Paul Biegler, der stillvergnügte Angler, tatsächlich unter die Radaubrüder dieser Gerichtssaalrauferei geraten? Benahmen wir beide uns wirklich wie «zwei Skorpione in einer Flasche», wie das Blatt behauptete? Der junge Reporter, Bob Birkey, machte seine Sache nicht schlecht, das mußte man ihm lassen. Aber die Nuancen fehlten; Zeitungsberichterstatter haben selten Zeit für Schattierungen. Und doch waren Nuancen, Streiflichter der Kern der Sache. «Weitere Einzelheiten aus der Verhandlung auf Seite acht», las ich und blätterte um.

Aha, die Schnappschüsse vom Richter, vom hübschen, kurzgeschorenen Mitch und dem pelzbüscheligen, sonst aber kahlen Claude Dancer, der forsch und frech wie ein Chorknabe dreinschaute. Er reichte Mitch ein Dokument, das unfehlbare geheimnisvolle Schriftstück, das Pressefotografen anscheinend unbedingt auf die Platte bringen müssen – hier, dachte ich böswillig, sicherlich Mitchs Instruktion für den Tag. Auch eine gute Aufnahme des Richters in unerschütterlicher Haltung am Schreibtisch war zu sehen; eine weitere von Mitch mit seinem Adlatus, auf der Mitch zweifellos seine Instruktion an Dancer zurückgab. Mir fiel eine gute Unterschrift ein: «Die Mannschaft, die Oberleutnant Manion das Handwerk legen will.»

In meinem muffigen Büro angelangt, stieß ich die Fenster auf und sandte unserem Psychiater ein Brieftelegramm mit der Bitte, nicht später als Samstag (es war Donnerstag abend) einzutreffen; dann las ich meine Post. Darunter war ein Brief von Mutter Belle, die in zwei Wochen heimzukommen versprach, hoffte, ihr guter Polly überarbeite sich nicht und gehe schön früh schlafen (bei dem bloßen Gedanken gähnte ich so herzhaft, daß ich fürchtete, mein Kiefer verklemmte sich), und außerdem annahm, daß ich ihre Geranien regelmäßig gösse. (Du lieber Himmel!

dachte ich.) Das übrige waren Rechnungen, Rechnungen ...

Gelangweilt stellte ich den Fernsehapparat an, der jedoch nichts Interessantes bot. Dann arbeitete ich eine Weile an meinem Plädoyer für die Geschworenen, auf das man jederzeit vorbereitet sein mußte, denn Prozesse hatten die üble Angewohnheit, unvermittelt zu Ende zu sein; plötzlich stand man ratlos vor einer Geschworenenbank einheimischer Ölgötzen mit steinernen Mienen und versuchte, einer Reihe von chaotischen Tagen in letzter Stunde ein wenig Sinn abzugewinnen.

Dem Gericht ein getreues Bild von der Hochspannung in der Bar an jenem Abend geben, kritzelte ich auf meinen Block. Betonen, daß Barney wußte, das Tor sei verschlossen, Laura aber nicht. Dancer einheizen. Zeigen, daß Barmann verlogen ist. Dancer zu Brei machen ... Die Uhr am Rathaus schlug neun; es wurde dunkel; ich schrieb immer weiter. Dann schlug es zehn; ich war so benommen, daß meine Gedanken sich im Kreis bewegten. Ich gähnte immer wieder, mein Kopf sank auf den Tisch ... Ich mußte eingeschlafen sein.

«Polly», hörte ich jemanden leise sagen. «Polly, Polly, wach auf. Ich bin's ...»

Parnell stand vor mir, er sah aus wie ein bartloser Vater Zeit; die müden Säcke unter seinen vor Erschöpfung geröteten Augen hingen herunter wie die eines Hühnerhundes; sein neuer Anzug war schmutzig, zerdrückt und sah aus, als habe er Regen abbekommen. Aber der Alte lächelte und war stocknüchtern. Er legte seine Aktenmappe hin und ließ sich in den Sessel gegenüber meinem Schreibtisch fallen. «Reifenpanne ...», murmelte er kopfschüttelnd. «Ich fahr nicht mehr so gut wie früher, Polly. Und ein sonderlich guter Fahrer war ich ja auch nie.»

«Wo warst du, Parn?» fragte ich müde, noch immer

schlaftrunken. Erst jetzt wurde mir bewußt, wie nahe mir der alte Mann stand, wie sehr ich ihn brauchte.

Parnell seufzte und räkelte sich in seinem Sessel, die plumpen Hände über seinem Bauch gefaltet. «Hol mir erst eine Orangenbrause, die mir schon fast zur Gewohnheit geworden ist.» Wieder stieß er einen Seufzer aus. «Wo ich war? Ach, Junge, zuweilen glaub ich's selbst nicht recht – ich komme mir vor, als sei ich vom Südpol zurückgekehrt.»

Seit Tagen hatte Parnell mit Maida an Barney Quills Testamentsstreitigkeit gearbeitet, hatte, ohne darüber zu sprechen, den ganzen Fragenkomplex einschließlich der in Wisconsin ausgesprochenen Scheidungsgeschichte zusammengefaßt und war zu der Überzeugung gekommen, daß die Gegenseite nicht die geringste Chance hatte, Barneys Testament oder gar die Scheidung anzufechten. Dann hatte er Mary Pilants Anwalt, Martin Melstrand, aufgesucht und ihm reinen Wein eingeschenkt. Er und Martin Melstrand waren Altersgenossen, sie hatten zusammen ihr Assessorexamen gemacht, er wußte, daß er Martin vertrauen konnte ...

«Aber, Parn», unterbrach ich, «warum – warum hast du mir das nicht gesagt? Du weißt doch, wir bearbeiten diesen Fall zusammen.»

«Ich wollte dich nicht aufregen, mein Junge. Du hattest mit deinem Fall schon genug zu tun. Wenn ich gescheitert wäre, wollte – wollte ich nicht ...» Er brach ab und streckte seine schmutzigen Hände abwehrend aus. «Laß mich ausreden», bat er, «ich ...»

«Weiter», brummte ich.

Parnell war seine Zusammenstellung mit Martin Melstrand durchgegangen und hatte ihn dabei überzeugt, daß er recht hatte; Martin Melstrand sagte, sie hätten überdies Empfangsbestätigungen und durchgestrichene Schecks, die bewiesen, daß Barneys frühere Frau jahrelang Unterhaltszahlungen einkassiert hätte. Bei der Abfassung des Testaments sei Barney in der Tat nüchtern gewesen; er habe sich bei Dr. Broun im Städtchen untersuchen lassen; er, Martin Melstrand, habe das Testament selbst aufgesetzt und es Barney ausgehändigt. Sowohl er als auch seine Sekretärin und der Arzt wüßten, daß Barney damals nüchtern gewesen sei. Noch am gleichen Tage, unmittelbar nach seiner Rückkehr nach Thunder Bay, habe Barney das Testament unterschrieben; außer den beiden Zeugen beim Testament sei der Friedensrichter des Ortes zugegen gewesen.

Parnell hatte dem dankbaren Martin Melstrand eine Durchschrift seiner Zusammenfassung ausgehändigt; er hatte ihm erklärt, warum er der Wahrheit unseres Mordfalles auf den Grund gehen müsse; Martin, ein gerissener, allerdings fauler Anwalt, verstand sofort, worum es sich handelte. Dann hatte Parnell ihn bewogen, Mary Pilant anzurufen, sie wegen der Testaments- und Scheidungsstreitigkeit zu beruhigen und sie in bezug auf den Prozeß zu einer entgegenkommenderen Einstellung zu bewegen, uns dabei freilich aus dem Spiel zu lassen. Martin hatte es in Parnells Gegenwart getan, allerdings mit unbefriedigendem Ergebnis. Mary Pilant hatte erwidert, wegen des Testaments sei sie beruhigt; der Gedanke, daß Barneys geschiedene Frau die Scheidung immer noch rückgängig machen und das Erbe beanspruchen könne, schien ihr jedoch Sorgen zu machen, und sie lehnte es energisch ab, irgend etwas zuzugeben, was auf Barneys Namen einen Schatten werfen oder ihn der Vergewaltigung beschuldigen könnte.

Daraufhin hatte sich Parnell gesagt, daß Mary Pilant von ihrer Zwangsvorstellung hinsichtlich der Scheidungsgeschichte in Wisconsin nur abzubringen sei, wenn er selbst mit ihr spräche. Er hatte sich also bei Martin Fotokopien der Quittungen und Schecks über Unterhaltszahlungen entliehen, einen Wagen gemietet und war die einhundertsechzig Kilometer nach Green Bay zum dortigen Gericht gefahren.

Wie erwartet, fehlte das Original der Vorladung in der Akte. Er lief also zum Sheriff namens Sullivan, der ihm vorbildlich an die Hand ging, und fand schließlich eine alte Unterlage, aus der hervorging, daß ein stellvertretender Sheriff namens Griffin die Vorladung in der Scheidungssache vorgenommen hatte; allerdings war aus den Akten nicht ersichtlich, ob diese persönlich ausgehändigt worden war oder nicht. Parnell erfuhr, daß Mike Griffin, der Stellvertreter, inzwischen pensioniert war, aber noch in Green Bay lebte. Sheriff Sullivan erbot sich, ihn zu ihm zu fahren.

Mike Griffin, ein siebzigjähriger Hüne, erinnerte sich genau an die mündliche Vorladung. Das Trio fuhr also wieder zum Büro des Sheriffs zurück, wo Parnell eine eidesstattliche Erklärung in doppelter Ausfertigung diktierte, unter die Michael Thomas Joseph Griffin seine schwerfällige Unterschrift setzte. Dann suchten sie gemeinsam den Anwalt von Barney Quills geschiedener Frau auf, mit dem Ergebnis, daß dieser sich bereit erklärte, die ganze Sache abzublasen.

Darauf hatte Parnell Martin Melstrand von der Entwicklung der Dinge telefonisch in Kenntnis gesetzt, ihn gebeten, Mary Pilant entsprechend zu verständigen, und sich schließlich in seinem Mietwagen auf den Heimweg gemacht.

Ich war sprachlos. Wie sollte ich mich dem guten Alten nur erkenntlich zeigen? «Dank dir, Parn», sagte ich hilflos. «Nach all der Mühe, die du dir gegeben hast, kann ich nur hoffen, daß deine Erfolge uns weiterbringen.»

Parnell schüttelte den Kopf. «Darum geht's ja, mein Junge. Es bringt uns bestimmt nicht weiter, wenn wir's dabei belassen. Dies ist nur die Grundlage. Du allein kannst etwas daraus machen.»

«Was willst du damit sagen, Parn?»

«Du mußt zu Mary Pilant fahren und deinen Fall persönlich vortragen. Siehst du das nicht ein? Dies ist dein

Prozeß, dein Mandant schwebt in Gefahr; nur du kannst ihr das begreiflich machen.» Er streckte seine schwerfälligen Hände aus. «Ich habe dir jetzt die Munition bereitgelegt – schießen mußt du selbst.»

«Mary Pilant! Aber wann denn und wo?»

«Jetzt, heute abend noch. Die Verhandlung kann in ein oder zwei Tagen zu Ende sein. Sitz nicht da wie ein geifernder Zwerg, sondern handle und ruf sie an.»

Die Uhr schlug eins, als ich das Thunder-Bay-Hotel anrief und bat, mich mit Miss Pilant zu verbinden. Halb und halb hoffte ich, sie sei nicht da und flirte mit einem neuen Freund am Strand.

«Hallo!» sagte ich. «Spricht dort Miss Pilant? Hier Paul Biegler ... Ja, Oberleutnant Manions Anwalt. Ich hätte Sie gern heute abend gesprochen. Ja, ich gebe zu, es ist spät, aber morgen könnte es vielleicht zu spät sein ... Nein, am Telefon kann ich es unmöglich erklären ... Ich könnte sofort losfahren und, wenn ich Glück habe, in einer Stunde bei Ihnen sein ... Zimmer 202, sagen Sie? Vielen Dank! Auf Wiedersehen!»

13. Kapitel

Die menschenleere teppichbelegte Hotelhalle strömte jenen säuerlich-trockenen Geruch aus, der allen Hotels eigen zu sein scheint. Die Tür zu Zimmer 202 war angelehnt. Ich klopfte leise, Mary Pilant ließ mich ein.

«Guten Abend, Mr. Biegler», sagte sie mit ernstem Lächeln und schüttelte mir kurz die Hand. Dann führte sie mich in ein halb verdunkeltes Wohnzimmer, dessen Hauptmerkmal ein breites Fenster war, aus dem man den See überblickte. Mondlicht flutete herein. Gebannt blieb ich stehen.

«Wie zauberhaft», murmelte ich, auf den weiten See hinausschauend. Ströme flüssigen Mondlichts schienen über die weite glitzernde Fläche hin- und herzugleiten, unirdischer Glanz lag über dem stillen Bild.

«Herrlich», entgegnete sie. «Auch ich kann mich nie satt daran sehen.» Einen Augenblick lang sah sie nachdenklich hinaus, dann nahm sie mir meinen Hut und meinen verdrückten Regenmantel ab. »Und nun», fuhr sie fort, «was darf ich Ihnen zu trinken bringen? Nach der langen Fahrt, so spät in der Nacht» – sie hielt inne – «und nach Ihrer sonstigen Tätigkeit, über die ich gelesen habe, werden Sie sicher etwas brauchen können.»

Wer einmal dieses Mondlicht in sich hineinfluten ließ, wird, wenn er das Herz auf dem rechten Fleck hat, nie mehr Whisky trinken mögen, dachte ich und sagte dankbar: «Whisky mit viel Eis und Wasser, bitte.»

Als sie hinausging, um ihn mir zu holen, schaute ich wieder auf den See hinaus und überlegte, welche Taktik ich anwenden sollte. Taktik? Hier gab es nur noch einen Weg, den einfachsten, redlichsten – ich mußte die ungetrübte Wahrheit sagen. Ränke und Schliche waren fehl am Platz.

Mary Pilant kam mit zwei Gläsern zurück. Ihr dunkles Haar war aufgesteckt, sie trug einen Morgenmantel über einem seidenen Hausanzug, der auf Mandarinenart hoch geschlossen war, dazu keilförmig gesohlte Pantoffeln mit diskreten Pompons auf den Spitzen. Es fiel mir schwer, diese harmonische, schöne Erscheinung in Einklang zu bringen mit dem Bild habgierig-harter Weiblichkeit, das sie in mir hervorgerufen hatte. «Vielen Dank!» sagte ich und nahm mein Glas entgegen. «Das war sehr mitfühlend von Ihnen.» Mit Mühe unterdrückte ich ein Gähnen. «Ich kann einen guten Schluck vertragen.»

Sie deutete auf ein Sofa am Fenster, setzte sich kerzengerade wie ein Schulmädchen daneben auf einen Stuhl und stellte ihr Glas auf ein Tischchen zwischen uns.

«Und jetzt, Mr. Biegler», begann sie kühl, «sagen Sie mir, welche Hilfe Sie von mir erhoffen.»

Da hast du's, Biegler, dachte ich bei mir. Wie kann ein Mann sich auch einbilden, eine so gescheite Frau wie diese zu übertölpeln? Ich trank noch einen Schluck, zündete mir, als sie zustimmend nickte, ein Zigarillo an, hielt den Atem an und wagte den Sprung. «Ich will versuchen, es Ihnen zu erklären ...»

Etwas überstürzt berichtete ich ihr von den Schwierigkeiten meines Falles und von der tödlichen Gefahr, in der Oberleutnant Manion nach meiner Ansicht noch immer schwebte. Ich erzählte ihr von meinem ersten Interview mit ihrem Barmann in Thunder Bay, von dem sie natürlich wußte, und von meiner Überzeugung, daß er mir damals ausgewichen war und etwas verschwiegen hatte; daß er, was schlimmer war, jetzt vor Gericht noch stärker auswich und immer noch etwas verschwieg. Ich erklärte ihr, warum ich es für so notwendig hielt, daß wir dem Gericht die wahre Geschichte von Barneys Trunksucht, seiner Waffensammlung und allem anderen ausbreiteten. Ich setzte ihr auseinander, daß ich ihr bisheriges Widerstreben, das Geringste über Barneys übles Benehmen und Trinken verlauten zu lassen, wegen der Testamentsstreitigkeit durchaus zu verstehen glaubte und daß ich hoffte, jetzt bestehe keine Notwendigkeit mehr dafür. Ich teilte ihr mit, daß der alte Parnell die ganze Sache ausgearbeitet habe, daß er auf eigene Faust nach Green Bay gefahren sei, um den Fall aufzuklären, und vieles anderes mehr.

Mary Pilant hörte, gelegentlich an ihrem Glas nippend, nachdenklich zu. Dabei kam mir der Gedanke, daß, falls sie mit der Anklage unter einer Decke steckte, die Sache jetzt auf des Messers Schneide stünde, daß Claude Dancer damit seinen besten Trumpf ausspielen konnte. Aber für diese Befürchtung war es nun zu spät, ich konnte nichts mehr verschweigen, und so nahm ich noch einen Schluck und sprach weiter, als plädierte ich vor einer einzigen Geschworenen. Ich sagte ihr, wie wichtig mir der Nachweis der Vergewaltigung für die Verteidigung erscheine. Ich hielt ihr vor Augen, daß meiner Meinung nach die Vergewaltigung vor allem deshalb noch fragwürdig erscheine, weil es zweifelhaft sei, ob ein Mann in nüchternem Zustand getan haben könnte, was Barney getan hatte.

Ruhig stand sie auf, nickte und nahm mein leeres Glas, während ich meine vergessene Zigarre wieder anzündete und in der silbernen Mondflut auf und ab ging. Plötzlich fühlte ich mich alt und war traurig darüber, daß ich, anstatt diesem ernsten, zurückhaltenden Wesen den Hof zu machen, in einer Nacht wie dieser solche Dinge besprechen mußte. Immer mit der Ruhe, Polly, dachte ich. Ehe du dich versiehst, schlägt dir der Mond ein Schnippchen.

«Vielen Dank!» sagte ich heiser, als ich mit zitternder Hand mein gefülltes Glas entgegennahm; sie selbst hatte sich nichts mehr eingeschenkt. Sie setzte sich und zündete sich eine Zigarette an. Nachdenklich blies sie den Rauch durch die Mondflut, in der er als strömender Nebel aus reinem Gold hängenblieb.

«Woher sind Sie so fest überzeugt, daß Barney der Frau das angetan hat?» fragte sie ruhig und blickte mich dabei neugierig an. «Ist Ihnen nie der Gedanke gekommen, daß der Verdacht vielleicht ganz unbegründet sein könnte?»

Ich sah sie an. Still und weiß saß sie im Mondlicht und schaute auf den See hinaus. Lieber Himmel, dachte ich, wie ist es nur möglich, daß diese Frau sich noch immer an die Vorstellung – oder gar an die Hoffnung – klammert, Barney habe es vielleicht nicht getan? Sei ehrlich, Polly, dachte ich. Sprich die Wahrheit. «Zuerst hatte ich meine Zweifel», sagte ich trocken. «Starke sogar. Jetzt aber nicht mehr.»

Sie sah mich aufmerksam an. «Und warum?» fragte sie leise. «Sagen Sie mir bitte, warum.»

Von neuem legte ich los. Ich erzählte ihr von dem Parkwart und seiner Geschichte, daß das Ehepaar aus Ohio kurz vor Mitternacht von den Schreien einer Frau an der Haupteinfahrt geweckt worden sei. Dann, nach einem tiefen Schluck, berichtete ich ihr von dem Lügentest, den Laura Manion hatte machen lassen, und daß ich überzeugt war, er habe bewiesen, daß alles, was sie über die Vergewaltigung gesagt hatte, der Wahrheit entspreche.

Mary Pilant zerdrückte ihre Zigarette und trank ihr Glas aus. Zitterte etwa ihre Hand kaum merklich, oder sah es nur im Mondschein so aus? «Wenn Sie diese Einzelheiten alle kennen, warum brauchen Sie dann noch weitere Auskünfte von mir?» fragte sie tonlos.

Ich erklärte ihr, daß die Sommergäste aus Ohio abgereist seien und ich vielleicht Mühe haben werde, das Schreien nachzuweisen. Ich sagte ihr auch, daß das Ergebnis von Lügentests weder in Michigan noch bei einem anderen angelsächsischen Gericht anerkannt würde und daß es vermutlich schwerfallen werde, dieses Thema überhaupt anzuschneiden. «Daher komme ich zu Ihnen», sagte ich ruhig. «Alles, was ich brauche, alles, was das Ehepaar Manion braucht, ist ein kleines bißchen Wahrheit.» Ich hielt inne. «Daß die Sommergäste das Schreien hörten und daß der Lügentest gemacht wurde – haben Sie nichts davon gewußt?»

Sie blickte mich an, schüttelte stumm den Kopf, und in ihren Augen – diesmal machte der Mond mir nichts vor – glänzten zwei Tränen. «*Mary* – Miss Pilant», sagte ich, ungeschickt aufstehend, «darf ich Ihnen etwas zu trinken holen? Ich – ich –» Wieder schüttelte sie den Kopf, erhob sich rasch, nahm mein Glas und verließ das Zimmer. Ich trat an das Fenster und schaute auf den See hinaus. Nach einer Weile hörte ich das leise Klirren von Eis in einem Glas, dann stand Mary Pilant neben mir und reichte mir ernst einen Whisky. Ich nickte, und wir blickten lange über den Silbersee. Keiner von uns sprach. Ich hatte gesagt, was zu sagen war. «Wenn Sie wollen, gehe ich jetzt», sagte ich schließlich.

Sie legte ihre Hand auf meinen Arm. «Warten Sie», flüsterte sie. «Bitte warten Sie noch etwas, ich muß erst nachdenken.»

Stumm blieben wir stehen, bis Mary Pilant ruhig zu sprechen begann. Ihre Stimme hatte einen merkwürdig kindlichen Klang, den Tonfall eines verlassenen Kindes. Sie erzählte, wie sie als Lehrerin auf Urlaub nach Thunder Bay gekommen sei; wie sie sich vom See, von den Kiefern, von der unberührten Schönheit der Umgebung angezogen gefühlt habe; wie freundlich und rücksichtsvoll Barney sie und ihre Freundinnen behandelt habe und wie heruntergekommen das Hotel unter Barneys sorglos-übermütiger Leitung gewesen sei.

Sie berichtete, wie Barneys Empfangsdame mitten in der Hochsaison gekündigt und wie sie, Mary, endlich eingewilligt habe, in die Bresche zu springen. Sie erwähnte, wie Barney sie, als der Sommer vorbei war, gebeten habe, zu bleiben, mit dem Versprechen, ihr ein weit höheres Gehalt zu zahlen, als sie es je als Lehrerin an einer Landschule verdient hätte, und ihr freie Hand zu lassen. Sie senkte die Stimme. «Und er hat Wort gehalten.»

Wiederum berührte sie leicht meinen Arm, ich blickte auf ihr kleines blasses Gesicht hinunter. «Was Sie auch gehört haben mögen, Paul, und wie Barney sich auch mit anderen aufgeführt haben mag, mir gegenüber hat er sich immer tadellos benommen. Ich betrachtete ihn fast wie einen Vater.»

Ich nickte und schaute auf den weißglühenden See.

Mit ruhiger Stimme sprach sie davon, wieviel Mühe es gekostet habe, das Hotel wieder in Schwung zu bringen; wie gut aber alles schließlich gelaufen sei, trotz Barneys gelegentlicher Ausfälle und Trinkphasen; was für ein schreckliches Geschöpf Barneys erste Frau gewesen wäre; wie sie schließlich Barneys Tochter kennengelernt und das verschüchterte, verstörte Kind liebgewonnen habe. Sie brach ab und schwieg eine Weile. «Vielleicht fühlte ich mich zu der Kleinen so stark hingezogen, weil ich selbst aus einem zerrissenen Elternhaus stamme.»

«Das wußte ich nicht», erwiderte ich. «Von alldem hatte ich keine Ahnung.»

«Dann kamen im Sommer die Truppen. Das war der Anfang vom Ende.»

Fragend schaute ich sie an, mit einer Kopfbewegung hieß sie mich Platz nehmen. Ich wandte mich vom Fenster ab, setzte mich und wartete, mein Getränk schlürfend, in verwundertem Schweigen.

Mit leiser Stimme sprach sie weiter. Sie erzählte, daß – wie ich wohl wüßte – Barney bis zum Einzug der Truppen König von Thunder Bay gewesen sei. Sobald aber ein Schwarm gut aussehender, trinkfester, übermütiger Offiziere und Unteroffiziere seinen Einzug ins Städtchen hielt, sei es um Barneys Gelassenheit geschehen gewesen. Er sei nicht nur in seiner Trinkerei und im Hofieren von Frauen immer schwieriger geworden, sondern das, was bis dahin als harmloses Geplänkel und verzeihliche Prahlsucht gegolten haben mochte, bekam in diesem Sommer einen beängstigenden Beigeschmack von regelrechter Neurose. Schließlich schien es, als hörte Barney überhaupt nur noch auf sie, als sei sie die einzige, die ihn noch zu besänftigen vermochte, sein einziger Halt ...

«Endlich überredete ich ihn, zu einem Arzt in Iron Bay zu gehen», fuhr sie fort. «Ich dachte, er hätte vielleicht einen organischen Schaden. Er ließ sich untersuchen, aber sein Körper zeigte keinerlei Defekte.» Sie hielt inne und schüttelte den Kopf. «Barneys Verhängnis lauerte in seinem Kopf und in seinem sich verzehrenden Ich ... Damals schloß er zwei große Versicherungen ab, eine für seine Tochter und eine für mich. Vielleicht überkam ihn eine Ahnung der Dinge, die da kommen sollten.» Wieder brach sie ab. «Sie müssen mir aufs Wort glauben, wenn ich Ihnen sage, daß ich weder von der Police noch von seinem Testament eine Ahnung hatte bis – bis zu der furchtbaren Nacht.»

«Ich glaube Ihnen aufs Wort.»

Sie lächelte wehmütig. «Vermutlich hielten Sie mich für eine Hyäne, für einen Vampir, ich kann es Ihnen nicht verübeln. Dabei hatte ich nur den einen Wunsch, wegzulaufen, zu fliehen, zumal als Barneys geschiedene Frau sich unliebsam bemerkbar zu machen begann. Dann wiederum dachte ich an die Mühe, mit der ich das Hotel wieder auf die Beine gebracht hatte, daran, wie stolz Barney auf seinen Erfolg gewesen war. Als diese raffgierige Person Barneys Testament anzutasten begann, entschloß ich mich daher, hierzubleiben und den Kampf aufzunehmen, ebenso um Barneys Tochter willen als meinetwegen.»

«Wie meinen Sie das?»

Rasch blickte sie mich an. «Ich habe vor, den Nachlaß mit Barneys Tochter zu teilen», erwiderte sie. «Ich habe bereits eine mündelsichere Anlage vorbereitet, die die Mutter des Kindes nicht anrühren kann.»

Mary Pilant hatte ihre Geschichte in einem Atemzug vorgebracht. Ich fühlte mich geistig und seelisch gelähmt, betäubt. Wortlos hielt ich ihr mein Glas entgegen, sie nahm es und stand auf. Ich seufzte, lehnte mich zurück, suchte nach einem Zigarillo und zündete es am falschen Ende an. Ich tastete nach einem anderen.

«Danke, danke Ihnen sehr», murmelte ich, als sie mir mein Glas gefüllt zurückgab.

«Zum Teil war es natürlich auch ein Gefühl der Treue und Dankbarkeit Barney gegenüber, das dabei mitspielte», fuhr sie fort, «etwas, was mich ein Auge zudrücken ließ im Hinblick auf das, was er getan hatte. Wie konnte ein solch gutmütiger, herzensguter Mann wie er so etwas tun, fragte ich mich immer wieder.» Sie brach ab. «Vielleicht sprach auch ein Schuldgefühl dabei mit …»

«Schuld?» fragte ich sanft.

«Ja, das Gefühl, daß ich an seinem Unglück, wenigstens teilweise, schuldig war.»

«Ich verstehe nicht ganz», sagte ich mit der leisen Befürchtung, es doch zu verstehen.

«Barney war nicht nur eifersüchtig auf die Armee in Bausch und Bogen, sondern auch auf einen jungen Offizier, mit dem ich mich gelegentlich traf. Er – er hieß Sonny Loftus.»

«Hatte er Grund dazu?» fragte ich mit klopfendem Herzen, plötzlich über mein berufliches Interesse hinaus beteiligt. «Hatte Barney Grund dazu, eifersüchtig auf Sie zu sein?» Mit verhaltenem Atem erwartete ich ihre Antwort.

Sie schüttelte den Kopf. «Nein. Nein, Paul. Keinen wirklichen Grund. Aber in diesem Zustand, in dem er sich befand, genügte es, daß ich einen anderen Mann ansah. Er schien nicht zu begreifen, daß Sonny für mich nur ein hübscher, hochaufgeschossener Bursche aus Georgia war, der unter seiner Einsamkeit litt. Meist gingen wir nach Iron Bay tanzen, gelegentlich machten wir auch einen Ausflug und schwammen im See. Der arme Sonny mit seinem Heimweh erzählte mir dabei fast unentwegt von seinem Schatz in seiner Heimatstadt, einem Mädchen, das nach Scarlett O'Hara zu den Schönheiten von Atlanta gehört haben muß.»

Mühsam unterdrückte ich einen Unterton erleichterten Jubels. «Wußte Barney – daß dieser Sonny Ihnen in Wirklichkeit nichts bedeutete?»

Sie antwortete bedachtsam. «Ich weiß nicht. Je mehr Barney sich wegen meiner Verabredungen mit Sonny aufregte und empörte, desto weniger ließ ich mich davon abhalten.» Sie lächelte zu mir auf. «Eines Tages, sehen Sie, hofft man immer, jemandem zu begegnen, den man ernstlich liebgewinnen kann. Einerseits wollte ich Barney nicht hinters Licht führen, ich wollte ihm aber auch zu verstehen geben, daß ich nicht seine Gefangene sei. Nur eines macht mir zu schaffen – und das flößt mir dieses Schuldgefühl ein.»

«Und was?»

«Als das Furchtbare geschah, war ich nicht im Hotel. Sonny und ich waren zum Baden an den Strand gefahren. Es war Vollmond. Am Abend davor waren wir auch draußen gewesen.»

«Warum sollte das Sie bedrücken, Mary?» flüsterte ich kaum hörbar.

«Nun, an dem Abend vor der Ermordung Barneys schlenderte jemand am Strand entlang und ließ eine Taschenlampe aufflammen, als ich den nassen Badeanzug mit meinen Kleidern vertauschte. Ich werde den Verdacht nicht los, daß der Unbekannte die Lage mißdeutet und Barney brühwarm von seiner Entdeckung berichtet hat.» Sie hielt inne. «Da ich Barney kannte, meine ich sogar bisweilen, er müsse es selbst gewesen sein.»

«Nein, nein», entgegnete ich diktatorisch, hatte mich aber sofort wieder in der Gewalt. «Nein, ich bezweifle sogar, daß Barney von dem Vorfall am Strand je etwas erfahren hat. Sonst hätte er Ihnen das doch sicherlich auf irgendeine Art zu verstehen gegeben; entweder, indem er sein Testament rückgängig gemacht oder die Versicherungspolice storniert hätte oder auf irgendeine *andere* unmißverständliche Weise.»

Sie sah mir im Mondlicht forschend ins Gesicht. «Ich wünschte, Sie hätten recht, Paul», sagte sie. «Er war eben nur ein komplizierter Mensch, der um viele Ecken dachte. Vielleicht verfiel er auf *diesen* furchtbaren Weg, um mir sein Mißfallen, seine Enttäuschung auszudrücken. Jedenfalls kennen Sie jetzt mein Geheimnis.» Sie berührte meinen Arm. «Ich hoffe, Sie werden es zu bewahren wissen.»

«Darauf können Sie sich fest verlassen, Mary», antwortete ich, stellte mein Glas nieder und legte die Hand aufs Herz, eine Gebärde, die ich seit meiner Knabenzeit nicht mehr gemacht hatte. Dann begann ich ritterlich zu lügen, es war die erste krasse Lüge in dieser Nacht. «Ich bin sicher, Barney hatte keine Ahnung, daß Sie am Strand waren. Schlagen Sie sich das aus dem Kopf. Seit Wochen wühle ich jetzt in dem ganzen Fragenkomplex und habe noch nicht eine Silbe darüber gehört, daß Sie einen Offizier auch nur kennengelernt hätten.»

Dankbar lächelte sie. «Vermutlich habe ich mich auch vor allem Barneys Tochter wegen gegen die Wahrheit gesperrt. Da das Kind schon eine solche Mutter hat, konnte ich den Gedanken, daß es nun auch noch von seinem Vater schlecht denken sollte, kaum ertragen ... Das läßt mir noch immer keine Ruhe.»

«Mary», sagte ich, meine Hand auf die ihre legend, «bitte, tun Sie mir einen Gefallen. Rufen Sie morgen früh den Ankläger an, und bitten Sie ihn um das Ergebnis des Lügentests. Er wird es Ihnen sagen. Dann gehen Sie zum Parkwart, Mr. Lemon, und fragen nach den Sommergästen, die das Schreien gehört haben. Ich möchte, daß Sie das aus erster Quelle erfahren.»

«Das will ich tun, Paul – nun weiß ich ja Bescheid. Ich fürchte, was Sie sagen, ist wahr.» Sie lächelte leer. «Sie hätten es mir ja nicht gesagt, wenn es nicht wahr wäre. Ich konnte sehen, daß Sie die Wahrheit sprachen. Sie schauten gar zu verzweifelt drein; kein bißchen wie ein Anwalt.» Sie blickte auf meine Hand, die noch immer die ihre umfaßte, dann wieder mir in die Augen.

«Ich danke Ihnen, Mary», sagte ich und sprang auf. «Jetzt – jetzt muß ich aber wirklich gehen. Ich habe Sie viel zu lange aufgehalten. Bitte seien Sie nicht böse, daß ich Sie zu so später Stunde überfallen habe.»

«Ich danke Ihnen, Paul, daß Sie gekommen sind. Ich bin so erleichtert, daß ich wenigstens mit einem Menschen sprechen kann, bei dem ich das Gefühl habe, ich kann ihm rückhaltlos vertrauen.» Sie fuhr sich mit dem Handrücken über die Stirn. «Ich – ich war so durcheinander.»

«Eines müssen Sie aber noch wissen, Mary», sagte ich. «Die Vergewaltigung, die Trunksucht und die Pistolen muß ich zur Sprache bringen. Ich hoffe, Sie verstehen das.»

«Ja, das verstehe ich», sagte sie, kläglich den Kopf schüttelnd.

«Für Sie und das Kind wird es freilich eine bittere Pille sein. Wäre es für das Mädchen aber nicht noch viel schlimmer, wenn es erfahren müßte, daß sein Vater so etwas kaltblütig und stocknüchtern tun konnte? Bitte verstehen Sie, Mary, daß die Wahrheit eine Art menschliche, wenn auch nicht rechtmäßige Schuldausschließung in sich birgt. Hier spielte auch *Schwäche* mit – nicht nur Bosheit allein.»

Sie nickte und begleitete mich zur Tür. Als sie dort stand, sah sie so verlassen und hilflos aus, daß ich nichts sehnlicher wünschte, als meine Arme schützend um sie zu legen und sie zu halten, bis alles Ungemach vorbei sein würde. Statt dessen tat ich etwas sehr Sonderbares und kam mir dabei, wenn nicht ebenso weise, so doch fast so alt vor wie George Bernard Shaw – ich strich ihr über das Haar und murmelte: «Wird schon alles gut werden» und noch ein paar ähnliche Trostworte.

Verlegen standen wir da, von einem Streifen Mondlicht umflossen, Mary Pilant nahm meine Hand und hielt sie, gespannt zu mir aufblickend, einen Augenblick mit beiden Händen wie verzweifelt fest. «Sie meinen es so gut mit mir, Paul Biegler», flüsterte sie. Dann tat *sie* etwas sehr Merkwürdiges: Meinen Rockaufschlag fassend, zog sie mich zu sich herunter und streifte meine Lippen federleicht mit ihrem Mund – kühl, weich und zitternd wie ein Mottenflügel. «Gute Nacht, Paul», flüsterte sie, wandte sich ab und schloß rasch die Tür hinter mir. Eine Sekunde blinzelte ich die Tür an, dann schlurfte ich den stillen Gang hinunter, trunken, ekstatisch, und bezwang mich mit Mühe, nicht loszujubeln, zu singen und zu pfeifen. Nicht der Whisky hatte mich berauscht, sondern die Erschöpfung, ein Gefühl der Erleichterung, was meinen Fall betraf – was konnte es anders sein? –, und pulsende Hoffnung auf die Zukunft. Ihre Worte tönten mir immer wieder in den Ohren. «Eines Tages», hatte sie gesagt, «werde ich vielleicht einem Menschen begegnen, den ich ernstlich liebgewinnen kann ... Sie meinen es so gut mit mir, Paul Biegler ...» Den Rest muß ich im Fiebertraum der Mondnacht dazugeträumt haben.

14. Kapitel

So verlockend es auch gewesen wäre, im Thunder-Bay-Hotel zu übernachten, fuhr ich nach reiflicher Überlegung doch nach Iron Bay zurück. Die Fahrt war ein Nachtmahr, vom Mond übergossen. Ich war hundemüde, versuchte, in einem Hotel in der Nähe des Gerichtsgebäudes ein paar Stunden Schlaf zu finden, ließ mich rechtzeitig wecken, rasierte mich, zog ein frisches Hemd an, frühstückte in aller Eile und eilte aufs Gericht. Als ich, um den Weg abzukürzen, durch die Geschäftsstelle stürzte, hatte die stellvertretende Beamtin, Mollie, gerade das Telefon in der Hand. «Da kommt er gerade», sagte sie in den Hörer und reichte ihn mir. Es schlug neun Uhr, ich war versucht, Mollie zu bitten, das Gespräch für mich in Empfang zu nehmen. Dann tat ich es doch nicht, man konnte nie wissen ...

«Hallo!» sagte ich. «Hier Paul Biegler.»

«Hier Mary», sagte eine leise Stimme. Sie erzählte mir, daß ihr mein Bericht über die Schreie und den Lügentest bestätigt worden sei und daß sie auch versucht habe, den Barmann umzustimmen, der mich anscheinend ebenso schätzengelernt hätte wie ich ihn.

«Vielen Dank, Mary! Ich werde den kleinen Mixer mit Glacéhandschuhen anzufassen versuchen.»

«Lassen Sie mich bitte wissen, wie es weitergeht, Paul. Ich wünsche Ihnen alles Gute.»

«Ich rufe Sie wieder an, Mary ... Sie wissen ja, daß ich wieder anrufen werde.»

Als ich atemlos die hintere Eisentreppe hinaufstürmte, konnte ich schon das gedämpfte Klopfen des Sheriffs hören und betrat gerade noch rechtzeitig den Gerichtssaal, als die Worte «Bitte nehmen Sie Platz» ertönten. Nun hatte ich wenigstens eine unmittelbare Bestätigung des Lügentests.

Der Richter warf einen Blick auf meinen Tisch, dann blickte er zu Mitch hinüber. «Meine Herren», sagte er, «normalerweise bestehe ich darauf, daß die Anwälte aufstehen und stehen bleiben, wenn sie das Gericht ansprechen oder einen Zeugen vernehmen. Angesichts der sich ungewiß hinziehenden Verhandlung und» – er zögerte – «des hektischen Tempos bin ich von jetzt an damit einverstanden, daß Sie sitzen bleiben, wenn Sie es wünschen.» Er lächelte. «Werden dazu irgendwelche Einwendungen laut?»

Mitch und Claude Dancer sprangen auf. «Keine, Euer Gnaden», antworteten sie einstimmig.

«Die Verteidigung dankt aufrichtig, Euer Gnaden», sagte ich und blieb dabei sitzen, um diese wohltuende Verfügung sogleich auszukosten. Welch vornehmer, entgegenkommender Richter!

«Rufen Sie Ihren ersten Zeugen auf», sagte der Richter, zu Mitchs Tisch hinübernickend.

«Kriminalkommissar Julian Durgo», verkündete Claude Dancer.

Der dunkelgelockte, gutaussehende Julian Durgo betrat den Zeugenstand und wurde vereidigt. Er hätte ohne die geringste Schminke ein Filmatelier betreten können: selbstsicher, elegant und schweigsam. Trotzdem war er ein guter Beamter, tüchtig und ehrlich dabei, und ich hoffte nur, er werde nicht allzuviel Unerfreuliches auszupacken haben. Ich hatte vier oder fünf Jahre als Ankläger mit ihm zusammengearbeitet und nicht einmal erlebt, daß er vor Gericht oder außerhalb einen Angeklagten unfair hereingelegt hätte. Wenn Jule sagte, eine Sache sei so und nicht anders, konnte man sich mit ziemlicher Sicherheit darauf verlassen, daß er die Wahrheit sprach.

Von Claude Dancer geschickt vernommen, gab Julian Name und Anschrift an und erzählte in kurzen Worten seine beträchtliche Erfahrung als Zivildetektiv bei der Polizei.

«Hatten Sie Gelegenheit, die Ermordung Barney Quills zu untersuchen?» fragte Claude Dancer scharf.

«Jawohl. Ich habe die Untersuchung geleitet», gab Julian gelassen zur Antwort.

«Sagen Sie uns bitte, was Sie taten.»

Kriminalkommissar Durgo berichtete, er habe den Anruf im Polizeirevier Iron Bay gegen ein Uhr fünfzehn bekommen und sei mit dem Leichenbeschauer, Oberleutnant Webley und einem jungen Polizisten sofort aufgebrochen. Sie hätten den Leichenbeschauer und den Polizisten an der Bar abgesetzt, damit diese sich um die Leiche kümmerten, die Messungen und dergleichen vornahmen, und seien unverzüglich zum Häuschen des Parkwarts gefahren. Mr. Lemon hatte ihnen den Wohnwagen der Manions gezeigt, und die beiden Offiziere begaben sich sofort dorthin und verhafteten den Oberleutnant.

«Sprachen Sie dabei oder später mit Oberleutnant Manion über die Erschießung?» fragte Claude Dancer.

«Jawohl. Beides.»

«Sagen Sie uns bitte, was er sagte.»

Rasch blickte der Richter mich an, ich schüttelte jedoch den Kopf. Ich hätte Einspruch erheben können, weil nicht gezeigt worden war, daß die Polizei den Offizier zuerst auf seine verfassungsmäßigen Rechte, einschließlich des Rechtes, die Auskunft zu verweigern, aufmerksam gemacht hatte. Doch verzichtete ich darauf, denn ich war überzeugt, daß Julian ihn darauf aufmerksam gemacht hatte, wie er es immer tat. Hinzu kam, daß die Geschworenen darauf brennen mußten, die Geschichte zu hören. Wenn ich also Einspruch erhob, bewies die Verteidigung damit, daß es ihr an Aufrichtigkeit fehlte und sie eindeutig versuchte, mit der Wahrheit hinterm Berg zu halten. Auch Claude Dancer war das nichts Neues, sicherlich war dies wieder eine seiner beliebten Fallen.

«Ich fragte den Oberleutnant, wo seine Waffe sei; er deutete auf den Tisch und sagte, er werde sie holen; ich aber sagte nein und holte sie selbst.» Julian Durgo beantwortete in seiner vorsichtigen, rücksichtsvollen Art nicht mehr, als er gefragt wurde.

«Ist das die Waffe?» fragte Claude Dancer, Julian die «Lueger» reichend, die dieser erkannte, worauf die Pistole rasch als Beweisstück zugelassen wurde.

«Waren Sie später in der Bar dabei, als man versuchte, die Geschosse wiederzufinden?» fragte Claude Dancer.

«Jawohl, ich leitete die Suche.»

«Wurden welche gefunden?»

«Vier wurden gefunden, dazu fünf Hülsen. Dabei entdeckten wir, daß der Spiegel zersplittert und eine Flasche Whisky zersprungen war.»

«Haben Sie Geschosse und Hülsen aufbewahrt?»

«Jawohl», anwortete der Zeuge und förderte ein etikettiertes Säckchen zutage, auf das der Protokollführer die entsprechende Beweisstücknummer der Staatsanwaltschaft schrieb. Dann griff Claude Dancer in den Sack und holte die Geschosse hervor.

«Sind das die Revolverkugeln, die Barney Quill getötet haben?»

«Es sind die Bleikugeln, die wir in der Bar gefunden haben, Sir», antwortete Julian Durgo gleichmütig, stets darauf bedacht, nicht mehr anzunehmen, als er tatsächlich wußte.

Nachdenklich stand Claude Dancer vor der Jury und rollte die Kugeln zärtlich zwischen den Fingern. Es war ein geschmacktes Schauspiel: Der Staatsanwalt aus Unter-Michigan sah es darauf ab, den Geschworenen einerseits seine reiche Erfahrung in Strafprozessen zur Schau zu stellen und gleichzeitig seine gelangweilte Vertrautheit mit Kugeln, die dem Leben vieler ein Ende gemacht hatten. Halb seine Geschicklichkeit bewundernd, halb angeekelt von seiner schmierigen Sucht, sich vor Gericht aufzuspielen, blickte ich ihn an.

«Ich bitte um Verzeihung, Euer Gnaden», sagte er und trabte kurzbeinig zu meinem Tisch herüber. Die Kugeln hoch in der Luft haltend, tat er, als wolle er sie mir in die Hand plumpsen lassen, und sagte dazu: «Die Staatsanwaltschaft übergibt dem Anwalt des Angeklagten die Kugeln, die Barney Quill getötet haben, zur Untersuchung.»

Der Hund, dachte ich, verschränkte die Arme und lehnte mich in meinem Stuhl zurück. «Danke, Mr. Dancer. Ich habe schon einmal eine Kugel gesehen. Sie wurde aus dem Körper eines Jägers gezogen» – abschätzend kniff ich die Augen zusammen –, «der ungefähr Ihre Größe hatte.« Ich sah zum Richter auf. «Die Verteidigung hat keine Einwände, Euer Gnaden.»

Aus dem Saal ließ sich ein Kichern vernehmen. Der Richter griff stirnrunzelnd nach seinem Hammer und sagte, als wieder Ruhe eingetreten war: «Die Gegenstände werden als Beweisstücke angenommen. Fahren Sie fort, Mr. Dancer.»

Claude Dancer war wieder zu seinem Zeugen geschlichen. «Nun zurück zum Angeklagten bei seinem Wohnwagen. Was sagte er sonst noch?»

«Er sagte uns, seine Frau habe einen Auftritt mit Barney

Quill gehabt, er sei daher hingegangen und habe ihn erschossen. Er fragte auch, ob der Mann tot sei, was wir bejahten.»

«Was dann?»

«Dann fuhren wir ihn und seine Frau zum Gefängnis.»

«Wurde auf der Fahrt gesprochen?»

«Ja, während der Fahrt sagte der Oberleutnant, er habe sich die ganze Sache überlegt, bevor er zur Bar gegangen sei, und beschlossen, daß solch ein Mann nicht am Leben bleiben dürfe.»

Claude Dancer machte eine Pause, damit jeder sich diese Worte gut merken könne, und schielte zu mir herüber. Dies war ein Schlag für unsere auf Unzurechnungsfähigkeit abgestimmte Verteidigung, ich wußte es genausogut wie er. Ich blickte die Jury an, aller Augen waren auf den Zeugen gerichtet. Ich wagte es nicht, meinen Mandanten jetzt zu fragen, ob das Vorgebrachte stimme. Jedenfalls hatte die Sache eine böse Wendung genommen; ich beugte mich vor, als Dancer unerbittlich weiterfragte.

«Was machte der Angeklagte für einen Eindruck?»

«Er war aufgebracht, erregt und schien äußerst empört.»

Diese Antwort war höchstwahrscheinlich insofern bedenklich, als sie eine unzulässige Ansicht und Schlußfolgerung des Zeugen enthielt; trotzdem blieb ich wie angewurzelt sitzen. Es hatte keinen Sinn, mit einem Einspruch, der vielleicht zurückgewiesen wurde, noch zu betonen, für wie wichtig ich diese Aussage hielt. Jedenfalls hatten die Geschworenen es gehört – sie würden es nicht vergessen ...

«Was sonst noch?» fragte Claude Dancer, mit Samtpfötchen auf und ab stelzend.

«Er sagte, er bereue nichts, er würde es wieder tun. Er fragte mehrmals, ob der Erschossene wirklich tot wäre.»

Schlimmer hätte es weiß Gott nicht kommen können, ich saß mäuschenstill. Lieber Himmel, hatte der Oberleutnant etwa noch ein schriftliches Geständnis unterzeichnet, von dem ich nichts wußte? Löste sich unsere Verteidigung etwa in Wohlgefallen auf?

«Was weiter?» schnurrte Dancer.

«Wir kamen am Kreisgefängnis an. Ich fragte den Angeklagten, ob er eine formelle Erklärung abgeben wolle, was er verneinte. Dann wurde er unter Mord eingetragen und inhaftiert, und wir fuhren sofort nach Thunder Bay zurück, um die Untersuchung fortzusetzen.»

Claude Dancer nickte lächelnd zu mir herüber. «Ihr Zeuge», schnurrte er wie ein Kater.

Ich schaute zu dem aschfahlen Parnell hinüber, dann hinauf zum Oberlicht. Jetzt stand ich vor einem heiklen Problem. Ich hatte einen Zeugen vor mir, den ich als Mensch und Beamten achtete und schätzte. Auch seine Organisation bewunderte ich. Trotzdem stand für mich außer Zweifel, daß dieser Zeuge von jemandem eingewikkelt worden war und daß dieser Jemand wahrscheinlich Claude Dancer hieß. Julian Durgo gehörte zu jenen vorsichtigen und gewissenhaften Beamten, die nur beantworten, was sie gefragt wurden, und Dancer hatte seine Fragen offensichtlich mit Vorbedacht auf das Ungünstige beschränkt. Was aber auch der Grund gewesen sein mochte, Julians Aussage hatte meinem Mandanten schwer geschadet – inwieweit, blieb festzustellen –, und ich hoffte und spürte, daß es noch etwas zu ergründen gebe, was uns helfen konnte. Wie sollte ich das aber nur herausholen, ohne den Anschein zu erwecken, ich wolle ihn oder seine Einheit bloßstellen?

«Kriminalkommissar Durgo», sagte ich, «wenn ich mich richtig erinnere, so erklärten Sie, der Oberleutnant habe Ihnen gesagt, daß er Barney Quill erschossen habe, nachdem er von seiner Frau erfahren hätte, daß sie mit dem Verstorbenen einen Auftritt gehabt habe, nicht wahr?»

«Jawohl Sir», antwortete er ruhig.

«Nun, Kommissar Durgo, war ‹Auftritt› das Wort, das Oberleutnant Manion vor Ihnen gebrauchte, oder wollten Sie damit nur kurz umschreiben, was er Ihnen ausführlich berichtet hat?»

«Es war mein Ausdruck, Sir. Ich erinnere mich nicht, daß Oberleutnant Manion das Wort gebrauchte.»

«Schön», sagte ich. «Wollen Sie bitte jetzt dem Gericht die Worte wiederholen, die der Angeklagte gebrauchte, als er den Auftritt schilderte, den seine Frau mit dem Verstorbenen gehabt hat.»

«Ja, Sir. Er sagte –»

«Einspruch! Einspruch, Euer Gnaden!» dröhnte Dancer. «Das Gericht hat über all das bereits entschieden. Belanglos für irgendwelche Streitpunkte, die ...»

Ich sprang auf. «Hören Sie zu, Dancer!» brüllte ich, plötzlich zum Äußersten gebracht. «Was unterstehen Sie sich, den armen Teufel mir nichts, dir nichts zu überfahren? Dies ist ein Kreuzverhör, keine Hochschuldebatte. Ihr uferloses Getratsch von belanglosen Streitpunkten, Streitfragen, Streitfragen ...» (Ich hörte den Richter meinen Namen rufen, mit seinem Hammer auf den Tisch klopfen, er hätte mich aber nur zum Schweigen gebracht, wenn er mir auf den Schädel getrommelt hätte.) «Alles Ungünstige wollen Sie natürlich auf meinen Mandanten abladen, aber von dem Günstigen soll er verschont bleiben. Streitpunkte, Streitpunkte!» Ich machte seine Stimme nach. «‹Bitte, bitte, lieber Herr Richter, niemand soll das gräßliche Wort Vergewaltigung in den Mund nehmen, bevor jemand vergewaltigt worden ist! Mutter, der Kleine darf nicht ans Wasser, solange er nicht schwimmen kann ...› Meinen Sie eigentlich, Sie könnten mich so leicht auf den Arm nehmen?»

«Mr. Biegler, Mr. Biegler», rief der Richter noch immer, und ich sah ihn endlich an, hochrot vor Zorn. Auch er war schwer verärgert. «Lassen Sie sich das nicht noch einmal einfallen», sagte er streng. «Sie sind ein erfahrener Anwalt und sollten zu klug dazu sein. Richten Sie von jetzt an Ihre Bemerkungen zu den Einwendungen des Staatsanwalts ausschließlich an das Gericht. Diese Unbeherrschtheit verbitte ich mir und dulde sie keinesfalls noch mal, lassen Sie sich das gesagt sein. Ihre Entgleisung soll diesmal lediglich deshalb durchgehen, weil ich weiß, daß Sie beide überreizt sind.»

«Es tut mir leid, Euer Gnaden. Ich bitte das Gericht um Entschuldigung.» (In meinem Zornausbruch hatte ich freilich nicht außer acht gelassen, daß er dem Richter indirekt zustatten kam.) «Euer Gnaden», fuhr ich fort, «ich möchte jetzt mit der Erlaubnis des Gerichts meine Bemerkung zu dem soeben erhobenen Einspruch vorbringen.» Der Richter nickte grimmig. «Dieser Zeuge ist ein Kronzeuge der Staatsanwaltschaft. Er hat den angeblichen Mordfall untersucht. Er hat heute Dinge ausgesagt, die für den Angeklagten im höchsten Maße ungünstig wären, sollten sie nicht weiter geklärt oder ergründet werden. Ich glaube darauf bestehen zu dürfen, daß uns *jetzt* das Recht zusteht, alles zu erfahren, was der Zeuge weiß, alles, was der Angeklagte und seine Frau ihm gesagt haben, solange die einseitige Zeugenaussage noch frisch im Gedächtnis der Geschworenen ist. Ich möchte annehmen, daß uns dieses Recht zusteht, damit die wirkliche Atmosphäre und die wahren Umstände ans Tageslicht kommen, unter denen die Zugeständnisse, wenn es überhaupt solche waren, gemacht wurden. Unzurechnungsfähigkeit ist ein Streitpunkt in diesem Fall, sie ist es seit Beginn der Verhandlung; und wir behaupten, daß, was auch immer für ein Zwischenfall oder Auftritt zwischen der Frau des Angeklagten und dem Getöteten sich zugetragen haben mag, dieser die Bewußtseinsstörung, auf die wir plädieren, wenn nicht ausgelöst, so doch gefördert hat. Wir möchten nun herausfinden, welcher Art der besagte Auftritt war.»

Ich brach ab, mein Gehirn lief auf Hochtouren, ich spürte, jetzt entschied es sich, ich mußte gut in Form sein. «Dieser Zeuge hat unter anderem ausgesagt, der Angeklagte habe gesagt: ‹Ich habe Barney erschossen, weil meine Frau ‹einen Auftritt› mit dem Toten gehabt hat.› Was für einen Auftritt? Hatte Barney sie mit einem Schimpfnamen betitelt? Hatte er beim gemeinsamen Spiel geschummelt? Selbst einem unmündigen Kind muß auffallen, daß der Angeklagte mehr gesagt hat, als Kriminalkommissar Durgo zugab, wenn er überhaupt den Mund aufgetan hat. Daß er *etwas* gesagt hat, das hat der Zeuge bereits ausgesagt. Ich ersuche allen Ernstes darum, daß uns die Erlaubnis erteilt werde, diesen ‹Auftritt› unverzüglich näher in Augenschein nehmen zu dürfen und nicht erst, wenn der Eindruck dieser geschickt beschränkten ersten Zeugenaussage sich festgesetzt hat.» Ich senkte die Stimme: Eine kleine elegante Warnung mochte nicht fehl am Platze sein. «Es wäre doch schade, Euer Gnaden», sagte ich, «wenn sich jetzt ein schwerwiegender Irrtum in den Fall einschliche, da wir dem Ende schon so nahe sind.» Jäh wandte ich mich um und setzte mich. Ich spürte, jetzt hing die Entscheidung des gesamten Falles an einem Faden.

Der Richter hatte gespannt zugehört, jetzt lehnte er sich in den Sessel zurück und schaute zum Oberlicht auf, seine Fingerspitzen waren aufeinandergelegt, seine Lippen nachdenklich vorgeschoben. Claude Dancer stand auf und schritt vor, als habe er eine Bemerkung zu machen, aber der Richter winkte ab. Alsbald verstummte der Saal. Ich hörte das dünne Schlagen der elektrischen Uhr an der Wand hinter mir, es klang mir wie ein Gong in den Ohren. Der Richter lehnte sich vor und sah die Uhr an, als wolle er die Stunde seiner Entscheidung festhalten.

«Ich bin bereit, die Antwort zu hören», sagte er.

«Der Angeklagte hat mir gesagt, der Verstorbene habe seine Frau vergewaltigt», sagte Julian Durgo ruhig.

Ich seufzte innerlich auf und war froh, daß ich saß. Endlich, dachte ich, liegt die Dame auf dem Kreuz! Nie hatte ich mich so sehr anstrengen müssen, weder innerhalb noch außerhalb des Gerichtssaals ...

«Was sonst noch?»

«Er sagte, er habe am frühen Abend eine Stunde geschlafen, gegen neun Uhr sei seine Frau zur Hotelbar gegangen, um ein paar Flaschen Bier zu holen, und er habe vorgehabt, später nachzukommen. Das erste, was er dann mit Bewußtsein gehört habe, waren Schreie – dann fiel ihm seine Frau in die Arme.»

«Haben Sie die Frau gesehen?»

«Jawohl, Sir.»

«In welcher Verfassung war sie?»

«Sie war außer Rand und Band, sie schluchzte, Gesicht und Arme waren bös zerschunden.»

«Hat sie Ihnen erzählt, was ihr zugestoßen war?»

«Ja.»

«Was hat sie Ihnen erzählt?»

«Einspruch, Euer Gnaden! Dies ist –»

«Einspruch zurückgewiesen. Fahren Sie fort.»

«Sie sagte, Barney Quill habe sie vergewaltigt und verprügelt.»

«Ohne jetzt in Einzelheiten gehen zu wollen, hat sie Ihnen gesagt, Barney Quill habe sie vergewaltigt?»

«Ja, das hat sie gesagt.»

«In allen Einzelheiten?»

«In allen Einzelheiten.»

«Hat sie Ihnen erzählt, es sei in den Wäldern auf der anderen Seite der Hauptstraße geschehen?»

«Ja, Sir.»

«Auch von dem zweiten Überfall an der Haupteinfahrt, als sie sich losriß, aber eingeholt, nochmals böse zugerichtet wurde, aus Leibeskräften schrie und schließlich doch davonkam?»

«Ja, Sir.»

«Hat sie Sie und Ihre Beamten an den Seitenweg geführt, wo die erste Überrumpelung erfolgt sein soll?»

«Ja, Sir.»

«Haben Sie dort Reifenspuren und Hundespuren gefunden?»

«Ja, Sir.»

«Haben Sie auch nach ihrem Schlüpfer gesucht, ihn aber nicht gefunden?»

«Stimmt, Sir.»

«Ist das der ‹Auftritt›, von dem Oberleutnant Manion sprach?»

«Sehr richtig.»

«War es Ihre Absicht, vor Gericht zu erscheinen und die Sache als ‹Auftritt› zu bezeichnen?»

«Das nicht, Sir», antwortete er ruhig.

«Wurde Ihnen diese Bezeichnung von einem im Saal Anwesenden vorgeschlagen?»

Wie ich vermutet hatte, blickte der Zeuge zu Claude Dancer hinüber, vergewisserte sich, wie ein vorsichtiger Beamter, ob sein Vorgesetzter noch da sei. «Ja, Sir.»

Ich brach ab und beschloß, die Angelegenheit auf sich beruhen zu lassen; ich hatte Julian Durgo zum Sprechen gebracht und den Schuldigen an den Pranger gestellt.

«Es liegt eine Zeugenaussage vor, nach der Ihnen Laura Manions Rock ausgehändigt wurde, damit Sie ihn auf eventuelle Spuren eines Notzuchtverbrechens untersuchen ließen. Ist er untersucht worden?»

«Ja, Sir.»

«Und das Ergebnis?»

«Fiel negativ aus.»

Das hatte ich befürchtet, doch bestand die leise Chance, daß die Anklage, als sie diese Angelegenheit bewußt überging, versucht hatte, sie zu vertuschen; darüber mußte ich mir Gewißheit verschaffen. Endlich einmal hatte Claude

Dancer mich hereingelegt, er lächelte freundlich herüber, und ich nickte ihm mit Überwindung anerkennend zu.

«Wurde die Kleidung, die der Verstorbene trug, ebenfalls untersucht?» Wie ein in die Enge getriebener Boxer setzte ich mich hartnäckig zur Wehr.

«Jawohl.»

«Wie war das Ergebnis?»

«Auch negativ.»

Wieder blitzte Claude Dancers perlenweißes Lächeln herüber. «Hatte die Tatsache, daß seine Kleidung blutgetränkt war, möglichweise einen Einfluß auf die Untersuchung?» fuhr ich auf gut Glück mürrisch fort.

«Jawohl, Sir», erwiderte der Zeuge. «Unser Chemiker im Laboratorium hielt eine Untersuchung der Kleider sogar für sinnlos – Blut scheint Spuren anderer Art zu verwischen oder zu löschen. Er nahm sie trotzdem vor, um etwaigen Rückfragen vorzubeugen.»

Damit hatte ich die Härte des Hiebes ein wenig gemildert. Meine nächste Frage zielte mehr auf die Geschworenen als auf den Zeugen ab. «Lag nicht auch die Möglichkeit nahe, daß der Verstorbene sich, falls er Mrs. Manion vergewaltigt hatte, sicherlich umgezogen hätte, bevor er in die Bar zurückkehrte und erschossen wurde?»

Claude Dancer richtete sich halb im Stuhl auf, als wolle er Einspruch erheben, dann besann er sich eines Besseren und ließ sich langsam zurücksinken.

«Sie sind begnadigt», ermunterte ich den Zeugen. «Sie können ohne Lebensgefahr weiterreden.»

«Ja, Sir», antwortete der Zeuge. Endlich war es mir vergönnt, auch einmal Claude Dancer anzugrinsen. Es war an der Zeit, merkte ich, das heikle Thema der blutbefleckten Kleider ad acta zu legen.

«Kriminalkommissar Durgo», sagte ich, «unabhängig davon haben Sie doch vermutlich anschließend und später die Geschichte der Vergewaltigung untersucht, nicht wahr?»

«Ja, Sir; ich habe eine eingehende Untersuchung vorgenommen.»

«Und schien diese Untersuchung Mrs. Manions Darlegung der Vergewaltigung zu bestätigen oder zu widerlegen?»

«Zu bestätigen, Sir.»

«In allen Einzelheiten?»

«In allen Einzelheiten.»

«Was zum Beispiel veranlaßte Sie dazu, sich in Ihrer Ansicht bestätigt zu sehen?»

«Nun, Sir, die Szene des Überfalls, die ich beschrieben habe.» Er brach ab. «Vor allen Dingen die Schreie.»

«Schreie? Was für Schreie denn?» Wenn ich überrascht aussah, so sicherlich nicht halb so erstaunt, wie ich es tatsächlich war.

«Mrs. Manion hatte uns gesagt, sie habe mehrmals am Gatter geschrien. Wir haben dies natürlich nachgeprüft – nicht nur, um herauszufinden, ob sie geschrien hat, sondern, ob die Schreie nicht vielleicht aus der Richtung des Wohnwagens kamen.»

«Heißt das, Sie wollten feststellen, ob es nicht etwa Oberleutnant Manion gewesen wäre, der sie verprügelte, weil sie gebummelt hatte?»

Er lächelte flüchtig. «Ja, vielleicht deshalb.»

«Was erfuhren Sie?»

«Daß die Schreie vom Gatter kamen, wie sie gesagt hatte. Wir fanden vier Touristen, deren Wohnwagen in nächster Nähe der Haupteinfahrt standen. Sie bestätigten alle, sie seien gegen Mitternacht von einer Reihe vom Tor herkommender Schreie aufgewacht. Einer von ihnen wollte sogar Stöhnen und das dumpfe Geräusch von etwas Fallendem gehört haben.»

«Haben Sie Namen und Anschrift der betreffenden Zeugen?»

«Jawohl, Sir.»

«Sie haben diese Auskünfte natürlich schon vor langer Zeit der Anklagebehörde übermittelt?»

«Ja, Sir.»

Ich brach ab und blickte meinen Freund auf der Geschworenenbank an; ihn hatte ich in der letzten Zeit stiefmütterlich behandelt; er sah jedoch noch immer vertrauenerweckend drein. «Nun frage ich Sie, Kriminalkommissar Durgo, sind Sie ein guter Pistolenschütze?»

Bescheiden antwortete er: «Ich glaube schon, Mister Biegler.»

«Verstehen Sie etwas von Pistolen und Munition?»

«Das darf ich wohl bejahen.»

«Sind Sie jemals im Pistolenschießen gegen Leute angetreten, die nicht im Polizeidienst stehen?» (Auch das war eine Frage ins Blaue hinein.)

«Gelegentlich.»

«Hier im Ländchen?»

«Ja, Sir.»

«Gehörte der Verstorbene, Barney Quill, dazu?»

«Ja, Sir.»

«War auch er ein guter Schütze?»

«Ja, Sir. Ich würde sagen, er gehörte zu den besten Schützen, denen ich je begegnet bin.»

Schon besser, dachte ich. Ich griff nach der Lueger-Pistole, die unter den Beweisstücken lag, und reichte sie dem Zeugen. «Kennen Sie sich mit dieser Waffe aus?»

«Ja, Sir. Es ist eine deutsche ‹Lueger›.»

«Was passiert, wenn sie leergeschossen ist?»

«Ohne in technische Einzelheiten gehen zu wollen – wenn sie leergeschossen ist wie jetzt, bleibt die Waffe offen, dieser Hebel geht auf, der Hahn läßt sich lose abdrükken, so.»

«So daß jemand, der mit der Waffe vertraut ist, sie nicht zu öffnen, sondern nur hinzusehen braucht, um festzustellen, daß sie leer ist?»

«Richtig.»

Ich nahm ihm die Waffe wieder ab und legte sie zu den Beweisstücken zurück. «Um noch einmal auf Ihre Bestätigung von Mrs. Manions Darstellung der Vergewaltigung zurückzukommen: Gab es noch andere Dinge, die Sie dazu veranlaßten, Mrs. Manions Version für wahr zu halten?» (Endlich versuchte ich, auf den Lügentest zuzusteuern.)

«Das gab es.»

«Zum Beispiel?»

Der Zeuge wußte, daß derartige Tests vor Gericht nicht zugelassen wurden, und blickte unsicher zum Richter hinüber. «Nun», sagte er, «wir haben sie im Polizeirevier ausgiebig verhört.»

«Wer ist wir?»

«Oberleutnant Webley, ich und –»

«Und wer noch, Kriminalkommissar Durgo?»

«Oberleutnant Peterhaus, Sir.»

«Was ist seine Funktion? Ich meine mich zu erinnern, daß sein Name weder in der Anklageschrift steht noch jemals vorher fiel.»

«Er ist unser Polygraph-Experte.»

«Was ist ein Polygraph?»

«Er ist gemeinhin als Lügendetektor bekannt, Sir.»

«Sie wollen also sagen, daß Mrs. Manion einem Lügentest unterzogen wurde?»

«Einspruch! Polygraph-Ergebnisse sind in unseren Gerichten nicht zugelassen, wie dem Herrn Strafverteidiger bekannt sein dürfte.»

«Euer Gnaden», sagte ich, «kein Mensch spricht von dem *Ergebnis* irgendeines Lügentests, sondern lediglich davon, ob einer vorgenommen worden ist.»

Der Richter schob nachdenklich die Lippen vor. «Nehmen Sie die Antwort entgegen», entschied er.

«Jawohl, sie wurde einem solchen Test unterzogen.»

«Wurde der Test gemacht, bevor Sie sich über die Zuverlässigkeit ihrer Geschichte eine eigene Meinung gebildet hatten, oder erst hinterher?»

«Hinterher.»

«Auf wessen Gesuch?»

«Auf Mrs. Manions.»

«Änderten Sie Ihre Auffassung nach Bekanntgabe des Tests?»

«Euer Gnaden, Euer Gnaden!» brüllte Dancer hinter mir außer sich. «Dies ist ein schlauer Vorwand, die Vorschriften, die solche Tests ausschließen, zu umgehen. Die Verteidigung hat nie bei uns um das Ergebnis nachgesucht. Ich – ich –»

Ich grinste meinen erregten Freund über den Raum hin an und sagte seelenruhig: «Wir ersuchen Sie jetzt darum, Mister Dancer.»

«Meine Herren, meine Herren», sagte der Richter mit erhobener Stimme. «Es ist eine Frage gestellt und ein Einspruch erhoben worden. Ich kann aber keine Entscheidung fällen, wenn Sie mit dem heillosen Zank nicht aufhören. Wir bewegen uns auf hauchdünnem Eis, das weiß ich, aber ich kann beim besten Willen nicht entscheiden, daß die Frage unzulässig ist. Die Verteidigung bittet nicht um das Ergebnis irgendeines Polygraph-Tests, sondern um die Meinung des Zeugen, die auf gewissen Kenntnissen fußt, die er besitzt. Nehmen Sie die Antwort entgegen.»

«Ich habe meine Meinung nicht geändert.»

«Sie glaubten also schon vor dem Polygraph-Test, daß sie die Wahrheit sprach?»

«Jawohl, Sir.»

«Und nachher?»

«Auch, Sir.»

«Glauben Sie es noch?»

«Jawohl, Sir.»

«War dies, Kriminalkommissar Durgo, nicht schließlich

der einzige Grund dafür, daß Sie darauf verzichteten, bei der Obduktion der Leiche von Dr. Raschid untersuchen zu lassen, ob der Verstorbene kurz vorher Geschlechtsverkehr gehabt hatte oder welchen Alkoholprozentsatz sein Blut enthielt?»

Nickend gab er zur Antwort: «Jawohl, Sir.»

«Es lag also nicht in Ihrer oder in der Absicht der Polizei, vor Gericht irgend etwas zu unterschlagen?»

«Selbstverständlich nicht.»

«Sie verzichteten vielmehr auf die Untersuchung, weil Sie und die Polizei über allen Zweifel davon überzeugt waren, daß die Vergewaltigung tatsächlich vorgefallen und darüber keinerlei zusätzliche Bestätigung notwendig sei?»

«Genau, Sir.»

«Ahnten Sie zu jener Zeit, Kriminalkommissar Durgo, daß die Tatsache der Vergewaltigung vor Gericht angezweifelt oder bestritten werden könnte, zuletzt womöglich von der Anklage?»

Der Zeuge blickte lebhaft zu Claude Dancers Tisch hinüber. «Ganz gewiß nicht, Sir», sagte er. Ich merkte, daß Julian Durgo sich in seiner Rolle bei der Verhandlung dieses Falles nicht wohl gefühlt hatte.

«Ich danke Ihnen», sagte ich. «Ihr Zeuge, Mr. Dancer.»

Dancer war nicht der Mann, der sich leicht geschlagen gab. «Polizeibeamter Durgo», begann er von neuem, «konnte nicht auch ein Mann die Schreie am Tor ausgestoßen haben?» (Aha, dachte ich, jetzt vergewaltigt Laura den Barney Quill.)

«Möglicherweise, Mr. Dancer», antwortete der Zeuge forsch. «Nur haben alle Sommergäste einstimmig erklärt, es seien die Schreie einer Frau gewesen.»

«Aber wußten die Sommergäste, daß es die Schreie dieser Frau waren?» fragte er, auf Laura deutend.

«Das wußten sie nicht, Sir.»

«Ihr Zeuge», sagte Claude Dancer und schaute dabei so

triumphierend drein, als habe er soeben ein neues Paket Schriftrollen am Toten Meer gefunden.

«Kriminalkommissar Durgo», fragte ich wieder, «haben Sie im Verlauf Ihrer Untersuchung von einer anderen Frau oder mehreren anderen Frauen gehört, die in jener Nacht im Park geschrien hätten? An der Haupteinfahrt oder sonstwo?»

Durgo lächelte kurz. «Nein, Sir.»

«Somit waren Sie außerstande, irgendeinen Beweis für eine allgemeine Schreiepidemie unter den Frauen der Umgebung in jener Nacht zu erbringen?»

«Nur den einen an der Einfahrt, Sir.»

«Keine weiteren Fragen, Sir.»

«Der Zeuge ist entlassen», sagte Claude Dancer.

«Fünfzehn Minuten Pause, Mr. Sheriff», sagte der Richter.

15. Kapitel

In der Pause setzte ich mich mit Parnell im Verhandlungszimmer zusammen, wo ich in aller Eile versuchte, ihm über meine seltsame Aussprache mit Mary Pilant im Mondschein zu berichten. Ich erzählte ihm alles – fast alles jedenfalls. Die Erleichterung, die sich auf seinem bleichen Gesicht abzeichnete, als er erfuhr, daß seine Nora-Mary doch seinem Wunschtraum entsprach, war rührend anzusehen. «Ach, Polly, Polly, ich wußte es doch, wußte es die ganze Zeit ...»

Ich riß mich aus meinen eigenen Träumen und zuckte die Achseln. «Nun, Parn», sagte ich, «es scheint, als sei unser Hangen und Bangen, richtiger gesagt, dein Hangen und Bangen, wegen der Testamentsstreitigkeit umsonst gewesen. Vermutlich spielt es nun keine Rolle mehr, ob der Barmann zu Kreuze kriecht oder nicht.»

«Überhaupt nicht, Polly. Du hast deine Vergewaltigung

aufs Tapet gebracht, Gott sei Dank, nur stellt das noch lange keine gesetzliche Verteidigung des Mordes dar. Dieses Problem haben wir nach wie vor zu lösen, ebenso wie die große doppelte Frage, warum der Oberleutnant in jener Nacht in die Bar ging und die Waffe unter dem Rock trug. Bei alledem kann der Barmixer uns behilflich sein, wenn er will. Meinst du, daß er's tut?»

«Weiß der Himmel, Parn. Ich habe dir ja erzählt, was Mary Pilant mir am Telefon gesagt hat. Was mit dem Leisetreter von Barmann los ist, werden wir bald heraushaben. Ich wollte, ich wäre netter zu ihm gewesen, als ich noch ein kleiner Junge war ...»

Max Battisfore steckte die Nase zur Tür herein. «Der Vorhang zum zweiten Akt geht in zwei Minuten auf, Polly», sagte er.

«Vielen Dank, Max!» Ich zog meine Krawatte fest.

«Weißt du was», meinte Parnell nachdenklich, als ich meine angeschwollene Aktentasche zuklappte, «aus unserem Herrn Sheriff könnte noch sehr viel werden, wenn er nur die Finger von der Politik ließe. Er wächst zusehends in meinen Augen.»

Nach der Pause stand Mitch auf und wandte sich an das Gericht. «Euer Gnaden, wir haben inzwischen die drei Aufnahmen bekommen, die kurz nach der Schießerei von Mrs. Manion gemacht worden sind, und übergeben sie der Verteidigung.» Er trat an meinen Tisch und reichte sie mir. Der Oberleutnant, Laura und ich studierten sie eingehend; Parnells kleiner Parkwart hatte gesagt, Laura sei «ein Bild des Grauens» gewesen, was durch die Aufnahmen weitgehend bestätigt wurde. Das Haar hing ihr über das beschmutzte, tränenüberströmte Gesicht, und sie hatte die schönsten «blauen Augen», die mir außerhalb von Rocky Marcianos Boxtrainingslager je begegnet waren.

«Ich danke Ihnen, Herr Ankläger», sagte ich. «Die verlorenen Schafe sind also zurückgekehrt. Aber ich will die

Aufnahmen nicht für mein Notizbuch haben, sondern als Beweismaterial hier im Gericht. Ihr Fotograf, nicht meiner hat sie aufgenommen. Ich kann sie also nicht präsentieren. Wollen Sie sie nicht als Beweisstücke vorlegen, genau wie alle anderen? Meinetwegen brauchen Sie nicht erst den Fotografen zurückzurufen. Ich bin gern damit einverstanden.»

Ich hatte Mitch in Verlegenheit gebracht; sein Blick bat Claude Dancer um Hilfe, und der kleine Mann war gerissen genug, das Warnsignal zu sehen. Er nickte, Mitch murmelte: «Gut», und die fehlenden Bilder wurden sofort vom Protokollführer als Beweisstücke der Staatsanwaltschaft gekennzeichnet und angenommen.

Ich erhob mich. «Euer Gnaden», sagte ich katzenfreundlich, «die Verteidigung ersucht das Gericht um die Erlaubnis, daß die Geschworenen diese letzten Beweisstücke schon jetzt sehen dürfen – vorausgesetzt, daß die Staatsanwaltschaft keinen Einspruch erhebt.»

Mitch war von neuem in der Klemme, wieder suchte sein Auge nach einem Wink seines Assistenten, wieder nickte dieser – eine kleine Pantomime, die den aufmerksamen Geschworenen nicht entging, wie ich ohne Mißfallen zur Kenntnis nahm. «Keinen Einspruch, Euer Gnaden», sagte er.

«Gut, Mr. Biegler, die Fotografien der Staatsanwaltschaft von der Frau des Angeklagten können jetzt schon gezeigt werden», entschied der Richter.

Ich räkelte mich in meinem Stuhl. «Vielleicht würde Ankläger Lodwick die Güte haben, sie der Jury zu reichen», sagte ich. «Sie gehören nun ihm, er sitzt näher daran, er ist um so viel jünger als ich – und hat sich in letzter Zeit so gut ausruhen können.»

Mitch errötete und feuerte einen wütenden Blick auf mich ab. Wortlos schob er die Aufnahmen dem zunächst sitzenden Geschworenen zu. Gespannt schaute dieser die

Bilder an, während die anderen sich mit gereckten Hälsen neugierig herüberlehnten.

«Die Staatsanwaltschaft ruft Doktor Adelord Dompierre auf», verkündete Claude Dancer rasch. Seine Taktik war leicht zu durchschauen – er wollte, daß ein neuer Zeuge die Geschworenen von der Betrachtung der Bilder Lauras und ihrer schönen «blauen Augen» ablenkte. Dies wurde noch erkennbarer, als er Mitch mit einem Wink bedeutete, mit der Vernehmung des Zeugen, der soeben den Zeugenstand betreten hatte, zu beginnen.

«Ihren Namen, bitte?» begann Mitch gehorsam.

«Euer Gnaden», warf ich ein, «darf ich vorschlagen, daß mit der Vernehmung des neuen Zeugen noch kurz gewartet wird, bis die Geschworenen die Prüfung der Beweisstücke beendet haben – falls Mr. Dancer sich nicht gezwungen sieht, gegen die Untersuchung seiner eigenen Beweisstücke Einspruch zu erheben?»

Im Vergleich zu dem vernichtenden Blick, den der kleine Gernegroß mir zuwarf, war Mitchs Blick eine zärtliche Liebkosung gewesen.

«Mit dem größten Vergnügen, Herr Rechtsanwalt», schnurrte Dancer geschmeidig, und ich vergalt ihm seine Selbstbeherrschung im feindlichen Feuer mit beifälligem Schmunzeln.

Die Geschworenen besahen die Bilder mit Hingabe, reichten sie schließlich dem ersten Geschworenen zurück, der sie Mitch aushändigte. Dieser ließ sie auf den anwachsenden Haufen der Beweisstücke der Staatsanwaltschaft fallen.

«Die Untersuchung kann weitergehen», sagte der Richter trocken.

Mitch quälte sich durch die Anfangsstadien – Name, Anschrift und dergleichen – hindurch, stellte die Qualifikationen des Arztes fest und brachte dann die Rede auf die Untersuchung, die dieser in der Nacht nach der Schießerei an Laura vorgenommen hatte. Dr. Dompierre war der Gefängnisarzt, ein liebenswertes und leicht zerstreutes Männchen.

«Haben Sie bei Mrs. Laura Manion eine Untersuchung auf Spuren einer erfolgten Vergewaltigung vorgenommen?» fuhr Mitch fort.

«Ja.»

«Wann?»

Er schlug in einem Notizbuch nach: «Ich wurde am 16. August um fünf Uhr in der Frühe ins Gefängnis gerufen.»

«Wie war das Ergebnis?»

«Negativ.»

«Ihr Zeuge.»

Ich erhob mich, ging auf die Beweisstücke der Staatsanwaltschaft zu, nahm die Aufnahmen von Laura und reichte sie wortlos dem Arzt. «Herr Doktor», sagte ich, «haben Sie bei Mrs. Laura Manion Beulen oder Schrammen festgestellt?» Es war, als fragte ich einen triefenden Eskimo, der soeben mit seinem Kajak umgekippt war, ob das Wasser kalt sei.

«Gewiß, gewiß – sie war übel zugerichtet, besonders im Gesicht und am Hals, genau wie es hier zu sehen ist.»

«Wurden Sie aufgefordert, Striemen und Schrammen festzustellen?»

«Nein, nein.»

«Haben Sie den Beamten der Anklagebehörde Ihren Befund über Schrammen, Beulen und so mitgeteilt?»

«Nein.»

«Wurden Sie von ihnen danach gefragt?»

«Nein.»

«Haben Sie bei Ihrer Untersuchung ein Spekulum oder einen Dilatator benutzt?»

«Nein.»

«Wußten Sie, als Sie zum Gefängnis kamen, daß von der Möglichkeit einer Vergewaltigung die Rede war?»

«Gewiß.»

«Wußten Sie, wie alt die zu untersuchende Person – ob sie eine reife Frau oder eine Jungfrau von fünfzehn war?»

«Nein.»

«Sie verließen sich also darauf, daß Sie kein Spekulum benötigten?»

«Ja, gewissermaßen.» Er breitete die Arme aus. «Ich habe eben keines.»

«Ist es sonst nicht üblich, Herr Doktor, bei solchen Untersuchungen ein Spekulum oder einen Dilatator zu verwenden?»

«Nicht unbedingt. Jedenfalls hatte ich keines.»

«Gibt es denn nicht Situationen, in denen ein Arzt unter Umständen zu einer zuverlässigen Untersuchung dieser Art ein Spekulum benötigt?»

«Gewiß.»

«Könnte man, ohne zu übertreiben, sagen, Herr Doktor, daß diese Art von Untersuchungen nicht in Ihr Fachgebiet fällt und niemals fiel?»

«Ja – doch.»

«Die hiesige Abendzeitung vom 16. August behauptet, Sie hätten kein Zeichen einer Vergewaltigung festgestellt, gibt dies Ihren Befund richtig wieder?»

«Nein, ich habe nichts dergleichen gesagt.»

«Sie wissen also nicht, Herr Doktor, ob diese Frau vergewaltigt worden ist oder nicht?»

«Nein. Bei einer reifen Frau kann man das unmöglich feststellen.»

«Sind Sie bereit, Herr Doktor, sich in der Frage der Vergewaltigung dem Urteil derer anzuschließen, die darüber besser Bescheid wissen?»

«Sehr gern», antwortete er erleichtert.

«Keine weiteren Fragen», sagte ich.

«Zurück an Sie, Herr Ankläger», sagte der Richter.

Diesmal brauchte Mitch keinen Wink von seinem Assistenten. «Keine Fragen», sagte er schnell.

«Rufen Sie Ihren nächsten Zeugen auf.»

«Euer Gnaden», sagte Mitch, «Oberleutnant Webley, der Kriminalkommissar Durgo bei der Untersuchung des Falles begleitet und unterstützt hat, liegt seit Beginn der Verhandlung mit einer Virusinfektion unter ärztlicher Aufsicht im Krankenhaus. Wir können seinen Arzt kommen lassen, falls ...» Mitch brach ab und schaute zu mir herüber.

Ich stand auf. Natürlich legte ich keinen Wert darauf, daß noch ein Zeuge auftrat und die Geschichte von den nachteiligen Geständnissen des Oberleutnants in der Nacht der Schießerei wiederholte (in der Pause hatte mein Mandant mir gesagt, er erinnere sich an nichts dergleichen); überdies hatte ich den Eindruck, daß niemand das Günstige, was Julian Durgo ausgesagt hatte, zu überbieten vermöchte.

«Der Arzt ist nicht notwendig, Euer Gnaden», sagte ich. «Ich habe von Oberleutnant Webleys bedauerlicher Erkrankung gehört. Die Verteidigung gibt sich damit zufrieden, daß seine Aussage nichts Neues bringen würde, und verzichtet daher auf sein Erscheinen.»

«Gut», sagte Richter Weaver, «der Zeuge ist entschuldigt. Rufen Sie den nächsten auf.»

«Einen Augenblick bitte, Euer Gnaden», sagte Claude Dancer. Der Richter nickte; Mitch und sein Assistent verfielen in emsiges Geflüster; schließlich erhob sich Mitch und verkündete: «Euer Gnaden, die Staatsanwaltschaft hat ihren Beweisvortrag damit beendet.»

Ein Markstein des Prozesses war erreicht worden – aber war es wirklich einer? «Euer Gnaden», sagte ich, «ich glaube, die Staatsanwaltschaft hat versehentlich eine begonnene Angelegenheit vergessen. Ich hatte mein Kreuzverhör des Zeugen der Staatsanwaltschaft, Alphonse Paquette, des Barmanns im Thunder-Bay-Hotel, nicht beendet. Ich meine fast, die Zeit dazu wäre jetzt gekommen.»

«Ich glaube, Ihr Verlangen ist nicht unbillig, Mr. Biegler», sagte der Richter und blickte zu Mitch hinüber. «Meine Herren?»

Claude Dancer erhob sich halb von seinem Stuhl: «Die Staatsanwaltschaft ruft den Zeugen Paquette von neuem auf.»

Aufmerksam beobachtete ich den aalglatten kleinen Barmann, der sich aus der Zuhörerschaft löste und zum Zeugenstand eilte, die Hand zum Eid hebend.

«Sie sind bereits vereidigt», sagte der Richter freundlich. «Ein Eid pro Kopf genügt. Nehmen Sie bitte Platz.»

«Die Staatsanwaltschaft stellt den Zeugen zur Verfügung», sagte Claude Dancer.

«Ihr Zeuge, Mr. Biegler», sagte der Richter. Ich stand auf und ging langsam auf den Zeugen zu, der mir von seinem Sitz still und gespannt entgegenblickte. Dabei war mir zumute, als taste ich mich auf einem minenverseuchten Strand voran. Was sollte ich für einen Eröffnungszug machen, wie sollte mein Versuchsballon aussehen? Warum aber wie die Katze um den heißen Brei herumgehen? Entweder war der Kleine gegen uns, oder er war für uns.

16. Kapitel

«Das Thema, Mr. Paquette, heißt Pistolen», sagte ich. «War Barney Quill ein guter Schütze?»

«Einspruch, Euer Gnaden!» fauchte Mr. Dancer. «Darüber hat das Gericht bereits entschieden. Belanglos und unwesentlich. Völlig überflüssig.»

«Ein Zeuge der Staatsanwaltschaft, Polizeikommissar Durgo, hat den Verstorbenen bereits zu einem Preisschützen gestempelt», erwiderte ich. «Wir möchten das fesselnde Thema nur weiterspinnen.»

Der Richter blickte auf die Uhr an der Rückwand. «Genaugenommen mögen Sie recht haben, Mr. Dancer», sagte er. «Das Thema ist indessen in den Fall aufgenommen, der Zeuge sitzt im Zeugenstand. Überdies steht er dem Gericht seit Beginn der Verhandlung auf Staatskosten zur Verfügung. Genau wie wir ist auch er vermutlich gelegentlich gezwungen, seinen Lebensunterhalt zu verdienen. Er soll antworten.»

Atemlos erwartete ich die Antwort.

«Ich möchte sagen, daß er ein Scharfschütze war, Sir», antwortete der Zeuge.

«Einspruch, Einspruch! Der Zeuge ist nicht befähigt, ein sachverständiges Urteil abzugeben.»

«Darauf werde ich noch zu sprechen kommen, Euer Gnaden», sagte ich, «vorausgesetzt, daß Mr. Dancer freundlicherweise damit einverstanden ist.»

«Fahren Sie fort. Ich behalte mir meine Entscheidung vor», sagte der Richter.

«Worauf fußt Ihre Annahme, Mr. Paquette, daß Barney ein Scharfschütze war?» fragte ich.

Der Zeuge war eine empfindsame Seele, wie ich entdeckte; auch er wurde etwas ungehalten über Claude Dancer. «Darauf, daß ich ihn beim Preisschießen gegen die besten Schützen habe antreten und sie schlagen sehen», antwortete er. «Er hat ungezählte erste Preise bei Schützenfesten auf der ganzen Halbinsel gewonnen. Der Mann hatte eine todsichere Kugel.»

«Was weiter?»

«Ich habe gesehen, wie Barney Rebhühner mit der Pistole aus der Luft herunterholte – er jagte sie nur auf diese Art.»

«Sonst noch etwas?»

«Barney und ich gingen oftmals mit einem Berg leerer Flaschen aus der Bar zur Müllgrube hinaus. Ich hatte die Aufgabe, die Flaschen in die Luft zu werfen. Barney schoß sie so rasch herunter, daß ich kaum mit dem Hinaufschleudern nachkam, und rief immer: ‹Mehr, mehr.› Er schoß selten daneben.»

«War Barneys Fertigkeit in der Gegend bekannt?»

«Jawohl.» Der Zeuge brach ab. «Mr. Quill hielt es nicht für notwendig, sein Licht unter einen Scheffel zu stellen. Er hing seine Auszeichnungen in der Bar auf.»

Ich warf einen Blick zu Claude Dancer hinüber. «Besteht die Anklage noch immer auf ihrem Einspruch?»

«Ich bitte um Entscheidung, Euer Gnaden», sagte Claude Dancer, müde weiterkämpfend.

«Ich bedaure, aber der Einspruch der Staatsanwaltschaft ist zurückgewiesen», sagte der Richter trocken.

Es schien mir, als husche ein Lächeln über das Gesicht des Zeugen. «Nun kommen wir zu der Frage, ob Mr. Quill irgendwelche Pistolen besaß», sagte ich.

«Er hat in seinem Leben manche Schußwaffe besessen – zeitweise bis zu fünfzehn oder zwanzig. Man hätte ihn vielleicht einen Waffensammler nennen können. Er handelte sogar damit. Zur Zeit des» – der Zeuge brach ab –, «im vergangenen Sommer hatte er nur noch sechs seiner Lieblingspistolen.»

Er kommt, er kommt, dachte ich. «Wo bewahrte er diese Pistolen auf?» drängte ich frohlockend.

Einen Augenblick zögerte der Zeuge. «Zwei verwahrte er in seinem Zimmer im Obergeschoß des Hotels», sagte er.

«Und die anderen vier?» Meine Frage war unvermeidlich.

Der Zeuge verstummte und sah zum Oberlicht auf. Jetzt hätte ich meine besten Angeln geopfert, um ihm ins Herz sehen zu können. Im Saal wurde es still; sogar die flüsternden Frauen schienen zu fühlen, daß die Sache brenzlig wurde.

«Er bewahrte sie in der Bar auf», antwortete der Zeuge mit verhaltener Stimme.

«Geladen?»

«Ohne Ausnahme.»

Rasch linste ich zur Parnell hinüber, der unerschütterlich wie Buddha dasaß; und schon war ich wieder bei meinem Zeugen.

«Wo in der Bar?» fragte ich.

«Hinter der Bar.»

«Wo hinter der Bar?» bohrte ich weiter.

«Zwei verwahrte er in einer kleinen Lade in der Mitte, die er eingebaut hatte – und je eine auf beiden Seiten der Theke.»

«Waren sie von vorn zu sehen?»

«Nein.»

«Zu welchem Zweck hatte er die Pistolen dort?»

Die Augenlider des Zeugen flatterten kaum merklich, vermutlich war ich ein wenig zu weit gegangen. «Zum Schutz», erwiderte er. «Zum Schutz gegen Klamauk.»

«Klamauk?»

«Gegen bewaffnete Überfälle.»

Hier eröffneten sich neue Gedankengänge, die ich im Augenblick jedoch außer acht ließ; ich konnte es mir nicht leisten, den Zeugen schon jetzt ganz auszunehmen. Die Situation war nicht ohne Ironie. Einst hatte ich gelobt, dem kleinen Schurken weidlich am Zeug zu flicken, und jetzt versuchte ich alles, um ihn ungeschoren zu lassen. «Lagen die vier Pistolen in der Nacht der Schießerei hinter der Bar?» fragte ich und versagte mir jeden heiteren Unterton.

«Nein», antwortete der Zeuge. Mein Herz sank. War das eine Falle, die er und Dancer mir gemeinsam gestellt hatten? Warum, warum hatte ich nur diese eine verhängnisvolle Frage zuviel gestellt? Freilich, hätte ich sie nicht gestellt, hätte Dancer es unweigerlich getan …

«Wo lagen sie?»

«Ich hatte sie weggeschlossen.»

«Warum?»

«Weil Mr. Quill zuviel trank und leicht ausfällig wurde.»

Auf und ab ging die Waage. «War Mr. Quill damit einverstanden?»

«Nein.»

Vor der nächsten Frage war mir bang, aber ich mußte sie stellen. Tat ich es nicht ... «Schlossen Sie die vier Pistolen hinter der Bar weg oder aber alle?» fragte ich mit verhaltenem Atem.

«Nur die vier. Mister Quill wollte die anderen nicht herausgeben. Wir drängten nicht weiter, nachdem er versprochen hatte, sie in seinem Zimmer zu lassen.»

«Wir?»

«Nachdem er es Miss Pilant und mir versprochen hatte. Sie war oben Empfangsdame.»

Wir näherten uns gefährlichem Grund, daher lenkte ich ab. Ich kam mir vor wie jemand, der barfuß auf gesplittertem Glas schreitet – während der gräßliche Barney dabeisteht und eine leere Flasche nach der anderen in der Luft zerknallt. «War die Tatsache, daß Sie diese vier Schußwaffen weggeschlossen hatten, allgemein bekannt?»

«Nur Mr. Quill, Miss Pilant und ich wußten davon.»

«Können Sie mir ausführlicher sagen, warum Sie sich bewogen fühlten, die vier Barpistolen wegzuschließen?» fragte ich. Obwohl ich lockerließ, gab ich die Rolle des Kreuzverhörers ungern auf. Ich fühlte, daß ich dem Mann jetzt Gelegenheit zum Rückzug geben müßte, falls ich mich versehentlich zu weit vorwagen sollte. Die Lage war einzigartig, nie war mir dergleichen vor Gericht passiert.

Der Zeuge wurde nachdenklich. «Nun», sagte er langsam, «etwa zwei Wochen vor der Schießerei begann Mr. Quill stärker zu trinken als sonst. Er wurde reizbar, streitsüchtig, schwierig, so daß wir übereinkamen, es sei das beste, die Waffen aus der Bar zu entfernen.»

«Wann schlossen Sie sie weg?»

«Etwa eine Woche vor der Schießerei.»

Allzugern hätte ich endlos weitergefragt, etwa, ob Barney die Waffen zurückverlangt hätte oder wo sie damals lagen, wo jetzt. Diese und viele andere Fragen schossen mir durch den Kopf. Aber ich durfte es nicht riskieren – wir brauchten keinen zweiten Zuckerguß auf unserem Kuchen.

«Könnten Sie uns vielleicht den Grund dafür nennen, daß Mr. Quill aufgeregt wirkte und mehr als gewöhnlich trank?» fragte ich. Die Frage war lediglich rhetorisch; ich stellte sie, weil die Jury sie erwartete. Offensichtlich wußte der Zeuge, worum es ging.

«Nein, Sir.» Auch er mußte gesehen haben, wie erleichtert ich war.

«Könnten Sie uns folgendes sagen, Mr. Paquette? – Was Barney auch für Gründe gehabt haben mag, hatten sie Ihrer Meinung nach etwas mit den Manions zu tun?»

«Meiner Ansicht nach nicht, ganz und gar nicht.»

Ich warf rasch einen Blick zu Claude Dancer hinüber, der wie ein Ölgötze auf die hintere Wand starrte, die Arme verschränkt wie Napoleon auf Elba; auch in sein verschrobenes Gehirn hätte ich leidenschaftlich gern geblickt.

Daraufhin brachte ich heraus, daß Barney Quill an jenem Abend zu einer früheren Stunde in der Bar erschienen war, daß er mit Laura am Spielautomaten spielte, wie sie es angegeben hatte. Daß er den Raum etwa zur gleichen Zeit wie sie, also gegen elf Uhr, verließ; daß er kurz nach Mitternacht in die Bar zurückkehrte; daß er den Barmann ablöste, damit er sich «ausruhen» könne; außerdem so ziemlich alles, was der Barmann mir bei meinem ersten Besuch in Thunder Bay erzählt hatte. Vorsichtig vermied ich alle Fragen, die darauf abzielten, daß er Schmiere gestanden haben könnte (die Bekehrung von feindlichen Zeugen hatte, wie ich merkte, auch ihre Nachteile), und nahm entschlossen von allem Abstand, was sich auf Barneys Testament und das übrige bezog. Die Sache mit dem «Schmierestehen» konnte ich der Jury immer noch beibringen.

«Als Mr. Quill wieder in der Bar erschien», fuhr ich fort, «kam er da von der Straße oder von oben?»

«Von oben, Sir.»

«Hatte er sich umgezogen?»

Der Zeuge blinzelte. «Soviel ich mich erinnere, ja», antwortete er nach einer Weile. «Ich glaube, er trug ein weites Sporthemd, während er vorher ein weißes Tageshemd angehabt hatte.»

«War es eine heiße Nacht?»

«Ja.»

«War es auch nach Mitternacht noch warm in der Bar?»

«Ja, stickig und heiß.»

O Wahrheit, dachte ich bei mir, dein Zauber ist unwiderstehlich! Ich hielt inne und wagte nicht, zu Parnell hinüberzublicken. In einer heißen Nacht hatte Barney es für gut befunden, ein weißes Hemd (Schmutz, Lippenstift?) mit einem warmen *weiten* Sporthemd (Bewegungsfreiheit, Platz, seine Pistolen nach unten zu schmuggeln?) zu vertauschen. Meine Damen und Herren Geschworenen ..., hörte ich mich fast sagen.

«Mr. Paquette», sagte ich, «als ich Ihnen neulich meine Fragen stellte» – ich schaute wieder zu Claude Dancer hinüber – «und wir so unhöflich unterbrochen wurden, sprachen wir von Barneys Trunksucht. Trank er an jenem Abend mehr als gewöhnlich?»

Ich duckte mich, auf den dröhnenden Einspruch wartend, und war fast enttäuscht, als er ausblieb. Offenbar schmollte Mr. Dancer und zog es vor, böse auf mich zu bleiben.

«Ich würde nicht sagen, daß er ausgerechnet in jener Nacht mehr trank als sonst», antwortete er, und mein Mut sank. «Jetzt fällt mir ein, daß er es schon etwa zwei Wochen lang getan hatte.» Mein Mut stieg. Auf und ab, auf und ab schwebte die Waage.

«Was war sein Tageskonsum in normaleren Zeiten?»

«Barney vertrug mühelos täglich seine acht bis zehn Doppelte.»

«Wieviel ist ein Doppelter?»

«Zwei Unzen.»

Das macht also sechzehn bis zwanzig Unzen Whisky am Tag, rechnete ich, bei dem Gedanken innerlich würgend. «Um was für Zeug handelte es sich dabei?»

«Um Whisky, um erstklassigen schottischen Whisky. Mr. Quill trank nur den besten.»

«Und wie stand es damit während der zwei Wochen vor der Schießerei – wieviel trank er da?»

Der Zeuge schüttelte den Kopf. «Er trank gut und gern ein Fünftel. Er trank so rasch, daß ich mit dem Zählen kaum nachkam.»

«So viel haben Sie ihn trinken sehen?»

«Ja.»

«Dabei war aber nicht mit eingerechnet, was er außerhalb oder in seinem Zimmer trank?»

«Nein, Sir.»

Barney hatte mit Laura wenigstens vier Whiskys getrunken und nach der Vergewaltigung sicherlich noch fünf hinter der Bar. Das waren zusammen neun, also hatte er seit neun Uhr abends achtzehn Unzen zu sich genommen; ohne das, was er noch nebenher getrunken hatte. Es schien kaum glaublich. Großer Gott, wenn ich so weitermachte, war der Mann bald sternhagelvoll, und das wollte ich wiederum auch nicht.

«Konnte Barney eine tüchtige Portion vertragen, ohne daß man es ihm anmerkte?»

«Jedenfalls ohne daß es Fremde merkten. Wer ihn kannte, wußte Bescheid.»

«Er gehörte also nicht zu Leuten, die schwanken und taumeln und schwadronieren, wenn sie blau sind?»

«Wenn man ihm überhaupt etwas anmerkte, so machte er einen vornehmeren Eindruck als sonst. Das war so seine Art.»

Jetzt war es an der Zeit, etwas schärfer heranzugehen. «Um nochmals auf die Pistolen zurückzukommen, die er hinter der Bar gegen bewaffnete Überfälle bereithielt – könnten Sie uns sagen, wie oft dergleichen im letzten Sommer vorkam?»

Er runzelte die Stirn. «Nicht ein einziges Mal.»

«Irgendwelche Versuche dieser Art?»

«Keine.»

«Hat seit der Zeit, in der Sie bei Barney gearbeitet haben, jemals jemand versucht, ihn in der eigenen Bar zu bedrohen?»

«Niemals.»

«Haben Sie von irgendeinem Überfall oder dem Versuch dazu gehört, der vor Ihrer Zeit geschehen wäre?»

«Nein.»

«Trotzdem wurden die geladenen Pistolen dort für Überfälle aufbewahrt?»

Leicht lächelnd antwortete er: «Für Überfälle, Sir.»

Ich hätte auf die Frage überleiten können, ob Barney seine zwei Pistolen in jener Nacht hinter der Bar liegen hatte und auf alle interessanten Einzelheiten, die damit zusammenhingen, aber ich wagte es nicht. Die Jury wußte jetzt, daß der Verbleib von zwei Pistolen noch ungeklärt war, und der Zeuge konnte Schwierigkeiten mit der Pistole bekommen, wenn ich ihn zu der Aussage zwang, daß Waffen vorhanden gewesen waren, die er entweder weggeschafft oder vor der Polizei verschwiegen hatte. Warum sollte ich ihn zu der Behauptung verleiten, es seien gar keine mehr dagewesen?

Unvermittelt schwenkte ich von Barney, seinen Waffen

und seinem Durst ab. Der schottische Whisky brachte mich auf etwas anderes. Ich sah, ich mußte ihm noch ein bißchen den Rost herunterkratzen.

«Haben Sie Laura Manion am Sonntag nach der Schießerei zum Gefängnis von Iron Bay gefahren, als sie ihren Mann besuchen wollte?»

Der Zeuge wurde unruhig. «Ja.»

«Haben Sie dem Oberleutnant eine Stange Zigaretten geschenkt?»

«Ja.»

«Haben Sie dem Sinn nach zu ihm gesagt, das einzige, was Sie gegen ihn hätten, sei, daß er Ihren Spiegel zerschmettert und eine Flasche Import-Whisky, nicht eine billige Sorte, heruntergeschossen habe?»

Seine Augen flackerten; ich sah, daß unsere kurzen Flitterwochen vorbei waren. «Ich erinnere mich nicht mehr genau, was ich sagte.» Seine Stimme schwoll an. «Ich wollte den Mann aufmuntern. Mag sein, daß ich dergleichen gesagt habe, um einen Scherz zu machen.»

«Damit wollen Sie aber nicht abstreiten, daß Sie es gesagt haben?»

«Nein.»

«Tatsächlich *war* Ihr Spiegel zerschmettert, und Sie *haben* eine Flasche schottischen Whisky eingebüßt?»

«Ja.»

«Und auf der Fahrt haben Sie Laura Manion gesagt, es sei ein Pech, daß sie und der Oberleutnant ausgerechnet zu jener Zeit nach Thunder Bay versetzt worden seien?»

«Möglich. Ich wollte damit sagen, wenn sie nicht dagewesen wären, wäre ihnen dergleichen nie passiert.»

«Natürlich nicht. Sie wollten also Ihr Mitgefühl zeigen?»

«Ja.»

Ich gedachte, ihm noch mehr Wasser abzugraben. «Wollten Sie Ihre Teilnahme auch noch ausdrücken, als Sie

Laura sagten, Sie hätten ihr vorher sagen können, daß Barney ein Tier sei?»

Endlich hatte ich ihn am Wickel, und seine Augen blitzten ärgerlich. «Ich habe nie behauptet, daß ich das gesagt habe», fuhr er böse auf. «Sie wollen mich wohl aufs Glatteis locken?»

Darauf erwiderte ich sanft: «Ich weiß Ihre Aussage zu schätzen, aber jetzt richte ich eine Frage an Sie, Mr. Paquette. Von Glatteis kann keine Rede sein. Haben Sie das zu Mrs. Manion gesagt? Haben Sie Barney ein Tier genannt?»

«Ich kann mich nicht erinnern, dergleichen gesagt zu haben», warf er kurz angebunden hin. Kandidat Biegler hatte wieder eine Stimme für die Kongreßwahlen verloren.

Nun war es an mir, das Oberlicht zu mustern. Ich war am Ende meines Lateins. In gewisser Weise hatte ich den Zeugen ausgenützt und dann verraten. Vielleicht war es trotzdem richtiger, mit einem Mißton abzuschließen, bevor die Jury auf den Gedanken kommen konnte, ich hätte den Zeugen eingeschüchtert. Ich wandte mich an Claude Dancer. «Der Zeuge geht zurück an die Staatsanwaltschaft.»

Claude Dancer war weiß vor Zorn, er kochte. Augenscheinlich hatte er sich von diesem Zeugen etwas Besonderes erwartet – wobei das Besondere vermutlich negativer Art war: eisiges Schweigen nach den bedeutsamen Enthüllungen, die ich an den Tag gebracht hatte. Er erhob sich und ging auf den Zeugen zu.

«Wie benahm sich Mrs. Manion in Ihrer Bar an jenem Abend vor der Schießerei?» fragte er forsch, als spucke er Wort für Wort aus.

Die Frage war aus verschiedenen Gründen anfechtbar. Plötzlich war mir alles klar: Vor seiner vorübergehenden «Bekehrung» hatte der Zeuge aus eigenen Gründen versucht, Lauras Verhalten und Charakter in den Schmutz zu ziehen, wie er sie auch mir gegenüber ein «Flittchen» genannt hatte. Fraglos hatte er das mit Claude Dancer besprochen, und nun schickte dieser Schlaufuchs sich an, das alles aufs Tapet zu bringen. Ich bewahrte stoische Ruhe.

«Nun», sagte der Zeuge, «bisweilen kam es mir so vor, als sei ihr Benehmen nicht gerade damenhaft.» Ich spitzte die Ohren.

«Zum Beispiel wann?» warf Claude Dancer schnippisch hin.

«Wie einmal, als sie ihre Schuhe auszog, um am Spielautomaten zu spielen.»

«In Ordnung. Tat sie sonst nichts, als sie ihre Schuhe ausgezogen hatte?»

«Ich erinnere mich nicht, Sir.»

«Tanzte sie nicht auch mit Hippo Lukes, der ihre Schuhe in die Tasche steckte?» (Ein George Lukes war ein Augenzeuge der Anklage gewesen, der über die Ereignisse vor der Schießerei ausgesagt hatte.)

Noch immer schwieg ich. Der Richter warf mir einen überraschten Blick zu, denn diese Frage war rundweg unzulässig, es war eine Suggestivfrage, die gegen alle Regeln verstieß, die es für das Beweisverfahren gibt. Ich hüllte mich jedoch in eisernes Schweigen; es gefiel mir so besser.

«Daran kann ich mich nicht genau erinnern, Sir», antwortete der Zeuge kühl.

Für mich bestand kein Zweifel, daß der Zeuge Claude Dancer gerade das berichtet hatte. Dancer war ein harter, gefährlicher Draufgänger, aber ich war überzeugt, er hätte sich nie herabgelassen, so etwas zu erfinden.

Die Farbe wich aus seinem Gesicht, fast – aber nur fast – tat er mir leid. «Haben Sie mit Mr. Biegler gesprochen, seit Sie neulich vor Gericht erschienen?» Die Anspielung darauf, daß ich den Zeugen beeinflußt hatte, war eindeutig, aber ich rührte mich nicht.

«Das habe ich, Sir», antwortete der Zeuge. Ich warf einen überraschten Blick zu Parnell hinüber.

«Wo und wann?» drängte Dancer weiter, die Nase auf der Fährte.

«Hier natürlich, vor Gericht, jetzt eben.»

«Das meine ich nicht. Ich meine privat.»

«Nein, Sir, ich habe mit Mr. Biegler seit dem Beginn der Verhandlung kein Wort gewechselt», entgegnete er wahrheitsgetreu.

«Oder mit irgend jemandem, der mit der Verteidigung zu tun hat?»

«Nein, Sir, nicht ein Wort», antwortete der Zeuge, wiederum wahrheitsgemäß.

«Haben Sie mir nicht privat gesagt, daß Mrs. Manion auch mit Hippo Lukes getanzt hat?»

Auch diese Frage war völlig unzulässig, aber ich rührte keinen Finger. «Wo sollte ich dergleichen gesagt haben, Sir, wenn ich mich nicht darauf besinnen kann, es jemals gesehen zu haben?» antwortete der Zeuge. «Sie und ich haben eine ganze Reihe von Dingen besprochen, und vielleicht haben Sie mich dabei mißverstanden.» Er brach ab. «Fragen Sie doch Hippo Lukes persönlich – an einen solchen Vorfall sollte er sich wohl erinnern können.»

Hippo Lukes war bereits entlassen worden, wie ich feststellte, zweifellos hatte der kleine verlogene Barmixer rechtzeitig dafür gesorgt. Wenn seine Aussage auch von Nutzen war – wenigstens erhoffte ich mir dies –, so war ich doch während der ganzen Verhandlung noch nie weniger erfreut gewesen und hatte mich andererseits Claude Dancer nie näher gefühlt. Das gescheiterte Männchen blickte wie vernichtet zum Richter auf, streckte die Hände aus und zuckte die Achseln. «Ihr Zeuge», sagte er, seinen borstigen Kopf hin und her wiegend.

«Noch eine letzte Frage», sagte ich. «War dieser Hippo Lukes, den Mr. Dancer gerade erwähnt hat, der große

Mann mit dem roten Gesicht namens George Lukes, der neulich als Augenzeuge der Anklage auftrat und von Mr. Dancer vernommen wurde?» Ich deutete in den Zuschauerraum. «Ist es der Herr, der in der ersten Reihe sitzt, schmunzelt und die Hände auf den Knien hält?»

Der Zeuge lächelte. «Jawohl. Das ist unser Hippo.»

«Keine weiteren Fragen», sagte ich, nur allzu froh, mit dem geriebenen Alphonse («Nenn mich Al») Paquette durch zu sein, diesem unsicheren Kantonisten, dessen Fähigkeiten in einer internationalen Spionagezentrale besser hätten verwertet werden können als hinter dem Schanktisch einer Bar.

Claude Dancer nickte grimmig. «Keine weiteren Fragen», sagte er. «Genug damit.»

«Mittagspause», sagte der Richter. Max schoß hoch und ließ seinen Hammer auf den Tisch fallen, als hacke er Holz auf seiner Parzelle.

17. Kapitel

«Ich schicke den Oberleutnant gleich rüber, Max», sagte ich zum Sheriff, der nicht von der Tür wich. «Wir haben noch kurz miteinander zu reden.»

«Gut, Polly», sagte Max und zog ab. Ich sah, daß noch nicht alles verloren war – noch konnte man dem Oberleutnant vertrauen, daß er seinen Weg lammfromm nach Hause fand.

«Oberleutnant Manion», sagte ich, «ich war so mit anderen Dingen beschäftigt, daß ich Mr. Dancers Hofpsychiater nicht in Augenschein nehmen konnte. Haben Sie bemerkt, ob er Sie mit seinem Teleskop beobachtet hat?»

Der Oberleutnant war so hilfsbereit und mitteilsam wie immer. «Mir ist nichts aufgefallen», brummte er kurz angebunden.

«Mir aber», sagte Laura. «Der Mann geht mir auf die

Nerven. Jedesmal wenn ich dort hinüberblicke, sieht er nicht Manny, sondern mich an. Ein- oder zweimal hat er, glaube ich, gelacht.»

Vielleicht möchte er mit ihr anbändeln, dachte ich und verneigte mich galant. «Wenigstens hat er sich die anziehendste Frau im Saal ausgesucht», sagte ich und verriet damit das jungfräuliche Püppchen aus der Jury. Laura stand näher vor der Zeugenaussage, als sie vielleicht ahnte, daher mußte ich versuchen, sie bei Laune zu halten. Abgesehen davon, sprach ich nur die reine Wahrheit.

«Danke, Polly», sagte Laura errötend; Oberleutnant Manion blickte finster drein, er machte aus seiner Eifersucht nach wie vor kein Hehl.

«Legen Sie morgen bitte alle Orden und Ehrenzeichen an, Oberleutnant Manion», sagte ich. Wir hatten sie für den Augenblick aufbewahrt, da er den Zeugenstand betreten würde. «Morgen könnte der große Tag sein.»

«In Ordnung», sagte der Offizier in seiner üblichen Redseligkeit.

Ich erklärte dem Ehepaar, daß wir auf die von unserem Fotografen aufgenommenen Bilder Lauras jetzt verzichten könnten, da die der Anklage so viel besser ausgefallen seien. Dies war wieder einmal ein Beispiel für den Leerlauf in einer Verhandlung, genauso wie all die nutzlosen Nachforschungen, die Parnell und ich gemacht hatten, um den Gegenpsychiater unter Umständen daran zu hindern, meinen Mandanten kleinzukriegen. Bei Prozessen, dachte ich, geht es nicht viel anders zu als im Kriege, wo, wie der alte Löwe Sir Winston Churchill behauptet hat, «nichts so erfolgreich ist wie Übermaß».

Ich fragte Laura nach der Geschichte mit dem Barfußtanzen, die sie heftig bestritt. «Ich habe mit niemandem getanzt», sagte sie. «Und wenn ich's getan hätte, dann bestimmt nicht mit dem grotesken, tolpatschigen Zippo oder Hippo oder wie der Mensch heißt.» Sie verzog das Gesicht.

«Er stand doch schon auf dem Zeugenstand – warum hat man ihn denn nicht gefragt?»

«Vermutlich will der kleine Dancer uns damit noch überraschen», sagte ich. «Nichts liebt er mehr als Überraschungen, wissen Sie. Auch würde die Staatsanwaltschaft in einem so frühen Stadium des Prozesses sowieso nicht zugeben, daß eine Dame mit Namen Laura Manion überhaupt existiert – geschweige denn, daß sie getanzt hat oder etwa angefallen wurde. Sie dürfen sich geschmeichelt fühlen, daß Mr. Dancer Ihnen jetzt gestattet, zu atmen.»

«Wenigstens geht es mir schon besser.»

«Haben Sie aber die Schuhe ausgezogen, als Sie am Spielautomaten standen?» drängte ich weiter.

«Ja, Paul», sagte sie. «Das fällt mir jetzt wieder ein. Ich hatte es tatsächlich vergessen. Beim letzten Spiel habe ich sie für wenige Minuten ausgezogen, damit ich mich auf die Fußspitzen stellen und besser zielen konnte. Ich bin aber nicht barfuß herumgelaufen und habe auch nicht getanzt.»

«Schön, erzählen Sie die Sache so», bat ich. Der Oberleutnant runzelte die Stirn, und ich hoffte, daß die Barfußgeschichte nicht wieder ihn oder alle beide in einen Hexenkessel der Gefühlsverwirrung stürzen würde. «Ich glaube fast, die Kerle haben das erfunden», sagte ich beruhigend, «um Ihnen am Zeug zu flicken und Barney herauszustreichen.»

«Warum haben sie die Sache dann nicht zu Ende geführt?» fragte Laura harmlos. «Warum haben sie sie dann plötzlich fallenlassen? Warum sprach der Barmann plötzlich so ehrlich über das Trinken, die Waffen und alles andere? Sie haben sich wegen des kleinen Mixers doch die ganze Zeit solche Sorgen gemacht.»

Aus einer Reihe von Gründen hatte ich den Manions noch nichts von meinem Besuch bei Mary Pilant erzählt. «Ist mir völlig schleierhaft, Laura», sagte ich und nahm meine Aktentasche. «Vielleicht haben Sie tüchtig gebetet ... Aber nun muß ich gehen.»

In den menschenleeren Gängen des Gerichtsgebäudes hallte ein hohles Echo; jetzt hielt ich es für angebracht, auf Mitchs Apparat Mary Pilant anzurufen.

«Ich habe auf Ihren Anruf gewartet, Paul», sagte sie. «Wie lief die Sache ab?»

«Wie am Schnürchen», entgegnete ich. «Zuweilen benahm sich unser kleiner Barmann wie ein widerwilliger Drachen, dann wieder versuchte er es tastend mit der Wahrheit. Alles in allem glaube ich aber doch, daß seine Aussage von Nutzen war. Jedenfalls, Mary, bin ich Ihnen dankbar für alles, was er Ihnen zuliebe preisgegeben hat.» Ich senkte die Stimme: «Und ich möchte mich bei Ihnen mündlich bedanken, sobald der Rummel vorbei ist.»

«Tun Sie das, Paul, die Sache hat mich sehr bedrückt. Ich ahnte nicht, wie gefährlich sie für Ihren Fall war.»

«Noch ist die Gefahr nicht vorbei, Mary. Ich möchte Sie aber recht bald wiedersehen.»

Einen Augenblick blieb es still. «Ich Sie auch, Paul. Ich werde Ihnen die Daumen halten. Viel Glück und auf Wiedersehen!»

Parnell wartete im Wagen. Keiner von uns verspürte sonderlichen Hunger, so daß wir beschlossen, am Nordufer unter den norwegischen Kiefern entlangzufahren. Unterwegs kauften wir zwei Flaschen Brause und Kartoffelchips; Parnell war auf dem besten Wege, einen Limonadefex aus mir zu machen. Unser Prozeß trat in eine kritische Phase ein, in stillschweigendem Einverständnis sprachen wir nicht viel davon. Zuerst erzählte ich ihm noch etwas von Mary Pilant, dann ließen wir uns, wie Matrosen, die auf einer Insel gestrandet sind, über die Nachrichten aus, die aus dem Radio im Wagen kamen. An einem verschwiegenen Plätzchen machten wir halt, verzehrten unser kärgliches Mahl und schauten auf den See hinaus.

Ungläubig, ratlos schüttelte ich den Kopf. «Eine der verwirrendsten Sachen, Parn, ist für mich, wie sehr ich mich in Mary Pilant getäuscht habe. Das bekümmert mich. Ich habe geglaubt, ich hätte einige Menschenkenntnis, aber jetzt muß ich zu meiner Bestürzung feststellen, daß ich nichts vom Menschen weiß. Ich mag gar nicht daran denken, was der kleine Fuchs von Barmann hätte sagen – oder auch nicht sagen – können, wenn du nicht auf den glänzenden Einfall gekommen wärst, mich zu ihr zu schikken.» Als ich über den See blickte, glaubte ich Mary Pilants lieblich-ernstes Gesicht zu sehen.

Auch Parnell schaute hinaus. «Der Mangel an Menschenkenntnis, an wechselseitigen Beziehungen zwischen den Menschen ist vielleicht das, woran unsere Welt am meisten krankt», antwortete er trocken «Daran scheint unsere Welt allmählich zugrunde zu gehen – wir scheinen jetzt verhängnisvoll geneigt, nur noch mit haß- und verderbengeladenen Robotergeschossen miteinander zu verkehren statt mit dem Herzen und seiner Ladung von Liebe und Harmonie.» Noch immer blickte er verdrießlich auf den See. «Und nun will es mir vorkommen, als rufe Gott oder die Natur oder das Schicksal – nenne es, wie du's willst – die Menschheit dazu auf, entweder ihre Herzenskammern zu öffnen oder unterzugehen ...» Er brach ab. «Nimm unsere eigene Lage in diesem Prozeß. Die ganze Zeit glaubten wir, Mary Pilant sei ein berechnendes, geldgieriges Frauenzimmer. Sie ihrerseits meinte, wir seien ein durchtriebenes Gespann, das ihr an den Kragen will. Und beide haben wir unrecht gehabt, wie du siehst.» Er schüttelte den Kopf. «Wie soll da die Welt überleben, wenn selbst Leute wie wir immer wieder auf den alten Leim gehen?»

«Du hast ganz recht. Das trifft sogar auf Richter Weaver zu, Parn. Wir beide achten und schätzen ihn, aber wir kennen von ihm nicht mehr und werden vermutlich auch nie mehr kennen als drei Haare auf seinem Kopf. Das Leben des Menschen ist ein Buch mit sieben Siegeln.»

«Das trifft es genau, Paul. Ja, nimm unseren Richter. Richter kann man, wie die Menschen, in vier Klassen einteilen. Richter ohne Herz und Hirn – um die muß man einen großen Bogen machen. Richter mit Kopf, aber ohne Herz – die sind fast ebenso schlimm. Richter mit Herz, aber ohne Kopf – immer noch gefährlich, aber schon besser als die ersten beiden. Und endlich jene seltenen Richter, die beides besitzen – und dank eines unverschämten Glücks gehört unser Richter zu dieser Kategorie.»

Ich nickte.

«Wir haben weiß Gott genug Schimpfworte für Menschen, aber kein Wort, das diesen Mann oder etwa unseren Richter Maitland hinreichend kennzeichnen könnte. Demut, Güte und tiefe Einsicht scheinen so selten in einem Menschen zusammenzukommen, daß die Welt sich nie bemüßigt gefühlt hat, ein Wort dafür zu finden. Oder aber dieses Wort ist mir bisher entgangen.» Er schüttelte den Kopf, dann sah er auf die Uhr. «Dreh die Karre um, Polly, es ist Zeit. Die Schlacht ruft.»

Jeder Sitzplatz im Saal war besetzt, es schien, als drängten sich fast doppel soviel Menschen auf den Plätzen zusammen, wie bequem unterzubringen waren. Die meisten Zuschauer waren kraushaarige, glasäugige Frauen, mit der gleichen Stanze gestanzt. Der Raum wurde mäuschenstill, Richter Weaver blickte zu mir herunter und nickte. Nun war es an der Zeit für mich, die Eröffnungserklärung der Verteidigung zu verlesen, jene Erklärung, an der Parnell und ich so lange gebosselt hatten.

Ich stand auf, trat auf die Geschworenenbank zu und verneigte mich. «Mit Erlaubnis des Gerichts sowie der Damen und Herren Geschworenen», sagte ich in meiner Erklärung, die vermutlich eine der kürzesten Eröffnungen in den Annalen der Mordprozesse des Staates Michigan war, «beabsichtigt der Angeklagte zu zeigen, daß er nicht des Mordes oder irgendeines Verbrechens, das der verhängnisvollen Erschießung Barney Quills entsprang, schuldig war; daß er tatsächlich und im Sinne des Rechts unzurechnungsfähig war, als er Barney erschoß; daß er sogar völlig im Recht war, den Getöteten in seiner Arbeitsstätte aufzusuchen. Ich danke Ihnen.» Ich drehte mich um, ging an meinen Tisch zurück und setzte mich.

«Rufen Sie Ihren ersten Zeugen auf», sagte der Richter.

«Die Verteidigung ruft Dr. Malcolm Broun auf», sagte ich. Der Vorhang ging vor dem dritten und letzten Akt unseres Gerichtssaaldramas auf.

Dr. Broun, ein Landarzt der alten Schule, eilte mit ungeduldigem Schlenkerschritt zum Zeugenstand. Er war ein massiger Mann, zerklüftet wie ein Fels, seine Kleidung von geradezu herausfordernder Nachlässigkeit; aus der Tasche seiner zerknautschten Tweedjacke lugte drohend ein Stethoskop hervor, als habe er die Absicht, den Richter festzunageln und weidlich durchzuwalken.

«Natürlich schwöre ich das, junger Mann», antwortete der Arzt dröhnend auf Clovis' Vereidigung, während er sich setzte und mich stur anblickte. Ich stellte ihn in aller Kürze vor – jeder im Kreis kannte den guten alten Doktor Broun oder Red Broun, den unermüdlichen Liebhaber ländlicher Traberrennen, schottischen Whiskys und neugeborener Kinder (wenn ich mir auch über die entsprechende Reihenfolge nicht im klaren war).

«Doktor Broun», sagte ich. «Hatten Sie im Juli dieses Jahres Gelegenheit, Barney Quill wegen seines Antrages auf eine Lebensversicherung zu untersuchen?»

«Ja», donnerte der Arzt, und schon spürte ich Claude Dancers schnellen Atem im Nacken. «Am 28. Juli in meiner Sprechstunde.»

«Haben Sie die Untersuchung auf Wunsch Mr. Quills oder der Lebensversicherung vorgenommen?»

«Auf Wunsch der Versicherung, junger Mann – sie hat auch die Konsultation bezahlt.»

«Was für einen Befund ergab die Untersuchung?»

«Einspruch! Belanglos, nicht zur Sache gehörend. Jedenfalls ist das Ergebnis der Untersuchung eine Privatsache», drahtete Dancer dem Richter. «Liegt zeitlich zu weit zurück. Kein Beweis, ob physischer Zustand bis zur Ermordung unverändert anhielt.»

«Mr. Biegler?» sagte der Richter.

«Ich würde eher sagen, daß es Sache des Verstorbenen oder seines Treuhänders wäre», warf ich ein, «und ich habe nicht bemerkt, daß Mr. Dancer sich für das Vermögen des Toten interessiert hätte. Überdies wurde die Untersuchung durch den Zeugen auf Rechnung der Versicherungsgesellschaft vorgenommen – er fungierte nicht als Arzt Barney Quills. Was den zeitlichen Abstand oder etwaige Veränderungen betrifft, so meine ich, das sei eine Tatfrage, über die die Geschworenen zu entscheiden haben; möglicherweise auch eine Sache, die von der Staatsanwaltschaft im Stadium des Gegenbeweises zur Sprache gebracht werden könnte.» Ich brach ab und blickte Claude Dancer an. «Wenn Mr. Dancer beweisen möchte, daß es mit Barney Quill seit dem 28. Juli rapide bergab ging, kann er Dr. Raschid und die anderen rufen, die bei der Obduktion zugegen waren – falls es ihm dabei gleichzeitig gelingen sollte, alle Beweisstücke der Anklage, die ausgezeichneten Aufnahmen des aufgebahrten Toten, zu unterdrücken.» Rasch suchte ich die Fotos von Barney heraus und schwenkte sie hin und her, damit sich jeder Geschworene überzeugen konnte, wie schön, wie prachtvoll diese Gestalt auch im Tode war.

«Der Einspruch ist zurückgewiesen», sagte der Richter, ein Lächeln erfolglos unterdrückend.

Während dieses Wortwechsels trommelte Dr. Broun

ungeduldig mit den Fingern auf das Magahoniegeländer des Zeugenstands. Sein mißbilligender Blick verriet nur allzu deutlich, daß er tausendmal lieber bei seinem Stethoskop und seinen Steckbecken bliebe, falls dieser Hexensabbat etwa die übliche Rechtsprechung darstellen sollte.

«Sie können jetzt antworten, Mr. Broun», sagte ich.

«Unglaublich», murmelte er. «Nun, junger Mann, ich bin Doktor der Medizin und nicht der Gottesgelehrsamkeit», brummte er. «Wie die Moral dieses Quill auch beschaffen gewesen sein mag, ich kann nur eines sagen: Sie hauste in dem Leib eines griechischen Gottes. Der Mann bestand aus Fischbein und Klavierdrähten. Er war ein prachtvolles Tier – ein Vollbluthengst.» Unruhig rückte er auf seinem Stuhl hin und her. «Sonst noch Fragen?» Es klang wie eine Herausforderung.

Aber auch als Frage war es nicht übel. «Keine weiteren Fragen, Dr. Broun, ich danke Ihnen», entgegnete ich. «Ihr Zeuge, Mr. Dancer.»

«Keine Fragen», sagte Claude Dancer von seinem Tisch, zu dem er zurückgekehrt war, und starrte den vorbeischreitenden Dr. Broun finster an.

«Die Verteidigung ruft Dr. Orion Trembath auf», sagte ich. Dr. Trembath war der Frauenarzt, der Laura etwa eine Woche nach der Schießerei untersucht hatte. Er verfrachtete seinen schrankartigen Feldmarschallsleib mit erstaunlicher Behendigkeit in den Stand, wurde vereidigt, setzte sich und wurde von mir vernommen.

«Nun, Herr Doktor, was ist Ihr Fach?» fragte ich, als die einleitenden Worte vorüber waren.

«Geburtshilfe und Gynäkologie.»

«Was ist Gynäkologie?»

«Frauenheilkunde.»

«Haben Sie Gelegenheit gehabt, kürzlich Mrs. Laura Manion zu untersuchen?»

«Ja.»

«Wann und wo?»

«Am 20. August in meiner Sprechstunde.»

«Würden Sie uns das Ergebnis Ihrer Untersuchung mitteilen?»

«Ja. Ich stellte an beiden Augen, an der linken Schulter, auf beiden Gesäßbacken und der gesamten linken Hüfte Verfärbungen fest, die von kurz vorher verursachten Schrammen und Quetschungen herrühren mußten. Die Stelle an der Hüfte war fünfzehn bis zwanzig Zentimeter groß.»

«Waren diese Verfärbungen das, was der Laie blaue und grüne Flecke nennen würde?»

«Ja, nur gingen sie bereits ins Gelbliche über, als ich sie untersuchte.»

«Worauf wäre das zurückzuführen?»

«Auf das Alter der Verletzungen.»

«Haben Sie sich darüber eine Meinung gebildet?»

«Ja. Sie waren etwa eine Woche alt.»

«Und haben Sie eine bestimmte Meinung darüber, Herr Doktor, wie die umfangreiche Verfärbung auf der rechten Hüfte zustande gekommen sein konnte?»

«Die linke Hüfte, Sir. Möglicherweise durch einen derben Schlag oder Fußtritt.»

«Sollten Sie, sagen wir, in das Kreisgefängnis gerufen werden, um eine Frau auf Spuren einer angeblich erfolgten Vergewaltigung zu untersuchen, was würden Sie zu einer solchen Untersuchung mitnehmen?»

«Ich würde ein Spekulum oder einen Dilatator mitnehmen.»

«Noch eine andere Frage, Herr Doktor: Wäre es Ihrer Ansicht nach möglich, bei der Untersuchung eines männlichen Leichnams festzustellen, ob er kurz vor dem Tod Geschlechtsverkehr gehabt hat?»

«Ja.»

«Wenn ein Arzt oder Pathologe diese Tatsache hätte ermitteln wollen, wäre das Ihrer Ansicht nach möglich gewesen?»

«Ich würde schon sagen, ja.»

«Ist das Ihre Ansicht?»

«Ja.»

«Haben Sie nun irgendwelche weiteren Untersuchungen an Mrs. Manion vorgenommen?»

«Ja. Ich untersuchte ihr rechtes Knie und nahm auch eine Untersuchung des Beckens vor.»

«Fanden Sie etwas am rechten Knie?»

«Sie klagte über Schmerzen in der Kniescheibe. Das Knie war an der Stelle empfindlich.»

«Quetschungen?»

«Das war nicht zu sehen.»

«Klagte sie über Wunden oder Schmerzen an irgendeiner anderen Stelle ihres Körpers?»

«Sie klagte über Schmerzen und Irritationen in der Scheide.»

«Haben Sie eine entsprechende Untersuchung vorgenommen?»

«Ja.»

«Hätte ein derartiges Wundgefühl auf zwangsweise erfolgten Geschlechtsverkehr zurückgeführt werden können?»

«Meiner Meinung nach ja.»

«Wie würde die medizinische Erklärung dafür lauten?»

Der Arzt beugte sich vor und breitete die Hände aus. «Schön. Normalerweise tritt bei der Frau vor dem Geschlechtsverkehr eine Sekretion in der Scheide auf, eine natürlich Gleitflüssigkeit. Wird der Geschlechtsverkehr gegen ihren Willen vorgenommen, geht keine Sekretion vor sich, folglich tritt eine starke Reibung ein und ergibt damit die Möglichkeit einer entzündlichen Irritation.»

Ich blickte zu Claude Dancer hin. «Ihr Zeuge», sagte ich.

Auf den Zehenballen wippend, schaute Claude Dancer nachdenklich zum Oberlicht auf. «Sind Sie Facharzt für Pathologie, Herr Doktor?»

«Nein.»

«Ist die Pathologie ebenso wie das Ihre ein fachärztliches Gebiet?»

«Gewiß.»

«Ist der Pathologe im allgemeinen erfahrener und geschulter für Obduktionen?»

«Ja.»

«Würden Sie einräumen, daß ein erfahrener Pathologe befähigter ist als Sie, die Todesursache bei einem Leichnam festzustellen?»

«Ohne weiteres.»

Während des kurzen Verhörs hatte Claude Dancer zum Oberlicht aufgesehen. Nun lächelte er mir mit der schon bekannten Miene des Entdeckers neuer Schriftrollen am Toten Meer zu. «Ihr Zeuge», sagte er.

«Herr Doktor», sagte ich, «würden Sie gleichfalls einräumen, daß dieser erfahrene Pathologe befähigter dafür sei, an einem Leichnam festzustellen, ob der Mann kurz vor dem Tode Geschlechtsverkehr gehabt hat?»

Nachdenklich antwortete er: «Ich würde sagen, daß wir für diese Aufgabe gleichermaßen befähigt sind und daß eine solche Untersuchung sachgemäß hätte durchgeführt werden müssen, wenn diese Frage zur Debatte stünde.»

«Zurück an Sie, Mr. Dancer», sagt ich.

«Keine weiteren Fragen.»

Ich drehte mich zu Laura Manion um und nickte. «Die Verteidigung ruft Mrs. Laura Manion auf», sagte ich.

Der Richter blickte zur Uhr hinüber und strich sich die Haare aus der Stirn. «Ich glaube, wir machen eine Pause von zehn Minuten, bevor wir den nächsten Zeugen verhören», sagte er. «Bitte, Mr. Sheriff.»

«Herr Oberleutnant», sagte ich, als wir drei allein im Beratungszimmer saßen, «ich bitte Sie, draußen eine Zigarette zu rauchen, damit ich mit Laura allein sprechen kann. Der Trainer möchte vor dem Startschuß noch ein letztes Wort sagen.»

Stumm machte der Offizier kehrt und marschierte zur Tür hinaus. Ich wandte mich an Laura. «Nun, junge Dame», sagte ich, «sind wir also soweit. Ich hatte gehofft, Sie auf den Zeugenstand jagen zu können, bevor Sie Zeit haben würden, allzuviel nachzugrübeln, aber der Richter hat es anders gewollt. Wie fühlen Sie sich?»

Laura lachte nervös und legte die Hand auf die Magengegend. «Die Schmetterlinge schlagen mit den Flügeln wie Kondore», sagte sie. «Was tut man dagegen, Herr Trainer?»

«Die Wahrheit sprechen», sagte ich. «Sie brauchen nur die Wahrheit zu sagen, weiter nichts. Erinnern Sie sich, was ich Ihnen früher gesagt habe? – Lassen Sie sich nicht zu Aussagen verführen, die auf unsere Geschichte von der Vergewaltigung auch nur den leisesten Zweifel werfen könnten.» Ich war mir klar darüber, daß Dancer ihr zu Leibe rücken und versuchen würde, ihr ihre Geschichte auszureden, ihre Moral, ihre Glaubwürdigkeit und wer weiß was noch alles in Zweifel zu ziehen, sagte jedoch nichts davon. «Bevor Sie eine Frage der Anklage beantworten, Laura, denken Sie nach. Versuchen Sie die Sache mit der Eifersucht möglichst abzuschwächen, aber lügen Sie nicht, wenn die Rede darauf kommt. Beantworten Sie nicht mehr, als Sie gefragt werden, und wenn Sie eine Frage nicht verstehen und gar die Antwort nicht wissen, sagen Sie es einfach. Der Tagesbefehl lautet: Wahrheit.» All das hatte ich ihr schon mehrfach auseinandergesetzt. «Noch eines», fuhr ich fort, «wenn wir zu dem Thema Vergewaltigung kommen, sagen Sie Ihr Sprüchlein schlicht und einfach auf – denken Sie nicht, Sie müßten sich aufspielen, und versuchen Sie um Himmels willen nicht, Gefühle vorzutäuschen, die Sie nicht empfinden. Die weiblichen Geschworenen werden an Ihnen kein gutes Haar lassen, wenn Sie es wagen sollten, Theater zu spielen.» Ich klopfte ihr leise auf die Schulter. «Haben Sie alles verstanden?»

Sie nickte und lächelte unsicher. Es klopfte an der Tür, Max Battisfore steckte den Kopf herein. «Jetzt schon, Max?» fragte ich.

«Ich möchte Sie eine Minute sprechen, Polly», antwortete er. «Und zwar allein.»

«Warum nicht, Max», sagte ich verwundert und nickte Laura zu, die ihre Zigarette ausdrückte und rasch den Raum verließ.

«Erstens habe ich ein Telegramm für Sie, Polly», sagte er und reichte mir den Umschlag, den ich in meine Brusttasche steckte. «Dann wollte ich Ihnen für die Anerkennung danken, die Sie mir und meiner Behörde vor versammeltem Gericht gezollt haben, als Sie den stellvertretenden Sheriff Lemon verhörten. So etwas weiß ich zu schätzen.»

«Nicht der Rede wert, Max», antwortete ich lächelnd und fragte mich dabei noch immer, was er wohl wirklich auf dem Herzen habe. «Sie und Ihre Jungens sind zu den Manions und mir verdammt anständig gewesen. Das vergessen wir Ihnen nicht und vor allem nicht, daß Sie sich in der Affäre mit dem Psychiater als rettender Engel erwiesen und Ihren ersten Mann beauftragt haben, den Oberleutnant nach Unter-Michigan zu fahren. Das war wirklich ...»

«Hören Sie, Polly», fiel Max ein und senkte die Stimme, während er rasch zu sprechen begann. «Die Pause ist fast vorbei, ich muß mich beeilen. Es ist wegen des Oberleutnants. Ich bin bereit, als Zeuge für ihn aufzutreten.»

«Für ihn als Zeuge aufzutreten?» fragte ich ungläubig.

Max nickte. «Jawohl, als Zeuge auszusagen. Der Mann tut mir leid, zumal dieser Dancer auf ihm herumhackt und mit allen Mitteln versucht, einen großen Bogen um die Wahrheit zu machen. Zum Beispiel in der Sache mit dem Lügendetektor. Ich wußte von Anfang an, daß der Test bewiesen hat, daß Mrs. Manion die Wahrheit sagte, und die Polizei hat ein Recht zu erfahren, wie Dancer sie bloßgestellt und so getan hat, als versuchte sie die Wahrheit zu verbergen.»

«Hm ...! Was würden Sie denn bezeugen, Max?» fragte ich nachdenklich, während mein Gehirn fieberhaft arbeitete.

«Seine Unzurechnungsfähigkeit», antwortete Max prompt. «Während des ersten Wochenendes war Manion fast reif für den Bock, er lebte förmlich im Trancezustand – er aß nicht, er schlief nicht und wollte nur herumsitzen und vor sich hin dösen. Als der Barmann kam und ihm die Stange Zigaretten schenkte, gab er sie zerstreut einem unserer bettelnden Säufer. Hat er Ihnen das nicht gesagt?»

«Du lieber Himmel, nein, Max», sagte ich. «Wollen Sie mir wirklich einreden, daß Sie bereit sind, in diesen Dingen für die Verteidigung auszusagen?»

Max warf einen Blick auf seine Uhr und reichte mir die Hand. «Jederzeit, Polly, aber jetzt muß ich gehen» – damit war er draußen. Ich riß den Telegrammumschlag auf. Es war von unserem Psychiater, Dr. Matthew Smith. «Ankomme Flughafen zweiundzwanzig Uhr elf. Bitte abholen.»

«Hört, hört, hört!» intonierte Max, und schon ging die Verhandlung weiter. Der Richter nickte mir zu, ich stand auf und wandte mich an das Gericht.

«Euer Gnaden», sagte ich, «mit Erlaubnis des Gerichts möchte ich, falls es gestattet ist, die Reihenfolge meiner Zeugen ändern und an Stelle von Mrs. Laura Manion einen anderen Zeugen aufrufen.»

«Bitte schön!» sagte der Richter. «Rufen Sie Ihren anderen Zeugen auf.»

«Sheriff Max Battisfore!» verkündete ich. Bewegung und Geflüster setzten im Saal ein, als Max aufstand, entschlossen zum Zeugenstand trat, vereidigt wurde und sich niederließ. Verstohlen blickte ich zu Claude Dancer hinüber, der ein emsiges Getuschel mit Mitch begann. Als ich in die andere Richtung blickte, sah ich, wie Parnell sich mit verständlicherweise gerunzelten Brauen verblüfft vorbeugte. «Ihren Namen, bitte», sagte ich.

«Max Battisfore», antwortete der gute Max.

«Beruf?»

«Sheriff im Kreis Iron Cliffs.»

«Beaufsichtigen Sie als solcher das Kreisgefängnis und seine Insassen, Mr. Sheriff?»

«Jawohl, Sir.»

«Auch den Angeklagten in diesem Prozeß?»

«Ja, Sir.»

«Seit wann – hm! – wohnt er bei Ihnen?»

«Seit seiner Verhaftung am 16. August.»

«Haben Sie ihn seit seiner Verhaftung fast täglich gesehen?»

«Jawohl, Sir.»

«Nun, Mr. Sheriff», fragte ich, «wie waren seine Erscheinung, sein Auftreten und allgemeines Benehmen im Augenblick seiner Verhaftung, verglichen mit seinem jetzigen Verhalten?»

«Nun –», begann Max.

«Halt, halt!» schrie Dancer aufspringend. «Einspruch, Euer Gnaden! Belanglos und unwesentlich. Wenn beabsichtigt, Geisteszustand des Angeklagten zu zeigen, so Zeuge fraglos unbefugt, Meinung zu äußern.» Ich wandte mich zu dem kleinen Mann um, der wütend darüber war, daß ein Beamter der Rechtspflege es wagte, in einem Mordfall als Zeuge gegen die Anklagebehörde aufzutreten.

«Mr. Biegler?» sagte der Richter.

«Euer Gnaden», sagte ich, «die Verteidigung denkt nicht im entferntesten daran, unseren Sheriff gegen das Gutachten eines Psychiaters der Anklagebehörde ausspielen zu wollen. Einmal scheint der Herr Sheriff den Nachteil zu haben, daß er den Angeklagten sehr viel längere Zeit und viel unmittelbarer nach dem Augenblick beobachtet hat, da er nach unserer Behauptung vorübergehend geistesgestört war. Indessen stellen wir die Aussage des Herrn Sheriff nicht etwa als Ansicht über die Zurechnungs- oder Unzurechnungsfähigkeit Oberleutnant Manions hin, sondern lediglich als die mögliche Aussage eines der wenigen Zeugen, die imstande waren, gewisse Symptome zu beobachten und wiederzugeben, aus denen dazu befugte Personen sich eine Meinung bilden könnten. Mit seiner ihm eigenen Taktik scheint Mr. Dancer darauf aus zu sein, auch dies nach Möglichkeit auszuschalten.»

«Sie wollen die Zeugenaussage nicht als Meinung über Zu- oder Unzurechnungsfähigkeit gelten lassen, Herr Rechtsanwalt, sondern eher als Aussage, die möglicherweise im Zusammenhang mit dieser strittigen Frage steht?»

«Sehr richtig, Euer Gnaden», sagte ich.

«Der Zeuge soll antworten», sagte er.

«Schön», sagte Max, «als Oberleutnant Manion eingeliefert wurde, hätte er von Rechts wegen in den Bock gespannt gehört –»

«Einspruch, Euer Gnaden! Ich bin mit diesem Rotwelsch nicht vertraut –»

«Zwangsjacke, Dancer», warf Max ein, und seine grauen Augen sprühten drohend. «Dann fiel er in einen Zustand düsterer Niedergeschlagenheit, er lebte benommen, benebelt dahin, er aß nicht und schlief nicht, wollte nur dasitzen und in seiner Zelle dahinbrüten. Wir waren so besorgt um ihn, daß ich einen meiner Helfer als Scheingefangenen in die Nachbarzelle steckte, damit er ihn bewachen könne. Als der Barmann am Sonntag kam und ihm eine Stange Zigaretten schenkte, gab er sie abwesend an einen meiner Saufbrüder weiter und belemmerte meinen Wärter fünf Minuten später um etwas Rauchbares.»

«Was machte Oberleutnant Manion später für einen Eindruck?»

«Einen wesentlich besseren. Er schien sich wieder zu fangen, wie ein Mensch, der einem Nebelwald entronnen ist. Nach etwa einer Woche aß und schlief er gut und hat uns seither nicht einen Augenblick Sorgen bereitet.»

«Ich danke Ihnen, Mr. Sheriff», sagte ich und wandte mich an Claude Dancer. «Ihr Zeuge.»

Claude Dancer blickte den Sheriff an, der unverwandt ihn anstarrte. In dem dunklen Gefühl, daß er mit weiteren Fragen nur verlieren könnte, murmelte der Ankläger: «Keine Fragen» und nahm rasch Platz.

Einen Augenblick blieb ich stehen. Vielleicht war es sträflicher Leichtsinn gewesen, daß ich mir den Sheriff nicht schon längst vorgenommen hatte. Wenn Max sich nicht selbst zu dieser Aussage erboten hätte, wäre all das wertvolle Beweismaterial verlorengegangen, und das nur durch meine Schuld. Doch vielleicht auch wieder nicht. Einen Sheriff zum Zeugen der Verteidigung gewinnen zu wollen kommt der Vogelbeobachtung gleich: Ist man einem Vögelchen hitzig auf den Spuren, so fliegt es munter fort, geht man aber still seiner Wege und kümmert sich um gar nichts, so kann man gewärtig sein, daß der ganze Wald singt. Der gute alte Max ...

«Laura Manion!» rief ich, und Laura stand auf, trat in den Zeugenstand und hob die Hand zum Eid. Die Geschworenen, zumal die weiblichen, schauten aufmerksam zu.

«Heißen Sie Laura Manion, und sind Sie die Frau des Oberleutnants Manion?» fragte ich.

«Ja», antwortete Laura ruhig.

«Ließen Sie sich darauf ein, in der Nacht des 15. August mit dem Verstorbenen, Barney Quill, Auto zu fahren?»

«Ja.»

«Sagen Sie uns bitte, was geschah», sagte ich.

Ohne einleitend zu erwähnen, wie oder warum sie in sein Auto gestiegen war, erzählte Laura, wie Barney sie und ihren Hund zuerst zur Einfahrt des Touristenparks gefahren habe; wie er darüber erstaunt gewesen sei, daß das Gatter verschlossen war, und wie er gesagt habe, er würde sie auf einem anderen Weg nach Hause bringen. Dann berichtete sie, wie er rückwärts in die Hauptstraße eingebogen, diese ein Stück hinuntergefahren und dann plötzlich rechts in einen unbekannten tiefen Waldweg eingeschwenkt sei. Parnell und ich hatten die Sache so geplant, erstens, um sie über das Gröbste hinwegzulavieren, ehe sie vielleicht einen Nervenzusammenbruch erlitt, zweitens, damit die Jury den Rest der Geschichte im Licht dieser Ereignisse beurteilen konnte, und drittens (Paul Bieglers schlauer Einfall), um die Neugierde der Geschworenen von vornherein zu befriedigen.

Mit einemmal war der Saal mäuschenstill. «Was geschah, nachdem Barney in den Ihnen unbekannten Weg eingebogen war?» fragte ich weiter.

Mit leiser Stimme erzählte Laura, was geschehen war: wie Barney sie am Arm gepackt hatte und wütend in den Wald hineingefahren war; wie er plötzlich anhielt, die Scheinwerfer ausschaltete und den Hund, der zu winseln begann, aus dem Wagen warf; wie er gesagt hatte, wenn sie vorhabe, sich zu wehren, werde er sie vergewaltigen und sie glattweg umbringen; wie er auf ihre Knie hämmerte und so weiter, bis sie schließlich sagte, daß ihr Mann ihn töten würde, wenn er ihr das antäte; wie Barney daraufhin mit seinen Schießkünsten und seinem Judo prahlte, zum Schluß barbarisch auf sie einhieb, fluchte und sie eine «Soldatendirne» nannte; wie sie dann fast die Besinnung verlor, aber nur fast, denn sie konnte noch immer Rover winseln und an der Wagentür kratzen hören.

«Was passierte dann?» fragte ich leise.

In der Intensität der Erinnerung schien Laura zu vergessen, daß sie verhört wurde oder in einem Gerichtssaal aussagte. Ihre grünen Augen glühten, als sie schilderte, wie sie schließlich merkte, daß der Mann seine Absicht erreicht hatte; wie sie endlich gewahrte, daß der Wagen drehte und sich in Bewegung setzte, daß der kleine Rover zitternd neben ihr kauerte; wie Barney sie schließlich wieder zur Einfahrt fuhr ...

Hier fragte ich sie, wie es dazu gekommen sei, daß sie in jener Nacht mit Barney mitgefahren wäre, und nun begann sie, den Anfang ihrer Geschichte zu erzählen. Sie berichtete, wie ihr Mann im Wohnwagen schlief und sie zum Hotel gegangen war, um Bier zu holen; wie sie dort mit Barney am Automaten spielte, wie er sie später mehrmals bat, sie nach Hause fahren zu dürfen, und sie vor Bären und Landstreichern warnte; wie sie schließlich nachgab. Sie gab auch zu, beim letzten Spiel ihre Schuhe ausgezogen zu haben, bestritt aber, mit Hippo Lukes oder irgendeinem anderen Mann beschuht oder barfuß getanzt zu haben.

Dann brachte ich sie wieder auf die Szene am Gatter nach der Vergewaltigung: Sie berichtete von Barneys zweitem Überfall und ihrem Fluchtversuch, bei dem der Hund mit der Lampe im Maul ihr über den Zauntritt geleuchtet hatte, berichtete, wie Barney sie einholte, wie sie rangen, Hiebe auf sie niedersausten; wie sie endlich fassungslos um Hilfe schrie, sich durchwand, mit Müh und Not den Wohnwagen erreichte und ihrem Mann in die Arme fiel. Rasch kam sie zum Schluß – ihre gesamte Zeugenaussage nahm kaum eine halbe Stunde in Anspruch – und erzählte die letzten Ereignisse der unglückseligen Nacht, die Verhaftung ihres Mannes, seine Überführung ins Gefängnis, die Untersuchung durch Dr. Dompierre, ihren Bericht an Kriminalkommissar Durgo und seine Leute – und so weiter. Beiläufig wandte ich mich zu Parnell um, der rasch aufstand und den Saal durch das Richterzimmer verließ.

«Hat man Sie offiziell vom Ergebnis des Lügentests unterrichtet?» fragte ich.

«Nein», antwortete Laura.

«Möchten Sie es wissen?»

«Ja, bitte.»

«Möchten Sie, daß alle im Saal das Ergebnis kennenlernen?» fragte ich.

Laura nichte. «Ich mö –»

Dancer sprang auf. «Nein, nein! Einspruch!» brüllte er. «Die Verteidigung versucht offiziell die Entscheidung gegen die Zulässigkeit von Lügendetektoren zu umgehen.»

Die Geschworenen blickten den Kleinen an. «Verzeihen Sie, Mr. Dancer», sagte ich. «Ich vergesse immer wieder, wieviel Ihnen daran liegt, daß nichts zur Sprache kommt, was Oberleutnant Manion auch nur ein Haar krümmen könnte. Ich ziehe die Frage zurück.» Ich wandte mich an das Gericht.

«Euer Gnaden», sagte ich, «bevor ich diese Zeugin übergebe, möchte ich, wenn es gestattet ist, daß das Hündchen Rover hereingebracht wird, um es der Jury vorzuführen.»

«Mit welcher Absicht?» fragte der Richter verblüfft.

«Um zu zeigen, daß das Tier erstens klein und harmlos ist und kaum in der Lage war, den Verstorbenen von seinem Vorhaben abzubringen oder etwa die Zeugin zu schützen, und daß es zweitens der Zeugin über den Zauntritt leuchten konnte, wie sie ausgesagt hat.» Ich machte eine Pause. «Es besteht noch ein dritter Grund, Euer Gnaden», sagte ich. «Um Mr. Dancer daran zu hindern, daß er eine geifernde Dogge aus dem Hündchen macht, wenn es uns versagt bleibt, das Tier vorzuführen.»

Claude Dancer sprang auf und sah mich wütend an, aber der Richter hielt wie ein Verkehrspolizist die Hand hoch. «Dem Antrag ist stattgegeben. Führen Sie das Tier vor.»

Ich wandte mich an Laura. «Bitte schön, Mrs. Manion.»

Laura stand vom Zeugenstuhl auf, ging an den Geschworenen vorbei zum Anwaltszimmer, dessen Tür ich ihr aufhielt. Im Nu war sie wieder da, Rover im Arm; sie selbst war vermutlich ebenso erstaunt darüber, daß Parnell ihr das Tier im Korridor in die Arme drückte, wie die Leute im Saal, sie so rasch wieder erscheinen zu sehen.

«Setzen Sie bitte den Hund auf den Boden, Mrs. Manion», sagte ich. Laura tat es. Die Stablampe im Maul, wild mit dem Schwanz wedelnd, lief das Tier fröhlich zum Richter und beschnupperte ihn; der wandte sich stirnrunzelnd ab. Dann trippelte es mit großen Augen ausgerechnet zum Tisch der Anklage und versuchte, auf Claude Dancers Schoß zu klettern. Dancer errötete und zog die Beine hoch wie eine zimperliche Jungfer, die von einem Mäuschen bezirzt wird, selbst die Geschworenen kicherten. Dann erblickte Rover seinen Herrn und rannte, außer sich vor Freude, winselnd und wedelnd auf ihn zu. Worauf der Richter, der augenscheinlich von Hunden in Gerichtssälen ebensowenig hielt wie von Blitzlichtern und Fotoapparaten, mich mit gequälter Stimme fragte, ob unsere Vorführung zu Ende sei.

«Ich gelobe, Euer Gnaden, daß ich nicht beabsichtigt habe, Rover vereidigen zu lassen.» Jedermann lachte, selbst der Richter und Mitch – jedermann bis auf Dancer; ich nickte Laura zu, damit sie den Hund dem wartenden Parnell zurückbrächte. Als sie wieder eintrat, sagte ich: «Ihre Zeugin, Mr. Dancer.»

Der Richter schaute nachdenklich auf die große Gerichtssaaluhr und dann zu den Anwaltstischen. «Meine Herren, es ist fast vier Uhr dreißig» sagte er, «einerseits zu früh, die Verhandlung für heute abzubrechen, vielleicht aber doch zu spät, mit dieser Zeugin vor fünf Uhr fertig zu werden.» Er blickte die Geschworenen an. «Ich habe den Eindruck, daß wir diesen Fall unter Umständen morgen, Samstag, abschließen können. Daher wüßte ich gern, ob Geschworene und Anwälte bereit wären, heute etwas über die Zeit zu arbeiten, wenn dabei die leise Hoffnung besteht, daß der Prozeß nicht in die nächste Woche hineingezogen zu werden braucht.»

Die meisten Geschworenen nickten zustimmend, worauf auch Mitch und ich hochflitzten und nickten. «Sehr gut», sagte der Richter, «dann fahren Sie vielleicht mit dem Kreuzverhöhr fort.» Er winkte Mitch.

Claude Dancer stand rasch auf und tappte mit einem Stapel Unterlagen auf Laura Manion zu; als er dabei mit einem liebenswürdigen Grinsen die Zähne zeigte, glich er einem Miniaturpanther, der sich anschickt, ein argloses Kaninchen anzufallen. «Hals- und Beinbruch, liebe Laura!» murmelte ich vor mich hin. Sie war sich noch nicht ganz darüber klar, aber jetzt sollte sie den Wölfen zur Speise vorgeworfen werden.

«Wie lange sind Sie mit Oberleutnant Manion verheiratet?» schnurrte Claude Dancer sanft.

«Drei Jahre», antwortete Laura.

«Haben Sie vorher eine Tätigkeit gehabt?» schnurrte er weiter.

«Natürlich.»

«Womit haben Sie sich beschäftigt?»

«Bevor ich Manny – ich meine Oberleutnant Manion – heiratete, war ich zwölf Jahre Hausfrau.»

«Ach so!» sagte Dancer in gespielter Überraschung. «Sie waren also davor schon verheiratet?»

«Ja.»

«Hm …! Hatten Sie irgendeine andere Beschäftigung außer der einer Hausfrau?»

«Ja, ich habe Wäsche in einem Warenhaus verkauft und einmal auch Schönheitsmittel vorgeführt und verkauft.»

«Sonst noch etwas?»

«Ja, ich habe als Telefonistin und Kindergärtnerin gearbeitet.»

«Sonst noch etwas?» drängte Dancer, der sich aus einem Aktenstück zu informieren schien. Was er in der Hand hielt, konnte durchaus eine Akte, konnte aber, da er ein schlauer Experte des Kreuzverhörs war, ebensogut ein alter Fahrplan sein; dessen mußten Zeuge und Verteidiger jederzeit gewärtig sein.

«Ich glaube, das ist alles.»

Noch immer in seinen Akten wühlend: «Waren Sie nicht auch einmal Kosmetikerin?»

«Nein.»

«Sie haben also keinen Kosmetikkursus in St. Louis absolviert?»

«Das haben Sie nicht gefragt. Ich habe einen Kursus gemacht, bin aber nie Kosmetikerin gewesen.» (Mir war nun klar, daß der kleine Mann recht gut über Lauras Vergangenheit unterrichtet war – einige dieser Dinge hatte sie nicht einmal mir erzählt.)

«Sie sind aber doch mit Schönheitsmitteln gereist?»

«Ja.»

Ebenso war klar, daß Dancer Laura als eine Frau hinstellen wollte, die viel herumgekommen war. Dagegen erhob ich keinen Einspruch, denn erstens sah ich keinen triftigen Grund dazu, und zweitens hätte ich es, selbst wenn ich gekonnt hätte, nicht getan, weil Dancer vorderhand genau das tat, worauf ich gewartet hatte: Er versuchte Lauras Charakter anzutasten, nicht aber ihre Vergewaltigungsgeschichte.

«Wie lange nach dem Tod Ihres ersten Mannes haben Sie Ihren jetzigen Mann geheiratet?» fragte der kleine Dancer mit entwaffnender Unschuld. Ich hielt den Atem an. Dies nämlich war eine jener Fangfragen, vor denen ich Laura gewarnt hatte. Seine Frage war so gestellt, daß sie entweder vorsätzlich mit einer Lüge antworten oder, falls sie nicht auf der Hut war, versehentlich in eine Lüge geraten konnte.

«Nach zwei Wochen», antwortete Laura; Claude Dancer konnte es sich nicht verwehren, mir einen triumphierenden Blick herüberzuschießen; mein Herz sank. Herr des Himmels, sie war hereingefallen.

«Sie haben den Oberleutnant also geheiratet, nachdem Sie zwei Wochen frei waren?» lockte Dancer sie weiter in ihre Lüge hinein.

«Ja, zwei Wochen, nachdem meine Scheidung ausgesprochen worden war», sagte Laura. Ich konnte wieder atmen.

«Scheidung?» fragte Claude Daner. «Ich dachte, Sie hätten eben bezeugt, Ihr erster Mann sei zwei Wochen vor Ihrer Wiederverheiratung *gestorben*?»

Verwundert schüttelte Laura den Kopf, jetzt war ich sicher, sie war unschuldig hineingeschlittert, sie hatte die erste verfängliche Frage mißverstanden. «Er lebte und lebt noch heute, und es geht ihm gut, Sir. Ich habe nie eine Silbe davon gesagt, daß er tot sei. Er hat sogar meinem Mann und mir erst kürzlich geschrieben und uns seine Hilfe angeboten.» (Auch das war mir nicht bekannt.)

«Einspruch!» sagte Claude Dancer. «Die Antwort ist belanglos und hat nichts mit der Frage zu tun – zum mindesten der Satz, daß der erste Mann seine Hilfe angeboten hat. Ich beantrage, daß dies aus dem Protokoll gestrichen werde.»

«Ja», entschied der Richter, «die Bemerkung über das Angebot des ersten Gatten soll aus dem Protokoll gestrichen werden. Die Jury wird aufgefordert, dies nicht zu beachten.»

Ich erhob mich. «Euer Gnaden», sagte ich, «da nun schon drei Personen den Geschworenen die Wichtigkeit der beleidigenden Zeugenaussage eingehämmert haben, möchte auch ich meine Zustimmung dazu erklären. Wir sind uns alle darüber einig, daß die Bemerkung über das Hilfsangebot des ersten Gatten gestrichen und übersehen werden soll. Ich bin sicher, daß die Geschworenen sie aus ihrem Gedächtnis radikal ausmerzen werden.»

Claude Dancer blickte mich an. «Ich erhebe weiteren Einspruch dagegen, daß der Verteidiger sich über einen Einspruch verbreitet, nachdem das Gericht entschieden hat», sagte er.

«Mr. Dancer», sagte ich, «ich bitte um Entschuldigung, daß ich mich über die Tatsache verbreitet habe, daß der erste Gatte noch jetzt zu helfen bereit ist. Wenn es ein Trost für Sie ist, bin ich bereit, mit Ihnen zu vereinbaren, daß der Mann entweder vor Eifersucht zürne oder tot sei.»

Der Richter unterdrückte ein Lächeln und klopfte mit dem Hammer ein paarmal leicht auf den Tisch. «Meine Herren, meine Herren», mahnte er. «Die Zeit fliegt dahin. Setzen wir das Verhör fort. Fahren Sie fort, Mr. Dancer.»

Claude Dancer steckte seine kleine Schlappe wie ein Gernegroß ein; das alles gehörte dazu; gleich würde er sich mit etwas anderem rächen. «Wie lange haben Sie Oberleutnant Manion gekannt, als Sie ihn heirateten?» fragte er.

«Fünf Monate.»

«Wo war Ihr erster Mann während der ganzen Zeit?»

«Bei der Armee in Europa.»

«So konnten Sie und Oberleutnant Manion also Ihrer Liebelei ungestört nachgehen, während Ihr Mann auf dem europäischen Kontinent diente?»

Lauras grüne Augen flammten hinter ihrer Brille auf. «Das habe ich nicht gesagt. Sie haben mich gefragt, wie lange ich Manny gekannt habe, nicht wie lange er mir den Hof gemacht hat.»

«Schön, dann sagen Sie uns bitte, wie lange er Ihnen den Hof gemacht hat», schnurrte Mr. Dancer selbstgefällig weiter.

«Einen Monat.»

«Mit anderen Worten, Sie und er waren eng befreundet, bevor Sie sich scheiden ließen?»

«Nun, ja.»

Claude Dancer blickte das Gericht an, mißmutig stellte ich fest, daß mehrere Frauen einander bedeutungsvolle Blicke zuwarfen. «Um nun auf die Nacht der Schießerei zu kommen», drängte Dancer weiter, «wenn ich mich richtig erinnere, haben Sie der Jury soeben erzählt, Sie seien an jenem Abend in die Hotelbar gegangen, um einen Kasten Bier zu holen.»

«Ja.»

«Für Ihren Mann?»

«Ja, ich trinke selten Bier.» Sie lächelte und blickte nervös zur Jury hinüber. «Es macht zu dick.»

«Soso!» sagte Mr. Dancer und machte eine Pause. «Wenn Sie aber in die Bar gingen, um Bier für Ihren Mann zu holen, warum brachten Sie es dann nicht nach Hause, sondern blieben länger als zwei Stunden dort?»

Mein Gernegroß setzte Laura weiß Gott weidlich zu. Ich hielt den Atem an und hoffte, sie werde gescheit genug sein, sich dieser Frage zu entwinden.

Sie tat es und rächte sich dabei – indem sie die Wahrheit sprach. «Ich bin nicht in erster Linie wegen des Biers gegangen, Mr. Dancer. Wenn Sie es unbedingt wissen wollen: daß ich in die Bar ging, um Bier zu holen, war mehr oder minder ein Vorwand, um dem Wohnwagen zu entrinnen. Ich hatte den ganzen Nachmittag gebügelt, und ich sehnte mich danach, endlich herauszukommen.»

«Herauszukommen, um Whisky zu trinken und mit

Barney Quill den Spielautomaten zu drehen?» trieb Mr. Dancer weiter, nicht mehr samten schnurrend.

«Keineswegs», gab Laura forsch zurück. «Um endlich ein wenig Luft zu schnappen. Wenn Sie eine Frau wären, würden Sie verstehen, was ich meine.»

«Sie haben aber doch Whisky getrunken und sich mit Barney Quill am Automaten amüsiert?»

«Ja. Das habe ich heute hier schon einmal und mehrfach vor der staatlichen Polizei erklärt.» (Langsam schwoll Laura der Kamm, sie kam in Form, das fühlte ich – wenn sie nur nicht den Kopf verlor.)

«Wieviel Whiskys haben Sie getrunken.?»

«Vier.»

«Doppelte Whiskys?»

«Nein.»

«In welchem Zeitraum?»

«In etwa zwei Stunden, dazu ein großes Glas Wasser. So habe ich's bei meinem Vater gelernt.»

«Wirkte der Alkohol?» fragte Dancer, was gar nicht dumm von ihm war, denn sagte sie nein, würde sie als Süfflerin dastehen, sagte sie ja, würde er fraglos auch darauf einhaken.

«Sicher, ich war entspannt und hatte meinen Spaß am Spielen.»

Claude Dancer brach ab und bereitete einen zweiten Treffer vor. «Ist es eine Gewohnheit von Ihnen, die Schuhe auszuziehen, wenn Sie Whisky trinken?»

«Nein.»

«Oder beim Tanzen?»

«Nein, ich habe nicht –»

«Hatten Sie die Schuhe an, als Ihnen Ihre Whiskys gereicht wurden?» forschte Dancer forsch weiter.

«Euer Gnaden», sagte ich aufstehend. «Ich möchte dem ritterlichen Mr. Dancer seinen Spaß nicht verderben – er hat so lange darauf gewartet –, aber ich wollte, er ließe die

Zeugin erst antworten, bevor er seine nächste Frage stellt. Ich erhebe Einspruch dagegen, daß er sie unterbricht.»

«Dem Einspruch ist stattgegeben», entschied der Richter.

Dankbar schaute Laura zum Richter auf. «Ich wollte gerade sagen, daß ich mit niemandem getanzt und meine Schuhe erst beim letzten Spiel, und dann nur kurz, ausgezogen habe.»

«Sind Sie sicher, daß Sie mit niemandem getanzt haben?» drängte Dancer weiter.

«Ganz sicher.»

«Haben Sie nicht mit einem großen rotgesichtigen Mann getanzt?» (Hier begann ich mich zu fragen, ob Hippo Lukes wieder einmal umgefallen war.)

«Nein, nicht einmal mit einem kleinen blassen. Ich habe mit niemandem getanzt, mit keinem Menschen.»

«Sind Sie sicher?»

«Ich bin sicher. Ich habe nicht getanzt. Ich bin keine gute Tänzerin und mache mir nicht viel daraus.»

«Erinnern Sie sich daran, daß irgend jemand Ihre Schuhe in der Tasche hatte, während Sie mit ihm tanzten? Antworten Sie ja oder nein, und lassen Sie jegliche Bemerkung beiseite.» (Aha, das war unser prächtiger Hippo.)

«Nein.»

«Als Ihr Mann nach der Schießerei zum Wohnwagen zurückkehrte, ging er da zum Häuschen des Parkwarts, Mr. Lemon?»

«Ja.»

«Haben Sie die Unterhaltung zwischen den beiden gehört?»

«Nein. Ich sah Mr. Lemon erst, als er zu unserem Wohnwagen kam.»

«Übergab Ihr Mann Mr. Lemon seine Pistole?»

«Ich weiß es nicht.»

«Haben Sie Mr. Lemon gesagt, was geschehen war?»

«Ja, das tat ich. Ich sagte: ‹Sehen Sie, was Barney mir angetan hat.›»

Claude Dancer erhob Einspruch. «Die Antwort hat nichts mit der Frage zu tun. Ich beantrage, daß sie gestrichen wird.»

«Sie haben die Zeugin doch gefragt, was sie dem Parkwart gesagt habe», entgegnete der Richter. «Sie hat darauf geantwortet. Wenn Sie etwas Bestimmtes im Sinn haben, fragen Sie es. Ihr Antrag ist abgelehnt.»

«Haben Sie Mr. Lemon gesagt, daß Ihr Mann Barney erschossen hätte?»

«Nein.»

«Sind Sie und Ihr Mann in Thunder Bay viel ausgegangen?»

«Hin und wieder.»

«Haben Sie beide kurz nach Ihrer Ankunft eine Cocktailparty im Hotel mitgemacht?»

«Ja.»

«Hat Ihr Mann bei einer dieser Gesellschaften einen Streit mit einem jungen Leutnant gehabt?»

«Streit?» fragte Laura. «Mein Mann hat ihn niedergeschlagen.»

«Warum?»

«Das weiß ich nicht. Fragen Sie ihn doch. Der junge Mann küßte mir die Hand.»

Einschmeichelnd fragte Dancer: «Haben Sie das Verhalten Ihres Mannes gebilligt?»

«Ja und nein», entgegnete Laura.

Claude Dancer wandte sich strahlend zu mir um. «Ihre Zeugin», sagte er.

Ich schaute zum Oberlicht auf, doch kam mir von dort keine Eingebung. «Keine Fragen», sagte ich.

«Mr. Sheriff», sagte der Richter. «Ich glaube, wir machen Schluß für heute.»

0. Kapitel

Als sich die Menge verzogen hatte, nickte ich Max, der an der Tür unauffällig auf den Oberleutnant wartete, nachdenklich dankend zu. Ich wollte nicht, daß man mich mit ihm sprechen sah und ich ihn dadurch in Verlegenheit brachte; danken konnte ich ihm später. Schon jetzt aber war er, gleichgültig wie der Prozeß ausgehen mochte, mein Lieblingssheriff geworden.

«Wie hab ich meine Sache gemacht, Paul?» fragte Laura.

«Großartig», antwortete ich. «Einfach tadellos. Es tat mir nur leid, daß ich dem Kleinen nicht in die Zügel fallen konnte, aber dazu bot sich keine Möglichkeit. Und alles diente ja auch der guten Sache.» Ich sagte ihr nicht, daß Claude Dancer meinem Gefühl nach in seinem Kreuzverhör einen beträchtlichen Vorteil gegen uns errungen hatte, aber dagegen war ja nichts zu machen. Ich hatte Laura aufgetragen, die Wahrheit zu sagen; das hatte sie getan, sie hatte, um mit Parnell zu reden, Einträgliches und Abträgliches gemischt. Ich hoffte nur, Parnell und mir werde ein Gegengift einfallen, denn jetzt stand eindeutig fest, daß Mary Pilant, der Barmixer oder ein dritter aus Thunder Bay Claude Dancer wenigstens einen Teil seines Materials geliefert haben mußte, sonst hätte der Kleine einige der heiklen Fragen, wie etwa die nach dem Krach auf der Cocktailparty, kaum stellen können.

Ich klopfte Laura leicht auf die Schulter. «Gehen Sie jetzt mit Manny ins Gefängnis», sagte ich. «Der gute Sheriff wartet auf Sie – ich komme zu einer letzten Gehirnmassage gleich nach. Morgen ist der große Tag!»

Als die Manions gegangen waren, kam Parnell angeschlurft und sah wortlos zu, wie ich meine Papiere einpackte. Ich sah auf. Er hatte meine Gedanken erraten. «Morgen ist also der große Tag – der Zahltag, so oder so. Was ist deine Meinung?»

«Was meinst du, Parn?» fragte ich.

Parnell zuckte die Achseln und streckte die Hände vor.

«Das Gröbste hast du hinter dir, Polly. Nun braucht der Oberleutnant nur noch seine Geschichte zu erzählen, unser Arzt nur noch zu sagen, daß er unzurechnungsfähig war – alles andere steht dann wohl bei den Göttern.»

«Jawohl, Parn, und ich brauche der Jury nur noch eine vernünftige Beweisführung zu unterbreiten, der Richter braucht nur unsere Instruktionsanträge vorzulegen, die Gechworenen brauchen sie nur zu verstehen, zu beachten und uns eine Chance zu geben – eine Menge großer Fragezeichen, fürchte ich.»

«Sie schaffen's schon, Boss», ließ sich eine vertraute Frauenstimme vernehmen. «Ich – ich bin fast stolz auf Sie.»

Ich fuhr herum. «Maida!» rief ich. «Was tun Sie denn hier? Ich dachte, Sie säßen daheim an der Ladenkasse!»

«Ladenkasse?» brummte sie. «Zu Hause bleiben? Das wäre ja noch schöner. Sie haben doch nicht etwa angenommen, daß ich das leere Büro hüten würde, während der Chef der Opulenz oder dem Offenbarungseid entgegensteuert? Ich will's gestehen, Chef – ich habe nicht einen Tag der Verhandlung versäumt.» Herausfordernd streckte sie die Nase in die Luft. «Bin ich wieder einmal fristlos entlassen?»

Ich blickte Parnell an, der den Kopf hängenließ. «Du – du alter Halunke, nimmst mir meine Sekretärin weg, schließt einfach mein Büro, untergräbst jede Zucht und Ordnung ...» Weiter kam ich nicht.

Parnell warf sich in die Brust. «Hast du vergessen, daß wir diesen Prozeß gemeinsam führen?» fragte er. «Nach reiflicher Überlegung fand ich, daß Maida zur Hand sein müsse. Im übrigen haben wir noch ein schönes Stück Arbeit zu leisten.»

«Was ist nun wieder los? Eine Fahrt nach Green Bay – oder diesmal nur ein kleiner Ausflug nach New Orleans?» Ich schaute auf die Uhr. «Ich muß noch mit den Manions sprechen, eine Kleinigkeit essen und dann heute abend auf den Flugplatz fahren.» Ich schloß meine Aktenmappe und stand auf.

«Kommen Sie, Maida», sagte Parnell. Er bot ihr seinen Arm, verneigte sich ehrerbietig, dann verließ das Paar gravitätisch den Saal.

Wie ein großer steifer Vogel glitt das Flugzeug aus dem dunklen Herbsthimmel nieder, landete vor dem Schuppen und spie vier Fahrgäste aus, drei laut sprechende Gesellen in zerdrückten Anzügen und einen gebräunten, gutaussehenden jungen Mann mittlerer Größe, den ich im blendenden Scheinwerferlicht mit seinem Bürstenschnitt einen Augenblick lang für Mitch hielt. Das mußte unser Psychiater sein; war er es nicht, steckten wir bös in der Klemme. Als er die Sperre durchschritt, holte ich tief Luft, fragte: «Dr. Smith?», er sagte: «Paul Biegler?», und mit einem Gemisch aus Überraschung und Erleichterung nahm ich ihm seine Handtasche ab und führte ihn zu meinem staubbedeckten Wagen. Bürstenschnitt oder nicht, wir hatten endlich unseren Psychiater.

Dr. Smith deutete auf die drei Männer vor uns. «Reporter», sagte er. «Ihr kleiner Mordprozeß soll anscheinend doch noch unsterblich werden – wenigstens übers Wochenende. Das Hündchen mit der Stablampe in der Schnauze scheint dafür verantwortlich zu sein.» Die drei Reporter riefen lärmend ein Taxi herbei und schwirrten ab.

«Ein Hündchen soll sie führen», murmelte ich. «Gott segne unsere freie und hemmungslose Presse.»

Auf der Rückfahrt nach Iron Bay unterrichtete ich Dr. Smith über die augenblickliche Situation der Verhandlung. Ich erzählte ihm, daß die Staatsanwaltschaft meinen Mandanten nicht untersucht und auch nicht ernsthaft den Versuch dazu gemacht hatte. Ich berichtete ihm auch von allem Günstigen und Ungünstigen, das sich seit seiner Unterhaltung mit dem Oberleutnant ergeben hatte. Sorgen machte mir Kriminalkommissar Durgos Zeugenaussage, da sie seine Diagnose der Unzurechnungsfähigkeit unter Umständen teilweise oder sogar völlig in Frage stellen konnte, außerdem beunruhigte mich die Aussage über die Eifersucht, die Dancer Laura entlockt hatte. Dr. Smith war wortkarg, nur gelegentlich stellte er eine Frage, und als er sich im Hotel eingerichtet hatte, war auch ich, nachdem ich ihm alle Geschichten über Barney Quill, seine Revolver und seine Trinksucht erzählt hatte, am Ende.

«Sie sagen, daß Dr. Gregory beabsichtige, lediglich auf Grund seiner Beobachtungen im Gerichtssaal über den geistigen Zustand Oberleutnant Manions in der Nacht der Schießerei auszusagen?» fragte der Arzt.

«Möglicherweise», gab ich zurück, «jedenfalls hoffe ich es. Sonst wäre mir seine Anwesenheit unerklärlich.»

Dr. Smith schüttelte den Kopf. «Diese Nachricht gefällt mir ganz und gar nicht.»

«Mir aber, Doktor», antwortete ich. «Wie kann die Staatsanwaltschaft erwarten, unseren Beweis der Unzurechnungsfähigkeit mit einem solchen Gegenbeweis zu widerlegen? Und widerlegen muß sie ihn nach dem Gesetz – widerlegen über jeden vernünftigen Zweifel hinaus. Der Fall liegt klar auf der Hand.»

«Das ist es ja gerade, Mr. Biegler», sagte der Nervenarzt trocken. «Sehen Sie, ich dachte im Augenblick nicht einmal so sehr an Ihren Mandanten als an meinen Beruf. Die Psychiatrie steckt praktisch noch in den Kinderschuhen. Gerade Ärzte wie Dr. Gregory, die sich anmaßen, ein Urteil auf solcher Grundlage abzugeben, sorgen dafür, daß sie nie aus ihnen herauskommt.»

Dieser junge Mann mit seinem Bürstenschnitt schien seinen Beruf ebenso ernst zu nehmen wie der alte Parnell den seinen. Ich zuckte die Achseln. «Ich verstehe, worauf Sie hinauswollen», sagte ich. «Für Ihren Beruf tut es mir leid, aber für meinen Mandanten bin ich froh.» Ich brach ab. «Darf ich Ihren Worten entnehmen, daß Sie noch immer die Meinung vertreten, der Oberleutnant sei unzurechnungsfähig gewesen, als er die Schüsse abfeuerte?»

Dr. Smith warf mir einen raschen Blick zu. «Ja. Darüber besteht nicht der geringste Zweifel. Was Sie mir soeben gesagt haben, bestärkt mich nur in meiner Auffassung.»

«Wären Sie bereit, sich jetzt ausführlicher darüber zu verbreiten?»

Er schüttelte den Kopf. «Ich möchte es lieber erst im Gerichtssaal tun. Meine Zeugenaussage könnte sonst an Unmittelbarkeit verlieren, außerdem brauche ich Sie auf diese Weise nur einmal, nicht zweimal zu langweilen. Ich versichere Ihnen jedoch, daß Ihr Mandant meiner Meinung nach offensichtlich geistesgestört war, und das werde ich aussagen. Genügt Ihnen das?»

«Gewiß, wenn Sie meinen.» Ich unterdrückte ein Gähnen.

Dr. Smith wurde nachdenklich. «Eins möchte ich indessen sagen – ich glaube, daß Oberleutnant Manions Fall im Vergleich zu der Geistesverfassung des Toten ein Kinderspiel ist. Barney Quill war ein Mann, mit dem ich mich gern eingehend beschäftigt hätte. Das wäre eine verlokkende Aufgabe gewesen.»

«Sehr richtig, Herr Doktor. Was mir immer noch zu denken gibt, ist, daß ein Mann mit solch ungewöhnlichen Gaben wie dieser Quill sich so aufführen konnte. Mir kommt es so vor, als habe er gewußt, daß eine Untat wie die Vergewaltigung Mrs. Manions nur zu einem Unheil führen könne. Und was mir die größte Sorge macht, ist, daß die Geschworenen trotz all unserer Beweise des Gegenteils nach wie vor daran zweifeln könnten, der Mann sei zu dergleichen fähig gewesen. Das Ganze zeugt von so unvorstellbarer Wildheit und Primitivität.»

Dr. Smith blickte über den See. «Wir dürfen nicht vergessen, daß zahllose Jahrtausende der Menschheitsgeschichte hindurch die Vergewaltigung vermutlich das Normale in den Beziehungen zwischen den Geschlechtern gewesen ist. Anthropologisch gesehen, hat der Mann erst seit gestern aufgehört, jedes weibliche Wesen, auf das er flüchtig ein Auge wirft, zu greifen und zu schänden.»

«Sie mögen recht haben.»

Dr. Smith lächelte. «Und wie es heute eine überraschende Anzahl von sogenannten ‹zivilisierten› Männern gibt, die der Bekanntschaft mit den verworfensten Frauen bisweilen den größten Genuß verdanken, so gibt es auch immer noch viele Männer, die das größte Vergnügen in etwas finden, was der Vergewaltigung zum Verwechseln ähnlich sieht.»

«Wenn Sie das sagen, komme ich mir recht altmodisch vor, Herr Doktor», sagte ich. «So verweichlicht, so jämmerlich – weil ich mir einbilde, daß der Mann bei einer derartigen Unternehmung die Frau doch umwerben oder ihr Vergnügen im Auge haben sollte.»

«Vermutlich», fuhr der Arzt nachdenklich fort, «hat Barney Quill zu dieser Sorte gehört, vielleicht war er einer jener Verhemmten, Gescheiterten, die mit einem Male in den Archetypus zurückfielen. Als er seine kostbare Männlichkeit plötzlich bedroht sah, war der Abstieg zur Vergewaltigung wahrscheinlich die natürliche Lösung. Er wollte der Welt beweisen, was für ein Übermensch er war. Ein sehr interessantes Problem.»

«Jedenfalls hat er ganze Arbeit geleistet.»

Wieder blickte der Arzt zum Fenster hinaus. «Für mich ist der Tote bei weitem die interessanteste Figur des ganzen Dramas», sagte er nachdenklich. «Ich hätte für mein Leben gern versucht, herauszubekommen, was bei ihm den Stein ins Rollen brachte.»

«Ihre Hauptdiagnose, Herr Doktor, läuft also darauf hinaus, daß der Oberleutnant in jener Nacht nach wie vor das Opfer eines unwiderstehlichen Zwanges war, unabhängig davon, ob er wußte, was er tat, oder Recht von Unrecht unterscheiden konnte?» Dies mußte ich zum mindesten wissen, damit ich in dieser Nacht Schlaf finden konnte.

Der junge Arzt nickte nachdrücklich. «Genau das», sagte er. «Obwohl wir das jetzt Bewußtseinsspaltung nennen. Es ist sogar gut möglich, daß der Oberleutnant noch mehr von der Schießerei weiß, als er zugibt. Er könnte sich sogar an alles erinnern, vielleicht hat er in jener Nacht Recht von Unrecht klar zu unterscheiden gewußt und will uns nur Sand in die Augen streuen, wenn er sagt, er wüßte nichts mehr.» Der Arzt schüttelte den Kopf. «Selbst das würde nichts ausmachen – meiner Ansicht nach konnte er trotz allem nicht anders; er fühlte jedenfalls den unwiderstehlichen Zwang zu der Tat in sich und war daher medizinisch geistesgestört.»

«Beinahe aber nicht unzurechnungsfähig nach dem Gesetz», sagte ich und erklärte ihm, welche Angst seine Diagnose des unwiderstehlichen Zwanges Parnell und mir eingejagt hatte, bis wir entdeckten, daß Michigan nahezu der einzige Staat des Nordens und einer der verhältnismäßig wenigen Staaten überhaupt war, der diese Verteidigung anerkannte. «Hätte der Oberleutnant Barney gleich hinter der Grenze, in Ohio oder Wisconsin, niedergeknallt, wäre es mit seiner Unzurechnungsfähigkeit, mit Ihrer Diagnose Essig gewesen. Das Bewußtsein von Recht und Unrecht ist der einzige Wertmesser in diesen und in den meisten unserer Staaten.»

Verzweifelt schüttelte Dr. Smith den Kopf. «Wie primitiv und medizinisch unrealistisch!» meinte er. «Gerade diese Opfer, die wissen, daß sie unrecht tun, die sich über ihre Tat völlig im klaren sind, dem Zwang aber dennoch nicht widerstehen können, verdienten unser Mitleid und den Schutz des Staates – statt daß wir auf die Qual ihres belasteten Gewissens auch noch die Pein krimineller Schuld häufen. Ihr Dulden und Leiden wird nicht nur durch das Wissen erhöht, sondern verdreifacht durch die Strafe, die sie erhalten, weil sie es gewußt haben.»

«Vielleicht», sagte ich, «lehnen die meisten Staaten den unwiderstehlichen Zwang deshalb ab, weil er leichter vorgetäuscht werden kann als die klassische ‹erinnerungslose› Unzurechnungsfähigkeit.»

«Nein», sagte der Arzt, den Kopf schüttelnd. «Meiner Meinung nach ist er, medizinisch gesehen, ebenso schwer, wenn nicht schwerer, zu simulieren als irgendeine andere Geistesstörung. Was das Simulieren betrifft, so läuft es in den meisten Staaten auf folgendes hinaus: Der Angeklagte, der, medizinisch gesehen, tatsächlich unzurechnungsfähig gewesen sein könnte, sieht sich gezwungen, die Symptome der Unzurechnungsfähigkeit im üblichen Rechtssinn, die er gar nicht gehabt hat, vorzutäuschen. Dieses Simulieren führt zu einer widerwärtigen, schmutzigen Situation, medizinisch unhaltbar, juristisch gesehen eine Aufforderung zu Meineid und Heuchelei, sie verstrickt Angeklagte und Psychiater, Anwälte und Richter zugleich in ein niederträchtiges Gespinst von Lüge und Hinterhältigkeit.»

«Amen, Herr Doktor», fiel ich ein und seufzte, ein Gähnen unterdrückend. «Gott weiß, daß ich Ihnen voll und ganz beipflichte. Vorderhand bin ich jedoch überglücklich, zu wissen, daß wir uns in einem der wenigen selbständig denkenden Staaten befinden, die unwiderstehlichen Zwang als Verteidigung eines Verbrechens anerkennen.»

Dr. Smith stand auf und streckte mir lächelnd die Hand entgegen. «Ich möchte nicht den Anschein erwecken, als teile ich Diagnosen aus, wie etwa eine Bahnhofswaage einem Gewicht und Zukunft verkündet», sagte er, «doch habe ich den Verdacht, Mr. Biegler, daß Sie schleunigst in die Federn gehören. Seit einer Stunde schon klappern Ihre

Augendeckel verdächtig. Wann beginnt die Verhandlung morgen?»

«Punkt neun», antwortete ich, «und unser Richter läßt nicht mit sich spaßen. Ich würde es begrüßen, wenn Sie bei der Vernehmung des Angeklagten zugegen wären.»

«Also Punkt neun», sagte er. «Und Sie gehen jetzt nach Haus und ins Bett.»

Ich schüttelte ihm die Hand und gähnte den Armen ausgiebig an. «Manchmal kommt es mir so vor, als gäbe mir dieser verdammte Fall den Rest. Bis morgen also.»

21. Kapitel

Am nächsten Morgen, dem berüchtigten Samstag, war im weiten Umkreis des Gerichts kein Parkplatz mehr zu finden; glücklicherweise hatte der fürsorgliche Sheriff zwischen dem Gericht und dem Gefängnis ein Plätzchen für mich freigehalten. Als ich mich durch eine lange, mit Vespertüten bewaffnete Menschenschlange hindurchgewunden hatte und den Saal betrat, saßen die Manions bereits auf ihren Plätzen. Ich nickte Dr. Smith zu, der auf einem der Anwaltsstühle hinter Laura Platz genommen hatte. Parnell saß mit ernster Miene an der Tür, gerade ließen die Helfer des Sheriffs die Vorhut der sensationslüsternen Meute ein. Ein Schwarm von Presseleuten aus der Stadt saß in gewichtig geflüstertem Gespräch mit Bob Birkey, dem Berichterstatter der *Gazette*, am Pressetisch; anscheinend waren mit dem Nachtzug Verstärkungen eingetroffen. Rover und seine Stablampe hatten den Vogel abgeschossen ... Laura beugte sich flüsternd zu mir herüber und deutete mit dem Kopf auf Parnell. «Der alte Mann da drüben hat eben diesen Brief für Sie hiergelassen – das ist der nette Mann, der mir gestern Rover gab. Wer ist das eigentlich?»

«Er ist mein Haupttierarzt, Laura, der sich in allen

Mordfällen der Hundezwinger und Batterien für Stablampen annimmt», sagte ich lächelnd und öffnete den Briefumschlag.

«Polly», lautete Parnells Botschaft, «ruf den Empfangschef des Hotels als ersten Zeugen auf. Er heißt Clarence Furlong. Gib Maida für diesen Hinweis einen Pluspunkt. Wir haben das ganz übersehen. Vergiß das Geld nicht. Hals- und Beinbruch! Parn.»

Begierig blickte ich zu Parnell hinüber, der blinzelte, dann aber wie ein unschuldiger Chorknabe wegblickte. Guter alter Parn …

Die Tür zum Richterzimmer öffnete sich und mit langen entschlossenen Schritten trat der Richter heraus, ihm folgten Claude Dancer und Mitch wie zwei Meßknaben einem Priester. Der Richter setzte sich, Max ließ seinen Hammer auf den Tisch sausen, alles erhob sich und setzte sich wieder. Schließlich legte sich ein verhaltenes Schweigen über den Saal, ein raschelnd-nervöses Wispern, als fielen Herbstblätter hernieder. Als der Richter zu meinem Tisch herübernickte, flammte jäh der Kampfgeist auf.

«Die Verteidigung ruft Clarence Furlong als Zeugen auf», sagte ich und flehte dabei insgeheim, Parnell möge wissen, was er angestiftet hatte.

Mary Pilants kleiner Rezeptionschef trabte mit zierlichen Tanzmeisterschritten zum Zeugenstand, wobei er auf sonderbare Weise an Rover erinnerte; es hätte mich nicht überrascht, hätte er eine brennende Taschenlampe im Mund getragen, als er sich nach der Vereidigung auf dem Zeugenstuhl schüchtern zu mir umwandte. Es war ein merkwürdiges Gefühl, vor der Vernehmung eines Zeugen zu stehen, den man vorher ungenügend vorbereitet hatte. Ich holte tief Luft und stürzte mich in das Abenteuer, als seien wir als Nachbarkinder aufgewachsen.

«Ihren Namen, bitte», sagte ich.

«Clarence Furlong», erwiderte der Zeuge.

«Wo wohnen Sie?»

«Thunder Bay, Michigan.»

«Beruf?»

«Empfangschef im Tunder-Bay-Hotel.»

«Seit wann nehmen Sie diese Stellung ein?»

«Seit nahezu vier Jahren.»

«Waren Sie auch am Abend des 15. August und in den frühen Morgenstunden des 16. August, also in der Nacht des fraglichen Mordes, als Empfangschef tätig?»

«Jawohl.»

«An welchem Platz arbeiteten Sie?»

«Am Schalter in der Empfangshalle.»

«Kann man von Ihrem Schalter aus den Haupteingang überblicken?»

«Ja, Sir.»

«Auch die Treppe hinunter zur Bar?»

«Ebenfalls.»

«Mit anderen Worten: Konnten Sie jeden sehen, der die Halle auf dem einen oder anderen Weg betrat oder verließ?»

«Das konnte ich.»

«Mr. Furlong», fragte ich weiter, «haben Sie Ihren verstorbenen Arbeitgeber Barney Quill in der Nacht des Mordes in der Halle gesehen?»

«Ja.»

«Wann?»

«Er betrat die Halle und durchschritt sie etwa um Mitternacht – vielleicht auch fünf Minuten vorher.»

«Welchen Eingang benutzte er?»

«Den Haupteingang.»

«War sonst noch jemand in der Halle?»

«Nein, ich war allein.»

Ich machte eine Pause, dann wagte ich den Sprung. «Wollen Sie bitte das Aussehen von Mr. Quill beschreiben, als Sie seiner ansichtig wurden?»

Mr. Dancer sprang auf. «Einspruch, Euer Gnaden! Das Aussehen des Verstorbenen hat mit den Fragen dieses Falles nichts zu tun. Es ist belanglos, abwegig.»

«Mr. Biegler?» fragte der Richter. «Weshalb ist Ihnen an dieser Zeugenaussage gelegen?»

Ich erhob mich und blieb am Anwaltstisch stehen. «Die Verteidigung und gewisse Zeugen der Anklage haben mittlerweile zu verstehen gegeben, daß bei diesem Fall möglicherweise Vergewaltigung eine Rolle spielt. Wenn das zutrifft, Euer Gnaden, so muß der Getötete in jenem Augenblick geradewegs von seiner Untat heimgekehrt sein.» Ich hielt inne. «Daher dachte ich, die Jury könnte ein gewisses Interesse daran haben, zu erfahren, wie Mr. Quill ausgesehen hat. Natürlich werde ich mich nach der Entscheidung des Gerichts richten.» Ich setzte mich.

Ich sagte mir jetzt, daß es keine Rolle mehr spiele, wie das Urteil des Gerichts ausfiel: Lehnte der Richter den Bericht des Empfangschefs ab, so würden die Geschworenen sich ihn, wenn auch verstimmt, gegen die richterliche Entscheidung selbst zusammenzureimen versuchen. Ließ er ihn zu, dann wurde er eben ins Protokoll aufgenommen. Vielleicht war es sogar besser oder wenigstens sicherer, wenn er ausgeschlossen würde. Der Richter löste das Rätsel. «Ich möchte die Antwort zulassen», entschied er.

«Mr. Quill sah zerzaust aus, er atmete keuchend, als sei er gerannt», antwortete der Zeuge. «Sein Haar war wirr, Hosen und Hemd, sein weißes Hemd, waren beschmutzt, als sei er gefallen.»

«Blieb er stehen oder sprach er mit Ihnen?»

«Nein, er lief durch die Halle und nach oben, ohne ein Wort zu sagen.»

«Sahen Sie ihn später am Abend wieder – in der Halle, meine ich?»

«Ja, etwa zehn Minuten später kam er herunter, blieb einen Augenblick am Schalter stehen, dann ging er zur Bar hinunter. Dies war das letztemal, daß ich ihn lebend erblickte.»

«Wie sah er aus?»

«Er hatte sich offensichtlich umgezogen, gewaschen und ordentlich hergerichtet.»

«Wie sah sein Haar aus?»

«Gekämmt und gebürstet.»

«Wie ging sein Atem, keuchte er immer noch?»

«Er erschien mir ruhig und beherrscht – fast eisig.»

Ich zögerte, dann tastete ich mich weiter vor: «Sie haben erwähnt, daß er an Ihrem Schalter stehenblieb. Haben Sie irgendwelche Worte gewechselt?»

Der Befragte wurde nachdenklich. «Nein», sagte er. «Keine Worte.»

Der Zeuge hatte den Ton auf «Worte» gelegt. Ich fühlte mich weiter vor. «Ging irgend etwas zwischen Ihnen hin und her?» Parnell hatte eine dunkle Anspielung auf Geld gemacht.

«Ja.»

«Was?»

«Geld. Er gab mir, das heißt, er schob mir eine Zwanzig-Dollar-Note zu.»

Aha, wieder einmal hatte Parnell einen Treffer gemacht. Eine leise Bewegung, ein Rascheln ließ sich im Raum vernehmen. Ich machte eine Pause, um die Lage zu überdenken. Es hätte jetzt nahegelegen, weiterzudrängen, weiterzufragen, warum er Geld bekommen habe. Da aber keine Worte gefallen waren, fand ich, daß er nicht gut darüber aussagen, sondern nur Vermutungen anstellen konnte, was Dancer nur Gelegenheit gegeben hätte, sogleich mit einem donnernden Einspruch einzufallen. Vielleicht war es richtiger, die Sache auf sich beruhen und Mr. Dancer weiterbohren zu lassen, wenn er den Schneid dazu besaß. Noch eine letzte Frage lag mir am Herzen.

«Mr. Furlong», sagte ich, «hatte Mr. Quill so etwas

schon früher einmal getan – ich meine, Ihnen stillschweigend eine Zwanzig-Dollar-Note hingeschoben?»

«Nein, Sir», antwortete der Zeuge.

«Ihr Zeuge, Mr. Dancer», sagte ich.

Claude Dancer und Mitch waren in emsiges Flüstern vertieft, während alle Geschworenen sie gefesselt betrachteten. Ich blickte zu Parnell hinüber, der die Jury nachdenklich anstarrte.

Mitch erhob sich. «Keine Fragen», sagte er.

«Der nächste Zeuge», sagte der Richter.

Ich stand auf. «Oberleutnant Frederic Manion», sagte ich.

Ich mußte zugeben, daß der Oberleutnant eine schneidige Figur abgab, als er zum Zeugenstand schritt, aufrecht und soldatisch in seiner aufgebügelten Uniform mit all den bunten Ordensschleifen und Streifen; auch die weiblichen Elemente unter den Liebhabern des Totschlags schienen das zu empfinden, wenn man nach ihren tiefen Seufzern schließen wollte. Der Richter blickte finster drein und spielte mit seinem Hammer, als der Oberleutnant vereidigt wurde, sich hinsetzte und mich anblickte. Ich kam mir wie ein müder Karrengaul vor, der auf einer verdreckten Landstraße dem heimatlichen Stall zutrabt. Nun aber keinen Lapsus, Biegler, dachte ich. Lauf, Pferdchen, lauf ...

«Wollen Sie bitte Ihren Namen angeben?» sagte ich.

«Frederic Manion», antwortete er.

«Ihr Geschäft oder Beruf?»

«Ich bin aktiver Offizier.»

«Welcher Rang?»

«Oberleutnant im Heer der Vereinigten Staaten.»

«Seit wann stehen Sie im Heeresdienst?»

«Seit nahezu sechzehn Jahren.»

«Nun, Herr Oberleutnant, wo waren Sie, als Ihre Frau in der fraglichen Nacht den Wohnwagen verließ und zur Hotelbar ging?»

Der Oberleutnant sprach mit ruhiger, leiser Stimme. Er erzählte von seinem Schlummerstündchen nach dem Abendessen; daß Laura ihn geweckt habe mit der Bitte, sie doch in die Bar zu begleiten; wie er ihr gesagt habe, sie möge vorgehen, er werde später nachkommen; wie er von neuem eingeschlafen sei.

«Wann wachten Sie wieder auf?» sagte ich und wagte den Sprung mitten hinein.

«Als ich glaubte, ich hörte Schreie.»

«Bitte sprechen Sie weiter. Was geschah dann?»

«Nun, ich stand vom Bett auf, ging zur Tür, und schon fiel mir Laura – meine Frau – in die Arme.»

«Schildern Sie bitte, was Sie sahen.»

«Sie führte sich hysterisch auf, ihr Gesicht war geschwollen, der Rock zerrissen, das Haar wirr; sie schluchzte und konnte keinen Ton herausbringen.»

«Was taten Sie?»

«Ich legte sie auf die Couch, brachte kalte Tücher, versuchte sie zu beruhigen und herauszufinden, was geschehen war.»

«Gelang Ihnen das?»

«Ja», antwortete er ruhig.

«Würden Sie uns, ohne in Einzelheiten zu gehen, sagen, was Ihre Frau Ihnen berichtet hat?»

«Sie sagte, sie sei von» – der Offizier brach ab, als verursache es ihm jetzt noch Qualen, den verhaßten Namen auszusprechen; tatsächlich stieß er ihn verächtlich hervor – «von Barney Quill geschlagen und geschändet worden.»

«Was geschah dann?»

«Ich blieb bei ihr und versuchte sie zu trösten und zu beruhigen. Dann versuchte ich, sie auszuziehen – sie war hilflos und immer noch verstört.»

«Was taten Sie dann?»

«Ich ging an ein Schränkchen, holte meine Pistole, schob sie in die Tasche und verließ den Wohnwagen.»

«Haben Sie Ihrer Frau gesagt, daß Sie weggingen, oder hat Sie gesehen, daß Sie die Pistole nahmen?»

«Nein, ich sagte nichts und glaube auch nicht, daß sie mich weggehen sah. Sie hat bereits ausgesagt, daß sie nichts davon gewußt hat.»

«Was taten Sie dann?»

«Ich trat hinaus und blieb ein paar Minuten stehen, um meine Augen an die Dunkelheit zu gewöhnen. Ich wollte auch sichergehen, daß – daß der Verstorbene nicht draußen lauerte. Dann machte ich mich zum Wirtshaus auf.»

«Gingen Sie oder fuhren Sie?»

«Ich nahm den Wagen.»

«Erinnern Sie sich, das Gatter geöffnet zu haben?»

«Nein.»

«Erinnern Sie sich an die Fahrt zum Hotel?»

«Nein.»

Ich brach ab. Jetzt kam ich zu einem der Hauptpunkte in unserem Fall; ich wollte ihn richtig vorbringen und sichergehen, daß die Geschworenen ihn begriffen. «Herr Oberleutnant», sagte ich, «was veranlaßte Sie, zur Hotelbar zu gehen?»

Tiefe Röte überzog das Gesicht des Offiziers. «Ich wollte mir den Burschen schnappen, so wahr mir Gott helfe.»

«Was wollten Sie mit ihm anstellen?»

Der Oberleutnant sprach jetzt hastig. «Ich weiß nicht genau. Ihn schnappen, in die Zange nehmen. So ein Mann durfte nicht mehr frei herumlaufen.»

«Ich frage Sie: Hatten Sie die Absicht, ihm etwas zuleide zu tun oder ihn zu töten?»

Der Offizier atmete tief, bevor er sprach. «Ich hatte nicht vor, ihn zu töten oder ihm etwas zuleide zu tun; hätte er sich jedoch zur Wehr gesetzt, so hätte ich ihn getötet.»

Ich hielt inne. Nun, das war geschafft. Wie die Sache

auch ausgehen mochte, mein Mandant hatte jetzt erklärt, daß er in die Bar gegangen war, um Barney Quill zu «schnappen», eine Behauptung, die uns hoffentlich hinreichenden Beweis lieferte und rechtfertigte, daß das Gericht die Geschworenen später über das persönliche Recht der Festnahme instruierte. Geschah das, konnte es dazu beitragen, manche schwierige Frage der Verteidigung zu beantworten.

«Schön. Was taten Sie, als Sie im Wagen zur Bar gelangten?»

«Ich erinnere mich, daß ich ausstieg und auf das Hotel zuging. Fast schien es mir, als erwarte er mich. Ich war noch gar nicht ganz drin, als ich sah, wie er mich im Barspiegel an der Rückwand beobachtete. Ich ließ ihn nicht aus den Augen. Und er ließ mich nicht aus den Augen. Als ich auf die Bar zuschritt, fuhr er blitzartig herum.»

«Was geschah dann?»

Wieder das tief aufseufzende Atmen. «Ich kann es nicht – von diesem Augenblick an steht alles auf dem Kopf. Meine nächste Erinnerung setzt erst wieder im Wohnwagen ein. Erst im Wohnwagen sehe ich wieder zusammenhängende Bilder vor mir.»

«Können Sie uns schildern, Herr Oberleutnant, welche Haltung Mr. Quill einnahm, als er sich umdrehte?»

Atemlos, unzusammenhängend, stieß der Offizier hervor: «Wie ich schon sagte, er fuhr herum ... Wenn ich mich richtig erinnere, drehte er sich rechtsherum ..., die linke Hand auf der Bar ... Ich kann mich nicht besinnen, seinen rechten Arm gesehen zu haben.»

«Sie sagen, seine linke Hand lag auf der Bar? Oder waren es Arm und Hand?»

«Sein linker Unterarm. Er stützte sich gleichsam auf.»

«Sagen Sie uns, ob Sie sich an die Rückfahrt zum Wohnwagen erinnern.»

«Nein, ich erinnere mich nicht daran.»

«Was geschah, als Sie dort ankamen?»

«Ich glaube, ich kam wieder zu mir.»

«Was taten Sie gerade, als Sie wieder zu sich kamen?» drängte ich weiter.

«Ich stand da und hielt die leergeschossene Pistole in der Hand.»

«Woher wissen Sie, daß sie leer war? Bevor Sie antworten, würde ich Ihnen gern Beweisstück Nummer elf der Staatsanwaltschaft zeigen. Ich frage Sie: Ist das Ihre Pistole?»

«Sie gehört mir, Sir.»

«Woher wußten Sie also, daß sie leer war?»

«Es ist eine halbautomatische Pistole – sie spannt sich durch Rückschlag. Dieser Hebel geht auf dem Magazin in die Höhe, wenn der letzte Schuß abgefeuert ist – und keine Patrone mehr drin ist. Dieses Stück hält ihn zurück – Sie können weder zielen noch abdrücken.»

«Mit anderen Worten: Sie brauchten sie bloß anzusehen, um zu wissen, daß sie leergeschossen war?»

«Genau, Sir.»

«Entspricht dies im wesentlichen der Beschreibung, die der Kriminalkommissar uns gab?»

«Ziemlich genau. Ich glaube, er versteht von Schußwaffen mehr als ich.»

Ich brachte in diesem Augenblick absichtlich nicht zur Sprache, wie der Oberleutnant die Lueger-Pistole erworben hatte. Dafür hatte ich mir eine kleine Eselsbrücke gebaut, und falls der schlaue Mr. Dancer die Frage umging, konnte ich sie bei einer zweiten Vernehmung immer noch benutzen.

«Wieviel Leute haben Sie in jener Nacht in der Bar gesehen?»

«Nur einen – den Verstorbenen.»

«Es ist ausgesagt worden, daß in der Wirtschaft und an der Bar eine Reihe von Gästen gewesen seien und Sie begrüßt hätten. Haben Sie den einen oder anderen gesehen oder seinen Gruß bemerkt?»

«Ich sah und hörte nichts.»

«Aber Sie haben die Augenzeugen doch zu Beginn der Woche gesehen und ihre Aussagen gehört?»

«Ja.»

«Haben Sie den einen oder anderen von denen, die behaupten, sie begrüßt zu haben, vor jener Nacht kennengelernt?»

«Ja, die meisten kannte ich vom Sehen, hatte mit dem einen oder anderen auch schon gesprochen. Die Leute dort oben waren immer sehr freundlich.»

«Haben Sie an jenem Abend mit irgend jemandem an der Bar gesprochen?»

«Nein, Sir.»

«Hat irgend jemand Sie angesprochen, soweit Sie sich erinnern können?»

«Nein, Sir.»

«Auch der Verstorbene nicht?»

«Nein, Sir.»

«Erinnern Sie sich, wie Sie die Bar verließen?»

«Nein.»

«Oder daß Sie mit dem Barmixer oder draußen mit jemandem sprachen?»

«Nein, Sir.»

«Erinnern Sie sich, daß Sie zum Wohnwagen zurückfuhren?»

«Nein.»

«Was ist das erste, woran Sie sich erinnern?»

«Als erstes erinnere ich mich daran, daß ich mit meiner Frau im Wohnwagen sitze und ihr erzähle, ich glaubte, jemanden erschossen zu haben, vermutlich den Verstorbenen. Dann ging ich zu Mr. Lemon hinüber und sagte ihm, was ich getan zu haben glaubte.»

«Ist das der stellvertretende Parkwart?»

«Ja, Sir.»

«Warum gingen Sie zu ihm?»

«Nun, er war der einzige, der Dienst tat.»

«Gingen Sie zu ihm, weil er stellvertretender Sheriff war?»

«Möglicherweise. Jedenfalls ging ich zu ihm.»

Claude Dancer kritzelte wie wild, und ich wußte, diese Sache mit dem Stellvertreter würde er weidlich ausschlachten. «Kam Ihnen in den Sinn, daß Mr. Lemon stellvertretender Sheriff war, bevor Sie an jenem Abend in die Bar gingen?»

«Nein. Ich dachte weder an Mr. Lemon noch daran, daß er stellvertretender Sheriff sei, oder an irgend etwas anderes als daran, daß ich den Mann schnappen müsse.»

Ich hielt inne und holte zu einem Treffer aus, der ebenso Mr. Dancer galt wie allen anderen. «Wenn Sie an Mr. Lemon gedacht hätten und darauf gekommen wären, daß er stellvertretender Sheriff war, wären Sie dann zu ihm gegangen?»

«Nein, Sir, das hätte ich nicht getan, ebensowenig wie ich meinen alten Vater aus dem Bett geholt hätte, damit er diesen – diesen Mann einfange.»

«Wissen Sie noch, was Sie zu Mr. Lemon sagten?»

«Nicht mehr genau. Vermutlich sagte ich ihm das, was er hier ausgesagt hat.»

Hierauf ging ich noch rasch mit dem Oberleutnant durch, was er von Barneys Schützentum, von seinen Preisen wisse; ob er wisse, daß es stadtbekannt sei, daß Barney Schußwaffen besessen und sie bisweilen bei sich getragen habe; und endlich, ob der Oberleutnant dies alles in der Nacht gewußt habe, als er Barney in seiner Bar zu «schnappen» gedachte. Über seine Kriegstaten ging ich absichtlich hinweg, weil ich annahm, daß Mr. Dancer mehr Spaß daran haben würde, diese selbst aus der Versenkung hervorzuholen. Dann brachte ich trotz Dancers heftigem Einspruch zur Sprache, daß mein Mandant aus finanziellen Gründen gezwungen gewesen sei, auf einen kostenlosen Psychiater aus der Armee zurückzugreifen. Schließlich fragte ich:

«Oberleutnant Manion, haben Sie Ihre Frau in der Nacht der Schießerei geliebt?»

«Ja, Sir.»

«Lieben Sie sie noch?»

Er runzelte die Stirn, holte tief Atem und klammerte sich an die Armlehnen seines Stuhls, bis seine Knöchel weiß waren. «Ja, sehr, Sir.»

Ich wandte mich an Claude Dancer. «Ihr Zeuge», sagte ich und ging an meinen Tisch zurück.

12. Kapitel

Claude Dancer begann sein Kreuzverhör mit unheilverkündender Ruhe. «Sie haben keine deutliche Erinnerung mehr an das, was sich in jener Nacht abspielte, nachdem Sie den Wohnwagen verließen, Herr Oberleutnant?»

«Nun, genau so, wie ich es bereits ausgesagt habe, Sir», parierte der Offizier. Ich bemerkte, daß der Psychiater der Staatsanwaltschaft endlich aufgewacht war und Notizen machte.

«Haben Sie früher schon ähnliche Bewußtseinsstörungen gehabt?»

«Nur das übliche Aussetzen des Gedächtnisses, wie es einem im Kriege zustößt.»

«Was meinen Sie damit?»

«Wenn eine Kampfhandlung vorüber war und wir hinterher darüber sprachen, kam es häufig vor, daß von zehn Überlebenden jeder die Ereignisse anders erzählte.»

«Können Sie statt einer allgemeinen Betrachtung konkrete Beispiele geben?»

Claude Dancer hätte bestimmt Einspruch erhoben,

hätte ich versucht, dergleichen aufs Tapet zu bringen. Dennoch war er es nun, der meinen Mandanten von sich aus in helles Licht stellte.

«Ja, ich erinnere mich eines Vorfalls in Korea. Eines meiner Geschütze und acht Mann unterstützten die Infanterie. Wir erhielten Beschuß von einem kommunistischen Mörser, der alle acht verwundete. Zufällig lag ich weit genug entfernt, um den Vorgang beobachten zu können, ohne dabei etwas abzubekommen. Danach kamen noch mehrere Salven herüber. Als wir den Mörser endlich zum Schweigen gebracht hatten und die Sanitäter sich um meine Leute kümmern konnten, erzählte jeder von ihnen eine andere Geschichte. Nach ihren Darstellungen hatte der Mörser zwischen einer und hundert Salven abgegeben. In Wirklichkeit waren es nur vier.»

Ich blickte zu meinem Kriegsteilnehmer unter den Geschworenen hinüber. Sein Gesicht war aschfahl; anscheinend an ein eigenes Kriegserlebenis erinnert, hing er an den Lippen des Oberleutnants.

«Wie lange haben Sie in Korea gedient?» fuhr Dancer fort.

«Nahezu sechzehn Monate.»

Mr. Dancer ließ sich herab, mit dem Oberleutnant über die Kriegsschauplätze des zweiten Weltkriegs, von Sizilien über Frankreich nach Deutschland, zu marschieren und machte erst am Waffenstillstandstag auf einer Insel des fernen Pazifiks halt. Während er fortfuhr, begann ich zu erraten, worauf er hinauswollte; allerdings erschien der Preis, den er dafür zahlte, etwas hoch.

«Sind Sie auf all diesen Kriegsschauplätzen eingesetzt worden?»

«Jawohl, Sir.»

«Waren Sie ständig an der Front?»

«Nein, Sir, kein Soldat ist ständig an der Front. Jedenfalls keiner von denen, die davonkommen. Immerhin standen wir mit Unterbrechungen in ständigem Sperrfeuer, wir waren sozusagen dauernd im Druck.»

«Gab es von Zeit zu Zeit auch Scharmützel?»

«Natürlich.»

Mit dämmerte, daß Dancer, wenn auch nicht sonderlich feinsinnig, hierbei zugleich seine eigene Vertrautheit mit dem Kriegshandwerk zur Schau stellte. Offensichtlich war er überall dabeigewesen und hatte alles miterlebt.

«Nahmen Sie an diesen Geplänkeln teil?»

«Ja, Sir. Als Zugführer war das meine Aufgabe.»

«Wie lange dauern diese Gefechte?»

«Mitunter einen, manchmal auch drei, sogar vier Tage. Dann wieder lag man drei bis vier Tage eingebuddelt.»

Claude Dancer brach ab, um einen neuen Treffer abzufeuern. «Haben Sie in dieser Zeit absonderliche Bewußtseinszustände erlebt?»

«Nein, Sir. Nach einem Schrapnellfeuer hatte ich einmal eine Gehirnerschütterung, aber am nächsten Tag stand ich schon wieder an der Front.»

«Sind Sie jemals auf Geistesstörung behandelt worden?»

«Nein, Sir.»

«Sind Sie je in ein Lazarett zur Behandlung von Neurosen oder Psychosen eingeliefert worden?»

«Nein, Sir.»

Der Richter machte emsig Notizen und bereitete anscheinend seine Instruktionen vor; in seinem Eifer war Claude Dancer versehentlich zwischen mich und den Oberleutnant geraten. Da ich den Fortgang nicht unterbrechen wollte, stand ich kurzerhand auf und stellte mich zwischen Mitchs Tisch und die Jury, in die Nähe des Schwarmes von kritzelnden Zeitungsleuten, von wo aus ich das Geschehen unbehindert überblicken konnte.

«Sie haben ausgesagt, Herr Oberleutnant», fuhr Dancer fort, «daß Sie, unmittelbar nachdem Sie gewisse Spuren an

Ihrer Frau entdeckt hatten, Ihre Pistole in die Tasche steckten und den Wohnwagen verließen, stimmt das?»

«Ja, Sir.»

Dancer blickte über die Schulter zurück, merkte, daß ich den Platz gewechselt hatte, blickte sich von neuem um und schob sich wiederum zwischen mich und den Zeugen; dann ließ er seine nächste Frage auf ihn los. «Waren Sie zornig, Herr Oberleutnant?» Dieses zweite Manöver, mir die Sicht zu versperren, konnte kein Zufall sein.

«Ziemlich», gab der Offizier zu. «Ich glaube, das würde jedem so gehen.»

Mittlerweile war ich an meinen Tisch zurückgekehrt, damit ich meinen Mandanten sehen konnte; wieder bemerkte Dancer mich, wieder glitt er mit ausgesuchtem Geschick mitten zwischen uns - worauf dem Verteidiger der Kragen platzte. «Euer Gnaden», rief ich und erhob mich, als der erschrockene Richter aufblickte. «Darf ich zu Protokoll geben, daß der Herr Ankläger sich in der letzten Minute nicht weniger als dreimal absichtlich zwischen mich und meinen Mandanten gestellt hat, damit ich ihn nicht beobachten kann.»

Dancer grinste mich boshaft an. «Das dürfte doch nicht stören, oder doch?»

«Ich erhebe ferner Einspruch gegen die Unterstellung, daß ich meinem Klienten Zeichen mache oder zu machen versuche. Dies ist der schäbigste Trick, den ich seit Jahren in einem Gerichtssaal erlebt habe.»

«Dann haben Sie nicht viel erlebt», antwortete Dancer und wandte sich unbeirrt an den Angeklagten. «Herr Oberleutnant», begann er, «als –»

«Euer Gnaden», unterbrach ich noch wütender, «ich möchte ersuchen, daß das Gericht über meinen Einspruch entscheide.»

Der Richter wußte sich nicht zu helfen. Da er beschäftigt gewesen war, war ihm der Vorfall entgangen, eine Gelegenheit, auf die Dancer offensichtlich gewartet hatte; was mich nur noch mehr reizte. «Worüber soll denn entschieden werden?» fragte der Richter kurz angebunden. «Fahren Sie fort, Mr. Dancer.»

«Euer Gnaden, ich kann dies leider nicht durchgehen lassen. Bitte hören Sie mich an. Ich saß auf meinem Platz, und Mr. Dancer schob sich zwischen mich und meinen Mandanten. Ich hielt es für unbeabsichtigt; da ich Sie in Ihrer Arbeit nicht unterbrechen wollte, stellte ich mich zu den Geschworenen hinüber. Wieder manövrierte der Ankläger sich zwischen uns, so daß ich an meinen Tisch zurückkehrte. Darauf wiederholte sich das gleiche, und diesmal war klar, daß es absichtlich geschah. Ich bitte darum, daß das Gericht den Mann auffordert, dies zu unterlassen. Ich bedaure meinen Ausbruch, aber diese Unarten lasse ich mir von niemandem gefallen.»

Nun hatte ich den Richter soweit. «Sie wissen genau, wo Ihr Platz ist, Mr. Biegler», sagte er verdrießlich. «Wenn der Gegenanwalt im Weg ist, brauchen Sie mir das nur zu sagen, ich werde dann dafür sorgen, daß er fortgeht. Ich mache Sie darauf aufmerksam, daß ich einen zweiten Ausbruch dieser Art nicht dulden werde. Fahren Sie fort.»

Dancer schaute mich von oben herab an. «Sonst noch Wünsche, Mr. Biegler?» fragte er katzenfreundlich.

«Jawohl, Dancer», schrie ich, «wenn das noch einmal vorkommt, werden Sie von mir keinen Einspruch mehr *hören*, Sie werden ihn *fühlen*; ich werfe Sie kurzerhand in den See.»

«Meine Herren, meine Herren», rief der Richter, blitzte uns wütend an und hämmerte auf den Tisch. «Dieses Gezeter muß aufhören. Der nächste, der außer der Reihe spricht, bekommt es mit mir zu tun. Fahren Sie fort, Mr. Dancer.»

Nach diesem Zwischenfall schob sich Mr. Dancer nicht wieder zwischen mich und den Zeugen, ließ dem Oberleutnant dafür aber keine ruhige Minute mehr und schoß ein wahres Schnellfeuer von Fragen ab. Dabei brachte er ans Tageslicht, daß die militärische Ausbildung Manions einschloß, Berichte seiner Leute zu prüfen und zu würdigen. Wiederholt betonte er, der Oberleutnant sei nur so lange im Wohnwagen geblieben, bis er von der Wahrheit des Berichts über die Vergewaltigung überzeugt war; dann habe er seine Waffe genommen und sei fortgegangen. Offensichtlich versuchte er, unseren Mandanten als Opfer unbändigen, kaltblütigen Zorns hinzustellen.

«Sträubte sich Ihre Frau, Ihnen von der angeblichen Vergewaltigung zu erzählen?» schnurrte er weiter.

«Sie sträubte sich nicht, sie war nur hysterisch, eine ganze Weile brachte sie kein Wort heraus.»

«Aber Sie fragten sie eingehend aus?»

«Jawohl, das tat ich.»

«Sie wollten natürlich sichergehen, Herr Oberleutnant, nicht den Falschen umzubringen.»

«Zu schnappen, Mr. Dancer – nicht den Falschen zu schnappen.»

«Sie hatten einen Schlüssel zum Gatter, nicht wahr?»

«Ja, Mr. Lemon hat ihn mir gegeben.»

«Sie wußten, daß das Tor jeden Abend um zehn Uhr geschlossen wurde?»

«Ja, Mr. Lemon hatte es mir gesagt.»

«Wußte Ihre Frau das auch?»

«Anscheinend nicht. Ich glaube, ich habe es ihr nicht gesagt. Es kam nie vor, daß sie es allein öffnen mußte, und die wenigen Male, an denen wir später kamen, hatte Mr. Lemon es freundlicherweise für uns offengelassen.»

«Wußten Sie, daß er stellvertretender Sheriff war?»

«Ich glaube nicht, daß ich es wußte; hätte ich es gewußt, hätte das jedoch kaum etwas ausgemacht.»

«Sie zogen es also vor, sich selbst zum Richter aufzuwerfen, statt Mr. Lemon zu Hilfe zu rufen?»

Der Oberleutnant musterte Mr. Dancer kühl. «Es wäre mir ebensowenig eingefallen, in dieser Angelegenheit Mr. Lemons Hilfe in Anspruch zu nehmen, wie ich auf den Gedanken gekommen wäre, Sie zu bemühen, Sir.»

Mr. Dancer hatte das Erröten noch nicht verlernt: Er wurde jetzt rot, zum größten Ergötzen des Strafverteidigers und eines Geschworenen, der einst den Waffenrock getragen hatte. «Hören Sie, Manion», rasselte er wütend weiter, «als Sie Ihre Frau in diesem Zustand sahen, packte Sie die Wut, und Sie zogen schnurstracks los, um Barney Quill umzubringen, und brachten ihn auch um, nicht wahr?»

Mr. Manion erwiderte eiskalt: «Ich glaube, darüber haben wir bereits gesprochen, Mr. Dancer. Ich ging hin, um ihn zu schnappen.»

«Dabei trugen Sie aber doch eine Waffe versteckt auf dem Leib?» fragte Mr. Dancer ärgerlich.

«Jawohl, die Pistole war nicht zu sehen, bis ich sie hervorzog.»

«Was das Gesetz, wie Sie wissen, verbietet.»

«Daran dachte ich nicht, Sir.»

Parnell und ich hofften, gegen diese Beschuldigung eine rechtskräftige Medizin parat zu haben: eine Medizin, von der ich dem Oberleutnant noch nichts verraten hatte. Einen Augenblick lang empfand ich fast Wohlwollen Mr. Dancer gegenüber – ein Wohlwollen, das freilich allzu rasch – bei der nächsten Frage – schwinden sollte.

«Haben Sie Kriminalkommissar Durgo nicht gesagt, ein Mann, der so etwas täte, habe kein Recht, am Leben zu bleiben, daß Sie sich die Sache gründlich überlegt hätten und wieder ganz genauso handeln würden, wenn Sie sich zu entscheiden hätten?»

«Ich erinnere mich nicht, so etwas gesagt zu haben. Ich will aber auch nicht abstreiten, daß ich es gesagt habe. Ich achte Durgos Unbescholtenheit, kann mich aber nicht erinnern, dergleichen gesagt zu haben.»

«Sie bestreiten aber auch nicht, es gesagt zu haben?»

«Nein.»

Mr. Dancer war nahe an den Zeugen herangetreten und hielt ihm nach bestem Hollywood-Stil drohend seinen Finger unter die Nase. «Nun frage ich Sie, würden Sie es wieder tun?»

Kurzerhand stand ich auf. «Ich bedaure, Euer Gnaden stören zu müssen, wenn aber der Herr Ankläger noch näher an meinen Mandanten herantritt, ist zu befürchten, daß der Mann einem unwiderstehlichen Zwang verfällt und *ihn* schnappt. Ich erhebe Einspruch dagegen, daß der Ankläger so dicht neben dem Zeugen steht.»

«Treten Sie zurück, Mr. Dancer», ordnete der Richter an. Dancer wich flink zurück, nicht ohne dabei eine weitere Frage loszulassen. «Ich frage Sie», drängte er, «würden Sie es wieder tun?»

Der Oberleutnant erwiderte kühl: «Ich bezweifle sehr, daß ich es wagen würde, Mr. Dancer, nachdem ich Sie jetzt kennengelernt habe.»

Ein kurzes Gekicher setzte ein, dann brach im Zuschauerraum die Hölle los. Ich fuhr herum – und sah eine unheimliche Szene, die einem surrealistischen Bild entsprungen zu sein schien: Ein junger Mann wand sich hoch, schob die ausgestreckten Hände sitzender Zuschauer, die ihn festzuhalten suchten, fort, hatte den Mund sperrangelweit geöffnet und versuchte verzweifelt, irgend etwas zu sagen. «L-l-lassen Sie ihn la-la-la-laufen ...», schrie er, die menschliche Stimme grotesk parodierend. «L-lassen Sie d-den a-a-armen, armen, armen ...», stammelte er wie von Sinnen. Schließlich stieß er den ganzen Satz hervor. *«Lassen Sie den armen Teufel doch um Himmels willen laufen!»*

Der Richter ließ seinen Hammer auf den Tisch sausen, ein Schwarm von Beamten fiel über den Mann her, der die öffentliche Ordnung verletzte, und schleppte, zerrte ihn hinaus. Außer sich vor Zorn, schickte der Richter die Geschworenen in das Geschworenenzimmer und rief den Sheriff sowie die Anwälte in das Beratungszimmer.

Streng blickte er von einem zum anderen. «Kann irgend jemand von Ihnen sich diesen Zwischenfall erklären?» fragte er. Da das Vorkommnis die Sache der Verteidigung eindeutig begünstigte, wurde ich rot und ließ wie ein Gast, der in dem Verdacht steht, bei einer Hausparty alle Nerzpelze gestohlen zu haben, schuldbewußt den Kopf hängen.

«Ich schwöre, Euer Gnaden, daß ich nichts davon weiß», sagte ich. «Ich möchte meinen Fall gern gewinnen, würde mich jedoch nie im Leben zu so etwas hergeben. Ich habe den Mann noch nie gesehen.»

Clauce Dancer blickte mich an, als lüge ich das Blaue vom Himmel herunter, doch schon kam mir der gute Sheriff mit rotem Gesicht zu Hilfe. «Herr Richter», sagte Max, «wenn jemand für diesen Vorfall verantwortlich zu machen ist, so bin ich es. Der Bursche ist im Krieg fast zu Mus geschossen worden, hat aber nicht sterben wollen. Wir alle versuchen, nett zu ihm zu sein und ihn seiner Mutter hin und wieder für ein paar Stunden abzunehmen. Bisher haben wir ihn von der Verhandlung fernhalten können und ihn heute nur hereingelassen, weil er versprach, sich vernünftig zu benehmen. Wahrscheinlich haben wir uns dabei getäuscht – leider hat er völlig den Kopf verloren. Vermutlich ist das viele Gerede vom Krieg daran schuld. So lange habe ich ihn noch nie in einem Atemzug sprechen hören. Ich bin davon überzeugt, daß keiner der Anwälte das geringste damit zu tun hatte. Ich bedaure diesen Vorfall sehr, Herr Richter.»

Claude Dancer blickte mich kopfschüttelnd an. «Sogar die Schwerbeschädigten stellen Ihnen einen Stimmungsmacher, Sie Glücklicher», murmelte er.

«Die Gerechtigkeit soll den Sieg davontragen», entgegnete ich mit frommer Miene.

«Wir wollen zehn Minuten Pause machen», sagte der Richter, die Stirn noch immer bedrohlich gerunzelt. «Da ist wohl nichts zu machen», fügte er langsam hinzu, «vermutlich ein nachträgliches Kriegsopfer, der arme, arme Kerl.» Es klang wie ein Segensspruch.

Nach der Pause schien sogar Claude Dancer durch den Vorfall mit dem schwer Kriegsbeschädigten ernüchtert – wie übrigens jeder von uns. Immer wieder bedrängte er den Oberleutnant wegen seiner Erklärungen gegenüber Kriminalkommissar Durgo, immer wieder nahm er den Tatbestand der Schießerei vor in der Hoffnung, den Zeugen dazu zu bringen, daß er zugab, sich an Bruchstücke der Geschehnisse zu erinnern, an die er sich in vorheriger Aussage nicht zu erinnern behauptet hatte. Im Gegensatz zu allen Anwesenden schien Oberleutnant Manion jedoch durch den Zwischenfall ermutigt, und seine Antworten gerieten sogar fast noch kühler und selbstsicherer als vorher.

«Ist es wahr, daß Sie einen jungen Kameraden, der Ihrer Frau auf einer Cocktailparty ein wenig den Hof machte, niedergeschlagen haben?» fragte Dancer dann.

«Ja, Sir.»

«Warum?»

«Weil er betrunken war und sie belästigte.»

Dancer fragte unschuldig: «Waren Sie eifersüchtig, Herr Oberleutnant?»

«Das will ich nicht einmal sagen. Ich wollte es einfach nicht, sein Benehmen mißfiel mir.»

«Waren Sie böse?»

Stirnrunzelnd antwortete er: «Bis zu einem gewissen Grade schon.»

«Sind Sie leicht gereizt, Herr Oberleutnant?» Dancer machte eine Pause. «Würden Sie mich zusammenschlagen, wenn ich versuchte, Ihrer Frau die Hand zu küssen?»

Oberleutnant Manion blickte zum Oberlicht auf, ein Lächeln huschte über sein Gesicht, als er antwortete. «Nein, Mr. Dancer, aber ich glaube, ich würde nicht übel Lust empfinden, Sie durchzubleuen.»

Der Saal kicherte. Claude Dancer wurde rot vor Zorn und biß sich, um Selbstbeherrschung ringend, auf die Lippen, wobei er aussah, als zähle er bis zehn.

«Nun, Herr Oberleutnant», sagte er, die Stimme hochschraubend (ich ahnte, was kam), «um noch einmal auf die Lueger-Pistole zu kommen, mit der Sie Barney Quill erschossen.»

«Bitte», antwortete der Oberleutnant kühl. Rasch blickte ich zu Parnell hinüber und hoffte, der Offizier werde sich an die Medizin erinnern, die Parnell und ich uns für dieses Thema ausgedacht hatten.

Claude Dancer holte die verhängnisvolle Waffe aus dem Stapel von Beweisstücken hervor und wirbelte sie wie ein gewandter Trapper um den Finger. «Diese Lueger-Pistole, die Sie geladen im Wohnwagen aufbewahrten und in jener Nacht unerlaubterweise versteckt bei sich trugen – sie war doch keine gewöhnliche Armeepistole, nicht wahr?» schnurrte er.

«Nein, Sir», antwortete der Oberleutnant, während ich in Erwartung der nächsten Frage den Atem anhielt.

Immer noch ließ Dancer die Waffe um den Finger kreisen. «Sie hatten Ihrem Kommandeur nichts davon gemeldet, so daß Ihre Vorgesetzten nichts von Ihrem Besitz ahnten?»

«Richtig, Sir», antwortete der Oberleutnant ruhig.

Nach einer triumphierenden Pause fragte Dancer: «Erklären Sie dann bitte dem Gericht und den Geschworenen, wie und wo Sie in den Besitz der Waffe kamen.»

«Jawohl, Sir», sagte der Oberleutnant gehorsam und begann auf Grund meiner wiederholten Anweisungen ohne Umschweife das mir vor Wochen berichtete Spähtrupp-Scharmützel zu schildern. «Eines Nachts waren wir auf Spähtrupp im Vorgelände», fing er an und berichtete, ohne die Lueger-Pistole auch nur einmal zu erwähnen, die Geschichte von dem alten deutschen Offizier, der hinter einem zerstörten Schornstein hervor auf seine Leute schoß, und wie er, Manion, dann den versteckten Gegner robbend umgangen hatte.

«Herr Oberleutnant, ich habe Sie nicht um einen spannenden Bericht Ihrer Heldentaten im zweiten Weltkrieg gebeten», fiel Claude Dancer ein, der plötzlich merkte, daß er auf den Leim gegangen war. «Ich wollte wissen, woher Sie die Lueger-Pistole haben. Sagen Sie uns das bitte.» Er legte die Waffe wieder zu den Beweisstücken zurück.

«Ich bin gerade dabei, Sir», sagte der Oberleutnant ruhig und erzählte seine Geschichte vom Tod des schwerverwundeten deutschen Offiziers zu Ende. Ich fand, daß er sie weit besser erzählte als das erstemal. «So kam ich zu meiner Lueger-Pistole, Sir», schloß er, blickte Claude Dancer kühl an und wartete höflich auf die nächste Frage.

Claude Dancer sandte mir ein Glückwunschlächeln herüber und wechselte rasch das Thema in der Absicht, den guten Eindruck zu verwischen, den der Angeklagte mit seiner Erzählung gemacht hatte. «Haben Sie und Ihre Frau Kinder?» fragte er ohne Übergang.

«Nein, Sir.»

«Ist das Ihre erste Ehe?»

«Nein, meine zweite.»

«Haben Sie oder Ihre Frau Kinder aus Ihren früheren – Heiratsabenteuern?»

«Nein, Sir», gab der Offizier mürrisch zur Antwort.

«Ihre Eltern sind tot, nicht wahr?»

«Ja, Sir.»

«Haben Sie außer Ihrer Frau noch Anhang, Herr Oberleutnant?»

«Nein, Sir.»

Damit zeigte Claude Dancer dem Gericht auf geschickte Weise, daß weder eine verwitwete Mutter noch sieben hungernde Kinder einer hemmungslosen Bestrafung des Angeklagten im Wege standen.

«Und Ihre Frau hat schon früher ihren Lebensunterhalt verdient, sie ist gesund und könnte es wieder tun?»

«Ja, Sir, notfalls könnte sie es tun.»

«Der Zeuge geht an Sie zurück», sagte Claude Dancer zu mir.

«Ich habe keine weiteren Fragen», erklärte ich und zupfte aus lauter Erleichterung, daß der Oberleutnant endlich dem Zeugenstand und den Klauen dieses kleinen Teufels entronnen war, den Knoten meiner Krawatte zurecht.

«Wir wollen eine Pause von fünf Minuten einlegen», sagte der Richter zum Sheriff, der bereits mit der Zeit geizte in einem Fall, den jeder von uns noch vor Einbruch der Nacht beendet zu sehen wünschte.

In der Pause erzählte mir Parnell, daß er und Maida am Abend vorher nach Thunder Bay gefahren seien, weil Maida den glücklichen Einfall mit dem Empfangschef gehabt habe. Nach dem Abendessen im Hotel hatte Parnell Mary Pilant einen längeren Besuch in ihrem Zimmer abgestattet. Als der Nachtportier seinen Dienst antrat, hatte Mary ihn rufen lassen und dabei zum erstenmal – wie sie Parnell später gestand – alle aufschlußreichen Einzelheiten über Barneys Aussehen und sein Benehmen in der verhängnisvollen Nacht gehört.

Bei dem Bericht des ernsten alten Mannes hob ich skeptisch den Kopf, blieb aber still. «Polly, mein Lieber», sagte Parnell kopfschüttelnd, «du magst an ihrer Aufrichtigkeit zweifeln, ich tue es nicht. Ich bin davon überzeugt, daß sie sich nur aus der hochherzigsten Regung heraus dem Bösen verschloß. Denk nicht so hart von ihr, sie ist so ein goldiges Geschöpf, so ernst und nun so reumütig und besorgt. Sie hat mir aufgetragen, dich herzlich zu grüßen und dir alles Gute zu wünschen. Ich glaube, du hast Eindruck auf sie gemacht.» Seine Augen blinzelten feucht. «Wenn ich mir vorstelle, ich hätte so eine Tochter gehabt. Sie – sie erinnert mich so sehr an meinen verstorbenen Herzensschatz.»

Stumm klopfte ich dem guten alten Mann auf die Schulter und stahl mich hinaus, um einen Schluck Wasser zu trinken. «Sie sind ein guter Mensch, Paul Biegler», hatte das seltsame Mädchen gesagt.

23. Kapitel

«Doktor Matthew Smith», sagte ich. Der junge Dr. Smith stand auf, trat vor, wurde vereidigt und bestieg den Zeugenstand.

«Ihr Name, Herr Doktor?» fragte ich.

«Matthew Smith.»

«Beruf?»

«Psychiater.»

Die Geschworenen blickten einander überrascht an; sicherlich waren sie erfreut, daß er so jung war, da sie offensichtlich meine romantische Meinung teilten, ein Psychiater müsse aussehen wie die Kreuzung zwischen einem Fakir und Rasputin. «Haben Sie eine Approbation, die Sie berechtigt, im Staate Michigan als Arzt zu praktizieren?»

«Das habe ich.»

Hierauf ging ich mit dem jungen Arzt nach alter Gerichtssaaltradition seine gesamte Laufbahn durch, vom Studium und von der Abschlußprüfung über seine verschiedenen Posten als Assistent, Internist im Hospital von Detroit, in mehreren Kliniken, am Nachlaßgericht, beim Versorgungsamt der Kriegsteilnehmer bis zu seiner augenblicklichen Tätigkeit.

«Gehören Sie einer Behörde oder einer Vereinigung Ihres Fachgebietes an?» fragte ich rasch weiter.

«Ja, ich bin eingetragenes Mitglied der Amerikanischen Gesellschaft für Psychiatrie und Neurologie.»

«Was besagt das?»

«Daß ich von der Amerikanischen Gesellschaft für Psychiatrie als Facharzt für Psychiatrie anerkannt bin.»

«Gibt es auch Ärzte Ihres Faches, die dieser Fachgruppe nicht angeschlossen sind?»

«Das gibt es.»

«Wieviel Jahre praktizieren Sie als Psychiater?»

«Über acht Jahre.»

«Wie alt sind Sie?»

«Fünfunddreißig.»

Daß der Arzt dem Heer angehörte, konnte nicht lange verborgen bleiben, darum zog ich es vor, es selbst zur Sprache zu bringen. «Was ist Ihr augenblicklicher Status, sind Sie Zivilist?»

«Augenblicklich gehöre ich dem Heer an und bin als Chefarzt der Neuropsychiatrischen Abteilung im Lazarett von Bellevue stationiert.»

«In welchem militärischen Rang?»

«Als Stabsarzt.»

«Haben Sie von Ihrem Vorgesetzten kürzlich den Auftrag bekommen, Oberleutnant Frederic Manion, den Angeklagten in diesem Prozeß, zu untersuchen?»

«Jawohl.»

«Haben Sie eine derartige Untersuchung vorgenommen?»

«Das habe ich.»

«Wo?»

«Im Militärlazarett von Bellevue.»

«Wann?»

«Vom 4. September, einem Donnerstag, bis Sonntag, den 7. September, mittags.»

«Wollen Sie uns bitte erzählen, wie die Untersuchung vor sich ging.»

«Der Patient wurde einer vollständigen organmedizinischen Untersuchung unterworfen, das heißt, er wurde durch sämtliche klinische Abteilungen des Hospitals geschleust und in jeder von einem Facharzt untersucht. Dann wurde von einem eigens dafür angestellten Fachmann ein vollständiger Lebenslauf angefertigt. Dazu wurde ein Elektroenzephalogramm hergestellt.»

«Was ist das?»

«Da aus dem Lebenslauf hervorging, daß der Oberleutnant infolge einer im Kriegsdienst erlittenen Gehirnerschütterung an einer Bewußtseinsstörung gelitten hatte, wurde festzustellen versucht, ob diese Störung Schäden hinterlassen hat, ein Umstand, den ein Elektroenzephalogramm ans Tageslicht gebracht hätte. Es fiel jedoch vollständig normal aus.»

«Bitte fahren Sie fort.»

«Er wurde auch einem Apperzeptionstest unterzogen und während der dreieinhalb Tage seines Aufenthaltes im Hospital ausgefragt. Dies war meine erste Arbeit an dem Patienten seit seiner Einlieferung.»

«Wurden vorbereitende Tests von anderen, unter Ihrer Leitung arbeitenden Ärzten oder Assistenten vorgenommen?» Dies mußte ich herausbringen, bevor Claude Dancer es tat.

«Jawohl, und zwar von eigens für entsprechende Zwecke ausgebildeten Spezialisten. Die Antworten wurden von mir geprüft. Die eigentlichen Tests, das heißt die verschiedenen Ergebnisse aus den vorhergehenden Tests, wurden von mir geprüft und entsprechend interpretiert.»

«Sagen Sie mir bitte, ob das Bellevue-Lazarett über moderne psychiatrische Einrichtungen verfügt.»

«Gewiß, Sir.»

«Sind sie mit anderen Hospitälern vergleichbar?»

«Die Anlagen des Armeehospitals in Bellevue können sich mit jedem anderen Krankenhaus messen.»

Hier brach ich ab. Jetzt waren wir beim Hauptpunkt, der «hypothetischen Annahme», angelangt, über die Parnell und ich so viel nachgedacht hatten. Die Hypothese war eine der eleganteren Fiktionen des Rechts, eine bequeme Art der gesetzlichen Taschenspielerkunst. Diese machte der Anwalt sich bei der Vernehmung eines von ihm aufgerufenen Fachzeugen zunutze und warf alle Tatbestände, Hauptpunkte und Lieblingstheorien seines Falles in einem säuberlichen Rechtsbündel dem sachverständigen Zeugen vor die Füße, damit dieser seine abschließende Meinung darüber abgeben könne. Dieses Verfahren hatte zum mindesten den Vorteil der Zeitersparnis.

«Herr Doktor», sagte ich, «haben wir beide schon gemeinsam eine Hypothese dieses Falles, die auf der Möglichkeit der Unzurechnungsfähigkeit fußt, besprochen?»

«Das haben wir.»

Ich schritt auf den Richterstuhl zu. «Euer Gnaden», sagte ich, «darf ich Ihnen eine Kopie unserer Hypothese überreichen?» Dann ging ich zu Mitchs Tisch hinüber. «Auch Ihnen möchte ich eine Kopie aushändigen.» Ich kehrte an meinen Tisch zurück. «Mit Genehmigung des Gerichts möchte ich unsere ‹hypothetische Annahme› zu Protokoll geben.»

Der Richter nickte. «Lesen Sie vor», sagte er. Der Protokollführer rollte die Augen und schien sich für den bevorstehenden Redefluß zu wappnen; er sollte nicht enttäuscht werden.

«Ich danke Ihnen, Herr Richter», sagte ich und begann zu lesen. «Nehmen wir folgendes an, Herr Doktor: Ein Mann, etwa sechsunddreißig Jahre alt, steht als Oberleutnant im Heer der Vereinigten Staaten. Er hat im zweiten Weltkrieg und in Korea gedient. Er ist im Jahre 1953 aus Korea zurückgekehrt und war eine Zeitlang Spezialkommandos in verschiedenen Übungslagern zugeteilt. Im Juli dieses Jahres erhält er ein Sonderkommando in einem Holzfällerdörfchen und Badeort auf der Oberen Halbinsel von Michigan. Er ist mit einer anziehenden, lebhaften fünf Jahre älteren Frau verheiratet. Beide lieben einander herzlich. Sie leben in einem Wohnwagen in einem Park des besagten Städtchens, das wenig geselliges Leben oder Abwechslung bietet. Eine der wenigen Vergnügungsstätten, die das Paar schicklicherweise besuchen kann, ist eine Hotelbar, nicht weit vom Park entfernt. In Anbetracht seiner langen Dienstzeit in Übersee und der Tatsache, daß er sich auf Sonderkommando befindet, hat der Oberleutnant nicht viele Freunde oder Bekannte in der Garnison des Städtchens. Nach Dienstschluß geht er daher gelegentlich in die Bar, mit deren Besitzer er sich anfreundet, ohne indessen intim mit ihm zu werden. Nehmen wir weiter folgendes an, Herr Doktor: Am Freitag, dem 15. August, geht die Frau des Oberleutnants gegen neun Uhr abends in die Bar, um Bier zu holen und dort eine Runde am Spielautomaten zu spielen. Inzwischen legt der Offizier sich hin und schläft, bis er etwa gegen elf Uhr fünfundvierzig plötzlich aufwacht. Er steht hastig auf, weil er mehrere Schreie hört. Vor dem Wohnwagen läuft ihm seine Frau in die Arme, sie schluchzt, ist außer Atem und hysterisch. Endlich erzählt sie ihm, der Inhaber der Hotelbar habe ihr Leben bedroht, er habe sie überfallen und vergewaltigt. Dann sei er zum zweitenmal über sie hergefallen, habe sie geschlagen und getreten. Sie ist voller Schrammen und Beulen. Ihr Rock ist zerrissen, ihr Schlüpfer fort. Der Oberleutnant bemüht sich über eine Stunde, sie zu beruhigen, zu trösten, zu pflegen. Nehmen Sie weiter folgendes an, Herr Doktor: Der Oberleutnant vermutet, daß der Mann, der allem Anschein nach soeben seine Frau überfallen, tödlich bedroht und vergewaltigt hat, ein ausgezeichneter Schütze ist, Schußwaffen besitzt und vielleicht sogar eine bei sich trägt. Er selbst besitzt in seinem Wohnwagen zum Selbstschutz eine geladene automatische Lueger-Pistole. Das Geschehnis und der augenblickliche Zustand seiner Frau haben ihn zutiefst bestürzt und seelisch aufgewühlt. Endlich beschließt er, den Barbesitzer aufzusuchen, ihn zu schnappen und festzuhalten, bis die Polizei kommt. Zwar ist er voller Zorn, Haß und Verachtung gegen den Besitzer, denkt aber weder daran, dem Mann etwas zuleide zu tun noch ihn umbringen zu wollen, wenn er auch das Gefühl hat, daß er ihn erschießen könnte, falls jener sich wehren sollte. Ohne Wissen seiner Frau holt er seine Pistole aus der Schublade, läßt die Geschändete im Wohnwagen zurück und fährt zur Taverne. Er erinnert sich weder an die Zeit, noch wie er dort hinkommt. Er betritt die Bar. Er sieht den Besitzer, der ihn beobachtet, hinter der Bar stehen. Er tritt auf die Bar zu, der Hotelier wirbelt herum, der Offizier zieht die Pistole, zielt auf ihn und feuert die ganze Ladung auf ihn ab; dazu beugt er sich über die Bar. Von alldem bewahrt er keine bewußte Erinnerung. Dann macht er kehrt, verläßt die Bar und fährt heim. Vom Betreten der Bar bis zur Rückkehr kann er sich erwiesenermaßen auf nichts besinnen. Erst jetzt bemerkt er, daß seine Pistole leergeschossen ist. Und nun erzählt er seiner Frau, daß er den Tavernenwirt erschossen hat. Dann setzt er den stellvertretenden Parkwart des Touristenparks von seiner Tat in Kenntnis. Daraufhin erwartet er im Wohnwagen die Ankunft der Polizei, wird verhaftet und wegen Mordes angeklagt. Nehmen wir folgendes an, Herr Doktor: Der Oberleutnant ist in seinem ganzen Leben nie in Haft und nie verurteilt gewesen, er hat sich nie eines Aktes der Gewalt gegen einen Mitmenschen schuldig gemacht.» Ich machte eine Pause und holte Atem. «Nun, Herr Doktor, vorausgesetzt, daß alle hier erwähnten Tatbestände wahr sind, haben Sie eine auf hinreichender psychiatrischer Gewißheit fußende

Meinung darüber, ob man als wahrscheinlich annehmen darf, daß der hypothetische Mann sich in einem Zustand der Gefühlsverwirrung befand, die zu vorübergehender Geistesgestörtheit führen konnte?»

«Ja, das kann ich.»

«Was ist Ihre Meinung?»

«Daß er während der Zeit des Schießens vorübergehend unzurechnungsfähig war.»

«Herr Doktor, haben Sie eine Meinung darüber, ob er, als der Barbesitzer den Tod fand, an einer vorübergehenden Geistesstörung litt, so daß er außerstande war, Recht von Unrecht zu unterscheiden?»

«Das habe ich.»

«Was ist Ihre Meinung?»

Hier zögerte der Arzt, wie schon am Abend vorher in seinem Hotelzimmer. «Daß der in Frage kommende Oberleutnant wahrscheinlich Recht von Unrecht nicht zu unterscheiden vermochte.» Er hielt inne. «Ich glaube nicht, daß das eine große Rolle spielt», fügte er hinzu.

Ich drängte weiter. «Sind Sie zu einer Auffassung darüber gekommen, ob er zu jener Zeit seine Tat und ihre Folgen erkannte und begriff?»

«Das bin ich.»

«Welcher Auffassung sind Sie?»

«Daß er das nicht war.»

«War oder tat, Herr Doktor?»

«Daß er das nicht tat, meine ich. Ich danke Ihnen.»

«Haben Sie sich ein Urteil darüber gebildet, ob er sich in einer Gemütsverfassung befand, die kein bewußtes vernünftiges Überlegen zuließ, vielmehr vom Instinkt und vom Unbewußten beherrscht wurde?»

«Darüber habe ich mir ein Urteil gebildet.»

«Bitte nennen Sie es.»

«Daß er völlig unter der Herrschaft des Instinktes und des Unbewußten stand.»

«Fußen Ihre Schlüsse auf einer psychiatrischen Grundlage?»

«Gewiß.»

«Zeigt dieser Fall Ihrer Meinung nach einen Zustand, der in der Psychiatrie bekannt ist?»

«Jawohl.»

«Würden Sie uns die Grundlage und den entsprechenden Zustand, soweit sie der Psychiatrie bekannt sind, erklären.»

«Der betreffende Zustand ist der Psychiatrie vertraut. Er ist nicht selten. Im Augenblick nennen wir diesen Zustand Bewußtseinsspaltung. Der Zustand, den Sie schildern, entspricht fraglos einem psychischen Schock. Dieser Schock störte das seelische und gefühlsmäßige Gleichgewicht des in Frage kommenden Offiziers und war verantwortlich für die nahezu überwältigende Spannung, in der er sich befand. In dieser Verfassung klammert der Offizier sich an irgend etwas, was die Spannung vermindert oder löst. Seine Vergangenheit weist darauf hin, daß er ein Mensch des Handelns ist; daher kann er zu dem gegebenen Zeitpunkt gar nichts anderes tun als handeln. Das bedeutet, daß er gar keine andere Wahl sieht. Es bedeutet gleichermaßen, daß er seine Handlungsweise nicht in vollem Umfang zu begreifen vermag. Wenn er theoretisch auch weiß, was seine Handlungsweise nach sich ziehen wird, so ist er im gegebenen Augenblick doch außerstande, sich darüber klarzuwerden. In solch einem Zeitpunkt ist das einzige Recht, das dieser Mensch zu begreifen imstande ist, dasjenige, das seine unerträgliche Spannung zu lindern vermag. In diesem Fall brachte es gewisse Erscheinungen mit sich, in anderen Fällen ist es für auffallend ähnliche Phänomene verantwortlich.»

«Können Sie uns ein Beispiel geben?»

«Es ist ein Zustand, den ich bei Männern, die ihn im Kriege erlebt haben, beobachtet und mit ihnen besprochen habe. Freilich erst, nachdem sie ihn überwunden hatten, geraume Zeit danach. In diesem Zustand werden die rühmlichsten Heldentaten wie auch die erbärmlichsten Feigheiten begangen.»

«Kennt man diesen Zustand der Bewußtseinsspaltung, von dem Sie sprechen, auch unter einer anderen Bezeichnung?»

«Ja. Man nennt ihn auch unwiderstehlichen Zwang.»

Claude Dancer hegte offensichtlich den Verdacht, daß unwiderstehlicher Zwang in Michigan als Verteidigungsgrund anerkannt würde, jedenfalls verhieß ihm der Klang der Worte nichts Gutes. «Ich erhebe Einspruch, Euer Gnaden», sagte er. «Das greift in die Zuständigkeit des Gerichts und der Geschworenen ein. Ich beantrage, daß die Antwort aus dem Protokoll gestrichen wird.»

«Mr. Biegler?» fragte der Richter.

«Euer Gnaden, Dr. Smith hat den besprochenen Zustand Bewußtseinsspaltung genannt. Ich habe ihn gefragt, ob es dafür noch einen anderen Ausdruck gibt. Dr. Smith hat die Frage beantwortet, nicht mehr.» Ich trat einen Schritt vor. «Dies ist für unseren Fall von ausschlaggebender Bedeutung, Euer Gnaden. Dafür werden wir alles in die Schanze ...»

Der Richter hob die Hand. «Deshalb brauchen Sie noch keine Rede zu halten, Mr. Biegler», sagte er. «Die Antwort soll bestehenbleiben.»

«Herr Doktor», sagte ich, «ich verstehe nur zu gut, daß ein Fachmann wie Sie seine Meinungen und Schlüsse in der Sprache seines Berufs äußert. Dennoch frage ich mich, ob Sie uns Ihre Ansichten vielleicht in einer auch dem Laien verständlicheren Form übermitteln könnten.»

«Das will ich versuchen, Sir. Bei der Lage des in Frage kommenden Falles handelt es sich um einen schweren Schock. Das gefühlsbedingte und seelische Gleichgewicht ist weitgehend gestört. Es entsteht eine ans Unerträgliche grenzende Spannung, die der des unwiderstehlichen Dranges entspricht, sich aus dem tranceähnlichen Zustand auf irgendeine Weise zu befreien.»

«Nun möchte ich Sie fragen, Herr Doktor, ob der Betreffende in dem von Ihnen geschilderten Zustand Ihrer Ansicht nach dazu fähig gewesen wäre, einen ältlichen unbewaffneten Parkwart und stellvertretenden Sheriff aufzusuchen, um ihn zu bitten, er möge den Verstorbenen schnappen und festhalten, bis die Polizei kommt.»

Claude Dancer stand auf, wurde aber von der erhobenen Rechten des Richters abgewiesen. Anscheinend gingen Dancer und ich ihm langsam auf die Nerven.

«Solch ein Benehmen wäre mit allem, was Sie in der Hypothese erwähnt haben, unvereinbar», antwortete der Zeuge. «Die Annahme weist darauf hin, daß es sich um einen hypothetischen Ehrenmann handelt, für den die persönliche Sicherheit durch Selbstachtung, Ideale und Ehrgefühl bedingt ist. Daß ein so gearteter Mensch sich in einem solchen Augenblick an einen alten unbewaffneten Parkwart wendet, ist mit dem, was wir bisher von ihm wissen, nicht in Einklang zu bringen. Es würde schwerfallen, eine Situation zu ersinnen, in der ein Mensch wie der in Frage kommende sich solcherart verhalten könnte.»

«Wäre der Oberleutnant vielleicht in die Bar gegangen, um den Besitzer selbst zu schnappen ...»

«Die Erörterung soll hypothetisch sein. Sie sollte also in dieser Weise weitergeführt werden», warf Mr. Dancer ein.

«Ich bitte um Verzeihung, Herr hypothetischer Beirat des Herrn Anklägers Lodwick», sagte ich.

«Hier scheint ein Hypokrit zu sprechen», zischte Dancer.

«Meine Herren, meine Herren», warf der Richter müde ein. «Lassen Sie uns doch bitte etwas hypothetisches Stroh dreschen.»

Dr. Smith lächelte. «In dem Zustand, in dem sich der

von uns angenommene Oberleutnant in dem Augenblick befindet, in dem er zu dem hypothetischen Gasthaus fährt, würde er meiner Meinung nach mit oder ohne Waffe gehen, gleichgültig, ob der in Frage kommende Besitzer hypothetische Waffen bei sich hat, gleichgültig, ob der Offizier weiß, daß sie da sind oder nicht. Meiner Überzeugung nach würde er auch gegen eine auf der Bar montierte Kanone losgegangen sein. Ich halte es für wichtig, daß wir uns über eines klarwerden: Hier steht der Wesenskern, ja das Mannestum des angenommenen Offiziers auf dem Spiel. Für ihn gibt es nur Vergessen oder Tod, und selbst wenn er eine andere Wahl hätte – wie etwa die Überlegung, was daraus entstehen oder ob er auch anders handeln könnte –, vermöchte dieses andere nichts gegen das überwältigende Bedürfnis, den auf ihm lastenden Druck loszuwerden. Das zwingende Bedürfnis, sich dieser Spannung zu entledigen, verdrängt jeden anderen Beweggrund.»

«Können Sie uns erklären, Herr Doktor, warum dieses Bedürfnis sich den hypothetischen Barbesitzer zum Ziel sucht?»

«Unter den gegebenen Umständen ist es das natürlichste, daß die Anstrengung, die Spannung zu mildern, sich gegen den angenommenen Urheber dieser Spannung richtet. Sie weisen in Ihrer Hypothese nur auf Umstände hin, aus denen klar hervorgeht, daß wir einen Mann der Tat vor uns haben. Er könnte nicht plötzlich beginnen, sich in einer seinem Wesen vollständig fremden Weise zu benehmen, und etwa über den Vorfall philosophische Betrachtungen anstellen. Dieser Mensch ist keine komplizierte Gestalt auf der Suche nach sich selbst, bei ihm steht das Handeln im Vordergrund.»

«Könnten Sie uns sagen, ob der hypothetische Oberleutnant seine Tat im Zorn auf den angenommenen Tavernenbesitzer verübt haben könnte?» (Sicherlich würde

Dancer darauf einhaken, ich hielt es daher für angebracht, ihm im voraus den Wind aus den Segeln zu nehmen.)

«Unter all den Gefühlsregungen, die ihm zu jener Zeit kommen können, mag auch Zorn sein. Ich halte es für unmöglich, diese Empfindungen zu beschränken – fraglos liegt der Zorn nahe.»

«Herr Doktor, ich möchte von Ihnen wissen, ob dieser Seelenzustand, von dem Sie sprechen, zwangsläufig die körperlichen Fähigkeiten oder die manuellen Fertigkeiten des angenommenen Oberleutnants, beispielsweise seine Eignung, rasch eine Schußwaffe herauszuziehen und richtig zu zielen, behindern kann.»

«Keineswegs. Er würde im Gegenteil jegliche Handlung, die der Mann im Sinne hat, nur noch fördern.»

«Sind Ihnen solche Phänomene aus Ihrer Erfahrung als Psychiater bekannt?»

«Ich habe sie beobachtet und habe von ihnen gehört – aus dem Mund von Patienten, bei denen derartige Phänomene auftraten.»

«Herr Doktor», drängte ich weiter, «sagen Sie bitte, ob intensive, ausgiebige Beobachtung und Untersuchung des Betroffenen notwendig sind, um zu einem Schluß über seinen Geisteszustand zu kommen.»

«Ich würde sagen, daß dies wesentlich ist.»

«Können Sie erklären, warum?»

«Um zu verstehen, daß eine bestimmte Erfahrung für den einen oder anderen Mann zum Schock werden kann, ist persönliche Beobachtung nicht unbedingt erforderlich. Um aber zu verstehen, *warum* dieser bestimmte Schock bei einem Menschen zu einer bestimmten Handlungsweise oder zu einem bestimmten Seelenzustand führt, bedarf es erschöpfender Beobachtung. Das nennen wir Psychiatrie, Sir.»

«Sagen Sie uns bitte, Herr Doktor, ob Sie sich ein psychiatrisches Urteil über den Seelenzustand des hypothetischen Oberleutnants oder des wirklichen Oberleutnants Manion allein auf Grund Ihrer Teilnahme an der augenblicklichen Gerichtsverhandlung zutrauen würden.»

«Ich halte es für unmöglich, ein gültiges Fachurteil über den Geisteszustand, in dem sich dieser Mann am 16. August und unmittelbar danach befand, nur auf Grund einer solchen Beobachtung abzugeben.»

Ich wandte mich an Claude Dancer: «Ihr Zeuge».

24. Kapitel

«Haben Sie während Ihrer Untersuchung des Angeklagten irgendwelche Psychosen festgestellt?» Claude Dancer war noch nicht aufgestanden, als er die Frage blitzartig losließ.

«Nein.»

«Neurosen?» fragte er, auf seinen kurzen Beinen vorwärts tappend.

«Die Frage ist weit gefaßt. Ich habe keine ernstlichen Neurosen festgestellt.»

Claude Dancer blieb breitbeinig vor dem Zeugen stehen. «Würden Sie uns sagen, welche Fakten oder Faktoren Sie in der Hypothese als die wichtigsten ansehen?»

Die Frage war hinterhältig gestellt und enthielt Sprengstoff. In dem Augenblick, da der Arzt in einer hypothetischen Annahme Faktoren aussonderte, öffnete er der Möglichkeit, daß unsere – und seine – Meinung zu Bruch ging, Tür und Tor. Diese Fragestellung hatte ich nicht erwartet, ich hatte den Arzt nicht darauf vorbereitet und hielt daher in Erwartung seiner Antwort den Atem an.

«Die ganze Hypothese ist wichtig», sagte er ruhig, und auch mein Atem ging ruhiger. «Sie umreißt einen bestimmten hypothetischen Mann. Ein, zwei oder drei Faktoren allein würden nicht ausreichen. Ich muß Ihnen daher sagen, daß meine Antworten sich auf den gesamten Fragenkomplex bezogen.»

Einschmeichelnd fragte Dancer: «Gibt es denn nicht Teile, die andere, wenn auch nur ein wenig, an Bedeutung überragen?»

«Kein Teil ist so bedeutsam, daß ich ihn von den anderen getrennt sehen möchte.»

Dancer ließ nicht locker: «Wollen Sie damit sagen, daß Sie sich an die Teile, die von größerer Bedeutung waren, nicht erinnern?»

«Ich will damit das sagen, was ich erklärt habe: Die ganze Frage, wie sie vorgebracht wurde, ist wichtig und von Bedeutung. Zerlegt man den Komplex Teil um Teil, so zerstört man die Bedeutung der einzelnen Teile etwa in der Weise, wie wenn man der Mona Lisa Grübchen hinzumalte oder ihr Lächeln wegnähme. Hier handelt es sich um eine Frage, bei der ein Teil vom anderen abhängt, daher könnte ich nicht einen Teil herausnehmen und ihm mehr Bedeutung zumessen als einem anderen.»

Hier kam Dancer nicht weiter, er wechselte also wohlweislich das Thema. «Wie wird eine Bewußtseinsstörung von der Psychiatrie eingeordnet?»

«Als eine vorübergehende neurotische Reaktion.»

«Also nicht als Psychose?»

«Sie ist weder eine Psychose, noch ist sie normalerweise eine schwere Neurose. Es hängt davon ab, was Sie zu der Reaktion dazurechnen – die Neurose kann zu der Zeit, in der man sie erleidet, natürlich recht schwer sein, sowohl bezüglich der Wirkung auf einen selbst als auch bezüglich der Wirkung auf die Umwelt. Wenn aber die Dauer in Betracht gezogen wird, so ist diese gewöhnlich begrenzt.»

«Was für Tests wurden vorgenommen, als Sie die Untersuchung des Oberleutnants geleitet haben?»

«Die üblichen Laboratoriumstests.»

«Wurde er einem Wechsler-Bellevue-Test unterzogen?»

«Nein.»

«Wurde ein Bender-Gestalt-Test durchgeführt?»

«Nein.»

«Was für Tests sind das?»

«Es sind psychologische Tests.»

«Psychologische Tests wurden also nicht angewandt?»

«Die, die ich für angebracht hielt, wurden angewandt und von mir nachgeprüft.»

«Wie heißen sie?»

«Der eine war ein Apperzeptionstest.»

«Ist dies ein psychologischer Test oder ein Projektionstest?»

«Beides. Der Projektionstest ist ein Sammelbegriff für psychologische Tests.«

«Welchen Zweck hat der Wechsler-Bellevue-Test?»

«Die Wechsler-Bellevue-Intelligenzskala vermittelt uns, wie schon ihr Name sagt, einen Begriff von der Intelligenz des Individuums und dient auch zur Einordnung gewisser Geistesstörungen.»

«Welcher Geistesstörungen?»

«Nun, die Skala kann zum Beispiel Aufschluß geben über Schwachsinn, wenn der Erfolg freilich auch vom Geschick des Testenden abhängt. Sie kann auch auf dem Gebiet der Erziehungspsychologie von ausschlaggebendem Wert sein. In dieser Sparte bin ich freilich keine Autorität.»

«Verfügen Sie über Möglichkeiten, diesen Test anzuwenden?»

«Ja.»

«Auch den Bender-Gestalt-Test?»

«Gewiß.»

«Haben Sie den einen oder anderen bei Oberleutnant Manion angewandt?»

«Nein.»

«Warum nicht?»

«Weil ich sie für ungeeignet hielt. Der zweite ist ein psychologischer Test, der im wesentlichen darauf abzielt, die Genauigkeit der Wahrnehmung festzustellen.»

«Haben Sie eine lebensgeschichtliche Aufnahme des Oberleutnants durchgeführt?»

(Augenscheinlich hatte Dancer einen Schnellkursus im Rotwelsch der Psychiatrie absolviert und daher nichts Eiligeres zu tun, als seine nagelneuen Kenntnisse forsch an den Mann zu bringen.)

«Das erwies sich als nicht notwendig. Ich habe meine eigene psychiatrische Studie des Patienten gemacht. Dafür gibt es verschiedene Testarten. Ich habe jedoch keine der von Ihnen erwähnten benutzt.»

«Was für Tests haben Sie dann angewandt?»

«Ich habe sein Wahrnehmungsvermögen sorgfältig geprüft und anschließend ein Elektroenzephalogramm gemacht. An Hand intensiver Beobachtungen und Studien hielt ich mich für befugt, den Patienten zu verstehen und einiges über ihn auszusagen.»

Claude Dancer machte eine Pause und sah seine Aufzeichnungen durch. «Haben Sie den Szondi-Test an ihm vorgenommen?»

«Nein, die Szondi-experimental-diagnostische Untersuchung habe ich nicht vorgenommen.»

«Einen ‹Rorschach›?»

«Nein.»

«Einen thematischen Apperzeptionstest?»

«Nein, Sir.»

«Auch keine Persönlichkeits-Aussiebe-Tests?»

«Auch die nicht.» Der Arzt hielt inne und blickte den Gegenpsychiater an. «Ich möchte hinzufügen, Sir, daß ich mich eher zu der Schule rechne, die auf persönliche Untersuchung und Durchleuchtung Wert legt, als zu jener Gruppe, die bisweilen die ‹Automaten- oder Fließbandpsychiatrie› genannt wird.»

Claude Dancer ignorierte die Ohrfeige und drängte weiter. «Haben Sie bei der Untersuchung Oberleutnant Manions Wahnvorstellungen festgestellt?»

«Nichts dergleichen.»

«Oder Gedächtnisschwund?»

«Jedenfalls nicht vor diesem Fall.»

«Oder Halluzinationen?»

«Nein.»

«Oder Verwandlungshysterie?»

«Bewußtseinsspaltung schließt die Fälle der sogenannten Hysterie ein.»

Triumphierend hielt Dancer inne, als habe er einen neuen Knochen ausgebuddelt. «Wird Verwandlungshysterie nicht in der Umgangssprache auch als Wutanfall bezeichnet?»

«Nein. Ich kenne keinen namhaften Psychiater oder eine psychiatrische Autorität, die sie so nennen würde.»

«Als was würden Sie sie in der Umgangssprache bezeichnen?»

«Ich meine mich zu erinnern, daß ich mich, soweit es die Genauigkeit zuließ, bereits der Umgangssprache bedient habe», entgegnete der Arzt kühl. «Wenn Sie wollen, daß ich es wiederhole, so stellen Sie bitte die entsprechenden Fragen, und ich werde sie beantworten.»

Claude Dancer musterte den Zeugen und versenkte sich dann in seine Notizen. «Herr Doktor, in der ersten Vernehmung wurden Sie gefragt, ob der hypothetische Oberleutnant imstande war, zwischen Recht und Unrecht zu unterscheiden. Sie erwiderten: ‹Wahrscheinlich nicht‹ und fügten hinzu, Ihrer Meinung nach sei die Frage unerheblich. Denken Sie immer noch so?»

Ruhig antwortete der Zeuge: «Ja.»

«Somit mag er also den Unterschied zwischen Recht und Unrecht gekannt haben?»

«Das ist gut möglich.»

Triumphierend fuhr Dancer den Zeugen an: «Wie können Sie dann hier auftreten und behaupten, der Oberleutnant sei unzurechnungsfähig gewesen?» Nicht einmal

Claude Dancer wußte also, daß unwiderstehlicher Zwang im Staate Michigan als Schuldausschließungsgrund im Sinne der Unzurechnungsfähigkeit anerkannt wurde. Das konnte man ihm freilich nicht vorwerfen, wenn man in Betracht zog, daß Parnell und ich – mit meiner zehnjährigen Erfahrung als Staatsanwalt – schwer gearbeitet hatten, um diese Tatsache aus alten Aktenstößen hervorzuholen. Trotzdem war die Lage gefährlich, und ich wartete ängstlich auf die Antwort.

«Ich habe hier niemals behauptet, Sir, daß irgend jemand *rechtlich* unzurechnungsfähig gewesen sei», antwortete der Arzt kühl. «Ich habe gesagt, meiner Meinung nach leide der hypothetische Offizier an einer medizinisch als Geistesstörung bekannten Bewußtseinsspaltung, die bisweilen auch unwiderstehlicher Zwang genannt wird. Ich wiederhole, daß das Bewußtsein, Recht von Unrecht zu unterscheiden, bei einem Opfer jener Geistesstörung kaum etwas ausmachen würde.»

Claude Dancer wandte dem Zeugen den Rücken und blickte die Geschworenen bedeutsam an, dann sah er zu mir herüber. Noch immer mit dem Rücken zu dem Zeugen, sagte er: «Sind Sie bereit, Herr Doktor, Ihr Zeugnis in diesem Fall auf diese Antwort zu gründen?»

«Ja, Sir.»

Wenn der Richter den Geschworenen wirklich unsere Instruktionsanträge auf unwiderstehlichen Zwang vorlegte und sie sich nach ihnen richteten – dann mußte der kleine Claude Dancer sein blaues Wunder erleben. Immer blieb das Wörtchen *wenn* …

Claude Dancer wechselte das Thema. «Könnte dieser Mann auf den Barinhaber erzürnt gewesen sein?» drängte er weiter, den Zeugen von neuem anblickend.

«Sprechen Sie von dem wirklichen oder dem angenommenen Oberleutnant, Mr. Dancer?» entgegnete der Zeuge gelassen.

Von diesem kühlen jungen Mann berichtigt zu werden, wurmte Claude Dancer. «Von beiden», schnurrte er. «War der Oberleutnant nicht wütend auf den Wirt, ging er nicht in einer Mordswut hinüber, um ihn zu erschießen?»

Der Arzt wurde nachdenklich. «Sehr wahrscheinlich war er stinkwütend auf den Hotelier», pflichtete er bei. «Das Gegenteil wäre ungewöhnlich gewesen. Wir können jedoch mit ziemlicher Sicherheit annehmen, daß es nicht nur Wut war.» Er brach ab, ein Lächeln huschte über sein Gesicht. «Genau wie Sie eben auf mich wütend waren, Mr. Dancer, wenn Ihnen auch Ihr Ziel klar und kühl vor Augen steht – mich nach Möglichkeit hereinzulegen!»

Eine Sekunde starrte Claude Dancer den Zeugen an, dann schien er den Entschluß gefaßt zu haben, das Thema seiner eigenen Wut fallenzulassen. «Bestand aber der dringlichste Wunsch des Angeklagten nicht darin, all seinen Zorn und seine Wut an dem verhaßten Barbesitzer auszulassen?» fuhr er fort.

Der Arzt schüttelte den Kopf. «Begriffe wie ‹Patriotismus›, ‹Zorn›, ‹Liebe› und ‹Haß› sind meist bequeme, allzu einfache Aushängeschilder für die verwickelten Gefühlsregungen, denen der Mensch unterworfen ist, Mr. Dancer», sagte er. «Die Gefühle des Menschen existieren nicht den Worten zuliebe. Gefühle gab es, bevor der Mensch die Sprache erfand. Im seltensten Fall läßt sich ein Gefühl in ein einzelnes Wort oder in eine Wortgruppe zwängen. Darauf bestehen zu wollen, daß der Offizier nur Wut empfand, hieße, nur eines der vielen verwickelten und widerstreitenden Gefühle, die er fraglos zu der Zeit empfand, herausgreifen und betonen zu wollen.»

«Also schön, Herr Doktor, nennen Sie uns bitte einige der anderen», sagte Claude Dancer mit süßlichem Lächeln. «Etwa auch Liebe?»

Der Arzt machte einen großen Bogen um das gefährliche Pflaster der Wortbedeutungen. «Da bin ich überfragt,

Sir. Wir können mit Sicherheit nur sagen, daß es nicht Wut allein war, wenn Wut überhaupt dazu gehörte. Wenn wir den Menschen in seiner endgültigen Form, in seinem Wesenskern erfassen wollen, so behängen wir ihn nicht mit einem Schildchen, auf dem ‹Wut› oder ‹Liebe› steht, und glauben dann, wir hätten ihn begriffen, umgrenzt. Falls wir uns damit begnügen, sind wir einfach am Thema vorbeigegangen. Nur gewisse primitive Stämme, nur das antike Drama durfte sich erlauben, den ganzen Menschen durch Masken darzustellen. Jeder begriff, daß es sich dabei nur um Chiffren, um vereinbarte Sinnbilder handelte, die Lustspiel, Trauerspiel und dergleichen sichtbar machen sollten – aber nie um den ganzen Menschen.»

Ich blickte zu den Geschworenen hinüber in der Furcht, sie könnten im ausweglosen Sumpf der Wortbedeutungen versinken. Statt dessen saßen sie hellwach da und schienen das Schauspiel zu genießen. Hier ist was los, schienen ihre Mienen einstimmig zu verraten.

Endlich gab Dancer das Thema Wut auf. «Kann man eine Neurose als Unzurechnungsfähigkeit betrachten?» fragte er.

«Gewöhnlich nicht.»

«Das wäre alles», schloß Mr. Dancer, sich abwendend.

«Keine weiteren Fragen», warf ich rasch ein. Dann holte ich tief Atem und fuhr fort. «Das reicht. Hiermit hat die Verteidigung ihren Beweisvortrag beendet.»

«Mittagspause», sagte der Richter. «Seien Sie bitte um ein Uhr zurück.»

5. Kapitel

Als Max Battisfore mich nach Beendigung der Mittagspause rief, blieb er im Beratungszimmer, bis Mr. und Mrs. Manion in den Gerichtssaal gegangen waren. «Hör zu, Polly», stieß er hervor, «hier geht irgendwas vor, ich weiß nur nicht, was. Aber ich habe gerade von Sulo Kangas erfahren, daß unser Freund Dancer seit gestern meine Gefangenen ausfragt. Wahrscheinlich hätte ich nichts dagegen tun können, aber ich dachte, ich sag's dir lieber.»

«Danke, Max. Hast du eine Ahnung, um was es geht?»

«Eigentlich nicht, ich kann mir nur denken, daß es sich um diesen Fall handelt. Bei dem kleinen Mann muß man mit allem rechnen. Jetzt muß ich aber gehen.»

«Danke für den Hinweis, Max. Ich werde mich auf alles gefaßt machen.» Ich schloß die Augen, seufzte, nahm meine Aktentasche auf und ging müde durch die Tür. Was hatte der unermüdliche Dancer jetzt wieder vor?

«Hört, hört, hört!» rief Max, und die Menge, dem Hammer des Sheriffs untertan, erhob sich wie eine willenlose Gemeinde und ließ sich in benommenem Schweigen auf ihre Sitze zurücksinken. Der wartende Richter blickte auf den Tisch der Staatsanwaltschaft hinunter. «Wünscht eine der beiden Seiten Widerlegungszeugen zu vernehmen?» fragte er ruhig.

«Ja, Euer Gnaden», sagte Claude Dancer und sprang auf. «Die Staatsanwaltschaft ruft Dr. W. Harcourt Gregory auf.» Der Nervenarzt erhob sich in voller Größe und schlenderte mit eingezogenen Schultern müde zum Zeugenstand, wo er von Clovis Pidgeon mit ernster Miene vereidigt wurde, sich niederließ und den überfüllten, verstummten Saal kühl ins Auge faßte. Schon sein Anblick war etwas aufreizend. Claude Dancer trat mit einem Lächeln, das zu sagen schien: Hier, meine Damen und Herren, sehen Sie endlich einen Psychiater, der auch wie ein Psychiater *aussieht*, bedächtig auf den Zeugen zu.

«Ihren Namen bitte», schnurrte er.

«W. Harcourt Gregory», antwortete der Zeuge mit präziser, hoher Stimme und befingerte dabei flüchtig seine Bartspitzen.

«Was ist Ihr Beruf?»
«Doktor der Medizin.»
«Haben Sie sich irgendeinem Fachgebiet zugewandt?»
«Jawohl.»
«Welchem?»
«Der Psychiatrie.»
«Seit wann?»
«Seit nahezu fünfundzwanzig Jahren.»
«Würden Sie uns bitte Ihre medizinische und psychiatrische Ausbildung und Erfahrung kurz umreißen, Herr Doktor?»
Daraufhin gab Dr. Gregory, wie am Vormittag Dr. Smith, den Zuhörern einen kurzen Überblick über seine Schul- und Hochschulausbildung, seine in Übersee (Paris und Wien) verbrachten Semester, um dann, offensichtlich so schnell wie möglich, auf die besoldeten Stellungen in mehreren öffentlichen Nervenheilanstalten überzugehen.
«Was ist Ihre augenblickliche Stellung, wenn Sie eine solche innehaben, Herr Doktor?»
«Ich bin der medizinische Leiter des Staatlichen Hospitals in Pentland, Unter-Michigan.»
«Was für Patienten werden dort behandelt?»
«Solche, die für geistesgestört oder schwachsinnig gelten.»
«Gehören Sie irgendwelchen staatlichen Vereinigungen der Psychiatrie an?»
Der Zeuge räusperte sich. «Ich bin Diplompsychologe der Amerikanischen Fachärzteschaft für Psychiatrie und Neurologie», antwortete er mit bescheidenem Stolz.
Claude Dancer nahm jetzt ein Blatt in die Hand, das verdächtig nach seiner Kopie unserer Hypothese aussah, und begann daraus vorzulesen. Als er weiterlas, fand ich meinen Verdacht bestätigt: Der kleine Schlaukopf bombardierte seinen Psychiater mit der dem Wortlaut unserer Hypothese entsprechenden Frage: «Nun, Herr Doktor, vor-

ausgesetzt, daß alle hier erwähnten Tatbestände wahr sind, haben Sie eine auf hinreichender psychiatrischer Gewißheit fußende Meinung darüber, ob man als wahrscheinlich annehmen darf, daß der hypothetische Mann sich in einem Zustand der Gefühlsverwirrung befand, die zu vorübergehender Geistesgestörtheit führen konnte?»

«Jawohl, die habe ich.»

«Wie lautet Ihre Meinung?»

«Daß die über den angenommenen Oberleutnant zur Verfügung stehenden Auskünfte nicht für eine Diagnose auf Unzurechnungsfähigkeit ausreichen.»

«Haben Sie eine auf hinreichender psychiatrischer Gewißheit fußende Meinung darüber, ob der in Frage kommende Mann auf Grund der in der Hypothese aufgeführten Tatbestände seinerzeit an Bewußtseinsspaltung litt?»

«Die habe ich.»

«Was ist Ihre Meinung?»

«Ich glaube nicht, daß er an Bewußtseinsspaltung litt», sagte er gelassen in dem Versuch, unsere auf unwiderstehlichem Zwang aufgebaute Verteidigung zu Fall zu bringen.

«Womit begründen Sie Ihre Meinung?»

«Die Bewußtseinsspaltung ist eine besonders starke Psychoneurose. Psychoneurose entsteht nicht von heute auf morgen. In diesem Fall müßte der hypothetische Oberleutnant wohl schon während seines Kriegsdienstes wiederholt Anzeichen von Bewußtseinsspaltung gezeigt haben. Nichts dergleichen ist in der Hypothese angenommen.»

Im weiteren Verlauf von Claude Dancers geschickter Vernehmung tat der Zeuge sein Bestes, unsere Verteidigung zu untergraben. «Jawohl, der in Frage kommende Oberleutnant ist imstande, Recht von Unrecht zu unterscheiden; ja, er versteht und begreift Wesen und Folgen seiner Handlungsweise; ja, der Offizier ist im Vollbesitz seiner geistigen Fähigkeiten, sein Unbewußtes hat nicht die Oberhand.» Ich warf einen Blick zu unserem jungen Psychiater hinüber, der den Kopf hängenließ. Claude Dancer ließ nicht locker.

«Wenn nun die in der Hypothese aufgeführten Punkte, daß der in Frage kommende Oberleutnant keine Erinnerung an gewisse Vorfälle besitzt, widerlegt werden, das heißt, wenn sich herausstellen sollte, daß er sich doch an gewisse Vorfälle erinnert, würde das Ihre Meinung ändern?»

«Nein, Sir, es würde im Gegenteil meine Meinung erhärten.»

«Wenn wir über die in der Hypothese aufgeführten Tatbestände hinaus folgendes annähmen: Der angenommene Oberleutnant kommt nach Hause und erzählt seiner Frau, er habe den Schankwirt erschossen. Er geht zu dem Häuschen des stellvertretenden Parkwarts, das ungefähr neun Meter von seinem Wohnwagen entfernt liegt, sagt ihm, er habe einen Mann erschossen, und bittet den Parktwart, ihn zu verhaften. Wenige Stunden später gibt derselbe angenommene Oberleutnant dem Kriminalkommissar von der staatlichen Polizei die Einzelheiten eines angeblichen Sexualverbrechens wieder, das ihm vorher von seiner Frau erzählt worden ist. Er sagt dem Kriminalbeamten, er habe sich die Sache in allen Teilen durch den Kopf gehen lassen und sich genauestens versichert, daß seine Frau die volle Wahrheit gesprochen habe. Daraufhin sei er zu dem Schluß gekommen, der Mann, der seiner Frau das angetan hat, dürfe nicht mehr weiterleben. Dann schildert er, wie er zu der Bar geht, den Hotelier erschießt, umkehrt und sich dem Parkwart stellt, der kaum zehn Meter von seinem Wohnwagen wohnt. Wenn wir diese Tatbestände alle anerkennen, würde das Ihre Meinung ändern?»

«Nein, es würde meine Überzeugung, daß er weder rechtlich noch medizinisch unzurechnungsfähig ist, nur bekräftigen.»

Claude Dancer blickte mich strahlend an. «Ihr Zeuge», sagte er. Ich schaute mich nach unserem jungen Dr. Smith um, der noch immer mit gesenktem Kopf, die Hand über den Augen, dasaß. Seine schlimmsten Befürchtungen hatten sich bestätigt.

Ich stand auf und ging langsam auf den Mann zu, den ich, wenn irgend möglich, aus dem Sattel heben mußte. Plötzlich kam mir ein scheußlicher Gedanke. Wenn ich mir auch nie viele Illusionen darüber gemacht hatte, daß es anders sei, so traf mich jetzt doch die plötzliche Einsicht, was für ein hinterhältiger Dschungelkrieg ein Prozeß eigentlich sei, wie ein heftiger Schlag. Trotz aller äußerlichen Formen und Konventionen, trotz des «Euer Gnaden» und des ewigen «Mit Erlaubnis des hohen Gerichts», trotz aller Entscheidungen, Einsprüche und der scheinbaren Wohlanständigkeit war eine Gerichtsverhandlung nichts anderes als ein primitives, rücksichtsloses Handgemenge, bei dem es ums nackte Leben, um Kopf und Kragen ging.

«Herr Doktor», begann ich sanft, «Sie haben also ein Diplom der Amerikanischen Fachärzteschaft für Psychiatrie und Neurologie?»

«Das habe ich», sagte er stolz und spielte zärtlich mit seinem üppigen Schnurrbart.

«Könnte Ihr Kollege, Dr. Smith, da er derselben Vereinigung angehört, nicht auch dieses Diplom vorweisen, wenn er Wert darauf legte?» fuhr ich fort. Dies mußte rasch ins reine gebracht werden.

«Vermutlich», antwortete er steif.

Mit einem spöttischen Unterton fragte ich, lauter werdend, weiter: «Vielleicht gibt es in Ihrem Klub eine Klasse von Diplominhabern, die schüchterner und bescheidener sind?»

«Einspruch! Einspruch …!»

«Stattgegeben», entschied der Richter ohne Umschweife.

«Seit wann gehören Sie der Ärzteschaft verschiedener öffentlicher Nervenheilanstalten an, Herr Doktor?»

Der Arzt dachte nach. «Seit einundzwanzig Jahren», erwiderte er.

«Jetzt sind Sie Chefarzt einer dieser Anstalten?»

«Sehr richtig.»

«Trifft es dann zu, Herr Doktor, daß Sie während Ihrer Laufbahn in Nervenheilanstalten größtenteils mit Patienten zu tun hatten, die bereits von anderen Ärzten für geisteskrank erklärt worden waren?» (Ich mußte ihm nach Möglichkeit etwas von seinem Nimbus nehmen, den er durch seine langjährige Erfahrung unserem jungen Psychiater voraushatte.)

«Ja, doch», gab er zu, denn ihm blieb nichts anderes übrig; er hatte dies bereits eindeutig ausgesagt.

«So daß Ihre Arbeit zumeist darin bestand, daß Sie entschieden, ob und wann Ihre Patienten genesen oder geheilt worden waren, weniger darin, daß Sie untersuchten, ob sie geisteskrank seien, welche Art von Geisteskrankheit sie hatten und worin diese ihre Ursache hatte?»

«Ja, Sir.»

«Stimmt es nicht außerdem, daß alle öffentlichen Nervenheilanstalten, mit denen Sie in Verbindung gestanden haben, einschließlich der, in der Sie augenblicklich tätig sind, lange Voranmeldungslisten Geisteskranker haben, die aufgenommen werden wollen?»

Hier hatte ich einen wunden Punkt berührt. «Allerdings, Sir», sagte er und nickte dazu nachdrücklich müde mit dem schmalen Kopf. «Der Mangel an geeigneten Unterbringungsmöglichkeiten für unsere Geistesgestörten und die sich daraus ergebende Überfüllung der Kliniken sind eine Schande für die gesamte Nation.»

Langsam wurde der Zeuge warm. «Trifft es nicht auch zu, daß infolge dieses Andrangs nur Geisteskranke mit sichtlichen Anzeichen fortgeschrittener Geistesgestörtheit, also Menschen, die eine Gefahr für die Gesellschaft darstellen, eine Chance haben, in unsere Irren- und Nervenheilanstalten, also auch in die Klinik, an der Sie jetzt tätig sind, aufgenommen zu werden?»

Noch immer roch er die Lunte nicht. «Sehr richtig», pflichtete er mir bei. «Natürlich können wir nur die fortgeschrittenen Fälle aufnehmen.»

«Könnte man daraus nicht schließen, Herr Doktor, daß die in unseren Heilanstalten arbeitenden Ärzte höchst selten Gelegenheit haben, die subtileren, subjektiveren Spielarten der Geistesstörung zu untersuchen oder zu beobachten?»

Er merkte jetzt, wie der Hase lief, hatte sich aber bereits so festgefahren, daß er nicht mehr ausweichen konnte. «Ja, ich vermute, daß es so ist», sagte er stirnrunzelnd.

«Das ist doch nicht nur eine Vermutung, Herr Doktor?»

«Nein, eigentlich nicht.»

«Das würde auch für Personen gelten, die angeblich an Bewußtseinsspaltung leiden, nicht wahr?»

Er resignierte. «Ja, sie würden schwerlich in einer öffentlichen Nervenheilanstalt Aufnahme finden.»

Damit war es an der Zeit, auf Einzelheiten einzugehen. «Nun, Herr Doktor», fragte ich, «wann haben Sie den wirklichen, nicht den hypothetischen Oberleutnant Manion zum erstenmal zu Gesicht bekommen?»

«Am Donnerstag morgen dieser Woche.»

Ich brach ab und überlegte. «Das sind also – das sind bis zur Stunde, roh gerechnet, zweieinhalb Verhandlungstage, oder nicht?»

«Stimmt, Sir», gab er mit herablassender Geduld zu.

«Haben Sie ihn während dieser Zeit außerhalb des Gerichtssaales gesehen?»

«Nein.»

«Darf ich daraus schließen, Herr Doktor, daß Sie keine persönliche Untersuchung an ihm vorgenommen haben?»

«Wie Sie sehen, Sir», lautete die trockene Antwort.

«Auch haben Sie an ihm keinen einzigen der verschiedenen Tests, die Mr. Dancer oder Ihr Kollege in diesem Saal erwähnt hat, vorgenommen?»

«Nein.»

«Sie waren doch anwesend, Herr Doktor, oder nicht, als Ankläger Dancer Herrn Dr. Smith heute vormittag vernahm?»

«Ja.» Wieder streichelten seine Finger seinen Schnurrbart, für den er eine ungewöhnliche Schwäche zu haben schien.

«Und haben Sie gehört, wie Mr. Dancer Dr. Smith ziemlich ausführlich darüber ausfragte, warum er» – ich brach ab und warf einen Blick in meine Notizen – «warum er keinen Wechsler-Bellevue-Test, keinen Szondi-Test, keinen Bender-Gestalt-Test, keinen ‹Rorschach›, keinen thematischen Apperzeptionstest, nicht einen der verschiedenen Persönlichkeits-Aussiebe-Tests» – wieder hielt ich inne, pflichtgemäß außer Atem und künstlich Luft holend – «und vielleicht auch nicht den einen oder anderen Test, der mir in der Eile entfallen sein mag, vorgenommen habe?»

«Natürlich habe ich es gehört, ich saß doch direkt daneben», antwortete er bekümmert.

«Ganz recht, jetzt erinnere ich mich, daß Sie da waren. Und trifft meine Annahme zu, Herr Doktor, daß Mr. Dancer dieses interessant klingende Kauderwelsch von Ihnen gehört hat?»

«Kauderwelsch?» fuhr der Arzt gekränkt zurück.

«Verzeihen Sie, Herr Doktor, ich meine natürlich diese psychiatrische Fachsprache.»

Bekümmert darüber, daß ich über das Naheliegende stolperte, sagte er: «Natürlich habe ich es ihm gesagt. Mancher noch so fähige praktische Arzt wird diese Fachausdrücke nie gehört haben.»

Der schlaue Claude Dancer spürte, woher der Wind wehte, und als ich weiterfragte, begann er sich heimlich von hinten an mich heranzupirschen. «Trifft meine nächste Vermutung ebenfalls zu, Herr Doktor, die nämlich, daß Sie, falls Sie Gelegenheit gehabt hätten, den Angeklagten dieses Prozesses zu untersuchen und zu testen, alle die Dinge getan und die Tests vorgenommen hätten, die Ihr Kollege auszuführen versäumt hat?»

Mit Nachdruck sagte er: «Natürlich hätte ich das getan. Meiner Meinung nach lag die Notwendigkeit dafür auf der Hand.»

«Ich verstehe.» Ich drängte weiter und nagelte ihn damit fest. «So daß Sie die Ergebnisse von Dr. Smith hauptsächlich beanstanden, weil er versäumte, die Tests vorzunehmen?»

Schon kam der erwartete Einspruch. «Nein, nein, Euer Gnaden. Der Zeuge hat keine Beanstandung laut werden lassen. Die Frage setzt etwas voraus, was gar nicht ausgesagt worden ist. Der Zeuge –»

«Zurückgewiesen», entschied der Richter sofort. «Fahren Sie fort.»

«Ja», sagte der Zeuge mit zusammengepreßten Lippen.

«So daß man mit Fug und Recht sagen könnte: Ihr Urteil über die Untersuchungsergebnisse von Dr. Smith richtet sich weitgehend gegen die von ihm angewandten Methoden?» drängte ich weiter, ihn noch mehr in die Enge treibend.

«Das könnte man sagen», entgegnete der Zeuge mit einem vorwurfsvoll-unwirschen Blick auf Dr. Smith.

Hier machte ich eine Pause, damit der Eindruck des Gehörten nicht verlorenging. Ich war mir klar darüber, daß die Welt der Psychoanalyse in ein ebenso großes Durcheinander von Schulen, Theorien, feindlichen Sippen und fehdewütigen Sekten aufgespalten war wie etwa das Reich der Künstler auf dem linken Seine-Ufer. Aber ich war mir nicht darüber klar, daß es Schulen gab, die ihre Gegner befehdeten, ohne dabei andere Theorien oder Methoden vorzuziehen. Vorsichtig ging ich meiner Fährte nach.

«Herr Doktor, ist es Ihre Auffassung – und wollten Sie die Jury von dieser Auffassung überzeugen –, daß ein Verzicht auf persönliches Durchleuchten oder Beobachten, auf eine Untersuchung oder irgendwelche Tests an dem Oberleutnant besser gewesen wäre als die von Dr. Smith angewandten Methoden?»

Der Zeuge spürte deutlich, worauf meine Fragen hinausliefen, und reckte sich in seinem Stuhl. «Das habe ich nicht gesagt», erwiderte er steif.

«Ich weiß, daß Sie das nicht wörtlich gesagt haben, Herr Doktor, Sie haben es aber deutlich zu verstehen gegeben, daher frage ich danach. Wäre es besser gewesen, überhaupt keine Tests vorzunehmen als die angewandten? War es richtig, zu durchleuchten, oder hätte man nicht durchleuchten sollen?»

Dem Zeugen schien etwas zu dämmern. «Was wollen Sie damit sagen?» entgegnete er befangen.

«Ich will folgendes damit sagen», erklärte ich, deutlicher werdend. «Wollen Sie mit Ihrer Aussage behaupten, das soeben angepriesene Gregory-System des *Nicht*-Testens sei dem Untersuchungsverfahren von Dr. Smith oder gar den Tests, nach denen sich Mr. Dancer so zungenfertig erkundigte, vorzuziehen?»

Diesmal saß meine Frage wie ein Volltreffer. Der Zeuge rückte auf seinem Stuhl hin und her und schaute zu Claude Dancer hinüber. «Das würde ich nicht sagen.» Er runzelte die Stirn. «Haben Sie die Absicht, sich über meinen Beruf lustig zu machen?»

Ich trat noch dichter an den Zeugen heran, große Schweißtropfen standen auf seinem spitzen Kinn. «Lustig machen, Herr Doktor?» fragte ich sanft. «Sehen Sie, Herr

Doktor, ich habe Ihnen eine einfache Frage gestellt und hätte gern eine einfache Antwort darauf: Ist der Verzicht auf alle psychiatrischen Tests, jede persönlichen Beobachtungen und Untersuchungen jemals besser, als wenn solche Tests und Prüfungen vorgenommen werden? War das die Ansicht, die Sie der Jury suggerieren wollten?»

«Einspruch, Euer Gnaden!»

«Einspruch zurückgewiesen.»

Der Zeuge saß in einer bösen Klemme. «Nein», antwortete er, und mir schien, als hinge sein Schnurrbart kraftlos herunter. Er wischte sich den Schweiß vom Kinn und rieb die Hand am Taschentuch ab.

«Nein, sondern?» fragte ich unbarmherzig weiter.

«Eine persönliche Beobachtung und Untersuchung des Betroffenen wäre besser gewesen.»

«Somit wollen Sie als Diplompsychologe der Amerikanischen Gesellschaft für Psychiatrie und Neurologie nicht länger behaupten oder zu verstehen geben, daß Ihr Versäumnis, den Oberleutnant zu untersuchen und zu beobachten, Ihnen den notwendigen wissenschaftlichen Abstand gewährt, der sich gegenüber einer eingehenden Untesuchung als einwandfreier Vorteil erwiese?»

«Darauf habe ich bereits geantwortet.»

«Ich ersuche Sie, nochmals zu antworten», erwiderte ich barsch.

«Meine Antwort lautet nach wie vor: ‹Nein›.»

«So daß es nach wie vor ein Nachteil ist, ihn nicht untersucht zu haben?» Ich ließ nicht locker.

Langes Schweigen. «Ja», sagte er heiser; ich merkte, wie die Geschworenen einander rasch anblickten.

«Haben Sie persönlich oder auf Umwegen einen Antrag gestellt, Oberleutnant Manion zu untersuchen?» (Diese Frage konnte sich mit der schäbigsten Fangfrage messen, die Amos Crocker in seinem lichtesten Augenblick einfallen mochte: jedem, der auch nur versucht hätte, unseren Mandanten anzusprechen, hätten wir kalt lächelnd den Hals umgedreht.)

«Es wurde kein derartiger Antrag gestellt.»

Jetzt hob ich die Stimme. «Trotzdem wagen Sie es, hier aufzutreten und Ihre Berufsmeinung gegen das Erfahrungsurteil eines achtbaren Kollegen, der den Angeklagten tatsächlich untersucht hat, ins Feld zu führen?»

«Einspruch, Euer Gnaden! Ich –»

«Dem Einspruch ist stattgegeben.»

Meine nächste Frage war wie die letzte vorwiegend rhetorisch gemeint und eher auf die Geschworenen als auf den Zeugen gemünzt. «Da Sie nie das zweifelhafte Vergnügen gehabt haben, dem Getöteten begegnet zu sein, hätten Sie vielleicht auch Lust, nachträglich eine Meinung über seine Geistesverfassung abzugeben?»

«Einspruch! Völlig unzulässig.»

«Stattgegeben.»

Ich machte eine Pause und stellte auf den Gesichtern mehrerer Geschworenen ein Schmunzeln fest. «Nun, Herr Doktor, wollen wir alle Hypothesen und angenommenen Oberleutnants aus dem Spiel lassen und auf den Oberleutnant aus Fleisch und Blut zu sprechen kommen» – ich deutete auf meinen Mandanten –, «der wegen Mordes ersten Grades angeklagt ist. Sagen Sie mir bitte, ob Sie mit Ihrem diplomierten Kollegen Dr. Smith darüber einiggehen, daß der Mann augenblicklich im Besitz seiner geistigen Kräfte ist.»

«Ja, das sieht doch jedes Kind.»

«Ich danke Ihnen, Herr Doktor. Nun frage ich Sie, ob Sie eine Meinung darüber haben, ob der wirkliche Oberleutnant zur Zeit des Schießens an einer Bewußtseinsstörung litt. Bitte vergessen Sie nicht, daß es sich nicht länger um eine Romanfigur handelt.»

«Ich erhebe Einspruch. Die Frage geht etwas zu weit», warf Mr. Dancer ein.

«Ich frage Ihren Sachverständigen, Mr. Dancer, ob er eine Meinung hat.»

Der Zeuge blieb stumm, sein Gesicht legte sich in eidechsenhafte Falten.

«Haben Sie eine Meinung darüber oder nicht?» drängte der Richter mit ungewohnter Ungeduld. «Antworten Sie ja oder nein.»

Der Zeuge zupfte nervös an seinem Schnurrbart und schien auf seinem Stuhl zu schrumpfen. «Ich habe eine Meinung», erwiderte er schließlich, sich zu dieser Entscheidung aufraffend.

«Gut», sagte ich. «Wollen Sie sie bitte aussprechen?»

«Einen Augenblick», warf der Richter ein, an den Zeugen gewandt. «Ich möchte Sie darauf hinweisen, daß Sie im Begriff sind, eine verbindliche Aussage zu machen, Herr Doktor. Wenn Sie eine wirkliche Meinung haben, bin ich bereit, sie entgegenzunehmen. Ich möchte aber nicht, daß Sie eine bloße Vermutung aussprechen. Sie müssen imstande sein, Ihre Meinung zu belegen. Ich möchte die Sicherheit haben, daß Sie von dem Ernst der Lage durchdrungen sind, bevor Sie sprechen. Sind Sie noch immer bereit, eine Ansicht zu äußern?»

Der Arzt hatte sich rettungslos festgelegt. «Ja», sagte er. Dabei setzte er sich kerzengerade auf und wischte wieder sein schweißbeperltes Kinn ab.

«Was ist Ihre Meinung?» fragte ich.

Der unglückselige Arzt umklammerte die Lehne des Zeugenstuhls und gab sich einen Stoß. «Meine Meinung ist, daß der wirkliche Oberleutnant Manion im Augenblick des Schießens nicht unzurechnungsfähig war», sagte er.

«Auf welchen psychiatrischen Erfahrungen fußt Ihre Meinung?» fragte ich sanft.

«Auf dem, was ich hier gesehen und gehört habe.»

«Sie glauben also, eine Meinung über die Zurechnungsfähigkeit dieses Mannes in jener Nacht ohne persönliche Beobachtung, ohne Tests oder die Kenntnis seines psychologischen Werdegangs abgeben zu können?»

Seine Antwort war unvermeidlich. «Ja, Sir.»

Fast eine ganze Minute wartete ich. «Herr Doktor», sagte ich langsam, «ist das das normale, landläufige Verfahren eines diplomierten Mitgliedes der Amerikanischen Gesellschaft für Psychiatrie und Neurologie?»

«Dagegen erhebe ich Einspruch», warf Mr. Dancer rasch ein. «Der Strafverteidiger hat eine Frage gestellt, die Antwort bekommen, und nun gefällt sie ihm nicht.»

«Ich will Ihnen zeigen, wie sehr sie mir zusagt, Mr. Dancer.»

«Der Einspruch ist zurückgewiesen», sagte der Richter kurz. «Beantworten Sie die Frage.»

Der Nervenarzt schien wieder einmal ganz tief in seinen Stuhl zu sinken, verzweifelt klammerten sich seine Hände um die Lehnen. «Nein, es ist nicht das normale psychiatrische Verfahren, eine psychiatrische Diagnose ohne die vollständige Geschichte und eine persönliche Untersuchung des Individuums vorzunehmen», sagte er und fuhr mit der Hand über sein feuchtes Kinn.

Mehrere Sekunden schaute ich den Zeugen an. «Keine weiteren Fragen», sagte ich. «Ihr Zeuge, Mr. Dancer.»

«Keine weiteren Fragen», sagte Mr. Dancer, ohne mit der Wimper zu zucken.

«Rufen Sie Ihren nächsten Widerlegungszeugen auf», sagte der Richter zu Claude Dancer.

26. Kapitel

Claude Dancer erhob sich mit seiner typischen Miene unerschütterlichen Selbstbewußtseins und räusperte sich unheilverkündend. Wie er die Schultern hochzog und seinen Rockkragen um den gedrungenen Stiernacken spannte, erinnerte er mich an einen japanischen Ringkämpfer. «Mit

Erlaubnis, Euer Gnaden», sagte er ruhig, «möchte die Staatsanwaltschaft nun den Namen Duane Miller als Widerlegungszeugen auf die Liste setzen. Wir haben soeben erst von seinen Informationen und seiner Person Kenntnis erhalten. Ich erlaube mir gehorsamst, diesen Antrag zu stellen, Euer Gnaden.»

Richter Weaver blinzelte überrascht und sah mich über seine Brillenränder an. «Haben Sie etwas dazu zu sagen, Mr. Biegler?» fragte er.

Jetzt haben wir's, dachte ich wütend und raffte mich hoch. Das also ist die kleine Überraschung, auf die wir schon so lange warten. Duane Miller? Duane Miller? Wer war das nun wieder? Was konnte er schon widerlegen? Was steckte bloß hinter diesem Antrag in letzter Minute?

«Mr. Biegler?» spornte der Richter mich freundlich an.

«Die Verteidigung möchte wissen, wer der neue Zeuge eigentlich ist», sagte ich, weil mir nichts Besseres einfiel, während mein Gehirn fieberhaft arbeitete. Ich wußte, daß ein Einspruch gegen die Einschließung eines Widerlegungszeugen, der der Staatsanwaltschaft bisher unbekannt gewesen war, kaum Aussicht auf Erfolg haben würde. Und doch konnte ich es nicht über mich bringen, ohne eine Aufklärung blindlings zuzustimmen. Fragend blickte der Richter Claude Dancer an.

«Der Name ist Duane Miller», wiederholte der Gernegroß laut, wobei er die einzelnen Silben mit aufreizender Deutlichkeit genießerisch aussprach. «Augenblicklich Insasse des Gefängnisses. Kreisgefängnis von Iron Cliffs, Iron Bay, im Staate Michigan.»

«Bitte, Mr. Biegler», schaltete sich der Richter ein.

«Und was soll der Zeuge widerlegen?» fragte ich, um Zeit zu gewinnen – Zeit und Eingebung.

Claude Dancer grinste liebenswürdig und warf einen vielsagenden Blick auf die Geschworenen. «Das, Mr. Biegler, wird sich erweisen. Wäre es nicht schade, Ihnen die kleine Überraschung zu verderben? Ich möchte meinen Antrag wiederholen, Euer Gnaden.»

«Ich füge mich Ihrer Entscheidung, Euer Gnaden», sagte ich, da ich an diesem kritischen Punkt der Verhandlung nicht wagte, freiwillig auf meinen Einspruch zu verzichten.

«Der Antrag ist genehmigt», sagte der Richter trocken und schaute auf die Uhr. «Herr Gerichtsbeamter, würden Sie bitte den Namen von Duane Miller als einem Zeugen der Staatsanwaltschaft auf die Liste setzen. Fahren Sie bitte fort, Mr. Dancer. Die Zeit drängt ...»

«Die Staatsanwaltschaft ruft Duane Miller in den Zeugenstand», verkündete Claude Dancer, packte rasch einige Papiere und schritt forsch auf den Zeugenstand zu. Die der Geschworenenbank zunächst liegende Tür ging auf, und ein ausgemergelter Mann in blauem Drillich schlurfte in den Saal, begleitet von einem wachsamen stellvertretenden Sheriff. Befangen blinzelnd, blieb der Überraschungszeuge stehen, sein ansehnlicher Adamsapfel hüpfte emsig auf und nieder. Ich hatte ihn noch nie gesehen.

Der stellvertretende Sheriff deutete auf den Zeugenstand. «Dort hinauf, Duke», murmelte er. Duane Miller zottelte weiter, wurde vereidigt und nahm Platz, sein Adamsapfel schnellte wie ein launenhaftes Spielzeug auf und ab.

«Ihren Namen, bitte», feuerte Dancer los, noch bevor der andere seinen Stuhl anwärmen konnte.

«Duane Miller, Sir. Die Leute nennen mich meist Duke.»

«Wo wohnen Sie im Augenblick?» Dancer hatte es sichtlich eilig.

Der Zeuge zeigte zum Gefängnis hinüber. «Über der Einfahrt drüben – im Gefängnis, Sir.»

«Kennen Sie den Angeklagten, Frederic Manion?» schnurrte Claude Dancer weiter.

Der Zeuge blickte immer wieder flüchtig zu mir herüber, das drohende Kreuzverhör schien ihm nicht geheuer. «Nun, Sir, wie soll man sagen, Sir, is eben so, Sir. Seit der letzten Woche wohn ich in der Zelle neben ihm.» Ich spürte, wie der Oberleutnant an meiner Seite plötzlich steif und gespannt wurde. «Ich kann ihn hören und er mich, aber ich habe ihn eigentlich nie zu Gesicht bekommen.»

«Haben Sie mit ihm gesprochen, seit die Verhandlung läuft?»

Wieder schluckte der Zeuge und beäugte mich. Claude Dancer wiederholte die Frage. «Gewiß doch, Sir. So 'n bißchen, nicht oft. Der macht nicht gern den Mund auf.» (Das glaubte ich ihm allerdings gern.)

«Wann haben Sie zum letztenmal mit ihm gesprochen?» drängte Dancer.

«Heute, während der Mittagspause, Sir.»

Claude Dancer machte eine Pause, wie ein frohlockender Kobold lächelte er mir zu. «Wollen Sie Ihre Unterhaltung bitte vor dem Gericht wiederholen?» sagte er.

Der Richter warf rasch einen Blick zu mir herunter. Ich zog die Luft so schnell, so heftig ein, daß ich meinte, mein Gaumen müsse am Nacken festkleben. Dies war offensichtlich kein berechtiger Grund für eine Widerlegung, wie der Richter, Dancer und auch ich wußten. Freund Dancer wollte mich offenbar zu dem vorübergehenden Vorsprung eines zu gewinnenden Einspruchs verlocken, damit er seine Überraschung aufsparen und mich gleich zweimal überfahren konnte. Auch die Identifikation des Oberleutnants durch den Zeugen hätte ich anzweifeln können, doch wäre diese Taktik nur auf einen lästigen Störungsversuch hinausgelaufen. Ich holte nochmals tief Luft und schüttelte kaum merklich den Kopf.

«Sprechen Sie weiter», spornte Dancer den Zeugen an. «Zum erstenmal scheint Mr. Biegler die Sprache verloren zu haben.»

Der Zeuge schluckte ein paarmal, dann sprach er rasch und zungenfertig. «Ich sehe, wie der Oberleutnant in der Mittagspause vor sich hin schmunzelt, und ich sag zu ihm: ‹Na, Oberleutnant, 's schaut besser aus, was?›, und er schmunzelt noch mehr und sagt: ‹Was verstehst denn du davon, Buster?› oder dergleichen, und ich sag: ‹Reiß dich zusammen, Oberleutnant – ich wette meinen Abendkaffee, daß du mit Totschlag wegkommst›, und dann platzt er plötzlich raus und sagt: ‹Worauf du dich verlassen kannst, Buster. Ich hab schon meinen Anwalt über den Löffel barbiert und meinen Psy –›, ich kann's nicht richtig aussprechen, aber ich glaub, er meinte seinen Gripsdoktor –, ‹und ich wette meine Lieblingspistole gegen die Löwenpisse, die sie hier Kaffee nennen, daß ich die blöden Gechworenen auch zum Narren halte und den Kopf aus der Schlinge ziehe.›» Der Zeuge brach ab. «Mehr hat er nicht gesagt.»

«Sind Sie sicher, er nannte Sie ‹Buster›?» fragte Claude Dancer harmlos und rieb sich das Kinn.

«Buster hat er mich genannt», antwortete der Zeuge bestimmt; mir sank das Herz in die Hosen.

Die Lippen gespitzt, auf den Ballen wippend, sah Claude Dancer auf die Uhr hinter sich. «Mr. Biegler», sagte er, noch immer nachdenklich auf die Uhr sehend, wobei er seine diebische Freude männlich zu verbergen suchte, «der Zeuge ist ganz der Ihre.»

Ein halb unterdrückter Stoßseufzer strich durch den Saal, eine Art klägliches Luftholen wie das einer Menschenmenge, die plötzlich Zeuge eines Verkehrsunfalls wird. Ich saß mäuschenstill und schloß die Augen. Herr des Himmels! Herr des Himmels! dachte ich immer wieder. Ich blickte den Oberleutnant an. «Oberleutnant», zischte ich leise.

Sogar seine Hände waren weiß wie ein Leintuch. Aschfahl saß er da, nur die Muskeln seines Kinns zuckten. *«Oberleutnant»*, flüsterte ich von neuem. Langsam drehte er sich um, seine Augen brannten luchsartig. Ich fühlte, wie jedes Auge im Saal auf uns beide geheftet war. Langsam, ganz langsam schüttelte er den Kopf. Dann starrte er versteinert die andere Wand an, während seine Kinnbakken noch immer zuckten. Guter Gott! dachte ich, während ich aufstand und den Zeugen anblickte. Was soll ich diesen elenden Tropf nur fragen?

«Weswegen sitzen Sie, Duke?» begann ich.

«Brandstiftung», erwiderte er tonlos und faltete ergeben die Hände für das bevorstehende Verhör.

Ich hob die Augenbrauen. Brandstiftung war ein Vergehen, für das man gewöhnlich im Zuchthaus saß und nicht im Gefängnis. «Hm ...! Sie sitzen im Kreisgefängnis wegen Brandstiftung?» fragte ich.

«Ich warte auf das Urteil. Letzten Montag haben sie mich geschnappt.»

«Ich verstehe. Woher stammen Sie? Wir kennen uns noch nicht.»

«Nein. Meist bin ich in der Gegend um Detroit zu Hause. Dort und in Toledo.»

«Aha! Da haben Sie jetzt also Ohio beglückt», sagte ich. «Haben Sie schon vorher mal gebrummt, Duke?» fragte ich und war mir der Antwort ziemlich sicher.

«Ja, Sir», antwortete er tonlos.

«Wie oft?»

Der Adamsapfel hüpfte, und der Zeuge blinzelte auf die Uhr. «Mal sehen – zwei-, nein, dreimal – wo, weiß ich nicht mehr genau.»

«Sonst noch etwas?»

«Ich glaube, das ist alles.»

«Sind Sie sicher, daß Sie nicht zu bescheiden sind, Duke?»

«Bestimmt nicht. Wie oft man in der Tinte gesessen hat, sollte man doch wenigstens wissen.»

«Natürlich. Verzeihen Sie bitte, Mr. Miller.» Ich blickte

zu Mitchs Tisch hinüber. «Ich beantrage, daß Ankläger Lodwick mir das Strafregister dieses Mannes für das Kreuzverhör ausleiht», sagte ich. «Als früherer Staatsanwalt weiß ich, daß er eines haben muß. Dieser Zeuge, von dessen Existenz ich bis vor wenigen Minuten nichts wußte, tritt ganz überraschend auf.» Mitch und Claude Dancer steckten flüsternd die Köpfe zusammen. «Euer Gnaden, ich wiederhole meinen Antrag.»

Claude Dancer erhob sich kampfeslüstern, aber der Richter hob warnend die Hand. «Haben Sie eine Kopie des Strafregisters dieses Mannes oder nicht, Mr. Lodwick?» fragte der Richter.

«Ja, Euer Gnaden», sagte Mitch errötend.

«Bitte stellen Sie es der Verteidigung zur Verfügung», entschied der Richter rasch. Mitch steckte die Hand in eine seiner dicken Aktenmappen und zog schließlich einen drei Seiten langen Strafregisterauszug hervor, den er mir brachte. Ich vertiefte mich in das eindrucksvolle Schriftstück.

Mr. Duane «Duke» Miller hatte nicht umsonst gelebt. Sein Register ging bis in die frühen Jahre der Depression zurück, wo er seine ergiebige Laufbahn in Besserungsanstalten für Jugendliche in Ohio begonnen hatte. In Zuchthäusern des Mittleren Westens war er fünf-, nicht dreimal eingekehrt, wegen Verbrechen, die sich vom Einbruchsdiebstahl über Exhibitionismus bis zum Meineid erstreckten. Zahllose Male hatte er in mehreren im Lande verstreuten Gefängnissen kürzere Gastspiele gegeben für Vergehen, die die ganze Skala von Trunkenheit bis zu Fenstergucken umfaßten. Er besaß mehr falsche Namen, als ein Durchschnittskörper Läuse im Fell hat – «Buster» gehörte bedauerlicherweise nicht dazu ... Anhand dieser Akte brachte ich das alles aus ihm heraus. Er stritt nichts ab; dadurch, daß ich seinem Stolz und seinem Gedächtnis aufhalf, entsann er sich mir zuliebe sogar, daß er während des Krieges aus einem Arbeitsbataillon ausgekniffen war, ein Fehltritt, den sein Sündenregister nicht aufwies. Duke Miller war auf seine Weise eine der kleineren Stützen der Gesellschaft. Dennoch hatte er soeben ausgesagt, der Oberleutnant habe ihm anvertraut, seine Verteidigung sei ein Schwindel. Fast noch schlimmer aber war, daß jener ihn allem Anschein noch dabei *Buster* getauft hatte.

«Wie kommt es, daß Sie der Anklage Ihre angebliche Unterhaltung mit Oberleutnant Manion so prompt erzählt haben?» drängte ich weiter.

«Wie meinen Sie das?» versuchte der Zeuge unsicher zu parieren.

«Hat man Sie danach gefragt, oder sind Sie hingelaufen und haben es ausgepackt?»

«Man hat mich gefragt. Soviel ich weiß, haben sie in den letzten Tagen Gefangene ausgequetscht.»

«Wann hat man Sie ausgequetscht?»

«Am Schluß der Mittagspause.»

«Wer hat Sie ausgequetscht?»

Der Zeuge sah Claude Dancer an. «Der kleine Glatzkopf drüben. Prancer oder Dancer heißt er, glaub ich.»

«Sind Sie sicher, sein Name war nicht Dunstan?» fragte ich, weil mir der Fotograf der Staatsanwaltschaft einfiel.

«Wie, wie? Nein, ich bin ganz sicher.»

«Wo hat er Sie ausgefragt?»

«Drinnen im Zimmer des Anklägers, gleich hinterm Saal», antwortete er und deutete dorthin.

«Wer hat Sie zum Verhör gebracht?»

«Charlie, der stellvertretende Sheriff.»

«Könnte man zu Ihren Gunsten annehmen, daß Sie die angebliche Unterhaltung für sich behalten hätten, wenn Sie nicht gefragt worden wären?» Mit verhaltenem Atem erwartete ich die Antwort.

«Ja, glaub schon. Hab genug mit meinem eigenen Kram zu tun.»

«Etwa mit solchem Kram wie dem Urteil, daß Sie wegen Brandstiftung erwartet?»

«Ja, so etwa.»

«Von Ihrem schwebenden Prozeß wegen Brandstiftung wurde bei der Unterhaltung mit Mr. Prancer oder Dancer natürlich mit keiner Silbe gesprochen.»

Schon wollte sich Claude Dancer erheben, der Richter runzelte jedoch die Stirn und winkte ab.

«Nee, kein Sterbenswörtchen.»

«Man hat Ihnen auch keine Versprechungen gemacht?»

«Nee.»

«Und Sie haben natürlich mit keinem Gedanken an die schwebende Verurteilung wegen Brandstiftung gedacht, als Sie dem Staatsanwalt die Geschichte erzählten, von der Sie annahmen, daß man sich alle Finger danach lecken würde.»

Ganz Abwehr, flitzte Claude Dancer von neuem hoch, diesmal wies ihn ein Blick des Richters in die Schranken.

«Keen Gedanke.»

Ich brach ab. Noch immer fehlte etwas bei der Sache, nämlich die Buster-Geschichte. Wenn der Mann log, hatte er den Namen Buster fraglos dem Gefängnisklatsch oder den Presseberichten über die Zeugenaussage des Barmixers entnommen. *Buster* ... War das nicht ein verteufelt guter Einfall gewesen? Ich rieb mein Kinn, mein Gehirn arbeitete fieberhaft. Vielleicht konnte ich ihn aufs Glatteis führen. «Wo haben Sie den Namen Buster her?» fragte ich plötzlich. «Vermutlich aus den Presseberichten über die Verhandlung, was?»

«Nee.»

«Wollen Sie damit sagen, daß es im Gefängnis keine Zeitungen gibt?» fragte ich unauffällig weiter und hoffte ihn bei einer Lüge zu ertappen. Ich wußte, daß dort während der Verhandlung Zeitungen in Hülle und Fülle die Runde machten.

Der Zeuge blickte rasch auf Claude Dancer, dann zum

Richter, dann zu mir; der Adamsapfel tanzte emsig auf und ab. «Freilich, die gibt's genug», antwortete er. «Ich habe aber keine Berichte über den Prozeß gelesen. Seh doch schlecht.» Seine Stimme schwoll. «Der Mann nannte mich Buster, ich sag's Ihnen doch.»

«Sie haben natürlich auch nicht mit den andern Insassen über den Prozeß gesprochen.»

«Natürlich nicht. Hab genug mit meinem eigenen Kram zu tun.»

«Daher nehme ich an, daß die Wette, die Sie angeblich mit Oberleutnant Manion auf Ihren kostbaren Abendkaffee geschlossen haben, rein auf Intuition fußte.»

«Was ist das?»

«Auf Vermutung.»

«Ich möcht's annehmen.» Der Zeuge schluckte und streckte die Hände aus. «Wahrscheinlich.»

«Sagen Sie, Duke», sagte ich. «Wenn Sie keine Zeitungen gelesen und den Fall nicht mit Ihren Gefängnisgenossen besprochen haben, woher wußten Sie dann, daß die Anklagebehörde Insassen ausgequetscht hat, wie Sie ausgesagt haben?»

«Na, ein bißchen hat man natürlich darüber gesprochen.»

«So daß Sie wenigstens einen Tag, bevor man Sie ausgequetscht hat, wußten, daß die Anklage Gefangene fragte, was sie über Oberleutnant Manion wüßten?»

«Na ja.»

«Und Sie sind sich der angeblichen Unterhaltung, die Sie mit dem Oberleutnant gehabt zu haben behaupten, ebenso sicher wie der Tatsache, daß Sie bisher nur dreimal und nicht fünfmal im Kittchen gewesen sind?»

«Mit dem Zuchthaus hab ich mich vertan. Was der Mann gesagt hat, hab ich Ihnen aber weitergegeben», gab er mürrisch zurück.

«Ich danke Ihnen, Mr. Miller», sagte ich und stellte dabei eine Sicherheit zur Schau, die ich nicht besaß. «Unsere Begegnung war für mich ein Gewinn. Es ist immer eine Freude, einen Mann von solch vielseitiger Begabung und umfassender Erfahrung kennenzulernen. Besonders, wenn er so intuitiv und selbstlos darum besorgt ist, daß Recht Recht bleiben muß.»

Als Claude Dancer gerade aufstand, um Einspruch zu erheben, antwortete der Zeuge. «Stets zu Diensten», sagte er und schluckte zum Abschied nochmals herzhaft.

«Ihr Zeuge, Dancer», sagte ich und setzte mich abrupt.

«Keine weiteren Fragen», sagte der kleine Mann und bedachte mich mit seinem anziehendsten Lächeln.

Im Saal war es so still geworden wie in einer Versammlung verzauberter Mäuse. Alle Geschworenen wichen meinem Blick aus, rasch schaute ich weg. Dennoch war eine seltsame Stimmung von Trauer und Mitleid spürbar, eine Atmosphäre von erstauntem, ja erschrockenem Groll. Bis jetzt war der Mordprozeß innerhalb der Spielregeln abgelaufen, schien der Saal zu flüstern; nun war ein befremdendes Element hinzugekommen, etwas, was nicht hierher gehörte, was nicht ganz fair war ...

O Gott, o Gott! dachte ich. Kann dieser selbstsüchtige Oberleutnant wirklich so dumm gewesen sein! Mit Mühe kämpfte ich gegen einen unwiderstehlichen Brechreiz an und schloß von neuem die Augen. Sollte die wochenlange Arbeit und Sorge von Parnell und mir vergeblich gewesen sein? Ging unser schön eingefädelter Fall durch ein plötzlich eingeschlagenes Oberlicht im Gerichtssaal in blauen Dunst auf?

«Rufen Sie Ihren nächsten Widerlegungszeugen auf», sagte der Richter zu Claude Dancer.

«Keine weitere Vernehmung», sagte Claude Dancer.

Der Richter blickte mich an. «Widerlegung für die Verteidigung, Mr. Biegler?» fragte er, wohl wissend, daß ich nur noch den Oberleutnant aufzurufen hatte.

«Die Verteidigung ruft Oberleutnant Manion von neuem auf», sagte ich und puffte ihn in die Seite.

Der Oberleutnant stritt mit grimmiger Bündigkeit ab, in der heutigen Mittagsstunde oder zu irgendeiner anderen Zeit mit Duke Miller gesprochen zu haben. Nein, er hatte ihn nie Buster oder dergleichen genannt. Nein, Claude Dancer legte keinen Wert auf ein Kreuzverhör, besten Dank.

«Noch eine Widerlegungsvernehmung, Mr. Biegler?» fragte der Richter.

«Keine weiteren Vernehmungen, Euer Gnaden», sagte ich.

«Stellen beide Seiten ihre Beweisaufnahme ein?»

«Ja, Euer Gnaden», erwiderten Claude Dancer und ich einstimmig.

«Wir wollen vor den Plädoyers zehn Minuten Pause machen», sagte der Richter. «Bitte, Mr. Sheriff.»

Ich fuhr herum und schaute auf die Uhr im Gerichtssaal. Es war zwei Uhr siebzehn – Samstag, der 13. September. Die Schlacht war nahezu vorüber. War sie auch schon verloren?

27. Kapitel

Ich saß allein im Beratungszimmer und schaute über den See. Dies war für mich der Tiefpunkt des ganzen Prozesses. Sollten Parnell und ich ihn nach aller Arbeit und Mühe verlieren, nur wegen der Aussage eines verurteilten Verbrechers? Hatte der Oberleutnant das wirklich zu ihm gesagt? Warum hatte ich ihm nicht eingeschärft, den Mund zu halten?

Die Tür ging auf, Parnell kam herein, die Augen verdreht. «Eines hättest du vielleicht noch tun können», sagte er sanft.

«Und was, Parn?»

«Den Oberleutnant im Widerlegungsverhör fragen, ob er bereit sei, durch einen Lügendetektor ermitteln zu lassen, ob er tatsächlich nicht mit dem reizenden Miller gesprochen hat.»

Ich nickte trübsinnig. «Daran habe ich wohl gedacht, Parn, es aber aus zwei Gründen verworfen. Erstens wissen die Geschworenen und jedermann, daß das Ergebnis nicht anerkannt werden würde; Dancer könnte also argumentieren, mein Angebot sei eine billige Geste. Der zweite Grund ist weit wichtiger.»

«Und der wäre?»

Einen Augenblick blickte ich ihn an, dann seufzte ich und senkte die Stimme. «Die Staatsanwaltschaft hätte unter Umständen mitgemacht», sagte ich. «Und ganz unter uns, Parn, habe ich nach wie vor eine Heidenangst vor dem, was ein Lügentest an den Tag bringen könnte.»

«Ja», meinte Parnell nachdenklich. «Ich sehe genau, worauf du hinauswillst. Vergiß, daß ich den Vorschlag überhaupt gemacht habe.» Er schüttelte den Kopf. «Der Himmel bewahre uns vor unliebsamen Überraschungen!»

Die Tür ging auf, und Dr. Smith trat eilig herein. In der Pause hatte er festgestellt, daß er noch ein Rückflugzeug erreichen könnte, wenn er sich beeilte. Parnell, der seine Enttäuschung, möglicherweise einen Teil der bevorstehenden Plädoyers zu verpassen, wacker verbarg, erbot sich, ihn zum Flughafen zu fahren. Dies war das mindeste, was wir tun konnten.

«Seit ich in meinem Beruf arbeite, habe ich eine so erbärmliche Vorstellung noch nicht miterlebt», sagte der junge Arzt mit traurigem Kopfschütteln und meinte damit die Zeugenaussage seines diplomierten Kollegen. «Wenigstens möchte ich aber annehmen, daß Ihr rücksichtsloses Kreuzverhör ihn davon abhalten wird, so etwas so bald noch mal zu versuchen.»

«Vielen Dank, Doktor», sagte ich, als ich ihm die Hand gab. «Sie waren unser Retter in der Not, und ich lasse Ihnen bestimmt eine Nachricht über den Ausgang zukommen. Was Dr. Gregory angeht, so werde ich ihm in meinem Plädoyer einen gelinden Denkzettel geben.»

«Einen gehörigen, hoffe ich», antwortete Dr. Smith teilnahmsvoll.

«Jetzt dürfen wir aber keine Zeit mehr verlieren.» Parnell sah auf die Uhr. «Ich möchte zu den Plädoyers zurück sein. Auf diese Stunde warte ich seit drei Wochen.»

«Noch zwei Minuten», mahnte Max, den Kopf zur Tür hereinsteckend; ich seufzte und griff nach meiner Aktentasche.

Die Pause war vorüber, langsam verstummte das Flüstern in dem überfüllten Saal. Der Oberleutnant und ich saßen allein auf unserem Platz (Laura hatte ich absichtlich auf einen der Anwaltsstühle hinter uns verwiesen), und der lange Tisch vor uns war leer bis auf eine dicke Staubschicht, meine Aufzeichnung für das Plädoyer und einen kleinen Notizblock. Der Block war klein, weil ich annahm, daß Mitch bei seiner Eröffnung kaum etwas sagen würde, worauf ich einhaken konnte. Dann würde ich an die Reihe kommen; danach würde sich vermutlich der kleine Riesentöter Claude Dancer erheben und die abschließenden Worte sprechen.

Der spannungsgeladene Saal wurde grabesstill, der Richter nickte zum Staatsanwaltstisch hinüber. Durch das Oberlicht fiel ein Sonnenstrahl, in dem die Stäubchen tanzten. Mitch stand auf, wandte sich an Gericht und Geschworene zugleich und ging zum Tisch des Protokollführers, auf dem er seine Notizblätter ablegte. Dann begann er, einen Überblick über den Fall zu geben, der ebenso glänzend wie langweilig war: glänzend, weil er alles enthielt und mir doch keinerlei Handhabe zur Widerlegung bot; langweilig, weil alle Anwesenden im Saal das Ganze mindestens einmal und manches sicherlich ein dutzendmal gehört hatten. Mitch erläuterte in Kürze die Tatbestandsmerkmale für Mord und gab einen Überblick über die verschiedenen Grade. Er wies darauf hin, daß die Staatsanwaltschaft zweimal und die Verteidigung einmal sprechen werde; daß der Staatsanwaltschaft das Vorrecht zustehe, das erste und das letzte Plädoyer zu halten; daß ich nach ihm sprechen und die Staatsanwaltschaft – womit er zweifellos Claude Dancer meinte – abschließen werde.

Bezeichnenderweise erwähnte Mitch die Vergewaltigung oder den Lügentest nur mittelbar. Diesen strittigen Komplex berührte er nur, indem er die Geschworenen aufforderte, darüber nachzudenken, warum Barney Laura überhaupt zur Haupteinfahrt des Touristenparks gefahren hätte, wenn er vorgehabt habe, ihr Gewalt anzutun. Rasch kritzelte ich auf das erste Blättchen meines Blocks: Schlag verdammtes Tor zu!

«Meine Damen und Herren Geschworenen, in unserem Kreis ist ein scheußlicher Mord begangen worden», fuhr Mitch trocken fort, «und wir glauben, die Staatsanwaltschaft hat zur Genüge bewiesen, daß der Mord von dem Angeklagten verübt worden ist. Wir glauben ferner, über jeden vernünftigen Zweifel hinaus gezeigt zu haben, daß der Totschlag vorsätzlich, aus niederen Beweggründen und in einem Anfall von Mordlust geschah, und zwar ohne einen Rechtfertigungs- oder Schuldausschließungsgrund.

Wenn Sie diesem Mann erklären, er habe nichts Böses getan», fuhr Mitch fort, «räumen Sie damit nicht allen neunundvierzigtausend Einwohnern von Iron Cliffs, ja der gesamten Bürgerschaft des Staates Michigan das Recht ein, morgen das gleiche zu tun?»

Mitch wandte sich um, sammelte seine Notizblätter zusammen und marschierte zu seinem Tisch zurück, wo Mr. Dancer aufstand und ihn auffällig beglückwünschte. Der Kleine war stets auf Draht, nie ließ er sich eine Gelegenheit zum Angeben entgehen. Der Richter blickte zu mir herunter und nickte. «Wir wollen jetzt das Plädoyer der Verteidigung hören», sagte er ruhig.

«Mit Erlaubnis des Gerichts und der Damen und Herren Geschworenen», begann ich, auf das Geländer der Geschworenenbank zuschreitend. Ich senkte die Stimme und ließ mein Plädoyer feierlich vom Stapel. «Wenn – wie Kipling sagt – Lärm und Stimmengewirr verebben, wenn dieser alte, hohe Gerichtssaal sich leert und still wird, wenn unser geduldiger, langmütiger Richter zu seinen Obliegenheiten in Unter-Michigan zurückkehrt, ja wenn Mr. Dancer wieder in Lansing ist – wenn das alles, meine Damen und Herren, hinter uns liegt, was wird dann wohl aus Oberleutnant Manion geworden sein?

Dies ist der Augenblick, da wir Anwälte, wir Männer vieler Worte, uns noch immer der schmeichelhaften Illusion hingeben, alles, was wir vorzutragen haben, vermöge Ihre Ansicht vielleicht zu ändern. Hätten wir nämlich unsere Arbeit gut verrichtet, sollte nichts mehr zu sagen sein. Manchmal will es mir in diesen Prozessen scheinen, als könnte, wenn die Anwälte sich in diesem Augenblick vom Schauplatz des Geschehens zurückzögen und Karten spielten oder angeln gingen – ich kann es kaum erwarten, beides mit Mr. Dancer zu tun –, während der Herr Richter Sie über die rechtlichen Gesichtspunkte des Falls belehrt, uns allen viel Zeit und Ihnen fraglos eine Menge Langweile erspart werden. Leider will es unser Prozeßsystem anders: Gerade an diesem Punkt erwartet die Tradition von den Anwälten, daß sie ihre wenn auch noch so abgedroschene Wortware feilbieten. So hoffe ich nur, Ihnen einige Punkte vortragen zu können, die Sie sonst vielleicht übersehen hätten. Denn in der uns hier zur Verfügung stehenden kurzen Zeit ist es unmöglich, auf alle Tatbestände und Blickpunkte dieses verworrenen Falles gebührend einzugehen.

Den meisten von Ihnen dürfte ja bekannt sein, daß ich früher Staatsanwalt dieses Kreises war. In dieser Zeit wurde mir unter dem weisen Geleit und Vorbild unseres Richters Maitland klar, daß es die Pflicht der Staatsanwaltschaft ist, alles wichtige und zulässige Beweismaterial, gleichgültig ob es den Angeklagten belastet oder entlastet, heranzuholen. Ich begriff ferner, daß es *nicht* etwa die Pflicht der Staatsanwaltschaft sei, jeden Angeklagten um jeden Preis auf das Schafott zu liefern, sondern der Jury den gesamten Sachverhalt in fairer Weise zu unterbreiten, damit sie, geleitet von den Instruktionen, versuchen könne, ein vernünftiges und gerechtes Urteil zu fällen. Unser Herr Richter wird mich freundlicherweise berichtigen, wenn ich irre. Ich möchte hinzufügen, daß ich von der Richtigkeit dieses Verfahrens so fest überzeugt war, daß ich in den zehn Jahren meiner Tätigkeit als Ankläger die Jury nicht ein einziges Mal aufforderte, einen Angeklagten zu verurteilen. Ich glaube nicht, daß ich deshalb je in den Verdacht gekommen wäre, ein Weichling zu sein.

Nun sehe ich es zwar nicht als meine Aufgabe an, das amerikanische Geschworenensystem vor Mr. Claude Dancer in Schutz zu nehmen; in diesem System wird jedoch niemand freigelassen oder an den Galgen gebracht, ohne daß ihm zuvor eine umfassende und unbehinderte Untersuchung zuteil geworden wäre. Dies setzt freilich die Untersuchung aller Tatsachen voraus, nicht nur eines Teils, nicht nur der Hälfte, die der einen Seite hilft und der anderen schadet.»

Ich sah zum Tisch der Staatsanwaltschaft hinüber. «Es scheint, als würden meine Ansichten von dem reisenden Vertreter unserer Generalstaatsanwaltschaft, wenn nicht restlos abgelehnt, so doch nur bis zu einem gewissen Grade geteilt. Es steht außer Frage, daß ihr junger Ankläger, Mr. Lodwick, das Recht hatte, für die Verhandlung dieses Falles einen Gehilfen, und zwar Mr. Claude Dancer, zu erbitten.

Dies Recht steht ihm uneingeschränkt zu und wird von mir nicht im entferntesten angezweifelt.» Ich machte eine Pause. «Andererseits wage ich einzuwenden, daß der Gehilfe sich auf seine Gehilfenrolle beschränken sollte. Sie haben tagelang erlebt, wie dieser Fall unserem jungen Ankläger vor seinen eigenen Augen weggeschnappt wurde. Sie haben mit angesehen, wie die Staatsanwaltschaft – nicht etwa die Polizeibeamten, wie ich hier feststellen möchte – sich vorsätzlich und bisweilen bewunderungswürdig bemüht hat, Zeugenaussagen zu unterdrücken oder zu verzerren, die beizubringen eindeutig Pflicht der Staatsanwaltschaft und nicht des Angeklagten gewesen wäre. Dabei meine ich nicht die üblichen Einwände gegen die Verfahrensweise oder die Form einer Frage, auch spreche ich nicht von Zeugenaussagen, gegen die das Gericht als unzulässig entschieden hat. Ich beziehe mich auf die vorsätzliche Unterdrückung der *Wahrheit*, auf grundlegende und wichtige Dinge der Wahrheit, die die Staatsanwaltschaft pflichtgemäß ans Tageslicht hätte bringen müssen und nicht hätte verheimlichen dürfen.»

Ich wandte mich um, weil ich wissen wollte, wieviel Zeit mir noch zur Verfügung stand, und sah Parnell ernst und blaß in der Nähe der Tür sitzen. Er mußte wie der Teufel zum Flughafen und zurückgefahren sein. «Aber genug der Verallgemeinerungen; lassen Sie uns zur Sache kommen. Die unlautere Taktik der Anklage verfolgte zwei Absichten; einerseits die, die Wahrheit wenn möglich fernzuhalten, und andererseits die, gewisse Dinge als wahr hinzustellen, bei denen man sich nicht die Mühe nahm, auch den Beweis dafür zu erbringen. Lassen Sie mich als treffendes Beispiel für die erste Taktik die größte und traurigste Fiktion der Staatsanwaltschaft anführen, die groteske Unterstellung nämlich, daß Laura Manion von Barney Quill in jener Nacht nicht grausam verprügelt und vergewaltigt worden sei. Seit Tagen haben Sie mit angesehen, wie Mr. Dancer sich gegen den Vorgang der Vergewaltigung mit Händen und Füßen gesträubt hat. Aber davon später.

Als schlagendes Beispiel für die zweite Taktik der Anklage, die Wahrheit zu entstellen und schlaue Anzüglichkeiten zu unterschieben, möge der Zwischenfall mit Hippo Lukes dienen, der angeblich mit Laura Manion getanzt und dabei ihre Schuhe in seine Tasche gesteckt haben soll. Nun frage ich Sie: Welcher Zeuge hat hier im Saal je ausgesagt, daß sie das getan hat? Wer außer Mr. Dancer hat gewagt, dergleichen zu unterstellen? Vielleicht erinnern Sie sich noch, daß er deshalb pausenlos auf Mrs. Manion herumhackte. Fast könnte man es als Walzer der tanzenden Schuhe bezeichnen. Wenn es aber wirklich der Fall gewesen wäre, hätte Hippo Lukes es dann nicht wahrheitsgetreu aussagen können, als er aufgerufen wurde? Hätte der geschickte Mr. Dancer sich diese Chance, die Frau des Angeklagten in ein schlechtes Licht zu bringen, entgehen lassen? Sollte er es aber bei dieser Gelegenheit vergessen haben, konnte, nachdem Laura Manion es abgestritten hatte, Hippo Lukes nicht als Widerlegungszeuge aufgerufen werden?» Ich wandte mich um und deutete auf die Zuschauer im hinteren Teil des Saales. «Dort sitzt Hippo Lukes, können Sie ihn sehen?» fragte ich. «Vorübergehend aufs Tanzen verzichtend, wofür die Natur ihn so glänzend ausgestattet hat, sitzt er schon eine ganze Woche als bezahlter Zeuge der Staatsanwaltschaft hier herum. Wäre das Behauptete tatsächlich vorgefallen, sollte Hippo sich daran erinnern. Wäre es ihm aber entfallen, so war in jener Nacht sicherlich jemand in der Bar, der sich darauf besonnen hätte.

Der interessanteste Teil der Anklagetaktik ist jedoch ihr Warum. Na, wenn schon, werden Sie sich vielleicht gefragt haben, und wenn sie schon barfuß getanzt hat, was ist weiter dabei? Ich will Ihnen verraten, warum. Weil der schlaue Mr. Dancer versucht hat, Ihnen Laura Manion als verworfenes, eigensinniges Flittchen hinzustellen, als Dirne, die Whisky pur trinkt, mit vollgefressenen Sommergästen barfuß tanzt und sich also vermutlich mit dem ersten besten Mann ins Bett legt. Weil Mr. Dancer, der nicht wagt, sich dem Problem der Vergewaltigung ehrlich zu stellen, Ihnen auf schlaue Weise den Kopf zu verdrehen versucht und Ihnen einreden will, diese grausame Vergewaltigung sei eine Affäre zwischen beiden gewesen. Darum, meine Damen und Herren Geschworenen!

Rufen Sie sich doch noch einmal sein hinterhältiges Kreuzverhör über Laura Manions persönliches Leben ins Gedächtnis zurück: wie ritterlich er in ihrer Vergangenheit stöberte und dabei die Tatsache ans Tageslicht förderte, daß sie geschieden war; die schreckliche Enthüllung, daß sie einmal Kosmetika verkauft und als Verkäuferin gearbeitet hat und sogar eine Telefonzentrale bediente. Was verfolgt der kleine Mann mit alledem? Was bedeutet es? Will er damit alle geschiedenen Frauen als unsolide anprangern? Will er daraus folgern, daß alle Kosmetikerinnen und Telefonistinnen haltlose Dirnen sind? Wollte er das aber nicht, warum hat er sie dann wie ein Brummer umkreist, um das alles breitzutreten?

Jawohl, meine Damen und Herren Geschworenen, er hackte und hieb auf diese Frau in jeder nur erdenklichen Weise ein, und sein Repertoire in dieser Richtung ist gewiß groß – er wollte sie als Kokette und Kokotte hinstellen, als eine, mit der man nur allzuleicht anbandeln kann. Beachten Sie aber bitte, daß dieser Erzengel des Rechts nicht ein einziges Mal von etwas so Gemeinem gesprochen hat wie der grausamen Vergewaltigung, die sie durch den Getöteten erleiden mußte. Nicht ein einziges Mal hat er etwas so Krasses wie den Lügentest erwähnt. Wenn er Laura Manions Version von der Vergewaltigung nicht glaubte und auch jetzt nicht glaubt, warum hat er sie dann wegen der Vergewaltigung nicht vernommen? Bilden Sie sich etwa ein, daß es ihm in seiner Ritterlichkeit darum zu tun war, ihre Gefühle zu schonen? Glauben Sie nicht, er wäre ihr mit jedem nur erdenklichen Mittel auf den Leib gerückt, wenn er nicht davon überzeugt gewesen wäre, daß sie die grausame Wahrheit erzählt hat?

Welche Beweise braucht Mr. Dancer eigentlich noch, um an die Vergewaltigung zu glauben? Etwa einen Farbfilm? Ich möchte wohl wissen, wie viel Belege er bei seinem ausgeprägten Sinn für Objektivität fordern würde, wenn er sich in der Rolle des Verteidigers befände.»

Ich wandte mich um und deutete verächtlich auf Claude Dancer, wie früher Amos Crocker auf mich zu zeigen pflegte. «Jawohl, da sitzt der kleine blitzgescheite Mann, der eigens in den Busch kommt, um uns Bauernlümmeln einige der aalglatten Großstadttricks vorzuführen, die er sich mit viel Geschick bei Fachleuten abgeguckt hat. Hat der eine oder andere von Ihnen denn schon vergessen, wie er sich heute vormittag, als der Richter gerade nicht hinsah, mehrmals zwischen mich und den aussagenden Oberleutnant schob? Und warum? Das kann ich Ihnen verraten. Nur um mich zu verstimmen – was ihm denn auch so gut gelungen ist. Ferner, damit ich mir den Zorn des Richters zuzog, was ich denn auch vollauf erreichte. Hauptsächlich aber, um bei Ihnen den bösen Eindruck zu erwecken, daß ich meinem Mandanten Unwahrheiten suggerieren könnte.» Noch immer deutete ich mit ausgestrecktem Finger auf ihn. «Sie sollten sich schämen, Mr. Dancer! Sie haben Ihre beachtlichen Gaben nur mißbraucht und in Verruf gebracht.» Ich wandte mich wieder an die Jury. «Vielleicht ist Ihnen auch aufgefallen, daß er es ein zweites Mal nicht mehr tat.»

Ich brach ab. «Aber schließlich ist dieser Fall ja kein Duell zwischen Mr. Dancer und mir. Ihr Urteil ist kein Fernsehpreis für die beste Vorstellung. Nein, meine Damen und Herren Geschworenen, hier geht es um weit mehr als um Mr. Dancer und Paul Biegler. Hier stehen altmodische Dinge auf dem Spiel, Begriffe wie Wahrheit, Gerechtigkeit, Lauterkeit. Es handelt sich um Schicksal und Zukunft eines gequälten Einsamen, der hier ganz verloren zwischen lauter Fremden sitzt.»

Der Sheriff brachte Karaffe und Glas, die er auf den Tisch des Protokollführers stellte; ich nickte ihm dankbar zu, schenkte mir ein und goß ein Glas lauwarmen Wassers – das Trinkwasser des Gerichtssaals ist immer lau – hinunter. Dann wandte ich mich wieder an die Jury, die Augen waren auf meinen Lieblingsgeschworenen gerichtet. «Ich möchte wirklich wissen, ob einer von Ihnen auf den Gedanken gekommen wäre, daß es bei diesem Fall tatsächlich um eine Vergewaltigung geht, wenn ich trotz aller wütenden Einsprüche Mr. Dancers nicht immer wieder das bewußte Thema zur Sprache gebracht hätte. Und welcher Absicht haben all seine Einsprüche gedient? Meine Damen und Herren Geschworenen, schon viele Stunden, wenn nicht Tage, könnten wir mit dem Fall zu Ende sein, wenn die Staatsanwaltschaft sich der Tatsache der Vergewaltigung gestellt hätte, einem Faktum immerhin, das sie wie ein weltfremder Träumer immer noch nicht wahrhaben will. Es ist uns nie eingefallen, die Tatsache des Schießens zu bestreiten, wir tun es auch jetzt nicht. Das stand vom Anfang des Prozesses an fest, die Staatsanwaltschaft weiß es schon seit August, als wir schriftlich auf Unzurechnungsfähigkeit plädierten. Trotzdem hat sie Stunde um Stunde und Zeuge um Zeuge – nebenbei auch Dollar um Dollar an öffentlichen Mitteln – vergeudet, um auf den blutrünstigen Einzelheiten dieser bereits erledigten und unbestrittenen Frage herumzureiten. Genau wie Mr. Dancer sich Stunde um Stunde eifrig bemüht hat, die Geschichte von der Vergewaltigung zu vertuschen, einer Vergewaltigung, deren

Tatbestand wohl kein rechtlich gesonnener Mensch im Saal mehr zu bezweifeln wagt.»

Dann gab ich einen eingehenden Überblick über die Ergebnisse der Beweisaufnahme zur Frage der Vergewaltigung und erinnerte die Jury daran, daß trotz der wiederholten Einsprüche Mr. Dancers praktisch mein ganzes Beweismaterial zu Protokoll genommen worden war. Ich trat nahe an Mitchs Tisch heran und deutete von neuem auf Mr. Dancer. «Noch immer wollen Sie die Vergewaltigung nicht zugeben! Noch immer wollen Sie Mrs. Manion als Dirne hinstellen! Noch immer sind Sie von der krankhaften Lust besessen, den Kadaver des Oberleutnants an der Stoßstange Ihres Regierungswagens festzubinden und so nach Hause zu fahren. Nun, Mr. Dancer, ich fordere Sie auf, die Vergewaltigung endlich zuzugeben!»

Ich trat wieder vor die Geschworenen und gab einen Überblick über den für den Angeklagten ungünstigen Teil der Zeugenaussage von Kriminalkommissar Durgo. Damit mußte reiner Tisch gemacht werden, es ließ sich nicht dadurch bereinigen, daß ich es überging. «Meine Damen und Herren Geschworenen», sagte ich, «vielleicht hat der Oberleutnant diese Dinge gesagt. Daß Kriminalkommissar Durgo sie behauptete, beweist ziemlich sicher, daß sie gesagt worden sind. Wir können nicht den Teil seiner Aussage herauslösen, der uns zusagt, und dann den Rest verwerfen. Nur der hartgesottene Mr. Dancer scheint sich auf dieses Zauberkunststück zu verstehen. Aber angenommen, der Oberleutnant hat diese Dinge gesagt. Stand er nicht immer noch unter der Einwirkung des Schocks, der seine Geistesstörung hervorgerufen, nicht immer noch unter dem Einfluß der gewaltigen Erschütterung, die seine Seele heimgesucht hatte, war er nicht noch immer auf der Suche nach dem eigenen Ich, noch immer heftig bemüht, dem entsetzlichen Geschehen, dessen er sich langsam als Täter bewußt wurde, einen Sinn zu verleihen? Ich jedenfalls glaube, der Richter wird Sie dahingehend belehren, daß Sie den Angeklagten freisprechen können, selbst wenn er diese Dinge gesagt hat und sich sogar darüber klar war, daß er sie sagte – falls Sie glauben, daß er, während er abdrückte, unter unwiderstehlichem Zwang handelte.»

Wieder sah ich auf die Uhr und fuhr schnell fort. Ich führte aus, daß Mitch die Geschworenen mit Recht davor gewarnt hatte, sich zur Verteidigung des Angeklagten auf das «Naturrecht» zu berufen. (Der Richter würde dies ohnehin tun.) Ich wies darauf hin, daß es, wenn der Oberleutnant plötzlich aufgewacht sei, wenn er Barney dabei erwischt hätte, wie er seine Frau vergewaltigte, und ihn sofort erschossen hätte, zweifellos zu keinem Prozeß gekommen wäre, der Oberleutnant vielmehr dafür zu all seinen Ehrenzeichen einen weiteren Orden bekommen hätte. «Dieser Fall», fuhr ich fort, «liegt aber insofern anders, als die Frau weder im Ehebruch noch während der Vergewaltigung überrascht wurde; vielmehr hatte sie sich irrigerweise einem reißenden Tier anvertraut, das sich erboten hatte, sie nach Hause zu fahren. Jawohl, statt dessen wurde sie überfallen, Schläge prasselten auf sie nieder, fast erstickte sie, sie wurde vergewaltigt, übel zugerichtet, getreten, gestoßen, zum Schluß einen Steinwurf weit von ihrem schlafenden Mann entfernt – und nun soll sich dieselbe Handlung als Mord darstellen.

Meine Damen und Herren Geschworenen, manch einer von Ihnen wird sich fragen, warum ich so viel Zeit auf den Versuch verwende, Ihnen die volle Wahrheit zu zeigen, die Wahrheit nämlich, daß der getötete Barney Quill ein Säufer war, daß er absonderlich handelte, daß er physisch einschüchternd wirkte, daß er ein Judokämpfer war und alle dunklen Künste des Angriffs und der Selbstverteidigung kannte, daß er sich als Meisterschütze einen Namen gemacht hatte und eine reichhaltige Waffensammlung besaß. Der eine oder andere von Ihnen wird sich gewundert haben, warum unser Freund, Mr. Dancer, sich so angestrengt bemüht hat, alle diese Tatsachen zu vertuschen.»

Ich brach ab. «Ich will versuchen, es Ihnen zu erklären. Wäre es Mr. Dancer gelungen, diese Tatsachen zu unterdrücken, könnte er folgendermaßen argumentieren: Barney Quill war körperlich außerstande, diese Frau zu vergewaltigen. Jedenfalls hätte sie sich stärker wehren können, deshalb sei es keine wirkliche Vergewaltigung. Oberleutnant Manion hätte keine Schußwaffe in die Hand zu nehmen brauchen, als er auszog, um den Mann zu schnappen, bis die Polizei kommen würde. Folglich tat er es einzig und allein, um ihn umzulegen. Schließlich wäre der kleine, alte, unbewaffnete Parkwächter, Mr. Lemon, genau der Richtige gewesen, den Manion ins Städtchen hätte schicken sollen, um den Wüterich festzunehmen.» Wieder hielt ich inne. «Dies wäre wohl in kurzen Zügen die Antwort auf verschiedene Fragen. Daher hat sich Mr. Dancer auch tagelang bemüht, jeden meiner Versuche, Mr. Barney Quill als etwas anderes als einen stillvergnügten, harmlosen Freiluftsportler darzustellen, rücksichtslos zu untergraben und zu hintertreiben.»

Rasch goß ich ein zweites Glas Wasser hinunter. «Ja», fuhr ich fort, «die von Mr. Dancer mit Feuereifer vertretene Anklagebehörde wird fraglos argumentieren, daß der Oberleutnant den kleinen, alten, unbewaffneten Parkwächter zu mitternächtlicher Stunde hätte aus dem Bett holen und ins Städtchen jagen sollen, damit er den Mann festnähme, der sich mit seinem Arsenal von Schußwaffen, mit denen er so gut umzugehen verstand, hinter seiner Bar verschanzt hielt. Wäre das nicht männlich, anständig und dazu noch rechtmäßig gewesen?

Leute», sagte ich, «um ein fähiger Geschworener zu sein, braucht man seinen Verstand nicht an der Garderobe abzugeben. Ihre Rolle hier hat nichts Geheimnisvolles – Sie haben dabei Herz und Hirn sprechen zu lassen. Wenn

Barney Quill Laura Manion das, wovon hier die Rede ist, angetan hat, standen ihm genau drei Wege offen: der eine, er konnte sich der Polizei stellen. Was er nicht tat. Der zweite, er konnte weglaufen oder sich umbringen. Was er verschmähte. Der dritte, er konnte dableiben und seinem Schicksal die Stirn bieten. Diesen Weg schlug er ein. Der große Barney Quill wählte traditionsgemäß das letztere, er kehrte in seine Burg zurück und schickte seinen Mixer fort, ob zum Schmierestehen oder wozu sonst, werden wir vermutlich nie erfahren. Dann umgab er seine Bar schnell mit einer Schutzkette unverdächtiger Gäste – Prellböcke und Zeugen zugleich – und wartete, trunken von seinem Whisky und seinem gewaltigen Ich, umgeben von seinen Saufkumpanen, seinen Pistolen, Medaillen und seinem Warnposten, auf das Schauspiel. Barney konnte ja nicht hinter der Bar stehen und dabei zugleich die Tür im Auge behalten – er mußte die Rolle des Gelassenen spielen. Daher hatte er seinen Barmann quasi beurlaubt, damit der sich an der Tür eine Stunde lang ‹ausruhen› und ihm rechtzeitig ein Zeichen geben könnte.

Wenn aber, so werden Sie sich fragen, Barney den Oberleutnant mit oder ohne Wachposten erwartete, warum knallte er ihn dann nicht in dem Augenblick nieder, als dieser die Tür öffnete? Das, liebe Leute, wäre nicht nur Mord gewesen, sondern Mord plus Vergewaltigung. Das hätte ihn gänzlich verraten. Barney war auf Draht. Barney wußte, was er getan hatte, die anderen wußten es aber nicht. Hätte Barney ein Maschinengewehr auf der Bar montiert und den Offizier beim Betreten des Lokals über den Haufen geknallt, so hätte er damit die Vergewaltigung zugegeben. Verstehen Sie? Barney *mußte* warten, bis Oberleutnant Manion den Raum durchschritt. Erst, wenn der erwartete Knalleffekt, wenn der große Auftritt kam, die wütende Anklage, der hitzige Wortwechsel und der Versuch, handgreiflich zu werden, erst wenn eine feindselige

Hand gar nach der Waffe griff – erst dann konnte der Meisterschütze Barney den Angreifer vor Zeugen niederschießen und mit Fug und Recht behaupten, er habe nur in Notwehr gehandelt. Er mußte darauf setzen, daß er flinker war als Oberleutnant Manion. Sehen Sie nicht – daß das spannende Drama in der Bar bis in alle Einzelheiten vorbereitet war?» Ich senkte die Stimme. «Nur eines hatte Barney vergessen, oder er wußte es nicht: daß der Oberleutnant Linkshänder war – das und die Tatsache, daß er einen Ebenbürtigen gefunden hatte. Er verlor bei dieser grimmigen Lotterie, endlich verlor er sein erstes Pistolenschießen. Der Preis, den er diesmal verspielte, war allerdings sein eigenes Leben.»

Die Zeit rann mir durch die Finger, rasch sprach ich weiter. «Nein, der Oberleutnant schickte keinen schläfrigen, unbewaffneten alten Mann hin, er ging selbst und in gutem Recht. Darüber wird Ihnen der Herr Richter wohl Richtlinien erteilen.» (Über dieser Instruktion hatte Parnell lange gebrütet.) «Eines, Leute, steht fest: Dieser Barney war entweder ein gefährlicher Verrückter, der unberechtigterweise frei herumlief, oder zum mindesten ein gefährlicher Verbrecher. Jedenfalls war er ein Mann, der in verschärfter Form eines der schwersten Verbrechen, die es bei uns gibt, begangen hatte. Ich bin der Ansicht, daß der Oberleutnant alles Recht hatte, in die Bar zu laufen und den Mann festzunehmen. Ich glaube, der Herr Richter wird Ihnen dies auch sagen. Nur weil der Oberleutnant durch den herausfordernden Anblick des Peinigers seiner Frau vorübergehend den Verstand verloren hat, werden Sie jetzt aufgefordert, sein Leben zu zerstören.»

Ich schaute auf die Uhr und trat vor. Eines der schlimmsten Probleme jeder Verteidigung – die nur einmal Gelegenheit zum Plädoyer hat, während die Anklage zweimal sprechen darf – besteht in der Kunst, alle möglichen Argumente der Anklage, auf die es dann keine Antwort mehr gibt, vorwegzunehmen und zu widerlegen. Die einzige Handhabe gegen Mitch war die Sache mit Barney und der Einfahrt. Claude Dancer hatte Mitch diesen ärmlichen Knochen gnädig zugeworfen und den Löwenanteil für sich aufbewahrt. Rasch nahm ich den Punkt auf.

«Unser Ankläger hat in seinem ersten Plädoyer darauf hingewiesen, daß, wenn der Verstorbene es darauf angelegt hätte, Mrs. Manion etwas anzutun, er sich nicht die Mühe gemacht hätte, sie überhaupt bis zum Parkgatter zu fahren», sagte ich. «Aus diesem Argument läßt sich natürlich folgern, daß zwischen der Bar und dem Tor etwas Geheimnisvolles vorgegangen sein muß, das Barney zu der Annahme verleitete, sein Werben sei nicht unwillkommen gewesen. Diese Behauptung klingt zunächst überzeugend; immerhin möchte ich wissen, ob sie einer Analyse standhalten wird. Ich frage mich nämlich, Leute, ob der wahre Grund, warum Barney Quill sie überhaupt erst zum Gatter fuhr, nicht folgender ist: Er wußte, daß das Tor verschlossen war. Sein Plan, sich an dieser Frau zu vergreifen, war in seinem Kopf fix und fertig ausgeheckt. Er wußte bereits, daß sie nur ungern und nervös darauf einging, sich von ihm nach Hause fahren zu lassen. Wenn er sie zuerst an die Einfahrt fuhr – von der er genau wußte, daß sie zu dieser Stunde abgeschlossen war –, konnte es ihm gelingen, ihren Verdacht zu zerstreuen und seine wirkliche Absicht zu verbergen. Wenn er dagegen auf der Landstraße an der Abzweigung zur Einfahrt vorbeigefahren wäre, hätte sie sofort Verdacht geschöpft und vermutlich schon auf der Straße geschrien. Sein Plan lief wie am Schnürchen ab. Als er endlich viel weiter unten auf der Hauptstraße in den ‹Vergewaltigungsweg› einbog, war es schon zu spät. Alles Schreien wäre umsonst gewesen, sie war in seiner Gewalt.» Ich machte eine Pause. «Ist es nicht viel wahrscheinlicher, daß dies der Grund ist, warum er sie überhaupt zur Einfahrt fuhr?»

Mein Lieblingsgeschworener nickte mir zu. Befangen blickte ich seine Nachbarin an, eine untersetzte Frau mittleren Alters mit hervorquellenden Augen und verschränkten Armen, die dank einer seltsamen Laune ihrer Schilddrüse während der gesamten Verhandlung mit geweitetem Blick in den Saal geschaut hatte.

Rasch zitierte ich die Aussage des Barmanns: Barneys Trinken, seine Schußwaffen und das übrige; die aufschlußreiche Tatsache, daß er seinen Chef als ‹Tier› bezeichnete; sein unaufgefordert bezeigtes Mitgefühl für das Ehepaar Manion; das Zigarettengeschenk und der Ausdruck des Bedauerns über den zersplitterten Spiegel und die zerschmetterte Flasche Whisky. «Sicherlich muß der kleine Leisetreter, als er diese Dinge tat und sagte, gewußt haben, daß sie eines Tages als Bumerang auf ihn zurückfallen würde, wenn er sie nicht ehrlich gemeint hatte.»

Nun geriet mein Plädoyer auf heiklen Grund, und Mary Pilant zuliebe mußte ich versuchen, ihn auf Umwegen zu betreten. «Sie werden sich erinnern, wie feindselig dieser Barmixer war, als ich ihn zuerst ins Kreuzverhör nahm. Zunächst wollte er nichts Ungewöhnliches an Barney bemerkt haben, weder an seinem Trinken noch an etwas anderem. Das Thunder-Bay-Hotel war das reinste Sommeridyll.»

Ich warf einen Blick auf den Barmann im Hintergrund, dann wandte ich mich wieder der Jury zu. «Ich frage mich, warum der Zeuge sein Verhalten geändert hat? Sollte das etwas mit Barneys Besitz oder seiner Versicherungspolice zu tun haben? Oder bekam jemand Angst vor einem Meineid?» Ich hielt inne. «Jedenfalls war aus irgendeinem Grund eine Wandlung mit ihm vorgegangen, als er wieder auf dem Zeugenstuhl saß. Trotz Mr. Dancers Schnellfeuer von Einsprüchen holte ich schließlich folgendes aus ihm heraus: alles verlief im Hotel so normal, so selbstverständlich, so geruhsam-alltäglich, aber ein Teil von Barneys

Waffenarsenal mußte weggeschlossen werden, und mindestens zwei seiner Waffen blieben später unauffindbar. Jawohl, so normal spielte sich das Leben im Hotel- und Barbetrieb ab.» Ich machte eine Pause. «Sollte der Barmann vielleicht in Wirklichkeit auf diese Dinge angespielt haben, als er Mrs. Manion erzählte, es sei schade, daß sie zu einem so unglücklichen Zeitpunkt nach Thunder Bay gekommen seien? Waren die Manions nicht wie zwei verlorene Figuren, die sich nichtsahnend auf die Bühne eines düsteren griechischen Dramas verirrt hatten?»

Von neuem schaute ich auf die Uhr; meine Zeit ging rasch zu Ende. «Nun kommen wir zu unserem Verteidigungsargument, zur Unzurechnungsfähigkeit, zum Kampf der Psychiater. Zweifellos wird Mr. Dancer unseren jungen Nervenarzt einen Scharlatan, einen Schaumschläger nennen, weil er die wohlklingenden Tests, deren Namen Freund Dancer von dem Sachverständigen der Anklage so rasch auswendig gelernt hat, vorzunehmen versäumte. In diesem Zusammenhang frage ich Sie: Wenn der junge und disziplinierte Arzt nichts von seinem Fach verstünde, würde die Armee ihm dann ihre ganzen modernen Einrichtungen anvertrauen?»

Es galt jetzt, einen Überblick über das verzwickte Beweismaterial zu geben, aus dem die Unzurechnungsfähigkeit hervorgehen sollte; ich tat es mit Hilfe der Aussage des jungen Dr. Smith. «Dr. Smith hat Ihnen von seiner ausgedehnten Untersuchung des Oberleutnants, auf die er seine Meinung gründete, berichtet», fuhr ich fort. «Diese Ansicht wird von Dr. Gregory in seiner Aussage glattweg bestritten. Eine Möglichkeit, die beiden Meinungen in Einklang zu bringen, gibt es nicht – einer der beiden Herren hat unrecht.» Ich brach ab. «Wenn nicht so viel auf dem Spiel stünde, wäre ich geneigt, über Dr. Gregorys Aussage gnädig hinwegzugehen. Dieser arme Mann will uns in einem Atemzug einreden, daß die Tests unseres Arztes nichts taugten, daß er selbst eine Menge anderer Tests vorgenommen hätte. Im nächsten Atemzug erdreistet er sich, über die Zurechnungsfähigkeit eine berufliche Meinung abzugeben, ohne einen einzigen Test bei dem Angeklagten angewandt zu haben. In die Enge getrieben, gibt er hinter einem abschließenden Sperrfeuer von Mr. Dancers schützenden Einsprüchen schließlich unwillig zu, daß sein Verfahren weder üblich noch von der Psychiatrie anerkannt sei.»

Ich drehte mich nach Dr. Gregory um. «Dieser Herr ist diplomierter Nervenarzt, er hat keinen einzigen Versuch unternommen, den Oberleutnant zu untersuchen, obgleich er seit Tagen hier ist. Ich möchte wissen, ob er mit seiner Aussage behaupten wollte, kein Mann könne je den Kopf verlieren, wenn seiner Frau etwas Derartiges zustößt. Gesagt hat er es uns nicht. Wenn er wirklich dieser Ansicht ist, so muß ich mich allen Ernstes fragen, unter welchen Umständen ein Mensch bei gefühlsbedingten oder seelischen Schocks überhaupt den Verstand verlieren darf. Wenn der Arzt hingegen meinte, daß mancher Mann angesichts eines solch fürchterlichen Vorfalls irrsinnig werden könnte, dieser hier aber nicht, dann möchte ich wissen, auf Grund welcher psychiatrischen Beobachtungen oder Untersuchungen er zu diesem Ergebnis gelangt ist. Auch darüber hüllte er sich in Schweigen. Vielleicht haben Sie beobachtet, mit welch affenartiger Geschwindigkeit unser Vier-Tage-Experte in der Fachsprache der Psychiatrie, Mr. Dancer, den Armen vom Zeugenstand bugsierte, als ich mit dem Kreuzverhör geendet hatte.

Wenn der Arzt zu meinen glaubt, der Oberleutnant sei in jener Nacht zurechnungsfähig gewesen, weil er, Dr. Gregory, nicht daran glaubt, daß seine Frau vergewaltigt worden ist, dann steht er außer unseren beiden hartgesottenen Anklägern mit dieser Ansicht vermutlich allein auf weiter Flur. Jedenfalls wird der Richter Ihnen wahrscheinlich sagen, daß in den Fällen von Unzurechnungsfähigkeit nicht das eigentliche Geschehen der Maßstab ist, sondern das, was sich in den Augen des unzurechnungsfähigen Opfers zugetragen hat. Dies ist psychologisch und rechtmäßig wahr. Leider verlieren tagtäglich Menschen wegen bloßer Hirngespinste den Verstand.»

Ich brach ab und schüttelte den Kopf. «Wir haben heute einen betrüblichen Auftritt erlebt. Hätte sich ein praktischer Arzt so aufgeführt, hätte man ihn als Quacksalber und Schaumschläger abgetan. Denn wenn ein Mann seinen Beruf, dem er wahrscheinlich die Arbeit eines ganzen Lebens gewidmet hat, zum Gespött der Leute erniedrigt, so zieht diese Lüge weite Kreise.» Ich hämmerte so hart auf das Mahagonigeländer der Geschworenenbank ein, daß ich mich fragen mußte, ob ich wohl je wieder Fliegen fangen könne. «Eine solche Lüge ist um so gemeiner, rücksichtsloser und zynischer, als wir gewöhnliche Sterbliche sie nur schwer zu durchschauen und anzusprangern vermögen.» Ich schüttelte den Kopf. «Sie bringt uns zu der Überlegung, daß ein Mensch zweifellos erst gut sein muß, bevor er ein guter Psychiater sein kann, daß er, wenn er seiner Natur nach ängstlich oder feige, zynisch oder arrogant ist, sich zweifellos – sobald es aufs Ganze geht – auch im Beruf als solch ein Mensch entpuppen wird.

Meine Damen und Herren Geschworenen», fuhr ich fort, «es bereitet mir weiß Gott wenig Vergnügen, diesem Arzt so auf den Leib rücken zu müssen. Stände nicht so viel auf dem Spiel und würde nicht der Versuch gemacht, seine Aussage in so zynischer, unverantwortlicher Weise zu mißbrauchen, so könnten wir über sein Zeugnis herzlich lachen. Wenn ein Mann sich aber erdreistet, in den Gerichtssaal zu kommen und mit dem Leben eines auf Mord Angeklagten zu spielen, dann will er uns offenbar nur zum Narren halten und verdient daher nichts als Verachtung und eisige Kritik.»

Ich brach ab und wischte mir die Stirn ab. Meine Schläfen glühten, meine Stimme bebte. Ich wandte mich um und deutete von neuem auf Claude Dancer. «Wie heftig wir aber auch mit dem armen Nervenarzt ins Gericht gehen mögen, unsere uneingeschränkte Verachtung verdient doch der Mann, der für sein Auftreten und seine auf so hoffnungslos unzureichender fachlicher Grundlage fußende Aussage verantwortlich ist. Ist der arme Dr. Gregory vielleicht auf dem Altar eines unersättlichen Ehrgeizes geopfert worden? Hat er sich vielleicht einem Menschen beugen müssen, für den Recht und Gerechtigkeit und Freiheit bloß ein Spiel sind? Soll der arme Oberleutnant Manion nur dafür bluten müssen, daß ein ehrgeiziger Anwalt oder Arzt eine bessere Stellung bekommen will? Braucht Mr. Dancer den Skalp eines Teilnehmers zweier Kriege, um seine Sammlung unschuldiger Opfer abzuschließen? Beabsichtigt die Jury, ihm den freiwillig zu schenken?»

Ich warf wiederum einen Blick auf die Uhr. «Mehr habe ich zum Wechsler-Bellevue-Test nicht zu sagen.»

Ich legte meine Notizblätter auf den Tisch des Protokollführers und ging mit leeren Händen auf die Geschworenenbank zu. «Nun kommen wir zu der erstaunlichen Zeugenaussage unseres Hausfreundes – eines gewissen Duane Miller, mehrfach vorbestraft und geständiger Brandstifter. Ein emsiger Lockvogel, der nun in letzter Minute als Kronzeuge der Staatsanwaltschaft auftritt. Meine Damen und Herren, ich weiß kaum, was ich dazu sagen soll. Es wäre sinnlos, die Tatsache bestreiten zu wollen, daß die sprengstoffgeladene Aussage dieses Zeugen unseren Fall in die Luft sprengen könnte, wenn Sie dem Mann Glauben schenken.»

Ich drehte mich um und trank einen Schluck Wasser. «Beachten Sie bitte den Zeitpunkt. Ist es nicht seltsam, daß die Staatsanwaltschaft einen ganzen Tag gewartet hat, bevor sie den Mann fragte, was er von dem Oberleutnant wisse? Sie erinnern sich doch, daß er in der Zelle neben unserem Mandanten wohnt. Wenn die Staatsanwaltschaft nur die Wahrheit wissen wollte, warum hat sie ihn dann nicht als ersten ausgefragt? Wäre er nicht der natürlichste Anwärter auf ein Verhör gewesen? Oder versuchte die Staatsanwaltschaft dadurch, daß sie alle anderen Gefangenen zuerst ausfragte, diesem Zeugen unauffällig Zeit zu lassen, wollte sie, daß er sich nach dem, was gemunkelt wurde, erkundigen und dann mit einem prächtigen Seemannsgarn aufwarten konnte, wenn er sein Sprüchlein aufzusagen hatte? Aber nein, ausgerechnet ihn bewahrte sie bis zum Schluß auf, diesen schweren Jungen ließ sie unbehelligt, damit er den Zuchthausklatsch erfahren konnte, die Staatsanwaltschaft suche, forsche, frage nach ungünstigen Dingen, die sie gegen den Oberleutnant auswerten könne.»

Ich schüttelte den Kopf. «Der Plan lief weiß Gott wie am Schnürchen ab. Der arme Sünder machte seine Sache ausgezeichnet – nicht einmal ‹Buster› vergaß er zu sagen. Dieses schwarze Schaf der Gesellschaft mit seinem trüben Sündenregister versteht es glänzend, einen Menschen zu entstellen. Dieser verknackte Meineidige, dieser erbärmliche Wicht, verstört wie die Maus in der Falle, wartet in seiner Zelle auf das Urteil und fragt sich, wieviel Jährchen man ihm aufbrummen wird. Dieses umgetriebene Geschöpf ohne Rückgrat, das noch nicht einmal ehrlich sagt, wie oft es verknackt worden ist! Glauben Sie etwa, dieser Mann würde auch nur eine Sekunde zögern, die Wahrheit gegen einen Zigarettenstummel zu verhökern, besonders wenn er im entferntesten hoffen dürfte, er könne seine Haut dadurch retten?»

Müde schüttelte ich den Kopf. «Ich kann Ihnen nicht mit Bestimmtheit sagen, wann diese Verhandlung von der Suche nach der Wahrheit in eine Inquisition abgesunken ist.» Wieder hob ich die Faust, ließ sie aber in Erinnerung an die Fliegen sinken. «Soviel kann ich Ihnen jedoch versichern: Abgesunken ist sie – und nun stehen wir auf dem Tiefpunkt. Im Augenblick sind wir alle dabei, rettungslos abzugleiten, wir stecken bereits im Sumpf und versinken im bodenlosen Schlamm und Morast der großen Lüge.»

Ich drehte mich zum Oberleutnant um, der mit gesenktem Kopf dasaß. «Ich werde mich nicht über die Unwahrscheinlichkeit verbreiten, daß Oberleutnant Manion sich auch nur eine Sekunde mit einem solchen Subjekt abgeben oder etwa wagen würde, seine Zukunft in die Hände dieses abgefeimten Mannes zu legen, indem er ihm sagt, was er angeblich gesagt hat.» Ich breitete die Arme aus. «Nein, Leute, darüber verliere ich kein Wort. Diese Nuß müssen Sie selbst knacken.»

Rasch auf meine Notizen blickend, fuhr ich mit fieberhafter Eile fort. «Lassen Sie mich kurz auf Oberleutnant Manions Frau zu sprechen kommen, bevor Mr. Dancer wieder so liebevoll auf sie einhackt. Manch einer unter Ihnen mag die Richtigkeit oder Schicklichkeit ihres Verhaltens in jener Nacht anzweifeln. Wenn das so ist, so bitte ich Sie, folgendes zu bedenken: Wir haben es hier mit einer gesunden, lebhaften Frau zu tun, eingesperrt unter Fremden in einem Holzfäller- und Badeort. Sie ist eine Soldatenfrau, ans Alleinsein gewöhnt, viel herumgekommen, darauf angewiesen, ihrem Leben ein bißchen Freude abzugewinnen, sie lebt immer unter Männern – führt eine Art zwanglosen Zigeunerlebens, wenn Sie wollen. Kann man diese Frau gerechter-, anständigerweise nach dem Maßstab der durchschnittlichen, behüteten Hausfrau und Mutter beurteilen?

Jedenfalls möchte ich Sie daran erinnern, daß von Unmoral oder Leichtsinn auf ihrer Seite nicht die Rede sein kann; nichts, aber auch gar nichts weist darauf hin, daß sie sich anders als eine liebenswürdige Frau verhielt, die dem Getöteten für seine geheuchelte Besorgnis um ihre Sicherheit nicht mehr entgegenkam, als gesellschaftlich üblich ist. Wir haben nicht den Schatten eines Beweises dafür, daß sie wußte, mit was für einem reißenden Tier sie es zu tun hatte.» Drohend hob ich den Finger. «Wenn die Dame mit dem großen Barney losgezogen wäre, um sich in ein Techtelmechtel mit ihm einzulassen – wie die Staatsanwaltschaft mit allen Mitteln anzudeuten versuchte –, warum mußte er sie dann so behandeln, wie er es getan hat? Warum, warum, warum? Warum hat ein Unhold, ein Tier es nötig, ein williges Opfer zu schlagen, zu treten und fast umzubringen?

Wenn Sie aber über das Verhalten Mrs. Manions oder ihre Version noch immer Zweifel hegen, möchte ich Sie daran erinnern, daß Oberleutnant Manion hier wegen Mordes angeklagt ist, nicht seine Frau. Nur was *er* glaubt, zählt für uns; wie *seine* Seele reagierte, müssen wir wissen; nur seine Freiheit, seine Zukunft stehen auf dem Spiel.»

Ich schaute auf die Uhr und sah, daß meine Zeit fast um war. «Ich kann mich nicht bei der Aussage des kleinen Arztes aufhalten, der im Gefängnis eine Untersuchung vorzunehmen versuchte. Ich kann nur das eine sagen: Mit seiner Untersuchungsmethode hätten nicht einmal die Brüder Mayo etwas finden können. Aber selbst wenn er sie fachgemäß vorgenommen hätte, ginge daraus noch nicht hervor, ob derjenige, der sie vornahm, ein Sachverständiger war.»

Ich brach ab und schaute von neuem auf die Uhr. «In diesem Prozeß haben wir allerhand gesehen. Sogar einen Hundedressurakt haben wir miterlebt. Damit meine ich natürlich das Hündchen Rover mit seiner Taschenlampe im Maul. Mr. Dancer wird ihnen zweifellos einzureden versuchen, die Vorstellung mit dem Hund sei ein alberner Ulk gewesen, nichts als ein schlauer Trick der Verteidigung, dazu angewandt, auf Ihre Tränendrüsen zu wirken, der billige Effekt einer Schmierenbühne. Ich frage mich aber, ob der kleine Rover in diesen Gerichtssaal gepaßt hätte, wenn wir ihn nicht vorgeführt hätten. Zweifeln Sie etwa eine Sekunde daran, daß Mr. Dancer das Hündchen andernfalls mit dem Temperament eines Krokodils, mit den Krallen einer Egge und den Ausmaßen eines Büffels ausgestattet hätte? Jawohl, Rover ist ein wichtiger Zeuge der Verteidigung, und zwar aus zwei Gründen, die mit Mrs. Manions Version von der Vergewaltigung zusammenhängen. Der eine: Rover ist ein harmloses Tierchen, das eine Notzüchtigung, selbst wenn es gewollt hätte, nicht hätte verhindern können. Der zweite Grund: Er war sehr wohl imstande, seiner kopflosen Herrin über den Zauntritt des Wagenparks mit seiner Stablampe zu leuchten.

Von seiner Zutraulichkeit und von seinem Geschick haben wir alle eine Kostprobe bekommen.» Ich lächelte. «Aber Rover muß noch zwischen Freund und Feind von Herrchen und Frauchen zu unterscheiden lernen. Sicherlich haben Sie alle gesehen, wie er auf den Schoß des gütigen Gehilfen des Generalstaatsanwalts zu hüpfen versuchte.»

Der Richter klopfte leicht mit seinem Hammer auf den Tisch und sagte ruhig, als ich ihm den Kopf zuwandte: «Gleich ist es soweit, Mr. Biegler, nur noch drei Minuten.» Dankend nickte ich ihm zu und blickte rasch zur Geschworenenbank zurück.

«In diesem Prozeß gibt es Dinge, die wir nie erfahren werden», fuhr ich fort, «Dinge, die mit dem Ehepaar Manion nichts zu tun zu haben scheinen. Ich kann nur einige davon andeuten. Warum trank Barney soviel? Warum erwies es sich als notwendig, seine Waffen wegzuschließen? Warum wollte er wenige Wochen vor der verhängnisvollen Nacht seine Lebensversicherung erhöhen? War er lebensmüde? Litt er an einer Krankheit, die langsam seinen Leib und seine Seele zerfraß? War er wütend darüber oder etwa besessen von der Zwangsvorstellung, daß er nicht mehr

König von Thunder Bay sei? Nagte an ihm die Eifersucht auf irgend jemanden? Wollte er sich womöglich an einem Angehörigen der Wehrmacht für eine Kränkung rächen, die er tatsächlich oder eingebildetermaßen erlitten hatte?» Ich brach ab. «Schließlich, fragen Sie sich selbst, warum, *warum* dieser Mann sich ausgerechnet die Frau eines Mannes aussuchte, der aller Wahrscheinlichkeit nach eine solche Schmach nicht ungestraft einstecken würde, und sie vergewaltigte, entwürdigte und um ein Haar umbrachte. Müßte man nicht einen Stab von Psychiatern beschäftigt haben, um das Gemüt dieses Amokläufers zu durchleuchten?» Nachdenklich hielt ich inne und senkte die Stimme. «Fast scheint es, als habe er den Tod gesucht, wie etwa ein flammender Meteor durchs Firmament saust und auf seiner Flugbahn alles verbrennt und vernichtet.

Denken Sie bitte auch an das niederschmetternde Gefühl von Verrat, das Oberleutnant Manion in jener Nacht befallen haben muß. Warum spreche ich wohl von Verrat? Er mußte sich doch nicht nur sagen, daß seine Frau vergewaltigt und niederträchtig mißbraucht worden war – fast ebenso bitter war doch die Einsicht, daß dies von einem Zivilisten verübt worden war, von einem jener Glückspilze, für die der Oberleutnant sein Leben in zwei Kriegen aufs Spiel gesetzt hatte, nur, damit so ein Barney ungestört seine doppelten Whiskys weitertrinken, eine Frau nach der anderen gebrauchen und leere Flaschen in der Luft zusammenknallen konnte. Ich habe nicht vor, meinen Mandanten hier als Helden anzupreisen oder die Flagge der Vaterlandsliebe zu hissen. Ich erwähne nackte Tatsachen, weiter nichts. Ein schmalziger, besäuselter, weibstoller Zivilist verrät den Oberleutnant und dessen Frau bei der ersten besten Gelegenheit. Genügte das nicht schon, daß ein Mensch den Verstand verliert? Hätte sich nicht jeder andere von der gesamten Menschheit verhöhnt gefühlt? Trotzdem fordern Mr. Dancer und sein Facharzt Sie auf, den Gedanken, daß solch ein belangloser Zwischenfall den Mann überhaupt aus der Ruhe bringen konnte, lächelnd beiseite zu schieben.»

Noch etwas mußte über Claude Dancer gesagt werden; ohne das hätte ich mich ungern von ihm verabschiedet. «Wenn ich mit Mr. Dancer hart ins Gericht gegangen bin, so hat er sich das selbst zuzuschreiben.» Ich hielt einen Augenblick inne. «Selten, wenn überhaupt einmal, habe ich vor Gericht einen Gegner gehabt, der mehr Begabung und Talent für die Anklage mitgebracht hätte.» Ich schüttelte den Kopf. «Doch bin ich auch noch nie mit einem Gegenanwalt zusammengeprallt, der diese glänzende Begabung mit so schlauen Ränken und schäbigen Quertreibereien besudelt hätte.» Ich senkte die Stimme. «Keiner von uns ist unfehlbar, weiß Gott. Wir alle sind verletzlich, schwach, parteiisch und kämpfen um den Sieg. Fände sich dieser eifrige Jurist aber dazu bereit, seine Gerichtssaalallüren abzulegen und seiner Arbeit mit etwas mehr Herz und Menschlichkeit nachzugehen, bin ich davon überzeugt, daß er die höchsten Höhen erklimmen könnte – wenn Höhe das ist, was er anstrebt.

Meine Zeit ist praktisch um», fuhr ich fort. Die meisten Geschworenen erwarten, ja dürsten bei einer Schlußbeweisführung nach einem Schlußakkord in rosenroten Farbtönen. Einen Augenblick dachte ich nach, dann schwang ich mich in den Äther auf. «Könnten Sie es übers Herz bringen, den Kümmernissen dieser beiden vom Schicksal hart mitgenommenen Menschen, dieses gequälten Mannes noch weiteres Leid hinzuzufügen? Ihn dem Urteil dieses Gerichtes zu unterwerfen, seine militärische Laufbahn zu zerstören, seine einzige Einnahmequelle abzuschneiden? Laura Manion wieder als Kosmetikverkäuferin auf die Straße oder in ihre ‹unmoralische› Telefonzentrale zu schicken?» Ich brach ab. «Wollen Sie etwa zulassen, daß der unselige Barney Quill in seinem Kielwasser noch mehr Unheil und Verderben hinterläßt? Hat er zu seinen Lebzeiten für einen Menschen nicht genug Verheerung angerichtet? Wie dieser Prozeß auch ausgehen mag, er hat sich und seine Hinterbliebenen für immer mit Schande beladen. Er hat die Frau eines anderen Mannes vergewaltigt und fast totgeschlagen. Er hat die Verhaftung des Oberleutnants verursacht und diesen aufreibenden und kostspieligen Prozeß ins Rollen gebracht.» Ich hielt einen Augenblick inne. «Könnten Sie mit Ihrem Urteil etwa zulassen, daß der große Barney noch im Grab ein letztes Unheil stiftet?»

Ich senkte die Stimme und hob die zusammengeballte Faust. «Leute, Sie haben es nicht mit einem hypothetischen Oberleutnant zu tun, sondern mit einem Menschen aus Fleisch und Blut, der leidet, dessen Schicksal in Ihrer Hand liegt.» Ich wandte mich nach dem Oberleutnant um, der, schneeweiß im Gesicht, auf die gegenüberliegende Wand starrte. «Sehen Sie ihn an, den gehetzten, einsamen Mann, dessen Freiheit unter Fremden zu Markte getragen wird – einen Mann ohne Freunde, ohne Mittel, der von dem ersten Zivilisten, der ihm in die Quere kam, hinterrücks verraten wurde. Schauen Sie sich ihn gut an. Sie werden sicherlich ein Werk der Nächstenliebe tun und damit auch Ihre Rechtspflicht erfüllen, wenn Sie mit Ihrem Urteil beweisen, daß hier bei uns im Busch noch nicht aller Anstand tot, daß die Gerechtigkeit nicht nur eine Spielerei ist, mit der sich ein Großsprecher die Zeit vertreibt, daß unsere altbekannte Gutherzigkeit kein Vorspiel zum Verrat ist.»

Ich schüttelte den Kopf und senkte die Stimme fast bis zu einem Flüstern. «Werden Sie sich ein Herz nehmen und den gefolterten und gepeinigten Mann dem Heer zurückgeben, das ihn braucht – ja, und auch der Frau, die er liebt?» Ich verbeugte mich ernst und ging an meinen Tisch zurück. Der Oberleutnant starrte noch immer geradeaus.

Ich hörte das Einschnappen der elektrischen Uhr hinter mir. Meine Arbeit war getan, ich war müde, müde ...

Ein langes, pfeifendes Seufzen ging durch den Saal; es klang, als ströme aus einem Ballonreifen die Luft heraus, und als ich umherblickte, sah ich, daß eine der Zuhörerinnen, die das Problem des Totschlags ernsthaft zu studieren schien, in Ohnmacht gefallen war. Ihre Arme lagen stocksteif am Körper, und ihre Beine waren kerzengerade ausgestreckt, als solle sie in diesem Zustand verpackt und verladen werden. Ihre Nachbarn fächelten ihr aufgeregt Kühlung zu, während der Sheriff ihr die Überreste meines abgestandenen Wassers einflößte. Mißmutig überlegte ich, ob Paul Bieglers Beredsamkeit oder etwa die Langeweile ihr den Rest gegeben hätte. Inbrünstig ergab sie sich einem Schluckauf, dann schlug sie die Augen auf, schwer und langsam wie eine Puppe; plötzlich drückte sie die Hände auf die Brust und blickte mit glasigen Augen das rote Gesicht Max Battisfores an, der anscheinend aus Versehen ein paar Tropfen Wasser an ihrem Halse hatte herunterlaufen lassen.

Der Richter räusperte sich. «Vielleicht machen wir lieber fünf Minuten Pause», sagte er. «Vielleicht können Sie auch noch ein paar Fenster öffnen, Mr. Sheriff.»

«Ja, Euer Gnaden», antwortete Max, entzog sich hastig seiner undankbaren Aufgabe und kehrte zu seinem Hammer zurück.

In der Pause kam Laura Manion nach vorn und drückte mir die Hand. «Das haben Sie wunderbar gemacht, Paul. Ich danke Ihnen», sagte sie. Tränen standen in ihren grünen Augen.

Der Oberleutnant räusperte sich bärbeißig. «Jawohl, sehr gut.» Er zupfte nervös an seinem Bärtchen.

«Vielen Dank!» sagte ich und verließ den Saal. Als ich durch das Beratungszimmer auf den Flur drängte, trat Parnell auf mich zu und umschloß mit beiden Händen meine

Rechte. «Gut gemacht, Junge», flüsterte er heiser, wandte sich ab und ließ mich rücksichtsvoll allein an dem Fenster sitzen, das den See überblickte, wo ich nachdenklich eine Pfeife rauchte, bis Max Battisfore mich daran erinnerte, daß es an der Zeit sei.

«Dem kleinen Hundesohn hast du schön eingeheizt, Polly», meinte er. «Fein gemacht.»

«Mag sein, Max», sagte ich, meine Pfeife ausklopfend, und hob meine Aktentasche vom Boden auf. «Nur vergiß nicht, daß Dancer das letzte Wort hat.»

28. Kapitel

Der Richter nickte zum Tisch der Staatsanwaltschaft, Claude Dancer erhob sich und ging langsam auf die Geschworenenbank zu. Ich hatte ihn während Mitchs Plädoyer und zu Beginn des meinen eifrig Notizen machen sehen, doch hatte er jetzt nichts bei sich, stand nachdenklich und mit leeren Händen vor den Geschworenen und begann in gemäßigtem Unterhaltungston zu sprechen. «Zunächst, meine Damen und Herren Geschworenen, möchte ich meinen jungen Mitarbeiter zu der Art, wie er seinen Fall geführt hat, beglückwünschen. Es war mir ein Vergnügen, einem grundgescheiten jungen Juristen an die Hand zu gehen.» Nach diesem gütigen Versuch, den Fall in Mitchs Hände zurückzulegen, machte er eine kurze Pause und wandte sich zu mir um. «Auch Mr. Biegler möchte ich zu der schneidigen und gewissenhaften Verteidigung seines Falles beglückwünschen. Wenn er mich für zäh hält, so kann ich das Kompliment nur zurückgeben. Was auch geschehen, wie auch Ihre Entscheidung ausfallen mag, Oberleutnant Manion sollte die Wahl seines Rechtsanwalts oder die scharfsinnige Art, wie dieser sich für ihn ins Zeug gelegt hat, nie bereuen.»

Ich nickte ernst, als Claude Dancer sich wieder an das

Gericht wandte. «Ich muß Sie indes daran erinnern, meine Damen und Herren Geschworenen», fuhr er fort, «daß nicht ich auf der Anklagebank sitze, auch nicht der Tote, Barney Quill, oder der Psychiater der Staatsanwaltschaft, Dr. Gregory – wie geschickt der Strafverteidiger Sie auch davon überzeugen möchte, daß wir es sind, die abgeurteilt werden. Es ist nach wie vor Oberleutnant Manion, der vor Gericht steht, und wenn Sie Geduld mit mir haben, will ich Ihnen einen kurzen Überblick geben über die Tatbestandsmerkmale und Beweise dieses Falles, die unserer Meinung nach darauf hindeuten, daß der Angeklagte über jeden Zweifel des Mordes schuldig ist.»

Hierauf definierte Claude Dancer Mord als vorsätzlichen, böswilligen und hinterhältigen Totschlag eines Menschen ohne Rechtfertigungs- oder Schuldausschließungsgrund. Dann ging er dazu über, eine meisterlich knappe Darstellung der einzelnen Zeugenaussagen zu geben, die zeigen sollte, daß Manions Tat Mord sei: die Zeit zwischen Lauras Rückkehr zum Wohnwagen und Manions Gang in die Bar; die Tatsache, daß er selbst zugegeben hatte, er habe den Wohnwagen nahezu unmittelbar nach der Entdeckung der verräterischen Spuren an Lauras Körper verlassen – «war das nicht die Handlungsweise eines Mannes, der von kalter, unerbittlicher Wut gepackt war?» –; die Tatsache, daß Mrs. Manion richtig vorausgesagt hatte, ihr Mann werde Barney töten; Jähzorn und Eifersucht des Angeklagten, die ans Tageslicht kamen, als er einen jungen Offizier, der seiner Frau die Hand küßte, zu Boden schlug; die «Buster»-Aussage des Barmixers, als der Oberleutnant ihn fragte, ob er auch eine Ladung wolle ...

«Und als ob das alles noch nicht ausreichte», fuhr Claude Dancer unbeirrt fort, «verfügen wir daneben über die aufschlußreichen Bemerkungen, die er kurz nach der Schießerei zu Kriminalkommissar Durgo machte.» Unter eins, zwei, drei brachte er die Punkte aufs Tapet, ruhig, kraftvoll, unerbittlich. «Sind das Handlungen und Aussagen eines Unzurechnungsfähigen, oder sind es die eines reumütigen, bußfertigen, ergebungsvollen Menschen nach einem Ausbruch wütender Mordlust wegen des Verhaltens seiner Frau zu einem Fremden?» (Einen Augenblick lang dachte ich, Claude Dancer gebe die Vergewaltigung stillschweigend zu, aber nein, wieder entschwebte er in das Reich der Phantasie.)

«Hier steht ein Mann vor uns, der wissentlich, vorsätzlich zur Waffe greift – daß er sich daran erinnert, steht fraglos fest –, der schleunigst zur Hotelbar fährt, nicht nach links oder rechts blickt – natürlich hatte er vor, den anderen zu töten, wie wir behaupten, sonst hätte er nicht stur auf sein Opfer geschaut, er hätte den Gästen geantwortet, die ihn ansprachen – und den Mann wie einen Hund über den Haufen knallt. Er kehrt zum Wohnwagen zurück, erzählt seiner Frau, was er getan hat, und liefert sich unbeirrt dem einzigen stellvertretenden Sheriff in Thunder Bay aus, dem er kurzerhand erklärt, er habe Barney erschossen.» Dancer brach ab. «Wenn er unzurechnungsfähig gewesen wäre, wie hätte er dann wissen können, daß er Barney erschossen hatte? Wenn er aber noch wußte, daß er Barney getötet hatte, war er nicht unzurechnungsfähig.»

Die Geschworenen hörten gespannt zu, während Claude Dancer ruhig weitersprach. «Wenn er aber die Geschehnisse unmittelbar vor und nach der Schießerei zu behalten und wiederzugeben imstande war, warum sollte er dann später, was jetzt so gelegen kommt, die bedeutsamen und belastenden Dinge vergessen, die er Kriminalkommissar Durgo mehr als eine Stunde danach erzählte? Ist das nicht eher das Bild eines scharfen Rechners, der geflissentlich vergißt, was ihm schaden kann?» Mehrere der Geschworenen nickten unwillkürlich, ich blinzelte zu Parnell hinüber und zuckte die Achseln. «Vergessen Sie auch nicht, gute Leute, daß der Mann sich zum Richter aufwarf. Selbst wenn der Verstorbene die Dinge getan hat, die die Verteidigung ihm zur Last legt – was wir nicht zugeben –, so gab es einen Rechtsweg, mit Barney Quill fertig zu werden, man brauchte ihn nicht einfach zu erschießen. Jedenfalls ist dies keine rechtskräftige Verteidigung für diesen Fall, wie der Herr Richter Sie sicherlich belehren wird. Damit, daß er das Recht in seine Hände nahm, hat der Oberleutnant das Gesetz noch auf andere Weise verletzt, dadurch nämlich, daß er eine Schußwaffe unerlaubt verbarg und sie versteckt am Körper trug. Seine Untat begann mit einer Übertretung des Gesetzes.»

In dem letzten Punkt sollte der Kleine noch eine Enttäuschung erleben, wie unsere Instruktionsanträge hoffentlich zeigten – vorausgesetzt allerdings, daß der Richter sie weitergeben würde und die Geschworenen sie verstehen und sich danach richten würden. Dann schnitt Claude Dancer die Frage der Unzurechnungsfähigkeit an und brachte dabei die beachtliche Leistung zustande, den zerschmetterten und zerzausten Psychiater der Staatsanwaltschaft zu rehabilitieren. «Selbst der Nervenarzt der Verteidigung hat weder Psychose noch Neurose, weder Wahnvorstellungen noch Halluzinationen, auch kein Lebensbild mit Geistesstörung oder Bewußtseinsspaltung festgestellt.» Er wies darauf hin, daß Dr. Gregory ein erfahrener Fachmann sei, während unser wenn auch noch so lauterer und fleißiger Arzt eben doch noch nicht ausgelernt habe. «Das Heer hätte diese Aufgabe, die einen Mann verlangt, nicht einem Knaben übertragen sollen», gab er in seiner melodiösen Stimme zum besten.

«Was die Bemerkung der Verteidigung betrifft, daß wir keine Untersuchung des Offiziers beantragt hätten, so möchte ich hinzufügen, daß uns dazu keine Gelegenheit gegeben wurde.» Er brach ab und blickte zu mir herüber. «Ich hege auch den leisen Verdacht, daß Mr. Biegler sich gegen einen Versuch unsererseits, an den Angeklagten heranzukommen, mit allen ihm zu Gebote stehenden Mitteln (außer mit der Lueger-Pistole seines Mandanten) zu wehren gewußt hätte.» Mürrisch blickte ich Parnell an, als Claude Dancer trocken fortfuhr: «Tatsächlich hat sich die mißliche Lage der Staatsanwaltschaft, wenn sie sich einer Verteidigung dieser Art gegenübergestellt sieht, im Verlauf der Verhandlung so fühlbar gemacht, daß ich mich veranlaßt sehen werde, nach meiner Rückkehr mit meinem Vorgesetzten darüber zu sprechen. Ich glaube, daß ein neuer Gesetzentwurf wünschenswert wird, um diesem Übelstand abzuhelfen. Angesichts der augenblicklichen Verfahrensweise bezweifeln wir stark, daß wir den Angeklagten rechtskräftig hätten zwingen können, sich einer Untersuchung zu unterwerfen, selbst wenn wir uns rechtzeitig angestrengt hätten. Dies ist ein ernstes Problem, das auch in Zukunft immer wieder auftauchen wird.

Die Strafverteidigung und der Heerespsychiater nehmen die Frage, ob der Angeklagte wußte, was er tat, und ob er unrecht tat, auf die leichte Schulter. Sie erklären Ihnen unverblümt, daß es keine Rolle spiele. Ginge es um ein abstraktes Thema des Rechts und der Medizin, so ließe sich darüber allenfalls streiten. Aber wie sieht die Sache in unserem Fall aus? Hier haben wir einen des Mordes Angeklagten vor uns, der unter Eid ausgesagt hat, daß er sich an die Tat nicht erinnert.» Claude Dancer deutete zum Oberlicht. «Ich sage Ihnen, daß er, falls er de facto wußte, was er tat, und sich daran erinnerte und Sie belogen hat, so hat er nicht nur seinen Anwalt und seinen Arzt belogen, sondern in einer wesentlichen Frage dieses Falles Meineid begangen. Wenn das zutrifft, sind Sie – und ich glaube, daß der Richter Sie dahingehend belehren wird – befugt, seine gesamte Aussage zu ignorieren, einschließlich seiner Verteidigung auf Unzurechnungsfähigkeit, sofern diese nicht von anderen glaubwürdigen Zeugen, deren Aussage Sie

Glauben schenken, bekräftigt wird. Deshalb spielt es eine riesige Rolle, ob Oberleutnant Manion gelogen hat.»

Ich ertappte mich dabei, wie ich dem glänzend formulierten, zwingenden Plädoyer des Kleinen unwillkürlich zunickte, als er bereits fortfuhr. «Vergessen Sie eines nicht: In der Seele dieses eiskalten Fremden, der mitten unter uns sitzt, kann niemand lesen. Wir wissen wenig oder nichts von ihm. Es ist sehr gut möglich, daß er seinen fähigen Anwalt, daß er seinen jugendlichen Psychiater hinters Licht geführt hat. Wie Mr. Biegler so richtig sagte: ‹Keiner von uns ist unfehlbar.› Dies bringt mich zu der Aussage des Duane Miller, des Zellennachbarn des Angeklagten. Wie Mr. Biegler begnüge ich mich damit, diese Nuß Ihnen zum Knacken zu überlassen. Ich will dazu nur eines sagen: In diesem grimmigen Katz-und-Maus-Spiel von Schuld und Sühne bedarf es mitunter eines Diebes, um einen Dieb zu fassen, wie das Sprichwort sagt. Bisweilen ist es sogar der einzige Weg.»

Claude Dancer machte eine Pause und sah auf die Uhr. «Jawohl, Duane Miller hat zugegebenermaßen Brandstiftung begangen und erwartet nun sein Urteil, er ist ein Mensch mit einem Sündenregister, so lang wie mein Arm.» Er lachte grimmig. «Glauben Sie mir, es wäre mir lieber, er wäre Vorstand eines theologischen Seminars. Aber ich darf Sie daran erinnern, daß die Staatsanwaltschaft ihre Zeugen nehmen muß, wo sie sie findet; sie kann nicht wählerisch sein wie die Verteidigung. Sicherlich haben weder Mr. Biegler noch Sie als intelligente Geschworene erwartet, daß wir Ihnen einen lebendigen Bischof vorführen, der eine so aufschlußreiche Prahlerei von einem Zellennachbarn gehört haben könnte. Und ebenso genau weiß er und wissen wir alle, daß unser gerechter und gütiger Herr Richter diesen Zeugen wegen seiner Aussage hier oder wegen eines Versprechens, das ich ihm angeblich gemacht habe – wofür es, wie Sie sich bitte erinnern wollen, nicht den leisesten Beweis gibt –, nicht eine Sekunde verschonen wird.»

Kläglich schielte ich zum blassen Parnell hinüber, dann blickte ich zum Richter auf, der leise lächelte. «Meine Damen und Herren Geschworenen, ich komme zum Ende», fuhr Claude Dancer fort. «Behalten Sie den Unterschied zwischen Unzurechnungsfähigkeit und Leidenschaft gut im Auge. Überlegen Sie einmal, wie leicht es ist, das eine zu simulieren und das andere zu einem Symptom einer Geistesstörung zu verdrehen. Natürlich sind Mordlust und mörderische Wut an sich schon eine Form geistiger Entgleisung, zum Glück für Frieden und Wohlfahrt der Gesellschaft jedoch eine, die das Gesetz als Verteidigung gegen kaltblütigen Mord nicht anerkennt.»

Der kleine Mann hatte nicht ein einziges Mal die Stimme erhoben, nicht einmal hatte er losgewettert, dennoch war seine Beweisführung logisch, geistreich und – wie ich zugeben mußte – vernichtend in ihrer Überzeugungskraft. Nun breitete er die Arme aus und schlug einen noch leiseren Ton an. «Dies ist ein schwerwiegender Fall. Sicherlich ist er schwerwiegend für den Angeklagten. Er ist ebenso schwerwiegend für die Staatsanwaltschaft – einer unserer Mitmenschen ist kaltblütig umgebracht worden. Wir gehorchen nicht dem Gesetz des Dschungels, und es stünde Ihnen schlecht an, sollte außerhalb der Grenzen durch Ihr Urteil der Eindruck erweckt werden, daß es doch so ist.» Er hob die Hände. «Hören Sie den Richtlinien des Herrn Richters gut zu. Bringen Sie uns dann ein Urteil, das mit Ihrem Herzen und Ihrem Hirn im Einklang steht. Mehr verlangen wir nicht. Ich danke Ihnen.» Claude Dancer verbeugte sich ernst und schritt zu seinem Stuhl zurück.

Richter Weaver blickte auf Mitchs Tisch hinab. «Haben Sie Instruktionsanträge, meine Herren?» fragte er.

«Nein, Euer Gnaden.» Mitch erhob sich bei seiner Antwort.

Der Richter blickte zu mir herüber. «Anträge der Verteidigung?»

«Ja, Euer Gnaden», sagte ich, nahm einen Ordner zur Hand und schritt auf den Richterstuhl zu. «Hiermit möchte ich dem Gericht einen schriftlichen Antrag für siebzehn Instruktionen überreichen, die sich unserer Meinung nach unmittelbar auf die Rechtsfragen dieses Falles beziehen.» Der Richter blickte mich fragend an. «Darf ich hinzufügen», fuhr ich fort, «daß sie mit einem dem Gericht früher vorgelegten Antragsentwurf in allen Teilen übereinstimmen.» Ich trat an Mitchs Tisch. «Hiermit möchte ich auch dem Herrn Ankläger eine genaue Kopie meines Antrages aushändigen.»

«Sehr gut, meine Herren», sagte der Richter, warf kurz einen Blick auf die Uhr des Gerichtssaales, schlug einen ledernen Ordner auf, legte den Kopf zurück und sah durch die unteren Linsen seiner Brille in das Schriftstück. Dann wandte er sich an die Geschworenen und räusperte sich. «Meine Damen und Herren», begann er, «nach unserem Gesetz sind Sie die einzigen, die über die Tatsachen zu entscheiden und zu urteilen haben, ich hingegen bin der einzige Gesetzgeber. Mithin empfangen Sie Ihr Gesetz nicht aus der Sonntagsbeilage, nicht aus Ihrem bevorzugten Räuber-und-Gendarm-Fernsehprogramm, nicht aus dem Familienalmanach, auch nicht von den Anwälten dieses Strafprozesses, sondern ausschließlich von mir.

Die mir für diesen Fall vorliegende Anklageschrift umfaßt drei verschiedene Vergehen», fuhr er fort, «und das Gesetz machte es mir zur Pflicht, die Geschworenen über die verschiedenen Tatbestandsmerkmale, aus denen sich jedes Vergehen zusammensetzt, zu belehren, damit Sie den

Grad des eventuell begangenen Verbrechens zu bestimmen vermögen. Nach dem angelsächsischen Recht wird Mord, so wie er in der vorliegenden Anklageschrift steht, folgendermaßen definiert: Ein Mensch mit Umsicht und gesundem Menschenverstand tötet vorsätzlich und gesetzwidrig gegen den Frieden dieses Staates mit direkter oder indirekter böser Absicht einen Menschen. Diese alte Definition des angelsächsischen Gewohnheitsrechts ist in unsere modernen Gesetze übernommen worden. Wenn Sie also zu dem Schluß kommen, daß der Angeklagte des Mordes schuldig ist in dem Sinne, den ich umrissen habe, so ist es Ihre Pflicht, festzustellen, ob er des Mordes ersten oder zweiten Grades schuldig ist. Den Unterschied werde ich Ihnen jetzt erklären.»

Bedächtig erläuterte der Richter den Unterschied zwischen Mord ersten und zweiten Grades: beim zweiten fällt die Überlegung weg. Dann definierte er Totschlag als Töten ohne Überlegung oder böse Absicht. Hierauf legte er die Voraussetzung der Unschuld dar und ging zum Begriff des vernünftigen Zweifels über. Der Sheriff stellte eine Karaffe mit frischem Wasser auf den Richtertisch.

Der Richter brach ab und schlürfte, nachdenklich eine Seite seiner Notizen umblätternd, langsam aus seinem Glas; dann fuhr er fort: «Ein vernünftiger Zweifel ist ein fairer Zweifel, der aus der Beweisaufnahme des Falles erwächst. Er ist nicht etwa ein eingebildeter, spitzfindiger oder möglicher Zweifel, sondern ein wohlerwogener Zweifel, der auf Vernunft und gesundem Menschenverstand fußt. Es ist ein Zweifel, der Sie nach sorgfältiger Prüfung aller Zeugenaussagen des entsprechenden Falles in die Lage versetzt, daß Sie nicht sagen können, ob Sie mit moralischer Sicherheit von der Wahrheit der Anklage, die erhoben worden ist, felsenfest überzeugt sind.»

Wie Parnell und ich vorausgesehen hatten, machte der Richter als nächstes in aller Ruhe die Vorstellung zunichte, daß die Geschworenen den Angeklagten etwa nach dem sogenannten «Naturrecht» freisprechen könnten. «Solch einen Vogel gibt es in unserer Menagerie nicht», fuhr er trocken fort und erklärte dann eingehend, daß die Geschworenen den Angeklagten auch nicht einfach freisprechen könnten, weil Barney angeblich Manions Frau vergewaltigt hätte, selbst wenn sie von letzterem überzeugt seien. Der Richter verbreitete sich über dieses Thema genauso, wie ich es vor einigen Wochen gegenüber dem Oberleutnant getan hatte; einige der Geschworenen, die bisher anderer Auffassung gewesen zu sein schienen, blinzelten unsicher.

Der Richter schaute auf die Uhr, blätterte um und sprach weiter. «Als Verteidigung hat der Angeklagte auf Unzurechnungsfähigkeit plädiert; ich werde Sie daher über das entsprechende Gesetz aufklären.» Ich blickte auf die Durchschrift meines Instruktionsantrages, um feststellen zu können, wann und ob er daraus vorlesen würde. Wir hatten unsere Instruktionen fortlaufend numeriert; mein Herz machte einen Sprung, als ich bemerkte, daß er gleich mit der ersten begann und sie wörtlich zitierte.

«Zu Beginn wird in Fällen dieser Art oftmals angenommen, daß der Angeklagte zurechnungsfähig ist; sobald der Angeklagte aber etwas aussagt, was diese Annahme zunichte macht, geht die Verantwortung auf die Staatsanwaltschaft über, die sodann verpflichtet ist, die Geschworenen über jeden vernünftigen Zweifel von der Zurechnungsfähigkeit zu überzeugen, da dies eine der notwendigen Bedingungen ist, nach denen Schuld in diesem Fall ausgesprochen werden kann. Wenn zugunsten des Angeklagten eine Aussage gemacht wird, die die Annahme seiner Zurechnungsfähigkeit zu widerlegen scheint, sollen die Geschworenen sie abwägen, prüfen und darüber befinden, unter der Voraussetzung, daß, obwohl die Initiative für den Beweis von der Verteidigung ausgeht, die Last der Beweisführung für diesen Teil des Falles auf den Schultern der Anklage liegt, die alle Bedingungen der Schuld, von denen die Zurechnungsfähigkeit eine ist, festzusetzen hat. Wenn von seiten des Angeklagten Beweise vorliegen, die darauf hindeuten, daß er zur Zeit, da das Verbrechen begangen wurde, an dauernder oder vorübergehender Unzurechnungsfähigkeit litt, so wird es zur Pflicht der Anklage, die Zurechnungsfähigkeit des Angeklagten über jeden vernünftigen Zweifel – den Begriff habe ich soeben erläutert – zu beweisen. Sofern ihr das nicht gelingt, muß der Angeklagte freigesprochen werden.»

Der Richter blätterte rasch weiter; offensichtlich ablesend, dabei aber wie ein geübter Fernsehansager gelegentlich aufschauend, trug er unsere zweite Instruktion wörtlich vor. «Es wird im Namen des Angeklagten behauptet, zur Zeit, als er die tödlichen Schüsse abgab, sei er unzurechnungsfähig gewesen. Seine Verteidigung ist, wie ich sie verstehe, gemeinhin als vorübergehende Geistesstörung bekannt. Ich mache Sie darauf aufmerksam, daß eine derartige Verteidigung, falls sie zufriedenstellend bewiesen werden kann, ebenso gültig ist, als wäre der Angeklagte völlig und dauernd unzurechnungsfähig. Mit anderen Worten: Nicht die Dauer der Unzurechnungsfähigkeit des Angeklagten ist der gültige Maßstab, die Frage ist vielmehr, ob seine wenn auch noch so kurze Unzurechnungsfähigkeit von solcher Beschaffenheit und Art war, daß sie den Angeklagten außerstande setzte, entweder nach eigenem Wollen und Wünschen zu handeln oder Recht von Unrecht zu unterscheiden. Sollten Sie feststellen, daß er zur Zeit, als er die tödlichen Schüsse abfeuerte, unter einer der beiden Arten von Unzurechnungsfähigkeit litt, müssen Sie ihn freisprechen, ungeachtet der Tatsache, ob er vor und nach der Tat ebenso zurechnungsfähig war wie Sie und ich.»

Ich blickte flüchtig zu Parnell hinüber, der vorgeneigt

mit zugekniffenen Augen aufmerksam lauschte. Nun lag auf der Hand, daß der Richter wenigstens unsere Anträge auf Unzurechnungsfähigkeit weitergeben würde, und unwiderstehlichen Zwang hatte er bereits eingeschlossen. «Einer der wichtigen Umstände rechtskräftiger Verantwortlichkeit für ein Verbrechen», fuhr er fort, «besteht darin, daß der Angeklagte im Vollbesitz seiner geistigen Kräfte gewesen sein muß, das heißt, er muß ein geistig normaler Mensch gewesen sein. In Ermangelung eines gegenteiligen Beweises wird in den Augen des Gesetzes jedermann als zurechnungsfähig angesehen. Wird jedoch die Zurechnungsfähigkeit des Angeklagten in einem Strafprozeß – wie in diesem Fall – in Frage gestellt, ist die Staatsanwaltschaft verpflichtet, die Zurechnungsfähigkeit des Angeklagten über jeden vernünftigen Zweifel zu beweisen. Daraus ergibt sich folgendes: Sollten Sie den Eindruck gewinnen, daß der Angeklagte zur Zeit der Schießerei geistesgestört gewesen sei, oder sollten Sie über seine Zurechnungsfähigkeit zu jener Zeit berechtigte Zweifel hegen, so müssen Sie ihn in beiden Fällen auf Grund von Unzurechnungsfähigkeit freisprechen.»

Der Richter fuhr in seinen Richtlinien über die Unzurechnungsfähigkeit genau in der Weise fort, wie wir unsere Anträge ausgearbeitet hatten. «Wie ich bereits gesagt habe, besteht das hauptsächliche Tatbestandsmerkmal der Verteidigung, das zugunsten des Angeklagten vorgebracht wird, darin, daß er zur Zeit des angeblichen Verbrechens geistesgestört und daher für seine Handlungen nicht voll verantwortlich war. Der Angeklagte hat Beweise zu seinen Gunsten vorgelegt, die darauf hindeuten, daß einer der wesentlichen Faktoren für die behauptete Unzurechnungsfähigkeit seine Überzeugung war, seine Frau sei von dem Getöteten kurz vorher bedroht, überfallen und vergewaltigt worden.»

Der Richter brach ab, atemlos wartete ich, ob er den

folgenden Teil vorlesen würde. «In diesem Zusammenhang habe ich Ihnen folgende Richtlinien zu erteilen: Wenn Sie glauben, der Angeklagte sei geistesgestört gewesen in dem Sinne, wie ich den Begriff umrissen habe, so kommt es bei der Prüfung der Frage der Unzurechnungsfähigkeit zunächst nicht darauf an, daß Sie feststellen, ob die Frau des Angeklagten von dem Verstorbenen de facto bedroht, überfallen oder vergewaltigt wurde oder ob eines dieser Dinge ihr zugestoßen ist. Es genügt, daß Sie finden, der Angeklagte habe tatsächlich geglaubt, diese Dinge seien seiner Frau angetan worden, der Verstorbene sei des Behaupteten schuldig und die Annahme des Angeklagten fuße auf vernünftigen Gründen.

Mit anderen Worten, es genügt, daß Sie zu der Überzeugung kommen, der Angeklagte habe die Geschichte seiner Frau tatsächlich geglaubt, diese Annahme fuße auf vernünftigen Gründen und habe zu der behaupteten Unzurechnungsfähigkeit des Angeklagten tatsächlich beigetragen, falls Sie eine derartige Geistesstörung überhaupt feststellen sollten, obwohl sich in Wirklichkeit keinerlei Bedrohung, Überfall oder Akt der Vergewaltigung tatsächlich jemals zugetragen haben mag.»

Wieder blickte ich zu dem gespannt zuhörenden Parnell hinüber, der gleichzeitig mit dem Richter die Lippen zu bewegen schien, als dieser Parnells Lieblingsrichtlinien über unwiderstehlichen Zwang vorzulesen begann. «Zugunsten des Angeklagten ist ein fachärztliches Gutachten vorgebracht worden, nach dem er zur Zeit der verhängnisvollen Schüsse unzurechnungsfähig war und nach dem es sich dabei um eine Form der Geistesgestörtheit handelte, die nach dem Gesetz gemeinhin als ‹unwiderstehlicher Zwang› bekannt ist. Ich mache Sie darauf aufmerksam, daß diese Form der Geistesstörung als Verteidigung eines Verbrechens im Staate Michigan anerkannt wird. In diesem

Staat ist es Gesetz, daß der Angeklagte, selbst wenn er imstande war, Eigenart und Folgen seiner Handlung zu begreifen und ihr Unrecht einzusehen, dennoch unzurechnungsfähig war, falls er durch einen unwiderstehlichen Zwang zu ihrer Ausführung getrieben wurde, den er infolge einer vorübergehenden oder dauernden Bewußtseinsstörung nicht zu bekämpfen vermochte, und daß er daher von Ihnen freigesprochen werden muß.»

Der Richter machte eine Pause, dann las er wörtlich aus dem alten Durfee-Fall vor, auf den Parnell und ich beim Durchstöbern alter Gesetzeskommentare zu gleicher Zeit gestoßen waren. «Wie es in einem früheren Fall des Obersten Gerichtshofes von Michigan über dieses Thema heißt: ‹Aus dem Fall muß klar hervorgehen, daß der Angeklagte ein Mensch gesunder Geistesverfassung ist. Mit ‹gesunder Geistesverfassung› ist freilich nicht gemeint, daß sie der irgendeines Lebenden entspricht. Wir wissen ja, daß jeder unserer Bekannten eine verschiedene Geistesart hat. Der eine ist sehr klug, der andere weniger begabt, beide werden jedoch für verantwortliche Menschen gehalten. Vielleicht genügt es, zu sagen – und es dabei bewenden zu lassen –, daß der Angeklagte, wenn er auf Grund einer Krankheit nicht wissen konnte, daß er bei der in Frage kommenden Handlung unrecht tat, oder wenn er auf Grund von Krankheit oder Unzurechnungsfähigkeit nicht die Kraft hatte, dem Zwang zur Ausübung der Tat zu widerstehen, dann als ein kranker Geist anzusprechen wäre. Es muß indessen ein Krankheitszustand sein, der die in Frage kommende Handlung beeinflußte, nicht einer, der sie unberührt ließ. Dies ist leicht festzustellen.›»

Wieder blickte ich verstohlen Parnell an, der in stummer Dankbarkeit die Augen aufschlug. Unbeirrt fuhr der Richter fort. «Selbst wenn Sie finden sollten, daß der Angeklagte Recht von Unrecht zu unterscheiden vermochte – wenn er zur Zeit der Schießerei infolge einer Geisteskrankheit oder Geistesstörung die Fähigkeit, zwischen Recht und Unrecht zu unterscheiden, derartig verloren hatte, daß die Ausübung des freien Willens zeitweilig unterbunden war, und wenn die Handlung mit der genannten Geisteskrankheit oder -störung derartig in Verbindung stand, daß sie die einzige Ursache für Unzurechnungsfähigkeit war, dann ist der Angeklagte nicht verantwortlich, und Ihr Urteil muß lauten: ‹Nicht schuldig wegen Unzurechnungsfähigkeit.›»

Der Richter räusperte sich, als er auf unseren äußerst wichtigen Antrag zu sprechen kam, der sich auf die Gelegenheiten der beiden Psychiater bezog, sich jene Aufschlüsse zu beschaffen, auf denen ihre Meinungen beruhten. «In der Frage der Zurechnungs- oder Unzurechnungsfähigkeit des Angeklagten haben wir sachverständige Gutachten vorliegen. In diesem Zusammenhang gebe ich Ihnen folgende Richtlinie: Prüfen Sie die Aussagen der Ärzte und ihre Meinungen über das Thema, ziehen Sie auch die Möglichkeiten der Untersuchung in Betracht, die den Ärzten zur Bildung ihrer Ansichten zur Verfügung standen.»

Dieser Passus stammte wörtlich aus dem alten Fall, den ich ausgegraben hatte; ich hätte ihn brennend gern erweitert, hatte aber nicht den Mut dazu gehabt. Denn dies gehörte zu den heiklen Punkten bei einem Instruktionsantrag: Ein Anwalt mochte eine Quelle für einen Vorschlag finden, wenn er sie aber allzusehr zu strecken und aufzublähen versuchte, um sie seinem eigenen Fall anzupassen, lief er Gefahr, das Vertrauen des Richters in alle anderen Anträge zu erschüttern, ja, er mußte darauf gefaßt sein, daß der Richter den entsprechenden Antrag überhaupt nicht weitergab.

Doch ging der Richter hier zum erstenmal über den Buchstaben unseres Antrages hinaus, und mein Herz frohlockte, als ich ihn weiterreden hörte. «Bei der Prüfung der

Möglichkeiten der Ärzte, sich über den Zustand des Betroffenen ein Bild zu machen, geht es natürlich auch um die Möglichkeit, den Menschen, dessen Zurechnungsfähigkeit angezweifelt wird, physiologisch-organisch zu untersuchen; darum, welche Tests, wenn überhaupt, vorgenommen wurden; um die Berücksichtigung der gegenwärtigen Verfahren der Psychiatrie, soweit sie erläutert worden sind; schließlich darum, ob überhaupt hinreichend Gelegenheit zur Untersuchung und Bildung einer zuverlässigen Meinung bestand.»

Der Richter fuhr sich mit seinem breiten Mittelfinger in den Kragen und lockerte ihn. «Ich habe bereits darauf hingewiesen, daß die Tatsache, daß der Verstorbene die Frau des Angeklagten vergewaltigt haben mag oder nicht, den Angeklagten an sich weder berechtigt noch entschuldigt, den Täter umzubringen. Wie wir gesehen haben, müssen wir aber in diesem Fall die Frage der Vergewaltigung trotzdem in Betracht ziehen, weil sie mit der möglichen Unzurechnungsfähigkeit des Angeklagten zusammenhängt, wie ich Ihnen sogleich auseinandersetzen werde. Bevor ich dazu übergehe, muß ich infolgedessen zuerst den Begriff der Vergewaltigung darlegen.

Vergewaltigung ist ein Verbrechen und wird als Erzwingen des Geschlechtsverkehrs durch Gewalt und gegen den Willen der Frau definiert. Gewalt ist ein wesentlicher Bestandteil des Verbrechens der Vergewaltigung; damit die Geschworenen einen Menschen wegen Vergewaltigung verurteilen können, müssen sie sich über jeden Zweifel davon überzeugen, daß die Beleidigung mit Gewalt und gegen den Willen der Frau geschah, daß diese äußersten Unwillen und Widerstand an den Tag legte oder daß ihre Willenskraft aus Furcht vor dem Angeklagten oder vor den Folgen einer Weigerung nachließ.

In Fällen, wo Vergewaltigung in Frage steht, müssen die Geschworenen daher überzeugt sein, daß die Tat durch

Gewalt und gegen den Willen der Frau verübt wurde; daß auf seiten der Frau äußerster Widerwillen und Widerstand herrschten oder daß ihr Wille so von Furcht überwältigt wurde, daß sie nicht zu widerstreben wagte. Willigte die Frau aus purer Lust oder Willensschwäche in den Geschlechtsverkehr ein, ohne daß sie bedroht wurde und im Falle der Weigerung Folgen zu befürchten hatte, wird das Verbrechen nicht als Vergewaltigung angesehen. Wird jedoch Geschlechtsverkehr mit einer Frau ausgeübt, in den sie unwillig und nur infolge von Einschüchterung, Bedrohung und aus Angst vor Folgen oder körperlichem Schaden einwilligt, und ist ihr Gemüt von Angst so überwältigt, daß sie nicht zu widerstehen wagt, so soll das Verbrechen als Vergewaltigung gelten, auch wenn sie nur wenig oder keinen offenkundigen Widerstand geleistet hat.»

Der Richter schaute auf die Uhr, dann fuhr er, schneller sprechend, mit der Verlesung unserer Instruktionsanträge fort. «Es liegen Zeugenaussagen vor, nach denen der Getötete die Frau des Angeklagten am gleichen Abend später noch einmal überfallen hat, mit der Absicht, sie zu vergewaltigen. Das Gesetz, das dieses Vergehen definiert, heißt so: ‹Jeder Mensch, der ein weibliches Wesen überfällt mit der Absicht, es zu vergewaltigen, ist eines Verbrechens schuldig.› Ein Überfall wird als Versuch oder Aufforderung definiert, einem anderen gewalttätig körperlichen Schaden zuzufügen. Die wesentlichen Tatbestandsmerkmale dieses Vergehens sind somit ein Überfall mit der Absicht, eine Vergewaltigung zu verüben. In solch einem Fall müssen die Geschworenen, bevor sie ein derartiges Verbrechen feststellen können, sich davon überzeugen, daß der Mann beabsichtigt hat, seine Leidenschaft an der in Frage kommenden Frau unter allen Umständen zu befriedigen, ungeachtet ihrer mangelnden Einwilligung und ihres Widerstandes. Wo solch ein Überfall mit der in dem Gesetz erwähnten Absicht verübt wird, gilt die Tatsache, daß der

Mann daraufhin seine Absicht aufgibt oder nicht auszuführen vermag, nicht als Verteidigung für ihn.

Wenn Sie sich durch die Aussagen davon überzeugt haben, daß der Getötete später einen zweiten Versuch unternahm, Geschlechtsverkehr mit der Frau des Angeklagten zu haben, und er dies gegen allen Widerstand gewaltsam durchzuführen versuchte, so soll er des Versuchs, absichtlich Notzucht zu begehen, schuldig sein, gleichgültig, ob er dieses Verbrechen begangen hat oder nicht.»

Der Richter seufzte hörbar und trank wieder einen Schluck Wasser. Er hatte bereits dreizehn unserer Anträge weitergegeben, und wenn uns das Glück nicht untreu wurde, würde er jetzt auf das Recht unseres Mandanten zu sprechen kommen, Barney in jener Nacht zu «schnappen». Während der Richter in geschäftsmäßigem Ton fortfuhr, hätte ich mir nichts so sehr gewünscht, als an Parnells breiter werdendem Grinsen abzulesen, daß alles in Ordnung war.

«Es wird im Namen des Angeklagten behauptet, daß dieser in jener Nacht den Wohnwagen verließ und in die Hotelbar ging mit der Absicht, den Getöteten zu fassen und zu verhaften. Hierüber erteile ich Ihnen folgende Richtlinie: Die Gesetzgebung dieses Staates sagt, daß eine Privatperson, eine Person also, die weder Polizist noch Sicherheitsbeamter ist, eine rechtskräftige Verhaftung ohne Haftbefehl vornehmen darf, selbst wenn das in Frage kommende Verbrechen nicht in Gegenwart der Privatperson, die die Verhaftung vorzunehmen sucht, begangen wurde.

Wenn Sie daher glauben, der Verstorbene habe am frühen Abend jenes Tages in der Tat ein oder mehrere Verbrechen begangen, und ich wiederhole, daß Vergewaltigung und Überfall mit beabsichtigter Vergewaltigung beides Verbrechen sind, so steht dem Angeklagten nach dem Gesetz das Recht zu, den Getöteten ohne Haftbefehl festzunehmen, ein Recht, das dem Angeklagten auch zustünde, wenn er mit dem hier verhandelten Fall nichts zu tun gehabt hätte und mit der betroffenen Frau in diesem Fall auf keine Weise verwandt oder verbunden wäre.

Eine Privatperson kann auch auf den Verdacht eines Verbrechens hin eine Verhaftung ohne Haftbefehl vornehmen, in diesem Fall muß sie jedoch zu ihrer Rechtfertigung beweisen können, daß tatsächlich ein Verbrechen vorliegt und daß jeder vernünftige Mensch, der ohne Voreingenommenheit und Leidenschaft handelt, billigerweise den Verdacht geschöpft hätte, daß die gesuchte Person das Verbrechen begangen habe.

Ich mache Sie ferner darauf aufmerksam, daß ein Gerichtsbeamter oder eine Privatperson in solchen Fällen Gewalt anwenden darf, soweit sie diese für die gewaltsame Festnahme des in Frage kommenden Verbrechers oder zur Vereitelung seiner Flucht nach der Festnahme für notwendig erachtet, und zwar bis zur Tötung. Zuerst muß sie freilich die festzunehmende Person von ihrer diesbezüglichen Absicht in Kenntnis setzen.»

Claude Dancer wurde unruhig und blickte unsicher in meine Richtung, während der Richter fortfuhr. «Andererseits wird hier nicht behauptet, daß der Angeklagte den Getöteten tatsächlich festnahm oder seine Absicht, ihn festzunehmen, bekanntgab oder etwa auf ihn schoß, um ihn zu verhaften oder seine Flucht zu vereiteln. Es wird vielmehr behauptet, der Angeklagte sei mittlerweile vorübergehend unzurechnungsfähig geworden, ein Umstand, der zu den verhängnisvollen Folgen führte. Immerhin sollten Sie die soeben gehörten Richtlinien, die mit dem Recht des Angeklagten, den Getöteten zu verhaften, und folglich mit der wichtigen Frage, in welcher Absicht er die Bar aufsuchte, im Zusammenhang stehen, sorgfältig prüfen. Ging er mit dem Vorsatz dorthin, den Verstorbenen nicht zu verhaften, sondern zu töten, dann soll er, wenn er sonst nach dem Gesetz verantwortlich ist, des Mordes schuldig sein. Ging er jedoch mit der gesetzlich zulässigen Absicht hin, ihn festzunehmen, und nicht mit der Absicht, ihn zu töten, und wurde daraufhin unzurechnungsfähig in dem Sinne, wie ich den Begriff definiert habe, sollten Sie ihn freisprechen.

Da ich noch bei dem Thema bin, möchte ich Sie auch auf folgendes aufmerksam machen: Welche Absicht oder welchen Beweggrund Sie auch bei dem Angeklagten, als er in das Hotel ging, feststellen sollten, und selbst wenn Sie finden sollten, daß er in der gesetzwidrigen Absicht hinging, den Hotelbesitzer zu töten – sollten Sie darüber hinaus feststellen, daß er zur Zeit, als das angebliche Verbrechen begangen wurde, nicht im Besitz der gesetzmäßigen Verantwortung, das heißt, daß er geistesgestört war, dann sollten Sie ihn freisprechen.»

Danach war es an mir, Claude Dancer anzublicken, denn der Richter sprach von dem Recht des Oberleutnants, in der Nacht, als er Barney erschoß, eine Waffe bei sich zu tragen. «Es liegen eine Zeugenaussage und eine Beweisführung dafür vor, daß der Angeklagte eine unangemeldete Waffe besessen und sie in der fraglichen Nacht den Gesetzen des Staates Michigan zuwider unter seiner Kleidung verborgen habe. Es trifft zu, daß der durchschnittliche Bürger nach dem Gesetz dieses Staates jeden Waffenbesitz anmelden muß; es gilt ferner als Vergehen, wenn der durchschnittliche Bürger ohne vorherige Genehmigung an sich oder sonstwie verborgen eine Waffe mit sich führt.

Hierüber erteile ich Ihnen folgende Richtlinie: Im Widerspruch zu allem, was Sie darüber gehört haben mögen, gelten die Gesetze des Staates Michigan bezüglich der Anmeldung und des Besitzes verborgener Waffen nicht für den Angeklagten dieses Prozesses. Sie gelten deshalb nicht, weil das Gesetz des Staates Michigan zu dieser Frage ausdrücklich erwähnt – ich zitiere –, ‹daß es sich nicht auf Angehörige des Heeres, der Kriegsmarine oder der Luftwaffe der Vereinigten Staaten erstreckt ...›. Oberleutnant Manion untersteht mit anderen Worten als Angehöriger der Armee der Vereinigten Staaten nicht den Vorschriften dieser Gesetze und hatte daher das Recht, in der in Frage kommenden Nacht eine unangemeldete, verborgene Waffe ohne Waffenschein bei sich zu tragen. Dabei spielt es nach dem Gesetz keine Rolle, ob er im Dienst war oder nicht.»

Der Richter schloß seinen Ordner und entnahm einer anderen Mappe einige Schriftstücke. Ich blickte Parnell an, der grinste und rasch wegschaute. Der Richter hatte nicht nur alle unsere siebzehn Instruktionsanträge weitergegeben, sondern einen der wichtigsten beträchtlich erweitert, nämlich den über die psychiatrische Untersuchung.

Nun ging er dazu über, den Geschworenen seine Richtlinien über einige Nebenfragen zu geben, einschließlich der erwarteten Instruktion, wie die Geschworenen eine Zeugenaussage, die sie für lügenhaft hielten, behandeln sollten. Wenigstens, dachte ich, kann sich dies genauso gegen die Aussage von Duke Miller richten, wie es den Oberleutnant treffen kann.

Der Richter saß aufrecht da und legte seine großen Hände flach vor sich hin. «Ich komme zum Ende meiner Rechtsbelehrung. Ich mache Sie darauf aufmerksam, daß Sie den Angeklagten nicht für schuldig erklären können, wenn Sie ihn in dem von mir erläuterten Sinne für unzurechnungsfähig halten. Daraus dürfen Sie aber noch nicht ableiten, daß ein Mann, weil er in blindem Wahnsinn und Wut handelt, deshalb schon unter unwiderstehlichem Zwang oder einer anderen Form von Geistesstörung leidet. Unzurechnungsfähigkeit muß von Leidenschaft oder Wut stets streng unterschieden werden, sonst werden unsere Gerichtshöfe rasch zu einem Zirkus, in dem sich jeder Mörder freisprechen läßt.»

Der Richter warf einen Blick auf die Uhr und fuhr eilig

fort. «Ihre erste Pflicht, nachdem Sie sich in das Geschworenenzimmer zurückgezogen haben, besteht darin, aus Ihrer Mitte einen Obmann zu wählen.» Er lächelte. «In Anbetracht der vorgerückten Stunde und der ermüdenden Länge meiner Rechtsbelehrung – von den weitschweifigen Ausführungen der Anwälte gar nicht zu reden – schlage ich vor, daß Sie Ihre Wahlkampagne für dieses Amt tunlichst einschränken ... Ihr Obmann hat Ihr Urteil zu verkünden.

Zunächst sollten Sie alle Tatbestände des Falles durchsprechen. Dann ziehen Sie am besten das Recht, wie ich es Ihnen auseinandergesetzt habe, in Betracht und wenden es auf die Tatsachen, wie Sie sie sehen, an, um auf diese Weise zu einem Urteil zu gelangen. Sie können auf fünf verschiedene Urteile kommen. Wenn Sie den Angeklagten des Mordes ersten Grades für schuldig befinden, dann fällen Sie ein dahingehendes Urteil; anderenfalls müssen Sie darüber beraten, ob Mord zweiten Grades in Betracht kommt. Kommen Sie zu dem Schluß, daß der Angeklagte dieses Verbrechens schuldig ist, so fällen Sie Ihr dementsprechendes Urteil; im gegenteiligen Fall sollten Sie zur Frage des Totschlags übergehen. Wenn Sie nach reiflicher Überlegung ihn auch dieses Vergehens nicht für schuldig befinden, so kommen Sie mit einem Urteil zurück, das lautet ‹Nicht schuldig wegen Unzurechnungsfähigkeit› oder einfach ‹Nicht schuldig›.»

Der Richter blickte auf Clovis Pidgeon hinab. «Herr Gerichtsbeamter», sagte er, «vermindern Sie die Zahl der Geschworenen von vierzehn auf zwölf.»

Wieder einmal war Clovis' Stunde gekommen; bleich stand er auf, legte alle vierzehn Namenszettel der Geschworenen in seine Schachtel zurück, schüttelte diese ausgiebig und entnahm ihr den ersten Zettel. Ich hielt den Atem an in der Hoffnung, daß mein Lieblingsgeschworener nicht ausgeschlossen würde. «Mrs. Minnie Leander», rief Clovis. Somit schied die Dame mit der Basedowschen

Krankheit und dem unentwegten Ausdruck des Erstaunens auf immer aus meinem Leben. «Ich danke Ihnen», sagte der Richter, als die Geschworene, unsicher die Geschworenenbank verlassend, vielleicht zum erstenmal während der gesamten Verhandlung ehrlich erstaunt war.

Wieder schüttelte Clovis seine Schachtel und zog einen zweiten Zettel hervor. «Arsene LaForge», rief er, und auch der arme Arsene wurde mit einem freundlichen «Danke» des Richters seines ehrenvollen Amtes enthoben.

«Vereidigen Sie einen Beamten», sagte der Richter, und Maxens Hauptstellvertreter, Carl Vosper, trat vor, hob die Hand und wurde von Clovis vereidigt. «Schwören Sie feierlich, daß Sie die als Geschworene dieses Prozesses vereidigten Personen nach besten Kräften in einem passenden abgeschlossenen Raum ohne Essen und Trinken mit Ausnahme von Wasser einschließen werden, vorbehaltlich gegenteiliger Anweisungen des Gerichts. Schwören Sie, daß Sie keine mündliche oder sonstige Verbindung mit der Außenwelt zulassen werden, daß Sie mit ihnen weder mündlich noch sonstwie verkehren werden, es sei denn auf ausdrückliche Anweisung des Gerichts; daß Sie niemandem den Stand ihrer Entscheidungen oder das Urteil, zu dem sie gemeinsam gelangen, mitteilen werden, bis sie ihr Urteil dem Gericht selbst übermittelt haben, so wahr Ihnen Gott helfe.»

«Ich schwöre es», sagte Carl Vosper, wandte sich um und winkte den zwölf Zeugen, ihm zu folgen.

«Mr. Sheriff, wollen Sie bitte dafür sorgen, daß den Geschworenen etwas zum Abendessen gebracht wird», sagte der Richter, «sobald Sie die Pause angesagt haben.»

«Gut, Sir», antwortete Max, stand auf und gab dem Saal mit ein paar Hammerschlägen das Zeichen zum Aufstehen. «Dieses ehrenwerte Gericht wird bis zum Urteil der Geschworenen oder bis zur weiteren Anweisung des Gerichts vertagt.»

30. Kapitel

Als die Geschworenen den Saal verlassen hatten, widerstand ich heldenhaft der Versuchung, mich auf meinem Schreibtisch auszustrecken und unverzüglich einzuschlafen. Der Alptraum war vorüber. Seit Wochen, zumal seit dem Beginn der Verhandlung, war mein von Träumen gestörter Schlaf nicht mehr als ein unruhig-flüchtiges Dahindösen gewesen. Selbst zum Sprechen war ich zu müde; mit leblos herabhängenden Armen saß ich auf der Stuhlkante und blickte zu dem mit Taubenmist gesprenkelten Oberlicht auf. Laura und der Oberleutnant waren ruhelos, entschuldigten sich und gingen in das Beratungszimmer hinaus, um eine Zigarette zu rauchen. Mein Kopf sank herab, dann setzte ich mich kerzengerade in meinem Stuhl auf. Parnell kam herüber und beugte sich wie eine Glucke über mich. «Setz dich lieber einen Augenblick in den Wagen, Polly», flüsterte er und gab mir einen freundschaftlichen Rippenstoß. «Ich paß schon auf und ruf dich rechtzeitig.» Von neuem zupfte er mich am Ärmel. «Hau bloß ab, Mensch, bevor du noch zu schnarchen anfängst.»

Dankbar nickte ich, stand lautlos auf und stahl mich durch die quirlende, raunende Menschenmenge die Treppe hinunter und hinaus zu meinem Wagen. Bleischwer ließ ich mich auf den Sitz fallen und starrte blind auf die Fassade des Gerichtsgebäudes. Ich war beunruhigt und zugleich todmüde. Nach einer langen, anstrengenden Verhandlung ist man nicht nur physisch erschöpft, auch das überanstrengte Gehirn wird leblos und benommen, die stete Erregung weicht einer breiig-verschwommenen Empfindung. Man hat sich völlig verausgabt – man fühlt sich nicht anders als ein zerbissener Köter, der wie ein Bündel Lumpen in einer Ecke kauert. Zu alledem kam meine wachsende Besorgnis wegen des bevorstehenden Urteils. Ich gähnte, bis ich den Mund nicht mehr zuzubringen glaubte; meine Lider wurden schwer; mein Kopf sank auf die Brust. Und schon war es Zwielicht, ich lag auf einem nach Tannen duftenden Hügel über einem lieblichen Forellenteich ...

Irgend jemand rüttelte mich wach. Es war dunkel geworden. «Los, Polly, die Pause ist zu Ende. Die Geschworenen haben geklopft. Sie sind zu einem Urteil gekommen.» Parnell faßte mich unter das Kinn. «Los, altes Haus, es ist soweit. Der Richter und alle anderen warten schon.»

Im Saal herrschte Totenstille, von den alten schlangenköpfigen Bronzekandelabern an der Decke fiel ein diffuses Licht. Es war zehn Minuten nach neun Uhr. Jedermann saß an seinem Platz, so still und gespannt wie Zuschauer bei einer Hinrichtung. Als Richter Weaver mich an meinen Tisch eilen sah, nickte er dem Gerichtsdiener ruhig zu. «Holen Sie die Geschworenen», sagte er. Der Gerichtsdiener verschwand.

Die ganze Woche hatte Spannung über dem Saal gelegen, eine dumpfe Spannung, schwer wie Nebelschwaden. Aber nun löste sie sich, sprang und zuckte fast unerträglich hin und her, tastete und tanzte wie gezackte Blitze in die verstecktesten Ritzen und Spalten des weiten Gerichtssaales. Spannung ... Es schien mir, als könne ich ihr hohes, stromgeladenes Singen vernehmen, ein Summen wie der Sirenengesang in meiner Kindheit, wie der Pfeifenton meines eigenen Rattenfängers von Hameln, wenn mich ein ähnlicher Ton wider das Gebot meiner Mutter wie ein Magnet immer wieder in die Nähe der streng verbotenen Eisenerzgruben gelockt hatte und ich, ein zur Sünde entschlossener Dreikäsehoch, dort stundenlang einer Musik lauschte, die noch ihres Komponisten harrte – der seltsambetörenden Musik der summenden Hochspannungsdrähte. Ich benetzte meine trockenen Lippen. Der Krampf im Magen löste sich, und plötzlich stieß ich auf, laut, unüberhörbar, und übertraf damit die Indiskretion jener Zuschauerin mit dem Schluckauf. Aber niemand nahm im geringsten

Notiz davon, so selbstvergessen schienen alle von der unerträglich steigenden, raunenden Spannung gepackt.

Mir kam es wie eine Ewigkeit vor, bis der Gerichtsdiener die schwere Tür zum Geschworenenzimmer aufstieß und zur Seite trat, um die Geschworenen eintreten zu lassen. Mein Herz machte einen Satz, als ich meinen finnischen Lieblingsgeschworenen die Prozession anführen sah. Ich wußte, daß der erste in der Reihe gewöhnlich der Obmann war. Aber sollte ich mich in ihm vielleicht doch getäuscht haben? Sollte er sich etwa als einer jener wetterwendischen Geschworenen entpuppen, als eines jener Chamäleons, die das letzte Argument, das ihnen an den Kopf geworfen wird, am leichtesten erfassen und behalten? Sollte Duke Millers Aussage etwa in letzter Minute noch einen Stimmungswechsel bei ihm hervorgerufen haben? Tausend Zweifel bedrängten mich, meine Gedanken gingen kreuz und quer. Die müden Geschworenen bildeten einen unregelmäßigen Halbkreis, einen bedrohlich gezackten Halbmond um den Richtertisch.

Der Richter hob die Hand. Trotz der Fülle im Saal dröhnte seine Stimme hohl wie die eines Eisenbahnbeamten auf einem leeren Bahnsteig. «Ich ersuche alle Anwesenden, die Verkündung des Urteils nicht zu unterbrechen», deklamierte er streng. «Sollte ich während der Amtshandlung die geringste Störung oder Meinungsäußerung bemerken, werde ich das Verfahren unterbrechen und den Saal räumen lassen. Nehmen Sie das bitte zur Kenntnis. Fahren Sie fort, Herr Gerichtsbeamter.»

Clovis Pidgeon erhob sich und blickte die Geschworenen an. Dies war sein letzter Auftritt in der Verhandlung. Sein hoher Tenor hallte unnatürlich laut in dem hohen Saal. «Mitglieder der Jury, haben Sie sich über ein Urteil geeinigt, und wenn, wer wird für Sie sprechen?»

«Ja», antwortete mein Lieblingsgeschworener und trat einen Schritt vor. «Ich bin der Obmann.»

«Wie lautet Ihr Urteil?» fragte Clovis, während der Richter mit gerunzelter Stirn noch immer eine Hand warnend hochhielt.

«Wir haben befunden», begann der Obmann. Seine Stimme brach, er räusperte sich und begann von neuem. «Wir haben den Angeklagten für nicht schuldig wegen Unzurechnungsfähigkeit befunden.»

Ein kurzes unterdrücktes Seufzen wurde hörbar, als Clovis rasch weitersprach. «Mitglieder der Jury», stimmte er an, «hören Sie Ihr Urteil, wie es zu Protokoll genommen wird: Bestätigen Sie unter Ihrem Eid, daß Sie den Angeklagten für nicht schuldig des Verbrechens des Mordes befunden haben wegen Unzurechnungsfähigkeit? Bestätigen Sie das, Herr Obmann? Bestätigen Sie das alle, Mitglieder der Jury?»

Die zwölf Geschworenen murmelten, feierlich nikkend: «Ja.» Als der Richter die Hand sinken ließ, schien er das Zeichen zum Chaos zu geben: Jäh erwachte der Gerichtssaal zum Leben wie die See unter den Peitschenhieben des Taifuns. Die Dämme gaben der ausbrechenden Spannung nach. Lärm schwoll an, Welle auf Welle. Jedermann war aufgesprungen. Laura warf die Arme um ihren Mann und brach in Tränen aus. Hochrot im Gesicht, streckte der Oberleutnant mir hinter ihrem Rücken die Hand entgegen. Ich warf einen Blick auf die Uhr hinter mir. Es war neun Uhr siebzehn abends. Eine fremde Frau mit Murmelaugen, die wie ein ungetrimmter französischer Pudel aussah, kletterte plötzlich über das Geländer des Anwaltsplatzes, schlang ungestüm die Arme um Laura und den Offizier und versuchte mit ihnen im Kreise zu tanzen. Dann löste sie sich aus ihrem Walzer und stürzte sich auf mich. Da ich rechtzeitig beiseite sprang, wählte sie den Obmann zum Ziel, der mir über ihre Schulter zugrinste. Parnell stand blaß und zwinkernd an seinem Stuhl und biß sich auf die zitternde Unterlippe. Der Protokollführer saß tödlich gelangweilt an seinem Schreibtisch, wieder einmal in ein Kreuzworträtsel vertieft.

Als erster kam Claude Dancer auf mich zu, schüttelte mir kräftig die schmerzende Hand und legte die freie Linke wie ein Sprachrohr an mein Ohr. «Herzlichen Glückwunsch, Biegler!» brüllte er. «Sie können sich als Gegner sehen lassen, verdammt noch mal!»

«Vielen Dank, Dancer!» schrie ich lächelnd zurück. «Das Kompliment kann ich doppelt zurückgeben.»

Auch Mitch reichte mir die Hand, lächelte, sprach ein paar Worte, die ich nicht verstand, und drehte sich um. Er ergriff die Hand des Oberleutnants, schüttelte sie energisch und wandte sich ab. Dann überfielen uns die Zeitungsleute, wie Anarchisten ließen sie ihre Blitzlichter aufflammen, die Vorschriften des Richters waren längst vergessen. «Hierher, Herr Oberleutnant, bitte schön ...» – «Heda, Biegler, Kopf rumdrehen ...», erklang es klagend, mahnend. «Machen Sie doch ein freundliches Gesicht, Mann! Sie haben gewonnen, gewonnen ...» – «Würden Sie bitte die Brille abnehmen, Mrs. Manion?» – «Die Geschworenen wollen wir auch noch knipsen ...» – «Wo steckt bloß das Neonhündchen ...? Los, sieh mal, ob du den verdammten Köter auftreiben kannst ...»

Der Richter, grämlich den Kopf schüttelnd, ließ inmitten des ungleichmäßigen Geblitzes der Fotografen seinen Hammer eintönig auf den Tisch niedersausen. Auch der strahlende Max hämmerte hektisch wie ein aufgekratzter Vibraphonspieler bei einer Nachmitternachts-Privatsitzung seines Jazzorchesters. Ganz allmählich ebbte der schwellende, rollende Orgelton des Lärms ab, und schließlich wurde der erregte Saal ruhiger. Die Stille wurde bedrückend, fast schlimmer als der Lärm. Dann wandte der Richter sich an die Geschworenen.

«Meine Herren und Damen Geschworenen, ich danke Ihnen für Ihre treue und aufmerksame Mitarbeit in einem langen, schwierigen Prozeß», sagte er trocken. «Sie haben sich Ihrer Aufgabe in der Ausübung einer der höchsten Pflichten und Rechte als Staatsbürger einer Demokratie mit Anstand entledigt.» Er sah auf die Uhr. «Ich glaube, mehr ist nicht zu sagen. Sie sind bis Montag vormittag um neun Uhr jeder weiteren Pflicht enthoben.»

Der Richter nickte ernst und blickte auf das Gedränge der Zeitungsleute. «Ich möchte die Jünger Daguerres ersuchen, ihre Fotogymnastik schleunigst auf den Flur zu verlegen», sagte er mürrisch. «Vielleicht darf ich hinzufügen, daß jeder, der diese Anweisung mißachtet, wenigstens eine Nacht als Gast unseres gastfreien Sheriffs verbringen wird, dessen liebenswürdiges Motto – wie ich höre – lautet: ‹Jede Zelle hat eine eigene Sprungfedermatratze.›»

Als die Geschworenen langsam aus dem Saal pendelten, gefolgt von der hechelnden Meute der abziehenden Fotografen, die ihre Kameras von neuem spannten, warfen einige einen letzten Blick zurück. Langsam nickte ich meinem Lieblingsgeschworenen zu, er grinste und schüttelte mir die gefalteten Hände entgegen. Als die hohe Tür schließlich hinter ihnen ins Schloß fiel, räusperte der Richter sich und wandte sich an die Anwälte:

«Wie Sie wissen, meine Herren, erlegt mir das Gesetz nach diesem Urteil die unangenehme Pflicht auf, den Freigesprochenen ins Gefängnis zu schicken, bis er zurechnungsfähig gesprochen ist. Das ist insofern eine peinliche Zwangslage, als zwei wenn auch noch so gegensätzliche Psychiater über eines einer Meinung sind: daß der Mann heute im Besitz seiner geistigen Kräfte ist. Auch ich halte ihn für geistig gesund, eine Ansicht, die ich mit Ihnen zu teilen hoffe. Daher kommt es mir als eine Verdrehung der Gerechtigkeit vor, daß ich gezwungen sein soll, diesen Mann wieder festzusetzen.» Der Richter machte eine Pause. «Im übrigen habe ich das nicht vor, weil das Gesetz zugleich sagt, niemand soll gezwungen werden, etwas Widersinniges zu tun. Gewiß wäre es widersinnig, diesen Offizier wieder festzusetzen, dazu gemein und niederträchtig. Immerhin ist er technisch noch in Gewahrsam.» Wieder brach der Richter ab und holte tief Atem. «Meine Herren, ich bin bereit, einem Antrag auf Habeas corpus für die Entlassung aus dem Gewahrsam stattzugeben. Trotz der vorgerückten Stunde würde ich die Angelegenheit sogleich durchführen, sofern auch Sie damit einverstanden sind. Die Geschworenen haben gesprochen, ich würde es daher höchst ungern sehen, wenn dieser Mann noch eine Nacht im Gefängnis verbringen müßte.»

Ich war in meinem Stuhl zusammengesunken, schoß aber sprühlebendig hoch. «Ich habe bereits einen derartigen Antrag und die notwendigen Beilagen ausgefüllt und fertig zur Vorlage», sagte ich. (Der an alles denkende Parnell hatte die Papiere schon im Lauf der Woche, dank eines glücklichen Einfalls, ausgefertigt.) «Wenn die Staatsanwaltschaft damit einverstanden ist, werde ich sie jetzt einbringen.»

Claude Dancer flüsterte kurz mit Mitch und stand rasch auf. «Wir sind damit einverstanden, Euer Gnaden, daß der Freigesprochene nicht festgehalten wird», sagte er. «Wir stimmen ferner darin überein, daß er keine weitere Nacht im Gefängnis verbringen soll. Ich schlage daher vor, daß wir mit dem Verfahren beginnen.» Der kleine Mann brach ab und räusperte sich. «Im Interesse einer rascheren Erledigung schlage ich überdies vor, daß die Anwälte sich darüber einigen und schriftlich festlegen, daß eine Durchschrift der während der Verhandlung gemachten Zeugenaussagen der Psychiater, wonach er nunmehr zurechnungsfähig ist, dem Habeaskorpusantrag beigefügt werde, damit der Mann noch heute abend in Freiheit gesetzt werden kann. Meinetwegen mögen das Gericht, Mr. Biegler und Mr. Lodwick etwaige weitere Akten und Beweismittel nächste Woche in aller Ruhe zusammenstellen.»

«Ein großzügiger und vernünftiger Vorschlag, Mr. Dancer», sagte der Richter nickend. «Wir werden sofort beginnen. Herr Protokollführer, wenn ich Sie dazu veranlassen dürfte, Ihr Kreuzworträtsel vorübergehend beiseite zu legen und eine Übereinkunft aufzunehmen ...»

Sieben Minuten später, nach der Uhr im Gerichtssaal, war Oberleutnant Manion ein freier Mann. Kriminalkommissar Durgo kam herüber, schüttelte allen rundum die Hand und hielt dem Offizier lächelnd die Lueger-Pistole hin.

«Gehört wohl Ihnen, alter Freund», sagte er trocken. Der Oberleutnant blinzelte, dann wich er rasch zurück. «Geben Sie sie meinem Anwalt», antwortete er. «Als Andenken ... Ich – ich glaube, er hat sie vielleicht verdient.»

Plötzlich stand ich da und hielt mit zwei Fingern die Waffe, die Barney Quill getötet hatte. «Danke», sagte ich unsicher und versenkte sie behutsam in meine Aktentasche. «Ich hoffe, Kriminalkommissar Durgo, daß Sie und Claude Dancer mich dieses Ding nach Hause schmuggeln lassen, ohne mich wegen versteckten Mitführens einer Schußwaffe einzulochen.»

Der Kriminalkommissar nickte, lachte müde und verließ nach einem kurzen Gruß den Saal. Laura und der Oberleutnant gingen in das Gefängnis hinüber, um seine Sachen zu holen und ihn abzumelden. Wir wollten uns später wieder treffen. Bis auf den einen oder anderen Nachzügler, Smoky Madigan mit Schrubber und dampfendem Eimer, bis auf Parnell, Maida und mich war der Gerichtssaal nahezu leer. Ich zündete mir einen Stumpen an und setzte mich, um meine Akten einzupacken.

Parnell war an meiner Seite. «Nun hast du's wirklich und wahrhaftig geschafft», sagte er heiser und legte mir freundschaftlich die Hand auf die Schulter. «Du hast deine Sache großartig gemacht.»

Ich sah zu dem müden Alten auf. «Wir haben es geschafft, Parn», erwiderte ich ruhig. «Vergiß das nie, alter Freund. Wir haben es gemeinsam geschafft.»

Zum Heimweg gerüstet, in Straßenanzug und Überzieher, erschien der Richter in der großen Türfüllung seines Zimmers, auf dem Kopf einen breitrandigen Filzhut, in der Hand seine pralle Aktenmappe. Wie er dort stand, schweigsam und nachdenklich, sah er wie das verkörperte Recht aus. Ich überließ Parnell seinem Schicksal und ergriff die mir hingestreckte Rechte.

«Meinen Glückwunsch», sagte er und drückte mir mit seiner mächtigen Pranke die Hand. «Ich gratuliere Ihnen, daß Sie mit einer der merkwürdigsten und spannendsten Anklagen, die ich je erlebt habe, Erfolg gehabt haben. Und ich habe nicht wenigen beigewohnt.»

Rasch blickte ich ihn an. «Anklagen?» fragte ich verblüfft aus Furcht, der alte Herr sei vor lauter Anstrengung verdreht und marode geworden. Guter Gott! Verwechselte er mich etwa mit Claude Dancer?

«Ja, Anklage», wiederholte der Richter mit breitem Lächeln. «Genau wie Sie weiß natürlich auch ich seit Jahren, daß Geschworene in einem Mordprozeß den Gemordeten genauso aburteilen wie den Mörder. Hat der Schurke verdient, erschlagen zu werden? Sollten wir den Totschläger dafür in den Himmel heben ...? Immerhin, dies ist das erstemal in meiner Laufbahn als Richter, daß ein Toter erfolgreich wegen Vergewaltigung angeklagt wurde. Für mich durchaus ein Novum. Ganz nebenbei darf ich hinzufügen, scheinen Sie auch einen Mann namens Manion freigesprochen zu haben.» Er brach ab. «Ich – ich vermute, daß Sie im Grunde Ihres Herzens ein unverbesserlicher Staatsanwalt geblieben sind.»

«Vielen Dank, Herr Richter!» antwortete ich freudestrahlend. «So habe ich die Sache noch nie angesehen. Es war mir jedenfalls eine Ehre und ein Vergnügen, mit Ihnen zusammenarbeiten zu dürfen. Wenn ich mir die Bemerkung erlauben darf, ohne dabei in den Verdacht zu kommen, Ihnen schmeicheln zu wollen, so sind Sie ein Richter in der hohen Tradition unseres Richters Maitland.»

«Ich danke Ihnen», entgegnete der Richter. «Das ist wirklich ein hohes Lob – ich habe von Ihrem Richter Maitland nur Gutes gehört. Ich möchte Ihnen auch sagen, daß ich Ihre Sammlung von Instruktionsanträgen als Muster aufbewahren werde. Wie schon angedeutet, gehören sie zu den besten, die ich gesehen habe.»

Ich errötete in einem Gemisch von Befangenheit und Freude und winkte Parnell herbei. «Richter Weaver», sagte ich, «darf ich Ihnen den Mann vorstellen, der zum größten Teil verantwortlich ist für besagte Instruktionen – übrigens auch für vieles andere, was bei dieser Verhandlung vorgekommen ist –, der neue Teilhaber meines Anwaltsbüros, Parnell McCarthy.»

Der Richter schüttelte Parnell warm die Hand. Parnell, plötzlich blaß und gespannt, sah mich verständnislos an. «Es tut meinem Herzen immer wieder gut, einem Vollblutjuristen zu begegnen, Mr. McCarthy», sagte der Richter, noch immer Parnells lahme Hand schüttelnd. «Ich wünsche Ihnen viel Glück und Erfolg mit einem so tüchtigen Anwalt. Meiner Ansicht nach sollten Sie einander vortrefflich ergänzen.»

«Herzlichen Dank für Ihr Kompliment, Euer Gnaden», antwortete Parnell abwesend und sah mich noch immer fragend an.

Schließlich entdeckte der Richter Smoky Madigan und seinen rasselnden Eimer. Er senkte die Stimme. «Darf ich hinzufügen, Mr. Biegler, daß ich mich entschlossen habe, Ihrem Mann dort drüben eine Chance zu geben.» Einen Augenblick schien er nachzudenken. «Vielleicht ist Freund William Hazlitt an allem schuld.» Er brach ab und zwinkerte mit seinen blaßblauen Augen. «Nun, meine Herren, alles Gute und gute Nacht», sagte er. Damit war er fort.

Parnell biß sich auf die Unterlippe, seine Brille war angelaufen. «Meinst du das im Ernst?» fragte er kleinlaut.

«Ob ich was meine?» erwiderte ich barsch, obwohl ich wußte, wovon er sprach.

«Das – das über unsere Partnerschaft?»

«Natürlich habe ich das gemeint, Parn. Vorausgesetzt, daß du mich nicht ablehnst. Ich würde es mir als Verdienst und hohe Ehre anrechnen, alter Freund. Wenn du nämlich einwilligst, habe ich bereits unseren neuen Firmennamen parat: McCarthy und Biegler. Ich werde die neuen Briefbogen und Ankündigungsformulare am Montag bestellen. Im übrigen habe ich schon den Vertrag mit allem, was dazugehört, entworfen; ich weiß ihn auswendig: alles halbpart, Gutes und Schlechtes. Wie steht's, schlägst du ein?»

Ich streckte Parnell die Hand hin, die er ergriff. Seine Lippen zuckten, Tränen traten ihm in die Augen, eine blieb zitternd an seiner Nasenspitze hängen. «Los, Maida!» rief ich in den hallenden Saal hinein. «Jetzt wollen wir aber den gewonnenen Prozeß und unsere neue Partnerschaft gebührend feiern.»

«Schöne Aussichten! Nun können mich gleich zwei Chefs auf die Straße setzen», antwortet sie lakonisch, während sie zu uns herüberkam. «Werden wir das Vergnügen haben, Sie im ersten besten Wirtshaus ein Schlagzeugsolo zum besten geben zu hören?»

«Seien Sie brav, suchen Sie ein Telefon und rufen Sie an, man solle ein paar Flaschen Sekt kalt stellen, lieber ein paar mehr als ein paar weniger. Ich habe nicht gewagt, früher anzurufen. Halt! Benutzen Sie Mitchs Apparat!»

«Ich verstehe», gab Maida zurück. «Die ausgleichende Gerechtigkeit hebt ihr gräßlich Haupt.»

Im Verlauf des langen hektischen Abends, an dem der fröhlich sprühende Parnell beim Zuprosten und Gefeiertwerden zwei Kästen Orangenbrause zu konsumieren schien, versuchte der Oberleutnant mehrmals, mich auf die Seite zu ziehen und das Thema meines ausstehenden Honorars anzuschneiden. Immer wieder lenkte ich ab und brachte ihn endlich dadurch zur Ruhe, daß ich versprach, ihn am folgenden Morgen in seinem Wohnwagen in Iron Bay aufzusuchen. Schließlich hatte der Gewinner des großen Mordprozesses, der Juniorpartner des neuen Anwaltbüros McCarthy und Biegler, der vom Sekt besäuselte Anwärter für die Kongreßwahlen und nicht zuletzt der beste Schlagzeugspieler der gesamten Halbinsel – solch ein Mann hatte verständlicherweise keine Zeit für die kleinlichen Dinge der Welt …

«Um welche Zeit dürfen wir Sie erwarten?» Der Oberleutnant schien es genau wissen zu wollen. «Wir möchten die Gewißheit haben, daß wir dann schon auf sind.»

«Oh, ich denke gegen zehn oder elf Uhr», antwortete ich leichthin. «Keine Sorge, ich komme schon.»

«Bringen Sie ein Wechselformular mit», sagte er. «Aber vergessen Sie es nicht. Wir erwarten Sie also um elf Uhr.» Er runzelte die Stirn. «Ich möchte dies aus dem Kopf haben.»

«Wir werden's nicht versäumen», versprach ich. Dann ging ich, einer plötzlichen Eingebung folgend, rasch in die Telefonzelle in der Ecke, schloß die Tür hinter mir, kramte eine Münze aus der Tasche und rief Thunder Bay an. «Bing-Bong», machte der Apparat. «Mary», sagte ich, als ich ihre Stimme hörte. «Inzwischen werden Sie das Ergebnis der Verhandlung erfahren haben, ich wollte aber, daß Sie's von mir hören.» Alles blieb still, und befangen fuhr ich fort: «Ich weiß, es ist spät, ich wollte auch nur ein paar Worte mit Ihnen sprechen. Bisher habe ich nicht den Mut dazu gehabt.» Immer noch Schweigen. «Geht es Ihnen gut,

Mary? Es tut mir leid ... Vielleicht hätte ich nicht anrufen sollen.»

Als sie endlich sprach, sprach sie rasch. «Vielen Dank für Ihren Anruf, Paul! Ich habe darauf gewartet – ich sitze und warte im Mondlicht. Natürlich geht es mir gut, aber es wäre mir nicht gutgegangen, wenn Sie nicht angerufen hätten. Ich kann kaum reden vor Glück und Erleichterung – über den Prozeß und jetzt über Ihren Anruf.»

«Mary?» wiederholte ich fragend. «Mary, Mary?»

«Gute Nacht, Paul», sagte sie. «Kommen Sie bald heraus und besuchen Sie mich. Bitte ...» Besänftigend klickte das Telefon in meinem Ohr.

Parnell beäugte mich skeptisch, als ich verträumt aus der Zelle gesegelt kam und mich wieder zu den anderen setzte. «Du hast wahrscheinlich die neuen Firmenbogen bestellt», sagte er und drängte sich bumsend an mir vorbei zu der frei gewordenen Zelle.

«Mehr Sekt!» krähte ich, trat zur Bar und hieb auf die Theke ein. «Junge, Junge, Junge!»

Es war fast Mittag, als Parnell und ich uns mühsam zum Wagenpark im Außenbezirk von Iron Bay durchschlängelten. Ich hatte wie ein Toter geschlafen, außerdem wollten der rücksichtsvolle Parnell und ich das wiedervereinte Paar nicht zu früh stören ... Ein hochgewachsener Mann mit silbergrauem Haar und einem tabakgefleckten silbergrauen Schnurrbart tauchte aus einer Art Bürowohnwagen auf und kam über den knirschenden schmutzigen Sandweg zu unserem Wagen gestapft.

«Dieser Parkplatz ist für Wohnwagen reserviert, hier ist kein Motel. Tut mir leid.» Er schüttelte abwehrend den Kopf.

«Ich suche Oberleutnant Manions Wohnwagen», sagte ich.

«Bedaure, Chef, da kommen Sie ein bißchen zu spät –

die sind gestern nacht, das heißt um drei Uhr in der Früh, abgezogen. Sie schienen es eilig zu haben.»

Die pochende Stille tickte wie eine Zeitbombe. «Haben – haben sie eine Nachricht für mich hinterlassen?» fragte ich kleinlaut.

«Vielleicht, wenn Sie das 'ne Nachricht nennen. Gerade als sie abfuhren, beugte sich der Mann aus dem Fenster und sagte mir, wenn irgendwer käme und nach ihm fragte, sollte ich ihm bestellen, er hätte einen unwi... – Teufel noch mal –, unwiderstehlichen Drang verspürt, schleunigst zu verduften. Sie würden das schon verstehen, hat er gesagt.»

«Sonst noch etwas?» murmelte ich.

«Ja, sie fuhren schon an, als die Frau zurückrief, ich solle Ihnen nichts von dem ausrichten, was ich grad gesagt habe. Ich glaub, sie sagte, das wäre zu gemein. Ich mein fast, sie hätte mit ihm gescholten.»

«War das alles?»

«Ja, das war alles, Chef. Ich hoffe nur, daß Sie was damit anfangen können, denn ich kann's nicht. Ach ja, war ein ulkiger Kauz, nannte mich sogar Buster.»

«Danke», sagte ich. «Ich fürchte, ich verstehe, um was es sich handelt - sogar das mit dem Buster.»

Jetzt schaltete Parnell sich ein. «Ich hoffe doch», sagte er trocken, «ich hoffe doch, Sir, daß der Herr Ihnen nichts schuldig geblieben ist.»

Der Parkplatzbesitzer drehte sich um und spuckte einen Strahl Tabaksaft auf ein Beet reifbedeckter schlaffer Dahlien. «Keine Bange», meinte er. «Der alte George Roebuck läßt sich stets im voraus bezahlen. Sehen Sie, Leute, mein Wahlspruch lautet: ‹Trau keinem Fremden – und behandle jeden als Fremden.› Wie der Bursche selbst gesagt hat: ‹Wenn du niemandem traust, fällst du auch nie herein.› Tut mir leid, mehr kann ich Ihnen nicht sagen.» Wieder spuckte er aus, und da seine Botschaft beendet war, trottete er zu seinem Bürowohnwagen zurück.

Eine Zeitlang hüllte Parnell sich in Schweigen. «In gewisser Weise, mein Junge», sagte er dann, «hat der Oberleutnant dich genauso ausgenutzt wie du ihn – siehst du das nicht ein? Er hat seine Freiheit gewonnen, und du – du hast eben gewonnen, was du gewonnen hast.» Er bach ab. «Vielleicht», fuhr er langsam fort, «seid ihr beide gewissermaßen quitt. Vermutlich ist es das, was Maida mit ausgleichender Gerechtigkeit meint.»

Ich nickte langsam. «Jedenfalls habe ich meinen neuen Teilhaber», entgegnete ich. «Einen neuen Partner und einen dicken Kopf.»

«Dicken Kopf?» fragte Parnell scharf.

«Jawohl, Brummschädel, Herr Teilhaber», erwiderte ich. «Wie soll ich das bloß Maida beibringen? Ich wage kaum, ihr unter die Augen zu treten, Parn.»

«Wie *du's* Maida beibringen sollst!» schnaubte Parnell. «Wie *wir's* ihr beibringen sollen, wolltest du wohl sagen. Als neuer Teilhaber verlange ich meinen Anteil an deinem dicken Kopf. Halbpart, hast du doch gesagt.»

Ich lächelte ausdruckslos. «Jawohl, Parn, ich glaube fast, du wirst die neuen Reichtümer mit mir teilen müssen.»

Parnell räusperte sich und rückte unruhig auf seinem Sitz hin und her. «Laß uns losfahren und hier nicht den ganzen Tag versauern. Mir ist es nämlich drum zu tun, daß du in Fahrt kommst, das Rennen um die Kongreßwahlen verlierst und dir diese Geschichte jedenfalls aus dem Kopf schlägst, damit wir endlich eine Praxis aufmachen können, wie sie sich für uns gehört.» Dabei blickte er mich verstohlen an. «Obwohl ich sagen muß, mein Junge, daß ich mir seit kurzem Sorgen wegen deines Trinkens mache ...»

«Kassier das Geld und trau keinem Menschen», dachte ich laut vor mich hin und schaltete langsam den Gang ein. «Eine erhabene Lebensphilosophie!» Kopfschüttelnd lächelte ich. «Wenigstens haben wir dabei eine deutsche Lueger-Pistole geerbt, Herr Teilhaber», knurrte ich.

Parnell klopfte mir beschwichtigend aufs Knie. «Denk nicht mehr an den geizigen Wohnwagenfritzen und seinen bauernschlauen Wahlspruch, Polly. Denk auch nicht mehr an den Oberleutnant, streich ihn aus deinem Gedächtnis. Versteh doch: Er ist wieder ins Gefängnis zurückgekehrt, auf immer in das Gefängnis des eigenen Ichs eingesperrt ... Du hörst ja doch nie wieder von ihm, bekommst ihn nie wieder zu Gesicht. Vergiß ihn also, vergiß ihn ganz und gar. Ich wußte, daß irgend so etwas passieren würde, und du wußtest es im Grunde auch, wenn du dich nicht selbst betrügen willst ... Und jetzt kein Wort mehr davon.» Parnell saß plötzlich aufrecht im Wagen und sah auf die laubbestreute wirbelnde Straße vor sich. «Jetzt geht's der Zukunft entgegen, du und ich zusammen – vielleicht verdienen wir dabei etwas Geld, bestimmt aber haben wir einen Heidenspaß, wir praktizieren zusammen, bisweilen helfen wir Engeln und Halunken zugleich aus der Patsche, zwischen denen, vergiß das nie, hat unsere hohe Herrin Gerechtigkeit nie einen Unterschied gemacht.»

Ich nickte und trat auf den Gashebel.

Parnell drehte sein Fenster herunter und wandte sich zu mir. «Wie wär's, wenn du uns jetzt den Strand entlang zu einem Dörfchen mit dem hübschen Namen Thunder Bay führest? Heut ist nämlich ein herrlicher Herbsttag, wie du siehst. Unseren Sonntagsbraten verspeisen wir dann in einem netten kleinen Hotel, das ich dort kenne, mit Ausblick auf den See.»

Schweigend fuhren wir weiter. Ich merkte, wie Parnell mich von der Seite anblickte. Er rückte auf seinem Sitz herum und räusperte sich umständlich.

«Nun sag's schon, Parn.»

«Sie erwartet uns nämlich, verstehst du mich? Sie und ich, wir haben uns nämlich besprochen.»

«Wer erwartet uns?» fragte ich, wußte es sofort und war sehr froh.

«Natürlich Mary, du Esel», sagte er weich. «Ich wollte dich damit überraschen, aber ich könnte mir denken, daß du für heute vielleicht genug Überraschungen erlebt hast. Das goldige Kind hat uns für heute zum Mittagessen eingeladen, als ich ihr gestern abend, wie versprochen, den Ausgang des Prozesses mitteilte. Miss Maida erwartet uns dort.» Der Alte schmunzelte geheimnisvoll vor sich hin. «Ich dachte, ich hätte es dir schon gesagt. O je, ich glaube, mein Gedächtnis läßt mich allmählich im Stich.»

«Nein, Mr. McCarthy, Sie haben mir nichts dergleichen mitgeteilt», sagte ich und drückte den Gashebel durch. Als der altgediente Wagen vorwärts schoß, fühlte ich mich frei wie ein Vogel – eine seltene Empfindung von Erleichterung, von Erlösung durchströmte mich. Erwartung war auch dabei. Wir flogen dahin, ließen die letzten Häuser der Stadt hinter uns und erklommen dann eine felsengesäumte Anhöhe. Auf ihrem Scheitelpunkt schienen wir einen Augenblick atemlos in der Luft zu schweben. Tief unter uns lag der weite, weite See: herrlich, glitzernd und verlassen, kalt und in sich versunken, möwenüberschwirrt und abweisend. Immer ruhte er dort, immer unverändert – ein Geschenk für Dankbare und Undankbare, für Schurken und Engel, für Gerechte und Ungerechte.

«Amen», murmelte Parnell heiser, streckte die Hände aus und schüttelte ehrfürchtig den Kopf. «Manchmal Polly – manchmal, wenn ich so etwas Schönes vor mir sehe, möcht ich einfach die Arme ausbreiten und wie ein Vogel in die Lüfte schweben. Kannst du begreifen, daß ein dummer alter Mann mit Gelenkrheumatismus so etwas denkt, geschweige denn ausspricht?»

Der Geist ohne Fesseln, dachte ich. «Ja, Parn», sagte ich und trat von neuem auf den Gashebel. Als wir hügelabwärts stoben, fielen mir William Blakes himmelstrebende Worte ein:

Aufstürmend mit der eignen Schwingen Kraft, zieh,

reine Seele, durch den Glorienhimmel deine Bahn, nicht achtend Lust noch Lohn, damit aufstaunend einst der Mensch das Haupt erhebe zu deiner goldenen Spur, die nie erlischt.